教育部国家职业教育专业教学资源库建设项目教材

智能手机维修一本通

全彩图解 ＋ 视频教学

侯海亭　黄丽卿　主　编
徐宏毅　李　翠　谢剑锋　副主编

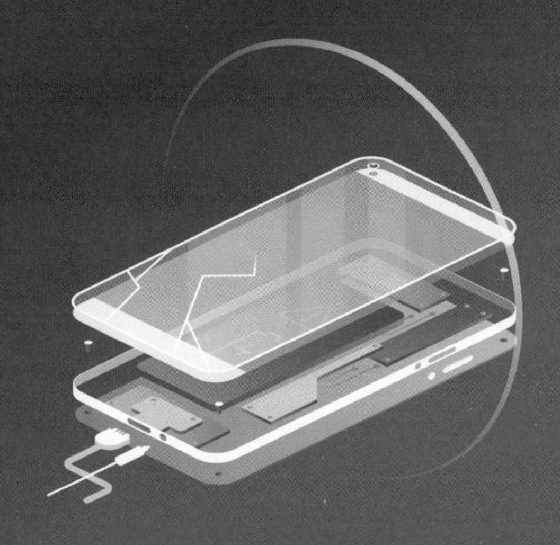

化学工业出版社
·北京·

内容简介

本书由一线手机维修工程师编写，介绍了市面主流智能手机原理与维修的必备知识，主要内容包括：智能手机结构、智能手机元器件、智能手机电路基础、智能手机工作原理、智能手机维修设备、智能手机故障检查及维修方法、华为和苹果手机工作原理与故障维修。本书注重实战，通俗易懂，兼顾先进性和实践性。

本书可作为手机维修初学者、手机维修从业人员掌握手机维修基础和技能提升的学习用书，也可用作职业院校电子信息、通信技术专业教学用书，还可作为技能等级培训以及职业技能提升用书等。

图书在版编目（CIP）数据

智能手机维修一本通：全彩图解+视频教学／侯海亭，黄丽卿主编．—北京：化学工业出版社，2021.8（2025.4重印）

ISBN 978-7-122-39102-5

Ⅰ.①智… Ⅱ.①侯… ②黄… Ⅲ.①移动电话机-维修-教材 Ⅳ.①TN929.53

中国版本图书馆CIP数据核字（2021）第087484号

责任编辑：宋　辉　　文字编辑：毛亚囡

责任校对：宋　夏　　装帧设计：王晓宇

出版发行：化学工业出版社（北京市东城区青年湖南街13号　邮政编码100011）

印　　装：北京缤索印刷有限公司

787mm×1092mm　1/16　印张21½　字数561千字　2025年4月北京第1版第5次印刷

购书咨询：010-64518888　　售后服务：010-64518899

网　　址：http：//www.cip.com.cn

凡购买本书，如有缺损质量问题，本社销售中心负责调换。

定　　价：88.00元

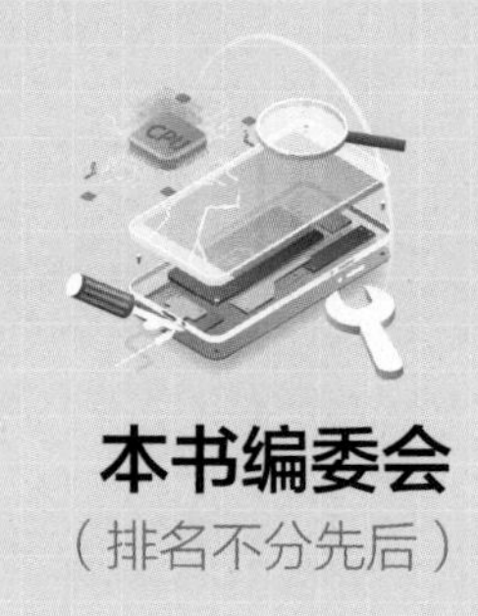

本书编委会

（排名不分先后）

主　编：侯海亭　山东鲁大职业培训学校　校长

黄丽卿　深圳市第一职业技术学校

副主编：徐宏毅　山东汇工实业有限公司　总经理

李　翠　济南职业学院电子工程学院

谢剑锋　深圳市大摩登科技有限公司　董事长

参　编：赵儒林　临沂职业学院信息工程学院　党总支书记

王梓龙　深圳市大摩登科技有限公司　事业部总监

张国超　深圳市大摩登科技有限公司　事业部总监

王跃存　山东鲁大职业培训学校信息通信学院　院长

张承伟　山东鲁大职业培训学校信息通信学院　副院长

李兴华　山东交通技师学院智能制造学院　院长

颜廷皓　山东交通技师学院智能制造学院　电气教研组组长

梁　亮　济南传媒学校招就办　主任

刘合庆　济南振轩手机快修连锁　总经理

张来斌　山东鲁大职业培训学校　技术总监

王玉庆　临沂市手机维修行业协会　会长

吕　波　哈尔滨天目职业技能培训学校　校长

李　伟　济南市鲁科教育培训学校　校长

王金伟　山东鲁大职业培训学校　运营总监

文　龙　深圳兰德手机维修培训学校　校长

林志江　济南恒远科技有限公司　总经理

郭仁栋　山东金林通讯器材有限公司　总经理

姚　斌　国杰手机维修培训学校　校长

尹海港　徐州同创职业技术培训学校　校长

康存勇　海信中国区营销总部　人力资源总监

王宜超　青岛西海岸新区倬智信职业培训学校　校长

丁宝全　西安中天数码通讯技校　校长

王海波　中山市工贸技工学校　通信教研组组长

魏　灵　安远中等专业学校

高培金　泰山职业技术学院汽车与电气工程系　副主任

宋建杭　杭州市电子信息职业学校

徐先政　广东佛山速工电子厂　厂长

王　丽　山东省电子信息产品检验院（中国赛宝（山东）实验室）　副主任

韩秀娟　山东赛宝电子信息产品监督检测研究院

李坤东　深圳美修信息技术有限公司　董事长

王慧亚　聊城市东昌府区中等职业教育学校

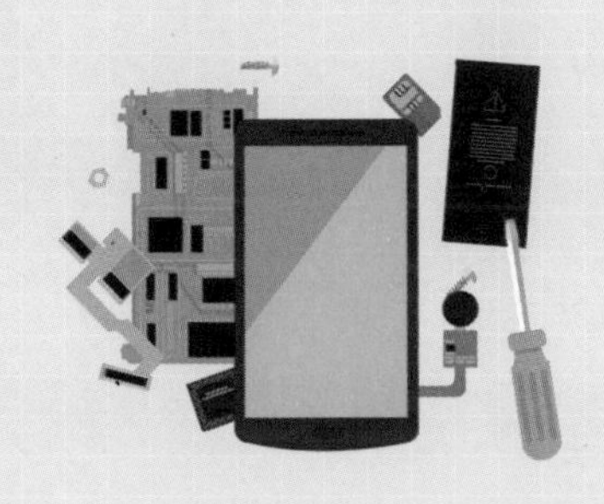

前言

PREFACE

2020 年是 5G 商用元年，各手机厂家都发布了 5G 智能手机产品。从模拟通信系统、GSM 数字通信系统到第五代移动通信系统，随之而来的是智能手机的日新月异。

本书由从业二十年以上的一线维修工程师组织编写，以 5G 智能手机维修岗位工作过程为依据，以项目过程为载体，项目的选取符合手机维修工程师工作逻辑，能够形成体系，让读者在完成项目的过程中逐步提高职业能力。具体内容包括智能手机结构、智能手机元器件、智能手机电路基础、智能手机工作原理、智能手机维修设备、智能手机故障检查及维修方法、华为和苹果手机工作原理与故障维修等知识。

本书由山东鲁大职业培训学校、济南职业学院、山东省职业培训行业协会、济南握奇通信科技有限公司、深圳市第一职业技术学校、深圳市大摩登科技有限公司、临沂职业学院信息工程学院、临沂市手机维修行业协会组织编写，参与编写的人员有：侯海亭、黄丽卿、徐宏毅、李翠、谢剑锋等。本书在编写过程中得到了许多机构的支持，其中包括深圳市大摩登科技有限公司、深圳潜力创新科技有限公司、广东佛山速工电子厂、深圳市展望兴科技有限公司、手机无忧连锁维修等。

本书是教育部国家职业教育专业教学资源库建设项目——智能产品开发与应用（智能终端技术与应用）专业教学资源库教材、中国电子商会社会团体标准《移动通讯终端维修工程师》项目教材。

希望更多的有志青年学有所成，在智能手机维修行业大展宏图。修德须忘功名，读书定要深心，生活从不眷顾因循守旧、满足现状者，从不等待不思进取、坐享其成者，而是将更多机遇留给善于和勇于创新的人们。

由于编者自身水平有限，对于书中的疏漏，敬请广大读者予以指正。

编者

智能手机结构　001

第一节　智能手机的机械结构　001
第二节　智能手机的电路结构　007
第三节　智能手机操作系统　011
第四节　智能手机的拆装机工艺　012

智能手机元器件　021

第一节　智能手机基本元件　021
第二节　智能手机半导体器件　034
第三节　智能手机专用元器件　044
第四节　智能手机集成电路　050

智能手机电路基础　057

第一节　手机电路基础知识　057
第二节　手机电路图的组成及分类　060
第三节　手机常见电路符号　064
第四节　手机电路识图方法　069
第五节　手机基础电路分析　077
第六节　手机单元电路识图　082
第七节　手机点位图使用方法　086

智能手机工作原理　090

第一节　射频电路工作原理　090
第二节　应用处理器电路工作原理　098
第三节　电源管理电路工作原理　105
第四节　音频处理器电路工作原理　110
第五节　显示、触摸电路工作原理　114
第六节　传感器电路工作原理　119
第七节　NFC电路工作原理　126
第八节　红外遥控电路工作原理　128
第九节　蓝牙、WiFi、GPS电路工作原理　130
第十节　接口电路工作原理　133

智能手机维修设备　137

第一节　焊接设备的使用　137
第二节　直流稳压电源的使用　146

目 录

CONTENTS

第三节 数字式万用表的使用 148
第四节 数字示波器的使用 153

智能手机故障检查及维修方法 158

第一节 智能手机故障检查方法 158
第二节 智能手机故障维修方法 166
第三节 常见电路故障维修 169

华为手机工作原理与故障维修 174

第一节 射频电路工作原理与故障维修 174
第二节 应用处理器电路工作原理与故障维修 183
第三节 电源管理电路工作原理与故障维修 193
第四节 音频处理器电路工作原理与故障维修 205
第五节 显示、触摸电路工作原理与故障维修 213
第六节 传感器电路工作原理与故障维修 218
第七节 功能电路工作原理与故障维修 227

iPhone手机工作原理与故障维修 238

第一节 射频电路工作原理与故障维修 238
第二节 处理器电路工作原理与故障维修 258
第三节 电源管理电路工作原理与故障维修 271
第四节 音频电路工作原理与故障维修 287
第五节 显示、触摸电路工作原理与故障维修 300
第六节 传感器电路工作原理与故障维修 306
第七节 WiFi、蓝牙、NFC电路工作原理与故障维修 317
第八节 Face ID电路工作原理与故障维修 328

第一章
智能手机结构

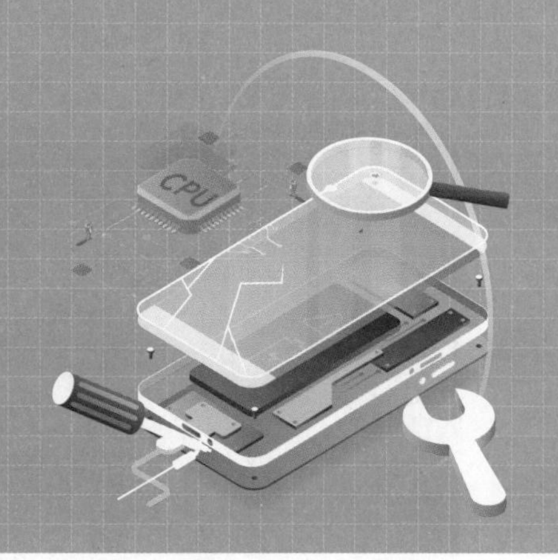

随着我国通信技术的发展，国产品牌手机已经崛起，随着制造工艺的发展，智能手机的功能越来越丰富。智能手机使用了更先进的 iOS 或 Android 操作系统，可以支持更多的频段和制式，使用了专门的处理器芯片，可以处理更多的多媒体应用程序。

第一节 智能手机的机械结构

智能手机的机械部分主要由屏幕组件、摄像头组件、扬声器组件、指纹组件、SIM 卡组件、电池组件、主板组件、外壳组件、FPC 组件等组成，打开智能手机外壳就可以看到智能手机的机械结构组件。

主板、外壳、FPC

屏幕组件

智能手机的机械机构如图 1-1 所示。

一、屏幕组件

智能手机的屏幕组件一般由显示屏和电容式触摸屏组成。屏幕组件是实现人机交互的重要组成部分。

智能手机的屏幕组件如图 1-2 所示。

1. 显示屏

显示屏是智能手机显示当前工作状态（电量、信号强度、时间日期、交互界面等状态信息）或输入人工指令的重要部件，位于智能手机正面的中央位置，是人机交互最直接的窗口。

2. 触摸屏

在智能手机中使用的触摸屏都是电容式触摸屏。电容式触摸屏技术是利用人体的电流感应进行工作的，在两层 ITO 导电玻璃涂层上蚀刻出两个互相垂直的 ITO 导电线路，当电流经过驱动线中的一条导线时，如果外界有电容变化的信号，那么就会引起另一条导线上电容节点的变化。电容值的变化可以通过与之相连的电子回路测量得到，再经 A/D 控制器转为数字信号，然后由应用处理器做运算处理取得（X，Y）轴位点，进而达到定位的目的。

图1-1 智能手机的机械机构

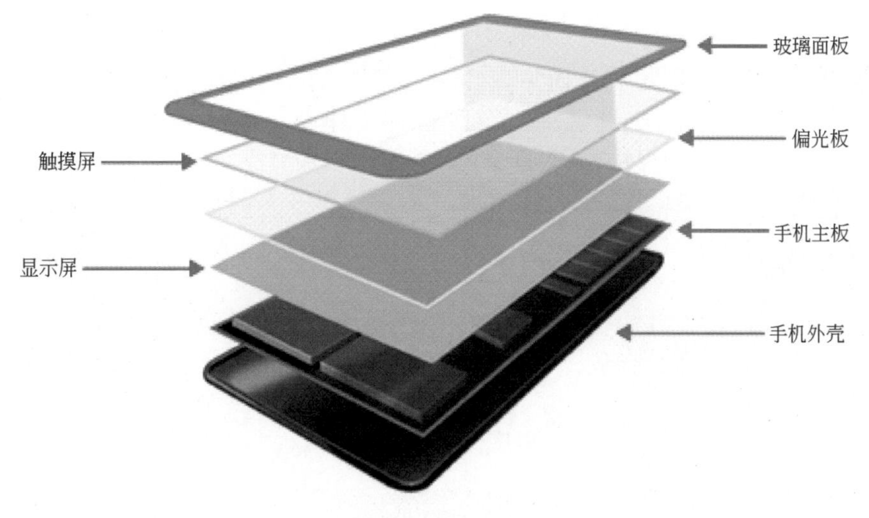

图1-2　屏幕组件

3. 屏幕组件参数

在智能手机中，与屏幕组件相关的参数主要有：屏幕尺寸、屏幕色彩、屏幕材质、分辨率等。

（1）屏幕尺寸

智能手机屏幕大小指的是智能手机屏幕对角线的长度，而这个长度的单位使用的是英寸（in）。如某智能手机屏幕对角线长为12.7cm，换算成英寸就是5in，也就表示这个智能手机是5.0寸的智能手机。英寸与厘米的换算关系：1in =2.54cm。

智能手机的屏幕尺寸如图1-3所示。

图1-3　屏幕尺寸

（2）屏幕色彩

屏幕颜色实质上即为色阶的概念。色阶是表示手机液晶显示屏亮度强弱的指数标准，也就是通常所说的色彩指数。

（3）屏幕材质

目前主流的智能手机屏幕材质可归结为两类：TFT-LCD与OLED。这两种屏幕从原理上讲有着本质的区别，LCD依赖的是背光面板，而OLED是自发光。

二、摄像头组件

智能手机的摄像功能指的是手机可以通过内置或外接的摄像头拍摄静态图片或录制短视频。作为智能手机的一项新的附加功能，手机的摄像功能得到了迅速的发展。智能手机的摄像功能离不开摄像头，摄像头是组成数码相机功能的重要部件。

摄像头组件捕捉的影像，通过数字信号处理芯片进行处理，送到应用处理器，再通过显示屏显示出来。

摄像头组件如图1-4所示。

图1-4　摄像头组件

摄像头、扬声器、指纹

三、扬声器组件

智能手机中的扬声器用来将模拟的电信号转换为声音信号。扬声器是一个电声转换器件，有时也称为喇叭。扬声器的特点是频率范围宽（20Hz～20kHz）、动态范围大、高音质、失真小。

扬声器组件如图 1-5 所示。

四、指纹组件

智能手机的指纹组件其实是一个电容式指纹模块，利用硅晶圆与导电的皮下电解液形成电场，指纹的高低起伏会导致二者之间的压差出现不同的变化，借此可实现准确的指纹测定。这种方式适应能力强，对使用环境无特殊要求，同时整个组件体积还比较小，因而使得该技术在手机端得到了比较好的推广。

指纹组件如图 1-6 所示。

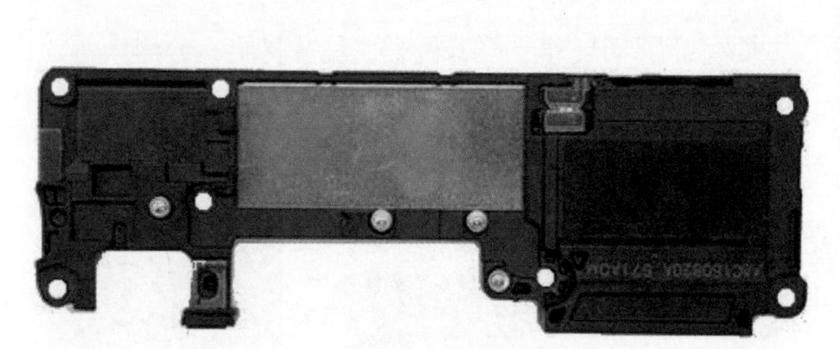

图1-5　扬声器组件

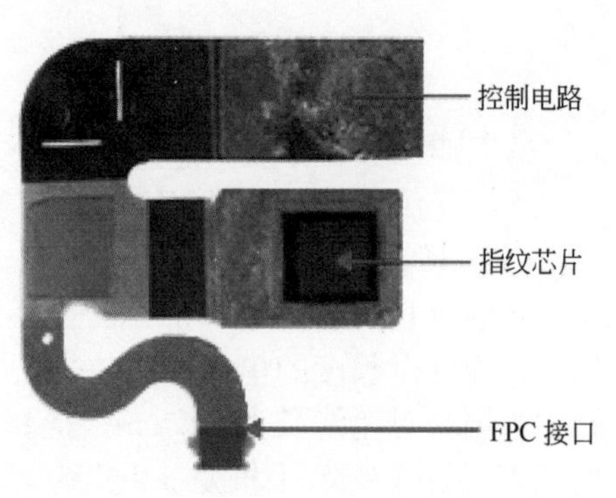

图1-6　指纹组件

五、SIM卡组件

智能手机的 SIM 卡组件实际上是一个能同时插入两张 SIM 卡或一张 SIM 卡、一张 TF 卡的组件。

SIM 卡是带有微处理器的芯片，内有 5 个模块，每个模块对应一个功能，分别是 CPU（8 位 /16 位 /32 位）、程序存储器 ROM、工作存储器 RAM、数据存储器 EEPROM 和串行通信单元。这 5 个模块集成在一块集成电路中。

这 5 个模块被胶封在 SIM 卡铜制接口后，与普通 IC 卡的封装方式相同。这 5 个模块必须集成在一块集成电路中，否则其安全性会受到威胁，因为芯片间的连线可能成为非法存取和盗用 SIM 卡的重要线索。

SIM 卡在与手机连接时，最少需要 5 个连接线，即电源（VCC）、时钟（CLK）、数据 I/O 口（DATA）、复位端（RST）、接地端（GND），还有一个编程（VPP），编程端口很少使用。

SIM 卡组件如图 1-7 所示。

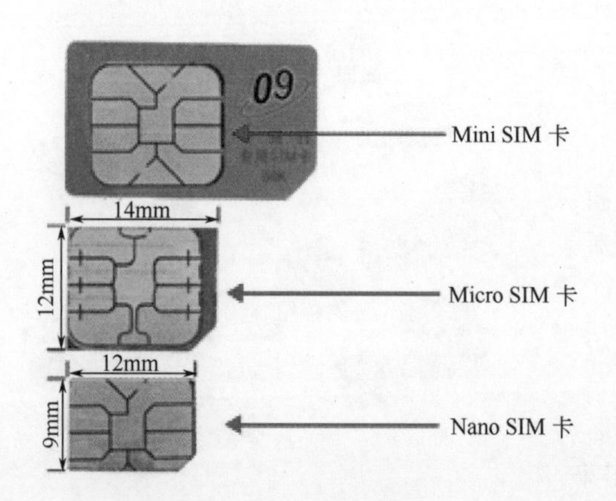

图1-7　SIM 卡组件

六、电池组件

智能手机电池是为手机提供电力的储能工具，由三部分组成：电芯、保护电路和外壳。mA•h 是电池容量的单位，中文名称是毫安•时。

目前手机电池一般为锂离子电池（有时也简称锂电池），正极材料为钴酸锂。标准放电电压 3.7V，充电截止电压 4.2V，放电截止电压 2.75V。电量的单位是 W•h（瓦•时），因为手机电池标准放电电压统一为 3.7V，所以也可以用 mA•h（毫安•时）来替代。这两类单位在手机电池上的换算关系是：以瓦•时为单位的数值 = 以安•时为单位的数值 ×3.7。

使用电池时应注意的是，电池放置一段时间后则进入休眠状态，此时容量低于正常值，使用时间也随之缩短；但锂离子电池很容易激活，只要经过 3～5 次正常的充放电循环就可激活电池，恢复正常容量。锂离子电池本身的特性决定了它几乎没有记忆效应。

智能手机电池如图 1-8 所示。

图1-8　智能手机电池

电池

七、主板组件

主板的英文缩写是 PCB（Printed circuit board，PCB）或 PWB（Printed wire board，PWB）。主板用绝缘材料作为基材，按照要求切成一定尺寸的板材（绝缘板上有铜箔），并根据布线要求进行打孔（如元件孔、紧固孔、金属化孔等），来实现电子元器件之间的相互连接。这种板是采用电子印刷技术制作的，故被称为“印刷”电路板。

主板是手机的重要组成部分，材质为多层绝缘板。它用作支撑各种元器件，并能实现它们之间的电气连接或电绝缘。手机的主板由 PCB 板、电阻、电容、电感、二极管、三极管、场效应管、接口器件、传感器、集成电路等元器件组成，用于实现内部和外部信号的处理及手机所有功能控制，包括显示、充电、开关机、功能应用等。

在手机中，主板通过多个接口排线和各个功能部件进行连接，例如：电源开关排线、屏幕排线、前置摄像头、主摄像头、耳机 / 听筒排线、触控排线、底部按键排线等。

在手机中，起到主导作用的是集成电路，每一个集成电路都有不同的功能，认识并了解每一个芯片的功能和外部电路结构，是掌握和学习智能手机电路原理和故障维修的必经之路。

智能手机主板如图 1-9 所示。

八、外壳组件

外壳是智能手机的重要组成部分，根据手机的设计不同可分为前壳、中壳、后壳等；有些手机只有前壳和后壳。

外壳的材质有塑料、金属、玻璃、陶瓷等，整体来看，塑料的聚碳酸酯手机外壳有着成本最低、对电磁没有干扰影响的优势，然而外观、硬度上与金属、玻璃、陶瓷外壳相比却又有一定的差距；金属材质的手机外壳各项指标都很好，但对电磁信号有屏蔽性；玻璃、陶瓷材质的外壳虽然外观、硬度上较好，但成本非常高。

智能手机外壳如图 1-10 所示。

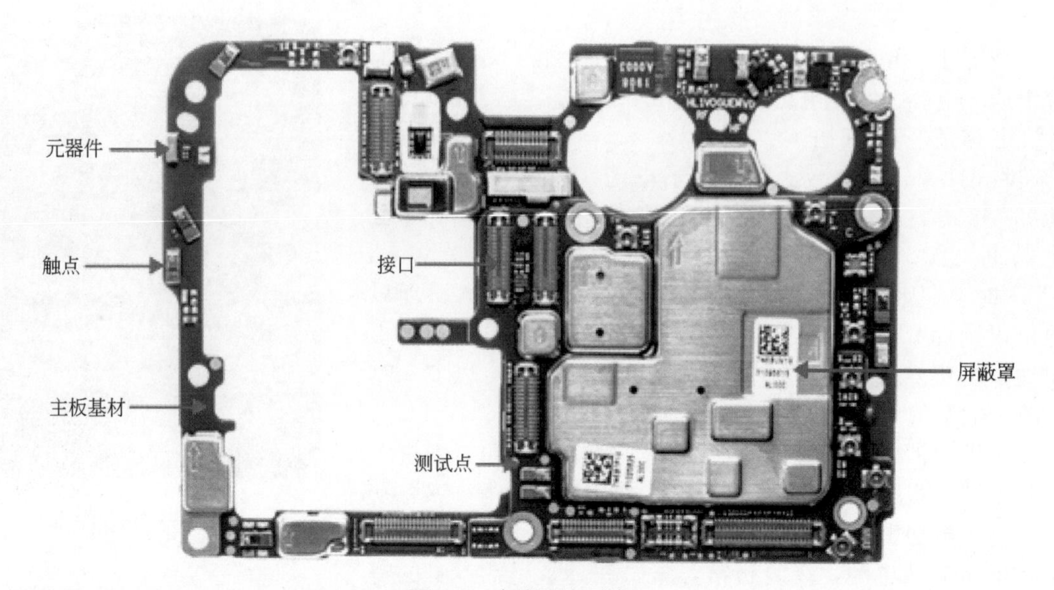

图1-9　智能手机主板

图1-10　智能手机外壳

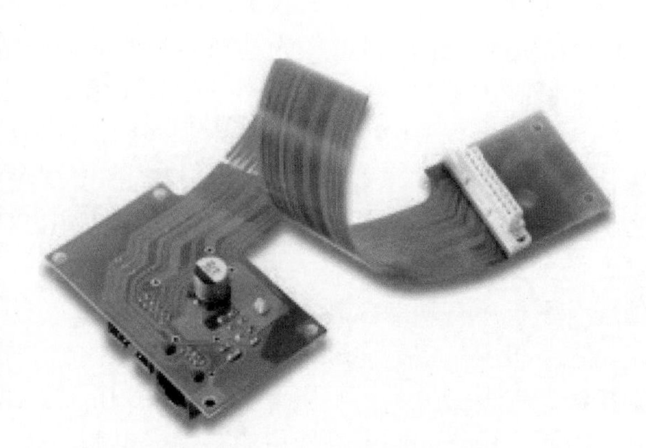

图1-11　智能手机FPC

九、FPC组件

柔性电路板（Flexible Printed Circuit，FPC）又称软性电路板、挠性电路板，是20世纪70年代美国为发展航天火箭技术发展而来的技术，是以聚酯薄膜或聚酰亚胺为基材制成的一种印刷电路板，通过在可弯曲的塑料片上嵌入电路，在狭小的有限空间中摆放大量精密元件，从而形成可弯曲的柔性电路。

FPC在手机中的应用非常广泛，一是做简单的电路连接，比如我们常说的手机屏幕“排线”；二是做复杂的电路连接，就是手机两块主板之间的电路连接等。

智能手机的FPC如图1-11所示。

第二节 智能手机的电路结构

智能手机的电路结构可以分为射频处理器、基带处理器、应用处理器、存储器电路、电源管理电路、音频处理器、显示触摸电路、传感器电路、摄像处理电路、功能电路、接口电路等。

智能手机电路结构由主板来承载。主板是非常重要的部件，它与各部件之间通过 FPC 或触点进行连接。主板完成了智能手机的所有电路功能，智能手机信号的输入、输出、处理、发送，以及整机的供电、控制等工作都需要主板来完成。

智能手机的电路结构如图 1-12 所示。

智能手机的硬件构成如图 1-13 所示。

整机结构

一、射频处理器

射频处理器在智能手机中的作用非常重要，完成了多频段信号的接收和发射、信号的调制和解调功能。

射频处理器电路由射频天线开关、射频接收电路、射频发射电路、射频信号处理电路等组成。

射频处理器、应用处理器　　其他电路结构

二、处理器

Android 系统的手机大部分采用单处理器结构，为了描述方便，本书把应用处理器、基带处理器、存储器放在一起讲解。

iOS 系统的手机大部分采用双处理器结构，与 Android 系统相比，它们各有优缺点，在此不再赘述。

1. 基带处理器

基带处理器是智能手机的重要部件，相当于协议处理器，负责数据处理与储存，主要组件为中央处理器（CPU）、数字信号处理器（DSP）、存储器（SRAM、ROM）等单元。

基带处理器中 CPU 的基本作用是完成以下两个功能：一个是运行通信协议物理层的控制码；另一个是控制通信协议的上层软件，包括表示层或人机界面（MMI）。DSP 的基本作用是完成物理层大量的科学计算功能，包括信道均衡、信道编解码以及电话语音编解码。存储器存储基带处理器运行的数据和程序。

基带处理器生产厂家全球只有 7 家，分别是高通、英特尔、华为、联发科、展讯、中兴、三星。

2. 应用处理器

应用处理器的全名叫作多媒体应用处理器（Multimedia Application Processor），简称 MAP。它是在低功耗 CPU 的基础上扩展音视频功能和专用接口的超大规模集成电路。

应用处理器是伴随着智能手机而产生的，刚开始是以协处理器的地位出现在智能手机中，但这种情况很快就发生了变化。随着智能手机技术的发展，应用处理器很快在智能手机中占领了主导地位。

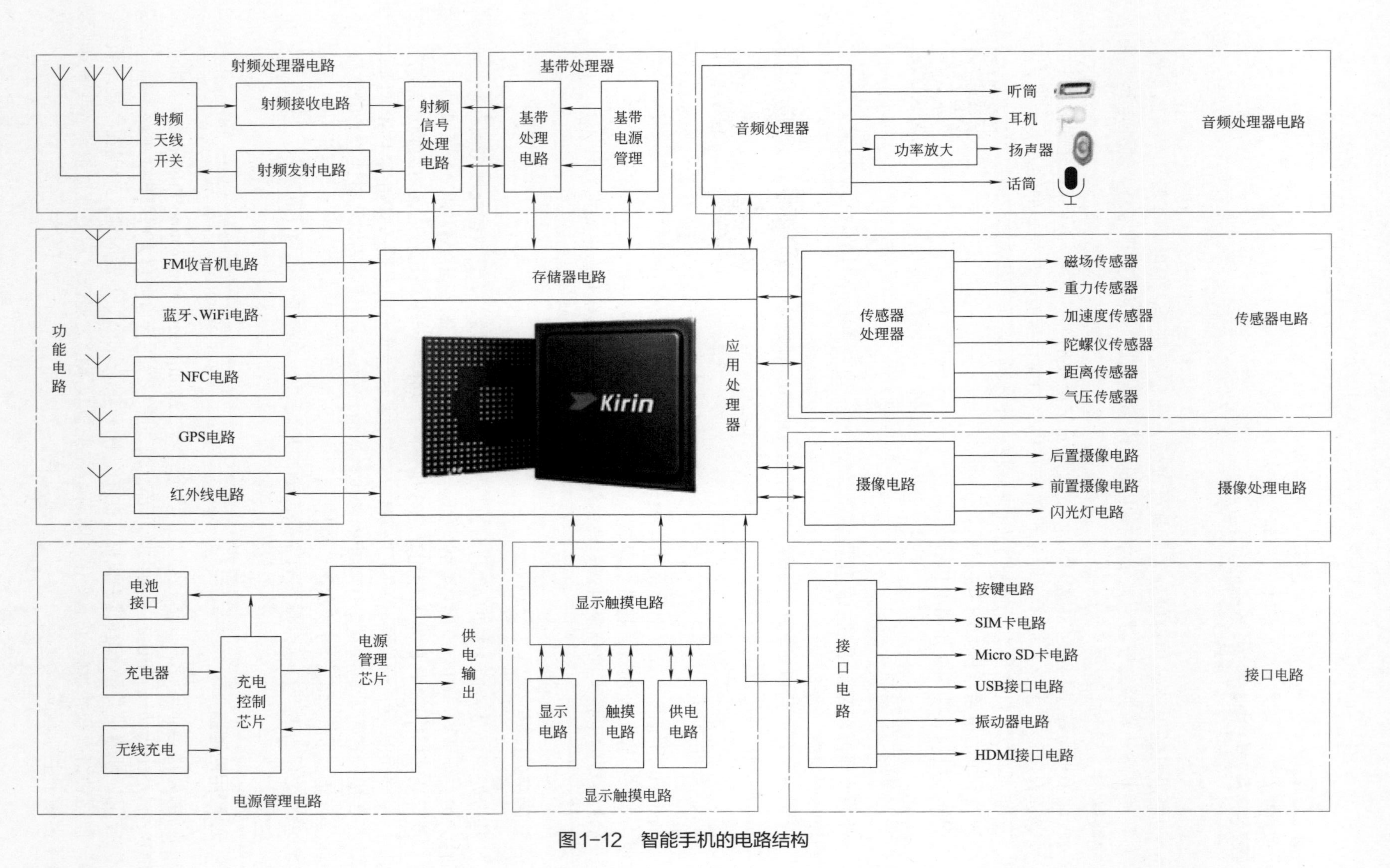

图1-12 智能手机的电路结构

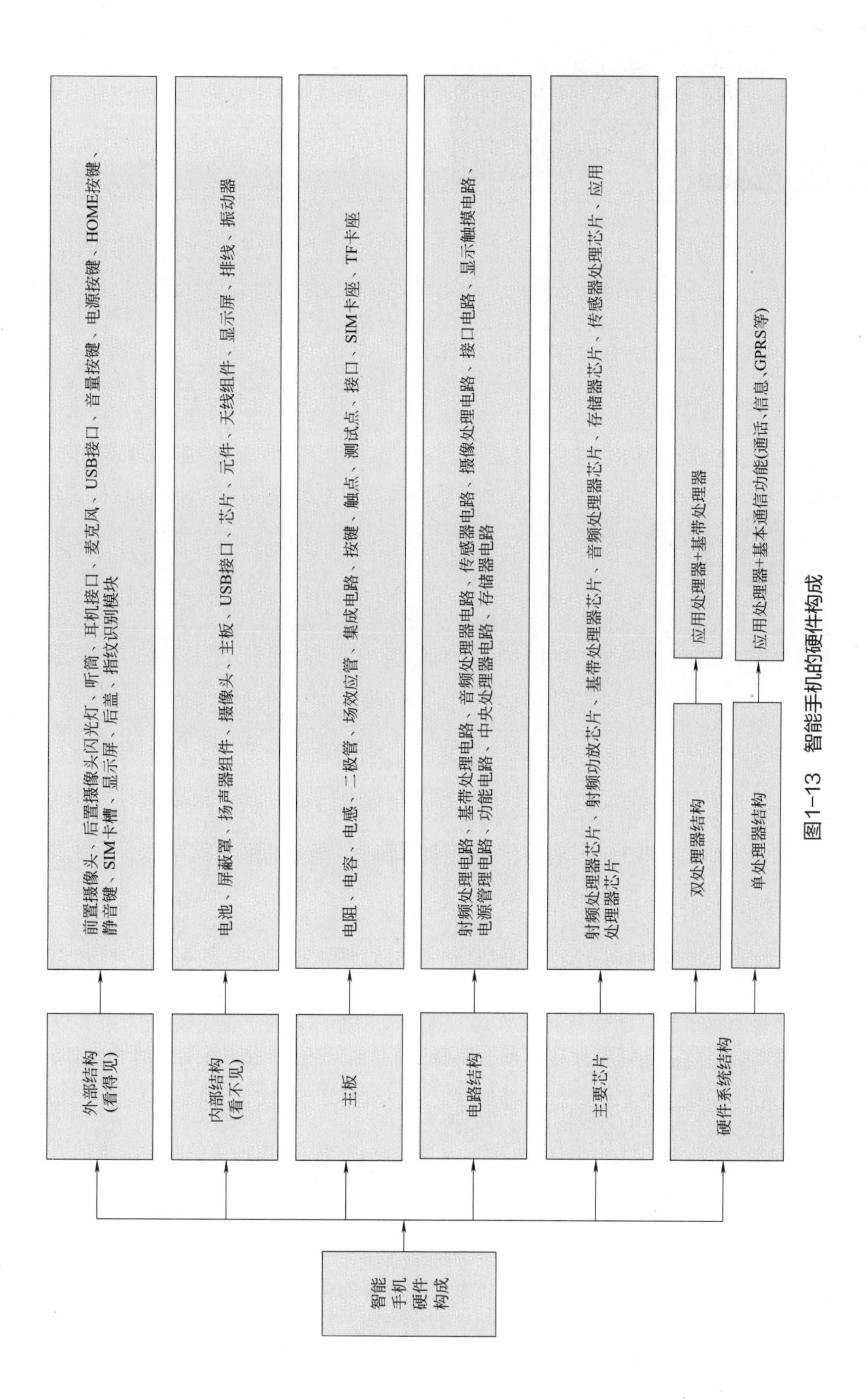

图1-13 智能手机的硬件构成

图1-14　常见应用处理器

智能手机应用处理器生产厂家有八家，分别是高通、联发科（MTK）、海思麒麟、苹果、德州仪器、三星 Exynos（猎户座）、松果、英伟达。

常见应用处理器如图 1-14 所示。

3. 存储器

手机内存一般分为：RAM 和 ROM。RAM 运行内存，通常是作为操作系统或其他正在运行程序的临时存储介质，也称作系统内存。ROM 则是机身存储空间，主要包含自身系统占据的空间和用户可用的空间两部分。ROM 相当于 PC 机上的硬盘，用来存储和保存数据。

三、电源管理电路

电源管理电路在智能手机电路中至关重要，它所起的作用是为智能手机各个单元电路、功能电路提供稳定的直流电压，负责对电池进行充电。如果该电路出现问题，将会造成整个电路工作不稳定，甚至造成智能手机无法开机。

四、音频处理器

智能手机的音频处理电路负责处理手机声音信号，负责接收和发射音频信号，是智能手机音频处理的关键电路。

音频处理器主要由接收音频电路、发射音频电路、数字语音信号处理电路、D/A 及 A/D 转换电路、送话电路、听筒电路、耳机电路、音频放大电路等组成。

五、显示触摸电路

智能手机中，显示触摸电路由显示屏及触摸屏、供电电路、背光电路、控制电路、接口电路等组成，完成了触摸指令的执行及智能手机各种状态的显示工作。

六、传感器电路

随着技术的进步，智能手机已经不再是一个简单的通信工具，而是具有综合功能的便携式电子设备。

智能手机的虚拟功能，比如交互、游戏，都是通过处理器强大的计算能力来实现的，但是与现实结合的功能，则是通过传感器来实现的。目前我们使用的智能手机中，一般都会有十个以上的传感器，这些传感器将外部环境的信息转换为信号送到智能手机内部，经过信号处理后在屏幕上显示出来或执行相应的指令。

传感器电路由磁场传感器、重力传感器、加速度传感器、陀螺仪传感器、距离传感器、气压传感器等组成。

七、功能电路

智能手机的功能电路是为实现部分功能应用而设计的电路。不同的手机的功能电路和设计也各不相同，例如 FM 收音机电路、WiFi/ 蓝牙电路、NFC 电路、GPS 电路、红外线电路等。

八、接口电路

智能手机的接口电路是手机内部与外部设备进行信息交互的桥梁，主要完成人机之间的交互功能。接口电路包括：按键电路、SIM 卡电路、Micro SD 卡电路、USB 接口电路、振动器电路、HDMI 接口电路等。

第三节 智能手机操作系统

智能手机操作系统

智能手机的操作系统是一种运算能力及功能比传统手机更强的操作系统。它们之间的应用软件互不兼容。因为可以像个人电脑一样安装第三方软件，所以智能手机有丰富的功能。智能手机能够显示与个人电脑一致的正常网页。它具有独立的操作系统以及良好的用户界面，拥有很强的应用扩展性，能方便随意地安装和删除应用程序。

图1-15　iOS系统图标

目前应用在智能手机上的操作系统主要有 Android（谷歌）、iOS（苹果）、Harmony（鸿蒙）、Windows phone（微软）、Symbian（诺基亚）、BlackBerry OS（黑莓）、Web os、Windows mobile（微软）等。

一、苹果公司iOS系统

iOS 系统是由苹果公司为 iPhone 开发的操作系统，主要供 iPhone、iPod Touch、iPad 及 Apple TV 使用。就像其基于的 Mac OS X 操作系统一样，它也是以 Darwin 为基础的。原本这个系统名为 iPhone OS，直到 2010 年 6 月 7 日在 WWDC 大会上宣布改名为 iOS。

iOS 系统图标如图 1-15 所示。

iOS 系统由两部分组成，即操作系统和能在 iPhone 等设备上运行原生程序的技术。iPhone 是为移动终端开发的，所以要解决的用户需求就与 Mac OS X 有些不同，尽管在底层的实现上 iPhone 与 Mac OS X 共享了一些技术。

图1-16　iOS系统界面

iOS 系统最主要的用户体验和操作性都是依赖于能够使用多点触控直接操作这一功能。用户通过与系统交互，包括滑动、轻按、挤压及旋转等方式完成所有操作，这些设计的核心都来源于乔布斯的一句话：“我所需要的手机只有一个按键。”

iOS 系统界面如图 1-16 所示。

二、谷歌公司Android系统

Android 系统是一种基于 Linux 的自由及开放源代码的操作系统，主要使用于移动设备，如智能手机和平板电脑。

Android 操作系统最初由 Andy Rubin 开发，主要支持手机，2005 年 8 月由谷歌收购注资。2007 年 11 月，谷歌与 84 家硬件制造商、软件开发商及电信营运商组建开放手机联盟共同研发改良 Android 系统。随后谷歌以 Apache 开源许可证的授权方式，发布了 Android 的源代码。

图1-17　Android系统图标

第一部 Android 智能手机发布于 2008 年 10 月。随后 Android 逐渐扩展到平板电脑及其他领域上，如电视、数码相机、游戏机、智能手表等。

Android 系统图标如图 1-17 所示。

Android 系统在操作与整体界面上很像 iPhone 和 BlackBerry 的混合体。它绝大部分功能依靠触摸屏即可轻松搞定，但依旧保留了轨迹球和菜单，此外还沿用了手机惯用的 Home 及 Back 按钮。当然更为重要的是 Android 秉承了谷歌的一贯作风，选择开源模式，这也是其如此受欢迎的最主要的原因，同时其也与谷歌的相关服务（如 Gmail 和 Google Calendar）进行了紧密的集成。

Android 系统界面如图 1-18 所示。

图1-18　Android系统界面

三、华为公司Harmony系统

2019 年 8 月 9 日，华为在东莞举行华为开发者大会，正式发布操作系统鸿蒙 OS（Harmony）。鸿蒙 OS 是面向未来、基于微内核的面向全场景的分布式操作系统，它将适配手机、平板、电视、智能汽车、可穿戴设备等多终端设备。

Harmony 系统是基于微内核的全场景分布式 OS，可按需扩展，实现更广泛的系统安全；主要用于物联网，特点是低时延，甚至可到毫秒级乃至亚毫秒级。

Harmony 系统实现模块化耦合，对应不同设备可弹性部署。Harmony 系统有三层架构，第一层是内核，第二层是基础服务，第三层是程序框架 。Harmony 系统可用于大屏、PC、汽车等各种不同的设备上。

Harmony 系统图标如图 1-19 所示。

图1-19　华为Harmony系统图标

第四节 智能手机的拆装机工艺

拆装机工艺是维修智能手机的基础，要想快速地拆装智能手机，必须有一套得心应手的工具，还要对手机的结构有基本的了解。

一、基本拆机工具

1. 螺丝刀（螺钉旋具）

螺丝刀也叫改锥、螺丝批或者起子。

（1）常见螺丝刀外形

手机维修用螺丝刀一般由防静电手柄及刀头组成。刀头根据螺钉形状有多种外形。手柄一般为塑胶材料，刀头一般为铬钒钢材料。刀头一般都有磁性，用于吸住细小的螺钉。

常见螺丝刀外形如图 1-20 所示。

（2）手机维修用螺丝刀的选择

在手机维修工作中，至少要准备几把质量较好的螺丝刀，建议不要选择手机拆机工具套装。这种套装的工具可以在业余维修时使用，由于要频繁更换刀头，不适合专业维修使用。

手机拆机工具套装如图 1-21 所示。

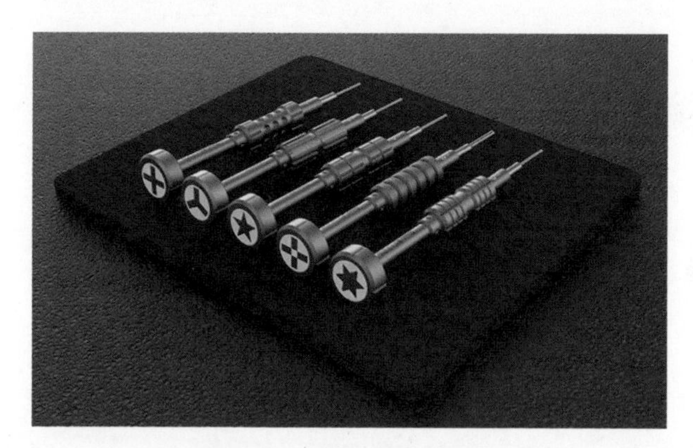

图1-20　常见螺丝刀外形

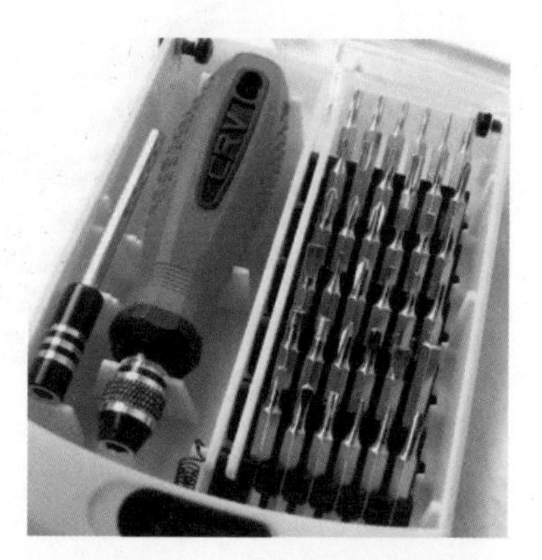

图1-21　手机拆机工具套装

（3）螺丝刀使用操作方法

在拆卸手机外壳时，要将手机放在维修桌面上，注意不要一只手拿手机，另一只手拿螺丝刀，防止用力不均造成手机脱落掉在地上或螺丝刀滑动划伤手机外壳表面。

在拆卸螺钉时，要选择合适的螺丝刀，不能用其他工具代替，避免螺钉滑丝。使用螺丝刀时，螺丝刀要垂直于手机，用力轻轻下按，防止工具在使用过程中脱牙与滑动引起滑丝。

拆下的螺钉，如果使用螺丝刀的磁性无法从螺钉孔内吸出来，可以使用镊子轻轻夹出来，尽量不要翻过手机来磕，这样操作有可能造成手机主板变形或意外损坏。

2. 镊子

在手机维修中使用的镊子有尖头镊子和弯头镊子，主要用来夹取螺钉和机器的小元件。除此之外，镊子不能再做其他用途使用，例如拆卸外壳、撬动屏蔽罩，这些都是不允许的，可能会造成镊子变形、断裂等。

手机维修中常用的镊子如图 1-22 所示。

手机维修中使用的镊子主要为防静电镊子，这种镊子采用碳纤维与特殊塑料混合而成，弹性好，经久耐用，不掉灰，耐酸碱，耐高温，可避免传统防静电镊子因含炭黑而污染产品，适用于晶体管、集成电路等精密电子元件生产使用。

3. 拆机辅助工具

手机前后壳除了用螺钉固定外，还用了卡扣固定。在拆卸外壳时，使用比较多的辅助工具是拆机拨片和拆机撬棒，这两个辅助工具的作用是撬开手机前后壳之间的卡口，分离前后壳，同时避免在外壳上留下撬痕。

（1）拆机拨片

拆机拨片是一种拆卸手机外壳的辅助工具，呈多边形。拆机拨片材料一般为塑料、不锈钢材质，另外也可以使用吉他拨片来代替。

拆机拨片的外形如图 1-23 所示。

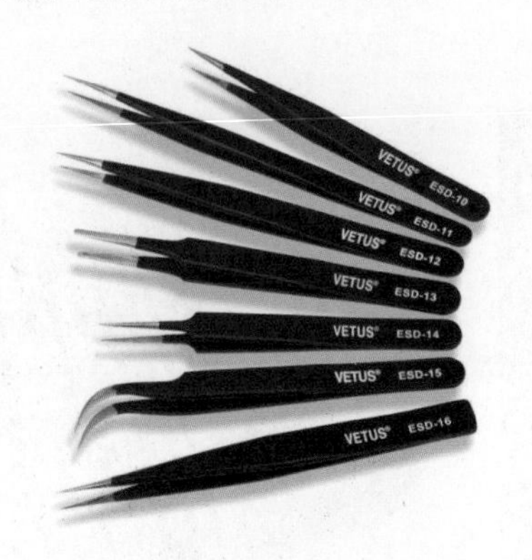

图1-22　手机维修中常用的镊子

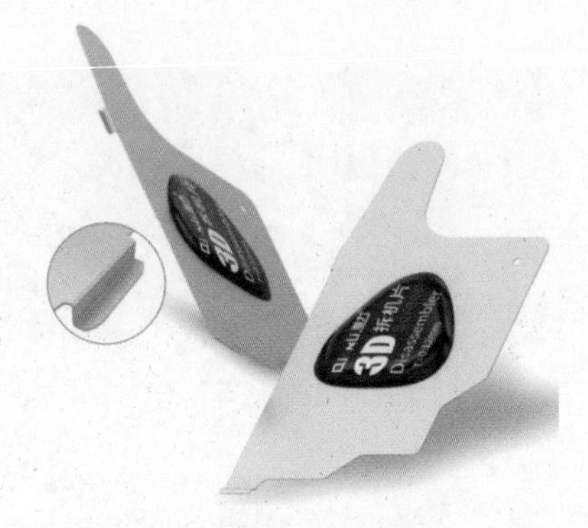

图1-23　拆机拨片的外形

拆机拨片用法很简单，右手的食指和拇指捏住拆机拨片，左手握紧手机，注意，不要前后壳一起握住，要握紧前壳，后壳不要握得太紧。

将拨片插入手机缝隙中，轻轻地划，碰到卡扣的地方会有阻力，这时候将拨片往里压一下，但不能用力太大，听到“咔哒”的声音的时候，说明卡扣已经脱离，继续下一个卡扣的处理。

使用拆机拨片的技巧：一般有螺钉的部位都没有卡扣，卡扣的位置一般在两个螺钉之间或者手机顶部，插入卡片的位置一般选择螺钉位置，拆下螺钉以后，手机会有缝隙，从缝隙内插入拨片，然后再将卡扣撬开。

使用拨片拆机的方法如图 1-24 所示。

（2）毛刷和洗耳球

毛刷的用途很简单，就是清理手机内部的灰尘，尤其是角角落落的灰尘。手机受潮后，这些灰尘就会起到导电作用，降低电路性能，影响散热，而且灰尘还会导致按键接触不良等问题。

手机维修用毛刷如图 1-25 所示。

图1-24　使用拨片拆机的方法

图1-25　手机维修用毛刷

洗耳球也称作吸耳球、吹尘球、皮老虎、皮吹子，是一种橡胶为材质的工具仪器，底部是球形气囊，顶部是细管状气嘴，用于快速将大量气体吸入排出。洗耳球最初用于医院治疗耳部疾病，游泳后吸取耳内的进水，现在一般多用于吹走怕湿物体上的灰尘，例如清除键盘、电路板上的灰尘。

洗耳球在手机维修中主要用来清除手机主板上的灰尘。手机维修用洗耳球如图 1-26 所示。

图1-26 手机维修用洗耳球

二、智能手机拆装机工艺

下面我们以华为 P30 Pro 手机为例，介绍智能手机拆装机工艺。华为 P30 Pro 手机采用一块 6.47in 的 FHD+OLED 屏幕，搭载麒麟 980 处理器，支持双 NPU 和 Mali-G76 MP10 GPU，最高 8GB+512GB 存储组合，主摄像头采用徕卡四摄，分别是 4000 万像素广角镜头、2000 万像素超广角镜头、800 万像素长焦镜头以及 ToF 镜头，另外前置摄像头采用了 3200 万像素镜头。华为 P30 Pro 采用了独特的磁悬发声技术和屏幕指纹，支持 USB-C 华为超级快充和 IP68 防水防尘。

1. 拆卸后壳

刚开始拆机时整个玻璃后壳和中框贴合得非常紧密，肉眼几乎看不到缝隙，说明华为手机的做工还是非常不错的。

将华为 P30 Pro 手机放在加热平台上进行加热，等密封胶变软以后，先用拆机拨片分离后壳和中框的胶，然后再使用开合器分离后壳。

拆卸后壳如图 1-27 所示。

图1-27 拆卸后壳

2. 拆卸无线充电线圈

拆下玻璃后壳以后，首先看到的是与主板连接的无线充电线圈。华为 P30 Pro 手机的无线充电线圈支持 15W 无线快充以及反向充电，反向充电既可以为手机充电，也可以为鼠标、电动牙刷、电动剃须刀等其他支持无线充电的设备充电。

拆卸无线充电线圈如图 1-28 所示。

图1-28 拆卸无线充电线圈

3. 拆卸摄像头

华为 P30 Pro 手机内共有五个摄像头：左上角有 4 个，依次是 2000 万像素超广角镜头、4000 万像素广角镜头、ToF 镜头、800 万像素长焦镜头；右上角有 1 个，为 3200 万像素前置摄像头。所有摄像头的拆卸相对而言比较方便，只有一根排线与主板相连。

拆卸摄像头如图 1-29 所示。

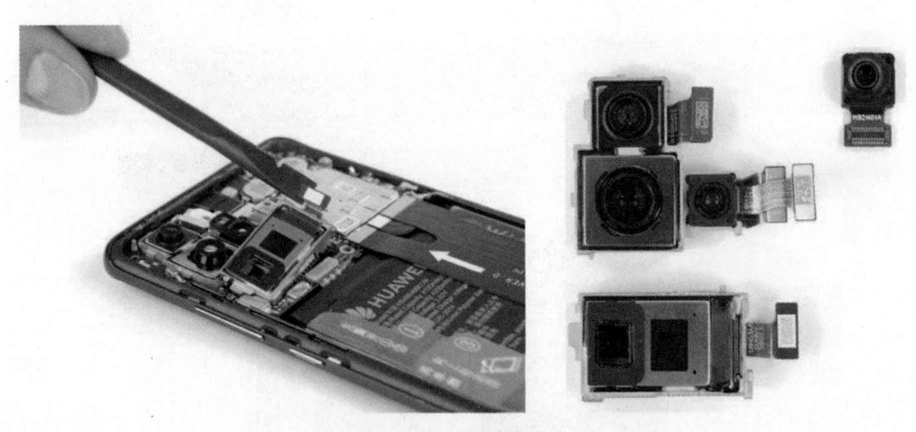

图1-29 拆卸摄像头

华为 P30 Pro 的五个摄像头已经占据了主板的很大一部分空间，所以华为 P30 Pro 手机的主板被设计得极其紧凑。

4. 拆卸主板

华为 P30 Pro 手机的主板采用了多层 PCB 构造，由两块板堆在一起组成。

取下主板上所有 PFC 卡扣，就可以将主板取下来，如图 1-30 所示。

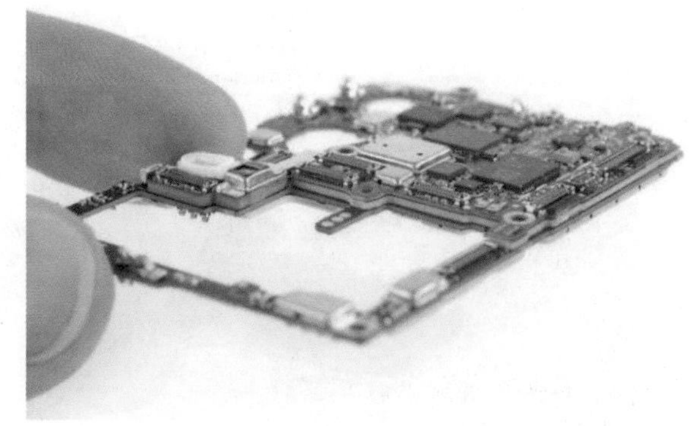

图1-30 拆卸主板

将华为 P30 Pro 核心部分的保护片取下，出现在我们眼前的一面：红色部分是 SK 海力士的 H9HKNNNFBMAU LPDDR4X 存储芯片，华为麒麟 980 处理器则位于这个存储芯片下；橙色部分是美光 JZ064 MTFC128GAOANAM-WT 128 GB 闪存；黄色部分是海思 HI6405 音频芯片。另外一面：绿色的两部分是海思 HI6363 GFCV100 射频收发器；浅蓝色部分是 Skyworks 78191-11 用于 WCDMA/LTE 的前端模块；深蓝色部分是 Qorvo 77031 前端模块。

主板元件分布图如图 1-31 所示。

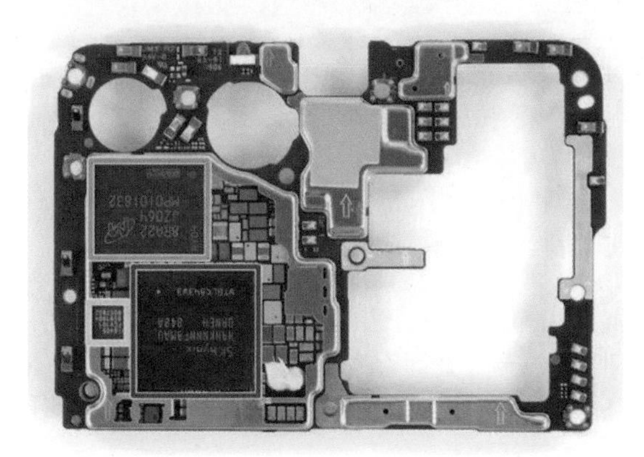
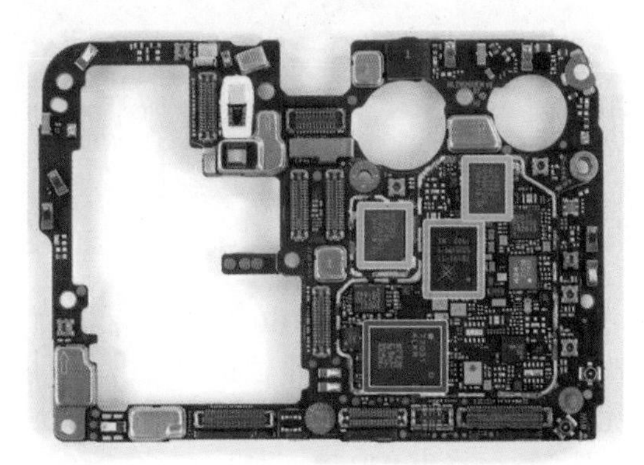

图1-31 主板元件分布图

5. 拆卸扬声器

华为 P30 Pro 手机采用磁悬发声技术，它的工作方式与振动扬声器类似，通过玻璃屏幕振动发声。

这一模块中间的驱动部分有一个磁铁线圈，它与玻璃屏幕部分相连，紧紧地粘在显示器背面。华为 P30 Pro 的磁悬发声模块通过两颗螺钉固定在金属框架上。

拆卸扬声器如图 1-32 所示。

6. 拆卸屏幕指纹模块

要拆下华为 P30 Pro 的屏幕指纹模块，就先要拆下华为 P30 Pro 长长的排线，这根排线与 USB-C 接口相连。USB-C 接口一侧是华为 P30 Pro 手机的 SIM 卡 /NV 存储卡模块，另一侧则是扬声器模块。扬声器模块也是采用模块化设计的。

拆卸排线如图 1-33 所示。

图1-32　拆卸扬声器

图1-33　拆卸排线

拆掉排线后，华为 P30 Pro 的指纹传感器就漏出来了，这个指纹传感器位于接近手机底部边缘的位置，看起来很像摄像头。这个屏幕指纹传感器采用汇顶 GM185 光学传感器。实际上华为 P30 Pro 本身的屏幕指纹模块就是一个光学传感器，严格来说，加上这个屏幕指纹识别模块，华为 P30 Pro 手机内有 6 个摄像头。

拆卸指纹传感器如图 1-34 所示。

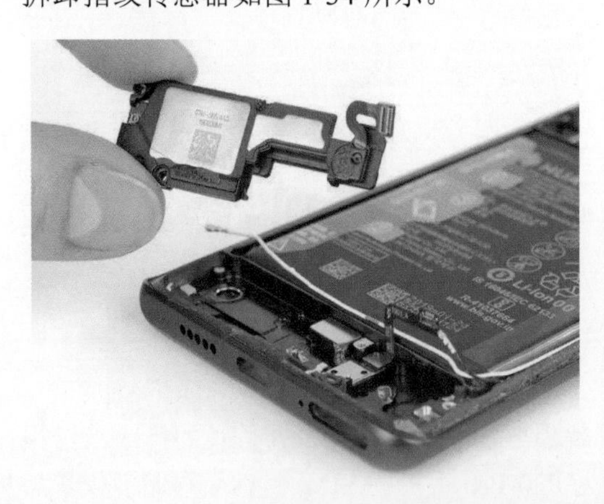

图1-34　拆卸指纹传感器

指纹传感器外形如图 1-35 所示。

图1-35 指纹传感器外形

7. 拆卸手机电池

华为 P30 Pro 手机电池部分相对而言非常好处理，电池旁边有专门的拉环，电池拉环的提示要求按步骤撕掉①、②部分，然后拉起③，实际上①和②并没有什么用处。

拆卸手机电池如图 1-36 所示。

图1-36 拆卸手机电池

8. 拆卸手机屏幕

华为 P30 Pro 手机的磁悬发声单元是穿过手机的框架直接与屏幕相连的，因此屏幕的拆卸难度要比其他手机难度要大一些，而且屏幕组件都是玻璃材质且有大量的胶水粘连，需要对后盖加热后再进行拆卸。

拆卸手机屏幕如图 1-37 所示。

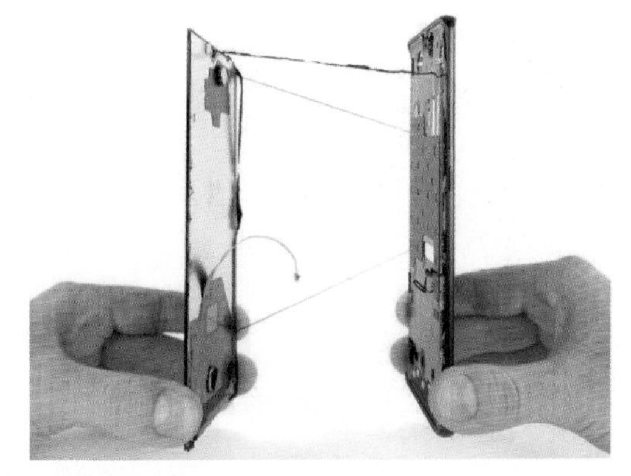

图1-37 拆卸手机屏幕

华为 P30 Pro 手机屏幕部分有大面积的散热铜片，同时在手机的框架上也有导热贴纸，屏幕面板和中框之间使用胶水粘合，拆卸难度较大。

拆卸后的屏幕组件如图 1-38 所示。

图1-38　拆卸后的屏幕组件

三、注意事项

在整个拆机过程中，不必担心有螺钉的部位，最担心的是双面胶，有些部件使用双面胶进行固定，如果用力太小，不容易取下来，用力大了又担心拆坏了。

在大部分的手机中，显示屏和主板的固定大多使用双面胶，现在手机的显示屏一般在五英寸以上，面积越大越难拆卸，稍微不注意，显示屏就裂开了。本来是一个简单的小问题，结果还损坏了一个显示屏，实在是不划算。对于这种情况，我们可以采用如下办法。

用镊子蘸一点酒精，滴在显示屏和主板的缝隙里，就是有双面胶的位置，四个面都要滴一点进去，不要滴得太多，滴多了就会流到显示屏里面去，看起来就会有阴影。

等酒精把双面胶都浸过来的时候，准备取显示屏，由于双面胶没有了黏性，操作就简单多了。对于其他使用双面胶的部件也可以采用这个办法。

另外，在取显示屏的时候，显示屏表面最好贴一层保护膜，一方面避免划伤显示屏，另一方面防止手上的脏东西弄到显示屏上去。

第二章 智能手机元器件

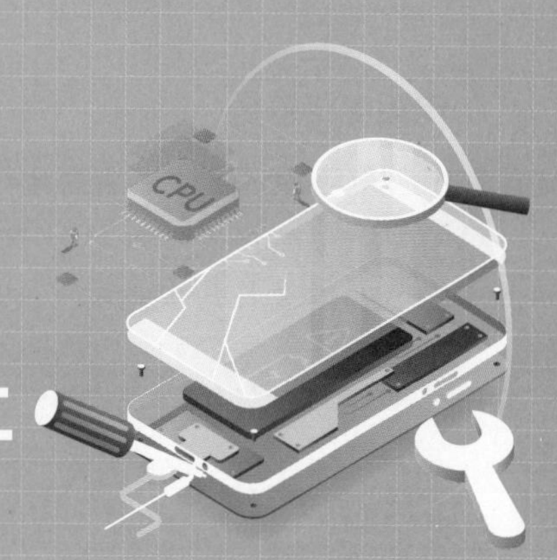

第一节 智能手机基本元件

电阻、电容、电感是电子产品中最基本、最常用的电子元器件，也是智能手机主板的重要组成部分，只有掌握它们的工作原理才能更好地学习手机维修技术。

一、电阻

智能手机主板上使用的电阻主要是贴片电阻。贴片电阻是金属玻璃釉电阻器中的一种，是将金属粉和玻璃釉粉混合，采用丝网印刷法印在基板上制成的电阻器，具有耐潮湿、耐高温、温度系数小等特点。

1. 电阻外形结构

电阻的阻值有些标注在电阻的表面，有些不标注；未标注阻值的电阻需要查阅手机电路原理图或通过测量才能获得其具体阻值。

贴片电阻的表面为黑色，底部为白色，精密电阻表面也有其他颜色。贴片电阻的外形呈矩形薄片状，引脚在元器件的两端。

贴片电阻外形结构如图 2-1 所示。

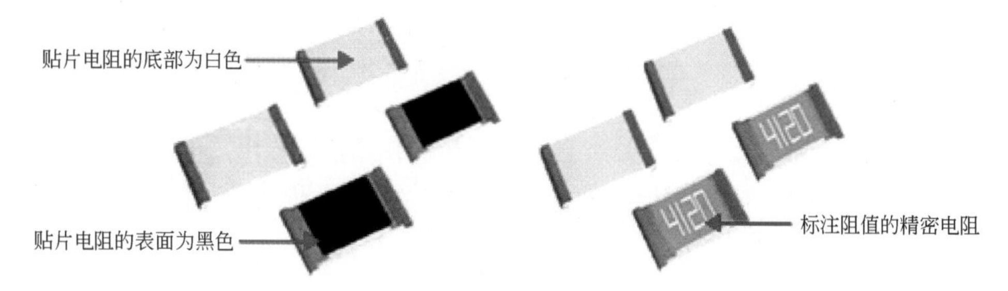

图2-1 贴片电阻外形结构

2. 电阻电路符号

在手机电路原理图中，各种电子元件都有它们特定的表达方式，即元器件电路符号。

电阻电路符号通常如图 2-2 所示，左边是欧美标准中电阻的符号，右边是国标中电阻的符号。注意，左边电阻符号不要与电感符号相混淆。

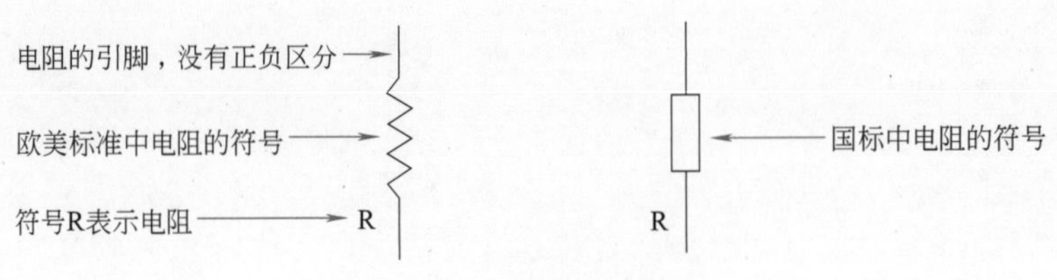

图2-2　电阻电路符号

3. 电阻工作原理

在物理学中，电阻表示导体对电流阻碍作用的大小。导体的电阻越大，表示导体对电流的阻碍作用越大，和河道中拦河坝一样，建的越高对河流的阻力越大。不同的导体，电阻也不同，电阻是导体本身的一种特性。电阻的主要物理特性是将电能变为热能，是一个耗能元件，电流经过它就会产生热能。当流经它的电流过大时，它会发热直至烧坏。

对信号来说，交流信号与直流信号都可以通过电阻，但会有一定的衰减。换句话说，电阻对交流信号和直流信号的阻碍作用是一样的。这样也方便分析交直流电路中电阻的作用。

（1）欧姆定律

导体的电阻是它本身的一种性质，其大小取决于导体的长度、横截面积、材料和温度，即使它两端没有电压，没有电流通过，它的阻值也是一个定值。这个定值在一般情况下，可以看作是不变的。对于光敏电阻和热敏电阻来说，电阻值是不定的。对于一般的导体来讲，还存在超导的现象，这些都会影响电阻的阻值。

在同一电路中，导体中的电流跟导体两端的电压成正比，跟导体的电阻值成反比，这就是欧姆定律，基本公式是 $I=U/R$。式中，电流 I 的单位是安培（A），电压 U 的单位是伏特（V），电阻 R 的单位是欧姆（Ω）。

（2）电阻的串并联

1）电阻的串联

两个电阻首尾相接中间没有分支，就是电阻的串联。在串联电阻电路中，经过每个电阻的电流一样，但每个电阻两端的电压不同。如图 2-3 所示，电阻串联后的总电阻增大（AB 间的电阻），$R_{总}=R_1+R_2$。

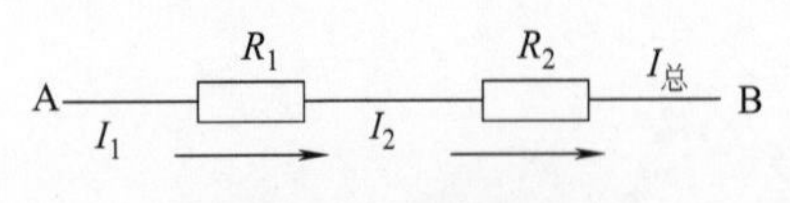

图2-3　电阻串联

在图 2-3 所示串联电路中，流经 R_1 的电流 I_1 等于流经 R_2 的电流 I_2，等于总电流 $I_{总}$。

2）电阻的并联

若两个或几个电阻的连接方式是首首相连、尾尾相连，则为电阻的并联。在并联电阻电路中，每个电阻两端的电压一样，但流过每个电阻的电流一般不同。如图 2-4 所示，并联电阻的总电阻减小（AB 的电阻）。

$$1/R_{总}=1/R_1+1/R_2$$

在图 2-4 所示并联电路中，流经 R_1 的电流 I_1 和流经 R_2 的电流 I_2 之和等于总电流 $I_{总}$。

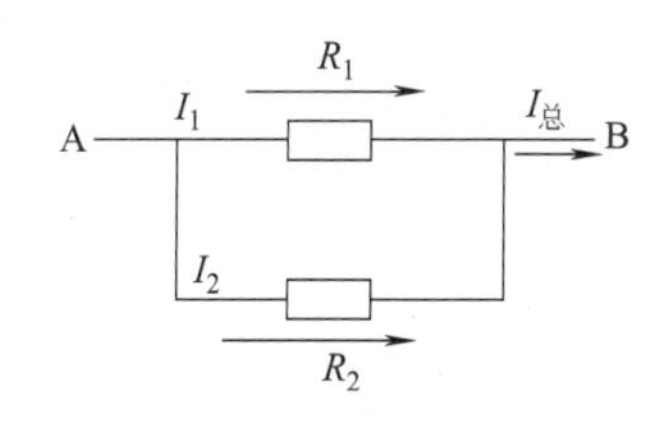

图2-4　电阻并联

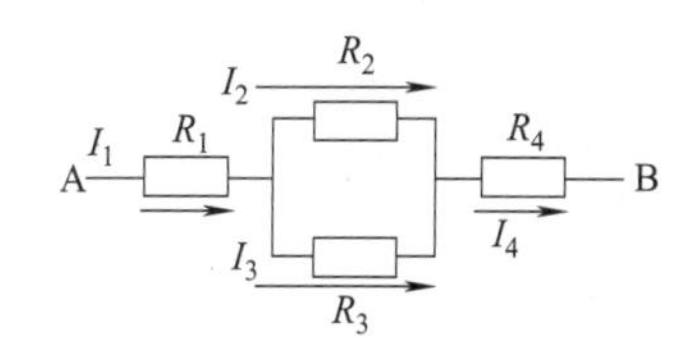

图2-5　电阻混联

3）电阻的混联

在实际电路中，电阻的并联与串联有时是同时存在的，如图 2-5 所示，电阻的串并联关系是：R_2 和 R_3 并联，然后再与 R_1、R_4 串联。

在图 2-5 所示混联电路中，流经 R_1 的电流 I_1 等于流经 R_4 的电流 I_4，也等于流经 R_2 的电流 I_2 与流经 R_3 的电流 I_3 之和。

4. 电阻单位及标注方法

（1）电阻单位

电阻的单位是欧姆，简称欧，用希腊字母“Ω”表示，常用的还有 kΩ（千欧）、MΩ（兆欧）。其换算关系是：1MΩ=1000kΩ，1kΩ=1000Ω。

（2）电阻阻值标注方法

1）数字索位标称法

数字索位标称法就是在电阻体上用三位数字来标识其阻值。它的第一位和第二位为有效数字；第三位表示在有效数字后面 0 的个数，这一位不会出现字母。

例如：472 表示 4700Ω；151 表示 150Ω。

如果是小数，则用 R 表示小数点；用 m 代表单位为毫欧（mΩ）的电阻。

例如：2R4 表示 2.4Ω；R15 表示 0.15Ω；1R00 表示 1.00Ω；R200 表示 0.200Ω；R005 表示 5.00mΩ；6m80 表示 6.80mΩ。

数字索位标称法如图 2-6 所示。

图2-6　数字索位标称法

2）E96 数字代码与字母混合标称法

数字代码与字母混合标称法也是采用三位标明电阻阻值，即“两位数字加一位字母”。其中，两位数字表示的是 E96 系列电阻代码，第三位是用字母代码表示的倍率。

例如：51D 表示“332×10^3；332kΩ”；39Y 表示“249×10^{-2}；2.49Ω”。

E96 系列电阻代码表如图 2-7 所示。

倍率代码表如图 2-8 所示。

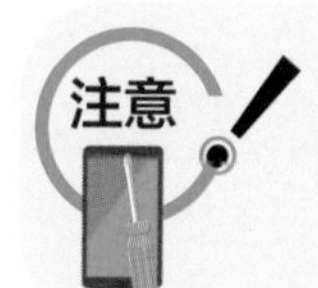

色环标称法在手机中应用较少，在此不再赘述。

代码	1	2	3	4	5	6	7	8	9	10	11	12	13	14	15	16	17
阻值	100	102	105	107	110	113	115	118	121	124	127	130	133	137	140	143	147
代码	18	19	20	21	22	23	24	25	26	27	28	29	30	31	32	33	34
阻值	150	154	158	162	165	169	174	178	182	187	191	196	200	205	210	215	221
代码	35	36	37	38	39	40	41	42	43	44	45	46	47	48	49	50	51
阻值	226	232	237	243	249	255	261	267	274	280	287	294	301	309	316	324	332
代码	52	53	54	55	56	57	58	59	60	61	62	63	64	65	66	67	68
阻值	340	348	357	365	374	383	392	402	412	422	432	442	453	464	475	487	499
代码	69	70	71	72	73	74	75	76	77	78	79	80	81	82	83	84	85
阻值	511	523	536	549	562	576	590	604	619	634	649	665	681	698	715	732	750
代码	86	87	88	89	90	91	92	93	94	95	96						
阻值	768	787	806	825	845	866	887	909	931	953	976						

图2-7　E96系列电阻代码表

A	B	C	D	E	F	G	H	X	Y	Z
10^0	10^1	10^2	10^3	10^4	10^5	10^6	10^7	10^{-1}	10^{-2}	10^{-3}

图2-8　倍率代码表

5. 电阻在电路中的作用

电阻在电路中的作用非常大，一般有4种，即限流、分压、分流、将电能转化为内能。电阻与电容器一起可以组成滤波器及延时电路；在电源电路或控制电路中用作取样电阻；在半导体电路中用作偏置电阻来确定电路的工作点等。

（1）限流作用

为使通过电路的电流不超过额定值或实际工作需要的规定值，以保证电路的正常工作，通常在电路中串联一个电阻。如图2-9所示，在电源与电路的A之间接入电阻时，A点的电压就比电源电压低，可以为发光二极管提供合适的电压。电阻 R_1 同时限制该条支路的电流，保护发光二极管不会因为电流太大而烧坏。这种电阻在电路中一般称为降压电阻或者是限流电阻。

（2）分压作用

一般手机电路都有额定电压值，如图2-10所示，若电源 U_1 比额定电压高，则不可把电路直接接在电源上。可以用两个电阻构成分压电路，降低电压为 U_2，U_2 符合电阻分压公式 $U_2=U_1R_2/(R_1+R_2)$，电路便能在额定电压下工作。这种电阻在电路中一般称为分压电阻。

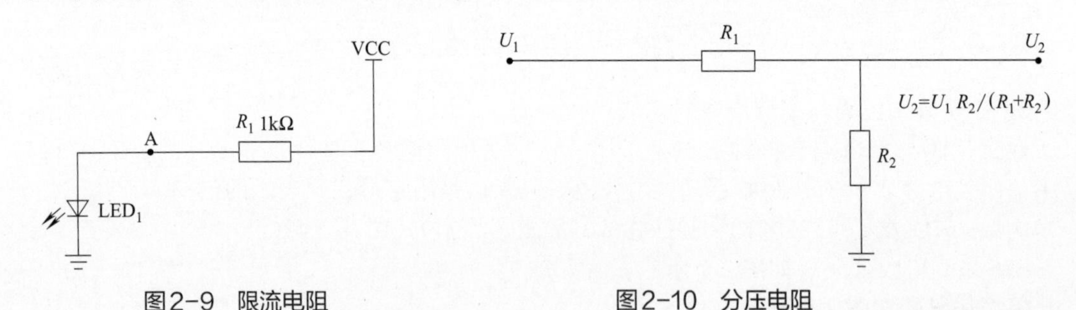

图2-9　限流电阻　　　　图2-10　分压电阻

（3）分流作用

如图2-11所示，当在电路的干路上需同时接入几个工作电流不同的电路时，可以在额定电流较小的电路两端并联接入一个电阻，起到分流作用，符合电流分流公式 $I=I_1+I_2$。这种电阻在电路中一般称为分流电阻。

（4）将电能转化为内能的作用

电流通过电阻时，会把电能全部（或部分）转化为内能。用来把电能转化为内能的用电器叫电热器，如电烙铁、电炉、电饭煲、取暖器等。

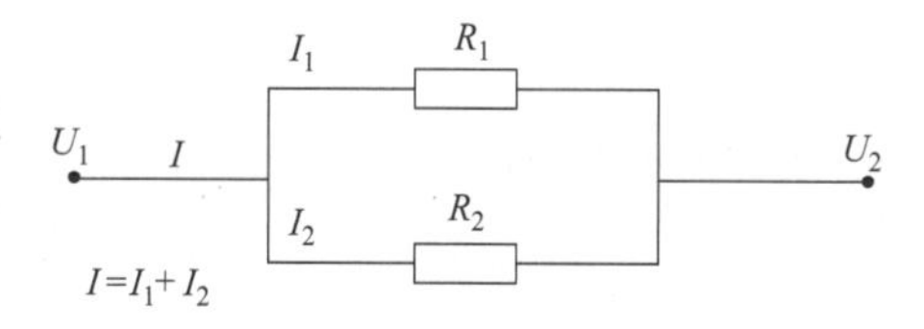

图2-11　分流电阻

二、电容

电容是电容器的简称。电容是一种储能元件，是电子线路中不可缺少的重要元件。电容器是由两个相互靠近的金属电极板，中间夹绝缘介质构成的。在电容器的两个电极上加电压时，电容器就能储存电能。手机中的电容一般为多层陶瓷片式电容器和贴片钽电解电容。

电容广泛用于高低频电路和电源电路中，有耦合、滤波、旁路、谐振、升压、定时等作用。

1. 电容外形结构

在智能手机中，电容的数量仅次于电阻，多层陶瓷片式电容是手机中最常见的一种电容，也是使用量最多的一种。

（1）多层陶瓷片式电容

多层陶瓷片式电容表面颜色从黄色到浅灰色都有，且上下两面的颜色一致；多层陶瓷片式电容一般没有黑色，而且看起来比电阻更“胖”一点；多层陶瓷片式电容两端的颜色是银白色，是电容的焊点，如图 2-12 所示。

贴片多层陶瓷电容是无极性电容。

电容单位及标注方法

多层陶瓷片式电容表面的颜色从黄色到浅灰色都有，且上下两面的颜色一致

多层陶瓷片式电容没有黑色的，而且看起来比电阻更“胖”一点

多层陶瓷片式电容两端的颜色是银白色，是电容的焊点

图2-12　多层陶瓷片式电容外形特征

（2）贴片钽电解电容

贴片钽电解电容表面颜色一般为黑色或黄色，也有其他颜色，但是不多见。贴片钽电解电容的表面标注了电容容量和电容耐压值，如图 2-13 所示。

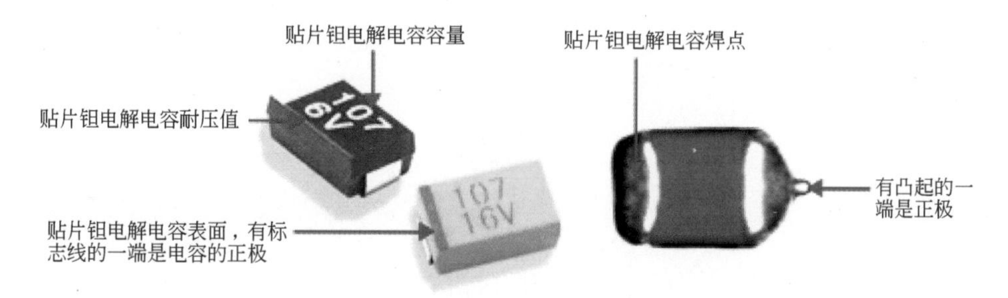

图2-13　钽电解电容外形特征

贴片钽电解电容是有极性电容，在其表面，有标志线或凸起的一端是正极。

2. 电容电路符号

在手机电路原理图中，无极性电容符号一般是两个平行线，然后在这两个平行线上引出两条引线来。无极性电容没有极性区分。

无极性电容符号如图 2-14 所示。

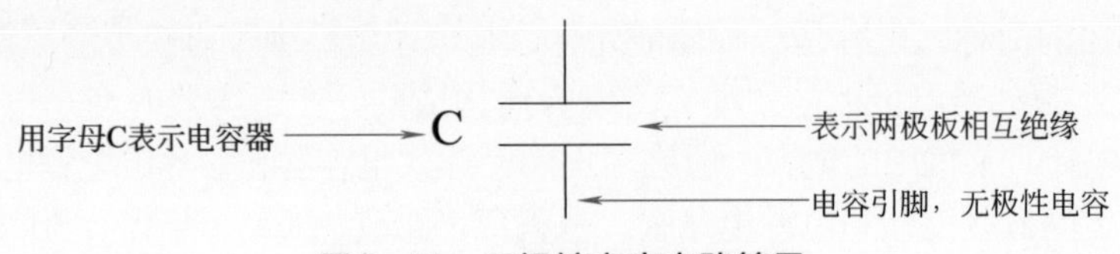

图2-14　无极性电容电路符号

在有极性电容中，有“+”符号的一端为电容的正极。在国标旧电容符号中，电容正极用一个矩形标识。

有极性电容符号如图 2-15 所示。

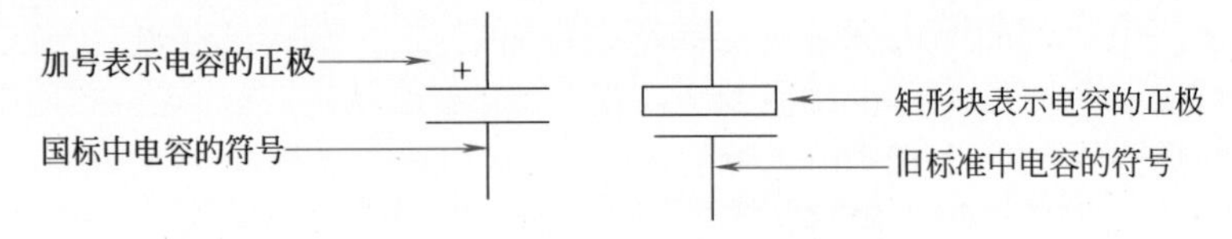

图2-15　有极性电容电路符号

3. 电容工作原理

电容器是一种能储存电荷的容器，由两片靠得较近的金属片，中间再隔以绝缘物质组成。

可以将电容理解为一个蓄水池，蓄水池越大，蓄水池装满水后水量越大，其标称电压就相当于蓄水的水位对底部的压强。电容器容量的大小，就相当于蓄水的容积。水源流入时大时小（波动），不会影响用水的稳定性。如果用水量大于水源，蓄水池没有水了，其流量和水源流入一样（波动），所以电容起到“蓄水”作用。

（1）电容的串并联

在电路中，电容也有串联与并联两种接入方式，两个电容首尾相接中间无分支就是串联，两个电容首首连接、尾尾连接则是并联，如图 2-16 所示。

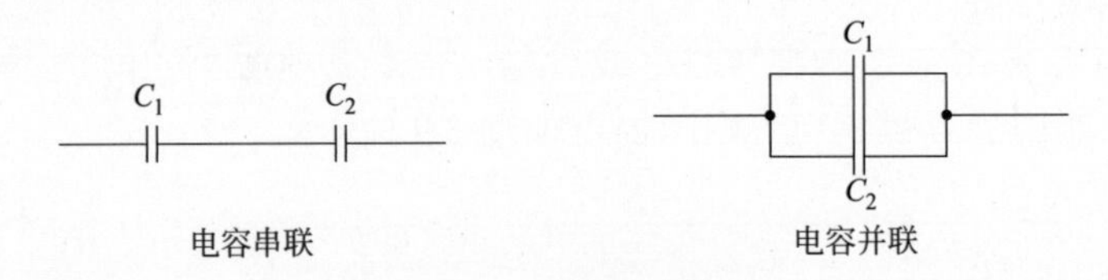

图2-16　电容的串并联

电容的串并联与电阻的串并联不同，电容的串联使电容的总电容减少，并联使总电容增大。

电容并联时，相当于电极的面积加大，电容容量也就加大了。并联时电容的总容量为各电容量之和，即 $C_{并}=C_1+C_2+C_3+\cdots\cdots$ 电容并联时，耐压值取决于耐压最小的电容，这个类似于木桶原理。一个木桶能盛多少水，不取决于最长的那块木板，而是由最短的木板决定。

电容串联时，相当于电容极板距离变长，电容容量减少。串联时电容的总容量为各电容倒数之和，即 $C_{串}= 1/C_1 + 1/C_2 + 1/C_3+\cdots\cdots$电容串联时，耐压值相当于所有电容耐压值之和。

（2）电容的特性

1）“隔直通交”特性

电容的电路符号很形象，是两块相互绝缘的平行板，这也表明了它的基本功能：隔直通交。电容的一切功能都源自于此。

对于恒定直流电来说，理想的电容就像一个断开的开关，表现为开路状态；而对于交流电来讲，理想电容则为一个闭合开关，表现为通路状态，如图 2-17 所示。

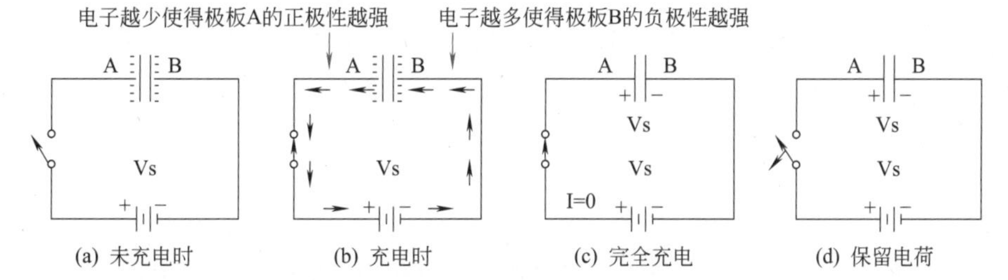

图2-17　电容的隔直通交特性

图 2-17 详细描述了直流电受电容阻挡的原因。事实上，电容并非立刻将直流电阻隔。当电路刚接通时，电路中会产生一个极大的电流值，然后随着电容不断充电，极板电压逐渐增强，电路中的电流不断减小，最终电容电压和电源电压相等且极性相反，从而达到和电源平衡的状态。

这里有很关键的一点需要明确，无论是直流还是交流环境，理想的电容内部是不会有任何电荷（电流）通过的。只是两极板电荷量相对发生了变化，从而产生了电场。

2）储能特性

把电容的两个电极分别接在直流稳压电源的正、负极上，一段时间后，即使把电源断开，两个引脚间仍然会有残留电压（可以用万用表观察），可以说电容储存了电荷。电容极板间建立起电压，积蓄起电能，这个过程称为电容的充电。充好电的电容两端有一定的电压。电容储存的电荷向电路释放的过程，称为电容的放电。

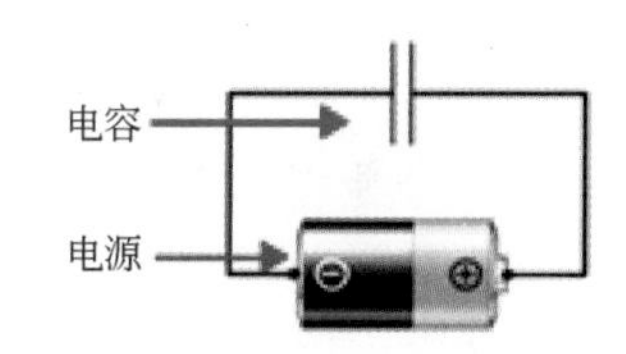

图2-18　电容的储能特性

电容的储能特性如图 2-18 所示。

3）容抗特性

交流电能够通过电容，但是将电容接入交流电路中时，因为电容不断充电、放电，所以电容极板上所带电荷对定向移动的电荷具有阻碍作用。物理学上把这种阻碍作用称为容抗，用字母 X_c 表示。电容对交流电的阻碍作用叫作容抗。

电容量大，交流电容易通过电容，说明电容量大，电容的阻碍作用小。信号通过电容后，其幅度会发生变化，即电容输出端的信号幅度比输入端的小。

交流电的频率高，交流电也容易通过电容，说明频率高，电容的阻碍作用也小。电容的容抗随信号频率的升高而减小，随信号频率的降低而增大。对于交流信号，频率高的信号比频率低的信号更容易通过电容到其他电路中去。

4. 电容单位及标注方法

（1）电容的单位

电容的符号是 C。在国际单位制里，电容的单位是法拉，简称法，符号是 F。常用的电容单位有毫法（mF）、微法（μF）、纳法（nF）和皮法（pF）（皮法又称微微法）等。换算关系是：1 法拉（F）=1000 毫法（mF）=1000000 微法（μF），1 微法（μF）=1000 纳法（nF）=1000000 皮法（pF）。

（2）电容容量标注方法

1）直标法

用数字和符号直接标识。如 10μF 表示 10 微法，有些电容用 μ 表示小数点，如 μ47 表示 0.47 微法。

例如：100 表示 100μF，如图 2-19 所示。

2）文字符号法

用数字和文字符号有规律的组合来标识容量。如 p10 表示 0.1pF，1p0 表示 1pF，6p8 表示 6.8pF，2μ2 表示 2.2μF。

3）数学计数法

用三位数字标识，前两位表示有效数字，第三位表示在有效数字后面 0 的个数。例如：107，容量就是 10×10000000pF=100μF；如果标值 473，即为 47×1000pF=0.047μF。后面的 7 和 3 都表示 10 的多少次方。又如：332=33×100pF=3300pF。

数学计数法如图 2-20 所示。

图2-19　直标法

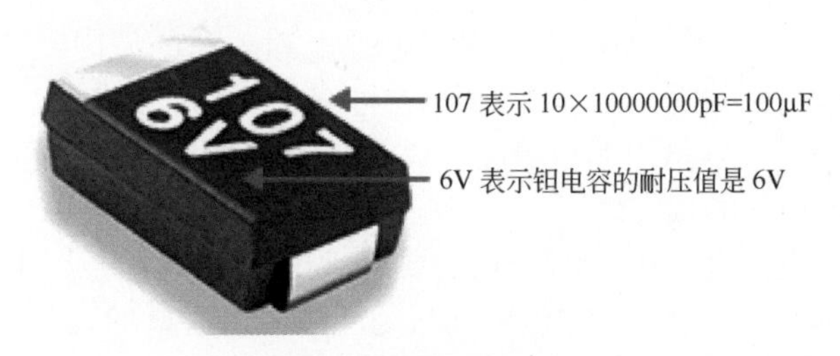

图2-20　数学计数法

5. 电容在电路中的作用

电容在手机电路中具有隔直通交、通高频阻低频的特性，广泛应用在耦合、隔直、旁路、滤波、调谐、能量转换和自动控制等电路。

（1）滤波电容

它接在直流电压的正负极之间，以滤除直流电源中不需要的交流成分，使直流电平滑，通常采用大容量的电解电容作为滤波电容，也可以在电路中同时并接其他类型的小容量电容以滤除高频交流电。

在手机中，滤波电容主要应用于电源管理电路、供电电路等，如图 2-21 所示。

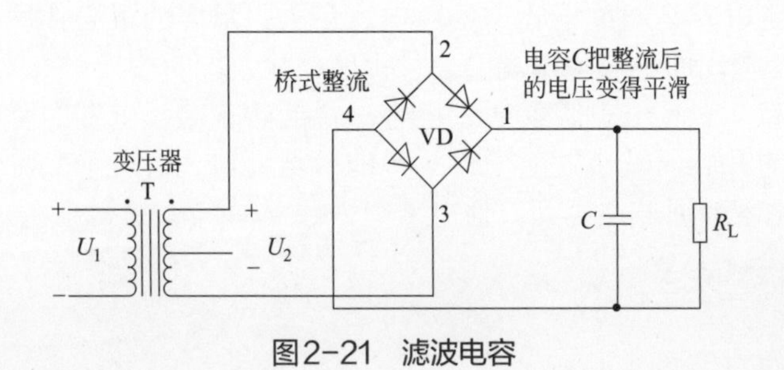

图2-21　滤波电容

（2）退耦电容

所谓退耦，即防止前后电路电流大小变化时，在供电电路中所形成的电流脉冲对电路产生影响。换言之，退耦电路能够有效地消除电路之间的寄生耦合。

退耦电容并接于放大电路的电源正负极之间，防止由电源内阻形成的正反馈而引起的寄生振荡。退耦电容的取值通常为 47～200μF。退耦压差越大，电容的取值应越大。所谓退耦压差是指前后电路网络工作电压之差。

在手机的功放电路中，供电脚都接有大容量的退耦电容，这个电容的作用是用来稳定功放的供电电压，可以大大减小负载等的波动对电源的影响，这就是退耦作用。退耦电容多采用贴片钽电容和贴片铝电解电容。

（3）旁路电容

旁路是指给信号中的某些有害部分提供一条低阻抗的通路。在交直流信号的电路中，将电容并接在电阻两端或由电路的某点跨接到公共电位上，为交流信号或脉冲信号设置一条通路，避免交流信号成分因通过电阻产生压降衰减。

电源中高频干扰是典型无用成分，在进入下一级电路之前需要将其滤除掉，一般我们采用电容达到该目的。用于该目的的电容就是旁路电容，它利用了电容的频率阻抗特性（理想电容的频率特性随频率的升高，阻抗降低），可以看出旁路电容主要针对高频干扰（高是相对的，一般认为 20MHz 以上为高频干扰，20MHz 以下为低频纹波）。

旁路电容和退耦电容的区别是：旁路是把输入信号中的干扰作为滤除对象，而去耦是把输出信号的干扰作为滤除对象，防止干扰信号返回电源。

旁路电容和退耦电容如图 2-22 所示。

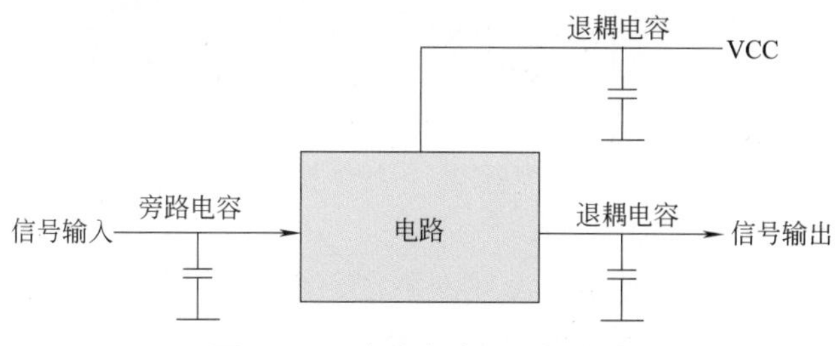

图2-22　旁路电容和退耦电容

（4）耦合电容

在交流信号处理电路中，耦合电容用于连接信号源和信号处理电路或者作为两放大器的级间连接，用于隔断直流，让交流信号或脉冲信号通过，使前后级放大电路的直流工作点互不影响。

耦合电容如图 2-23 所示。

前级电路　耦合电容　后级电路

图2-23　耦合电容

在手机中，电容的以上四种用途是最常见的。除此之外，电容在电路中还有调谐、补偿、中和、稳频、反馈等作用。

三、电感

当线圈通过电流后，在线圈中形成磁场感应，感应磁场又会产生感应电流来抵制通过线圈中的电流。把这种电流与线圈的相互作用关系称为电的感抗，也就是电感，单位是亨利（H）。利用此性质制成的电感元件叫电感器，简称电感，用绝缘导线（例如漆包线、纱包线等）绕制而成。

手机中的电感主要应用在电源管理电路和升压电路中，在射频处理器电路、音频处理器电路中也有应用。手机中的电感主要是贴片电感，也称为片式电感器。

1. 电感外形结构

在手机中，电感的外形特征不同，差别也较大。手机中的电感一般有两个引脚，贴片电感没有正负极性之分，可以互换使用。

（1）绕线电感

绕线电感是用漆包线绕在骨架上做成的，根据不同的骨架材料、不同的匝数而有不同的电感量及 Q 值（品质因数）。它有四种外形，如图 2-24 所示。

塑封绕线电感

陶瓷（铁氧体）骨架绕线电感

功率电感

一体成形电感

图2-24　绕线电感外形结构

塑封绕线电感是内部有骨架绕线，外部有磁性材料屏蔽，经塑料模压封装的电感，主要应用在手机低频电路，塑封绕线电感的主要外部特征是：外部有塑封黑色材料，内部用线圈绕制而成，两端有引线。

陶瓷（铁氧体）骨架绕线电感是用长方形骨架绕线而成（骨架有陶瓷骨架或铁氧体骨架）的电感。陶瓷（铁氧体）骨架绕线电感在低频和高频电路中都有应用，主要外部特征是：外部或侧面能看到绕制的线圈，两端无引线。

功率电感是以方形或圆形、工字形铁氧体为骨架，采用不同直径的漆包线绕制而成的电感，主要用于电源、DC/DC 电路中，用作储能器件或大电流 LC 滤波器件（降低噪声电压输出）。功率电感的主要外部特征是：线圈绕在一个圆形的或方形的磁芯上；屏蔽式电感的颜色一般为黑色，是铁氧体磁芯的颜色，从外部看不到线圈；有些大功率贴片电感是非屏蔽式，从侧面可以看到线圈。

一体成形电感是由数控自动绕线机绕制好的空心线圈，（SMD 需要外接电极）植入特定的模具，填入磁性粉末，高压压制成形，高温固化后加一防氧化涂层而成的一体化结构的电感。一体成形电感在高频和高温环境下仍然保持优良的温升电流及饱和电流特性，主要应用在电源、CPU 电路等低电压、大电流的环境中，目前在高端手机中应用较多，是功率电感的替代产品。

（2）叠层电感

顾名思义，“叠层电感”就是说有很多层叠在一起，这些“层”一般是铁氧体层或者陶瓷层。叠层电感是用磁性材料采用多层生产技术制成的无绕线电感。它采用铁氧体膏浆（或陶瓷层）及导电膏浆交替层叠并采用烧结工艺形成整体单片结构，有封闭的磁回路，所以有磁屏蔽作用。叠层电感具有高的可靠性，因为有良好的磁屏蔽性，又无电感器之间的交叉耦合，所以可实现高密度安装。

铁氧体叠层电感和陶瓷叠层电感在外形上无太大区别，主要应用于电源管理电路。常见的叠层电感如图 2-25 所示。

图2-25　叠层电感

（3）薄膜电感

薄膜电感是在陶瓷基片上用精密薄膜采用多层工艺技术制成的，具有高精度、寄生电容极小等特点，如图 2-26 所示。

图2-26　薄膜电感

薄膜电感主要应用在手机射频处理器电路中。薄膜电感的主要外部特征：两端银白色是焊点，中间白色，一端有色点，部分中间是绿色，部分中间是蓝色。它们的外形类似电容，但仔细观察还是有明显的区别。

（4）印刷电感（微带线）

手机中的印刷电感（微带线），它不是一个独立的元件，是在制作电路板时，利用高频信号的特性，运用弯曲导线（铜箔）之间的距离形成一个电感或互感耦合器，起到滤波、耦合的作用。

印刷电感（微带线）一般有两个方面的作用：一是它能对高频信号进行有效的传输；二是与其他固体器件，如电感、电容等构成一个匹配网络，使信号输出端与负载很好地匹配。

印刷电感（微带线）如图 2-27 所示。

电感的电路符号及工作原理

2. 电感电路符号

在电路原理图中，电感符号是一个用导线绕成的线圈，注意与电阻符号的区别。图2-28是手机电路图中常见电感电路符号。

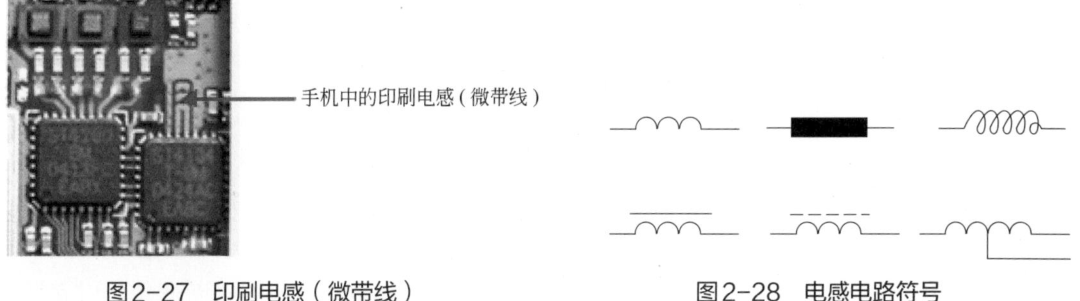

图2-27　印刷电感（微带线）　　图2-28　电感电路符号

3. 电感工作原理

（1）电感工作原理

当一根导线中有恒定电流流过时，总会在导线四周激起恒定的磁场。把这根导线弯曲成为螺旋线圈时，根据电磁感应定律，可以断定螺旋线圈中发生了磁场。将这个螺旋线圈放在某个电流回路中，当这个回路中的直流电变化时（如从小到大或许相反），电感中的磁场也会发生变化，变化的磁场会带来变化的“新电流”，由电磁感应定律可知，这个“新电流”一定和原来的直流电方向相反，从而在短时刻内对直流电的变化构成一定的抵抗力。只是一旦变化完成，电流稳固上去，磁场也不再变化，便不再有任何障碍发生。电生磁、磁生电，两者相辅相成。

如果觉得上面一段描绘得十分难懂、拗口，不妨从另一个角度来说明。假定有一条人工渠，渠边有一个大大的水车，水车很重，需要较大流量的渠水才能推进它。首先，渠道中没有水的时候，水车是不会转动的。接下去开启闸门放水，在放水最开始的时分，水流会从小到大，那么水车是怎样变化的呢？

水车会随着水的到来而快速旋转和水同步？显然不是，由于惯性和阻力的存在，水车开始迟缓地转动，过一段时刻后才会和水流构成稳固的均衡。水车“起步”，开始迟缓转动的进程，实际上也是水车在阻拦水流向前流，抵抗水流变化的进程。在水流流动、水车转速稳固后，水和水车构成一种调和共生的关系，就互不干预了。

那么假如关掉闸门呢？关掉闸门后，水会逐步减少，流速也会下降。在水流流速下降的时分，水车并不能快速和水流建立新的均衡，它还会依据之前的速率持续旋转一段时刻，并带动水流在一定时间内维持之前的速率，接着水车会随着水流速度降低、水流减少而渐渐中止转动。恰似电感电路中电流的变化幅度的特性，使得电感就像是电路中的一个“整理、梳理者”。

（2）电感特性

1）电感的“通直隔交”特性

从上面的过程来看，完全可以将电感的作用和水车等同起来，它们的核心作用都是阻止电流（水流）的变化。比如电流由小到大，水流由大到小的过程中，无论是电感还是水车都存在一种“滞后”作用，它们能在一定时间内抵御这种变化。从另一个角度来说，正因为电感和水车拥有储存一定能量（惯性）的作用，它们才能在变化来临时试图维持原状，但需要说明的是，当能量耗尽后，则只能随波逐流了。

说到这里，电感的作用就非常清晰了——那就是“通直流，阻交流”。为什么这样说呢？如果以水车作为例子的话，直流就是恒定的一个方向的水流，水车虽然在水流开闸后的一小段时间内对水流有阻止作用，但一旦水车和水流建立平衡，则无论是水车还是水流都会按照规律运动，不再会有阻止发生，这就是“通直流”。作为“阻交流”，试想，如果渠道中的水流一会儿向左、一会儿向右，水车在其中也无法正常转动，最后的结果是水渠无法形成正常的运转，这就是电感的“阻交流”作用。

在直流电路中，当电感中通过直流电时，由于电感本身电阻很小，几乎可以忽略不计，电感对直流电相当于短路。

在交流电路中，由于电压、电流随时间变化，电感元件中的磁场不断变化，引起感应电动势。电感对交流电起着阻碍的作用，阻碍交流电的是电感的感抗，感抗远大于电感的直流电阻，所以电感有通直流阻交流的特性，这和电容通交流阻直流的特性正好相反。

2）电感的感抗特性

交流电也可以通过线圈，但是线圈的电感对交流电有阻碍作用，这个阻碍叫作感抗。交流电越难以通过线圈，说明电感量越大，电感的阻碍作用就越大；交流电的频率高，也难以通过线圈，电感的阻碍作用也大。实验证明，感抗和电感量成正比，和频率也成正比。

当交流电通过电感线圈的电路时，电路中产生自感电动势，阻碍电流的改变，形成了感抗。自感系数越大则自感电动势也越大，感抗也就越大。如果交流电频率大则电流的变化率也大，那么自感电动势也必然大，所以感抗也随交流电的频率增大而增大。交流电中的感抗和交流电的频率、电感线圈的自感系数成正比。在实际应用中，电感起着“阻交、通直”的作用，因而在交流电路中常应用感抗的特性来通低频及直流电，阻止高频交流电。

电感的单位、标注方法及在电路中的作用

4. 电感单位及标注方法

（1）电感的单位

电感量也称自感系数，是表示电感器产生自感应能力的一个物理量。电感量的大小主要取决于线圈的圈数（匝数）、绕制方式、有无磁芯及磁芯的材料等。通常，线圈圈数越多、绕制的线圈越密集，电感量就越大；有磁芯的线圈比无磁芯的线圈电感量大；磁芯磁导率越大的线圈，电感量也越大。

电感量的基本单位是亨利（简称亨），用字母 H 表示。常用的单位还有毫亨（mH）和微亨（μH）。由于亨（H）太大，通常用毫亨（mH）和微亨（μH）表示。

电感的换算关系是：1H（亨）=1000mH（毫亨），1mH（毫亨）=1000μH（微亨），1μH（微亨）=1000nH（纳亨），1nH（纳亨）=1000pH（皮亨）。

（2）电感量的标注方法

贴片电感采用以下三种标注方法：

① 部分 nH（纳亨）级电感一般直接标识，用 N 或 R 表示小数点，如 10N、47N 分别表示 10nH、47nH，4N7 或 4R7 均表示 4.7nH。

② 三位数字与一位字母。前两位数字代表电感量的有效数字，第三位数字表示有效数字后面 0 的个数，单位是 nH，不足 10nH 的用 N 或 R 表示小数点，第四位字母代表误差。

③ 有些功率电感上直接标注数字，例如 220，表示 220μH。电感标识方法如图 2-29 所示。

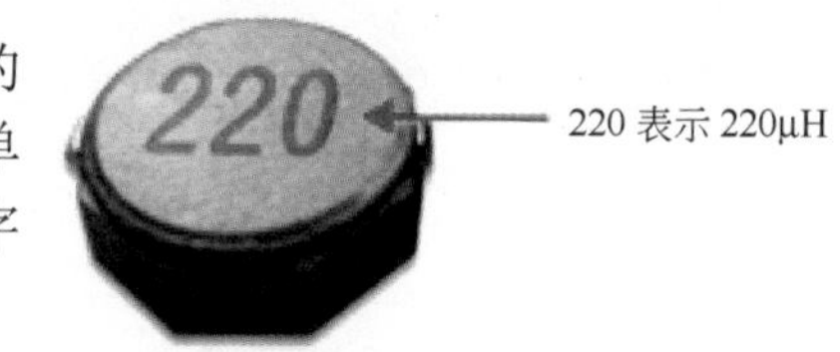

图2-29　电感标识方法

5. 电感在电路中的作用

电感在手机电路中主要有滤波、振荡、抗干扰、升压等作用，一般要和其他元件配合使用。

（1）滤波电感

电感在电路中最常见的作用就是与电容一起，组成 LC 滤波电路。电容具有“阻直流，通交流”的本领，而电感则有“通直流，阻交流”的功能。如果把伴有许多干扰信号的直流电通过 LC 滤波电路，那么，交流干扰信号将被电容变成热能消耗掉；变得比较纯净的直流电流通过电感时，其中的交流干扰信号也被变成磁感和热能，频率较高的最容易被电感阻抗，这就可以抑制较高频率的干扰信号了。

（2）振荡电感

整流是把交流电变成直流电的过程，那么振荡就是把直流电变成交流电的过程，我们把完成这一过程的电路叫作振荡电路。

振荡电感主要用于高频电路，与电容及三极管或集成电路组成一个谐振回路，即电路的固有振荡频率 f_0 与非交流信号的频率 f 相等，起到一个选频的作用。谐振时电路的感抗与容抗等值又反向，回路总电流的感抗最小，电流量最大（指$f=f_0$的交流信号）。LC（电感、电容）谐振电路具有选择频率的作用，能将某一频率f的交流信号选择出来或直接通过电路振荡，将一个低频信号与振荡信号互相调制，然后通过高频放大器，将调制的信号发射出去。

（3）抗干扰电感

抗干扰电感主要是抑制电磁波干扰，主要应用于电源电路及信号处理，如磁环电感、共模电感等。例如，在声音信号输出电路输入处接入共模电感或磁环电感后再接听筒或扬声器，可有效抑制电磁波干扰。

磁环在不同的频率下有不同的阻抗特性，即在低频时阻抗很小，当信号频率升高后磁环的阻抗急剧变大。信号频率越高，越容易辐射出去，有的信号线是没有屏蔽层的，这些信号线就成了很好的天线，接收周围环境中各种杂乱的高频信号，而这些信号叠加在传输的信号上，就会改变传输的有用信号，严重干扰手机的正常工作。磁环电感在磁环的作用下，既能使正常有用的信号顺利地通过，又能很好地抑制高频干扰信号，而且成本低廉。

（4）升压电感

升压电感主要应用在使用电感的DC/DC（就是指直流转直流电源）升压电路中。在升压电路中，升压电感是将电能和磁场能相互转换的能量转换器件。当MOS（绝缘栅型场效应管）开关管闭合后，电感将电能转换为磁场能储存起来。当MOS断开后电感将储存的磁场能转换为电场能，且这个能量在和输入电源电压叠加后通过二极管和电容的滤波得到平滑的直流电压给负载。因为这个电压是输入电源电压和电感的磁场能转换为电能叠加后形成的，所以输出的电压高于输入电压。

第二节 智能手机半导体器件

手机的半导体器件，主要包括二极管、三极管、场效应管、LDO器件、集成电路等。随着智能手机集成化程度的提高，在手机中，很少看到二极管、三极管的踪迹了，在集成电路的外围部分，只有少数的二极管、三极管和场效应管。

半导体简介及二极管外形特征

一、半导体

1. 半导体概念

半导体是介于绝缘体和导体之间的物质，在特定的温度环境中，其电阻率随着状态的变化而变化，具体来说，有锗、硅、钾、非晶体、砷等物质。这些物质碰到“电流、光照、加热”等状态变化时，电阻值会发生变化。

2. N型半导体和P型半导体

半导体分为N型半导体和P型半导体，如图2-30所示。

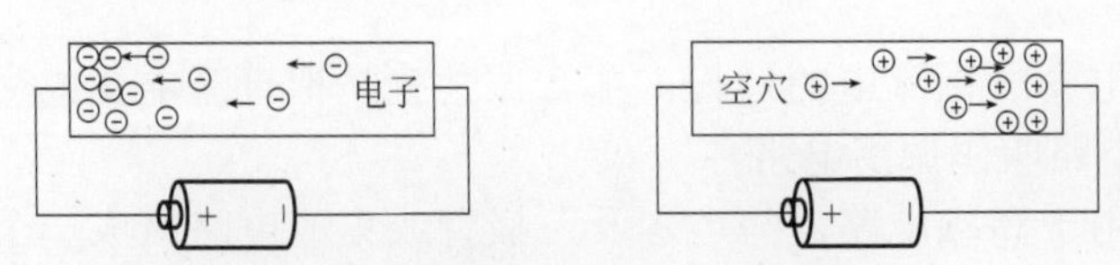

图2-30　N型半导体与P型半导体

N 型半导体是靠带负电的电子导电，因为带负电（Negative），所以叫作 N 型半导体。N 型半导体中原本均匀分布的电子，因为带负电，受到正电极的吸引而移动，聚集在正电极侧。P 型半导体是靠带正电的空穴导电，因为带正电（Positive），所以叫作 P 型半导体。P 型半导体中原本均匀分布的空穴，因为带正电，受到负电极的吸引而移动，聚集在负电极侧。到了最后，电流将无法流动。

二、二极管

晶体二极管简称二极管，是诞生最早的半导体器件之一。二极管的用途非常广泛，几乎所有的电子电路中都能用到它。

1. 二极管外形特征

在手机中，二极管有多种外形，按照制造材料可分为塑封二极管、玻封二极管、金属封装二极管。由于玻封二极管、金属封装二极管体积大，在智能手机及便携设备中很少使用。在智能手机中使用最多的就是塑封二极管。

（1）二极管极性

二极管有极性，分为正极和负极。在二极管上，其一端有明显的特征，有的是竖线，有的是圆环，还有的是色点。一般来说，有标识的一端就是二极管的负极。

二极管极性如图 2-31 所示。

图2-31　二极管极性

（2）二极管的引脚

在手机中，贴片二极管分为有引脚封装和无引脚封装两种。有引脚封装的贴片二极管有三种结构，第一种是引脚向外延伸，第二种是引脚向下凹在底部，第三种是轴向型引脚。内凹型引脚的贴片二极管一定要与贴片钽电容的外形区分开，它们的外形和颜色非常接近。无引脚封装的贴片二极管两端无引脚，外形类似贴片电阻，一端有明显的色点。

二极管引脚外形如图 2-32 所示。

图2-32　二极管引脚外形

2. 二极管电路符号

二极管电路符号如图 2-33 所示。二极管的两个电极分别是正极和负极，有些资料中也叫作阳极和阴极。二极管电路符号中间的三角箭头表示只能单向导通，中间的竖线表示二极管反向是截止。

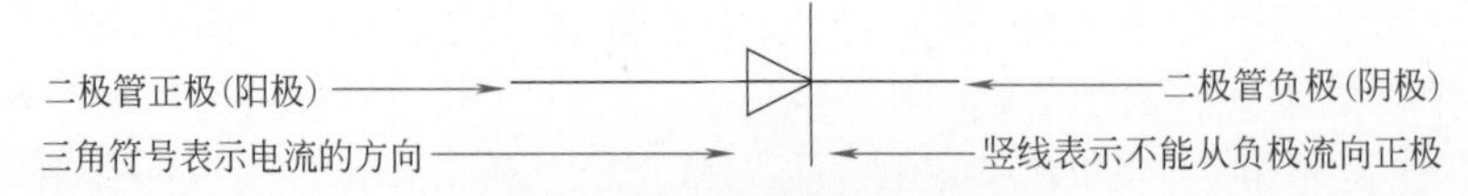

图2-33　二极管电路符号

图2-34　直行交通标志

二极管的电路符号比较容易理解，如果将其印在马路上，就是直行的交通标志，如图 2-34 所示。

这个直行标志表示只能往箭头指示的方向行驶，不能反方向行驶，就和二极管的特性一样，正向导通，反向截止。

二极管按照功能又分为普通二极管、稳压二极管、发光二极管、光电二极管、变容二极管等。常见二极管电路符号如图 2-35 所示。

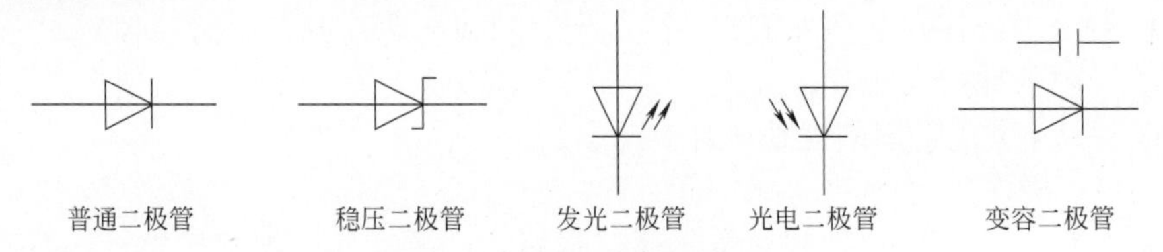

图2-35　常见二极管电路符号

3. 二极管工作原理

在讲二极管的工作原理之前，先了解一个交通规则，就是单行线规则。在许多城市的道路中都有单行线，单行线就是只能向一个方向行驶。

二极管也和单行线一样，只能正向导通，不能反向导通。了解二极管的基本原理以后，再来看稍微复杂一点的工作原理。

二极管是把一个 N 型半导体和一个 P 型半导体结合而成的，在其界面两侧形成一个结合区，这个结合区叫 PN 结，如图 2-36 所示。

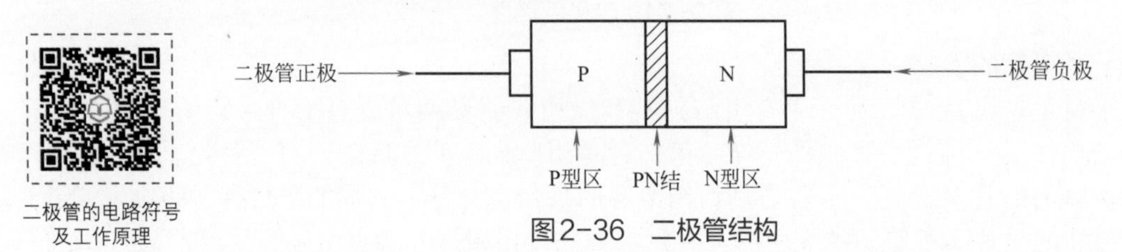

图2-36　二极管结构

P 型半导体的空穴被电池负极吸引而移动，聚集在电池负极的附近；N 型半导体的电子被电池正极吸引而移动，聚集在电池正极的附近。结果，中间导电的电子和空穴越来越少，最后没有了，这时电流也无法流动。

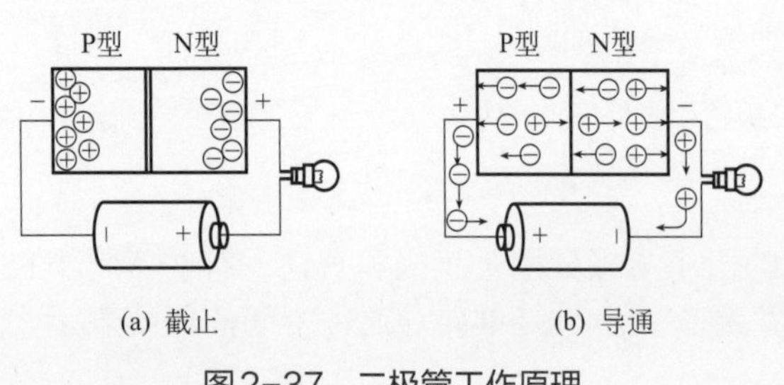

图2-37　二极管工作原理

P 型半导体的空穴被电池正极排斥，往 P 型与 N 型半导体的结合面移动，因为 N 型半导体是和电池负极相连的，所以空穴穿过结合面继续往电池的负极移动；同样的道理，N 型半导体的电子往电池的正极移动，这样就形成了电流，如图 2-37 所示。

（1）正向特性

在电子电路中，将二极管正极接在高电

位端，负极接在低电位端，二极管就会导通，这种连接方式称为正向偏置，如图 2-38 所示。

必须说明，当加在二极管两端的正向电压很小时，二极管仍然不能导通，流过二极管的正向电流十分微弱。只有当正向电压达到某一数值（这一数值称为“门槛电压”，又称“死区电压”，锗管约为 0.1V，硅管约为 0.5V）以后，二极管才能真正导通。导通后二极管两端的电压基本上保持不变（锗管约为 0.3V，硅管约为 0.7V），该电压称为二极管的“正向压降”。

（2）反向特性

在电子电路中，二极管的正极接在低电位端，负极接在高电位端，此时二极管中几乎没有电流流过，二极管处于截止状态，这种连接方式称为反向偏置，如图 2-39 所示。

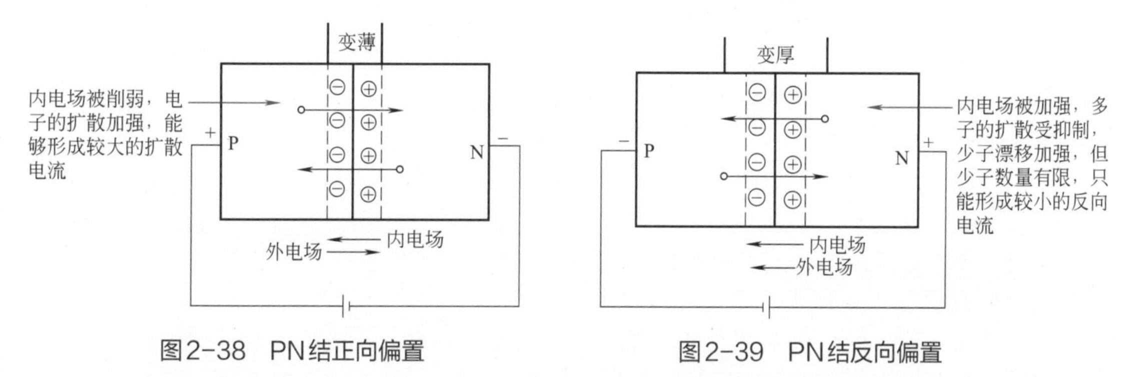

图2-38　PN结正向偏置　　　　图2-39　PN结反向偏置

二极管处于反向偏置时，仍然会有微弱的反向电流流过二极管，称为漏电流。当二极管两端的反向电压增大到某一数值时，反向电流会急剧增大，二极管将失去单向导电特性，这种状态称为二极管的击穿。

4. 二极管极性判别

（1）观察法

小功率二极管的 N 极（负极），在二极管外表面上大多采用一种色圈标出来。有些二极管使用二极管专用符号来表示 P 极（正极）或 N 极（负极），也有采用符号标志 P、N 来确定二极管极性的。

（2）测量法

用数字万用表去测量二极管时，首先将万用表挡位调到二极管挡，红表笔和黑表笔分别接二极管的两个电极。此时数字万用表就会显示一个很大和较小的数值，其中表值大的那一次，红表笔接的是二极管的正极。

二极管在电路中的作用

5. 二极管在电路中的作用

（1）整流二极管

整流二极管利用 PN 结的单向导电特性，把交流电变成脉动直流电。整流二极管漏电流较大，多数采用面接触型塑料封装的二极管。

整流二极管主要应用在手机的充电电路中。在智能手机中使用的整流二极管主要是肖特基二极管。肖特基二极管是以贵金属（金、银、铝、铂等）为正极，以 N 型半导体为负极，利用二者在接触面上形成的势垒具有整流特性而制成的金属 - 半导体器件。

（2）稳压二极管

稳压二极管是一种由硅材料制成的面接触型晶体二极管，简称稳压管。此二极管是一种直到临界反向击穿电压前都具有很高电阻的半导体器件。稳压管在反向击穿时，在一定的电流范围内（或者说在一定功率损耗范围内），两端电压几乎不变，表现出稳压特性。在智能手机中，稳压二极管主要应用在稳压及保护电路中。

（3）变容二极管

变容二极管又称“可变电抗二极管”，是一种利用PN结电容（势垒电容，势垒区电荷的变化有点类似于电容的充放电，所以叫作势垒电容）与其反向偏置电压的依赖关系及原理制成的二极管，所用材料多为硅或砷化镓单晶。

变容二极管工作在反向偏置状态，反偏电压愈大，则结电容愈小。其结电容随反向电压变化，因此可取代可变电容，用于调谐回路、振荡电路、锁相环路，如电视机高频头的频道转换和调谐电路、手机的VCO电路等。

（4）发光二极管

发光二极管（LED）是半导体二极管中的一种，是将电能转换为光能的半导体器件。第一个商用二极管产生于1960年。

发光二极管是由镓（Ga）与砷（AS）和磷（P）的化合物制成的二极管，当电子与空穴复合时能辐射出可见光。

发光二极管与普通二极管一样是由一个PN结组成的，也具有单向导电性。发光二极管在智能手机及仪器中用作指示灯、组成文字或数字显示。磷砷化镓二极管发红光，磷化镓二极管发绿光，碳化硅二极管发黄光。红色发光二极管、绿色发光二极管导通电压在2V左右，白色发光二极管或蓝色发光二极管导通电压在3.3V左右。

常见的发光二极管如图2-40所示。

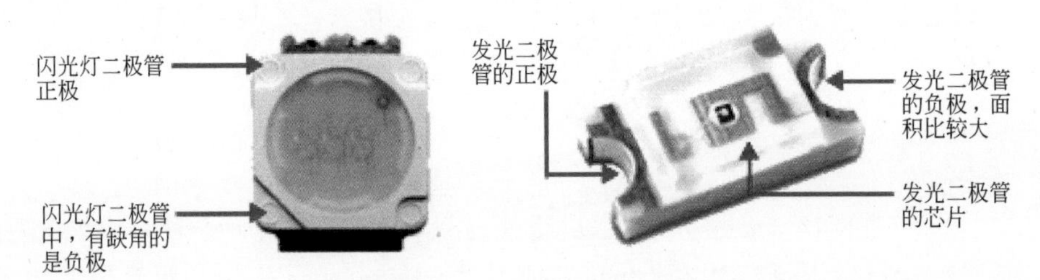

图2-40 发光二极管

在发光二极管中，负极一般会有明显的标识，一般支架大的一端为负极，因为负极托着发光二极管的芯片。在闪光灯二极管中，有缺角的是负极。

三、三极管

晶体三极管简称“三极管”，是一种具有三个有效电极，能起放大、振荡或开关等作用的半导体器件，是在手机和电子产品中应用非常广泛的半导体器件之一。

三极管的外形特征

三极管的外形特征

1. 三极管外形特征

（1）普通三极管

普通三极管的特征是外观为黑色，一般有3～4个引脚。贴片三极管的封装形式一般为SOT（小外形晶体管）。

三极管在半导体锗或硅的单晶上制作两个能相互影响的PN结，组成一个PNP（或NPN）结构。中间的N区（或P区）叫作基区，两边的区域叫作发射区和集电区，这三部分各有一条电极引线，分别叫作基极 B、发射极 E 和集电极 C。

将三极管平放在桌面上，焊盘向下，单独引脚的一边在上方，摆放方式如图 2-41（a）所示，上边只有一个引脚的是集电极（C），下边左侧的引脚是基极（B），右侧的引脚是发射极（E）。

（2）功率三极管

贴片功率三极管一般有4个引脚，如图2-41(b) 所示，上面最宽的那一个引脚是集电极，下面引脚从左到右依次是基极（B）、集电极（C）、发射极（E）。两个集电极是连在一起的，上面的集电极其实是散热片。

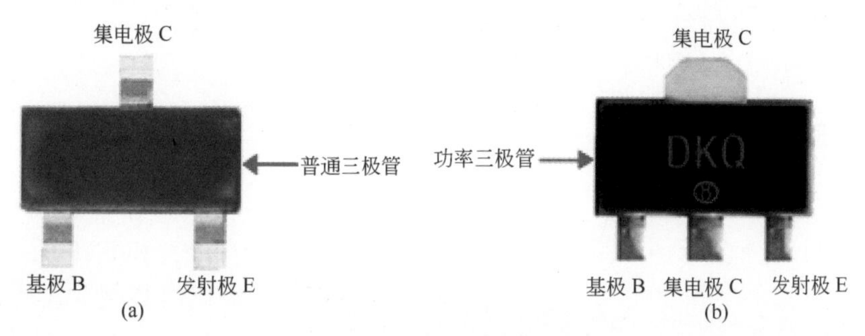

图2-41　三极管外形结构

（3）复合三极管

在手机中，为了缩小主板面积，经常采用贴片复合三极管。在这些复合三极管中，有 6 个引脚的，也有 5 个引脚的，封装在一起的三极管有些是单纯的封装在一起，有些是两个三极管之间有一定的逻辑关系，如构成电子开关等，如图 2-42 所示。

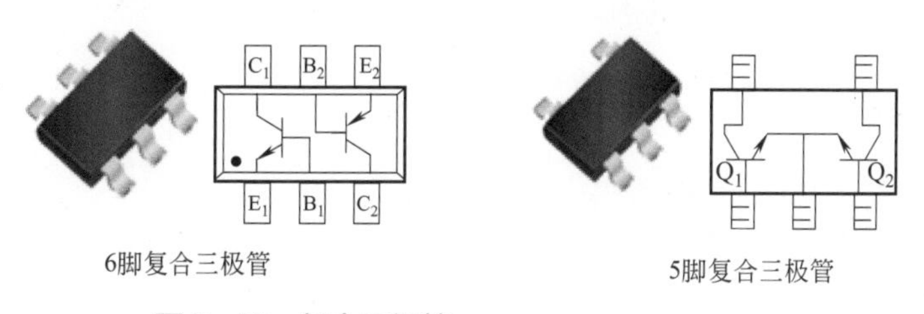

图2-42　复合三极管

（4）数字三极管

数字三极管是将一个或两个电阻与三极管连接后封装在一起构成的，其作用是作为反相器或倒相器，广泛应用于智能手机、平板电视及显示器等电子产品中。

数字三极管通常应用在数字电路中，其外形特征与普通三极管一样，区别是在内部增加了两个电阻，有时候也称为带阻三极管，如图 2-43 所示。

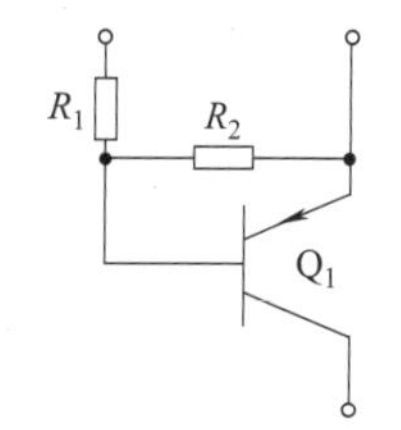

图2-43　数字三极管内部结构

数字三极管常作开关使用，例如厂家技术手册中标注 4.7kΩ+10kΩ，表示 R_1 是 4.7kΩ，R_2 是 10kΩ，如果只含一个电阻，要标出是 R_1 还是 R_2。

2. 三极管电路符号

在手机电路原理图中，三极管的文字符号用 V 表示。在三极管的电路符号中，位于竖线垂直方向的是基极（B），有箭头的是发射极（E），在发射极对面没有箭头的是集电极（C）。

三极管电路符号如图 2-44 所示。

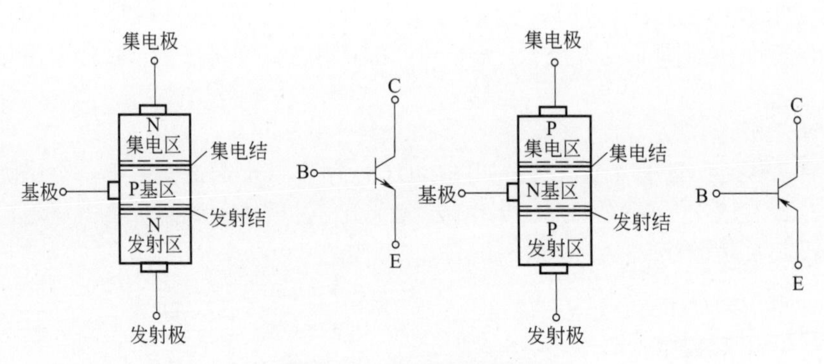

图2-44　三极管电路符号

3. 三极管工作原理

三极管按材料分有两种，即锗管和硅管，而每一种又有 NPN 和 PNP 两种结构形式。NPN 型三极管是把 P 型半导体夹在两块 N 型半导体中间组成的，而 PNP 型三极管则是把 N 型半导体夹在两块 P 型半导体中间组成的。在手机中使用最多的是硅 NPN 和 PNP 三极管，两者除了电源极性不同外，其工作原理相同。

（1）NPN 型三极管的工作原理

如图 2-45 所示，水源通过水管连接到水龙头，通过旋转水龙头的阀门可以调节从水管流向水龙头的水的流量。在 NPN 型三极管的电路图中，电源、集电极、基极、发射极就类似水源、水管、阀门、水龙头，用于调节电流的流量。也就是说，通过调节基极电压，就可以调节从集电极流向发射极的电流。

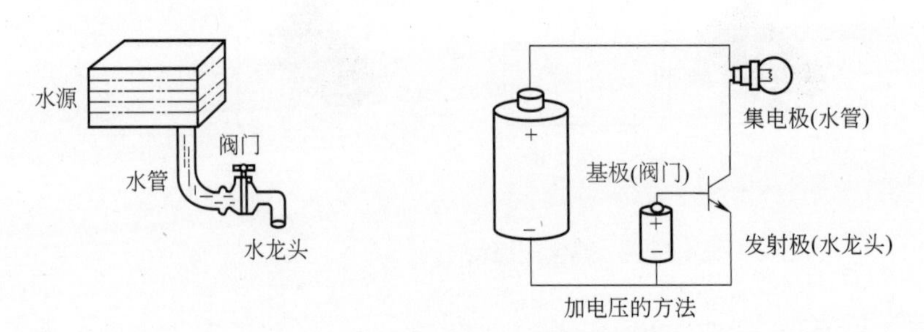

图2-45　NPN型三极管工作原理

加电压的方法：如果水管里的水比水龙头低，水就流不出来。同样，如果集电极电压比发射极电压低，就不可能有电流流动。而且，基极电压也必须比发射极电压要高。

基极电压比发射极电压高，就有电流流动。利用很小的基极电压来控制很大的集电极电流，这个作用叫作“三极管的放大作用”。

（2）PNP 型三极管的工作原理

与 NPN 型三极管电路相同，PNP 型三极管的电路中，也是通过对基极电压的调节来调节电流的流量。但是，集电极和发射极的作用刚好与 NPN 型三极管相反，电流不是从集电极流向发射极，而是从发射极流向集电极，如图 2-46 所示。

加电压的方法：对于 PNP 型三极管，发射极电压应该比集电极电压高，而且基极电压比发射极电压低。

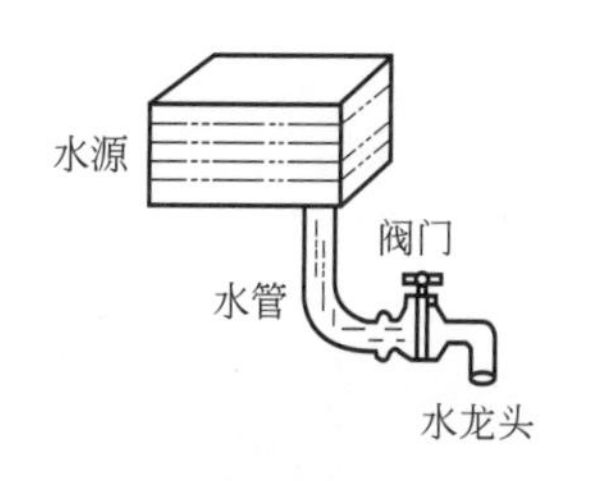

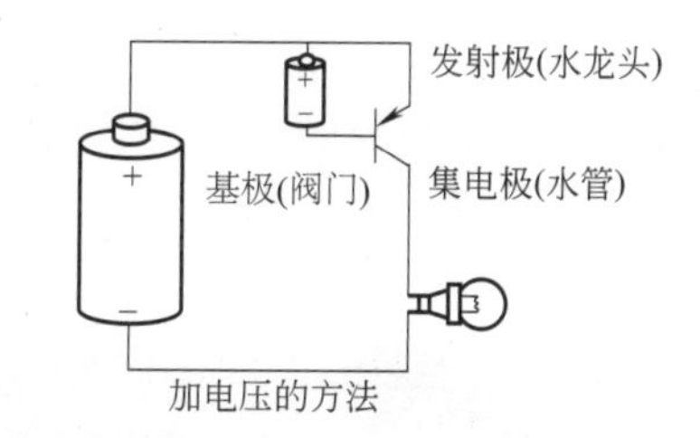

图2-46 PNP型三极管工作原理

三极管是一种电流放大器件，但在实际使用中常常利用三极管的电流放大作用，通过电阻转变为电压放大作用。使用三极管作放大用途时，必须在它的各电极上加上适当极性的电压，称为“偏置电压”，简称“偏压”，对应电流称为偏流，其组成电路叫作偏置电路。

4. 三极管在电路中的作用

（1）三极管的放大作用

当三极管被用作放大器使用时，其中两个电极用作信号（待放大信号）的输入端子，两个电极用作信号（放大后的信号）的输出端子。那么，三极管的三个电极中，必须有一个电极既是信号的输入端子，又同时是信号的输出端子，这个电极称为输入信号和输出信号的公共电极。

按三极管公共电极的不同选择，三极管放大电路有三种：共基极放大电路、共射极放大电路和共集电极放大电路。

（2）三极管的开关作用

当三极管用在开关电路的时候，它工作于截止区和饱和区，相当于电路的切断和导通。由于它具有完成断路和接通的作用，被广泛应用于各种开关电路中，如常用的开关电源电路、驱动电路、高频振荡电路、模数转换电路、脉冲电路及输出电路等。

在开关电路中，三极管的作用相当于手动的开关。当三极管饱和的时候，相当于开关闭合，负载开始工作或输出信号；当三极管截止的时候，相当于开关断开，负载停止工作或不再输出信号。

（3）三极管的混频作用

三极管的混频电路是利用了三极管的非线性特性的电路，三极管的基极同时输入载频和调制信号。如果三极管是理想的线性元件，那就不能起到混频的作用，不会产生新的频率成分，输出的仍是这两个频率。

由于三极管的非线性，产生了载频 + 调制信号、载频 - 调制信号、各次谐波频率信号等，这些信号经过集电极的谐振回路，然后从众多频率成分中选取出载频、载频 + 调制信号、载频 - 调制信号这三个频率信号，就组成了调幅波。

场效应管的外形特征

四、场效应管

场效应管是利用电场效应来控制半导体中电流的一种半导体器件，故因此而得名。它属于电压控制型半导体器件，具有输入电阻高（10^8～$10^9\Omega$）、噪声小、功耗低、动态范围大、易于集成、没有二次击穿现象、安全工作区域宽等优点，在手机中已经逐步替代三极管。

1. 场效应管外形特征

（1）场效应管的外形特征

场效应管和三极管一样也有三个电极，分别叫作栅极（G）、漏极（D）和源极（S），相当于三极管的基极（B）、集电极（C）和发射极（E）。

在手机主板上，场效应管的颜色为黑色，大部分有3个引脚，有些场效应管有4～6个引脚。场效应管的外形如图2-47所示。

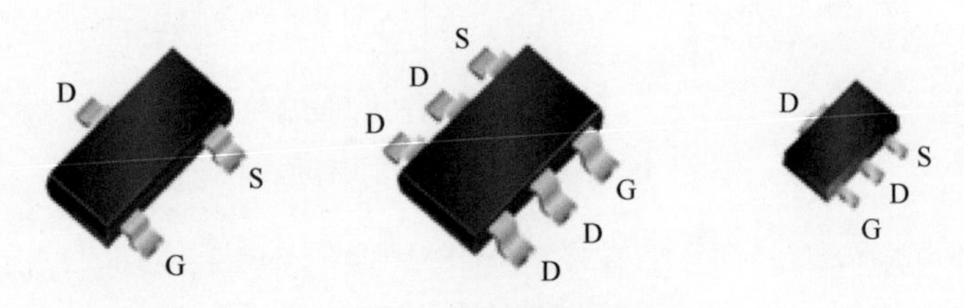

图2-47　场效应管的外形

场效应管的外形与三极管外形基本一致，很难从外形上进行区分，又加上手机贴片元件上很少标注型号，所以给初学者带来了很大困难。初学者可以通过测量或者对比原理图电路符号进行区分。

（2）场效应管的电路符号

场效应管分为绝缘栅型场效应管（MOS管）和结型场效应管，按照沟道材料又分为N沟道和P沟道。结型场效应管均为耗尽型；绝缘栅型场效应管既有耗尽型的，也有增强型的，分为N沟道耗尽型和增强型、P沟道耗尽型和增强型四大类。

绝缘栅型场效应管（MOS管）电路符号如图2-48所示。

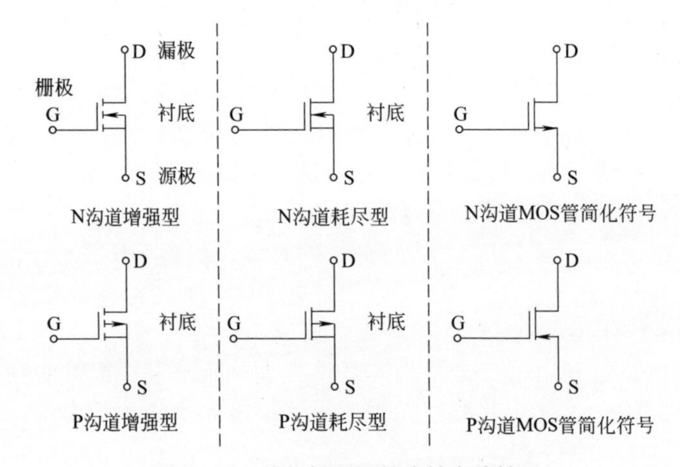

图2-48　绝缘栅型场效应管电路符号

场效应管的工作原理及在电路中的作用

2. 场效应管工作原理

场效应管是电压型控制元件，三极管是电流型控制元件，相对三极管来讲，场效应管更省电。随着制造工艺的发展，场效应管在手机中的应用越来越多。

（1）结型场效应管的工作原理

以N沟道结型场效应管为例，它的结构及符号如图2-49所示。在N型硅棒两端引出漏极D和源极S两个电极，又在硅棒的两侧各做一个P区，

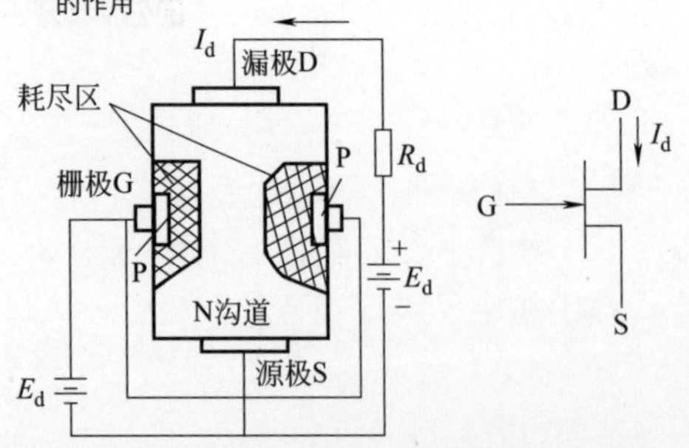

图2-49　N沟道结型场效应管结构及符号

形成两个 PN 结。在 P 区引出电极并连接起来，称为栅极 G。这样就构成了 N 沟道结型场效应管。

由于 PN 结中的载流子已经耗尽，故 PN 结基本上不导电，形成了所谓的耗尽区。从图中可见，当漏极电源电压 E_d 一定时，如果栅极电压越负，PN 结交界面所形成的耗尽区就越厚，则漏极、源极之间导电的沟道越窄，漏极电流 I_d 就越小；反之，栅极电压没有那么负，则沟道变宽，I_d 变大。所以用栅极电压 E_g 就可以控制漏极电流 I_d 的变化，也就是说，场效应管是电压控制元件。

（2）绝缘栅型场效应管的工作原理

以 N 沟道耗尽型绝缘栅型场效应管为例，它是由金属、氧化物和半导体所组成的，所以又称为金属 - 氧化物 - 半导体场效应管，简称 MOS 场效应管。它的结构及符号如图 2-50 所示。以一块 P 型薄硅片作为衬底，在它上面扩散两个高杂质的 N 型区，作为源极 S 和漏极 D。在硅片表面覆盖一层绝缘物，然后再用金属铝引出一个电极 G（栅极）。因为栅极与其他电极绝缘，所以称为绝缘栅型场效应管。

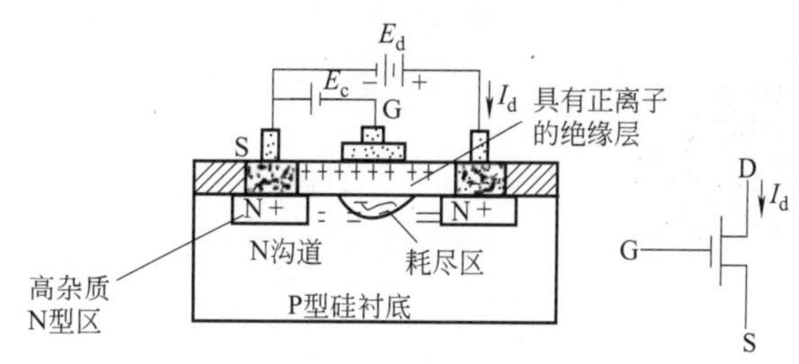

图 2-50　N 沟道耗尽型绝缘栅型场效应管结构及符号

在制造管子时，通过工艺使绝缘层中出现大量正离子，故在交界面的另一侧能感应出较多的负电荷。这些负电荷把高渗杂质的 N 区接通，形成导电沟道，即使在 $U_{GS}=0$ 时也有较大的漏极电流 I_d。当栅极电压改变时，沟道内被感应的电荷量也改变，导电沟道的宽窄也随之而变，因而漏极电流 I_d 随着栅极电压的变化而变化。

场效应管的工作方式有两种：当栅压为零时有较大漏极电流的称为耗尽型；当栅压为零，漏极电流也为零时，必须再加一定的栅压之后才有漏极电流的称为增强型。

在手机中，场效应管主要应用在控制电路中，一般控制负载的工作或信号的输出。

3. 场效应管在电路中的作用

由于场效应管省电、节能等不可代替的优越性，在手机及便携电子产品中的使用越来越多。

（1）场效应管的放大作用

场效应管可应用于放大电路，由于场效应管放大器的输入阻抗很高，耦合电容可以容量较小，不必使用电解电容器；场效应管很高的输入阻抗非常适合作阻抗变换，常用于多级放大器的输入级作阻抗变换。

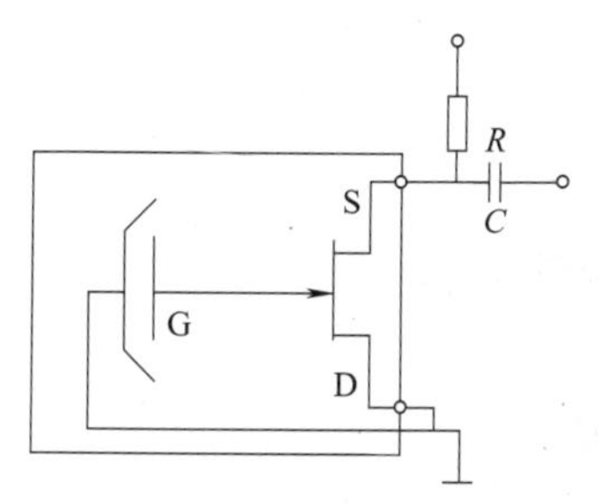

图 2-51　驻极体麦克风电路

在驻极体麦克风中，由于实际电容器的电容量很小，输出的电信号极为微弱，输出阻抗极高，可达数百兆欧以上。因为它不能直接与放大电路相连接，必须连接阻抗变换器，通常用一个场效应管作为阻抗变换和放大作用，如图 2-51 所示。

（2）场效应管的开关作用

在手机中，利用场效应管做电子开关，比使用三极管更省电，在充电控制电路、振动马达控制电路、供电控制电路中都有使用。

第三节 智能手机专用元器件

智能手机专用元器件主要有晶振、ESD 防护元件、EMI 防护元件、声电器件等。这些专用元器件完成手机的特定功能，屏蔽手机电路的各种干扰。

时钟晶体

一、晶振

1. 实时时钟晶体

实时时钟晶体大多在外壳上标注有时钟频率，有的厂家用字母来标示型号和频率。

塑封的实时时钟晶体有四个引脚，外形为长条形，颜色大部分为黑色或浅黄色、浅紫色等；铁壳的实时时钟晶体一般为银白色和金色，一般有两个引脚，外壳接地。

实时时钟晶体外形如图 2-52 所示。

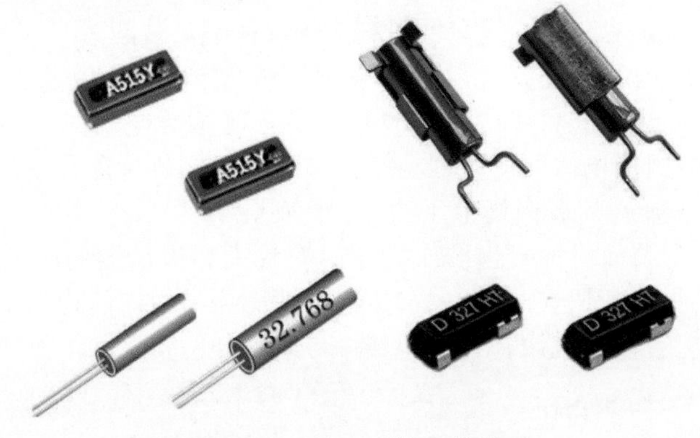

图2-52 实时时钟晶体外形

2. 基准时钟晶体

基准时钟晶体主要应用在应用处理器电路作为系统基准时钟，应用在蓝牙电路作为蓝牙基准时钟，应用在 NFC 电路作为 NFC 基准时钟等。

手机中的基准时钟晶体外观为长方体，顶部为白色，顶部四周为金黄色，底部为陶瓷基片，有四个引脚。

基准时钟晶体外形如图 2-53 所示。

图2-53 基准时钟晶体外形

二、ESD防护元件

1. ESD防护

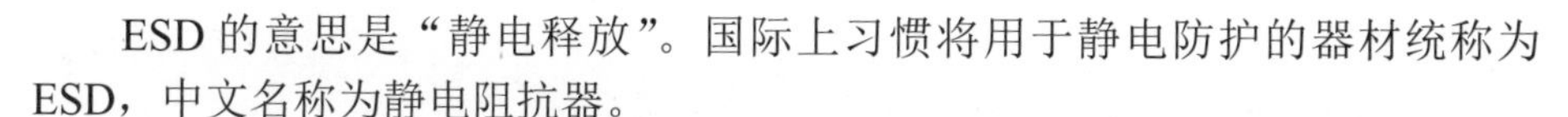

ESD 的意思是“静电释放”。国际上习惯将用于静电防护的器材统称为 ESD，中文名称为静电阻抗器。

静电在日常生活中可以说是无处不在，人的身体上和周围就带有很高的静电电压，几千伏甚至几万伏，平时可能体会不到。人走过化纤的地毯时所产生的静电大约是 35000V，翻阅塑料说明书时所产生的静电大约是 7000V，对于一些敏感仪器来讲，这个电压可能会是致命的危害。

静电既能为生活创造便利，例如静电除尘和静电复印机，同时也会给生活带来不便，例如静电对人身体和对电子产品的危害。

2. 压敏电阻

压敏电阻（VDR，即电压敏感电阻）是指在一定电流、电压范围内电阻值随电压而变的电阻器，或者说是“电阻值对电压敏感”的电阻器。压敏电阻的电阻体材料是半导体，是一种具有半导体稳压管的伏安特性的电阻器件，所以它是半导体电阻器的一个品种。

压敏电阻是兼有过压保护和 ESD 防护的元件。

（1）压敏电阻的外形

在正常电压条件下，压敏电阻相当于一个小电容器，而当电路出现过电压时，它的内阻急剧下降并迅速导通，其工作电流会增加几个数量级，从而有效地保护了电路中的其他元器件不致过压而损坏。

手机中压敏电阻的外形有点像电容，但颜色是灰褐色，从颜色来看更像电阻。手机中压敏电阻的外形如图 2-54 所示。

图2-54 压敏电阻外形

（2）压敏电阻电路

压敏电阻的最大特点是当加在它上面的电压低于它的阈值时，流过它的电流极小，相当于一只关死的阀门；当电压超过阈值时，流过它的电流激增，相当于阀门打开。利用这一功能，可以抑制电路中经常出现的异常过电压，保护电路免受过电压的损害。

电路中的压敏电阻如图 2-55 所示。在电路中 R2106、R2107 是压敏电阻，击

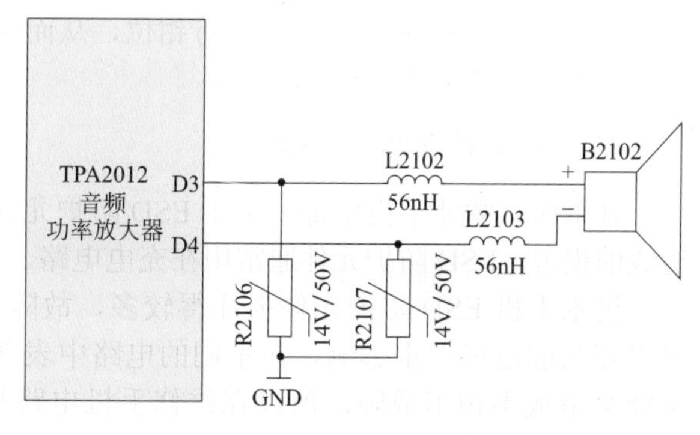

图2-55 电路中的压敏电阻

穿范围是14～50V。在正常情况下，R2106、R2107两个压敏电阻不会对电路产生影响。当有浪涌电压、浪涌电流、尖峰脉冲窜入电路的时候，如果电压超过14V，R2106、R2107两个压敏电阻动作，可保护音频功率放大器免受浪涌脉冲的损害。

3. TVS管

TVS管是瞬态抑制二极管的简称，是一种二极管形式的高效能保护器件，利用PN结的反向击穿工作原理，将静电的高压脉冲导入地，从而保护了电器内部对静电敏感的元件。

（1）TVS管工作原理

当瞬时电压超过电路正常工作电压后，TVS管便发生雪崩，提供给瞬时电流一个超低电阻通路，其结果是瞬时电流通过二极管被引开，避开被保护器件，并且在电压恢复正常值之前使被保护回路一直保持截止电压。

当瞬时脉冲结束以后，TVS管自动恢复高阻状态，整个回路进入正常电压。TVS管的失效模式主要是短路，但当通过的过电流太大时，也可能造成TVS管被炸裂而开路。

（2）TVS管电路符号及外形

TVS管有单向与双向之分，单向TVS管的特性与稳压二极管相似，双向TVS管的特性相当于两个稳压二极管反向串联。

TVS管电路符号如图2-56所示。

TVS管的外形看起来与贴片二极管、晶体管完全一样，但是特性和内部结构有明显区别，使用和替换时一定要注意区分。

TVS管外形如图2-57所示。

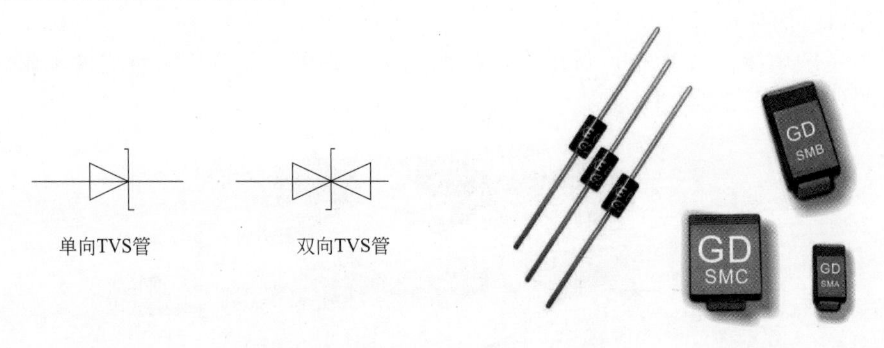

图2-56　TVS管电路符号　　图2-57　TVS管外形

（3）TVS管电路

在手机电路中，TVS管一般接在电路的输入端，防止浪涌脉冲通过电路窜入芯片的内部。浪涌脉冲由TVS管D1901进行钳位，从而保护手机芯片的安全。

TVS管电路如图2-58所示。

4. ESD防护元件故障分析

几乎所有智能手机中都采用了ESD防护元件，以避免浪涌脉冲、静电脉冲对手机芯片造成的损害。ESD防护元件通常用在充电电路、键盘电路、SIM卡电路等接口电路中。

进水手机ESD防护元件损坏得较多，故障现象一般为击穿。ESD防护元件击穿后会对电路功能造成严重影响，在不同的电路中表现的故障不尽相同。例如在SIM卡电路中，可能会造成不识卡故障。所以在维修手机电路故障时，一定要注意检查电路中的ESD防护元件。

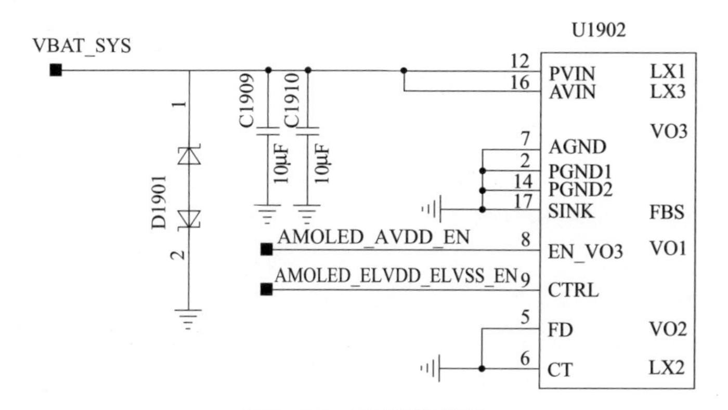

图2-58 TVS管电路

EM 防护元件麦克风

三、EMI防护元件

1. EMI干扰

EMI（电磁干扰）是指电磁波与电子元件作用后产生的干扰现象，有传导干扰和辐射干扰两种。

通常认为电磁干扰传输有两种方式：一种是传导传输方式；另一种是辐射传输方式。从被干扰的敏感器来看，干扰耦合可分为传导耦合和辐射耦合两大类。

传导传输必须在干扰源和敏感器之间有完整的电路连接，干扰信号沿着这个连接电路传递到敏感器，发生干扰现象。这个传输电路可包括导线、设备的导电构件、供电电源、公共阻抗、接地平板、电阻、电感、电容和互感元件等。

辐射传输是通过介质以电磁波的形式传播的，干扰能量按电磁场的规律向周围空间发射。常见的辐射耦合有三种：一是甲天线发射的电磁波被乙天线意外接收，称为天线对天线的耦合；二是空间电磁场经导线感应而耦合，称为场对线的耦合；三是两根平行导线之间的高频信号感应，称为线对线的感应耦合。

在智能手机中，高频之间发生干扰通常包含着许多种途径的耦合。正因为多种途径的耦合同时存在，反复交叉耦合，共同产生干扰，才使电磁干扰变得难以控制，因此在手机中要进行电磁干扰抑制。

2. EMI滤波器外形

智能手机中的EMI滤波器根据使用的位置不同，外形也有区别，有些看起来像BGA芯片，有些看起来像排容，要根据实际电路的应用进行区分。

EMI滤波器常见外形如图2-59所示。

图2-59 EMI滤波器常见外形

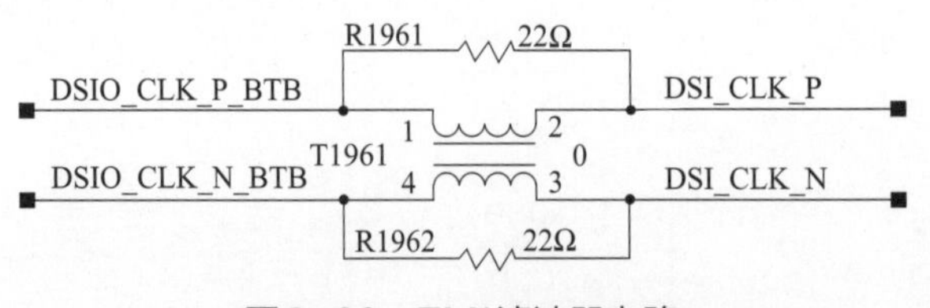

图2-60 EMI滤波器电路

3. EMI滤波器电路

下面以手机 LCD 电路为例讲解手机 EMI 滤波器的电路原理。手机 LCD 驱动的数据通信线数据传输速率很高，容易被各种电磁干扰，造成图像质量下降，为此需要在数据通信线上采用有 EMI 抑制能力的滤波器件和 ESD 防护，使彩色图像保持较高质量。

EMI 滤波器电路如图 2-60 所示。

4. EMI滤波器故障分析

在智能手机的键盘电路、显示电路、音频电路等电路中都有 EMI 滤波器。一般 EMI 滤波器兼有 ESD 防护的功能。

EMI 滤波器损坏后，典型的故障是信号无法传送至下级电路，造成信号中断。在不同的电路中，EMI 滤波器表现的故障也不同。如果 LCD 驱动电路的 EMI 滤波器损坏，出现的故障一般是不显示。如果手机音频电路的 EMI 滤波器损坏，出现的故障一般是听筒无声、扬声器无声等。

四、麦克风（MIC）

麦克风是将声音转换为电信号的一种声电转换器件，它将话音信号转化为模拟的话音电信号。麦克风又称为送话器、微音器、拾音器等。

1. 麦克风工作原理

在智能手机电路中用得较多的是驻极体麦克风。驻极体麦克风实际上是利用一个驻有永久电荷的薄膜（驻极体）和一个金属片构成的一个电容器。当薄膜感受到声音而振动时，这个电容器的容量会随着声音的振动而改变。

在中高端智能手机中还使用了 MEMS（微型机电系统）麦克风。MEMS 麦克风是基于 MEMS 技术制造的麦克风，简单地说，就是一个电容器集成在微硅晶片上，并具有改进的噪声消除性能与良好的射频及电磁干扰抑制性能。

2. 麦克风外形及电路符号

智能手机中的麦克风比较容易找，一般为圆形，在手机主板的底部，外观为黄色或银白色。麦克风上都会有一个黑色的胶圈，这个胶圈的作用是固定麦克风和屏蔽部分噪声干扰。

部分麦克风为长条形，外壳是一个银色的金属屏蔽罩。这种麦克风使用较少，一般是直接焊接在主板上。

常见麦克风外形如图 2-61 所示。

图2-61 常见麦克风外形

麦克风在电路中用字母MIC或Microphone表示。麦克风电路符号如图2-62所示。

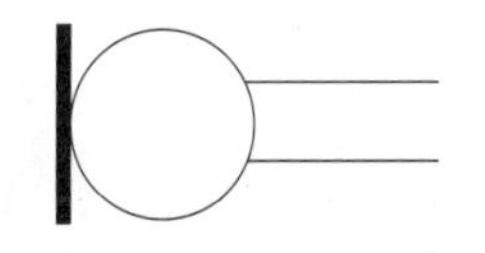

图2-62 麦克风电路符号

3. 麦克风故障分析

手机麦克风电路故障主要是对方听不到机主的声音。引起该故障的原因很多，如麦克风损坏或接触不良、麦克风无工作偏压、音频编码电路或音频处理器不正常。另外软件故障也会造成送话不良故障。

麦克风本身引起的故障主要表现在以下几个方面。

（1）噪声大

这个故障主要表现为对方听机主的声音有很大噪声，一般是麦克风性能不良、接触不好等原因造成的，可更换麦克风或用酒精棉球擦拭麦克风触点。

（2）送话声音小

送话声音小一般是麦克风灵敏度降低造成的。这种情况需要更换麦克风才能解决。手机麦克风在更换的时候，不能将正负极接反，否则会出现不能输出信号或送话声音小等故障。

（3）不送话

不送话的故障除了麦克风本身的问题之外，偏置电压不正常、音频电路问题都会引起不送话故障，而且软件问题也会造成不送话故障。

受话器和扬声器

五、受话器和扬声器

手机中的受话器和扬声器用来将模拟的电信号转化成为声音信号。受话器和扬声器是一个电声转换器件，受话器又称为听筒，扬声器又称为喇叭等。

1. 受话器和扬声器的区别

受话器是把电能转换为声能并与人耳直接耦合的电声换能器，又称为通信用的耳机。受话器主要用于语言通信，频带窄（300～3400Hz），强调语言的清晰度与可懂度。它主要指的是应用于电话系统和军、民用无线电通信机中的送话器、受话器组合部件及头戴送话器、受话器组合部件。

扬声器是把电能变换为声能，并将声能辐射到室内或开阔空间的电声换能器。扬声器的特点是频率范围宽（20Hz～20kHz）、动态范围大、高音质、高保真、失真小等。主要指的是用于广播、电影、电视、剧院等方面声音重放和录音的各种扬声器系统、耳机、传声器、拾音器（唱头）。

受话器的直流电阻为32Ω，扬声器的直流电阻为8Ω，可以使用万用表测量其电阻判断是受话器还是扬声器。在手机维修中，受话器和扬声器虽然工作原理一样，但是它们的用途和频率范围还是有明显的区别。

2. 受话器和扬声器外形及电路符号

（1）受话器和扬声器外形

智能手机中的受话器和扬声器从外形来看可分为圆形、椭圆形和矩形，从连接方式来看可分为引线式、弹片式和触点式。

智能手机中的受话器和扬声器外形如图2-63所示。

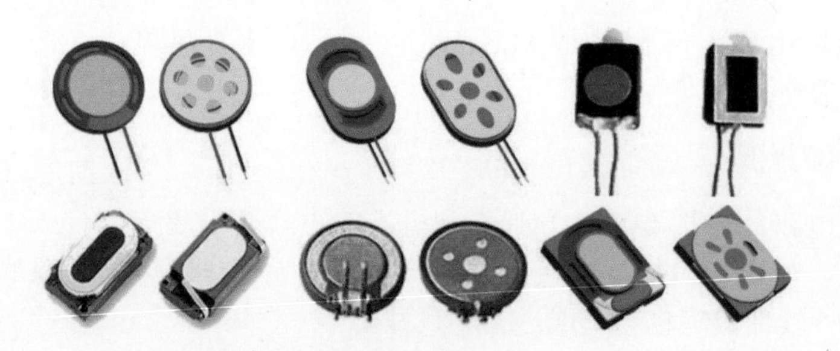

图2-63 受话器和扬声器外形

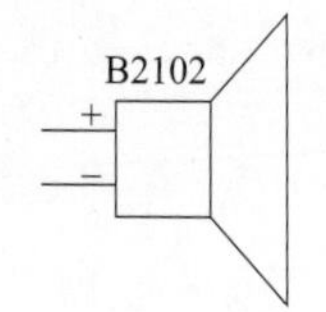

图2-64 受话器和扬声器电路符号

（2）受话器和扬声器电路符号

受话器一般用 Receiver、Ear 或 Earphone 表示，扬声器通常用字母 SPK 或 SPEAKER 表示。

受话器和扬声器电路符号如图 2-64 所示。

3. 受话器和扬声器故障分析

受话器和扬声器出现问题后主要的故障表现如下。

（1）扬声器或受话器无声

智能手机扬声器或受话器无声的故障表现为：当来电话时，扬声器没有来电提示音乐；接通电话时，受话器内听不到对方讲话的声音。

这种故障主要是由扬声器或受话器开路、接触不良，或者音频电路的驱动信号不正常造成的。针对这种故障，首先替换扬声器或受话器，其次检查音频电路。

（2）扬声器或受话器声音小、嘶哑、失真

这种故障主要是由扬声器或受话器音圈变形、错位造成的。如果扬声器或受话器出现这种情况只能更换。

第四节 智能手机集成电路

手机集成电路

手机集成电路

集成电路是一种微型电子器件或部件，在智能手机中的地位非常重要。集成电路是把一个电路中所需的晶体管、二极管、电阻、电容和电感等元件及布线互连在一起，制作在一小块或几小块半导体晶片或介质基片上，然后封装在一个管壳内，成为具有所需电路功能的器件。

集成电路简介及其封装

集成电路及其封装

一、集成电路及其封装

1. 集成电路简介

集成电路，顾名思义，就是把电路集成在一起，这样既缩小了体积，也方便电路和产品的设计。集成电路在智能电路中一般用字母 IC、N、U 等表示。

集成电路并不能把所有的电子元器件都集成在里面，对于大于 1000pF 的电容、阻值较大的电阻、电感，不容易进行集成，所以集成电路的外部会接有很多的元器件。

集成电路具有体积小、重量轻、引出线和焊接点少、寿命长、可靠性高、性能好等优点，同时成本低，便于大规模生产。它不仅在工、民用电子设备，如收录机、电视机、计算机等方面得到了广泛的应用，同时在军事、通信、遥控等方面也得到广泛的应用。

用集成电路来装配电子设备，其装配密度比晶体管可提高几十倍至几千倍，设备的稳定工作时间也会大大提高。集成电路在手机中的应用更为广泛，随着手机功能的增加和体积的缩小，手机芯片的集成度也越来越高。超大规模集成电路的应用为手机增添了更多功能。

2. 手机集成电路的封装

在手机中，使用的集成电路多种多样，外形和封装也有多种样式，快速有效地识别手机的集成电路封装和区分引脚是初学者的难点，下面分别进行介绍。

（1）SOP 封装

SOP 封装又称小外形封装，是一种比较常见的封装形式。这种封装的集成电路引脚均分布在两边，其引脚数目多在 28 个以下。早期手机用的电子开关、电源电路、功放电路等都采用这种封装。

SOP 封装集成电路如图 2-65 所示。

SOP 封装集成电路引脚的区分方法是：在集成电路的表面都会有一个圆点，靠近圆点最近的引脚就是 1 脚，然后按照逆时针循环依次是 2 脚、3 脚、4 脚等。

（2）QFP 封装

QFP 为四侧引脚扁平封装，又称为方形扁平封装，是表面贴装型封装之一，引脚从 4 个侧面引出呈海鸥翼（L）形。其基材有陶瓷、金属和塑料三种。从数量上看，塑料 QFP 是最普及的多引脚大规模集成电路封装。

QFP 封装集成电路四周都有引脚，而且引脚数目较多。手机中的中频电路、DSP 电路、音频电路、电源电路等都采用 QFP 封装。

QFP 封装集成电路如图 2-66 所示。

图2-65　SOP封装集成电路

图2-66　QFP封装集成电路

QFP 封装集成电路引脚的区分方法是：在集成电路的表面都会有一个圆点［如果在 4 个角上都有圆点，就以最小的一个为准（或者将集成电路摆正，一般左下角的为 1 脚）］，靠近圆点最近的引脚就是 1 脚，然后按照逆时针循环依次是 2 脚、3 脚、4 脚等。

（3）QFN 封装

QFN（方形扁平无引脚封装）是一种焊盘尺寸小、体积小、以塑料作为密封材料的表面贴装芯片封装技术，现在多称为 LCC。QFN 封装集成电路由于无引脚，贴装占有面积比 QFP 小，高度比 QFP 低。但是，当印刷基板与封装之间产生应力时，在电极接触处应力就不能得到缓解，因此电极触点难以做到像 QFP 封装集成电路的引脚那样多，一般引脚从 14

图2-67　QFN封装集成电路

到 100 左右。

QFN 封装材料有陶瓷和塑料两种。当有 LCC 标记时，基本上都是陶瓷 QFN。其电极触点中心距 1.27mm。塑料 QFN 是以玻璃环氧树脂印刷基板基材的一种低成本封装，电极触点中心距除 1.27mm 外，还有 0.65mm 和 0.5mm 两种。这种封装也称为塑料 LCC、PCLC、PLCC 等。

手机中的电源管理芯片和射频芯片多采用 QFN 封装。QFN 封装的集成电路如图 2-67 所示。

QFN 封装集成电路引脚的区分方法是：在集成电路的表面都会有一个圆点［如果在 4 个角上都有圆点，就以最小的一个为准（或者将集成电路摆正，一般左下角的为 1 脚）］，靠近圆点最近的引脚就是 1 脚，然后按照逆时针循环依次是 2 脚、3 脚、4 脚等。

（4）BGA 封装

BGA 即球栅阵列封装。手机中的 CPU、存储器、DSP 电路、音频电路都是 BGA 封装的集成电路，另外在 BGA 封装的基础上还延伸出其他封装形式。

手机中 BGA 封装集成电路主板焊盘引脚区分方法：

① 将 BGA 芯片平放在桌面上，先找出 BGA 芯片的定位点。在 BGA 芯片的一角一般会有一个圆点，或者在 BGA 内侧焊点面会有一个角与其他三个角不同，这个就是 BGA 的定位点。

② 以定位点为基准点，从左到右的引脚按数字 1、2、3、4……排列，从上到下按 A、B、C、D……排行，但字母中没有 I、O、Q、S、X、Z 等字母，如果排到 I 了，就把 I 略过，用 J 延续。如果字母排到 Y 还没有排完，那么字母可以延位为 AA、AB、AC……依次类推。例如 A1 引脚指以定位点从上到下第 A 行，从左到右第 1 列的交叉点；B6 引脚指从上往下第 B 行，从左到右第 6 列的交叉点。

BGA 芯片主板焊盘引脚区分方法如图 2-68 所示。

如果是 BGA 芯片焊点引脚，我们同样需要找到 BGA 芯片的定位点。根据上面主板焊盘的引脚区分方法，我们可以分析出来，以定位点为基准点，从右到左的引脚按数字 1、2、3、4……排列，从上到下按 A、B、C、D……排行。

BGA 芯片焊点引脚区分方法如图 2-69 所示。

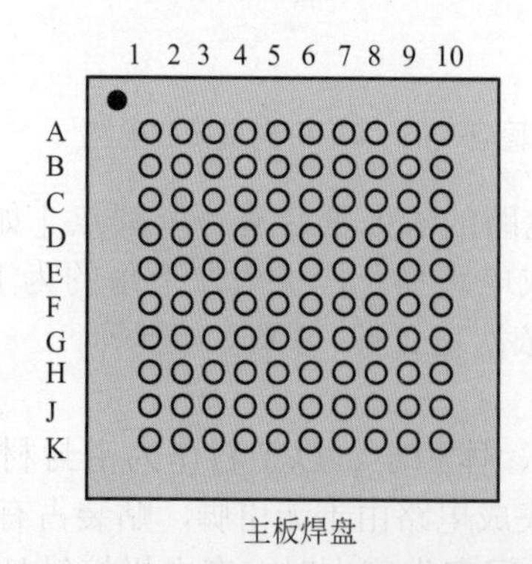

图2-68　BGA芯片主板焊盘引脚区分方法

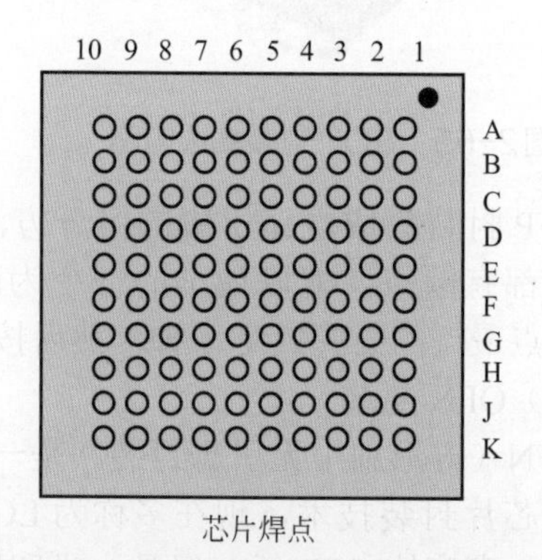

图2-69　BGA芯片焊点引脚区分方法

常见的几种 BGA 封装集成电路外形如图 2-70 所示。

（5）CSP 封装

CSP 封装是芯片级封装的意思。CSP 封装是最新一代内存芯片封装技术。CSP 封装可以让芯片面积与封装面积之比超过 1∶1.14，已经相当接近 1∶1 的理想情况，绝对尺寸也仅有 32mm^2，约为普通的 BGA 封装的 1/3。与 BGA 封装相比，同等空间下 CSP 封装可以将存储容量提高 3 倍。

CSP 封装技术和引脚的方式没有直接关系，在定义中主要指内核芯片面积和封装面积的比例。由 CSP 封装延伸出来的还有 UCSP 封装和 WLCSP 封装。UCSP 封装和 WLCSP 封装在手机中应用较多。

CSP 封装集成电路外形如图 2-71 所示。

图2-70　BGA封装集成电路外形

图2-71　CSP封装集成电路外形

（6）LGA 封装

在手机中，有不少芯片采用 LGA 封装，直译过来就是栅格阵列封装，为金属触点式封装。LGA 封装的芯片与主板的连接是通过弹性触点接触的，而不是像 BGA 封装一样通过锡珠进行连接，这就是 BGA 封装和 LGA 封装的区别。其实在手机中，LGA 封装的芯片仍然通过锡珠和主板进行连接。

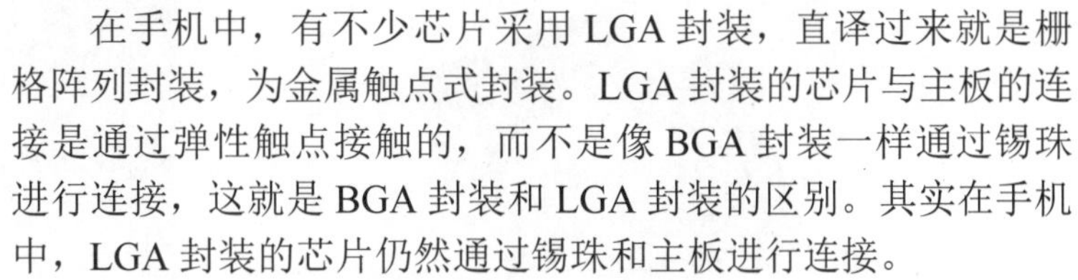

图2-72　LGA封装集成电路外形

LGA 封装集成电路外形如图 2-72 所示。

（7）WLCSP 封装

晶圆片级芯片规模封装 (简称 WLCSP)，即晶圆级芯片封装方式，不同于传统的芯片封装方式 (先切割再封测，而封装后至少增加原芯片 20% 的体积)，此种最新技术是先在整片晶圆上进行封装和测试，然后才切割成一个个的芯片颗粒，因此封装后的体积即等同芯片裸晶的原尺寸。

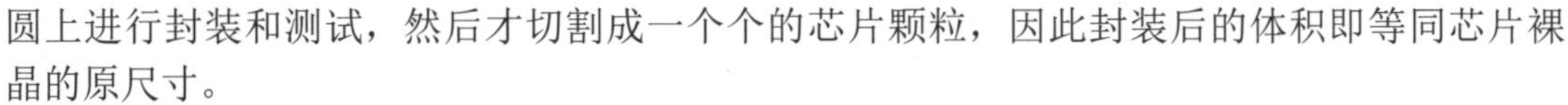

WLCSP 的封装方式，不仅明显地缩小内存模块尺寸，而符合行动装置对于机体空间的高密度需求，而且在效能的表现上，更提升了数据传输的速度与稳定性。

在手机中，WLCSP 封装是使用较多的一种。

二、手机集成电路

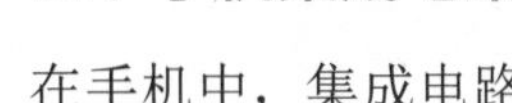

在手机中，集成电路的发展主要有几个方向，一是向高度集成化方向发展，随着智能手机的轻薄化、多功能化，集成电路外围的元件也越来越少；二是向 5G 方向发展，国内 5G 已经开始商用了，未来几乎所有的手机都支持 5G 功能；三是主频越来越高，手机运行主频已达到 2GHz 以上，使用的是四核甚至是八核的处理器。

1. 射频处理器

（1）射频处理器简介

在手机中，射频处理器主要完成除射频前端以外所有信号的处理，包括射频接收信号的解调、射频发射信号的调制、VCO 电路等，外围除了少数的阻容元件外，很少有其他元件。

（2）射频处理器外形

手机的射频处理器的封装，主要还是以 BGA 封装居多。在手机中，英飞凌、高通公司的射频处理器占主流。

英飞凌射频处理器外形如图 2-73 所示。

2. 功率放大器

（1）功率放大器简介

手机中的功率放大器都是高频宽带功率放大器，主要用于放大高频信号并获得足够大的输出功率。功率放大器是手机中耗电量最大的器件。

完整的功率放大器主要包括驱动放大、功率放大、功率检测及控制、电源电路等几个部分。在手机中，一般使用功率放大器组件，把这些部分全部集成在一起。

（2）功率放大器外形

在手机中，功率放大器的封装很少有 BGA 封装，多采用 QFN 和 LGA 封装，这两种封装有利于功率放大器工作时的散热。

功率放大器的外形既有长条形的，也有正方形的，一般长条形居多。其外形类似字库，但又有区别。功率放大器外形如图 2-74 所示。

图2-73　英飞凌射频处理器外形

图2-74　功率放大器外形

3. 基带处理器

（1）基带处理器简介

手机基带处理器一般由 CPU（中央处理器）、DSP（数字信号处理器）、存储器（SRAM、ROM）组成。其中，CPU 运行协议栈和控制逻辑，DSP 进行数字信号处理，存储器负责存储数据和程序。

图2-75　常见基带处理器外形

（2）基带处理器外形

在手机中，基带处理器主要采用 BGA 封装、双芯片叠层封装等。在手机中个头最大的集成电路除了应用处理器就是基带处理器了。

常见基带处理器外形如图 2-75 所示。

4. 应用处理器

随着智能手机制造技术的发展，其应用功能不断推陈出新，这对手机处理器的要求越来越高。现在市场上智能手机的应用处理器主频已经达到了 2GHz 以上，然而人们对智能手机应用功能的推出速度要求远远高于应用处理器的发展速度，这就势必引起智能手机处理器架构的革新，传统的架构已经渐渐地失去它的优势。

（1）应用处理器简介

在手机中，应用处理器完成了除信号处理部分之外所有的功能处理，它是伴随智能手机应运而生的。应用处理器是在低功耗 CPU 的基础上扩展音视频功能和专用接口的超大规模集成电路。应用处理器是智能手机的灵魂和核心。

（2）应用处理器外形

智能手机使用的应用处理器各不相同，但是有一个特点，就是在手机所有的集成电路中，应用处理器个头最大。

在华为手机中大部分使用的是自主开发的海思麒麟处理器。应用处理器外形如图 2-76 所示。

5. 存储器

（1）存储器简介

智能手机属于移动手持通信的前沿产品。对于要处理多种复杂功能的手机来说，处理能力、灵活性、速度、存储器密度和带宽都很重要，所以在手机中采用的都是低功耗、高品质、高可靠性的存储器。

功能丰富的手机对存储器需求很大，因为它们提供了更高级的功能，包括互联网浏览、收发更先进的文本消息、玩游戏、下载和播放音乐以及用相对较低的成本实现数字摄像应用。高端功能手机除了支持游戏、多媒体消息、视频下载、收发静态图像等功能外，额外增加了视频和音频流，特别是网络站点浏览和移动商务。这些种类各异的功能对存储器的要求更严格。

（2）存储器外形

在手机中，存储器主要采用 BGA 封装、双芯片叠层封装等。手机的存储器大部分是长方形的，基带处理器和应用处理器旁边都有存储器。存储器外形如图 2-77 所示。

图2-76　应用处理器外形

图2-77　存储器外形

6. 音频处理器电路

（1）音频处理器简介

近年来，手机集成的功能越来越多，但在基本的音频放大应用方面，在继续优化性能表现及用户音频体验方面仍有继续提升的空间。原因是智能手机存在着特殊的音频要求，例如：智能手机存在基带 / 应用处理器、调频（FM）广播、蓝牙（耳机）等多种音频输入源；编解码器（CODEC）可以集成在模拟基带中，也可独立存在；多数情况下是扬声器放大器保持单独存在（不集成），从而提供足够的输出功率；耳机放大器外置，配合高保真（Hi-Fi）

音乐播放。

（2）音频处理器外形

在手机中，音频处理器电路由单个集成电路或多个集成电路组成。常见音频处理器外形如图 2-78 所示。

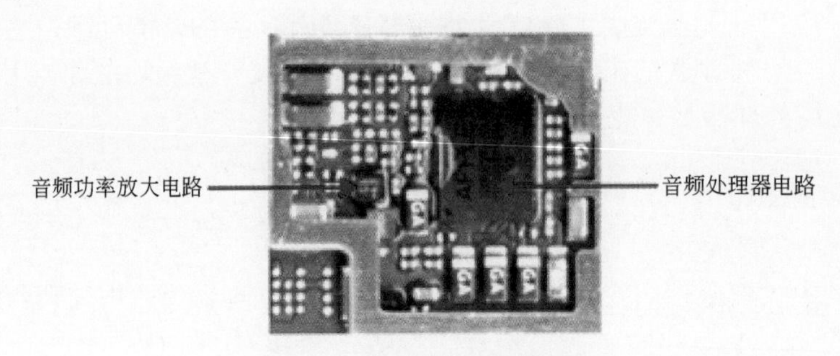

图2-78　常见音频处理器外形

第三章 智能手机电路基础

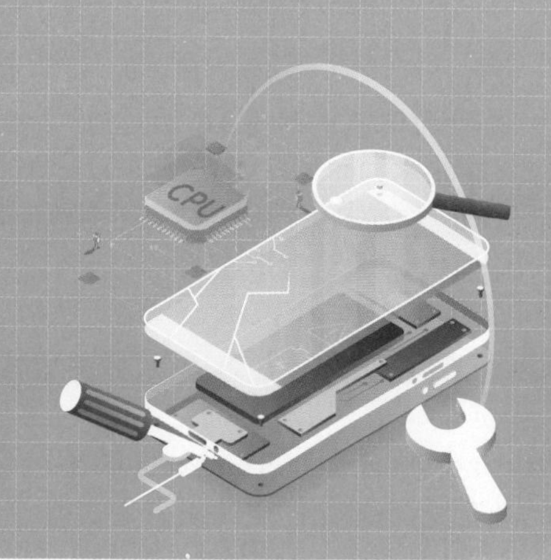

第一节 手机电路基础知识

一、电的种类及特性

电的种类及特性

按照电的不同种类和特性，电可分为直流电和交流电两种。

1. 直流电

直流电是指方向和时间不作周期性变化的电流，但电流大小可能不固定，会产生波形。直流电所通过的电路称为直流电路，是由直流电源和电阻构成的闭合导电回路。

直流电的方向不随时间而变化，通常又分为恒定直流电和脉动直流电。恒定直流电是比较理想的直流电，大小和方向都不变；脉动直流电中有交流成分，如手机充电器内部将 220V 交流电压整流后的电压就是脉动直流电。

直流电波形如图 3-1 所示。

i O t 恒定直流电　i O t 脉动直流电

图3-1　直流电波形

2. 交流电

交流电也称“交变电流”，简称“交流”，一般是指大小和方向随时间作周期性变化的电压或电流。它最基本的形式是正弦电流。

我国交流电供电的标准频率规定为 50Hz。交流电随时间变化可以以多种多样的形式表现出来，不同表现形式的交流电其应用范围和产生的效果也是不同的。交流电又分为交流电源（作为能量，如电灯用的电）和交流信号（空中的电磁波）。

交流电波形如图 3-2 所示。

（1）周期

正弦交流电完成一次循环变化所用的时间叫作周期，用字母 T 表示，单位为秒（s）。显然正弦交流电流或电压相邻的两个最大值 (或相邻的两个最小值) 之间的时间间隔即为周期。

（2）频率

交流电在 1s 内完成周期性变化的次数叫作频率，常用字母 f 表示。物理中频率的单位是赫兹（Hz），简称赫，也常用千赫（kHz）或兆赫（MHz）或吉（GHz）做单位。1kHz=1000Hz，1MHz=1000000Hz，1GHz=1000MHz。频率 f 是周期 T 的倒数，即 $f=1/T$。我们照明电灯用的电源频率为 50Hz。

周期和频率的关系如图 3-3 所示。

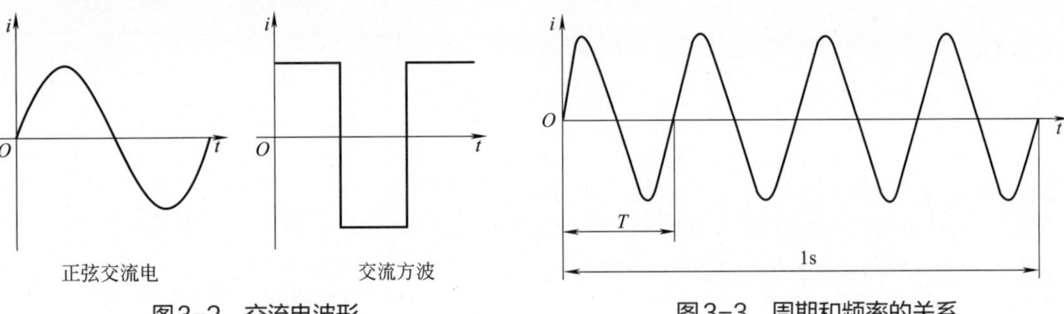

图3-2　交流电波形

图3-3　周期和频率的关系

凡提到“频率”的均为交流电。单位时间内交流电变化次数（周期）多的叫作“高频”，反之为“低频”。

通常把人耳可以听到的频率（每秒变化 20～20000Hz）叫“低频”，也称“音频”。好的音响设备可以发出悦耳的音乐，就是因为它的音频范围较宽，能把高、中、低频尽量地展现出来，即频带宽、音质好。

电路的三种状态

二、电路的三种状态

电路由若干元件组成，目的是把电能转换成其他能量，以实现特定功能。电路有三种状态，分别为通路、断路、短路。

最基本的电路是由电源、用电器（负载）、导线、开关组成。

1. 通路

用电器能够工作的电路叫作通路。这时，电路闭合且有持续的电流。合上开关接通电源，电荷从电池的正极出发，经过灯泡（负载）、导线、开关回到负极构成回路。

电荷在通过负载（此处为灯泡）时进行能量转换。电荷通过灯泡时转换为光能，通过烙铁时转换为热能，通过电机时转换为机械能。

通路如图 3-4 所示。

2. 断路 (开路)

断路（开路）是指处于电路没有闭合开关，或者导线没有连接好，或者用电器烧坏或没安装好（如把电压表串联在电路中），即整个电路在某处断开的状态。

断路如图 3-5 所示。

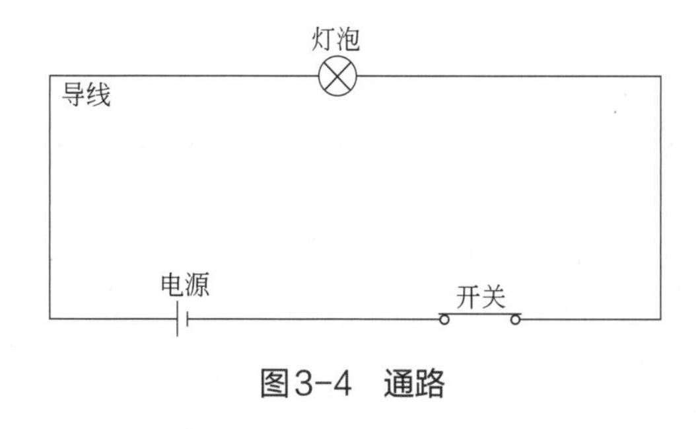

图3-4　通路

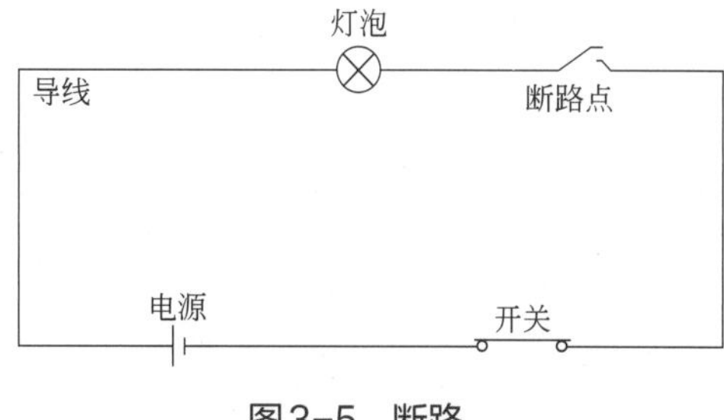

图3-5　断路

3. 短路

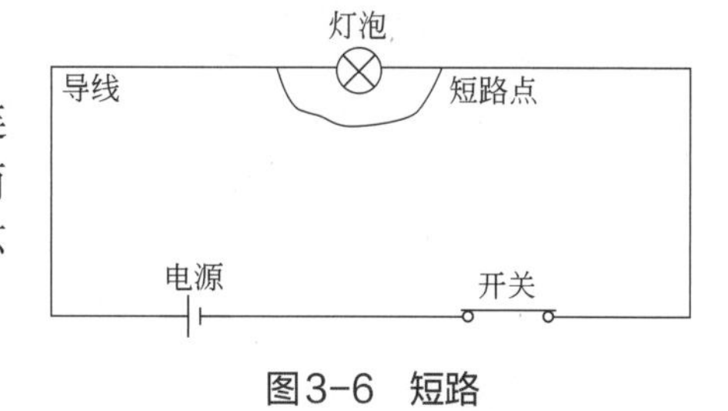

图3-6　短路

直接用导线把电源的两极（或用电器的两端）连接起来的电路叫作短路。电荷没有经过用电器，而是正、负极直接短接。短路时电流最大，容易损坏用电器。

短路如图3-6所示。

（1）短路的分类

短路有两种形式：一是整体短路，也称电源短路。它是指用导线直接连接在电源的正负极上。此时电流不通过任何用电器而直接构成回路，电流会很大，可能会将电源烧坏。二是局部短路。它是指用导线直接连接在用电器的两端。此时电流不通过用电器而直接通过这根导线。发生局部短路时也会有很大的电流。因此，短路状态是绝对不允许出现。

（2）短路的实质

无论是整体短路还是局部短路，都是电流直接通过导线而没有通过用电器，使电路中的电阻减小从而导致电流增大。这就是短路的实质。

（3）短路分析方法

有时短路的发生比较隐蔽，一眼不容易看出，可以采取电流优先流向分析法。如果电流有两条路径可供选择，一条路径全部是导体，一条路径中含有用电器，那么电流总是优先通过导体。具体的分析方法是：当电路构成通路时，电流从电源的正极出发，它总是优先通过导体并且能够回到电源的负极，便构成电源短路或用电器短路。

（4）短路故障判断方法

短路是一种常见的电路故障。发生短路时电流没有通过用电器，导致用电器的电压为零，这就是发生短路的特征。此时可用电压表测量用电器两端的电压，若此处电压为零，则可能短路。

从以上分析可知：电路正常工作时为通路；不工作时为断路；应避免短路。

电压和电流

三、电压和电流

1. 电压

电压也称作电势差或电位差，是衡量单位电荷在静电场中由于电势不同所产生的能量差的物理量。其大小等于单位正电荷因受电场力作用从A点移动到B点所做的功。电压的方向规定为从高电位指向低电位的方向。

电压用“U”表示。电压的国际单位制为伏特（V，简称伏），常用的单位还有毫伏（mV）、微伏（μV）、千伏（kV）等。1V=1000mV，1mV=1000μV。电路中使用较多的单位

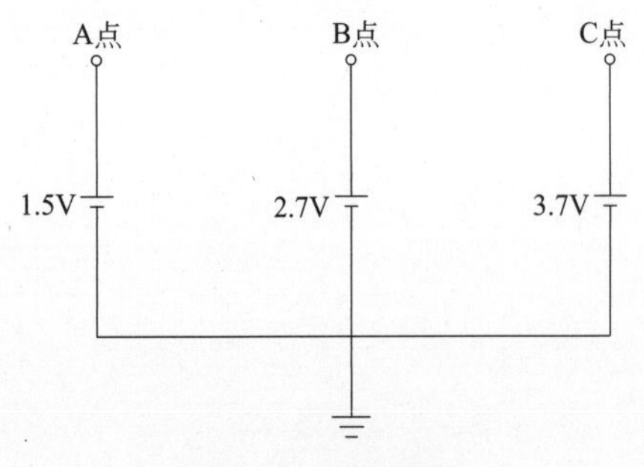

图3-7　电压压差

是 V、mV，μV 较小，一般不用。手机中电池额定电压多为 3.7V。

如图 3-7 所示，在同一电路中，不同的供电电压之间会有压差，例如 A 点和 B 点之间的压差为 1.2V，A 点和 C 点之间的压差为 2.2V，B 点和 C 点之间的压差为 1V。

2. 电流

科学上把单位时间里通过导体任一横截面的电量叫作电流强度，简称电流。电流符号为 *I*，单位是 A（安）、mA（毫安）、μA（微安）。1A=1000mA，1mA=1000μA。

在一个闭合的电路中，有电压存在就会产生电流。电流的大小取决于负载阻值的大小。如同水从高到低运动形成水流的道理一样，电流的方向是从高电位到低电位。

第二节 手机电路图的组成及分类

手机中的电路图包括原理图、方框图、元件分布图、印制板图、点位图等。维修人员需要掌握看图方法，并能够实际运用到维修工作中去。

掌握和了解电路图的组成和分类是学习手机原理的基础，只有基础扎实，才能为以后的维修工作打下良好的基础。

电路图的组成

一、电路图的组成

电路图主要由元件电路符号、连线、结点、注释四大部分组成。

1. 元件电路符号

元件电路符号表示实际电路中的元件。它的形状与实际的元件不一定相似，甚至完全不一样。但是它一般都表示出了元件的特点，而且引脚的数目和实际元件保持一致。

手机中元件电路符号举例如图 3-8 所示。

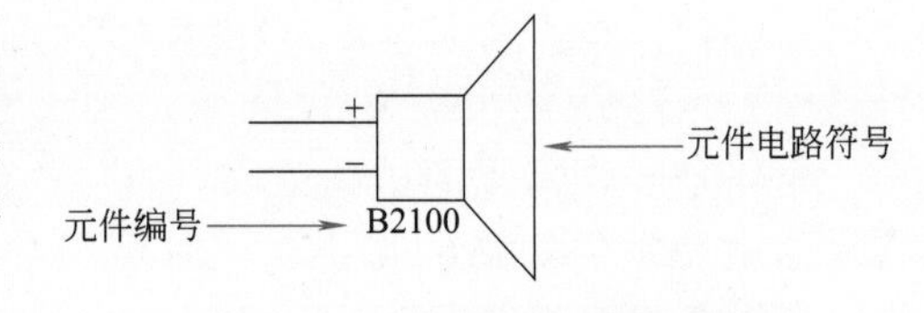

图3-8　元件电路符号举例

2. 连线

连线表示的是实际电路中的导线，在原理图中虽然是一根线，但在常用的印制电路板中往往不是线而是各种形状的铜箔块，就像收音机原理图中的许多连线在印制电路板图中并不一定都是线形的，也可以是一定形状的铜膜。

3. 结点

结点表示几个元件引脚或几条导线之间相互的连接关系。所有和结点相连的元件引脚、导线，不论数目多少，都是导通的。

手机的连线和结点如图 3-9 所示。

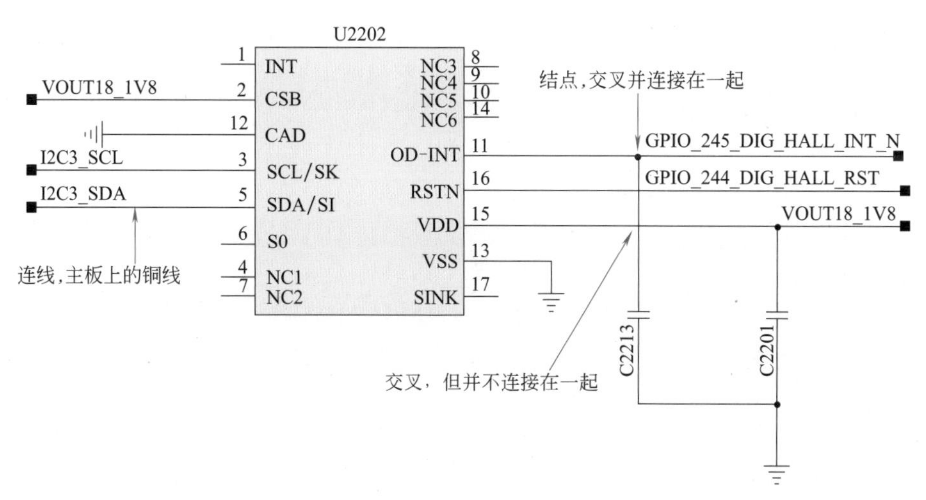

图3-9　连线和结点

4. 注释

注释在电路图中是十分重要的，电路图中所有的文字都可以归入注释一类。在电路图的各个地方都有注释存在，它们被用来说明元件的型号、名称等。

手机原理图注释如图3-10所示。

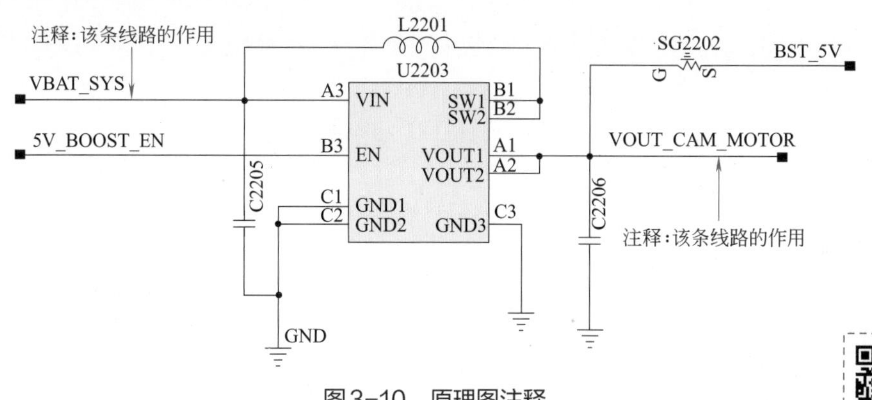

图3-10　原理图注释

电路图的分类

二、电路图的分类

在手机维修中，经常遇到的手机电路图有原理图、方框图、元件分布图、印制板图、点位图等。手机的原理图直接体现了电路结构和工作原理；方框图则用线条标明各部分之间的信号流程和关系；元件分布图和印制板图的作用差不多，表示每一个元件的代号和在主板的具体位置。

原理图、方框图、元件分布图和印制板图、点位图相互配合，才能帮助维修人员完成整个维修过程。

1. 原理图

原理图又叫作“电气原理图”。它直接体现了电子电路的结构和工作原理，所以一般用在设计、分析电路中。

分析电路时，通过识别图纸上所画的各种电路元件电路符号，以及它们之间的连接方式，就可以了解电路实际工作时的原理。原理图就是用来体现电子电路工作原理的一种工具。

某国产手机局部原理图如图 3-11 所示。

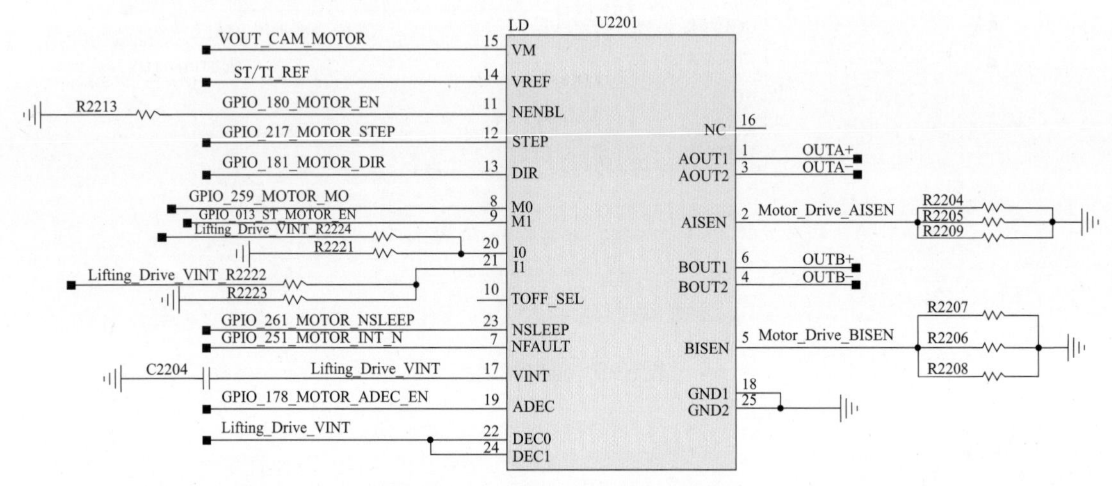

图3-11　某国产手机局部原理图

2. 方框图（框图）

方框图是一种用方框和连线来表示电路工作原理和构成概况的电路图。从根本上说，它也是一种原理图，不过在这种图纸中，除了方框和连线，几乎就没有别的符号了。

手机方框图如图 3-12 所示。

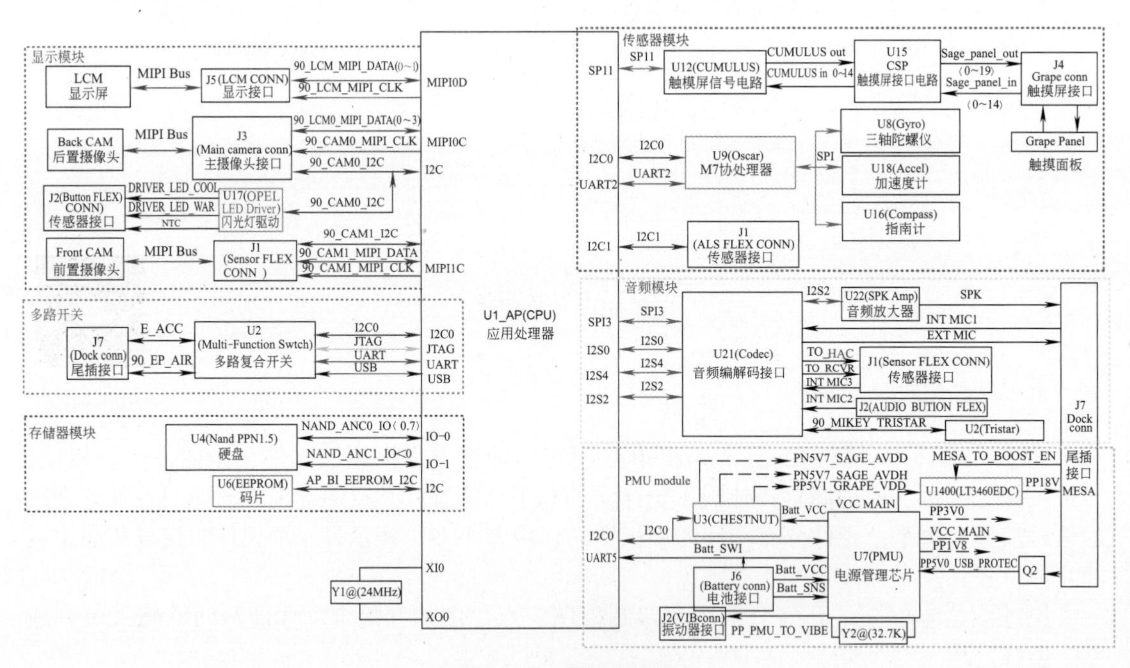

图3-12　手机方框图

方框图和原理图主要的区别就在于原理图详细地绘制了电路全部的元器件和它们的连接方式，而方框图只是简单地将电路按照功能划分为几个部分，将每一个部分描绘成一个方框，在方框中加上简单的文字说明，在方框间用连线（有时用带箭头的连线）说明各个方框之间的关系。所以方框图只能用来体现电路的大致工作原理，而原理图除了详细地表明电路的工作原理之外，还可以用来作为采集元件、制作电路的依据。

3. 元件分布图

它是为了进行电路装配而采用的一种图纸，图上的符号往往是电路元件的实物外形图。只要照着图上画的样子，依样画葫芦地把一些电路元器件连接起来就能够完成电路的装配。这种电路图一般是供初学者使用的。

手机元件分布图如图 3-13 所示。

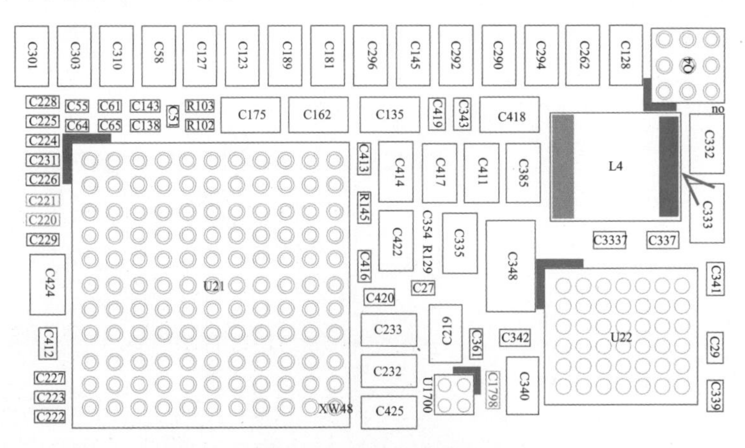

图3-13　元件分布图

元件分布图根据装配模板的不同而各不相同，大多数作为电子产品的场合，用的都是下面要介绍的印制板图，所以印制板图是元件分布图的主要形式。

4. 印制板图

印制板图的全名是“印制电路板图”或“印制线路板图”。它和元件分布图其实属于同一类电路图，都是供装配实际电路使用的。

印制电路板是在一块绝缘板上先覆上一层金属箔，再将电路不需要的金属箔腐蚀掉，剩下的部分金属箔作为电路元器件之间的连接线，然后将电路中的元器件安装在这块绝缘板上，利用板上剩余的金属箔作为元器件之间导电的连线，完成电路的连接。由于这种电路板的一面或两面覆的金属是铜皮，所以印制电路板又叫“覆铜板”。

手机印制板图如图 3-14 所示。

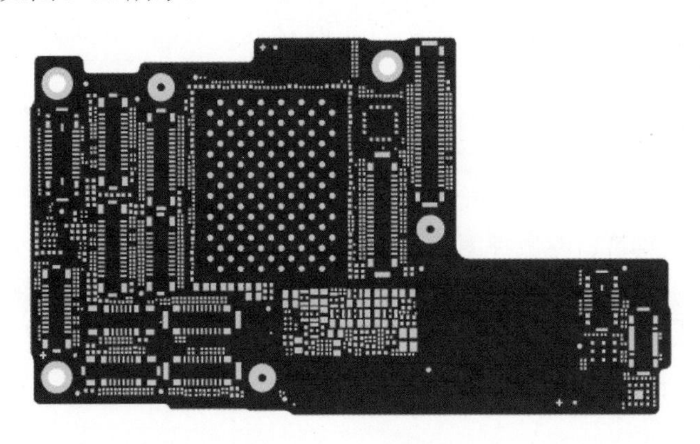

图3-14　印制板图

印制板图的元件分布往往和原理图中的大不一样。这主要是因为，在印制电路板的设计中，主要考虑所有元件的分布和连接是否合理，要考虑元件体积、散热、抗干扰、抗耦合等诸多因素。综合这些因素设计出来的印制电路板，从外观上看很难和原理图完全一致，但实际上却能更好地实现电路的功能。

5. 点位图

点位图是在印制板图的基础上开发的一种维修用电子图纸。利用点位图可以快速查找电路的通断、二极体值、板层线路走向等参数。

点位图界面如图 3-15 所示。

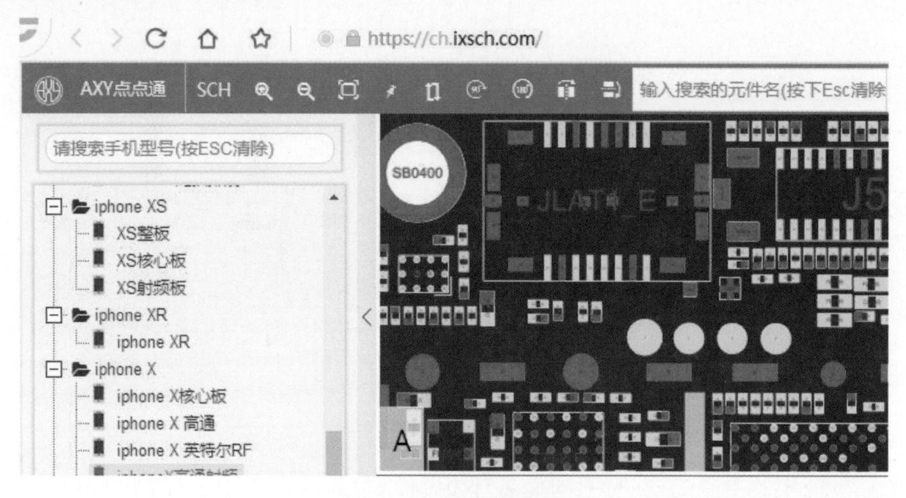

图3-15　点位图界面

在上面介绍的五种形式的电路图中，原理图是最常用也是最重要的。能够看懂原理图，也就基本掌握了电路的原理，绘制方框图、元件分布图、印制板图就比较容易了。掌握了原理图，进行智能手机的维修、设计，也就十分方便了。

第三节 手机常见电路符号

在电路图中，各种电子元件都有它们特定的表示方式，即元件电路符号。开始识图首先要学会识别元件电路符号。

认识手机元件电路符号以后，再学习基本电路就简单了。

手机常见元件电路符号

一、手机常见元件电路符号

在手机电路原理图中，使用最多的就是电阻、电容、电感、二极管、三极管、场效应管等最基本的电子元件，在这些元件旁边都标注了数字、字母组成的符号，下面介绍其具体含义。

1. 电阻、电容、电感电路符号

手机中的基本电子元件电路符号如图 3-16 所示。需要说明的是，手机电路图中的元件图形和符号并不完全按国家标准绘制，为了便于学习，本书中的电路图与手机电路图保持一致。

2. 二极管电路符号

在半导体器件中，二极管在手机中的应用比较多，不同功能的二极管的画法是有区别的。例如：发光二极管主要用在有照明和发光需求的电路中，那么在手机中，如果看到二极管的符号，则此电路无非是键盘灯电路、LCD 背光灯电路、闪光灯电路、信号灯电路等，然后根据电路的注释就能清楚具体是哪一部分电路了。

如图 3-17 所示是手机中的二极管电路符号。

3. 场效应管电路符号

在手机中，场效应管是在控制电路和放大电路中最关键的元件，虽然画法各异，但是基本功能不变。在识别手机中的场效应管电路符号的时候，注意区分材料、结构、实现的电路功能等，要结合整体电路进行综合分析。

如图 3-18 所示是手机中的场效应管电路符号。

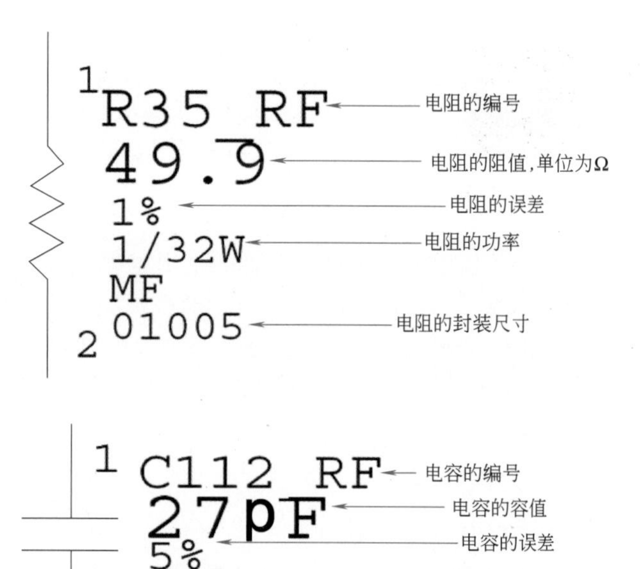

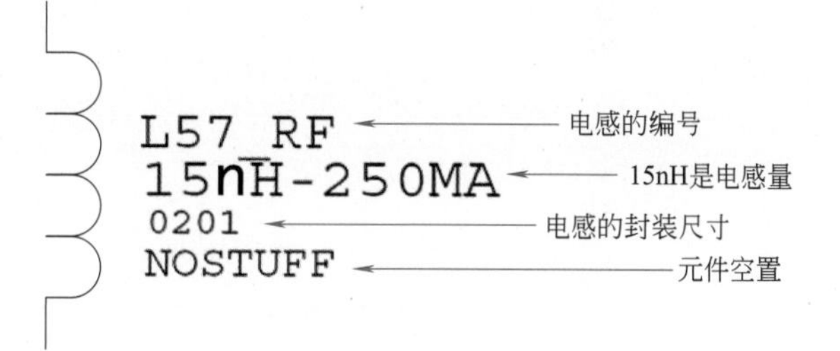

图3-16 电阻、电容、电感电路符号

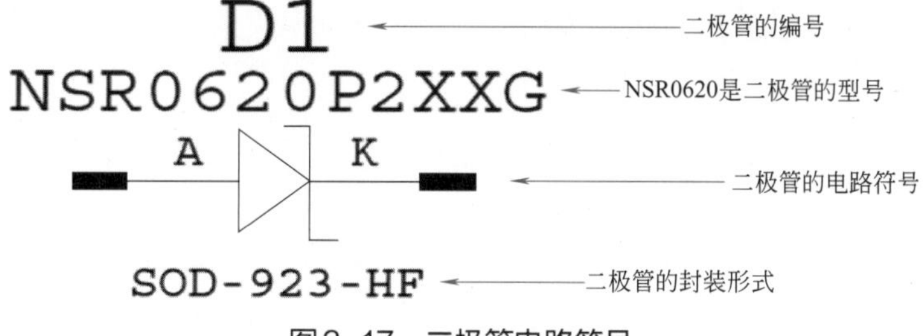

图3-17 二极管电路符号

图3-18 场效应管电路符号

手机特殊器件电路符号

以上是在智能手机电路图中出现较多的一些基本电子电路符号，当然还有其他一些符号，在讲具体电路的时候会有说明，这里不再赘述。

二、手机特殊元件电路符号

1. 时钟晶体

时钟晶体是一种机电器件，是用电损耗很小的石英晶体经精密切割磨削并镀上电极焊上引线做成的。这种晶体有一个很重要的特性：如果给它通电，它就会产生机械振荡；反之，如果给它机械力，它又会产生电。这种特性叫作机电效应。时钟晶体有一个很重要的特点：其振荡频率与它们的形状、材料、切割方向等密切相关。

时钟晶体电路符号如图 3-19 所示。

2. 穿心电容

穿心电容是一种三端电容，但与普通的三端电容相比，它直接安装在金属面板上，因此它的接地电感更小，几乎没有引线电感的影响。另外，它的输入输出端被金属板隔离，消除了高频耦合。这两个特点决定了穿心电容具有接近理想电容的滤波效果。

穿心电容电路符号如图 3-20 所示。

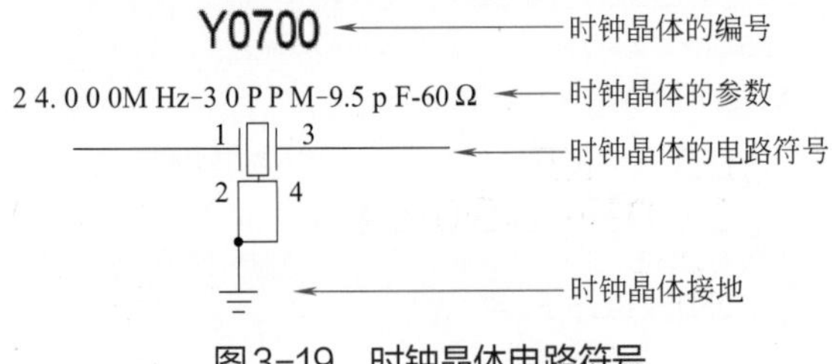

图3-19　时钟晶体电路符号

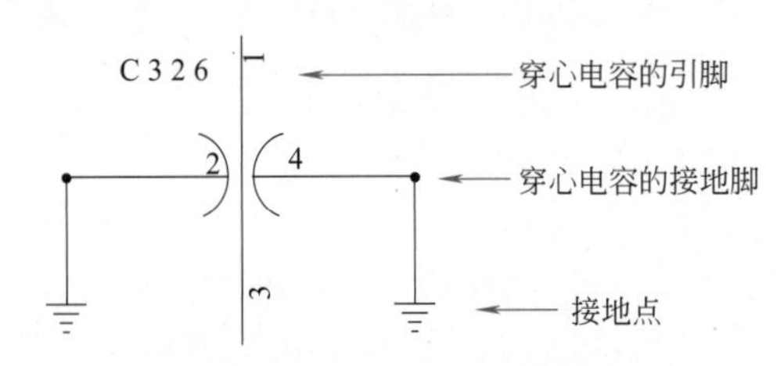

图3-20　穿心电容电路符号

3. NTC电阻

NTC 是指随温度上升电阻呈指数关系减小、具有负温度系数的热敏电阻现象和材料。

NTC 电阻在手机中主要应用于对温度要求不敏感的温度检测电路。

NTC 电阻电路符号如图 3-21 所示。

4. 带通滤波器

带通滤波器是一个允许特定频段的波通过且屏蔽其他频段的设备。带通滤波器在手机中一般应用于射频电路。

带通滤波器电路符号如图 3-22 所示。

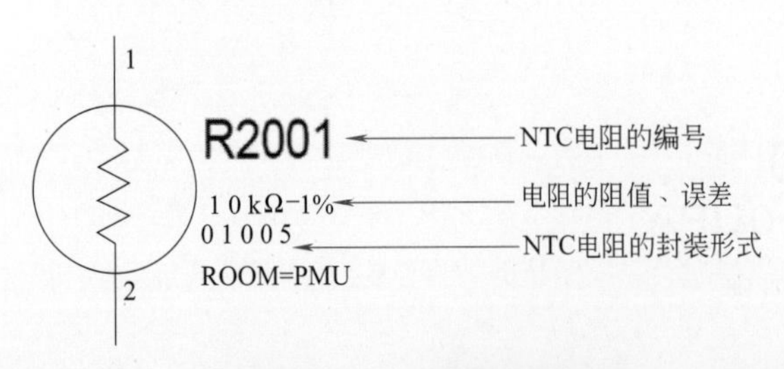

图3-21　NTC电阻电路符号

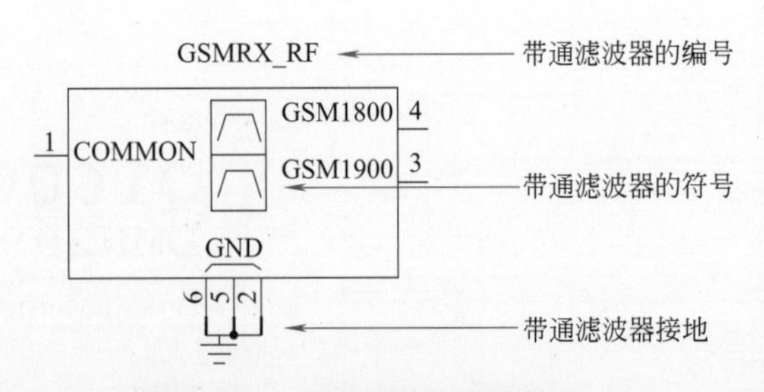

图3-22　带通滤波器电路符号

5. TVS管

瞬态电压抑制器简称TVS，是一种二极管形式的高效能保护器件，有的文献上也为TVP、AJTVS、SAJTVS等。当TVS二极管（也称为TVS管）的两极受到反向瞬态高能量冲击时，它能以10^{-12}s量级的速度，将其两极间的高阻抗变为低阻抗，吸收高达数千瓦的浪涌功率，使两极间的电压钳位于一个预定值，有效地保护电子线路中的精密元器件，免受各种浪涌脉冲的损坏。

在手机中，TVS管主要应用于按键接口电路、SIM卡电路。

TVS管电路符号如图3-23所示。

6. 天线测试接口

在手机中，一般会有1～3个天线测试接口。天线测试接口主要在生产中用来进行综测时使用。在一线的维修中，很少使用到天线测试接口，这个接口出现故障一般是开路，只要将1、2脚短接即可。

天线测试接口电路符号如图3-24所示。

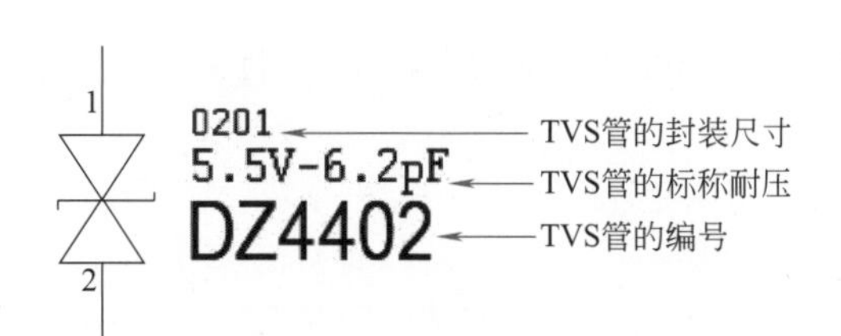

图3-23　TVS管电路符号

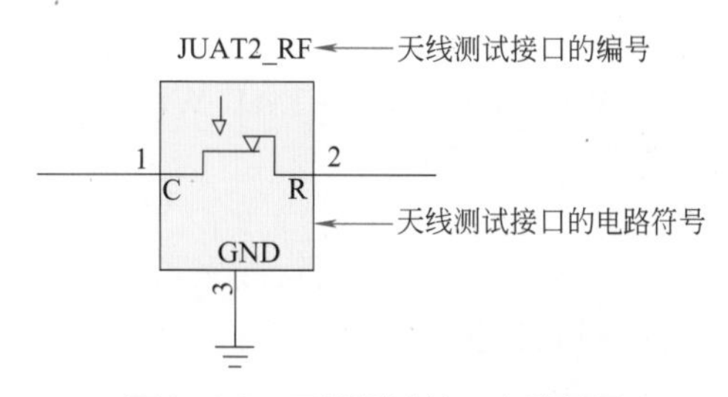

图3-24　天线测试接口电路符号

三、手机电路符号

手机电路符号

识读手机电路图，除了了解常见元件的电路符号之外，还要掌握手机电路中的常见符号，下面我们分别进行介绍。

1. 供电电压

在电路原理图中，由于空间限制及厂家画图习惯，很少将供电电压单独标注出来，一般将电压和信号点写在一起。例如PP1V8_VA信号，里面的1V8表示该信号点的电压为1.8V。

供电电压标注方式如图3-25所示。

35　34　33　19　PP1V8_VA

图3-25　供电电压标注方式

另外，在图3-25中，左边数字的含义是：该信号点连接到的页码，除了在本页看到的PP1V8_VA信号外，还连接到35页、34页、33页、19页。

2. 信号流向

在电路原理图识读过程中，信号的流向是我们要学习和关注的重点。只有了解一个信号从哪里来，到哪里去，才能判断一个电路的工作状态。

信号流向如图3-26所示。

AP_TO_WLAN_DEVICE_WAKE信号左侧的框内为IN，且箭头向右，说明信号从外部输入到芯片内部。

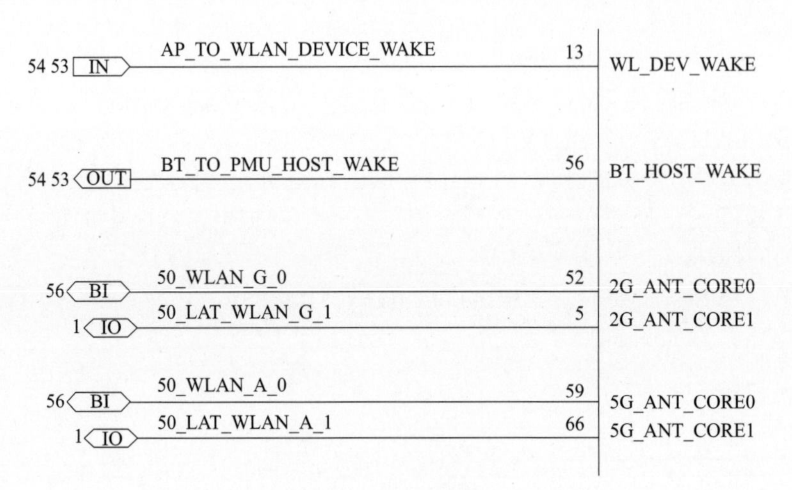

图3-26 信号流向

BT_TO_PMU_HOST_WAKE 信号左侧的框内为 OUT，且箭头向左，说明该信号从左侧的芯片输出，送至外部的电路。

50_WLAN_G_0、50_LAT_WLAN_G_1 信号左侧的框内分别为 BI、IO，且箭头是双向的，说明信号是双向的。

在大部分的信号点中都会有一个英文单词 TO，例如 BT_TO_PMU_HOST_WAKE，TO 之前有一个英文单词 BT，TO 之后有一个英文单词 PMU，这个信号的意思是：蓝牙 TO（至）PMU 电源的 HOST_WAKE 信号。

3. 主板测试点

在手机主板上，经常会看到一些小的圆点，这些就是主板测试点。这些测试点一般是关键信号测试点。在手机维修中，这些测试点的作用非常大。另外，这些测试点在手机的生产中也起到非常重要的作用。

主板测试点如图 3-27 所示。

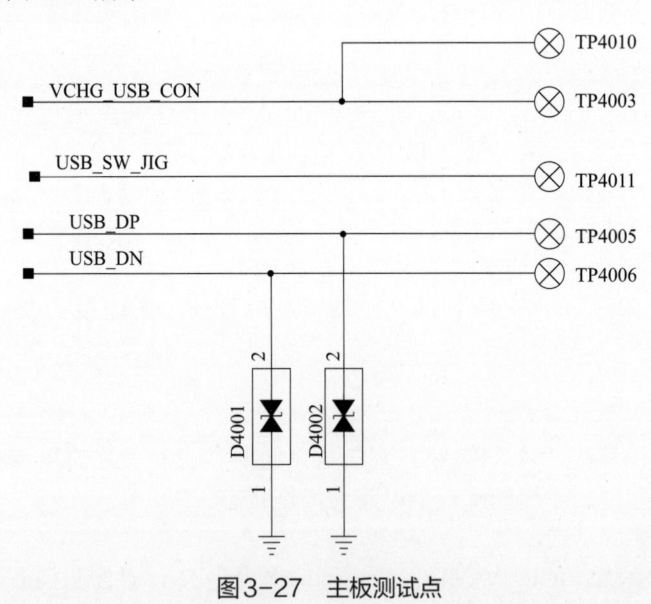

图3-27 主板测试点

4. 短接点

短接点在手机的供电电路中使用较多，主要用于调测电路，在射频及控制电路中很少使用。

短接点如图 3-28 所示。

5. 低电平有效

低电平有效是指输入高电平无效，平时维持在高电平，需要触发时才切换为低电平，触发完成又回到高电平，准备下次触发。

给信号上面加一横线表示使用的是低电平触发；信号的输入端有一个圆圈也表示低电平有效。在部分电路中横线和圆圈都使用。

低电平有效符号如图 3-29 所示。

图3-28　短接点　　　　图3-29　低电平有效符号

第四节 手机电路识图方法

一、射频处理器电路识图

射频处理器电路识图

射频处理器电路是用来接收和发射信号的公共电路，也是用来实现智能手机之间相互通信的关键电路。

智能手机的射频处理器电路主要由一个射频处理器芯片和外围电路构成。由于该电路所处理的信号频率很高，为了避免外界信号的干扰，它通常被装在屏蔽罩内部。

1. 射频处理器电路原理图识图

射频处理器电路框图如图 3-30 所示。

射频处理器电路在原理图中容易找到，比较简单的办法是顺着天线找，先找到天线的电路符号，然后再找到主集接收天线、分集接收天线，就可以找到射频处理器电路。这个办法的难度有点大，必须在熟悉电路原理的基础上进行。

通过查找射频处理器电路一些常见的英文标识，可以快速找到射频处理器电路。常见的射频处理器电路英文标识有：TX、RX、TRX、ANT、PRX、LNA、HB、MB、LB、PA 等。只要找到这些常见的英文标识符号，就可以找到射频处理器电路。

2. 射频处理器芯片主板位置图

射频处理器芯片主板位置图如图 3-31 所示。

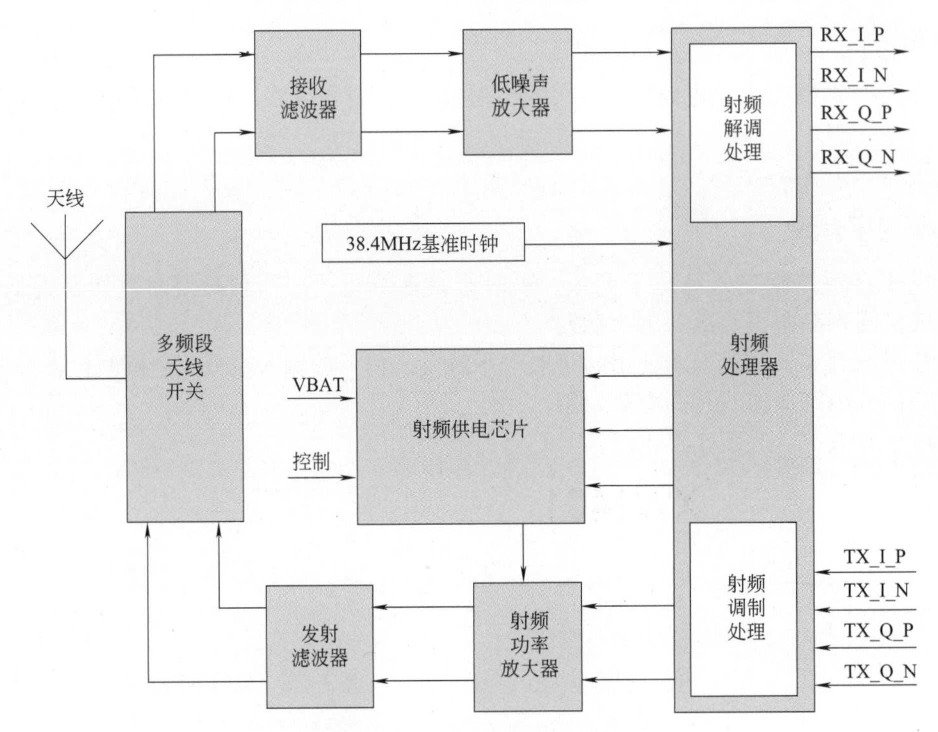

图3-30　射频处理器电路框图

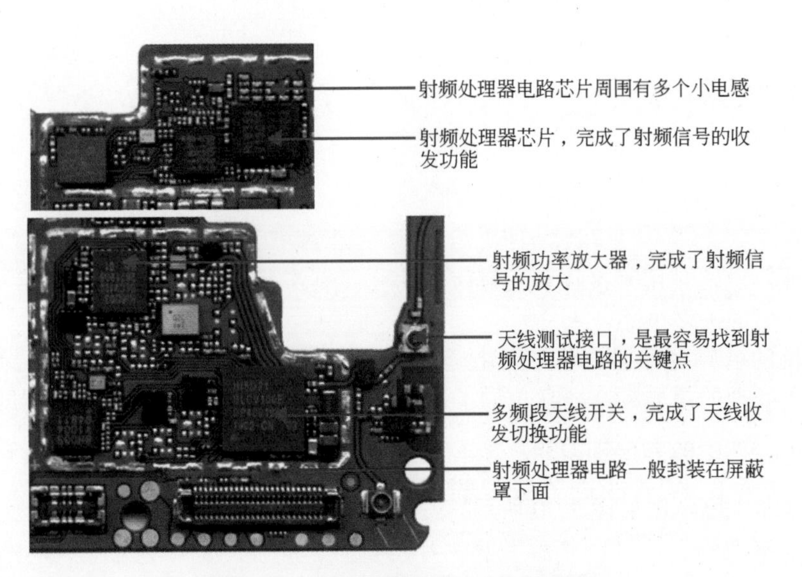

图3-31　射频处理器芯片主板位置图

射频处理器电路一般会有多个芯片。射频处理器电路一般封装在屏蔽罩下面。射频处理器电路芯片周围有多个小电感。

应用处理器电路识图

顺着天线可以找到天线测试接口，然后找到射频处理器电路，这是在主板上查找射频处理器电路的关键点。

二、应用处理器电路识图

应用处理器电路完成了整机信号控制和各种数据处理。手机所有电路基本上都是在应用处理器的控制下工作的。

1. 应用处理器

（1）应用处理器电路原理图识图

应用处理器电路框图如图 3-32 所示。

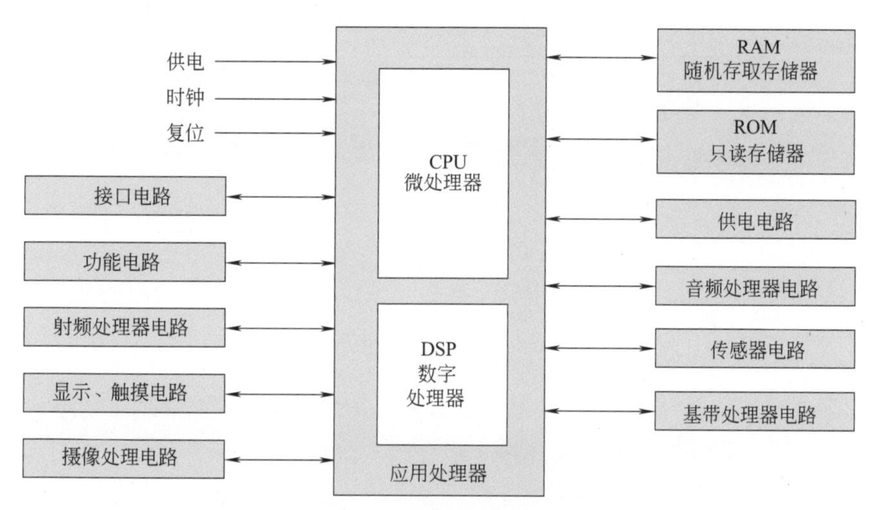

图3-32　应用处理器电路框图

应用处理器电路一般由应用处理器、随机存取存储器、只读存储器等组成，完成了整机所有信息和数据的处理。

在智能手机中，各功能电路的工作都是在应用处理器电路的控制下完成的。

（2）应用处理器、存储器电路主板位置图

应用处理器电路主板位置图如图 3-33 所示。

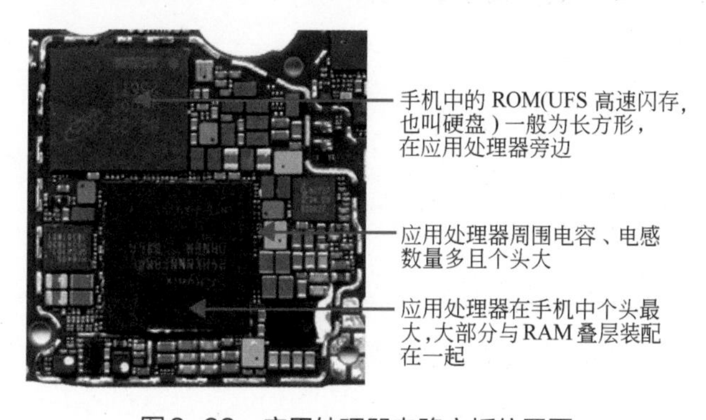

图3-33　应用处理器电路主板位置图

应用处理器在手机中的个头最大，大部分与 RAM 叠层装配在一起。应用处理器周围电容、电感数量多且个头大。手机中的 ROM（UFS 高速闪存，也叫硬盘）一般为长方形，在应用处理器旁边。

2. 基带处理器

基带处理器一种高度复杂系统芯片。随着多媒体功能的日益增加，基带处理器的集成度不断提高。它不仅支持几种通信标准，而且提供多媒体功能以及用于多媒体显示器、图像传感器和音频设备相关的接口。

（1）基带处理器电路原理图识图

基带处理器电路框图如图 3-34 所示。

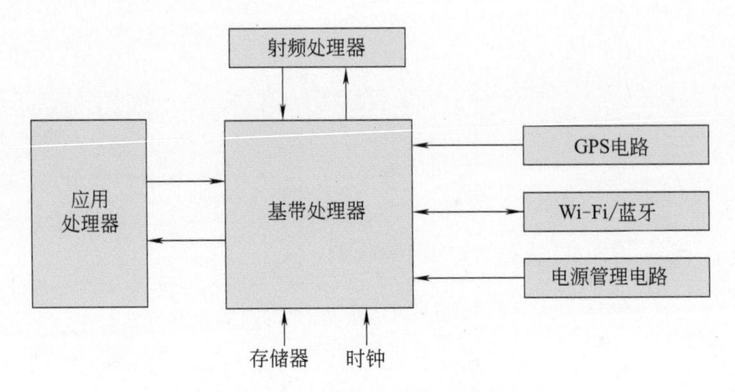

图3-34 基带处理器电路框图

基带处理器是一个完整的处理器系统，有独立的存储器、电源管理电路、时钟电路，在原理图中的查找也相对比较容易，在此不再赘述。

（2）基带处理器电路主板位置图

基带处理器电路主板位置图如图 3-35 所示。

图3-35 基带处理器电路主板位置图

在 iPhone 手机中，一般有独立的基带处理器完成基带信号的处理。基带处理器一般靠近应用处理器。基带处理器有独立的电源管理芯片，周围电容、功率电感数量较多。

三、电源管理电路识图

电源管理电路主要用来为智能手机各单元电路提供工作电压，是整机的能量来源。只有该电路正常才能保证智能手机正常开机、拨打和接听电话。

1. 电源管理电路原理图识图

电源管理电路框图如图 3-36 所示。

在电源管理电路中，主要以 BUCK 及 LDO 输出为主，只要找到 BUCK 及 LDO 同时存在的多路输出电路，就可以找到电源管理电路。

电源管理电路识图

可以通过充电接口找到充电管理芯片及电源管理电路，也可以通过电池接口找到电源管理电路。

2. 电源管理芯片主板位置图

电源管理芯片主板位置图如图 3-37 所示。

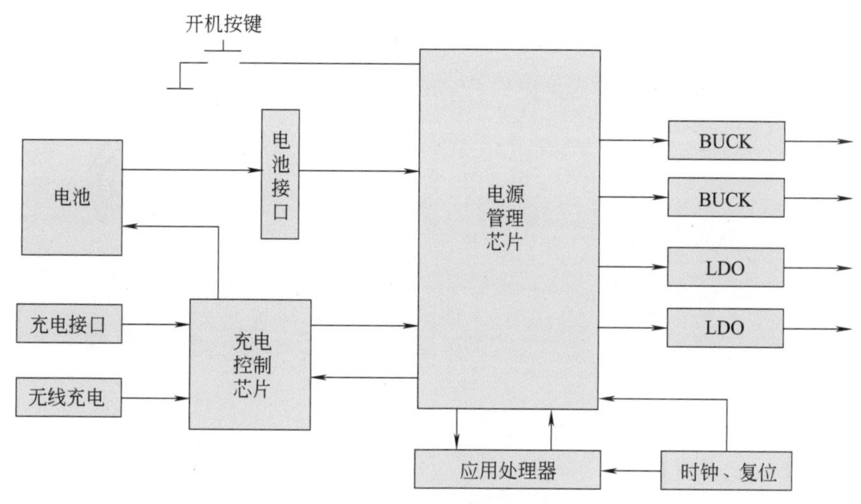

图3-36　电源管理电路框图

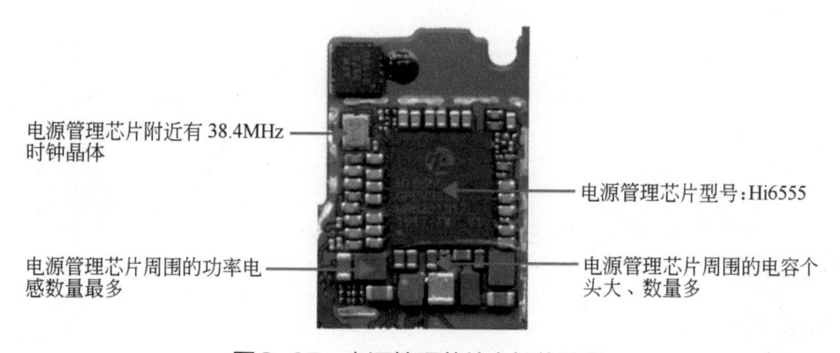

图3-37　电源管理芯片主板位置图

通过了解电源管理芯片型号，可以快速查找芯片。平时要注意积累手机中各芯片的型号，以便快速维修电源管理电路故障。

在电源管理芯片的附近，一般会有 38.4MHz 时钟晶体。电源管理芯片周围的电容个头大、数量多。电源管理芯片周围的功率电感数量最多。通过以上观察可以快速定位电源管理芯片在主板上的位置。

通过充电接口可以快速找到充电管理芯片；通过电池接口也可以快速找到电源管理芯片；通过开关机按键也可以找到电源管理芯片。

四、音频处理器电路识图

音频处理器电路用于处理与声音有关的所有信号，可以将送来的数据信号转换成可识别的声音信号，也可以将收集的声音信号转换成数据信号传送出去。

1. 音频处理器电路原理图识图

音频处理器电路框图如图 3-38 所示。

目前智能手机音频处理器电路主要有三种：第一种是音频处理器电路与电源管理电路集成在一起；第二种是音频处理电路与应用处理器电路集成在一起；第三种是独立的音频处理器芯片。另外，有的音频处理器电路芯片中集成有功率放大器电路，有的则没有集成，需要单配功率放大器。无论采用何种结构模式，其音频信号处理过程都一样。

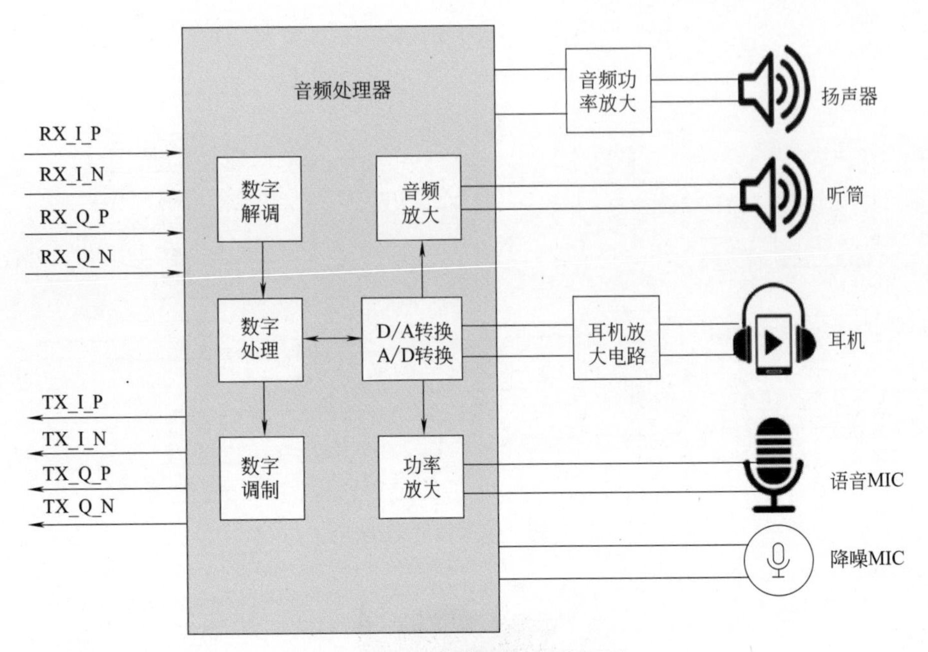

图3-38　音频处理器电路框图

通过查找音频处理器电路一些常见的英文标识，可以快速找到音频处理器电路。常见的音频处理器电路英文标识有：MIC、SPK、BIAS、MODEM、RCV 等。只要找到这些常见的英文标识符号，就可以找到音频处理器电路。

图3-39　音频处理器芯片主板位置图

2. 音频处理器芯片主板位置图

音频处理器芯片主板位置图如图 3-39 所示。

在主板上查找音频处理器电路的位置，一般还是要从扬声器、听筒、麦克风等入手，找到相关元件以后，再顺藤摸瓜，就能找到音频处理器电路。

五、显示、触摸电路识图

显示、触摸电路是智能手机的控制及显示部件，是智能手机实现人机交互的电路。用户指令通过该电路送入，处理后的结果也由该电路输出。

显示触摸电路识图

1. 显示、触摸电路原理图识图

显示、触摸电路框图如图 3-40 所示。

显示、触摸电路外围元器件较少，除了 LED 背光驱动电路之外，显示屏及触摸屏均通过接口与应用处理器直接进行数据通信。

显通过查找显示、触摸电路一些常见的英文标识，可以快速找到显示、触摸电路。常见的显示、触摸电路英文标识有：LCD、TP、AMOLED、TOUCH、BACKLIGHT、LCM、BL 等。只要找到这些常见的英文标识符号，就可以找到显示、触摸电路。

2. 显示、触摸电路主板位置图

显示、触摸电路主板位置图如图 3-41 所示。

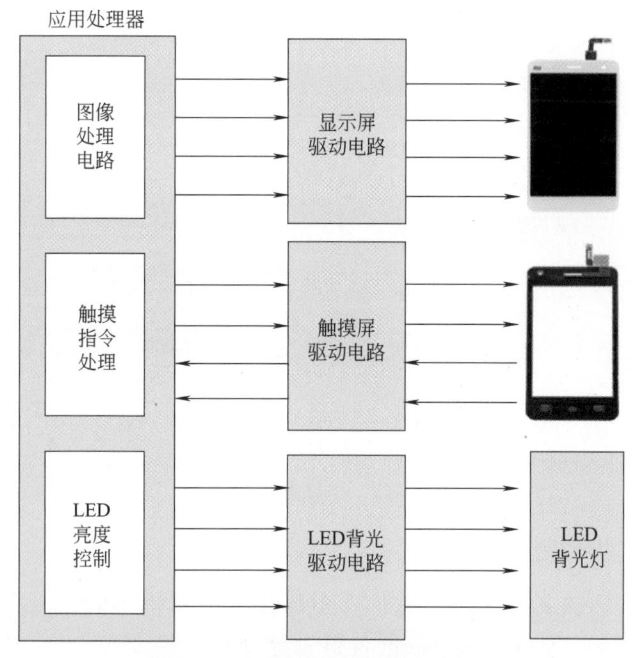

图3-40　显示、触摸电路框图

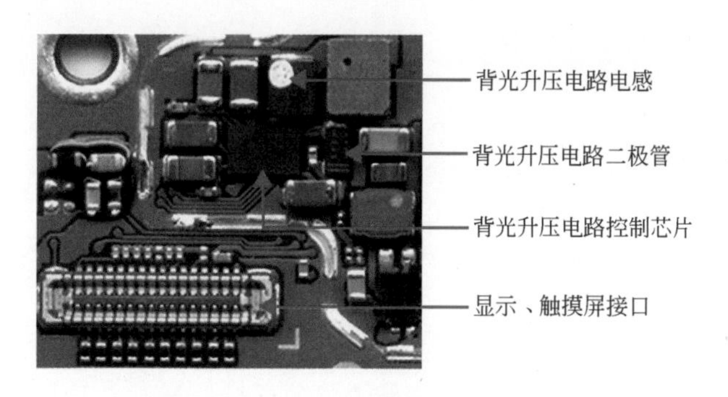

图3-41　显示、触摸电路主板位置图

显示、触摸电路在主板中的位置比较容易找到，先找到显示、触摸屏接口，然后再找到背光升压电路即可。相应的驱动控制电路一般都集成在应用处理器的内部，外部没有单独的电路。

六、传感器电路识图

传感器电路识图

传感器的应用使手机更加智能，同时也使人们的生活更加丰富多彩，手机也不再是一个通信工具，而是具有综合功能的便携式电子设备。

1. 传感器电路原理图识图

传感器电路框图如图 3-42 所示。

在手机原理图中查找相关电路的时候，只要查找对应的英文字母标识或缩写即可。传感器常见的英文标识有：Sensor、Acceleration、Gyroscope、Proximity、ALS、Barometer、Compass 等。

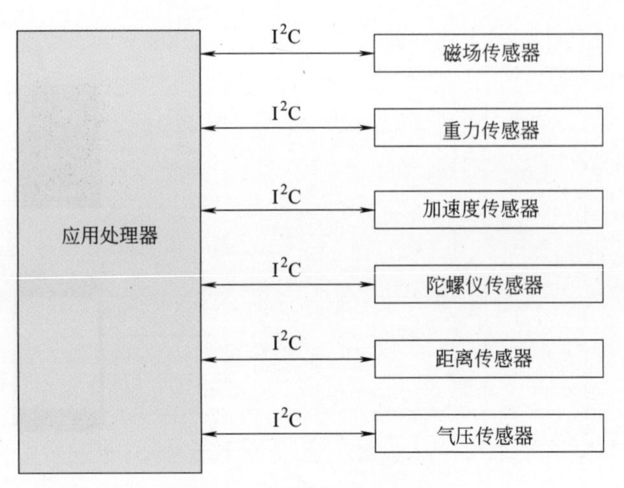

图3-42 传感器电路框图

2. 传感器电路主板位置图

不同的传感器其电路各不相同，它们在电路中的位置也不同，没有非常明显的特征进行区分，一般是通过查找原理图中对应的位置进行查找。

功能电路、接口电路识图

七、功能电路识图

功能电路原理框图如图 3-43 所示。

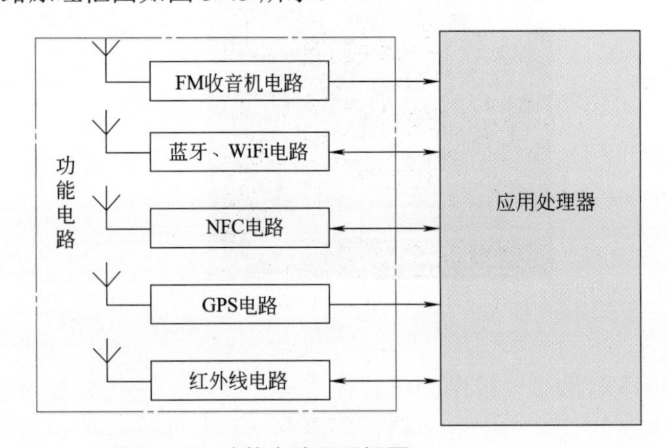

图3-43 功能电路原理框图

功能电路在应用处理器的控制下，完成了手机的各项功能应用。各功能电路都是独立工作的，相互之间并没有直接关系。

功能电路的识图比较简单，根据芯片功能或者电路符号缩写就可以找到对应的功能电路，例如 FM 收音机电路，只要在电路原理图中搜索“FM”即可找到对应的电路。

八、接口电路识图

接口电路实现了人机之间的交互、数据的传输等。接口电路框图如图 3-44 所示。

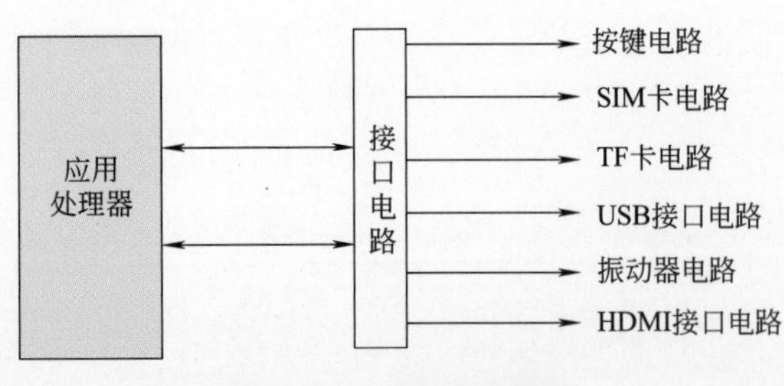

图3-44 接口电路框图

只要在电路中能够找到对应接口的位置，相应的接口电路也就找到了，而且各接口电路都有明显的特点，例如 SIM 卡电路，无论在电路原理图中还是主板位置图中它的特点都很明显。

第五节 手机基础电路分析

一、电阻电路

1. 零欧姆电阻（限流电阻）电路

零欧姆电阻又称为跨接电阻器，是一种特殊用途的电阻。零欧姆电阻的阻值并非为零，其电阻值很小。正因为有阻值，也就和常规贴片电阻一样有误差精度这个指标。

电路板设计中两点不能用印制电路连接，常在正面用跨线连接，这在普通板中经常看到。为了让自动贴片机和自动插件机正常工作，用零欧姆电阻代替跨线。

零欧姆电阻电路如图 3-45 所示。图中 R2404 为零欧姆电阻。在实际维修中可以将该电阻短接。

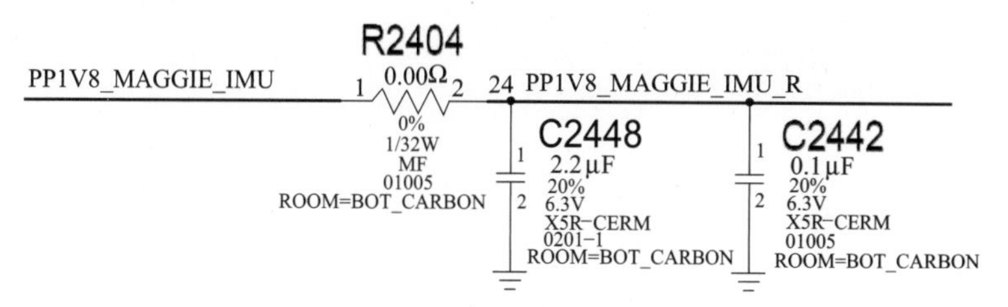

图3-45　零欧姆电阻电路

另外，有些电阻使用了小于 10Ω 的电阻，在电路中起到限流的作用，也叫限流电阻。在维修中也可以将它短接。

2. 上拉电阻、下拉电阻电路

在数字电路中，为了提高驱动能力和稳定输出电平，使用了上拉电阻和下拉电阻。

上拉就是将不确定的信号通过一个电阻钳位在高电平，电阻同时起限流作用。

下拉就是将不确定的信号通过一个电阻钳位在低电平，电阻同时起限流作用。

在实际维修中，上拉电阻和下拉电阻都不能短接。

上拉电阻电路如图 3-46 所示。

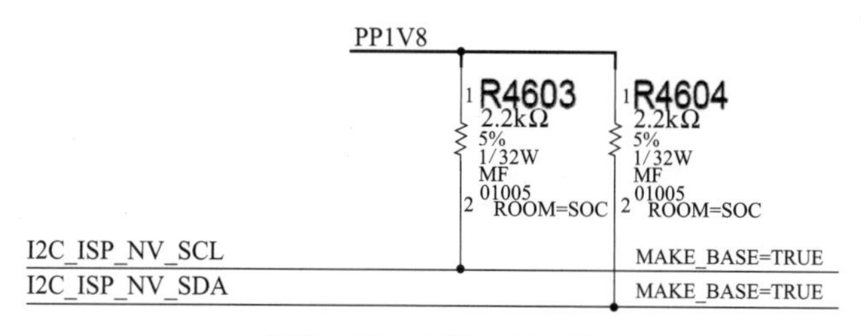

图3-46　上拉电阻电路

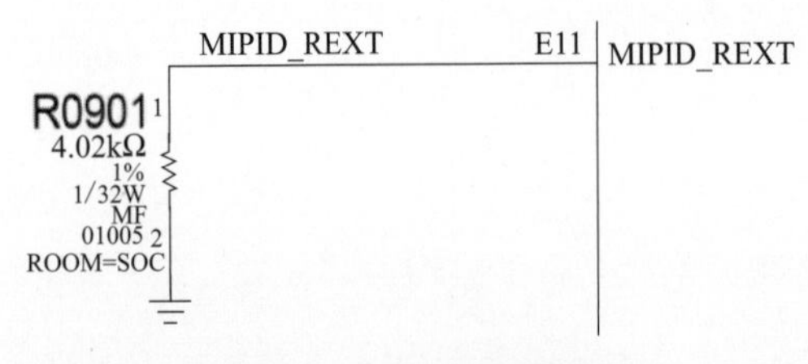

图3-47　下拉电阻电路

下拉电阻电路如图 3-47 所示。

3. 隔离电阻电路

隔离电阻是将上一级电路与下一级电路之间接一个电阻器，使电阻器在两级电路间存在电压降，避免两级电路间直接短路。

在电路必须接通有电流流过，而电路两端电压不能相等的情况下，最好接入一个隔离电阻，这样电阻器两端的电压便不相等。

隔离电阻电路如图 3-48 所示。

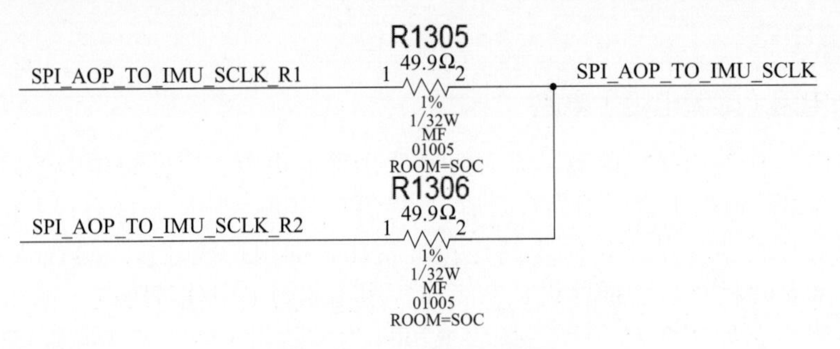

图3-48　隔离电阻电路

二、电容电路

1. 滤波电容电路

各种电容的原理都是一样的，即利用对交流信号呈现低阻抗的特性。这一点可以通过电容的等效阻抗公式看出来：$X_C=1/(2\pi fC)$。工作频率越高，电容值越大，则电容的阻抗越小。

在电路中，如果电容起的主要作用是给交流信号提供低阻抗的通路，就称为旁路电容；如果主要是为了增加电源和地的交流耦合，减少交流信号对电源的影响，就可以称为去耦电容；如果用于滤波电路，那么又可以称为滤波电容。除此以外，对于直流电压，电容器还可作为电路储能，利用充放电起到电池的作用。而实际情况中，往往电容的作用是多方面的，我们大可不必花太多的心思考虑如何定义。

在手机中，滤波电容电路如图 3-49 所示。

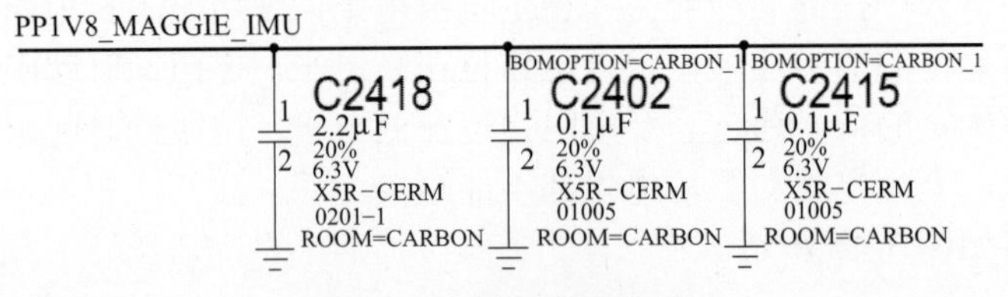

图3-49　滤波电容电路

在图 3-49 所示电路中，C2418 可以叫滤波电容，也可以叫去耦电容；C2402、C2415 叫旁路电容。这些电容都是并联在电路中的。

2. 耦合电容电路

用在耦合电路中的电容称为耦合电容。在阻容耦合放大器和其他电容耦合电路中大量使用耦合电容电路，起隔直流通交流作用。

在手机中，耦合电容电路如图 3-50 所示。

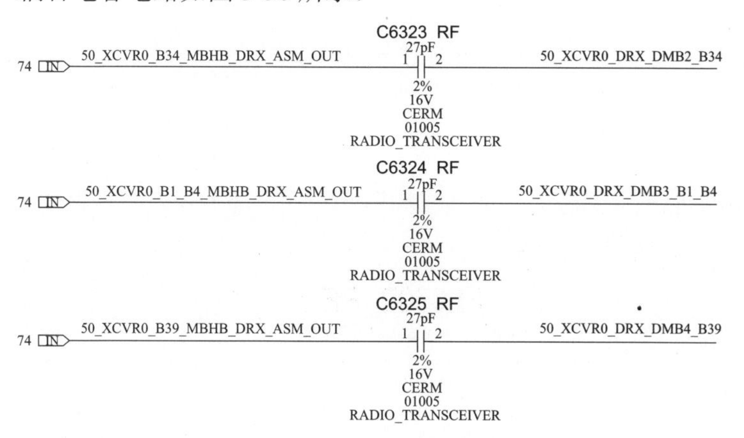

图3-50 耦合电容电路

三、滤波器电路

1. π型滤波器电路

π 型滤波器电路包括两个电容和一个电感（或电阻），它的输入和输出都呈低阻抗。π 型滤波有 RC 和 LC 两种。

在手机中，典型的 π 型滤波器电路如图 3-51 所示。

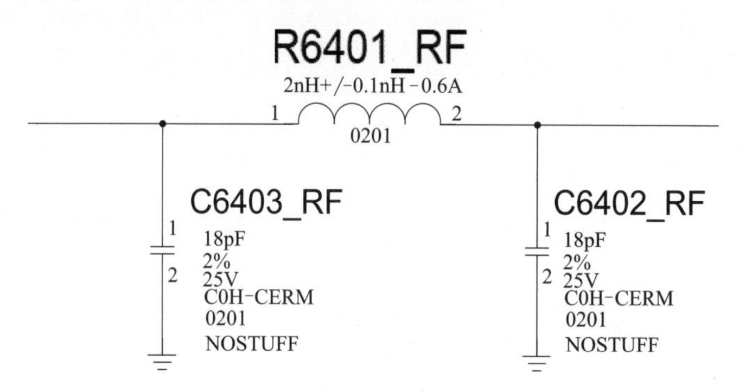

图3-51 典型的π型滤波器电路

如果把图 3-51 中的电感换成电阻，则成了如图 3-52 所示结构。

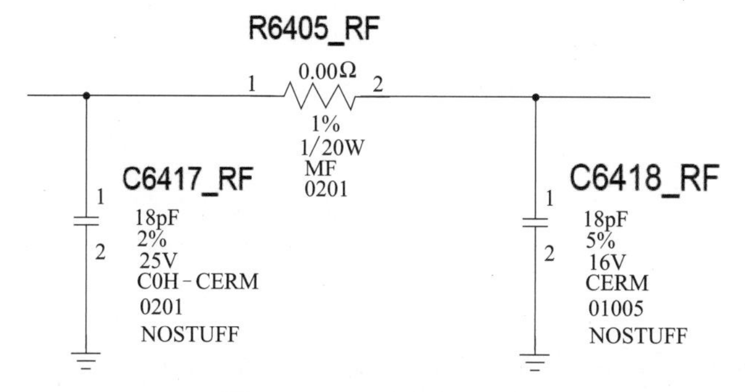

图3-52 π型滤波器电路

在手机中，一般在高频信号电路中使用 π 型滤波器电路。使用 π 型滤波器电路的目的是滤除电路中的杂波信号。

2. LC滤波器电路

LC 滤波器也称为无源滤波器，是传统的谐波补偿装置。LC 滤波器之所以称为无源滤波器，顾名思义，就是该装置不需要额外提供电源。LC 滤波器一般是由滤波电容器、电抗器和电阻器适当组合而成的，与谐波源并联，除起滤波作用外，还兼顾无功补偿的需要。LC 滤波器按照功能分为LC 低通滤波器、LC 带通滤波器、LC 高通滤波器、LC 全通滤波器、LC 带阻滤波器；按照调谐又分为单调谐滤波器、双调谐滤波器及三调谐滤波器等几种。

手机中的 LC 滤波器电路如图 3-53 所示。

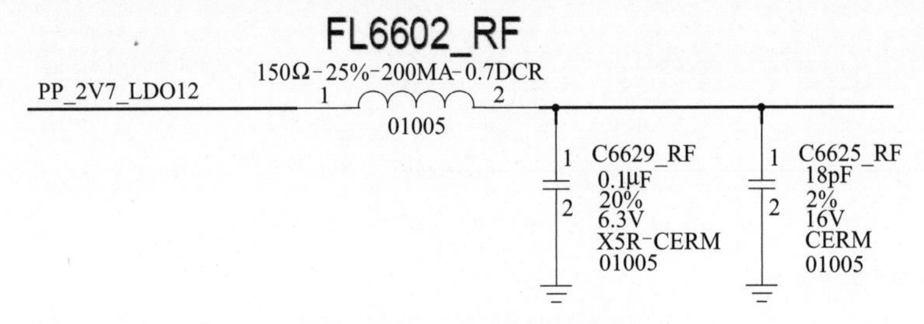

图3-53　LC滤波器电路

滤波电路的原理实际是电感、电容元件基本特性的组合利用。因为电容器的容抗［$X_C=1/(2\pi fC)$］会随信号频率升高而变小，而电感器的感抗（$X_L=2\pi fL$）会随信号频率升高而增大，如果把电容、电感进行串联、并联或混联应用，它们组合的阻抗也会随信号频率不同而发生很大变化。这表明，不同滤波电路会对某种频率信号呈现很小或很大的电抗，以致能让该频率信号顺利通过或阻碍它通过，从而起到选取某种频率信号和滤除某种频率信号的作用。

3. RC滤波器电路

RC 滤波器电路简单，抗干扰性强，有较好的低频性能，所以在工程测试的领域中最经常用到的滤波器是 RC 滤波器。

手机中的 RC 滤波器电路如图 3-54 所示。

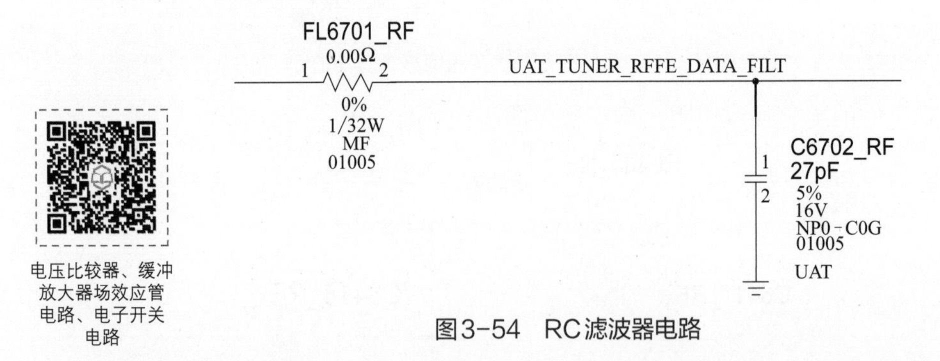

图3-54　RC滤波器电路

四、电压比较器

对两个或多个数据项进行比较，以确定它们是否相等，或确定它们之间的大小关系及排列顺序称为比较。能够实现这种比较功能的电路或装置称为比较器。

比较器是将一个模拟电压信号与一个基准电压相比较的电路。比较器的两路输入为模拟信号，输出则为二进制信号 0 或 1，当输入电压的差值增大或减小且正负符号不变时，其输出保持恒定。

手机中的电压比较器如图 3-55 所示。

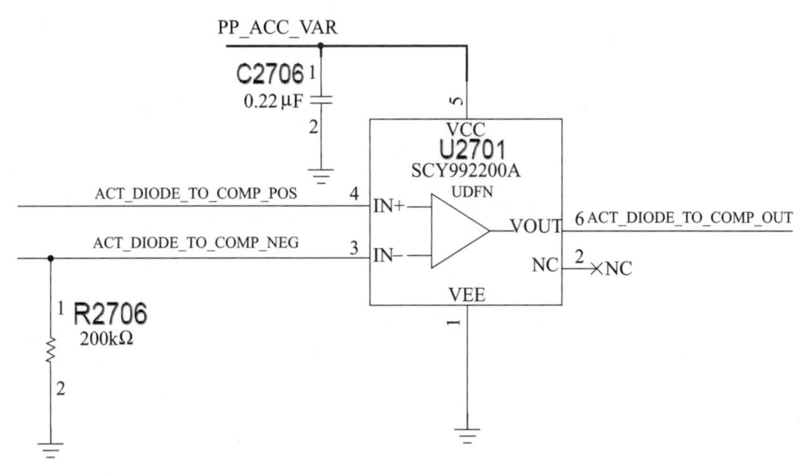

图3-55 电压比较器

ACT_DIODE_TO_COMP_NEG 为输入到比较器 U2701 的 3 脚比较信号，ACT_DIODE_TO_COMP_POS 为输入到比较器 U2701 的 4 脚比较信号，当 ACT_DIODE_TO_COMP_POS 电压低于 ACT_DIODE_TO_COMP_NEG 时，比较器 U2701 的 6 脚输出 ACT_DIODE_TO_COMP_OUT 信号。

五、缓冲放大器

缓冲放大器是一种特殊的电路，通常以运算放大器为核心组成，常用于隔离、阻抗匹配、增强电路输出能力等，基本上不注重放大能力。

标准的缓冲放大器就是增益为 0dB（1 倍，电压跟随器效果）、高阻输入、低阻输出的放大器，既可以用运算放大器做缓冲放大器，也可以用共集电极放大电路做缓冲放大器。

手机中的缓冲放大器如图 3-56 所示。

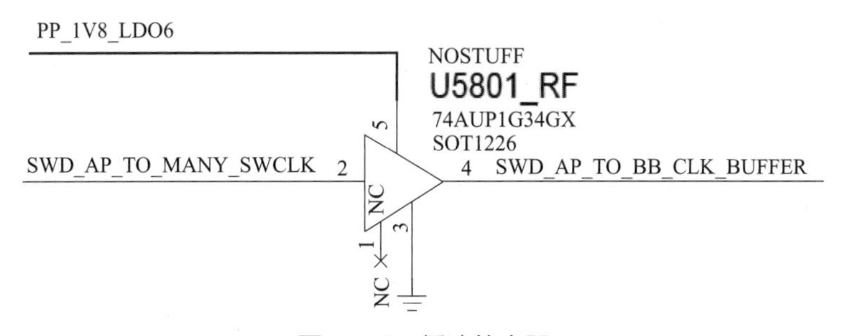

图3-56 缓冲放大器

U5801_RF 的 2 脚输入 SWD_AP_TO_MANY_SWCLK 信号，在 U5801_RF 内部缓冲处理后，从 U5801_RF 的 4 脚输出 SWD_AP_TO_BB_CLK_BUFFER 信号。

六、场效应管电路

场效应管主要有两种类型，分别是结型场效应管（JFET) 和金属 - 氧化物半导体场效应管（MOS-FET）。场效应管由多数载流子参与导电，也称为单极型晶体管。它属于电压控制型半导体器件。

场效应管电路在手机中的主要应用：

① 常用于多级放大器的输入级作阻抗变换；　④ 用作恒流源；

② 用作可变电阻；　⑤ 用作电子开关；

③ 应用于大规模和超大规模集成电路中；　⑥ 应用于大规模和超大规模集成电路中。

手机中的场效应管电路如图 3-57 所示。

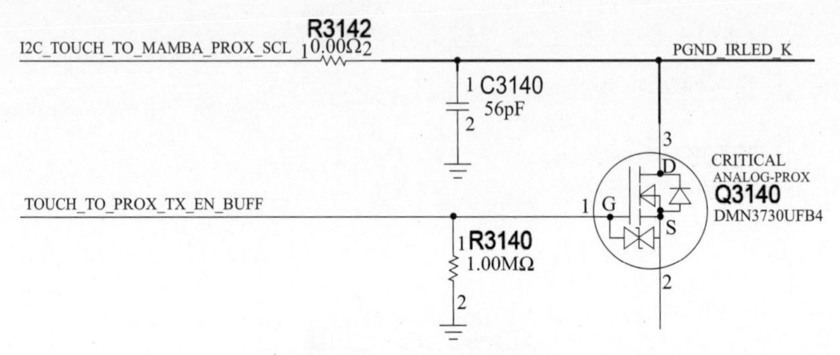

图3-57　场效应管电路

在电路中，场效应管的作用是电子开关，当 TOUCH_TO_PROX_TX_EN_BUFF 为高电平时，Q3140 导通，D 极通过 S 极接地。将 PGND_IRLED_K 接地，红外线二极管发光。

七、电子开关电路

电子开关电路是指利用电子电路和相关元器件实现电路通断功能的电路单元。

手机中的电子开关电路如图 3-58 所示。

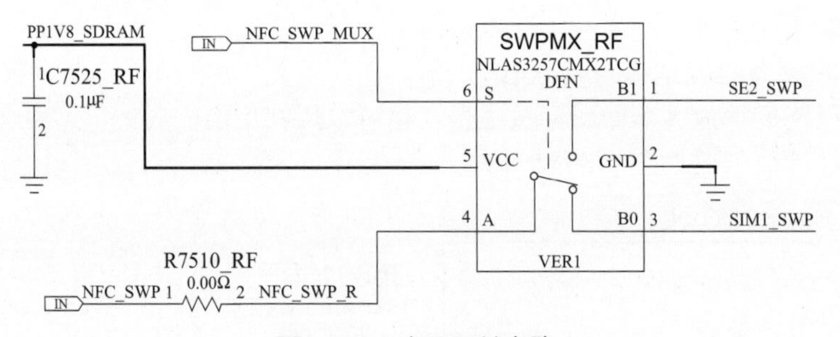

图3-58　电子开关电路

在电路中，NFC_SWP_MUX 为开关控制信号，NFC_SWP_R 为输入信号，当 NFC_SWP_MUX 为低电平时，NFC_SWP_R 与 SIM1_SWP 接通；当 NFC_SWP_MUX 为高电平时，NFC_SWP_R 与 SE2_SWP 接通。

第六节 手机单元电路识图

单元电路图的功能和特点

单元电路是指手机中某一级功能电路，或某一级放大器电路，或某一个振荡器电路、变频器电路等，是能够完成某一电路功能的最小电路单位。从广义上讲，一个集成电路的应用电路也是一个单元电路。

在学习手机整机电路工作原理的过程中，单元电路图是首先遇到的具有完整功能的电路图。这一电路图概念的提出，完全是为了方便电路工作原理分析的需要。

一、单元电路图的功能和特点

下面对单元电路图的功能和特点进行分析。

1. 单元电路图的功能

单元电路图具有下列一些功能。

① 单元电路图主要用来讲述电路的工作原理。

② 单元电路图能够完整地表达某一级电路的结构和工作原理，有时还会全部标出电路中各元器件的参数，如标称阻值、标称容量和晶体管型号等，如图 3-59 所示。

③ 单元电路图对深入理解电路的工作原理和记忆电路的结构、组成很有帮助。

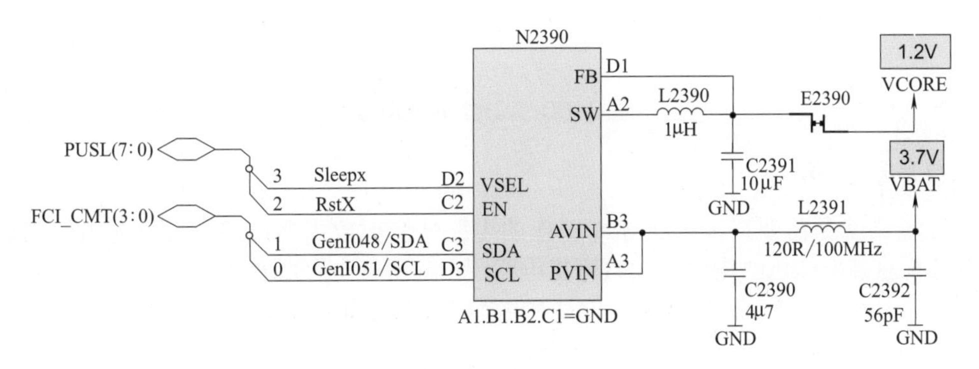

图3-59　单元电路示意图

2. 单元电路图的特点

单元电路图主要是为了分析某个单元电路工作原理的方便，而单独将这部分电路画出的电路图，所以在图中已省去了与该单元电路无关的其他元器件和有关的连线、符号，这样单元电路图就显得比较简洁、清楚，识图时没有其他电路的干扰，这是单元电路的一个重要特点。单元电路图中对电源、输入端和输出端已经进行了简化。

如图 3-60 所示是某手机的闪光灯单元电路。

在图 3-60 所示电路中，用 VBAT 表示直流供电工作电压，地端接电源的负极。集成电路 N6502 的 2、3 脚输入控制信号，此信号是这一单元电路工作所需要的信号；X6501 接口输出闪光灯信号，此信号是经过这一单元电路放大或处理后的信号。

通过单元电路图中这样的标注可方便地找出电源端、输入端和输出端，而在实际电路中，这三个端点的电路均与整机电路中的其他电路相连，将会给初学者识图造成一定的困难。

二、识别单元电路图

单元电路的种类繁多，而各种单元电路的具体识图方法有所不同，这里只对具有共性的问题进行分析。

识别单元电路图

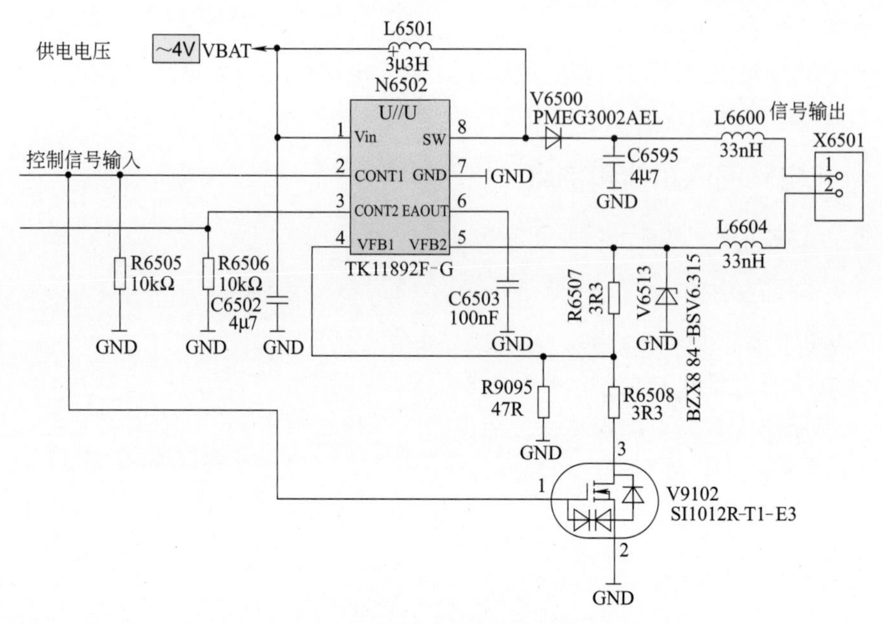

图3-60　闪光灯单元电路

1. 有源电路分析

有源电路就是需要直流电压才能工作的电路，例如放大器电路。对有源电路的识图，首先要分析直流电压供给电路，此时可将电路图中的所有电容器看成开路（因为电容器具有隔直特性），将所有电感器看成短路（因为电感器具有通直的特性）。

如图 3-61 所示是直流电路分析示意图。

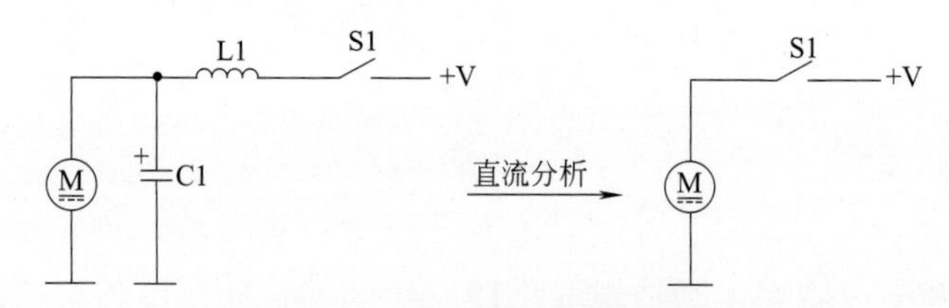

图3-61　直流电路分析示意图

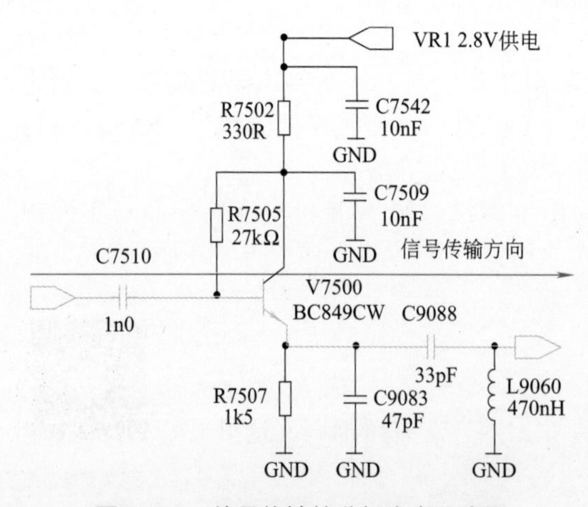

图3-62　信号传输的分析方向示意图

2. 信号传输过程分析

信号传输过程分析就是分析信号在该单元电路中如何从输入端传输到输出端，信号在这一传输过程中受到了怎样的处理（如放大、衰减、控制等）。

如图 3-62 所示是信号传输的分析方向示意图，一般从左向右进行。

3. 元器件作用分析

对电路中元器件作用的分析非常关键，能不能看懂电路的关键其实就是能不能看懂电路中各元器件的作用。

如图 3-63 所示，对于交流信号而言，V7500 管发射极输出的交流信号电流流过了 R7507，使 R7507 产生交流负反馈作用，能够改善放大器的性能。而且，发射极负反馈电阻 R7507 的阻值愈大，其交流负反馈愈强，性能改善得愈好。

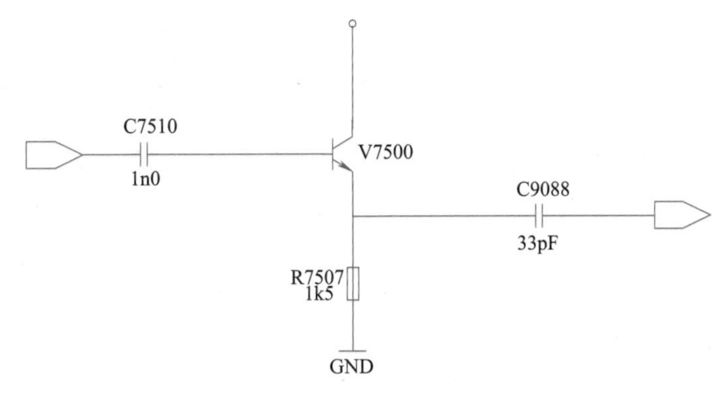

图3-63　元器件作用分析

对交流信号而言，电容 C7510、C9088 将前级的信号耦合至下一级，同时隔断了两级之间直流电压信号的影响。

4. 电路故障分析

要注意的是，在理解电路工作原理之后，对元器件的故障分析才会变得比较简单，否则电路故障分析寸步难行。

电路故障分析就是分析当电路中元器件出现开路、短路、性能变劣后，对整个电路的工作会造成哪些不良影响，使输出信号出现哪些故障现象，例如出现无输出信号、输出信号小、信号失真、出现噪声等故障。

如图 3-64 所示是 LCD 背光灯驱动电路，L2309 是升压电感，N9002 是升压集成电路。分析电路故障时，假设 L2309 升压电感出现下列两种可能的故障：一是接触不良。由于 L2309 升压电感接触不良，会造成背光灯驱动电路无法持续工作，N9002 的 C1 脚输出的电压不稳定，出现 LCD 背光灯闪烁、断续发光等问题。二是 L2309 升压电感开路。L2309 开路后，N9002 无法完成升压过程，C1 脚输出的电压偏低，无法驱动 LCD 背光灯发光。

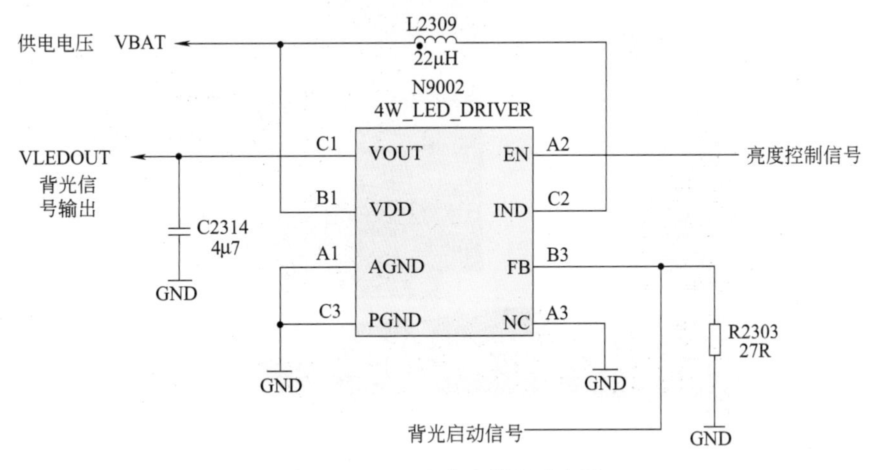

图3-64　LCD背光灯驱动电路

在整机电路中各种功能单元电路繁多，许多单元电路的工作原理十分复杂，若在整机电路中直接进行分析就显得比较困难；而在对单元电路图分析之后，再去分析整机电路就显得比较简单，所以单元电路图的识图也是为整机电路分析服务的。

第七节 手机点位图使用方法

手机点位图是手机维修中常用的一种电子图纸，可方便地快速查找主板各种点位的信息。下面我们以爱修云点位图为例讲解手机点位图的使用方法。

一、软件注册

在 IE 浏览器中，输入网址 https://www.ixsch.com，使用微信扫描右侧的二维码就可以注册使用，非常方便。

二、软件界面介绍

点位图软件界面分为菜单栏、机型列表、状态信息栏、主窗口、功能板五个部分，如图 3-65 所示。

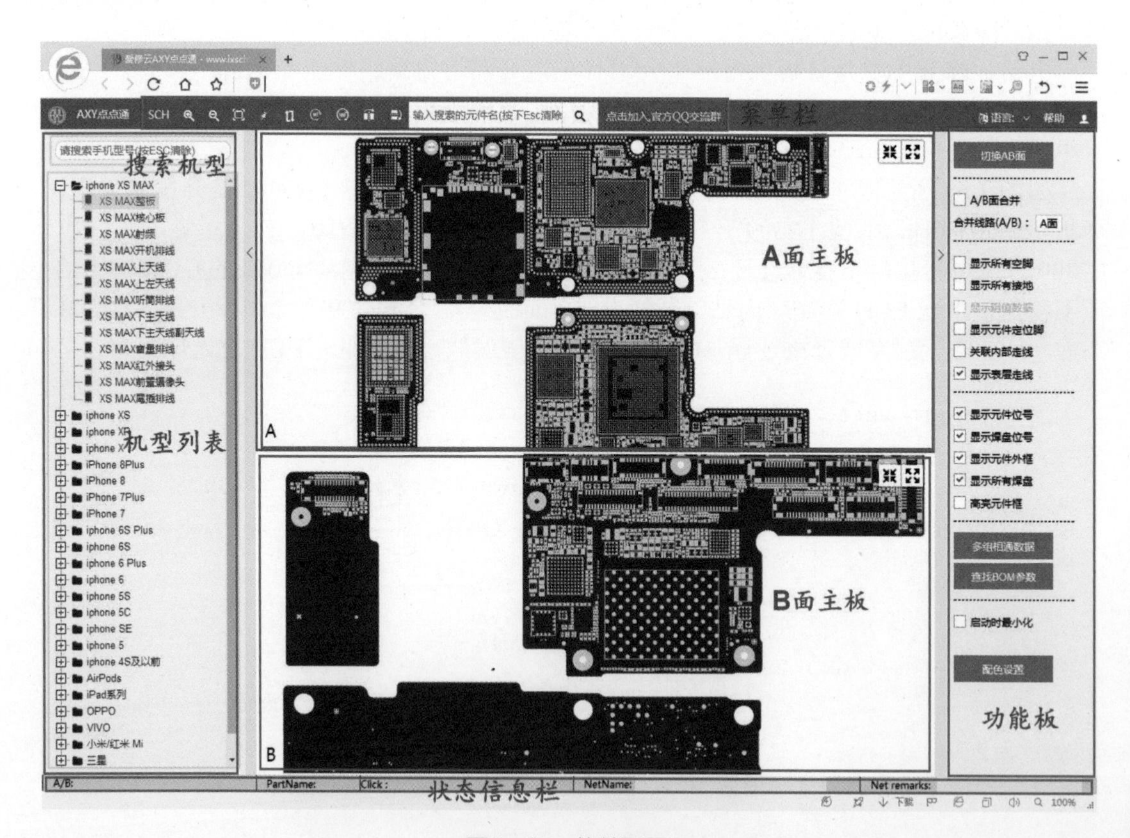

图3-65 软件界面

三、基本功能的使用

1. 机型列表

图3-66 机型列表

点击需要浏览的手机型号，会把该型号所有的文件列表全部打开以供选择，然后再点击任意文件就可以在右侧主窗口打开。

机型列表如图 3-66 所示。

2. 相通点的查找

点击所要查询的点位，然后与该点位有关系的所有的点都会点亮。这个功能是点位图最实用的功能。在维修手机时，怀疑主板上某个点开路，可以先在点位图上查找与该点相通的点，然后在主板上进行测量就可以判断该点是否开路。

相通点的查找如图 3-67 所示。

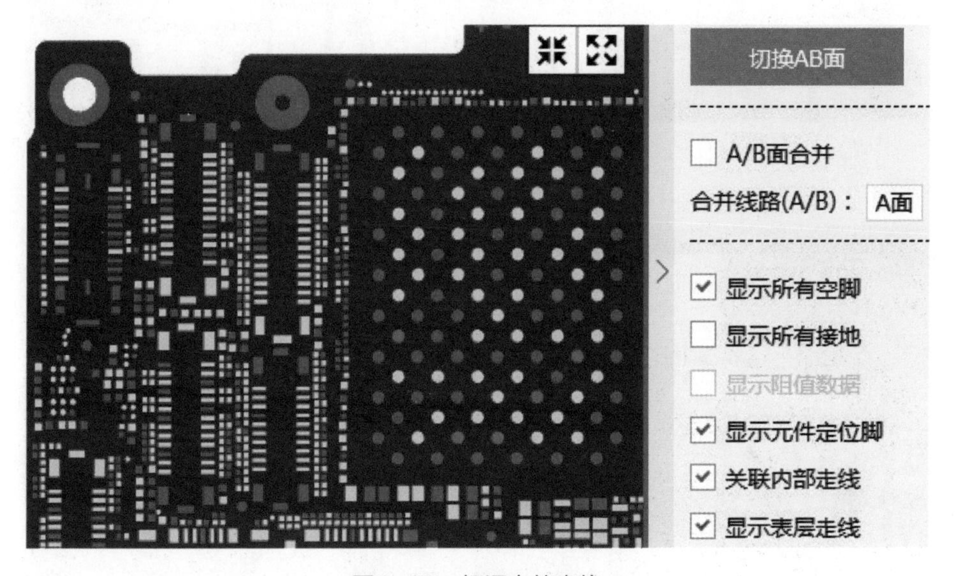

图3-67 相通点的查找

3. 脚位信息显示

点击某一元件脚位后，会显示该脚位编号、网络注释、元件注释等信息，方便维修人员快速查找元件信息，不必在原理图和点位图之间来回切换。

脚位信息显示如图 3-68 所示。

4. 板层走线显示

智能手机的主板一般为多层走线，如果某一层走线开路，则主板就无法维修。点位图显示板层走线以后，就可以在主板合适的位置挖出断线，并进行修复。这种功能在一线维修中非常实用。

板层走线显示如图 3-69 所示。

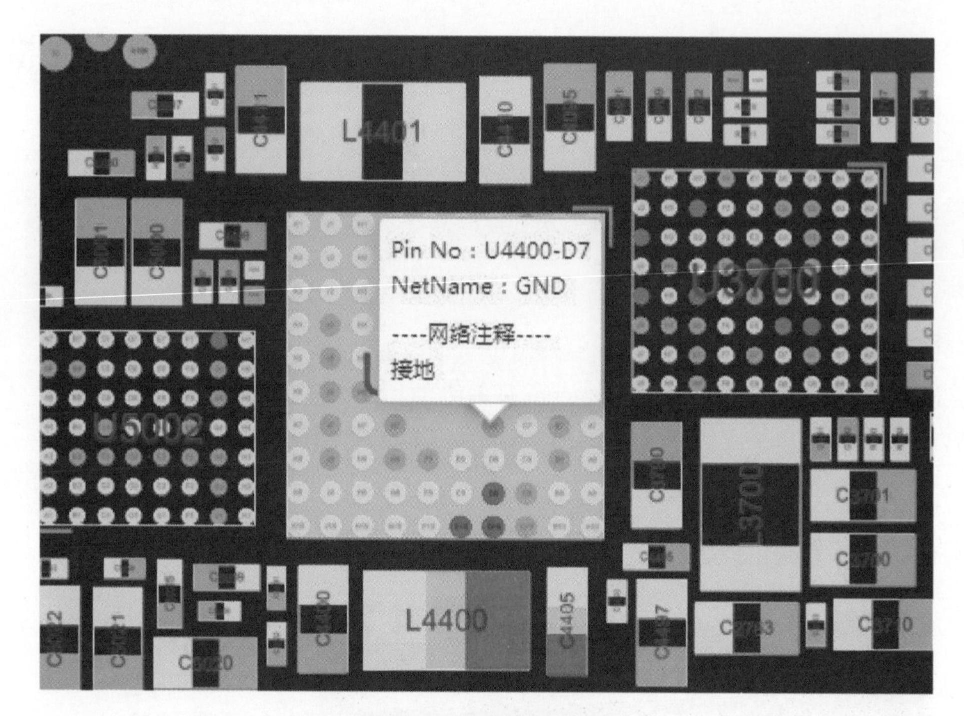

图3-68　脚位信息显示

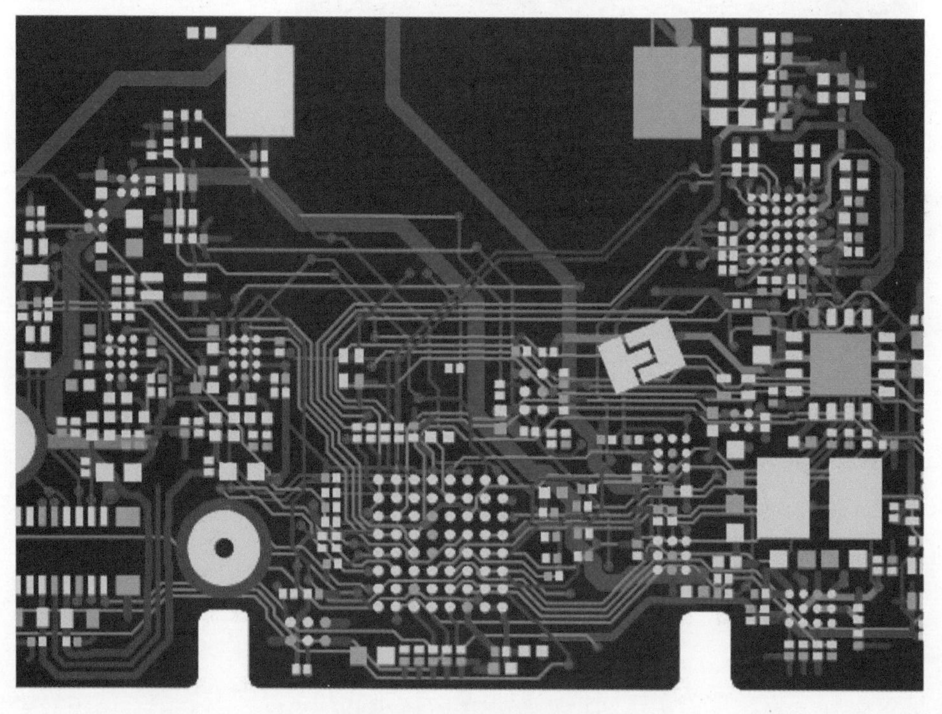
图3-69　板层走线显示

5. 空脚、接地显示

在右侧的功能栏，选择“显示所有空脚”“显示所有接地”后，就可以方便查找主板的空脚和接地点，方便维修人员快速地判断故障。

空脚、接地显示如图 3-70 所示。

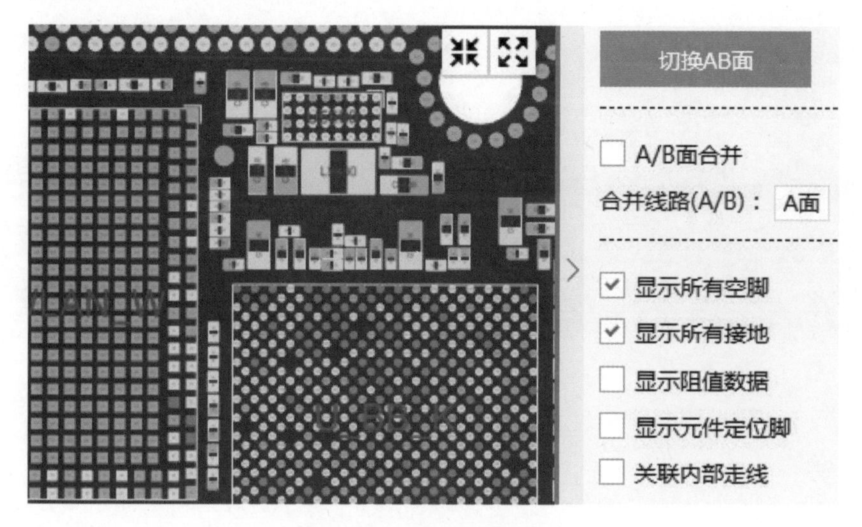

图3-70　空脚、接地显示

6. 二极体值显示

二极体值是手机维修中使用的重要测量数据。在右侧的功能栏，选择“显示阻值数据”后，可方便地查询故障点的二极体值。

二极体值显示如图 3-71 所示。

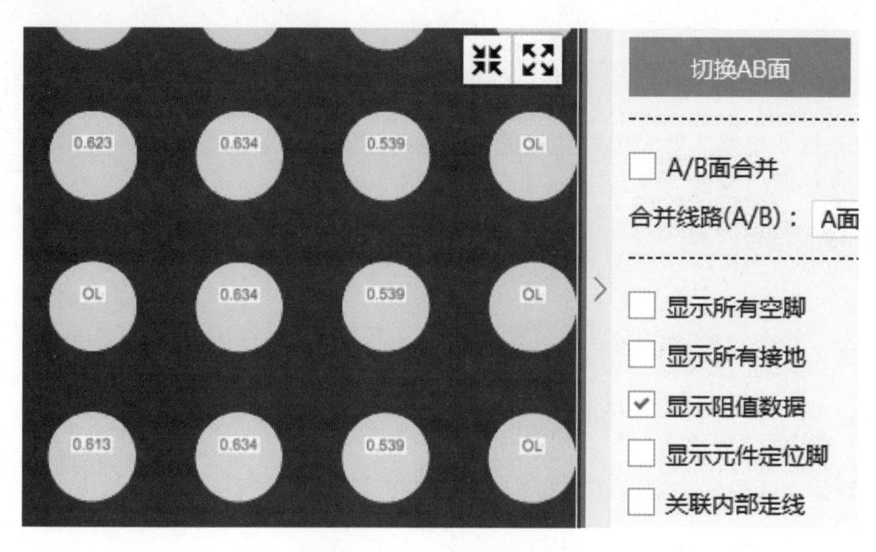

图3-71　二极体值显示

合理地利用点位图，掌握点位图的使用方法，可快速地提高手机维修速度，提高主板修复率。

第四章
智能手机工作原理

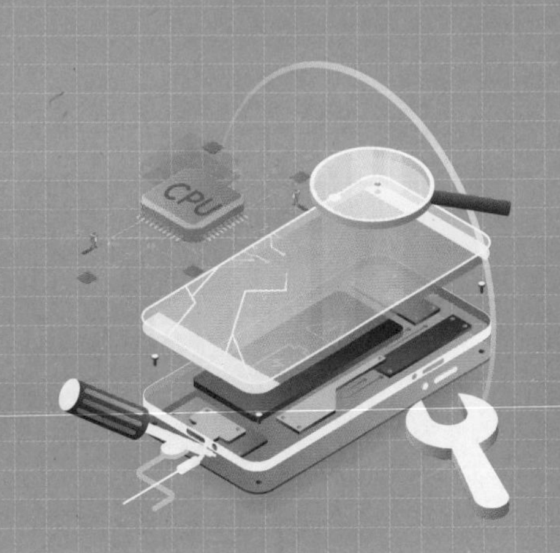

第一节 射频电路工作原理

分集技术

第四代通信技术

开机过程

关机过程

根据手机的电路结构对射频接收电路、射频发射电路、频率合成器电路进行分析，对于我们学习2G、3G、4G、5G手机的射频电路有非常重要的指导意义。

一、射频接收电路

射频接收电路

手机射频接收电路主要完成对接收的射频信号进行滤波、混频解调、解码等处理，最终还原出声音信号。

1. 射频接收信号流程

天线接收到无线信号，经过天线匹配电路和接收滤波电路滤波后再经低噪声放大器（LNA）放大。放大后的信号经过接收滤波后被送到混频器（MIX），与来自本机振荡电路的压控振荡信号进行混频，得到接收中频信号。该中频信号经过中频放大后在解调器中进行正交解调，得到接收基带（RX I/Q）信号。

接收基带信号在基带电路中经GMSK解调，进行去交织、解密、信道解码等处理，再进行PCM解码，还原为模拟语音信号，推动听筒，就能够听到对方讲话的声音了。

2. 射频接收电路结构框图

手机的接收机有三种基本框架结构：一是超外差接收机，二是零中频接收机，三是低中频接收机。

（1）超外差接收机

天线接收到的信号十分微弱，而鉴频器要求的输入信号电平较高且需要稳定。放大器的总增益一般需在120dB以上，这么大的放大量，要使用多级调谐放大器且要稳定，实际上很难办到。另外，高频选频放大器的通带宽度太宽，当频率改变时，多级放大器的所有调谐回路必须跟着改变，而且要做到统一调谐，这是很难做到的。

超外差接收机则没有这种问题，它将接收到的射频信号转换成固定的中频，其主要增益来自稳定的中频放大器。

1）超外差一次混频接收机

超外差一次混频接收机射频电路中只有一个混频电路。超外差一次混频接收机原理框图如图 4-1 所示。

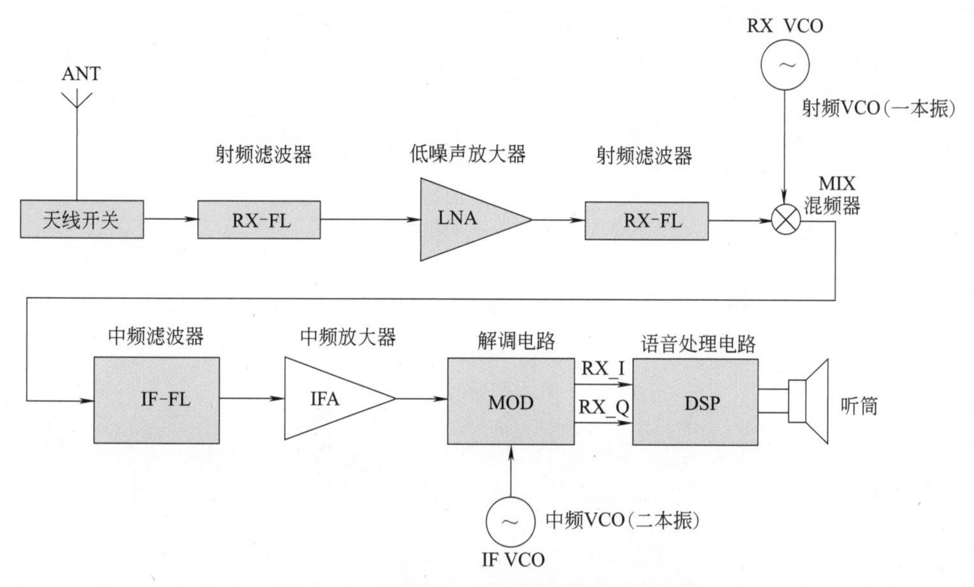

图4-1　超外差一次混频接收机原理框图

2）超外差二次混频接收机

超外差二次混频接收机射频电路中有两个混频电路。超外差二次混频接收机原理框图如图 4-2 所示。

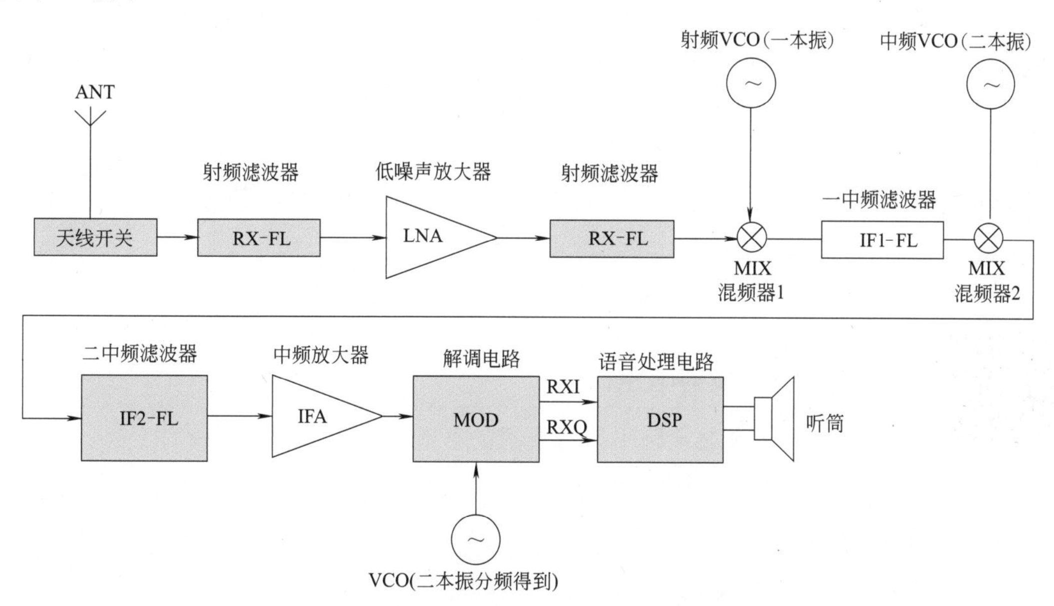

图4-2　超外差二次混频接收机原理框图

与一次混频接收机相比，二次混频接收机多了一个混频器及一个 VCO（压控振荡器），这个 VCO 在一些电路中被叫作 IF VCO 或 VHF VCO。在这种接收机电路中，若 RX I/Q 解调是锁相解调，则解调用的参考信号通常都来自基准频率信号。

（2）零中频接收机

零中频接收机可以说是集成度最高的一种接收机，由于体积小、成本低，是目前智能手机中应用最广泛的接收机。

零中频接收机的原理框图如图 4-3 所示。

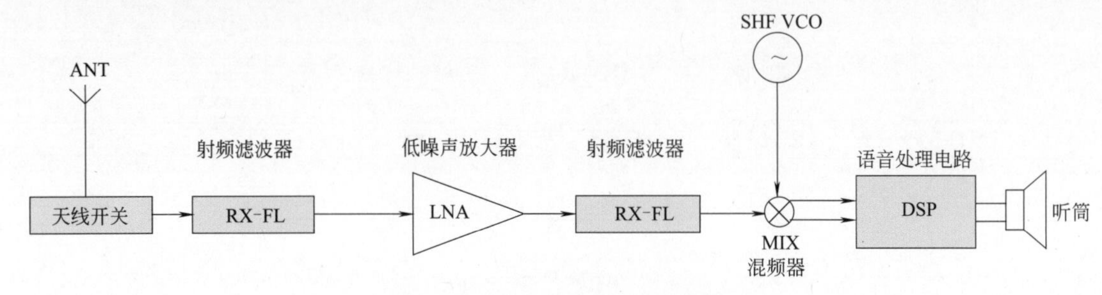

图4-3　零中频接收机原理框图

零中频接收机没有中频电路，直接解调出 I/Q 信号，所以只有收发共用的调制解调载波信号振荡器（SHF VCO），其振荡频率直接用于发射调制和接收解调（收、发时振荡频率不同）。

（3）低中频接收机

低中频接收机又被称为近零中频接收机，具有与零中频接收机类似的优点，同时避免了零中频接收机直流偏移导致的低频噪声问题。

低中频接收机电路结构类似超外差一次混频接收机。低中频接收机原理框图如图 4-4 所示。

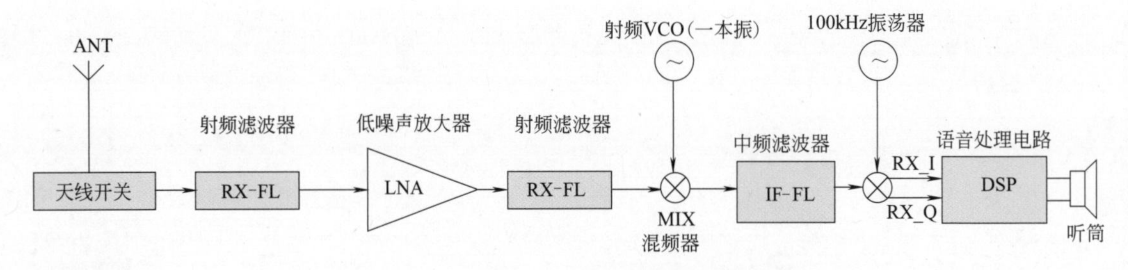

图4-4　低中频接收机原理框图

射频发射电路

二、射频发射电路

手机射频发射电路主要对发射的射频信号进行调制、发射变换、功率放大，并通过天线发射出去。

1. 射频发射信号流程

麦克风将声音转化为模拟电信号，经过 PCM 编码，再将其转化为数字信号，经过逻辑音频电路进行数字语音处理，即进行话音编码、信道编码、交织、加密、突发脉冲形成、TX I/Q 分离。

分离后的四路 TX I/Q 信号输入发射中频电路完成 I/Q 调制。该信号与频率合成器的接收本振 RX VCO 和发射本振 TX VCO 的差频进行比较（即混频后经过鉴相），得到一个包含发射数据的脉动直流信号，去控制发射本振的输出频率，作为最终的信号，再经过功率放大，从天线发射。

2. 射频发射电路结构框图

手机射频发射电路有三种基本框架结构：一是带发射变换电路的射频发射电路，二是带发射上变频电路的射频发射电路，三是直接调制射频发射电路。

在手机射频发射电路中，TX I/Q 信号之前的部分基本相同，本节只描述 TX I/Q 信号之后至功率放大器之间的电路工作原理。

（1）带有发射变换电路的射频发射电路

发射变换电路也被称为发射调制环路，它由 TX I/Q 信号调制电路、发射鉴相器（PD）、偏移混频电路、低通滤波器（环路滤波器，LPF）及发射 VCO（TX VCO）电路、功率放大器电路组成。

发射流程如下：麦克风将语音信号转换为模拟音频信号，在语音电路中，经 PCM 编码转换为数字信号，然后在语音电路中进行数字处理（信道编码、交织、加密等）和数模转换，分离出模拟的67.707kHz的TX I/Q基带信号。TX I/Q基带信号送到调制器对载波信号进行调制，得到 TX I/Q 发射已调中频信号。用于 TX I/Q 调制的载波信号来自发射中频 VCO。

在发射电路中，TX VCO 输出的信号一路输入功率放大器电路，另一路与一个本振 VCO 信号进行混频，得到发射参考中频信号。已调发射中频信号与发射参考中频信号在发射变化器的鉴相器中进行比较，输出一个包含发射数据的脉动直流误差信号 TX-CP，经低通滤波器后形成直流电压，再去控制 TX VCO 电路，形成一个闭环回路。这样，由 TX VCO 电路输出的最终发射信号就十分稳定。

发射 VCO 输出的已调发射射频信号，即最终的发射信号，经功率放大、功率控制后，通过天线电路由天线发送出去。

带有发射变换电路的射频发射电路原理框图如图 4-5 所示。

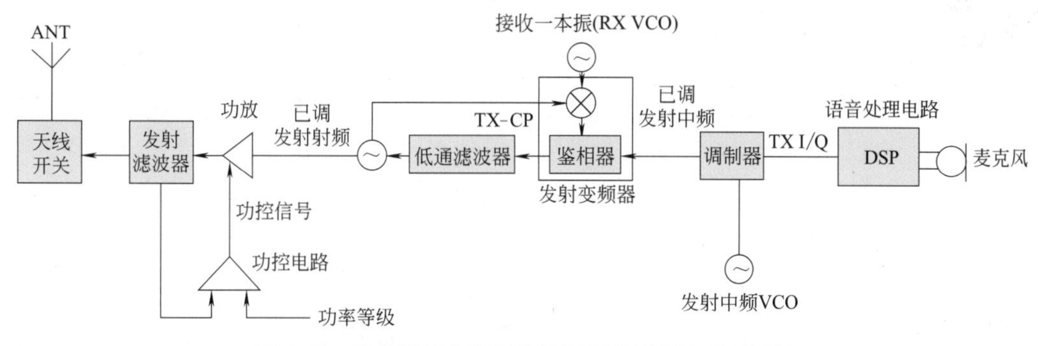

图4-5　带有发射变换电路的射频发射电路原理框图

（2）带发射上变频电路的射频发射电路

带发射上变频电路的射频发射电路与带发射变换电路的射频发射电路在 TX I/Q 调制之前是一样的，其不同之处在于 TX I/Q 调制后的发射已调信号与一本振 VCO（或 UHF VCO、RF VCO）混频，得到最终发射信号。

带发射上变频电路的射频发射电路原理框图如图 4-6 所示。

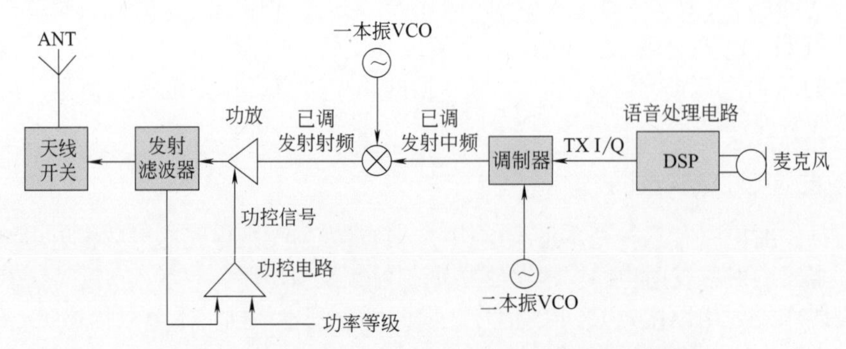

图4-6　带有发射上变频电路射频发射电路原理框图

（3）直接调制射频发射电路

直接调制射频发射电路与上面两种射频发射电路的结构有明显区别，调制器直接将 TX I/Q 信号变换到要求的射频信道。这种结构的特点是结构简单、性价比高，是使用最多的一种发射机电路结构。

直接调制射频发射电路原理框图如图 4-7 所示。

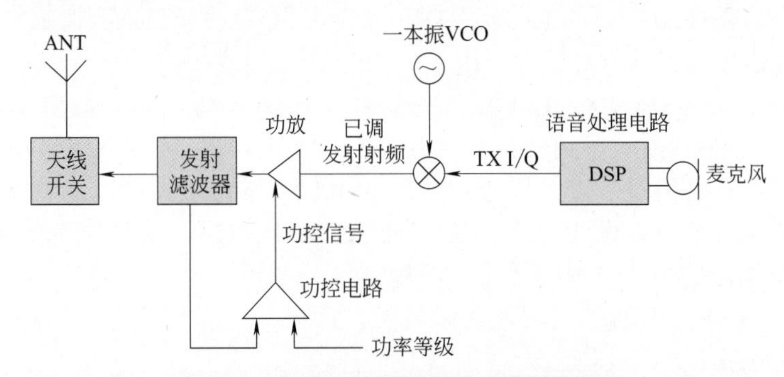

图4-7　直接调制射频发射电路原理框图

频率合成器电路

三、频率合成器电路

在移动通信中，要求系统能够提供足够的信道，移动台也必须在系统的控制下随时改变自己的工作频率，提供多个信道的频率信号。但是在移动通信设备中使用多个振荡器是不现实的，通常使用频率合成器来提供有足够精度、稳定性好的工作频率。

利用一块或少量晶体并采用综合或合成手段，可获得大量不同的工作频率，而这些频率的稳定度和准确度非常高，接近石英晶体的稳定度和准确度。这种采用合成手段获得频率的技术称为频率合成技术。

1. 频率合成器电路的组成

在手机中通常使用带有锁相环的频率合成器，利用锁相环路（PLL）的特性，使压控振荡器（VCO）的输出频率与基准频率保持严格的比例关系，并得到相同的频率稳定度。

锁相环路是一种以消除频率误差为目的的反馈控制电路。锁相环的作用是使压控振荡输出振荡频率与规定基准信号的频率和相位都相同（同步）。

锁相环由参考晶体振荡器、鉴相器、低通滤波器、压控振荡器、分频器 5 部分组成，如图 4-8 所示。

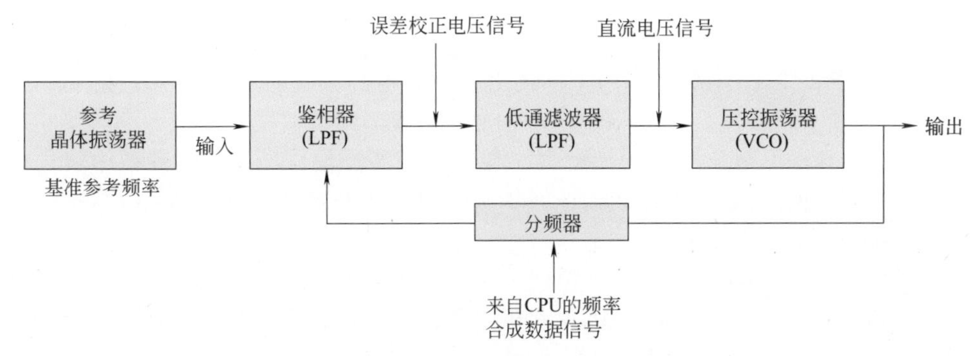

图4-8　频率合成器电路原理框图

（1）参考晶体振荡器

参考晶体振荡器在频率合成器电路乃至在整个手机电路中都是非常重要的。在手机电路中，这个参考晶体振荡器被称为基准频率时钟电路，它不但给频率合成电路提供参考频率，还给手机的应用处理器电路提供系统基准时钟。

（2）鉴相器

鉴相器简称 PD、PH 或 PHD。鉴相器是一个相位比较器，它将压控振荡器振荡信号的相位变换为电压的变化。鉴相器输出的是一个脉动直流信号，这个脉动直流信号经过低通滤波器滤除高频成分后去控制压控振荡器电路。

（3）低通滤波器

低通滤波器简称 LPF。低通滤波器在频率合成器环路中又称为环路滤波器。它是一个 RC 电路，位于鉴相器与压控振荡器之间。

低通滤波器通过对电阻、电容进行适当的参数设置，使高频成分被滤除。鉴相器输出的信号不但包含直流控制信号，还有一些高频谐波成分。这些谐波会影响压控振荡器的工作，低通滤波器就是要把这些高频成分滤除，以防止对压控振荡器造成干扰。

（4）压控振荡器

压控振荡器简称 VCO。压控振荡器是一个“电压 - 频率”转换装置。它将鉴相器 PD 输出的相差电压信号的变化转化成频率的变化。

压控振荡器是一个电压控制电路，其电压控制功能是靠变容二极管来完成的。鉴相器输出的相差电压加在变容二极管的两端，当鉴相器的输出发生变化时，变容二极管两端的反偏发生变化，导致变容二极管结电容改变，压控振荡器的振荡回路改变，输出频率也随之改变。

（5）分频器

在频率合成中，为了提高控制精度，鉴相器在低频下工作。而压控振荡器输出频率比较高，为了提高整个环路的控制精度，这就离不开分频技术。分频器输出的信号送到鉴相器，和基准信号进行相位比较。

接收机的第一本机振荡（RX VCO、UHF VCO）信号是随信道的变化而变化的。该频率合成环路中的分频器是一个程控分频器，其分频比受控于手机的应用处理器电路。程控分频器受控于频率合成数据信号（SYNDAT、SYNDATA 或 SDAT）、时钟信号（SYNCLK）、使能信号（SYN-EN、SYN-LE）。这三个信号又称为频率合成器的“三线”。

2. 频率合成器的基本工作过程

（1）VCO 频率的稳定

假设参考振荡频率为f_1，VCO输出的频率为f_2，分频器输出的信号为f_2/N，整个环路控制的目的就是要使$f_1=f_2/N$。

当VCO处于正常工作状态时，VCO输出一个固定的频率f_2。若某种外接因素如电压、温度导致VCO频率f_2升高，则分频输出的信号为f_2/N，比参考振荡频率f_1高。鉴相器检测到这个变化后，其输出电压减小，使电容二极管两端的反偏压减小。这使得电容二极管的结电容增大，振荡回路改变，VCO输出频率f_2降低。若外界因素导致VCO频率下降，则整个控制环路执行相反的过程。

（2）VCO频率的变频

为什么VCO的频率要改变呢？因为手机是移动的，移动到另外一个地方后，为手机服务的小区就变成另外一对频率，所以手机就必须改变自己的接收和发射频率。

VCO改变频率的过程如下：手机在接收到新小区改变频率的信令以后，将信令解调、解码，手机的CPU就通过"三线信号"（即CPU的SYN-EN、SYNDAT、SYNCLK）对锁相环电路发出改变频率的指令，去改变程控分频器的分频比，并且在极短的时间内完成。在"三线信号"的控制下，锁相环输出的电压就改变了，用这个已变大或变小的电压去控制压控振荡器内的变容二极管，则VCO输出的频率就改变到新小区的使用频率上。

四、5G射频处理器电路结构

1. 骁龙X50 5G调制解调器

骁龙X50 5G调制解调器支持在6GHz以下和多频段毫米波频谱运行，为所有主要频谱类型和频段提供一个统一的5G设计，同时应对广泛的使用场景和部署场景。

骁龙X50 5G调制解调器系列面向增强型移动宽带设计，以提供更宽带宽和超高速度。该调制解调器解决方案支持非独立（NSA）运行（通过LTE发送控制信令），并且支持下一代顶级移动蜂窝终端，并协助运营商开展早期5G试验和部署。

骁龙X50 5G调制解调器通过单芯片支持2G/3G/4G/5G多模功能，支持通过4G和5G网络的同时连接。

2. 骁龙X50电路结构

第一代5G手机基本上都是采用骁龙X50 5G调制解调器，通过添加独立的5G调制解调器芯片组到现有的LTE设计中实现。这不仅是为了加速智能手机的上市时间，还要通过重复使用现有的成熟设计来降低开发风险。

第一代5G手机采用了单模5G调制解调器、5G射频收发器和单频段5G射频前端，它们独立于现有的LTE射频链路。这种5G调制解调器需要独立的外部内存和电源管理芯片。

5G频段目前主要分为两个技术方向，分别是Sub-6GHz以及高频毫米波。毫米波天线可用于26.5～29.5 GHz、27.5～28.35 GHz或37～40 GHz波段，而Sub-6GHz模块可用于3.3～4.2 GHz、3.3～3.8 GHz或4.4～5.0 GHz波段。

Sub-6GHz是指频率低于6GHz的电磁波。我国目前采用的主要是Sub-6GHz技术。毫米波是指EHF频段，即频率范围是30～300GHz的电磁波。

5G Sub_6GHz电路结构如图4-9所示。

5G毫米波电路结构如图4-10所示。

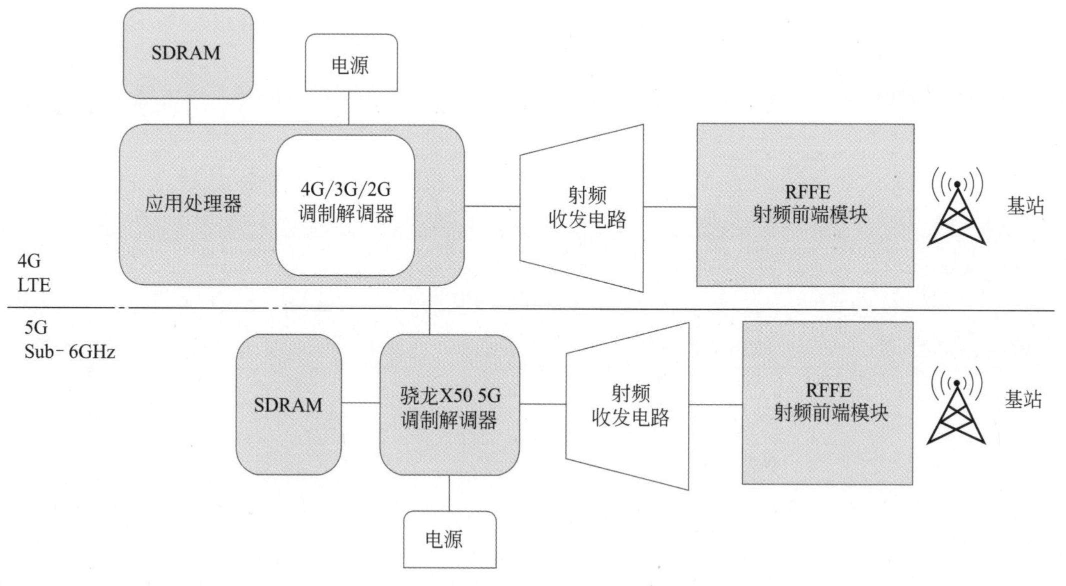

图4-9　5G Sub-6GHz电路结构

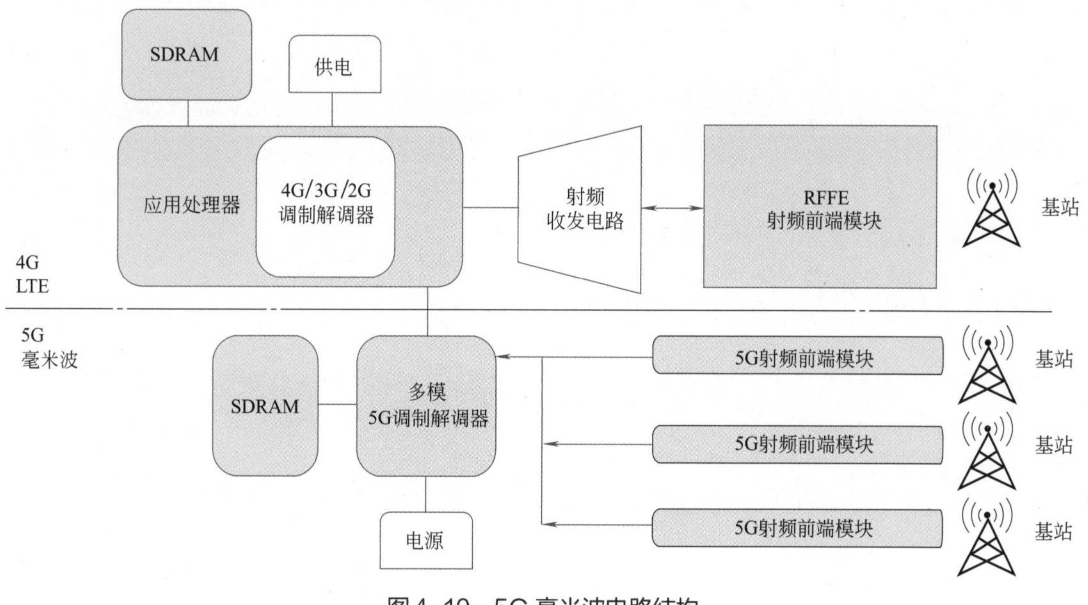

图4-10　5G 毫米波电路结构

3. 巴龙5000电路结构

巴龙 5000 是一款支持 SA 和 NSA 两种组网方式，以及 Sub-6Ghz 和毫米波频段的多模调制解调器。巴龙 5000 在 Sub-6Ghz 频段下最高支持 4.5Gbps 的下行速率，在毫米波频段下最高支持 6.5Gbps 的下行速率。

巴龙 5000 调制解调器最早应用于华为 Mate 20X 5G 智能手机。Mate 20X 5G 智能手机采用海思 Kirin 980 应用处理器。该应用处理器已经具有内置的 LTE 调制解调器。在实际运行中只有多模巴龙 5000 调制解调器用于 5G/4G/3G/2G 通信，Kirin 980 应用处理器中集成的调制解调器并未使用。Mate 20X 5G 为巴龙 5000 配备了更高容量的 SDRAM，巴龙 5000 目前仅支持 Sub-6 GHz 的射频频段。

多模调制解调器电路结构如图 4-11 所示。

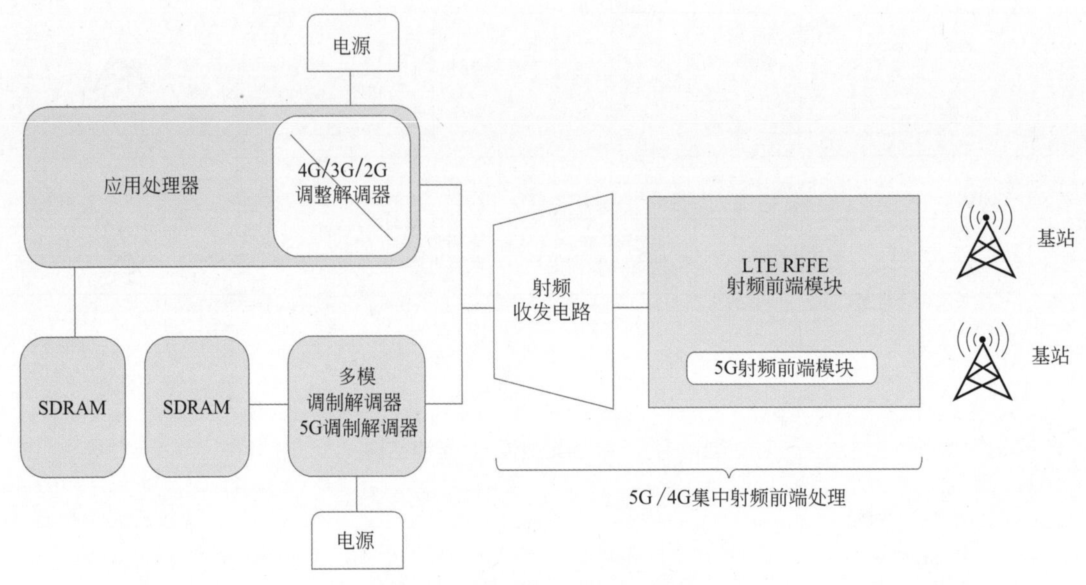

图4-11　多模调制解调器电路结构

第二节 应用处理器电路工作原理

在 Android 系统手机中，大部分是单处理器结构，使用一个应用处理器完成了多媒体、通信数据处理与存储功能；在 iOS 系统的手机中，大部分采用双处理器结构，基带处理器完成通信数据处理，应用处理器完成多媒体信息处理。

为了描述方便，下面以 iOS 系统双处理结构手机 iPhone 手机为例介绍应用处理器电路工作原理。

应用处理器

应用处理器电路

一、应用处理器电路

1. 应用处理器电路结构

目前智能手机中流行的数码相机、高清视频拍摄与播放、MP3 播放器、FM 广播接收、视频图像播放、高保真 HD 音频等功能，基带处理器已无能力完成，只能由应用处理器来完成。

iPhone 手机应用处理器最大的好处在于完全独立在手机通信模块之外，可以灵活方便地设计外围电路。从电路结构上来看，iPhone 手机应用处理器电路主要由核心处理器、外部电路等组成。

iPhone 手机应用处理器电路结构如图 4-12 所示。

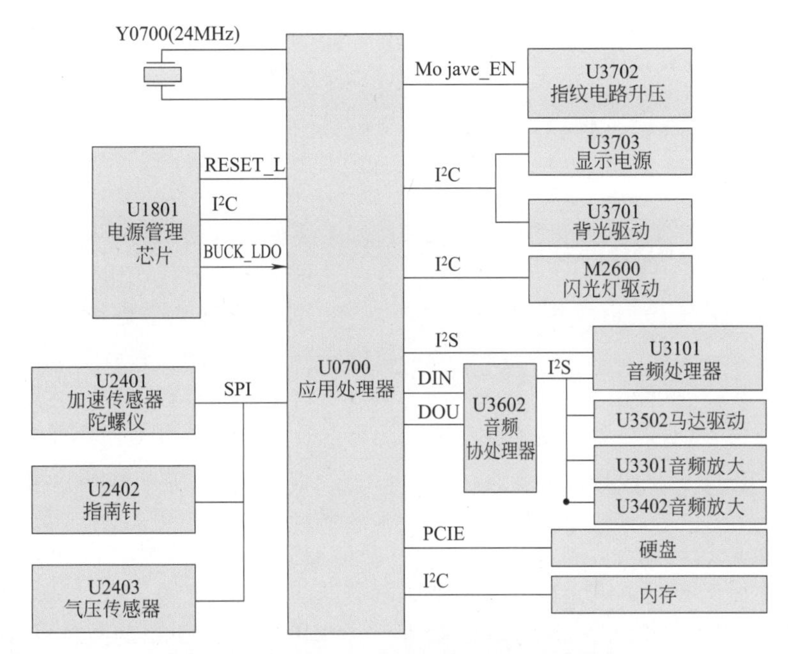

图4-12　iPhone手机应用处理器电路结构

2. 应用处理器电路工作原理

手机应用处理器电路是整个手机的控制中心和处理中心，是整个电路的核心部分，其能否正常运行直接决定手机能否正常工作。

应用处理器的基本工作条件有三个：一是供电，一般由电源管理电路提供；二是时钟，一般由24MHz（38.4 MHz）或32.768kHz时钟电路提供；三是复位信号，一般由电源管理电路提供。应用处理器只有具备以上三个基本工作条件后，才能正常工作。

手机中的应用处理器一般是32位或64位处理器，它与外围电路的工作流程如下：按下手机开机按键，电池给电源管理电路部分供电，同时电源管理电路供电给应用处理器电路；应用处理器复位后，再输出维持信号给电源管理电路部分，这时即使松开手机按键，手机仍然维持开机状态。

复位后，应用处理器开始运行其内部的程序存储器，首先从地址0（一般是地址0，也有些厂家中央处理器不是）开始执行，然后顺序执行它的引导程序，同时从外部存储器（FLASH、eMMC、UFS）内读取资料。如果此时读取的资料不对，则应用处理器会内部复位（通过应用处理器内部的“看门狗”或者硬件复位指令）引导程序。只有顺利执行完成后，应用处理器才从外部存储器里读取程序执行。如果读取的程序异常，它也会导致“看门狗”复位，即程序又从地址0开始执行。

二、基带处理器电路

在双处理器结构的手机中，通常将中央处理器（CPU）、数字信号处理电路（DSP）和存储器集成在一起，组成基带处理器。

存储器

基带处理器电路

1. 中央处理器电路

（1）中央处理器电路结构

中央处理器主要包括控制单元、运算逻辑单元、存储单元（高速缓存、寄存器）三大部

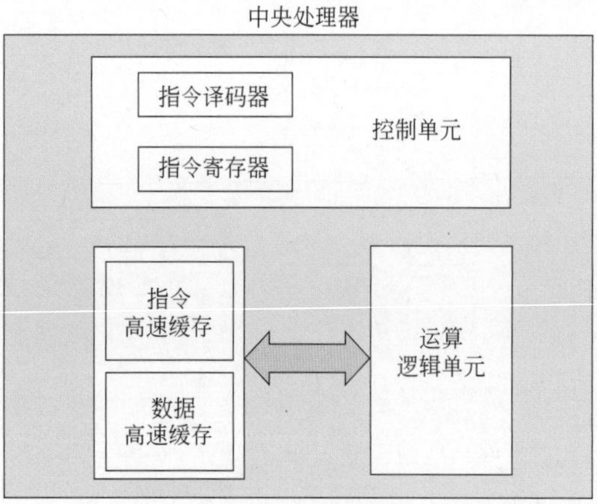

中央处理器

| 指令译码器 控制单元 |
指令寄存器

指令高速缓存 ⇔ 运算逻辑单元
数据高速缓存

图4-13 中央处理器框图

分，指令由控制单元分配到运算逻辑单元，经过加工处理后，再送到存储单元内等待应用程序的使用。

中央处理器框图如图4-13所示。

① 指令高速缓存是芯片上的指令仓库，这样中央处理器就不必停下来查找外存中的指令。这种快速的方式加快了处理速度。

② 控制单元负责整个处理过程。根据来自译码单元的指令，它会生成控制信号，告诉运算逻辑单元和寄存器如何运算，对什么进行运算以及怎样对结果进行处理。

③ 运算逻辑单元是芯片中的智能部件，能够执行加、减、乘、除等各种命令。此外，它还知道如何读取逻辑命令，如或、与、非。来自控制单元的信息将告诉运算逻辑单元应该做些什么，然后运算逻辑单元从寄存器中提取数据，以完成任务。

④ 寄存器是运算逻辑单元为完成控制单元请求的任务所使用的数据的小型存储区域（数据可以来自高速缓存、内存、控制单元）。

⑤ 数据高速缓存存储来自译码单元专门标记的数据，以备运算逻辑单元使用。同时还准备了分配到计算机不同部分的最终结果。

（2）中央处理器工作原理

中央处理器是处理数据和执行程序的核心，它的工作原理就像一个工厂对产品的加工过程：进入工厂的原料（程序指令），经过物资分配部门（控制单元）的调度分配，被送往生产线（运算逻辑单元），生产出成品（处理后的数据）后，再存储在仓库（存储单元）中，最后等着拿到市场上去卖（交由应用程序使用）。在这个过程中，我们注意到，从控制单元开始，中央处理器就开始了正式的工作，中间的过程是通过运算逻辑单元来进行运算处理，交给存储单元代表工作的结束。

基带处理器中的中央处理器主要执行系统控制、通信控制、身份验证、射频监测、工作模式控制、接口控制等功能。

2. 数字信号处理电路（DSP）

智能手机基带处理器的DSP由DSP内核加上内建的RAM和加载了软件代码的ROM组成。

DSP通常提供如下功能：射频控制、信道编码、均衡、分间插入与去分间插入、自动增益控制（AGC）、自动频率控制（AFC）、同步信号、密码算法、邻近蜂窝监测等。

DSP核心还要处理一些其他的功能，包括双音多频音的产生和一些短时回声的抵消，在GSM电话的DSP中，通常还有突发脉冲建立。

数字信号处理电路主要执行语音信号的A/D、D/A转换、PCM编译码、音频路径转换、发射话音的前置放大、接受话音的驱动放大器、双音多频DTMF信号发生等功能。

三、时钟电路

众所周知，所有的实时系统都需要在每一个时钟周期去执行程序代码，而这个时钟周期就由晶振产生。在手机中一般至少有2个晶振，一个是32.768kHz的RTC晶振，一个是

13MHz/26MHz 基准时钟晶振。在智能手机中会使用多个晶振。

时钟电路

1. 实时时钟电路

在所有的手机中，实时时钟电路的晶振都是 32.768kHz。这是一个标准的时钟晶体。为什么要采用 32.768kHz 的晶振呢？ 32.768kHz 的晶振产生的振荡信号，经过电路内部分频器进行 15 次分频后得到 1Hz 秒信号，即秒针每秒钟走一下。电路内部分频器只能进行 15 次分频，要是换成别的频率的晶振，15 次分频后就不是 1Hz 的秒信号，时钟就不准了。

（1）实时时钟电路结构

32.768kHz 实时时钟电路一般由 32.768kHz 时钟晶体和电源管理芯片内部或与 CPU 内部共同产生振荡信号，也有一部分由 32.768kHz 晶体和专用的集成电路构成振荡信号。

实时时钟电路结构如图 4-14 所示。

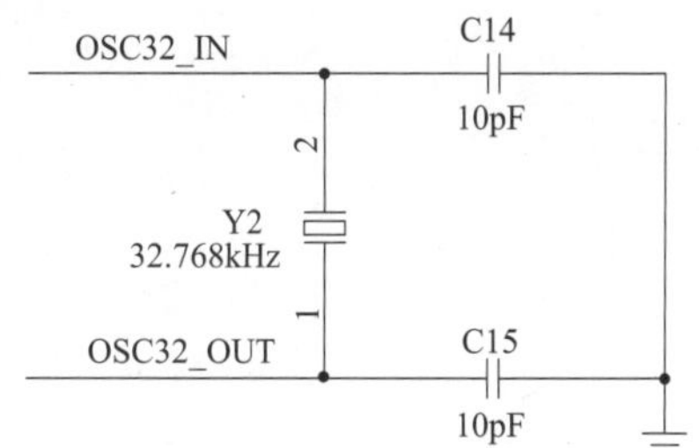

图4-14 实时时钟电路结构

（2）实时时钟在手机中的作用

实时时钟在手机中最常见的作用就是计时，手机显示的时间日期就是由实时时钟电路负责提供的。在待机状态下，实时时钟还作为应用处理器电路或基带处理器电路休眠时钟使用，实时时钟电路还在继续工作。

（3）实时时钟信号波形

实时时钟信号波形是正弦波，频率为 32.768kHz，如图 4-15 所示。

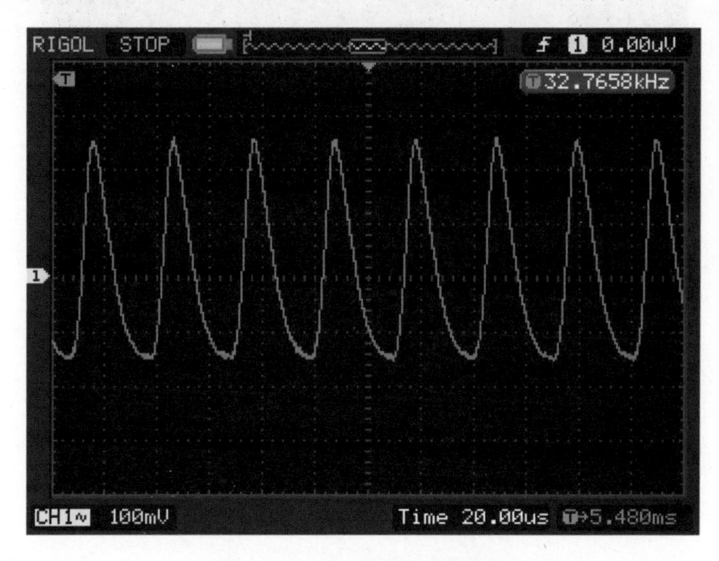

图4-15 实时时钟信号波形

2. 系统时钟电路

系统时钟是保证应用处理器、射频处理器正常工作的条件之一，使电路按时序进行有规律的工作。

（1）系统时钟电路结构

系统时钟电路一般由系统时钟晶体和射频处理器电路或电源管理芯片内部共同产生振荡信号。根据用途不同，有些功能电路或接口电路使用单独的系统时钟。

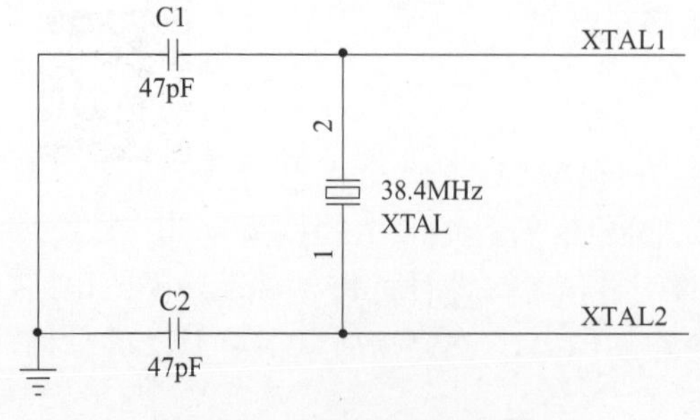

图4-16　系统时钟电路结构

系统时钟电路结构如图 4-16 所示。

（2）系统时钟在手机中的作用

系统时钟作为应用处理器电路的主时钟，是应用处理器电路工作的必要条件，开机时需要有足够的幅度就可以，对频率的准确性要求不高。

开机后，系统时钟作为射频处理器电路的基准频率时钟，完成射频系统共用收发本振频率合成、PLL 锁相以及倍频等工作。射频处理器电路对系统频率要求精度较高（误差不超过 150Hz），只有系统时钟基准频率精确，才能保证收发频率准确，使手机与基站保持正常的通信，完成基本的收发功能。

GSM 手机系统时钟频率有 13MHz、26MHz 或 19.5MHz；CDMA 手机通常使用的频率是 19.68MHz，也有的使用频率是 19.2MHz、19.8MHz；WCDMA 手机使用的频率是 19.2MHz，也有的使用频率为 38.4MHz、13MHz；4G 手机、5G 手机一般使用频率为 38.4MHz。

（3）系统时钟信号波形

38.4MHz 系统时钟波形为正弦波，如图 4-17 所示。

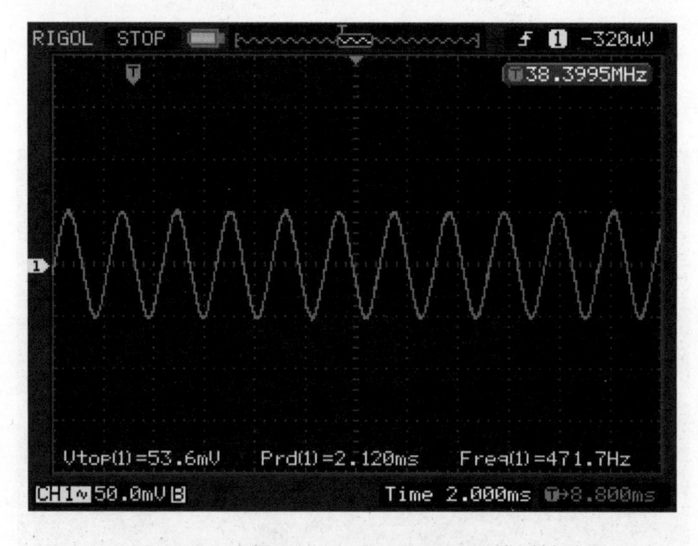

图4-17　38.4MHz系统时钟波形

复位电路

四、复位电路

1. 复位信号

复位信号是手机应用处理器、基带处理器部分工作的必要条件之一。应用处理器刚供上电源时，其内部各寄存器处于随机状态，不能正常运行程序，因此，应用处理器、基带处理器必须有复位信号进行复位。手机中应用处理器的复位端一般是低电平复位，即在一定时钟周期后使应用处理器内部各种寄存器清零，而后此处电压再升为高电平，从而使应用处理器从头开始运行程序。

复位信号英文符号是 RESET，简写为 RST。

2. 复位电路

复位电路如图 4-18 所示。在电路中复位信号是 /RESET，RESET 前面的斜杠表示低电平复位，利用 R402 和 C402 组成了延时复位电路。

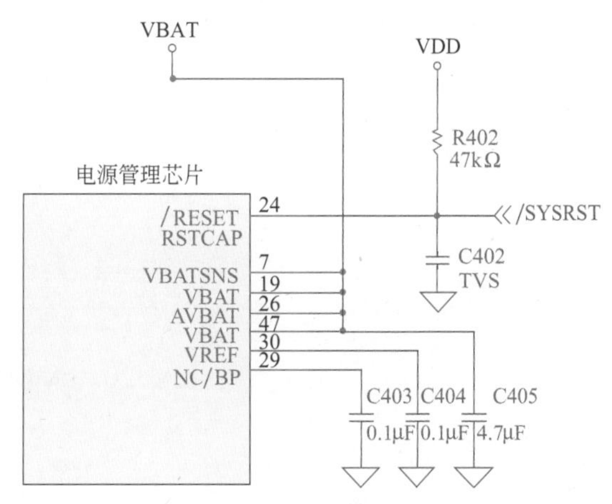

图4-18 复位电路

3. 复位信号波形

复位信号在开机瞬间存在，开机后变为高电平。如果需要正确测量复位信号波形，应使用双踪示波器，一路测量微电源管理芯片输出的电压，一路测量复位信号。

用数字示波器来测量复位信号时，CH1 信道测量的是 VDD 电压，CH2 信道测量的是复位信号。复位信号延时时间大约为 100ms。

复位信号波形如图 4-19 所示。

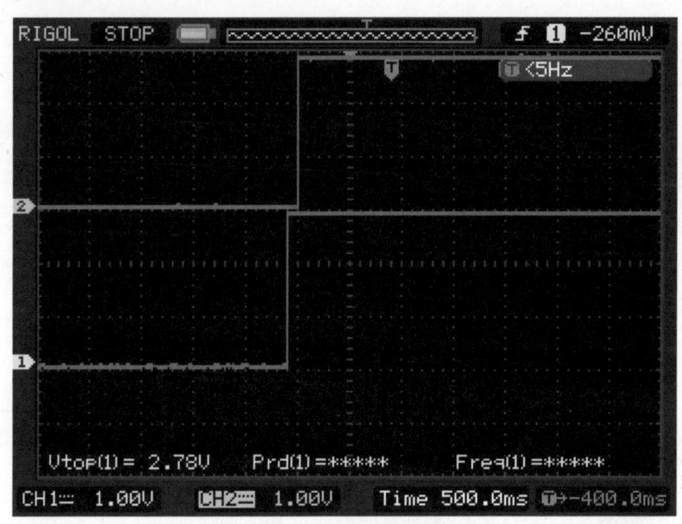

图4-19 复位信号波形

五、存储器电路

下面分别以目前常见的 eMMC 闪存、UFS 闪存为例，分析存储器电路的工作原理。

存储器

存储器电路

1. eMMC电路原理

eMMC 闪存电路原理如图 4-20 所示。

各个信号的用途如下所示：

CLK：用于同步的时钟信号。

Data Strobe：此信号是从 eMMC 端输出的时钟信号，频率和 CLK 信号相同，用于同步从 eMMC 端输出的数据。该信号在 eMMC 5.0 中引入。

CMD：此信号用于发送应用处理器的 Command 信号和 eMMC 的 Response 信号。

DAT0-7：用于传输数据的 8 bit 总线。

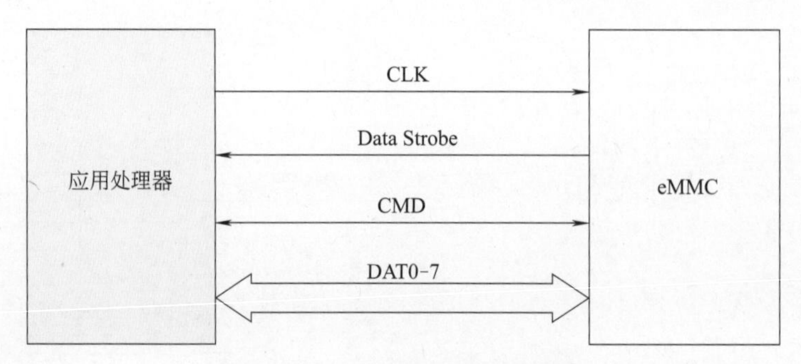

图4-20　eMMC闪存电路原理

2. UFS闪存电路原理

UFS 闪存电路原理如图 4-21 所示。

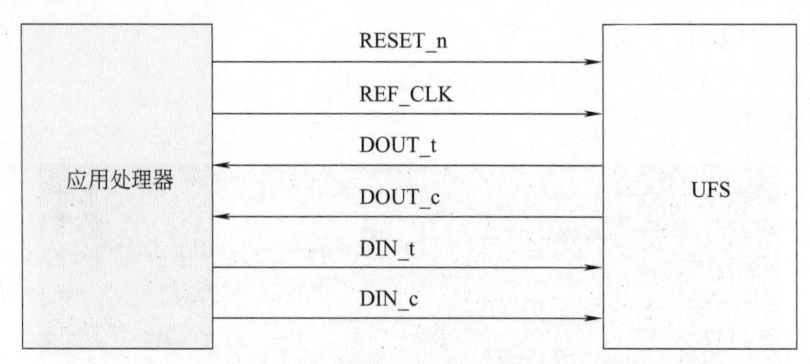

图4-21　UFS闪存电路原理

各个信号的用途如下所示：

RESET_n：复位信号。

REF_CLK：用于同步的基准时钟信号。

DOUT_t、DOUT_c：全双工差分信号，用于 UFS 闪存和应用处理器之间的通信。

DIN_t、DIN_c：全双工差分信号，用于 UFS 闪存和应用处理器之间的通信。

UFS 硬件架构如图 4-22 所示。

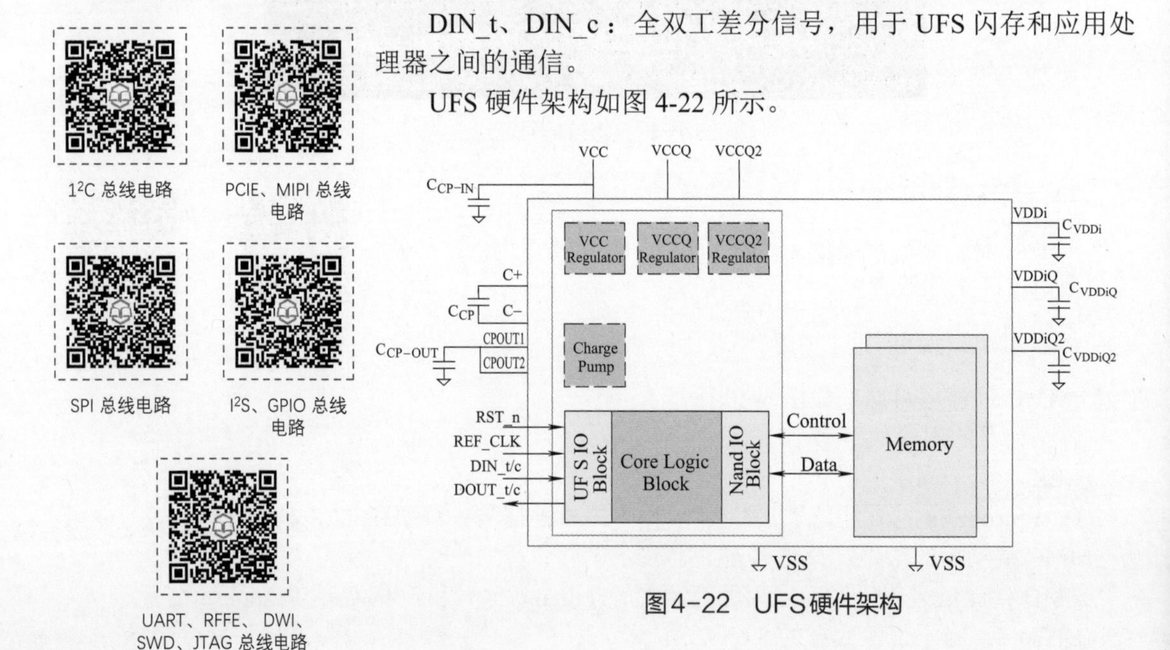

图4-22　UFS硬件架构

三个供电电压VCC、VCCQ和VCCQ2分别给UFS设备模块供电：VCC是3.3V或1.8V电压，负责给闪存介质供电；VCCQ是1.2V电压，负责给闪存输入输出接口和UFS控制器供电；VCCQ2是1.8V电压，负责给其他低压模块供电。

第三节 电源管理电路工作原理

无线充电技术

射频发射电路

频率合成器电路

一、电源管理电路结构

电源管理电路在智能手机中有着至关重要的作用。从组成结构上来看，电源管理电路主要由电源管理芯片、充电控制芯片、电池及电池接口电路、供电输出电路、时钟电路、复位电路等组成。

电源管理电路框图如图4-23所示。

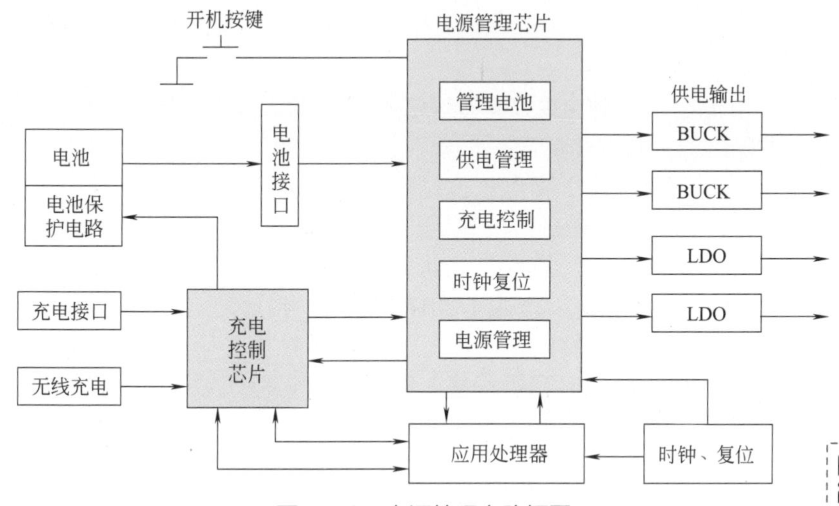

图4-23 电源管理电路框图

电源管理电路结构

二、手机电源管理电路供电流程

电源管理电路是手机单元电路、功能电路的能源中心，电源管理电路只有输出符合标准的电压，其他电路才能工作。手机中任何一个电路，只要它的供电不正常，它就会“罢工”，从而表现出各种各样的故障现象。可见电源管理电路在手机电路中的重要性。

手机所需的各种电压一般先由手机电池供给，电池电压在手机内部需要转换为多路不同的电压值供给手机的不同部分。

当手机安装上电池后，电池电压（一般为3.7V）通过电池接口送到电源管理芯片内部，此时开机按键有2.8～3V的开机电压。在未按下开机按键时，电源管理芯片未工作，此时电源管理芯片无输出电压。当按下开机键时，开机按键的其中一个引脚对地构成了回路，开机按键的电压由高电平变为了低电平，此由高到低的电压变化被送到电源管理芯片内部的触发电路。触发电路收到触发信号后，启动电源管理芯片，其内部的各路稳压器就开始工作，从而输出各路电压到各个电路。

三、手机开关机过程

1. 电源管理芯片工作条件

（1）电源管理芯片供电正常

电源管理芯片要正常工作，需有工作电压，即电池电压或外接电源电压。外部电压不正常时，电源管理芯片无法正常工作。

（2）开机触发信号

在按下开机键时，开机触发信号就有了电平的变化，从高电平变为低电平或从低电平变为高电平，此信号会被送到电源管理芯片内部触发相应电路工作。

（3）电源管理芯片工作正常

电源管理芯片内一般集成有多组受控 LDO 电路（低压差线性稳压器电路）、BUCK 电路（降压式变换电路），当有开机触发信号时，电源管理芯片输出端应有电压输出。

（4）开机维持信号

开机维持信号来自应用处理器，电源管理芯片只有得到开机维持信号后才能输出持续电压，否则，手机将不能持续开机。

2. 开机过程

插上电池后，电池电压加到电源管理芯片的输入引脚，其内部电源转换器产生约 2.8V 开机触发电压，并加到开机触发引脚。

当按下开机键时，电源触发引脚电压被拉低，触发电源管理芯片工作，并按不同电路的要求送出工作电压，同时电源管理芯片也送出一路比应用处理器供电电压滞后约 30ms 的复位电压使应用处理器电路复位，返回初始状态。另外，应用处理器控制电源管理芯片送出时钟电压，使 13MHz 晶体振荡，产生 13MHz 时钟信号，输出给应用处理器作为运行时钟信号。此时应用处理器具备了供电、复位、13MHz 时钟信号等开机条件，于是应用处理器发送片选信号，命令存储器调取开机程序。存储器找到程序后，反馈使能信号给应用处理器，并通过总线传送到暂存运行并自检，通过后应用处理器送出开机维持信号令电源管理芯片维持工作，手机维持开机。

3. 关机过程

手机正常开机后应用处理器的关机检测引脚有 3V 电压。而在手机开机状态下再按下开关机键，此时把应用处理器的关机检测引脚电压拉低。当应用处理器检测该电压变化超过 2s 时，确认为要关机，于是命令存储器运行关机程序，自检通过后应用处理器撤去开机维持电压，电源管理芯片停止工作，手机因失电而停止工作，手机关机。

当应用处理器检测该电压变化少于 2s 时，则作为挂机或退出处理。

电池电路

四、电池电路

手机电池多种多样，其供电电路也多种多样。手机的电池触点一般有 4 个，分别是：电池正极（VBATT）、电池信息（BSI、BATID 等）、电池温度（BTEMP）、电池负极（GND）。

手机电池通过触点与手机内部电路进行连接后，给手机提供能量。在手机中电池供电通常用 VBATT、B+ 表示。

电池电路如图 4-24 所示。

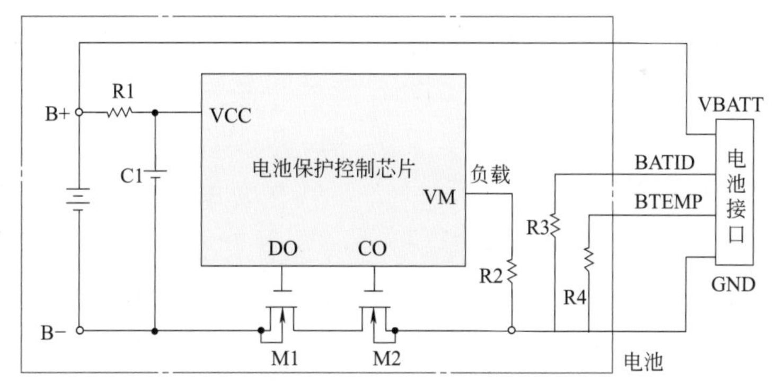

图4-24　电池电路

五、开机按键电路

手机的开机方式有两种：一种是高电平开机，也就是当开关键被按下时，开机触发端接到电池电源，是高电平启动电源电路开机；另一种是低电平开机，也就是当开关键被按下时，开机触发线路接地，是低电平启动电源电路开机。

开机信号电压是一个直流电压，在按下开机键后应由低电平跳到高电平（或由高电压跳到低电平）。开机信号电压用万用表测量很方便，将万用表黑表笔接地，红表笔接开机信号端，接下开机键后，电压应有高低电平的变化，否则，说明开机键或开机线不正常。

开机按键电路如图 4-25 所示。

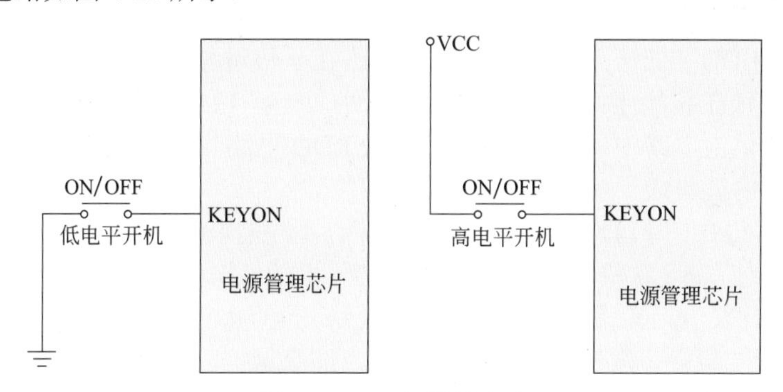

图4-25　开机按键电路

六、充电控制电路

1. 充电电路的组成

充电电路一般由充电检测电路、充电驱动电路、电池电量检测电路三部分电路组成。

（1）充电检测电路

充电检测电路用于检测充电器是否插入手机充电接口，检测充电器是哪一种类型，然后启动对应的充电模式。

（2）充电驱动电路

充电驱动电路用于控制外接电源向手机电池进行充电。充电驱动电路根据电池电量检测电路反馈的信号来控制充电电流的大小。

（3）电池电量检测电路

电池电量检测电路用于检测充电电量的多少。当电池已充满时，电池电量检测电路将

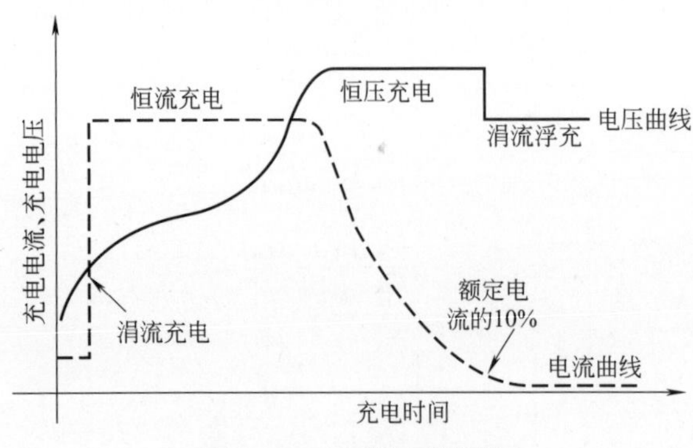

图4-26 充电过程曲线

向充电控制电路发出“充电已完成”的信号，充电控制电路控制充电电路断开，停止充电。

除此之外，智能手机还含有充电保护电路，防止过充或在低于5℃的环境中充电。

2. 充电电路工作原理

① 检测电路检测到电池电压低于2.5V时，手机默认为电池处于未激活状态，应用处理器控制充电电路以微弱的电流注入电池正极，慢慢将其激活。

② 检测到2.5V<VBATT<4.2V时，应用处理器输出控制信号启动充电电路对电池进行充电。充电过程又分为“恒流充电”和“恒压充电”两个阶段。

在恒流充电阶段，手机始终以近1000mA的大电流对电池进行充电，此时电池电压逐渐上升，上升到一定值后固定下来不再变化，而改为充电电流开始逐渐下降。

③ 充电电流最终下降到额定电流的10%，进入涓流浮充阶段。当电池充满时，经检测电路检测到后会向应用处理器发出“电池已满”的信息，应用处理器收到后向控制电路发出关闭充电的指令，手机停止充电并在显示屏显示“电池已充满”的字样提醒用户，充电完成。

充电过程曲线如图4-26所示。

LDO 电路

七、LDO电路

LDO（低压差线性稳压器）电路在手机维修中俗称“稳压块”。LDO电路是一种在智能手机中使用较多的器件。有些LDO稳压器是单独的芯片，例如摄像供电电路中的LDO电路；有些LDO电路集成在芯片内部，例如电源管理芯片内就集成了多个LDO电路。

为什么要在手机中使用LDO电路呢？在手机中，不同的电路使用的供电电压不同，需要的供电电流也不同。为了满足这些电路的需求，得需要不同的供电，只有LDO电路才能担当重任。

LDO从结构上来看，就是一个微缩的串联稳压电源电路，由电压电流调整的功率MOSFET、肖特基二极管、取样电阻、分压电阻、过流保护、过热保护、精密基准源、放大器等功能电路在一个芯片上集成而成。

LDO电路框图如图4-27所示。

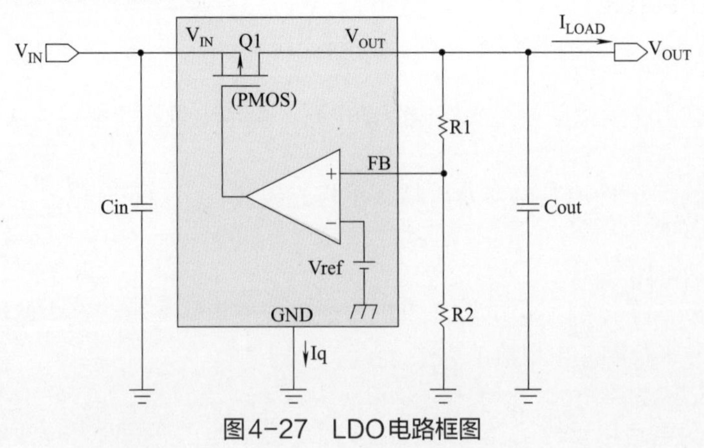

图4-27 LDO电路框图

八、BUCK电路

BUCK 电路也称降压式变换电路，是一种输出电压小于输入电压的不隔离直流变换电路，适用于输出低电压大电流的环境。

BUCK 电路的基本原理是电源通过一个电感给负载供电，同时电感储存一部分能量，然后将电源断开，只由电感给负载供电。如此周期性地工作，通过调节电源接通的相对时间来实现输出电压的调节。

BUCK 电路框图如图 4-28 所示。

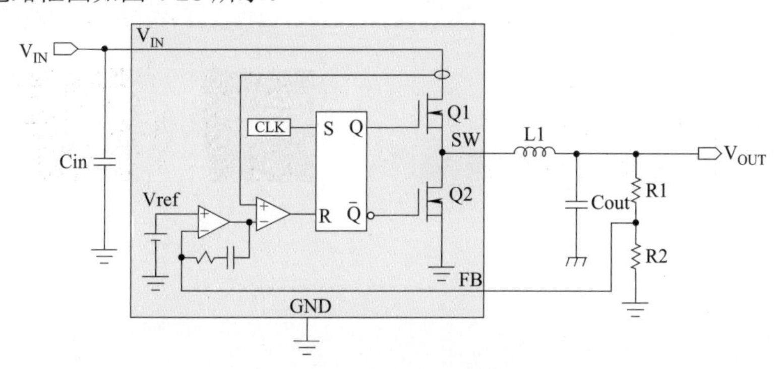

图4-28 BUCK电路框图

BUCK 电路由场效应管、触发器、放大器、精密基准源、储能电感、滤波电容、取样电阻等构成。当开关闭合时，电源通过三极管 Q1、电感 L1 给负载供电，并将部分电能储存在电感 L1 以及电容 Cout 中。

由于电感 L1 的自感，在开关接通后，电流增大得比较缓慢，即输出不能立刻达到电源电压值。一定时间后，开关断开，由于电感 L1 的自感作用（可以比较形象地认为电感中的电流有惯性作用），将保持电路中的电流不变，即从左往右继续流，此电流流过负载，从地线返回，从而形成一个回路。

通过控制场效应管占空比（即 PWM——脉冲宽度调制），就可以控制输出电压。如果通过检测输出电压来控制开、关的时间，以保持输出电压不变，就实现了稳压的目的。

九、BOOST电路

开关直流升压电路（即所谓的 BOOST 或者 step-up 电路）它可以使输出电压比输入电压高，适用于高电压小电流的环境。

BOOST 电路框图如图 4-29 所示。

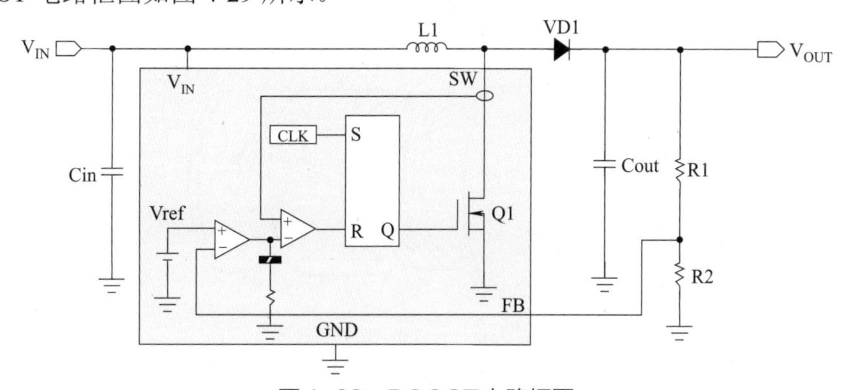

图4-29 BOOST电路框图

BOOST 电路基本原理是：电源先给电感储能，然后将储了能的电感当作电源，与原来的电源串联，从而提高输出电压，如此周期性地重复。

BOOST 电路由场效应管、触发器、放大器、精密基准源、续流二极管、储能电感、滤波电容等构成。当场效应管导通时，电源 V_{IN}、储能电感、场效应管构成回路。此时，电源给储能电感充能，储能电感将电能转化为磁能储存起来。同时，滤波电容中储蓄的电荷继续向负载供电，续流二极管防止电容经过场效应管对地放电。

当场效应管断开时，电源 V_{IN}、储能电感、续流二极管、负载构成回路。此时，储能电感将磁能转化为电流，与 V_{IN} 一起向负载供电。同时，储能电感也对滤波电容进行充电。

第四节 音频处理器电路工作原理

声音的基本概念

声音的数字化

编解码器

一、麦克风（MIC）电路

麦克风电路

麦克风的工作原理是将空气中的变动压力波转化成变动电信号。目前在智能手机中使用的麦克风分为模拟麦克风（驻极体麦克风）和数字麦克风（MEMS 麦克风）。

1. 模拟麦克风电路

在手机的模拟麦克风中一般使用驻极体麦克风。大家知道，一些磁性材料像铁镍钴等合金在外磁场的作用下，就会被磁化，这时即使外磁场消失，材料仍带有磁性。同样人们发现，某些电介质受了很高的外电场作用之后，即使除去了外电场，但电介质表面仍保持正和负的表面电荷。人们把这种特性称为电介质的驻极体现象，而把这种电介质称为驻极体。

驻极体麦克风的基本结构是由一片单面涂有金属的驻极体薄膜与一个上面有若干小孔的金属电极（又称为背电极）构成的。驻极体面与背电极相对，中间有一个极小的空气隙，形成一个以空气隙和驻极体作绝缘介质，以背电极和驻极体上的金属层作为两个电极的平板电容器。电容的两极之间有输出电极。驻极体薄膜上分布有自由电荷。当声波引起驻极体薄膜振动而产生位移时，电容两极板之间的距离发生改变，从而引起电容的容量发生变化。由于驻极体上的电荷数 Q 始终保持恒定，根据公式 $Q=CU$，当 C 变化时必然引起电容器两端电压 U 的变化，从而输出电信号，实现声 - 电的变换。

驻极体麦克风内部结构如图 4-30 所示。

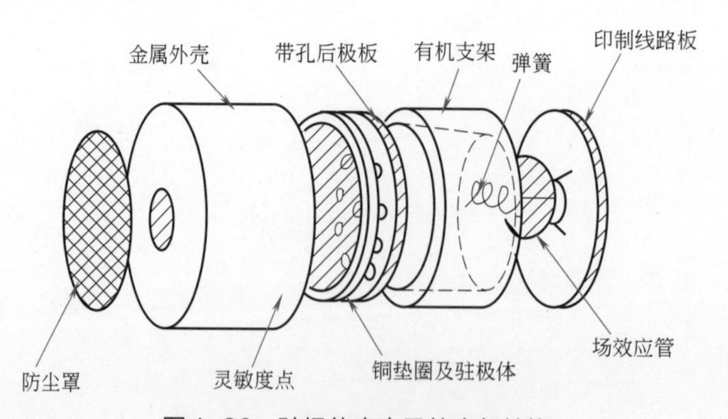

图4-30　驻极体麦克风的内部结构

实际电容器的电容量很小，输出的电信号极为微弱，输出阻抗极高，可达数百兆欧以上。因此，它不能直接与放大电路相连接，必须连接阻抗变换器。通常用一个专用的场效应管和一个二极管复合组成阻抗变换器。

驻极体麦克风有两根信号引线，分别是输出和接地。麦克风通过输出引脚上的直流偏置实现偏置。这种偏置通常通过偏置电阻提供，而且麦克风输出和前置放大器输入之间的信号会经过交流耦合。

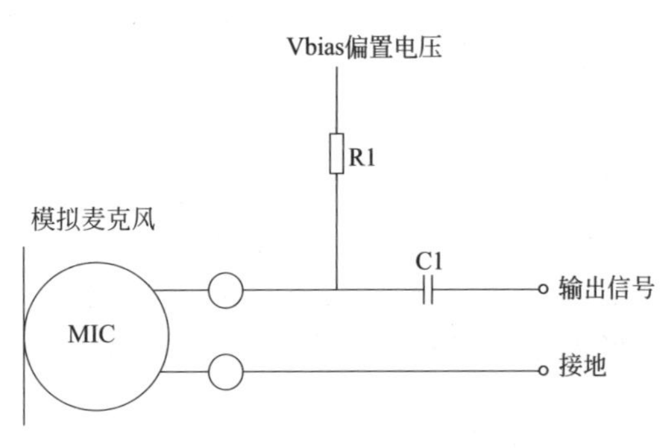

图4-31　驻极体麦克风电路

驻极体麦克风电路如图 4-31 所示。

2. 数字麦克风电路

在中高端智能手机中采用数字麦克风，因为传统的驻极体麦克风输出的是模拟电信号，极易受到空间中电磁波的干扰。而数字麦克风是在传统驻极体麦克风的基础上，将模数转换（ADC）放入麦克风内部，输出数字电信号，大大提高了抗电磁波干扰的能力。有些智能手机采用基于微机电系统（MEMS）制造数字麦克风。

驻极体材料是可以永久储存电荷的绝缘材料。附有驻极体材料的极板，与振膜、垫片一起构成一个平行板电容器。当输入声信号时，声波推动膜片振动，导致平行板电容器两极有效距离发生变化，电容器的容值变化，在驻极体材料储存电荷量不变的前提下，电容器的输出电压变化，形成模拟电信号，从而完成声信号到模拟电信号的转变。

平行板电容器输出的模拟电信号进入数字放大器中，先将模拟信号放大，然后进行模数转换，最终输出数字信号。也就是说，数字麦克风的输出信号为数字电信号。

数字麦克风工作原理如图 4-32 所示。

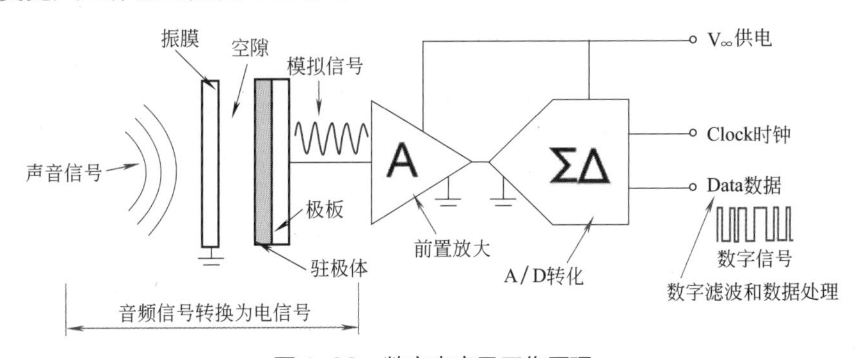

图4-32　数字麦克风工作原理

数字麦克风外形如图 4-33 所示。

音频信号路径

图4-33　数字麦克风外形

二、音频信号路径

音频信号路径框图如图 4-34 所示。

1. 播放音乐路径

在应用处理器的控制下，程序从存储器中调取音乐信号，经数字信号处理器（DSP）处理后，经数模转换器电路

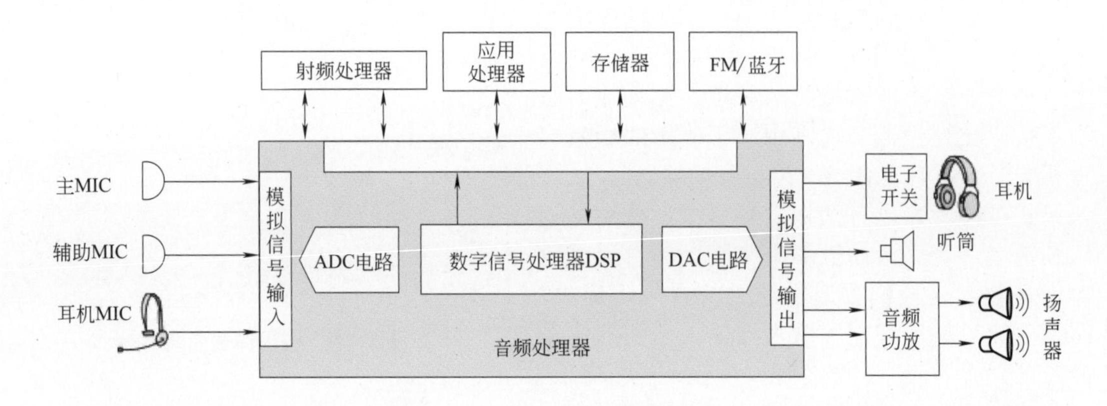

图4-34　音频信号路径框图

（DAC）转换为模拟信号，然后输出送至耳机，或经音频功放放大后经扬声器输出。

2. 录音路径

音频信号从耳机麦克风或主麦克风输入后，经过模数转换器电路（ADC），送至数字信号处理器（DSP）处理，然后在应用处理器的控制下，将录音信号存储在存储器内。

3. 电话路径

声音信号从主麦克风输入后，经过模数转换器电路（ADC），送至数字信号处理器（DSP）处理，然后在应用处理器的控制下，将语音信号经射频处理器调制后发射出去。

接收的射频信号经过射频处理器解调出基带信号，再经过数字信号处理器（DSP）处理后，经过数模转换器电路（DAC）将语音信号送至听筒，免提声音经过音频功放放大后，从扬声器发出声音。

4. 蓝牙路径

蓝牙麦克风信号经过蓝牙与蓝牙模块进行通信，蓝牙模块将蓝牙麦克风信号送至数字信号处理器（DSP）处理，然后在应用处理器的控制下，将语音信号经射频处理器调制后发射出去。

接收的射频信号经过射频处理器解调出基带信号，再经过数字信号处理器（DSP）处理后，将接收的语音信号经蓝牙模块送至蓝牙耳机听筒部分，发出声音。

听筒扬声器二合一技术

三、听筒/扬声器二合一技术

随着智能手机的厚度越来越薄，手机内部的空间也越来越小，在保证音乐品质的前提下，听筒 / 扬声器二合一技术成了超薄手机的首选。在部分iPhone 手机、华为手机中均采用了听筒 / 扬声器二合一技术。

通过技术手段，将 D 类音频功率放大器、AB 听筒音频功放及高压模拟开关集成在芯片上。听筒的音频信号送入芯片内部，在控制信号的控制下，经过 AB 类放大器放大，驱动听筒 / 扬声器二合一器件发出声音；音乐信号送入芯片内部，在控制信号的控制下，经过 D 类放大器放大，驱动听筒 / 扬声器二合一器件发出声音。

听筒 / 扬声器二合一电路如图 4-35 所示。

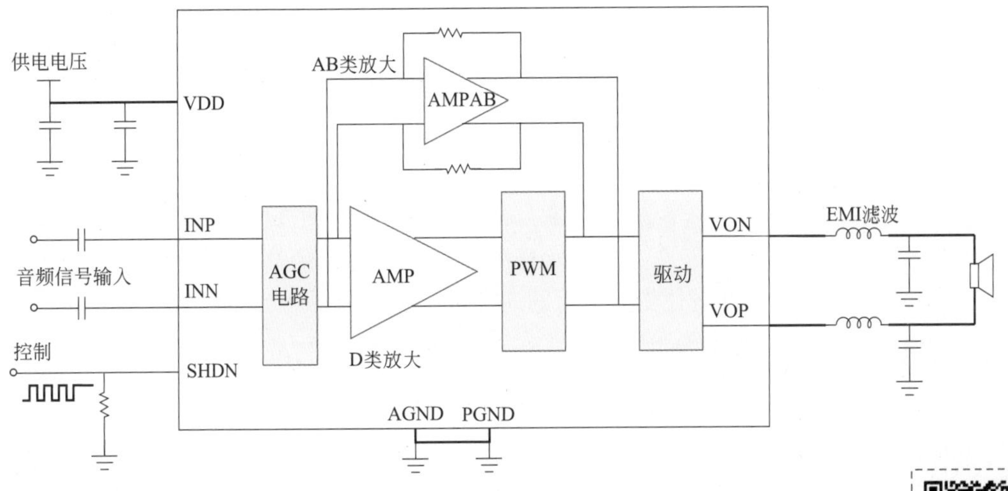

图4-35　听筒/扬声器二合一电路

四、耳机接口电路

耳机接口电路

1. 耳机分类和标准

（1）三段式和四段式耳机

现在许多设备的耳机接口都采用 3.5mm 的耳机接口，智能手机就是其中一个。手机可以兼容三段式和四段式耳机。三段式和四段式耳机单从外观上看比较好区分：三段式耳机的接头由绝缘环分为三段，从接头头部开始依次对应左声道—右声道—接地；四段式耳机接头由绝缘环分为四段。

耳机分类如图 4-36 所示。

三段式耳机和四段式耳机的区别在于：四段式耳机相对于三段式耳机多了麦克风功能；三段式耳机仅能输出声音，而四段式耳机除了声音的输出外，同时还可以录入声音，用在手机中可以直接用耳机麦克风通话、录音等。

（2）四段式耳机标准

四段式耳机从外观上看基本都一样，但根据接头上麦克风的位置不同分为欧标和美标，欧标又称为欧洲标准（OMTP 标准，开放移动终端平台标准，我国也采用此标准），美标又称为国际标准（CTIA 标准，移动通信行业协会标准）。美标耳机与欧标耳机从插座头部开始每一段对应的通道不一样。

四段式耳机标准如图 4-37 所示。

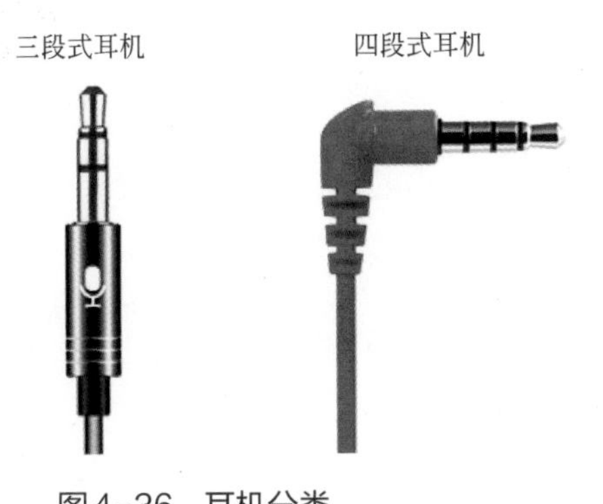

图4-36　耳机分类

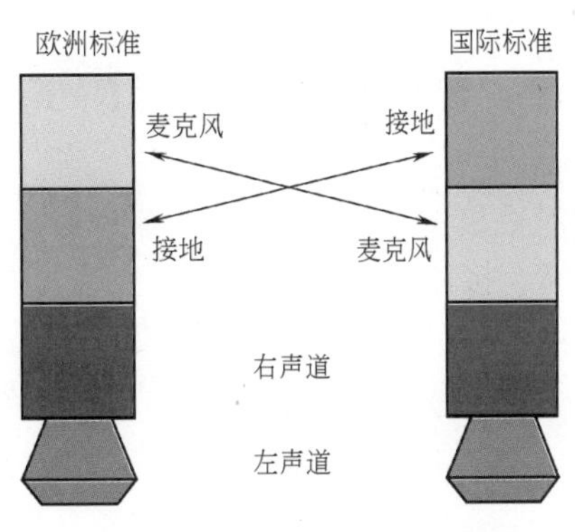

图4-37　四段式耳机标准

在实际中要确认一个四段式耳机是欧标还是美标，一般通过万用表测量左 / 右声道与第三段 / 第四段之间的阻抗来确认。除了测量阻抗来确定耳机标准外，我们还可以通过判断耳机接口上绝缘体的颜色来确认。欧标耳机与美标耳机通常情况下绝缘体颜色是不同的，美标为白色，欧标为黑色。绝缘体颜色非行业或国家标准，不能作为绝对的判断依据，不排除有特殊情况，所以最好的判断方式是用万用表测量耳机阻抗。

如果把美标的耳机接到欧标的接口上，就会出现音乐输出只有背景声，按住麦克风上的通话键才正常出现声音的现象。如果欧标的耳机接到美标的接口上，就会出现地线接触不良，耳机输出音量很小，按住麦克风上的通话键才正常出现声音的现象。

2. 耳机座的标准

耳机座标准分为 NC（常开）和 NO（常闭）两种，下面以美标耳机为例进行讲述。

耳机座标准如图 4-38 所示。

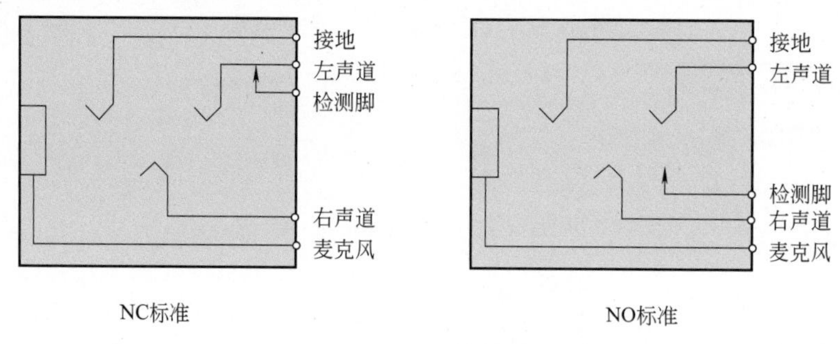

图4-38　耳机座标准

无论是NC还是NO标准，MIC、GND(接地)、R(右声道)、L(左声道)4个触点线路均一致，不一致的地方为HS-DET，全称为Headset-Detective，是用以检测耳机是否插入的触点。

以 NC 为例，在耳机未插入的情况下，HS-DET 和 L 是连接在一起的，为接地低电压。当耳机插入时，HS-DET 会和 L 分离开来，HS-DET 不再接地，突变为高电压。当电路检测到该电压突变的时候，就会认为耳机已经插入，从而进入下一步操作。拔出耳机时，HS-DET 高电压突变为低电压，则识别为耳机拔出。

NO 和 NC 相反，HS-DET 在耳机未插入时为高电压，在耳机插入后为低电压。

第五节 显示、触摸电路工作原理

显示屏基础知识

智能手机的显示、触摸电路主要由屏幕组件、显示屏电路、触摸屏电路、供电电路、控制电路、接口电路等组成。

按屏幕的材质来分，目前智能手机主流的屏幕可分为两大类：一类是 LCD，即液晶显示器，例如TFT以及SLCD屏幕；另一类是OLED，即有机发光二极管，例如AMOLED系列屏幕。

一、OLED显示屏分类

在智能手机及消费电子产品中使用最多的 OLED 分别是被动矩阵 OLED 和主动矩阵

OLED，下面我们对这两种 OLED 的工作原理进行分析。

OLED 显示屏分类

OLED 显示屏电路

1. 被动矩阵OLED（PMOLED）

被动矩阵 OLED 包括阴极带、有机层以及阳极带。阳极带与阴极带相互垂直。阴极与阳极的交叉点形成像素，也就是发光的部位。外部电路向选取的阴极带与阳极带施加电流，从而决定哪些像素发光，哪些不发光。此外，每个像素的亮度与施加电流的大小成正比。

被动矩阵 OLED 结构如图 4-39 所示。

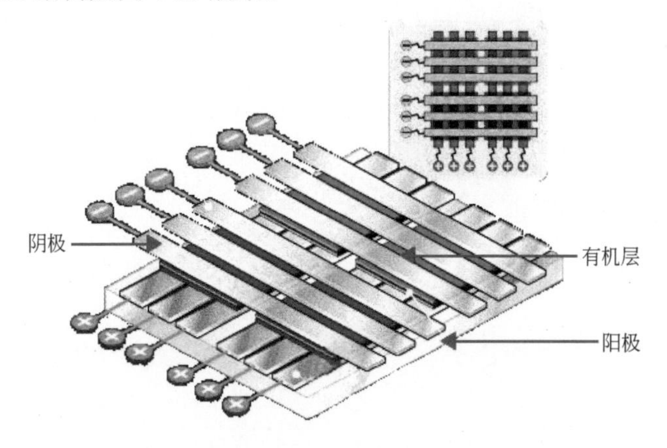

图4-39　被动矩阵OLED结构

PMOLED 易于制造，但其耗电量大于其他类型的 OLED，这主要是因为它需要外部电路。 PMOLED 用来显示文本和图标时效率最高，适于制作小屏幕（对角线 2～3in），例如人们在掌上电脑以及 MP3 播放器上经常见到的那种。即便存在一个外部电路，被动矩阵 OLED 的耗电量还是要小于这些设备当前采用的 LCD。

2. 主动矩阵OLED（AMOLED）

主动矩阵 OLED 具有完整的阴极层、有机分子层以及阳极层，但阳极层覆盖着一个薄膜晶体管（TFT）阵列，形成一个矩阵。TFT 阵列本身就是一个电路，能决定哪些像素发光，进而决定图像的构成。

主动矩阵 OLED 结构如图 4-40 所示。

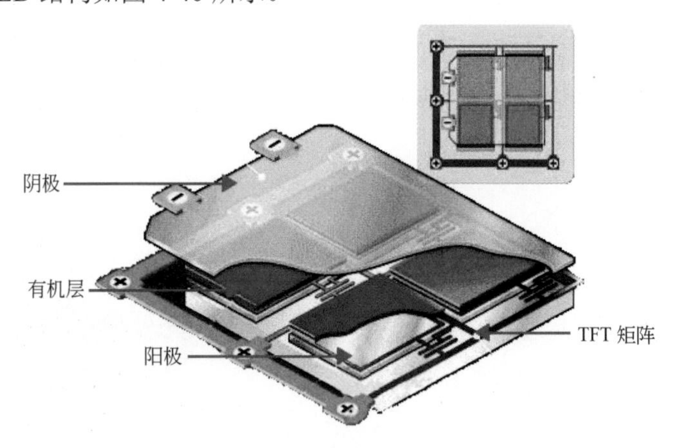

图4-40　主动矩阵OLED结构

AMOLED 的耗电量低于 PMOLED，这是因为 TFT 阵列所需电量要少于外部电路，因而 AMOLED 适合用于大型显示屏。AMOLED 还具有更高的刷新率，适于显示视频。AMOLED 的最佳用途是大屏幕智能手机、电脑显示器、大屏幕电视以及电子告示牌或看板。

触摸屏基础知识

二、触摸屏基础知识

在智能手机中，使用的触摸屏基本上都是电容式触摸屏，且支持多点触摸，在部分高端手机中还使用了 Force Touch 压力触控屏幕。

1. 电容式触摸屏的工作原理

目前大部分手机的触摸屏都是电容式触摸屏，电容式触摸屏在触摸屏 4 边均镀有狭长的电极，在导电体内形成一个低电压交流电场。在触摸屏幕时，由于人体电场，手指与导体层间会形成一个耦合电容，4 边电极发出的电流会流向触点，而电流强弱与手指到电极的距离成正比，位于触摸屏幕后的控制器便会计算电流的比例及强弱，准确算出触摸点的位置。电容式触摸屏的双玻璃不但能保护导体及感应器，更能有效地防止外在环境因素对触摸屏造成的影响，就算屏幕沾有污秽、尘埃或油渍，电容式触摸屏依然能准确算出触摸位置。

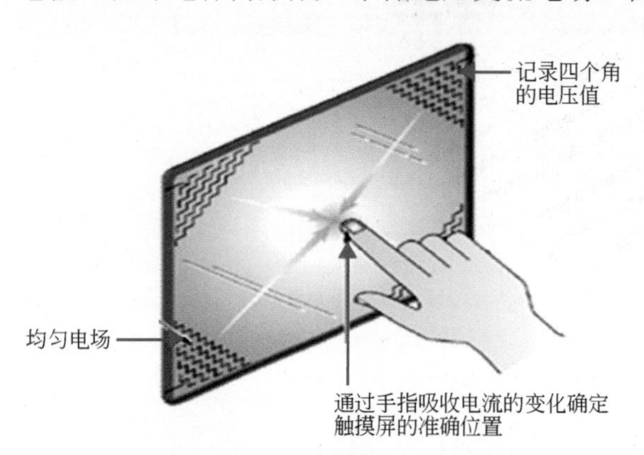

图4-41 电容式触摸屏工作原理

电容式触摸屏工作原理如图 4-41 所示。

电容式触摸屏要实现多点触控，靠的就是增加互电容的电极。简单地说，就是将屏幕分块，在每一个区域里设置一组互电容模块，它们都是独立工作的，所以电容式触摸屏就可以独立检测到各区域的触控情况，进行处理后，简单地实现多点触控。

2. 电容式触摸屏的结构

电容式触摸屏的结构主要是在玻璃屏幕上镀一层透明的薄膜体层，再在导体层外加上一块保护玻璃。双玻璃设计能彻底保护导体层及感应器。

电容式触控屏可以简单地看成是由四层复合屏构成的屏体：最外层是玻璃保护层，接着是导电层，第三层是不导电的玻璃屏，最内的第四层也是导电层。最内导电层是屏蔽层，起到屏蔽内部电气信号的作用。中间的导电层是整个触控屏的关键部分。4 个角或 4 条边上有直接的引线，负责触控点位置的检测。

三、3D Touch技术

实现 3D Touch 的关键技术是电容屏幕和 Strain Gauges 应变传感器的相互配合。应变传感器即变形测量器，顾名思义，就是一种能够测量物体形变程度的传感器。

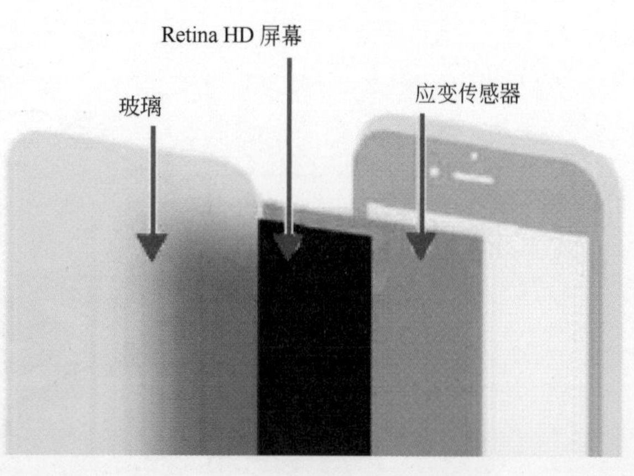

图4-42 3D Touch 技术原理

为了能够使 3D Touch 更加准确，在屏幕下方集成了两层应变传感器，一层用以测量屏幕的形变，另一层检测屏幕因温度变化而产生的形变，并计算补偿误差。

3D Touch 技术原理如图 4-42 所示。

使用了 3D Touch 技术的手机，可以感应按压屏幕的力度。目前 3D Touch 技术可以识别三种力度——普通的点击，轻度按压，大力按压。因此，除了轻点、轻扫、双指开合这些熟悉的 Multi Touch 手势之外，3D Touch 技术还有 Peek（轻度按压）和 Pop（大力按压），为智能手机的使用体验开拓出了全新的维度。

在 Peek 界面可以进行预览，如果想进一步查看，直接加力按压就可以打开 Pop 界面，显示更详细的内容。目前，关于这个体验最好的就是邮件和短信。

如果收到的信息里有网页链接，则可以直接按住链接，进入 Peek 界面预览网页内容。同时，在 Peek 界面，向上滑就会出现提示：是否打开链接或添加到阅读列表。同样，在其他 APP（应用程序）的 Peek 界面里，向左滑或向右滑也会出现提示。比如在邮件里，就会提示“是否标记未读”和“存档”，而且这些提醒都是可以定制的。

四、屏下指纹识别技术

屏下指纹电路

屏下指纹电路

按照技术原理与实现方法，屏下指纹识别技术可以分为三种，即光学式、超声波式、电容式。三种屏下指纹识别各有不同，现阶段发展状况也各有差异。

1. 光学式屏下指纹识别技术

光学式指纹识别在生活中很常见，比如日常上班中的打卡机利用的就是光学指纹识别技术，主要是依靠光线反射来探测指纹回路。

智能手机中的光学式屏下指纹受限于手机的体积，只能抛弃原有的光学系统而借助手机屏幕的光作为光源。同时由于 LCD 屏幕无法自发光，目前支持光学屏下指纹识别的产品都采用的是 OLED 屏幕。

光学式屏下指纹识别技术原理如图 4-43 所示。

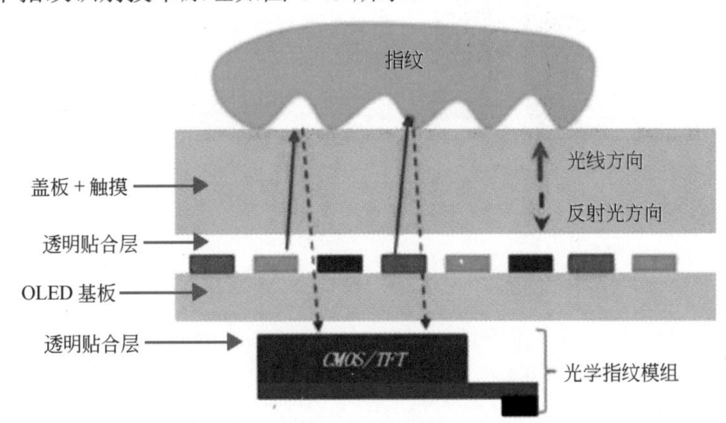

图4-43　光学式屏下指纹识别技术原理

光学式屏下指纹识别技术原理为：由于 OLED 屏幕像素间具有一定的间隔，能够保证光线透过。当用户手指按压屏幕时，OLED 屏幕发出光线将手指区域照亮，照亮指纹的反射光线透过屏幕像素的间隙返回到紧贴于屏下的传感器上。最终形成的图像通过与数据库中已存的图像进行对比分析，进行识别判断。

光学式屏下指纹传感器如图 4-44 所示。

图4-44　光学式屏下指纹传感器

光学式屏下指纹传感器的优势在于可以最大限度地避免环境光的干扰，在极端环境下的稳定性更好。但其同样面临干手指识别率的问题。此外，由于是点亮屏幕特定区域，不可避免地会出现屏幕易老化的问题（比如烧屏）。而且，光学式屏下指纹的功耗相对传统光学式指纹要高很多，这些都是有待解决的问题。

2. 超声波式屏下指纹识别技术

超声波式屏下指纹识别技术基于超声波，通过传感器先向手指表面发射超声波，并接受回波。利用指纹表面皮肤和空气之间密度的不同构建出一个 3D 图像，进而与已经存在于终端上的信息进行对比，以此达到识别指纹的目的。

超声波式屏下指纹识别技术原理如图 4-45 所示。

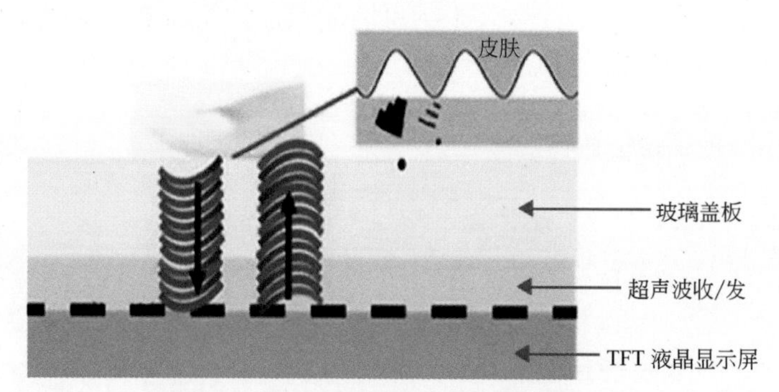

图4-45　超声波式屏下指纹识别技术原理

超声波式屏下指纹识别的优势在于具有较强的穿透性，抗污渍的能力较强，即使是湿手指与污手指的状况依旧能完美识别。此外，依靠超声波极好的穿透性，其还支持活体检测。由于能够得到 3D 指纹识别图像，安全性相较于其他屏下指纹识别方案更高。

但是，超声波式屏下指纹识别技术同样有诸多急需解决的难题。比如成像质量低、技术不够成熟、产量较低等原因，导致超声波式屏下指纹识别技术还没有大范围推广商用。

3. 电容式屏下指纹识别技术

电容式指纹识别技术我们都不陌生，目前几乎所用商用的指纹识别技术（除去屏下指纹）都是利用电容式指纹识别技术。其相对而言更加成熟，但想要将电容式指纹识别转移到屏下却有着不小的困难，其较弱的穿透能力限制着其发展。

目前一种解决方案是，通过将传统的硅基指纹识别传感器换为透明的玻璃基传感器，并将其直接嵌入 LCD 面板中，以此减少需要穿透的面板厚度，避开其穿透能力差的难题。当手指接触到屏幕时，指纹识别传感器便能感知到信号，从而完成识别。

电容式屏下指纹识别技术原理如图 4-46 所示。

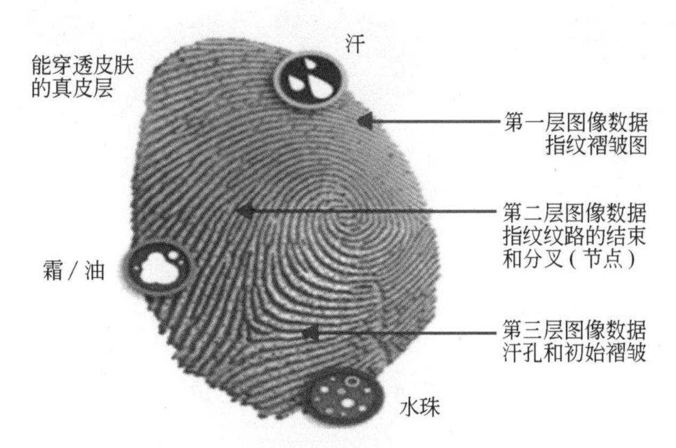

手机屏幕贴合基础

图4-46　电容式屏下指纹识别技术原理

电容式屏下指纹识别在识别过程中不需要屏幕发光，因此其支持 LCD 屏幕，相对而言成本更低。但智能机显示屏上都有一层用于识别、触控的触摸层，因此可能会产生触控信号和指纹识别信号相互干扰的情况。

就目前来看，未来很长的一段时间内，光学式指纹识别技术都会是屏下指纹识别市场的绝对霸主。超声波式屏下指纹识别技术与电容式屏下指纹识别技术想要实现弯道超车，一方面需要尽快解决自身存在的技术问题，另一方面也可以期待下一代显示屏技术（如 MicroLED）的登场。

第六节 传感器电路工作原理

传感器的应用为智能手机增加了感知能力，使手机能够知道自己做什么，做了什么样的动作。使用者可以将手机接一个传感器到自己的鞋上，这样，在跑步的时候，手机就会自动记录运动信息。

一、霍尔传感器

1. 霍尔传感器简介

霍尔传感器

霍尔传感器是一个使用非常广泛的电子器件，在录像机、电动车、汽车、电脑散热风扇中都有应用。在智能手机中霍尔传感器主要应用在皮套、翻盖或滑盖的控制电路中，通过皮套、翻盖或滑盖的动作来控制挂掉电话或接听电话、锁定键盘及解除键盘锁等操作。

霍尔传感器是一个磁控传感器，在磁场作用下直接产生通与断的动作。霍尔传感器的外形封装很像三极管，但看起来比三极管更胖一些。在智能手机中，霍尔传感器一般有 3 个引脚，也有 4 个引脚的。

智能手机中霍尔传感器的外形如图 4-47 所示。

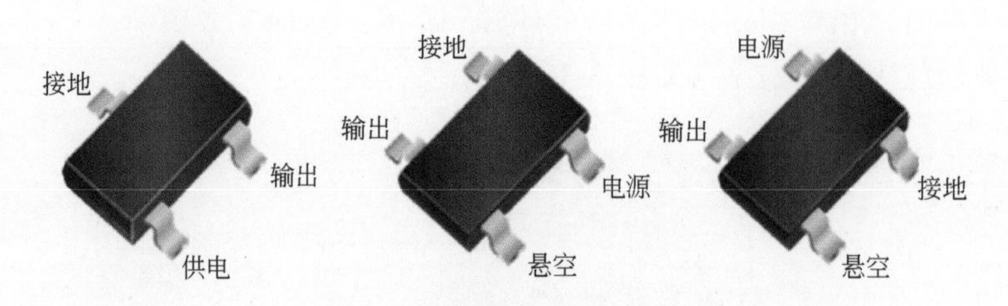

图4-47　霍尔传感器的外形

2. 霍尔传感器工作原理

（1）霍尔效应

所谓霍尔效应，是指磁场作用于载流金属导体、半导体中的载流子时，产生横向电位差的物理现象。

金属的霍尔效应是 1879 年被美国物理学家霍尔发现的。当电流通过金属箔片时，若在垂直于电流的方向施加磁场，则金属箔片两侧面会出现横向电位差。半导体中的霍尔效应比金属箔片中更为明显，而铁磁金属在居里温度以下将呈现极强的霍尔效应。利用霍尔效应可以设计制成多种传感器。

（2）霍尔传感器

利用霍尔效应做成的半导体元件就是霍尔元件（霍尔传感器）。霍尔传感器可用多种半导体材料制作，如 Ge、Si、InSb、GaAs、InAs、InAsP 等。

霍尔传感器具有许多优点，它们的结构牢固，体积小，重量轻，寿命长，安装方便，功耗小，频率高（可达 1MHz），耐振动，不怕灰尘、油污、水汽及盐雾等的污染或腐蚀。

电子指南针

二、电子指南针

1. 电子指南针简介

电子指南针采用了磁场传感器。磁场传感器利用磁阻来测量平面磁场，从而检测出磁场强度以及方向位置。磁场传感器一般用在指南针或是地图导航中，帮助手机用户实现准确定位。

通过磁场传感器，可以获得手机在 *X*、*Y*、*Z* 三个方向上的磁场强度。当旋转手机，直到只有一个方向上的磁场强度不为零时，手机就指向了正南方。很多手机上的指南针应用，都是使用了磁场传感器。同时，可以根据三个方向上磁场强度的不同，计算出手机在三维空间中的具体朝向。

图4-48　电子指南针

智能手机中的电子指南针如图 4-48 所示。

2. 电子指南针工作原理

下面以 LSM303DLH 模块为例介绍电子指南针电路。LSM303DLH 将加速度传感器、磁力计、A/D 转化器及信号处理电路集成在一起，通过 I^2C 总线和应用处理器通信。

电子指南针电路如图 4-49 所示。

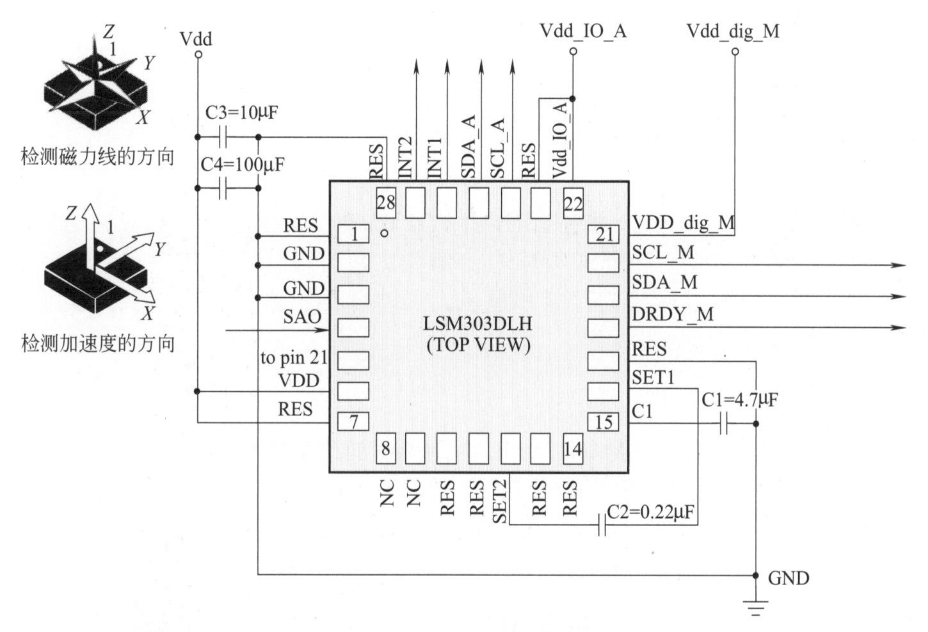

图4-49　电子指南针电路

磁力计和加速度传感器各自有一条 I^2C 总线和应用处理器通信。如果 I/O 接口电平为 1.8V，Vdd_dig_M 和 Vdd_IO_A 为 1.8V 供电，Vdd 为 2.5V 供电。C1 和 C2 为复位电路的外部匹配电容。

三、重力传感器

重力传感器

1. 重力传感器简介

重力感应器又称重力传感器，是新型传感器技术，它采用弹性敏感元件制成悬臂式位移器，与采用弹性敏感元件制成的储能弹簧一起来驱动电触点，完成从重力变化到电信号的转换。目前绝大多数中高端智能手机和平板电脑内置了重力传感器，如苹果的系列产品 iPhone 和 iPad、Android 系列的手机等。

在一些游戏中也可以通过重力传感器来实现更丰富的交互控制，例如手机横竖屏幕切换、翻转静音、平衡球、各种射击、赛车游戏等。

2. 重力传感器工作原理

重力传感器是根据压电效应的原理来工作的。对于不存在对称中心的异极晶体，加在晶体上的外力除了使晶体发生形变以外，还将改变晶体的极化状态，在晶体内部建立电场，这种由于机械力作用使介质发生极化的现象称为正压电效应。

重力传感器就是利用了其内部的“由于加速度造成晶体变形”这个特性。由于这个变形会产生电压，只要计算出产生电压和所施加的加速度之间的关系，就可以将加速度转化成电压输出。

简单来说是测量内部一片重物（重物和压电片做成一体）重力正交两个方向的分力大小，来判定水平方向。通过对力敏感的传感器，感受手机在变换姿势时重心的变化，使手机光标变化位置从而实现选择等功能。

四、加速度传感器

1. 加速度传感器简介

加速度传感器是一种能够测量加速力的电子设备。加速力就是当物体在加速过程中作用在物体上的力。

加速度传感器的工作原理是：敏感元件将测点的加速度信号转换为相应的电信号，进入前置放大电路，经过信号调理电路改善信号的信噪比，再进行模数转换得到数字信号，最后送入计算机，计算机再进行数据存储和显示。加速度传感器可应用于手机应用控制、游戏手柄振动、报警系统、地质勘探等。

2. 加速度传感器工作原理

以飞思卡尔的加速度传感器 MMA7455L 为例说明加速度传感器的工作原理。

加速度传感器 MMA7455L 是 *X*、*Y*、*Z* 轴（±2g[1]，±4g，±8g）三轴加速度传感器，可以实现基于运动的功能，如倾斜滚动、游戏控制、按键静音和手持终端的自由落体硬盘驱动保护，以及门限检测和单击检测功能等；提供 I^2C 和 SPI 接口，方便与应用处理器通信，因此非常适用于智能手机或个人设备中的运动应用，包括图像稳定、文本滚动和移动拨号。

供电电压加到加速度传感器 MMA7455L U504 的 1 脚、6 脚、7 脚，电压为 3V。U504 的中断信号加到应用处理器的 GPIO 接口。U504 将感应到的信息通过 I^2C 总线送到应用处理器电路，由应用处理器来实现各种功能操作。

加速度传感器电路图如图 4-50 所示。

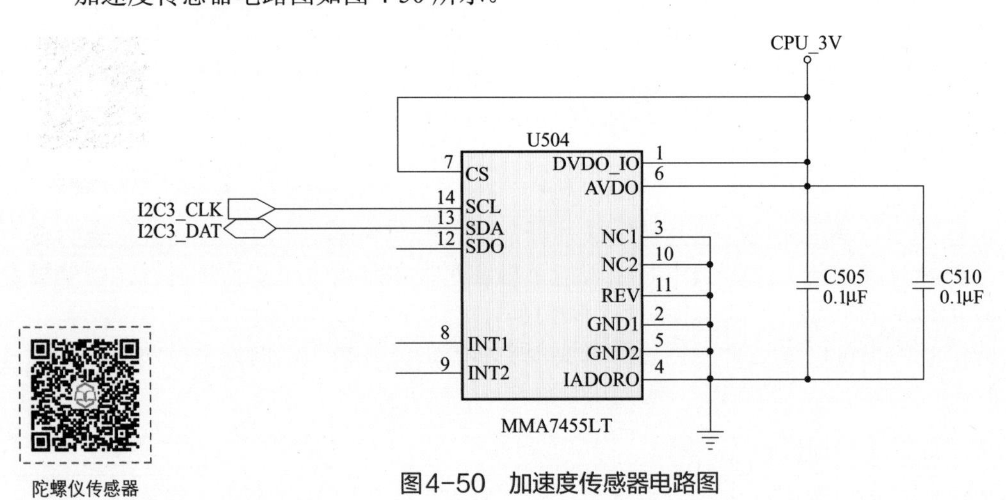

图4-50　加速度传感器电路图

五、陀螺仪传感器

根据角动量守恒定律，一个正在高速旋转的物体（陀螺），它的旋转轴没有受到外力影响时，旋转轴的指向是不会有任何改变的。陀螺仪就是以这个原理作为依据，用它来保持一定的方向。三轴陀螺仪可以替代三个单轴陀螺仪，可同时测定 6 个方向的位置、移动轨迹及加速度。

陀螺仪能够测量沿一个轴或几个轴动作的角速度，如果结合加速度计和陀螺仪这两种

[1] g=9.80665m/s^2，为标准重力加速度。

传感器，可以跟踪并捕捉3D空间的完整动作，为用户提供更真实的用户体验、精确的导航系统及其他功能。手机中的“摇一摇”功能、体感技术，还有VR视角的调整与侦测，在GPS没有信号时（如隧道中）根据物体运动状态实现惯性导航，都是陀螺仪的功劳。

而陀螺仪传感器对于一些感应游戏来说是必需的元件，正是有了这款传感器，手机游戏的交互才有了革命性的转变，用户结合身体多方位的操作对游戏进行反馈，而不仅仅只是简单的按键。

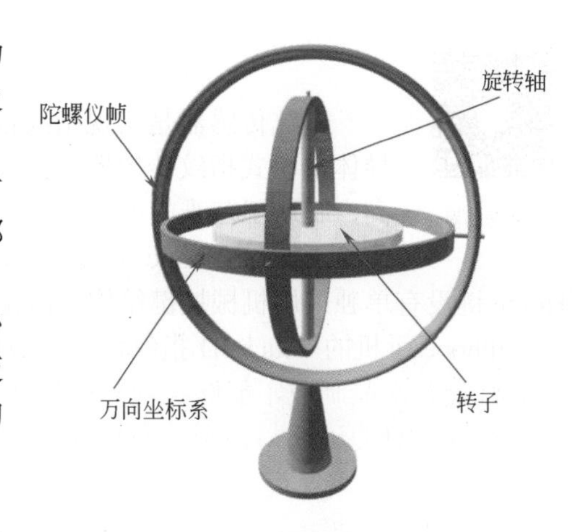

图4-51　三轴陀螺仪原理

三轴陀螺仪原理如图4-51所示。

如图4-51所示，中间金色的那个转子是“陀螺”，它因为惯性作用不会受到设备状态改变的影响，而周边三个“钢圈”则会因为设备改变姿态而跟着改变，这样就可以检测设备当前的状态。这三个“钢圈”所在的轴，也就是三轴陀螺仪里面的“三轴”，即X轴、Y轴、Z轴。三个轴围成的立体空间联合检测手机的各种动作。陀螺仪最主要的作用在于它可以测量角速度。

现在智能手机中大多都内置了三轴陀螺仪，它可以与加速器和指南针一起工作，实现6轴方向感应。三轴陀螺仪更多的用途会体现在GPS和游戏效果上。使用三轴陀螺仪后，导航软件就可以加入精准的速度显示，对于现有的GPS导航来说是个强大的冲击，同时游戏方面的重力感应特性更加强悍和直观，游戏效果将大大提升。

六、距离传感器

距离传感器又叫位移传感器。距离传感器的工作原理是利用红外LED二极管发出的不可见红外光由附近的物体反射后，被红外辐射光线探测器探测到而实现的。距离传感器一般是配合光线传感器来使用的。

手机使用的距离传感器是利用测量时间来实现距离测量的一种传感器。红外脉冲传感器通过发射特别短的光脉冲，并测量此光脉冲从发射到被物体反射回来的时间，来计算与物体之间的距离。

距离传感器一般都在手机听筒的两侧或者是在手机听筒凹槽中，这样便于它的工作。当用户在接听或拨打电话时，将手机靠近头部，距离传感器可以测出它们之间的距离，到了一定程度后便通知屏幕背景灯熄灭，拿开时再度点亮背景灯，这样更方便用户操作，也更为节省电量。

七、环境光传感器

环境光传感器可以感知周围光线情况，并告知应用处理器自动调节显示器背光亮度，降低产品的功耗。例如，在手机、笔记本、平板电脑等移动应用中，显示器消耗的电量高达电池总电量的30%，采用环境光传感器可以最大限度地延长电池的工作时间。另外，环境光传感器有助于显示器提供柔和的画面。当环境亮度较高时，使用环境光传感器的液晶显示器会自动调成高亮度。当外界环境较暗时，显示器就会调成低亮度。

环境光传感器需要在芯片上贴一个红外截止膜，或者直接在硅片上镀制图形化的红外截止膜。

指纹传感器

八、指纹传感器

指纹传感器是实现指纹自动采集的关键器件。智能手机中使用的一般是半导体电容式指纹传感器。指纹传感器的制造技术是一项综合性强、技术复杂度高、制造工艺难的高新技术。

下面以 iPhone 手机为例，分析指纹传感器的工作原理。在 iPhone 手机中，Home 键没有单独采用机械按键结构，而是采用了带有指纹功能的触控板。

iPhone 手机的 Touch ID 指纹传感器被放置在 Home 键中，Home 键传感器表面由激光切割的蓝宝石水晶制成，能够实现精确聚焦手指，保护传感器的作用，并且传感器会在此时进行指纹信息的记录与识别，而传感器按钮周围则是不锈钢环，用于监测手指、激活传感器和改善信噪比。

随后，软件将读取指纹信息，查找匹配指纹来解锁手机。其中指纹传感器部分包括基于电容和无线射频的半导体传感器，这为指纹读取做了两层验证。第一层是借助一个指纹电容传感识别器来识别整个接触面的指纹图像。第二层则是利用无线射频技术并通过蓝宝石片下面的感应组件读取从真皮层反射回来的信号，形成一幅指纹图像。

电容传感识别：手指构成电容的一个极，另一边一个硅的传感器阵列构成电容的另一个极，通过人体带有的微电场与电容传感器间形成微电流，指纹的波峰波谷与感应器之间的距离形成电容高低差，从而描绘出指纹图像的电信号。

无线射频识别：将一个低频的射频信号发射到真皮层。由于人体细胞液是导电的，读取真皮层的电场分布而获得整个真皮层，并且通过读取真皮层的电场分布而获得整个真皮层最精确的图像，而 Touch ID 外面有一个驱动环，由它将射频信号发射出来。

经过对指纹图像的记录，将其数据录入数据库中，然后 Touch ID 在指纹验证过程中，获得指纹扫描图像之后，其能够对指纹进行 360° 全方位的扫描并且与数据库指纹数据进行比对判断。当新的指纹图像与数据库样本指纹互相匹配成功时，该指纹图像就能够用于加强和完善数据库的样本信息，这样能够使得更多的样本信息被记录，提高指纹识别的成功率以及能够在各种角度成功地识别指纹。

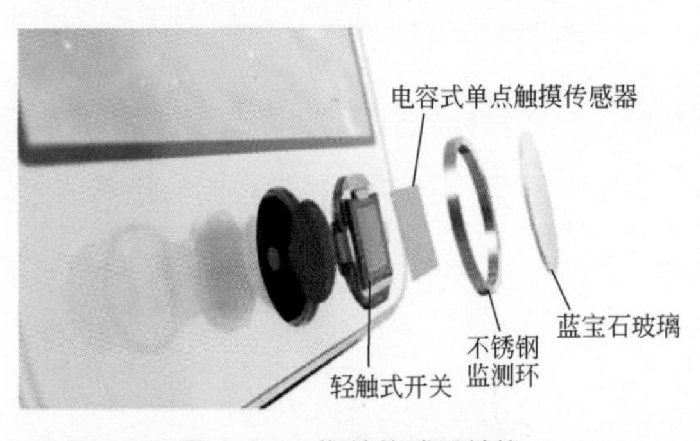

图4-52 指纹传感器结构

为了实现这一功能，Home 键集成了更多的元器件，从上到下，依次有蓝宝石玻璃、不锈钢监测环、电容式单点触摸传感器、轻触式开关四个部分。

手指放在 Home 键处，那一圈金色的钢圈则监测到人体细微的电流，以激活下层的传感器，此时电容式单点触摸传感器会解析蓝宝石玻璃上的指纹脉络，并且扫描分辨率可达 500ppi，可以更加精准地识别指纹。

指纹传感器结构如图 4-52 所示。

摄像头

九、摄像头

1. 摄像头的组成

摄像头是由镜头、镜座、红外滤光片、传感器、图像处理芯片（DSP）以及 FPC 主板等元件组合而成的。

传感器（Sensor）有两种，一种是电荷耦合传感器（CCD），另一种是金属氧化物导体传感器（CMOS）。线路板一般用印制电路板（PCB）或者柔性电路板（FPC）。

摄像头结构如图 4-53 所示。

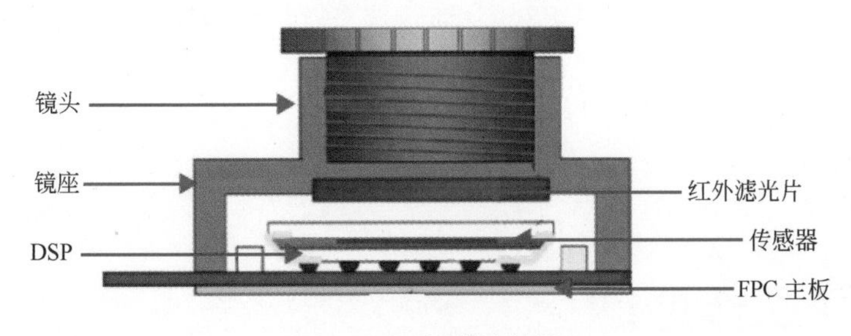

图4-53 摄像头结构

（1）镜头

摄像头镜头可以看作是人眼中的晶状体，它是利用透镜的折射原理，将景物光线透过镜头在聚焦平面上形成清晰的像。

（2）红外滤光片

红外滤光片主要是过滤掉进入镜头的光线中的红外光，这是因为虽然人眼看不到红外光，但是传感器却能感受到红外光，所以需要将光线中的红外光滤掉，以便图像更接近人眼看到的效果。

（3）传感器

传感器是摄像头的核心元件，负责将通过镜头的光信号转换为电信号，再经过内部模数转换器转换为数字信号。

互补金属氧化物半导体传感器（CMOS）主要是利用硅和锗做成的半导体，其特征在于在 CMOS 上共存着带阴极 (N) 和阳极 (P) 的半导体，这两个互补效应所产生的电流可以被处理芯片记录并解读成影像。

电荷耦合传感器（CCD）是由一种高感光度的半导体材料制成的，能把光线转变成电荷，通过模数转换器芯片转换成电信号。电荷耦合传感器由许多独立的感光单位组成，通常以百万像素为单位。当电荷耦合传感器表面受到光照时，每个感光单位都会将电荷反映在组件上，所有的感光单位产生的信号加在一起，就构成了一幅完整的图像。

（4）柔性电路板

柔性电路板（FPC）简称排线，用来连接芯片和手机的组件，负责传输数据信号。

（5）图像处理芯片

图像处理芯片（DSP）是摄像头非常重要的组成部分。它的作用是将感光芯片获得的数据及时快速地传递到应用处理器进行处理，因此图像处理芯片（DSP）的好坏直接影响画面品质，如色彩饱和度、清晰度、流畅度等。

2. 摄像头工作原理

景物光线通过镜头进入摄像头内部，然后经过红外滤光片过滤掉进入镜头的光线中的红外光后，再到达传感器；传感器将光学信号转换为电信号，再通过内部的模 / 数转换器（ADC）将电信号转换为数字信号，然后传输给图像处理芯片（DSP）加工处理，转换成数字信号输出。

十、气压传感器

气压传感器分为变容式或变阻式气压传感器，将薄膜与变阻器或电容连接起来，气压变化导致电阻或电容的数值发生变化，从而获得气压数据。

GPS 也可用来测量海拔高度但会有 10m 左右的误差，若是搭载气压传感器，则可以将误差校正到 1m 左右，有助于提高 GPS（全球定位系统）的精度。

此外，在一些户外运用需要测量气压值时，搭配气压传感器的手机也能派上用场。在 iOS 的健康应用中，气压传感器可以计算出使用者爬了几层楼。

第七节 NFC电路工作原理

NFC（近场通信）又称为近距离无线通信，是一种短距离的高频无线通信技术，允许电子设备之间进行非接触式点对点数据传输，在 10cm（3.9in）内交换数据。

这个技术由非接触式射频识别（RFID）演变而来，由飞利浦半导体（现恩智浦半导体）、诺基亚和索尼共同研制开发，其基础是 RFID 及互联技术。近场通信是一种短距高频的无线电技术，在 13.56MHz 频率下运行于 20cm 距离内。

在本节中，我们以 iPhone 手机为例，分析 NFC 电路工作原理。

NFC 工作模式

一、NFC工作模式

NFC 支持 3 种工作模式：读卡器模式、仿真卡模式、点对点模式。

（1）读卡器模式

数据在 NFC 芯片中，可以简单理解成“刷标签”，本质上就是通过支持 NFC 的手机或其他电子设备从带有 NFC 芯片的标签、贴纸、名片等媒介中读写信息。

通常 NFC 标签是不需要外部供电的。当支持 NFC 的外设向 NFC 读写数据时，它会发送某种磁场，而这个磁场会自动地向 NFC 标签供电。

（2）仿真卡模式

数据在支持 NFC 的手机或其他电子设备中，可以简单理解成“刷手机”。仿真卡模式本质上就是将支持 NFC 的手机或其他电子设备当成借记卡、公交卡、门禁卡等 IC 卡使用，基本原理是将相应 IC 卡中的信息凭证封装成数据包存储在支持 NFC 的外设中。

仿真卡模式在使用时还需要一个 NFC 射频器（相当于刷卡器）。将手机靠近 NFC 射频器，手机就会接收到 NFC 射频器发过来的信号，在通过一系列复杂的验证后，将 IC 卡的相应信息传入 NFC 射频器，最后这些 IC 卡数据会传入 NFC 射频器连接的电脑，并进行相应的处理（如电子转账、开门等操作）。

（3）点对点模式

该模式与蓝牙、红外差不多，用于不同 NFC 设备之间进行数据交换，不过这个模式已经没有有“刷”的感觉了。其有效距离一般不能超过 4cm，但传输建立速度要比红外和蓝牙技术快很多，传输速度比红外快得多，如果双方都使用 Android 操作系统，NFC 会直接利用蓝牙传输。这种技术被称为 Android Beam。所以使用 Android Beam 传输数据的两部设备不再限于 4cm 之内。

点对点模式的典型应用是两部支持 NFC 的手机或平板电脑实现数据的点对点传输，例如，交换图片或同步设备联系人。因此，通过 NFC，多个设备如数字相机、计算机、手机之间，都可以快速连接并交换资料或者服务。

二、NFC工作原理

NFC 工作原理

NFC 模块可以在主动或被动模式下交换数据。在被动模式下，启动 NFC 通信的设备（也称为 NFC 发起设备，主模块），在整个通信过程中提供射频场，其中传输速度是可选的，将数据发送到另一台模块。另一台模块称为 NFC 目标模块（从模块），不必产生射频场，而使用负载调制技术，即可以相同的速度将数据传回发起设备。此通信机制与非接触式智能卡兼容，因此，NFC 发起模块在主动模式下，可以用相同的连接和初始化过程检测非接触式智能卡或 NFC 目标模块，并与之建立联系。

当 NFC 模块工作在主动模式下，此模块和 RFID 读取器操作一样，完全由 MCU 控制。MCU 激活此芯片并将模式选择写入 ISO 控制寄存器。MCU 使用 RF 冲突避免命令，所以它不用承担任何实时任务。每台 NFC 模块要向另一台 NFC 模块发送数据时，都必须产生自己的射频场。

如图 4-54 所示，发起模块和目标模块都要产生自己的射频场，以便进行通信。这是对等网络通信的标准模式，可以获得非常快速的连接设置。

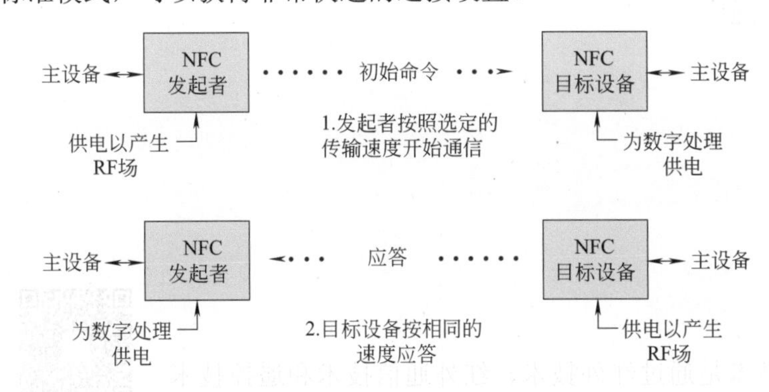

图4-54　NFC主动通信模式

当 NFC 模块工作在被动模式下，此模块通常处于断电或者待机模式，可以大幅降低功耗，并延长电池寿命。在一个应用会话过程中，NFC 模块可以在发起模块和目标模块之间切换自己的角色。利用这项功能，电池电量较低的设备可以要求以被动模式充当目标设备，而不是发起设备，如图 4-55 所示。

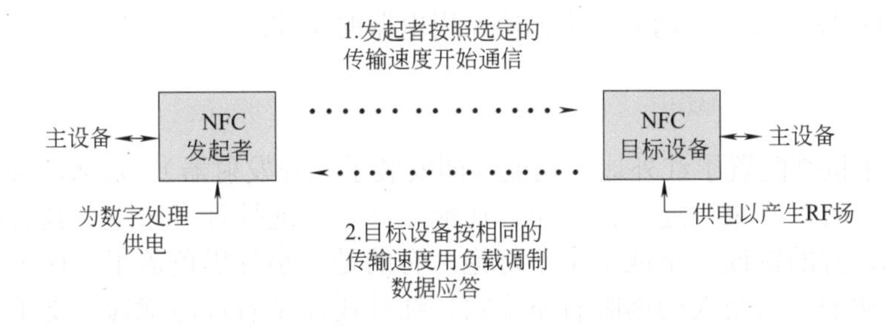

图4-55　NFC被动通信模式

SWP 协议

三、SWP协议

SWP 连接方案基于 ETSI（欧洲电信标准协会）的 SWP 标准，该标准规定了 SIM 卡和 NFC 芯片之间的通信接口。

SWP（单线协议）是在一根单线上实现全双工通信，即S1和S2这两个方向的信号，如图4-56所示。

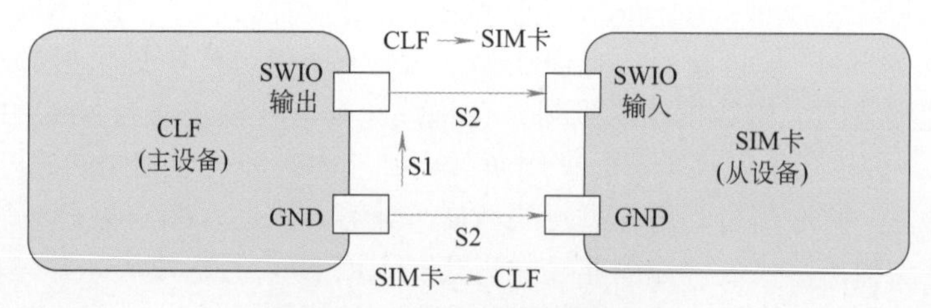

图4-56 SWP单线通信方式

如图4-56所示，通信的双方是UICC（通用集成芯片卡）和CLF（非接触前端）。S1是电压信号，SIM卡通过电压表检测S1信号的高低电平，采用电平宽度调制；S2信号是电流信号，采用负载调制方式。S2信号必须在S1信号为高电平时才有效，S1信号为高电平时导通其内部的一个三极管，S2信号才可以传输。S1信号和S2信号叠加在一起，在一条单线上实现全双工通信。

第八节 红外遥控电路工作原理

一、红外遥控技术

红外线遥控电路基础

红外线遥控电路原理分析

红外遥控技术是通过红外技术、红外通信技术和遥控技术的结合实现的一种无线控制技术。红外线的波长较短，对障碍物的衍射能力较差，无法穿透墙壁，所以红外遥控技术更适合应用在短距离直线控制的场合。也正是这样，放置在不同房间的家用电器可使用通用的遥控器而不会产生相互干扰。

红外遥控所需传输的数据量较小，一般仅为几个至几十个字节的控制码，传输距离一般小于10m。红外遥控技术因其功耗小、成本低、易实现等诸多优点，被广泛应用于电视机、机顶盒、DVD播放器、功放、空调等家用电器的遥控。

二、手机红外遥控功能

部分智能手机都配置了红外遥控功能（即安装了红外发射器）。那么，安装了红外发射器的智能手机，可以拿来当遥控器使用，还能一部手机遥控许多家电。具有红外功能的智能手机的顶部，有的镶嵌一个或多个小灯泡，有的是一小片黑色盖子，这个黑盖子对红外线来说可是透明的，只是人的肉眼看不穿它。红外遥控带着灯泡就像一支手电筒，红外光照到哪里，哪里的电器才会接收响应，这决定了红外遥控的三个特性：遥控器要对准电器才有反应；遥控器不能距离电器太远，最好是5m之内；遥控器与电器之间不能有障碍物。

三、红外发射原理

通用红外遥控系统主要由发射和接收两大部分组成。发射部分包括单片机芯片或红外遥控发射专用芯片，用于实现编码和调制，红外发射电路实现发射；接收部分包括一体化红外接收头电路，用于实现接收和解调，单片机芯片实现解码。红外遥控发射专用芯片非常多，编码及调制频率也不完全一样。手机实现红外遥控功能，主要就是发射红外信号部分，这就需要了解下红外信号的编码和调制原理。

1. 红外遥控二进制信号的编码

红外遥控器发射的信号由一串 0 和 1 的二进制代码组成，不同的芯片对 0 和 1 的编码有所不同，通常有曼彻斯特编码和脉冲宽度编码（PWM）。家用电器使用的红外遥控器绝大部分都是脉冲宽度编码。

脉冲宽度编码如图 4-57 所示。

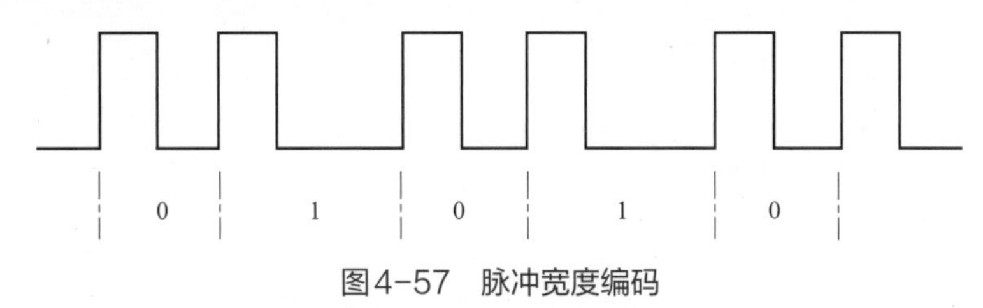

图4-57　脉冲宽度编码

2. 红外遥控二进制信号的调制

二进制信号的调制由发送单片机芯片或红外遥控发射专用芯片来完成，把编码后的二进制信号调制成频率为 38kHz 的间断脉冲串，相当于用二进制信号的编码乘以频率为 38kHz 的脉冲信号得到的间断脉冲串，即是调制后用于红外发射二极管发送的信号。

通用红外遥控器里面常用的红外遥控发射专用芯片载波频率为 38kHz，这是由发射端所使用的 455kHz 陶瓷晶振来决定的。在发射端对晶振进行整数分频，分频系数一般取 12，所以 455kHz÷12≈37.9kHz≈38kHz。

四、NEC编码协议

在日常家用电器中，NEC 编码是比较常见的一种编码协议。通用红外遥控器发出的一串二进制代码按功能可以分为引导码、用户码 16 位、数据码 8 位、数据反码 8 位和结束位，编码共占 32 位。

二进制代码功能如图 4-58 所示。其中引导码由一个 9ms 的 38kHz 载波起始码和一个 4.5ms 的无载波低电平结果码组成。用户码由低 8 位和高 8 位组成（用户码高八位和低八位可采用原码与反码的方式，可用于纠错，但也可直接是 16 位的原码方式）。不同的遥控器有不同的用户码，避免不同设备产生干扰。用户码又称为地址码或系统码。数据码采用原码

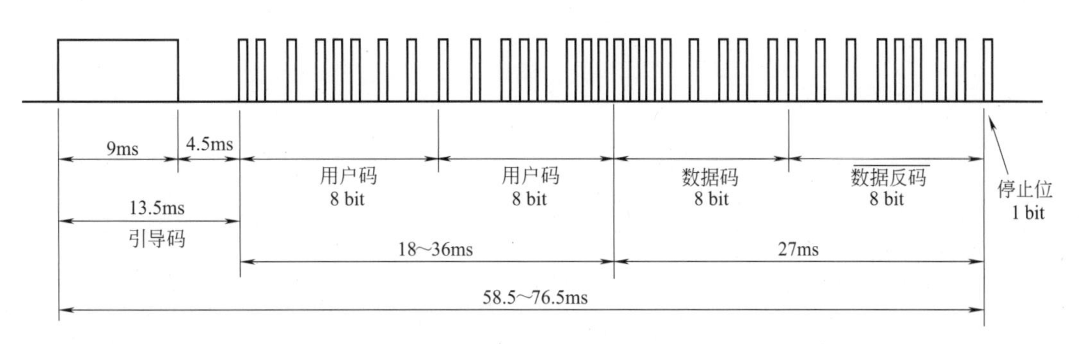

图4-58　二进制代码功能

和反码方式重复发送，编码时用于对数据的纠错，遥控器发射编码时，低位在前，高位在后。结束位是0.56ms的38kHz载波。而其中的0码由0.56ms的38kHz载波和0.56ms的无载波低电平组合而成，脉冲宽度为1.125ms；1码由0.56ms的38kHz载波和1.69ms的无载波低电平组合而成，脉冲宽度为2.25ms。

0码和1码电平组合如图4-59所示。

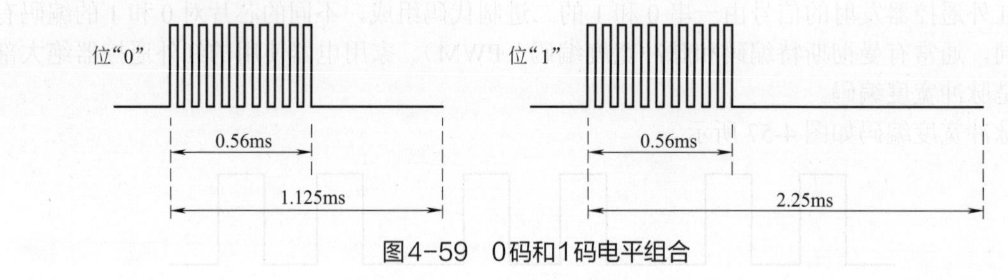

图4-59　0码和1码电平组合

第九节 蓝牙、WiFi、GPS电路工作原理

蓝牙电路基础

一、蓝牙电路基础

1.蓝牙简介

蓝牙是一种无线技术标准，可实现固定设备、移动设备和楼宇个人域网之间的短距离数据交换（使用2.4～2.485GHz的ISM波段的UHF无线电波）。例如我们常用的蓝牙耳机、蓝牙音响等就是通过蓝牙技术播放音乐的。

目前蓝牙最新的标准是蓝牙5.0。蓝牙5.0是由蓝牙技术联盟在2016年提出的蓝牙技术标准。蓝牙5.0针对低功耗设备速度有相应的提升和优化。蓝牙5.0结合WiFi对室内位置进行辅助定位，提高传输速度，增加有效工作距离。

2. 蓝牙工作频段

蓝牙的波段为2400～2483.5MHz（包括防护频带），这是全球范围内无须取得执照（但并非无管制的）的工业、科学和医疗用（ISM）波段的2.4GHz短距离无线电频段。

蓝牙技术使用了从2.4～2.48GHz共80MHz的频段，该频段被等分成40个信道，每个信道2MHz带宽。40个信道分别编号0～39。其中，37～39信道为广播信道，其余信道为数据传输信道。

3. 自适应跳频技术

蓝牙工作于2.4～2.48GHz ISM频段，由于该频段频谱异常拥挤（11b/g，微波炉、无绳电话等），并且蓝牙采用低功耗（-6～+4dBm），为了避免频率的相互冲突，蓝牙采用了AFH、LBT、功率控制等抗干扰措施。

在数据传输的时候，为了减少干扰，数据传输会在不同的信道之间跳跃选择。将传输的数据分割成数据包，通过79个指定的蓝牙频道分别传输数据包。每个频道的频宽为1MHz。蓝牙4.0使用2 MHz间距，可容纳40个频道。第1个频道始于2402MHz，每隔

1MHz一个频道，至2480MHz。有了适配跳频（AFH）功能，通常每秒跳1600次。

AFH的实现过程为设备识别、信道分类、信道信息交换、自适应跳频。

（1）设备识别

蓝牙设备之间进行互联之前，首先根据链路管理协议（LMP）交换双方之间的信息，确定双方是否均支持AFH模式。LMP信息中包含了双方应使用的最小信道数。此步骤由主机进行询问，从机回答。

（2）信道分类

首先按照PLRs的门限制、有效载荷的差错控制（包头检查HEC、有效载荷校验CRC、前向纠错FEC）对每一个信道进行评估。从设备测量CRC时，也会自动检测此包的CRC，已决定此包的正误。然后主从设备分别按照LMP的格式形成一份分类表，之后主从设备的跳频会根据此分类表进行。

（3）信道信息交换

主从设备会通过LMP命令通知网络中的所有成员，交换AFH的信息。信道被分为好信道、坏信道、未用信道。主从设备之间联系以确定哪些信道可用，哪些不可用。

（4）自适应跳频

先进行调频编辑，以选择合适的调频频率。由于环境中会存在突发干扰，所以调频的分类表需要进行周期性更新，并且及时进行相互交流。

4. 蓝牙时钟

每一个蓝牙设备都有一个内部系统时钟，用来决定收发器的时序和跳频。该时钟不会被调整或者关掉。该时钟可以作为一个28位计数器使用，其LSB（最低有效位）位的计数周期是312.5μs，即时钟频率为3.2kHz。

蓝牙是基于数据包、有着主从架构的协议。一个主设备至多可和同一网中的七个从设备通信。所有设备共享主设备的时钟。分组交换基于主设备定义的以312.5μs为间隔运行的基础时钟。两个时钟周期构成一个625μs的槽，两个时间隙就构成一个1250μs的缝隙对。在单槽封包的简单情况下，主设备在双数槽发送信息、单数槽接受信息，而从设备则正好相反。封包容量可长达1、3或5个时间隙，但无论是哪种情况，主设备都会从双数槽开始传输，从设备从单数槽开始传输。

5. iBeacon微定位

iBeacon的工作方式是：配备有低功耗蓝牙（BLE）通信功能的设备使用BLE技术向周围发送自己特有的ID，接收到该ID的应用软件会根据该ID采取一些行动。比如，在店铺里设置iBeacon通信模块的话，便可让iPhone和iPad上运行一资讯告知服务器，或者由服务器向顾客发送折扣券及进店积分。此外，还可以在家电发生故障或停止工作时使用iBeacon向应用软件发送资讯。

iBeacon使用的是BLE技术，具体而言，利用的是BLE中名为“通告帧”的广播帧。通告帧是定期发送的帧，只要是支持BLE的设备就可以接收到。iBeacon通过在这种通告帧的有效负载部分嵌入苹果自主格式的数据来实现。

iBeacon是一项低耗能蓝牙技术，工作原理类似之前的蓝牙技术，由iBeacon发射信号，iOS设备定位接收，反馈信号。根据这项简单的定位技术可以做出许多的相应技术应用。

一套iBeacon的部署由一个或多个在一定范围内发射传输它们唯一的识别码的iBeacon信标设备组成。接收设备上的软件可以查找iBeacon并实现多种功能，比如通知用户，接收设备也可以通过链接 iBeacon 从 iBeacon 的通用属性配置服务来恢复价值。iBeacon 不推送通知给接收设备（除了它们自己的 ID），然后，手机软件可以使用从 iBeacon 接收到的信号来推送通知。

WiFi 电路基础

二、WiFi电路基础

1. WiFi简介

WiFi 是一种可以将个人电脑、手持设备（如智能终端、手机）等终端以无线方式互相连接的技术。通常使用 2.4G UHF 或 5G SHF ISM 射频频段。

2. WiFi工作原理

WiFi 就是一种无线联网的技术，以前通过网络连接电脑，而现在则是通过无线电波来联网。常见的就是一个无线路由器，在这个无线路由器的电波覆盖的有效范围都可以采用 WiFi 连接方式进行联网，如果无线路由器连接了一条 ADSL 线路或者别的上网线路，则又被称为“热点”。

一般架设无线网络的基本配备就是无线网卡及一台 AP，如此便能以无线的模式，配合既有的有线架构来分享网络资源，架设费用和复杂程度远远低于传统的有线网络。如果只是几台电脑的对等网，也可不要 AP，只需要每台电脑配备无线网卡。

AP 为 Access Point 的简称，一般翻译为“无线访问接入点”或“桥接器”。它主要在媒体存取控制层 MAC 中扮演无线工作站及有线局域网络的桥梁。有了 AP，就像一般有线网络的 Hub 一般，无线工作站可以快速且轻易地与网络相连。特别是对于宽带的使用，无线保真更显优势，有线宽带网络（ADSL、小区 LAN 等）到户后，连接到一个 AP，然后在电脑中安装一块无线网卡即可。普通的家庭有一个 AP 已经足够，甚至用户的邻里得到授权后，则无须增加端口，也能以共享的方式上网。

WiFi 所遵循的 802.11 标准是以前军方所使用的无线电通信技术，且至今还是美军通信器材对抗电子干扰的重要通信技术。因为，WiFi 中所采用的 SS（展频）技术具有非常优良的抗干扰能力，并且当需要反跟踪、反窃听时具有很出色的效果，所以不需要担心 WiFi 技术不能提供稳定的网络服务。

一句话简单概括通信原理：采用 2.4G 频段，实现基站与终端的点对点无线通信，链路层采用以太网协议为核心，以实现信息传输的寻址和校验。目前可以实现通信距离从几十米到两三百米的多设备无线组网。

GPS 电路基础

三、GPS电路基础

1. GPS简介

GPS（全球定位系统）又称全球卫星定位系统，是一个中距离圆形轨道卫星导航系统。它可以为地球表面绝大部分地区（98%）提供准确的定位、测速和高精度的时间标准。GPS 系统由美国国防部研制和维护，可满足位于全球任何地方或近地空间的军事用户连续精确地确定三维位置、三维运动和时间的需要。

该系统包括太空中的 24 颗 GPS 卫星，地面上 1 个主控站、3 个数据注入站和 5 个监测站及作为用户端的 GPS 接收机。最少只需其中 3 颗卫星，就能迅速确定用户端在地球上所处的位置及海拔高度；所能接收到的卫星数越多，解码出来的位置就越精确。

2. GPS工作原理

GPS 导航系统的基本原理是测量出已知位置的卫星到用户接收机之间的距离，然后综合多颗卫星的数据就可知道接收机的具体位置。

要达到这一目的，卫星的位置可以根据星载时钟所记录的时间在卫星星历中查出，而用户到卫星的距离则通过记录卫星信号传播到用户所经历的时间，再将其乘以光速得到。由于大气层电离层的干扰，这一距离并不是用户与卫星之间的真实距离，而是伪距（PR），当 GPS 卫星正常工作时，会不断地用 1 和 0 二进制码元组成的伪随机码（简称伪码）发射导航电文。

GPS 系统使用的伪码一共有两种，分别是民用的 C/A 码和军用的 P(Y) 码。C/A 码频率为 1.023MHz，重复周期为 1ms，码间距为 1μs，相当于 300m；P 码频率为 10.23MHz，重复周期为 266.4 天，码间距为 0.1μs，相当于 30m。而 Y 码是在 P 码的基础上形成的，保密性能更佳。

导航电文包括卫星星历、工作状况、时钟改正、电离层时延修正、大气折射修正等信息。它是从卫星信号中解调制出来，以 50b/s 调制在载频上发射的。导航电文每个主帧中包含 5 个子帧，每帧长 6s。前三帧各 10 个字码；每 30s 重复一次，每小时更新一次。后两帧共 15000b。导航电文中的内容主要有遥测码、转换码、第 1、2、3 数据块，其中最重要的则为星历数据。

当用户接收到导航电文时，提取出卫星时间并将其与自己的时钟做对比，便可得知卫星与用户的距离，再利用导航电文中的卫星星历数据推算出卫星发射电文时所处位置，用户在 WGS-84 大地坐标系中的位置速度等信息便可得知。

第十节 接口电路工作原理

一、SIM卡电路工作原理

SIM 卡是客户识别模块，也称为智能卡、用户身份识别卡，智能手机必须装上此卡方能使用。它在电脑芯片上存储了数字移动电话客户的信息，加密的密钥以及用户的电话簿等内容，可供运营商网络对客户身份进行鉴别，并对客户通话时的语音信息进行加密。

（1）SIM 卡外形

目前智能手机中使用的 SIM 卡根据外形尺寸分为三类：Mini SIM 卡、Micro SIM 卡、Nano SIM 卡。

智能手机中的SIM卡外形如图4-60所示。

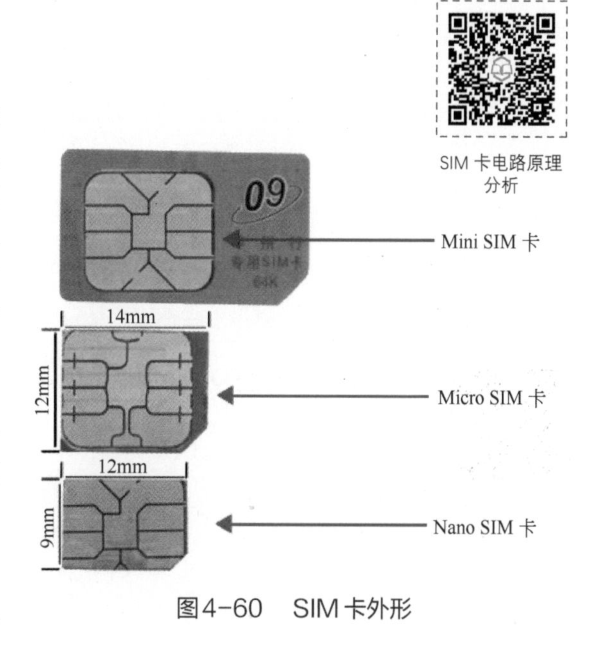

图4-60　SIM 卡外形

（2）SIM 卡内部结构

拆开 SIM 卡，里边有三种材料：表面

金属线路板、集成电路、黑色保护硬胶。三种材料各司其职，表面金属线路板负责集成电路与手机的传输工作，黑色保护硬胶用于保护集成电路，而集成电路是整块 SIM 卡的灵魂所在。一张 SIM 卡，如非刻意破坏折曲，可以正常使用十年以上。

目前智能手机使用的 SIM 卡，其供电分为 3V 与 1.8V 两种，目前大部分 SIM 卡的供电为 1.8V。SIM 卡必须与相匹配的手机配合使用，即手机产生的 SIM 卡供电电压与该 SIM 卡所需的电压相匹配。

SIM 卡插入手机后，电源管理电路提供供电给 SIM 卡内各模块，检测 SIM 卡存在与否的信号只在开机 3s 内产生。当开机检测不到 SIM 卡存在时，将提示“InsertCard（插入卡）”；如果检测 SIM 卡已存在，但机卡之间的通信不能实现，会显示“CheckCard（检查卡）”；当 SIM 卡对开机检测信号没有响应时，手机也会提示“InsertCard（插入卡）”；当 SIM 卡在开机使用过程中掉出、由于松动接触不良或使用报废卡时，手机会提示“Bad Card/SIM Error（坏卡 /SIM 卡错误）”。

（3）SIM 卡的基本功能

1）存储用户相关数据

SIM 卡存储的数据可分为四类：第一类是固定存放的数据。这类数据在 ME（移动设备）被出售之前由 SIM 卡中心写入，包括国际移动用户识别号（IMSI）、鉴权密钥（Ki）等。第二类是暂时存放的有关网络的数据，如位置区域识别码（LAI）、移动用户暂时识别码（TMSI）、禁止接入的公共电话网代码等。第三类是相关的业务代码，如个人识别码（PIN）、解锁码（PUK）、计费费率等。第四类是电话号码簿，是手机用户随时输入的电话号码。

2）用户 PIN 的操作和管理

SIM 卡本身是通过 PIN 码来保护的。PIN 是一个四位到八位的个人密码，只有当用户输入正确的 PIN 码时，SIM 卡才能被启用，移动终端才能对 SIM 卡进行存取，也只有 PIN 认证通过后，用户才能上网通话。

3）用户身份鉴权

鉴权是指确认用户身份是否合法。鉴权过程是在网络和 SIM 卡之间进行的，鉴权开始时，网络产生一个 128 比特的随机数 RAND，经无线电控制信道传送到移动台，SIM 卡依据卡中的密钥 Ki 和算法 A3，对接收到的 RAND 计算出应答信号 SRES，并将结果发回网络端。而网络端在鉴权中心查明该用户的密钥 Ki，用同样的 RAND 和算法 A3 算出 SRES, 并与收到的 SRES 进行比较，如一致，鉴权通过。

4）SIM 卡中的保密算法及密钥

SIM 卡中最敏感的数据是保密算法 A3 与 A8、密钥 Ki、PIN、PUK 和 Kc。A3、A8 算法是在生产 SIM 卡时写入的，无法读出。PIN 码可由用户在手机上自己设定。PUK 码由运营者持有。Kc 是在加密过程中由 Ki 导出的。

Micro SD 卡电路原理分析

二、Micro SD卡电路工作原理

1. Micro SD卡介绍

当智能储存空间不够用或将近耗尽时，在众多能够提升储存空间的办法之中，大多数人选择的是插入 Micro SD 卡，以此扩张额外的储存空间。

并非所有的智能手机和平板电脑都支持 Micro SD 卡，例如 iPhone 和 iPad，但是，市面上 Android 手机都支持 Micro SD 卡扩展。现在很多手机都是 Micro SD+SIM 卡二合一，就是在NanoSIM卡的卡托上也单独提供了放置Micro SD卡的位置。

Micro SD+SIM卡二合一如图4-61所示。

2. Micro SD卡引脚功能

Micro SD卡有8个引脚与TF卡连接器进行连接。Micro SD卡触点如图4-62所示。

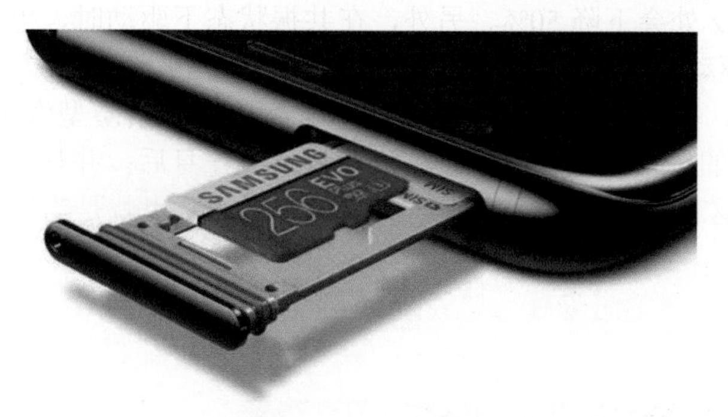

图4-61 Micro SD+SIM卡二合一

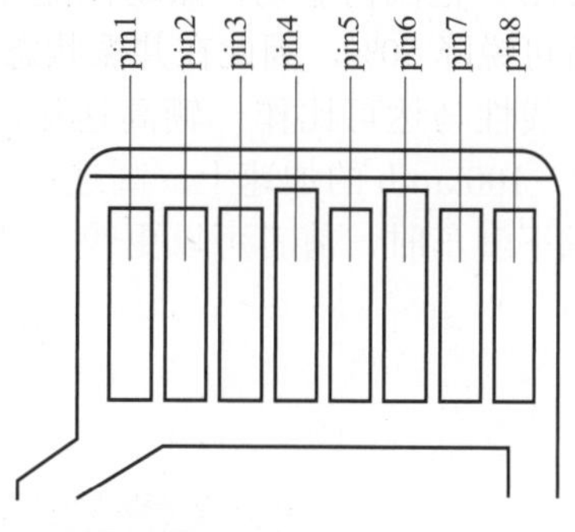

图4-62 Micro SD卡触点

Micro SD卡连接器引脚功能如表4-1所示。

表4-1 Micro SD卡连接器引脚功能

引脚编号	名称	类型	说明
1	DAT2	I/O	数据位[2]
2	CD/DAT3	I/O	数据位[3]
3	CMD	I/O	指令应答
4	VDD	电源	电源
5	CLK	输入	时钟
6	VSS	零线	电源零线
7	DAT0	I/O	数据位[0]
8	DAT1	I/O	数据位[1]

3. Micro SD卡检测原理

当插入Micro SD卡时，Micro SD卡将卡检测触点碰触闭合，然后输入应用处理器一个检测信号。应用处理器检测到有Micro SD卡插入时，开始读取Micro SD卡内部的资料。

Micro SD卡检测原理如图4-63所示。

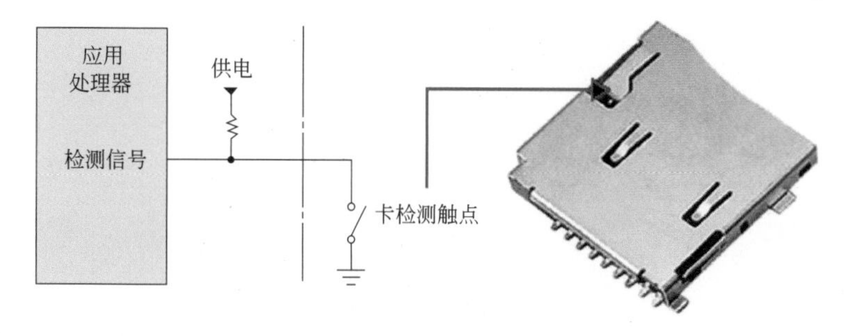

图4-63 Micro SD卡检测原理

三、线性马达电路工作原理

在中高端智能手机中，都使用了一个比较新奇的器件——线性马达。手机线性马达实际上是一个以线性形式运动的弹簧质量块，将电能直接转换成直线运动机械能而不需通过中间任何转换装置的新型马达。由于弹簧常量的原因，线性马达必须围绕共振频率在窄带（±2Hz）范围内驱动，振动性能在 2Hz 处会下降 50%。另外，在共振状态下驱动时，电源电流可锐降 50%，因此在共振状态下驱动可以大幅节省系统功耗。

线性马达可比作一辆高速运动车，而普通的振动马达可比作价格实惠的紧凑型汽车。在 0～100km/h 的加速上，高速运动车的爆发力足以将紧凑型汽车远远甩在身后；并且在同时踩下刹车时，前者可以更快制动。这也是振动马达所应达成的一项指标。也就是当用户手指按到屏幕上，振动马达给出响应并达到最大振幅，自然是越快越好，同时在需要停止时又能以最快的速度刹车。这就促使线性马达越来越为一线品牌手机所采用。

线性马达如图 4-64 所示。

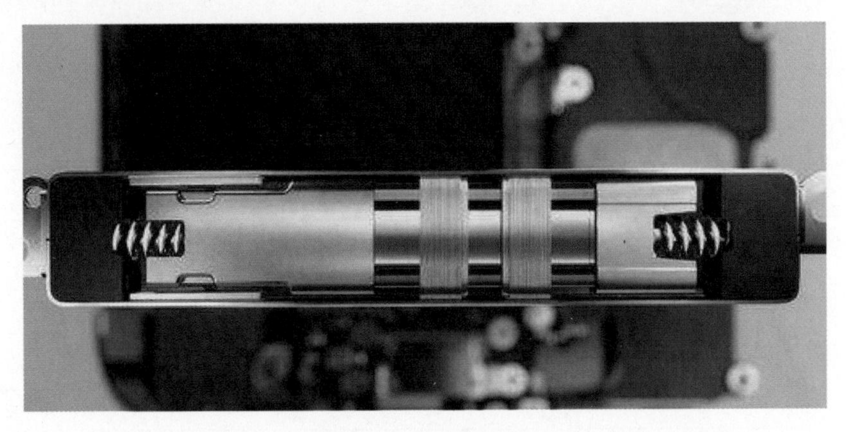

图4-64　线性马达

线性马达电路原理分析

第五章
智能手机维修设备

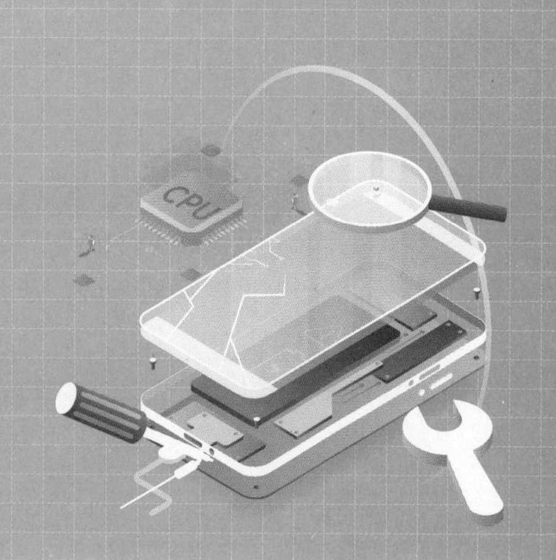

第一节 焊接设备的使用

通过本节的学习，应该掌握焊台和热风枪的基本使用方法和焊接工艺，能够熟练拆装手机元件，同时应掌握焊台和热风枪使用安全注意事项。

一、常用焊接设备介绍

常用焊接设备介绍

在手机维修中使用最多的焊接设备是焊台和热风枪，有些特殊的场合还使用红外线热风枪。

1. 防静电恒温焊台

防静电恒温焊台是手机维修、精密电子产品维修专用设备。这种焊台的特点是防静电、恒温，而且温度可调，一般温度能在200～480℃可调。焊台手柄可更换、可拆卸，以便于维修手机。

速工 T26 防静电恒温焊台如图 5-1 所示。

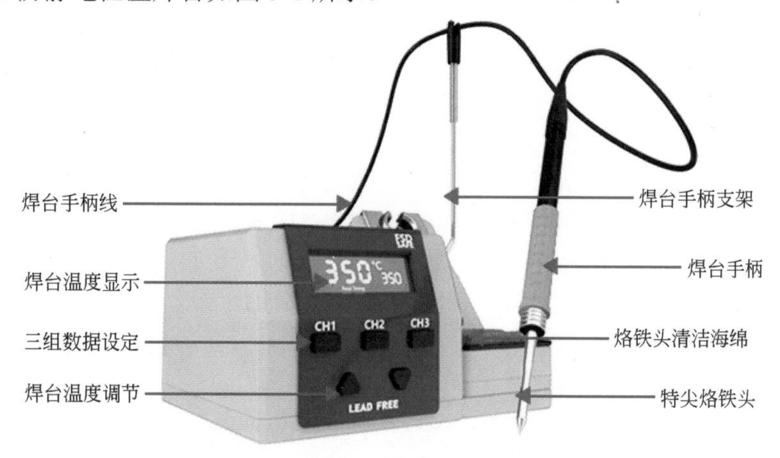

图5-1　速工T26防静电恒温焊台

2. 热风枪

热风枪手柄内部有一圈电热丝，主机内部有一个气泵，通过导管将电热丝产生的热量以风的形式送出。在风枪口有一个传感器，对吹出的热风温度进行取样，再将热能转换成电信号来实现热风的恒温控制和温度显示。热风枪还有粗细不等的风枪喷嘴，可以根据使用的具体情况来选择喷嘴大小。

速工 86100X 热风枪如图 5-2 所示。

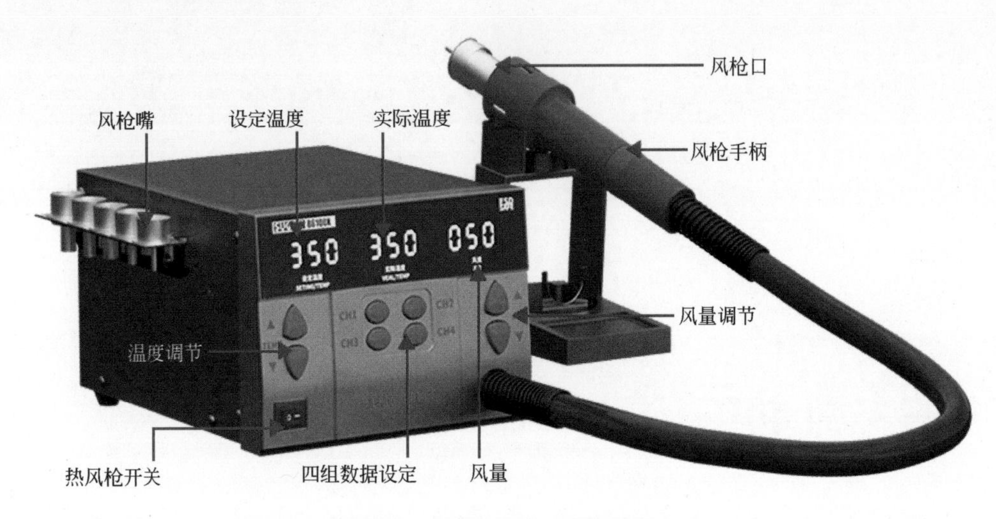

图5-2　速工86100X热风枪

热风器面板右侧有一对风量调节按钮，调节相应按钮可以使风枪口输出的风量变大或减小。在同一温度（指显示温度）下，风量越小，风枪口送出的实际温度就越高，反之越低。

热风器面板左侧有一对温度调节按钮，可调范围为 100～480℃，调节此按钮可以改变热风枪输出的温度。面板中间有一个显示屏，显示的是当前风枪口送出的实际温度和风量。

焊接辅料

二、焊接辅料

1. 焊锡丝

焊锡丝是由锡合金和助焊剂两部分组成的，合金成分为锡、铅，无铅助焊剂均匀灌注到锡合金中间部位。焊锡丝是一种易熔金属，它能使元器件引线与印制电路板的连接点连接在一起。

锡（Sn）是一种质地柔软、延展性大的银白色金属，熔点为 232℃，在常温下化学性能稳定，不易氧化，不失金属光泽，抗大气腐蚀能力强；铅（Pb）是一种较软的浅青白色金属，熔点为 327℃，高纯度的铅耐大气腐蚀能力强，化学稳定性好，但对人体有害。锡中加入一定比例的铅和少量其他金属可制成熔点低、流动性好、对元件和导线的附着力强、机械强度高、导电性好、不易氧化、抗腐蚀性好、焊点光亮美观的焊料，一般称为焊锡。

焊锡按含锡量的多少可分为15种，按含锡量和杂质的化学成分分为S、A、B三个等级。手工焊接常用丝状焊锡。

在手机维修中一般选用 Sn63Pb37（锡 63%，铅 37%）、直径 0.5mm 的焊锡丝。这种焊锡丝的熔点为 183℃，内部含有助焊剂，使其在焊接之后的残留物极少且具有相当高的绝缘阻抗，即使免洗也能拥有极高的可靠性。

常用焊锡丝如图 5-3 所示。

2. 助焊剂与阻焊剂

（1）助焊剂

助焊剂是在焊接工艺中能帮助和促进焊接过程，同时具有保护作用、阻止氧化反应的化学物质，可降低熔融焊锡的表面张力，有利于焊锡的湿润。助焊剂可分为固体、液体和气体。

在手机维修中，使用最多是固态助焊剂，这是一种黄色固态的膏体，根据焊接环境的不同分为有铅助焊剂和无铅助焊剂。

常用助焊剂如图 5-4 所示。

图5-3　常用焊锡丝

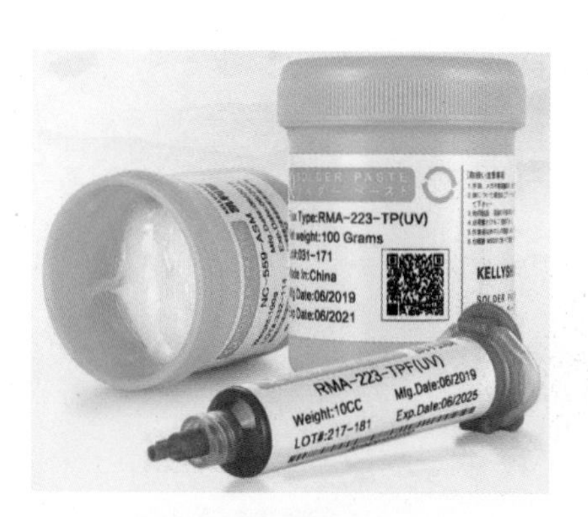

图5-4　常用助焊剂

（2）阻焊剂（绿油）

阻焊剂是限制焊料只在需要的焊点上进行焊接，把不需要焊接的印制电路板的板面部分覆盖起来，保护面板使其在焊接时受到的热冲击小，不易起泡，同时还起到防止桥接、拉尖、短路、虚焊等情况。阻焊剂是一种永久黏合的树脂基配方，通常为绿色。 除了将要焊接的区域外，它可以保护 PCB 表面。

使用阻焊剂时，必须根据被焊件的面积大小和表面状态适量施用，用量过小则影响焊接质量，用量过多，阻焊剂残渣将会腐蚀元件或使电路板绝缘性能变差。

常用阻焊剂如图 5-5 所示。

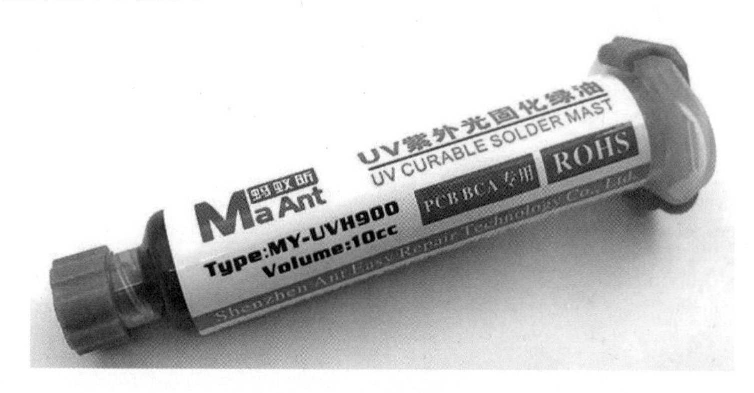

图5-5　常用阻焊剂

3. 锡浆

锡浆是指将金属锡磨成很细的粉末加上助焊剂制成的泥状物。锡浆按照温度分为低温锡浆、中温锡浆、高温锡浆。

低温锡浆熔点为138℃，当贴片电子元件无法承受200℃及以上的高温时，我们常使用低温锡浆焊接元器件。低温锡浆的主要成分为锡铋合金。如焊接智能手机主板排线或者尾插时，可以将中温锡浆和低温锡浆混合使用，同时使用高温胶带保护好周围元件，控制好热风枪的温度和焊接时间。

中温锡浆熔点为183℃左右，其合金成分为锡、银、铋等，锡粉颗粒度在25～645μm之间。中温锡浆主要用于不能承受高温的元器件。电子产品元件的焊接，尤其是智能手机的主板元件焊接，控制好热风枪的温度以及掌握电路板的散热很重要，特别是在更换焊接排线、排线座时，锡浆与助焊剂的合理配合能够达到事半功倍的效果。

高温锡浆熔点在210～227℃之间，其合金成分为锡、银、铜等。这些金属被研磨成微米级别的小颗粒，再配合助焊剂、表明活性剂、触变剂等按照一定比例混合即可制成我们使用的混合物——锡浆。建议使用不含铅的锡浆，这样既有利于自己的身体健康，也不会污染周围的环境。高温锡浆的可靠性较高，焊接的元器件不容易脱焊，但是高温锡浆的焊接难度较大，需要特殊设备配合才能完成。一般电子产品中特别重要的元器件使用高温锡浆的焊接，此类元器件的周围还会使用密封胶加固，如智能手机的CPU芯片、内存RAM芯片等。在给BGA芯片植锡制作锡球时切勿使用高温或低温锡浆，推荐使用中温锡浆。

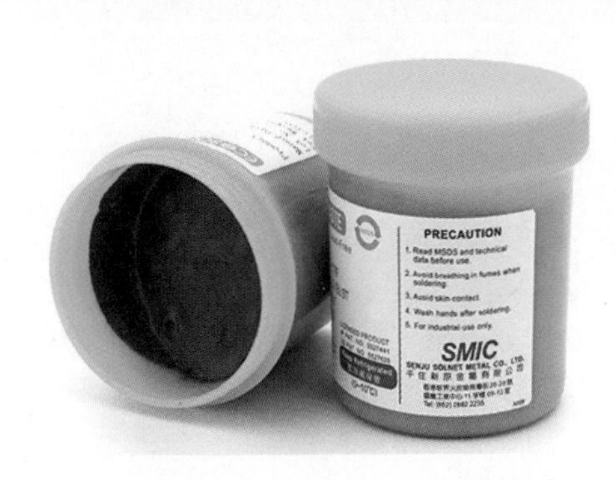

图5-6　常用锡浆

常用锡浆如图5-6所示。

三、手工焊接基本操作方法

手工焊接基本操作方法

1. 焊接基本要求

① 焊点要有足够的机械强度，保证被焊件在受振动或冲击时不致脱落、松动。不能用过多焊料堆积，这样容易造成虚焊、焊点之间的短路。

② 焊接可靠，具有良好导电性，必须防止虚焊。虚焊是指焊料与被焊件表面没有形成合金结构，只是简单地依附在被焊金属表面上。

③ 焊点表面要光滑、清洁，应有良好光泽，不应有毛刺、空隙，无污垢，尤其是助焊剂的有害残留物质，要选择合适的焊料与助焊剂。

2. 手工焊接五步法

（1）准备

准备好被焊元件，焊台加温到工作温度，烙铁头保持干净。一手握焊台手柄，一手抓焊锡丝，烙铁头同时接触元件引线和焊盘。

电烙铁的工作环境与温度如表5-1所示。

（2）加热

焊锡丝接触烙铁头后马上移开，利用少量焊锡加大烙铁头与焊盘和引线的接触面积，使包括元件引脚和焊盘在内的整个焊件全体均匀受热，时间大概为1～2s。

（3）加焊锡丝

移开的焊锡丝送到烙铁头对面接触引线，通过引线使焊锡丝熔化。

表5-1 电烙铁的工作环境与温度

工作环境	电烙铁温度	
	摄氏度	华氏度
一般锡丝熔点	183～215℃	（361～419 ℉）
正常工作温度	270～320℃	（518～608 ℉）
生产线使用温度	300～380℃	（572～716 ℉）

注：$t/℃=\frac{5}{9}(t/℉-32)$。

（4）移开焊锡丝

熔入适量焊锡，此时元件已充分吸收焊锡并形成一层薄薄的焊料层，然后迅速移去焊锡丝。

（5）移开烙铁头

在助焊剂（锡丝内含有）还未挥发完之前，迅速移走烙铁头。烙铁头的撤离方向与轴向成45°。撤离时，回收动作要迅速，以免形成拉尖。从放烙铁头到元件上至移去烙铁头，整个过程以2～3s为宜，时间太短，焊接不牢固；时间太长，容易损坏元件和焊盘。

手工焊接五步法如图5-7所示。

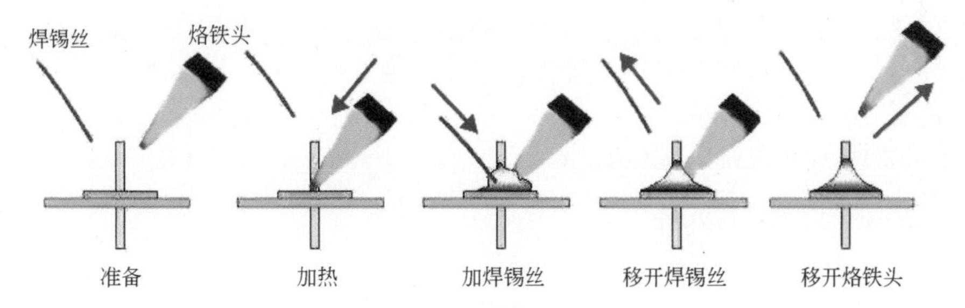

图5-7 手工焊接五步法

3. 手工焊接注意事项

① 补焊时，一定要待两次焊锡一起熔化后方可移开烙铁头。如焊点焊得不光洁，可加焊锡丝补焊，直至满意为止。

② 焊锡冷却过程中不能晃动元件，否则容易造成虚焊。

③ 焊件表面需干净和保持烙铁头清洁。

④ 焊锡量要合适，使用的助焊剂不要过量。

过量的助焊剂不仅增加了焊后清洗的工作量，延长了工作时间，而且当加热不足时，会造成“夹渣”现象。合适的助焊剂是熔化时仅能浸湿将要形成的焊点，不会流到元件表面或PCB主板上。

⑤ 采用正确的加热方法和合适的加热时间。

加热时要靠增加接触面积加快传热，不要用电烙铁对焊件加力，因为这样不但加速了烙铁头的损耗，还会对元件造成损坏或产生不易察觉的隐患。所以要让烙铁头与元件形成面接触而不是点或线接触，还应让元件上需要焊锡浸润的部分受热均匀。

加热时还应根据操作要求选择合适的加热时间，整个过程以2～3s为宜。加热时间太长，温度太高，容易使元件损坏，焊点发白，甚至造成印制线路板上铜箔脱落；而加热时间太短，则焊锡流动性差，很容易凝固，使焊点成“豆腐渣”状。

⑥ 元件在焊锡凝固之前不要移动或振动，否则会造成“冷焊”，使焊点内部结构疏松，

强度降低，导电性差。

⑦ 电烙铁撤离有讲究，不要用烙铁头作为运载焊料的工具。

电烙铁撤离要及时，而且撤离时的角度和方向对焊点的形成有一定的关系，一般电烙铁以与轴向成45°撤离为宜。因为烙铁头的温度一般都在300℃以上，焊锡丝中的助焊剂在高温下容易分解失效，所以用烙铁头作为运载焊料的工具，很容易造成焊料的氧化，助焊剂的挥发；在调试或维修工作中，必须用烙铁头蘸焊锡焊接时，动作要迅速敏捷，防止氧化造成劣质焊点。

手机贴片元件焊接工艺

四、手机贴片元件焊接工艺

1. 使用焊台拆装贴片元件

拆卸贴片元件时，使用速工 T26 焊台，焊台温度调至 330℃ ±30℃之间，烙铁头上锡，锡量为包裹住烙铁嘴为宜，使用烙铁头轮流接触待拆元件两端，待贴片元件焊点熔化，用镊子夹住贴片元件并移开焊盘，烙铁头在焊盘上停留的时间不要超过 3s。拆卸手机贴片元件时不要接触到旁边的元件。

安装贴片元件时，焊台的温度调至 330℃ ±30℃之间，左手用镊子夹住贴片元件并放置在对应的位置，右手用烙铁头将已上锡焊盘的锡熔化，将元件定焊在焊盘上。用焊台手柄加焊锡到焊盘，将两端分别进行固定焊接，至此焊接工作完成。焊接时间不超过 3s，焊接过程中不允许烙铁头直接接触元件。

焊接完成的贴片元件如图 5-8 所示。

2. 使用热风枪拆装贴片元件

拆卸贴片元件时，使用速工 86100X 热风枪，根据不同的线路基板材料选择合适的温度及风量，使喷嘴对准贴片元件的引脚，反复均匀加热，待达到一定温度后，用镊子稍加力量使其自然脱离主板。

安装贴片元件时，在已拆贴片元件的位置上涂上一层助焊剂，用热风把助焊剂吹匀，对准位置，放好贴片元件，用镊子进行固定。使喷嘴对准贴片元件引脚，反复均匀加热，待达到一定温度，冷却几秒后移开镊子即可。

焊接完成的贴片元件如图 5-9 所示。

图5-8　焊接完成的贴片元件（一）

图5-9　焊接完成的贴片元件（二）

五、BGA芯片的拆卸和焊接

1. BGA 芯片定位

在拆卸 BGA 芯片之前，一定要看清 BGA 芯片的具体位置及定位脚位置，以方便焊接安装。在一些手机的主板上，印有BGA芯片的定位框，这种BGA芯片的焊接定位一般不成问题。下面主要介绍在主板上没有定位框的情况下芯片的定位方法。

（1）画线定位法

拆下BGA芯片前用笔或针头在BGA芯片的周围画好线，记住方向，做好记号，为重新焊接作准备。这种方法的优点是准确方便，缺点是用笔画的线容易被清洗掉，用针头画线如果力度掌握不好，容易伤及主板。

图5-10 画线定位法

画线定位法如图5-10所示。

（2）贴纸定位法

拆下BGA芯片前，先沿着BGA芯片的四边将标签纸在主板上贴好，纸的边缘与BGA芯片的边缘对齐，用镊子压实粘牢。这样，拆下芯片后，主板上就留有标签纸贴好的定位框。

重装芯片时，只要对着几张标签纸中的空位将芯片放回即可，要注意选用质量好黏性强的标签纸来贴，这样在吹焊过程中不易脱落。如果觉得一层标签纸太薄找不到感觉的话，可用几层标签纸重叠成较厚的一张，用剪刀将边缘剪平，贴到主板上，这样安装BGA芯片时手感就会好一点。

（3）目测法

拆卸BGA芯片前，先将主板竖起来，这时就可以同时看见BGA芯片和主板上的其他元器件是否平行，记住与哪一个元器件平行；然后再将主板横过来比较，记住与BGA芯片平行的元器件位置，最后根据目测的结果按照参照物来定位芯片。

目测法如图5-11所示。

图5-11 目测法

BGA芯片定位是决定装配是否成功的关键因素，以上三种方法建议初学者必须掌握，虽不是“终南捷径”，但是能够快速掌握BGA芯片装配技巧。

2. BGA芯片拆卸

在拆卸BGA芯片之前，应在芯片上面放适量助焊剂，既可防止干吹，又可以让芯片底下的焊点均匀熔化，不会伤害旁边的元件。

使用速工86100X热风枪，将热风枪温度调节到合适的温度，有铅焊接温度为

280～300℃，无铅焊接温度为310～320℃；风量调节按钮调至60～80；在BGA芯片上方1～2cm处做螺旋状摆动，直到芯片底下的焊点完全熔解；然后用镊子轻轻碰触BGA芯片，当芯片轻微晃动时用镊子夹起BGA芯片。

如果是封胶的BGA芯片，则需要使用专用刀片，等焊锡完全熔化的时候，将刀片轻轻插入芯片与主板之间的缝隙中，轻轻将芯片撬起来。

BGA芯片拆卸如图5-12所示。

需要说明两点：一是在拆卸BGA芯片时，要注意观察是否会影响到周边的元件，否则，很容易将其吹坏；二是拆卸不耐高温的BGA芯片时，吹焊温度不易过高（应控制在280℃以下），否则，很容易将它们吹坏。

3. BGA芯片焊盘清理

BGA芯片取下后，芯片的焊盘和主板焊盘都有余锡，此时，在主板焊盘加上足量助焊剂，用焊台将主板上多余焊锡去除，然后再用洗板水将BGA芯片和手机主板焊盘助焊剂洗干净。

BGA芯片焊盘清理如图5-13所示。

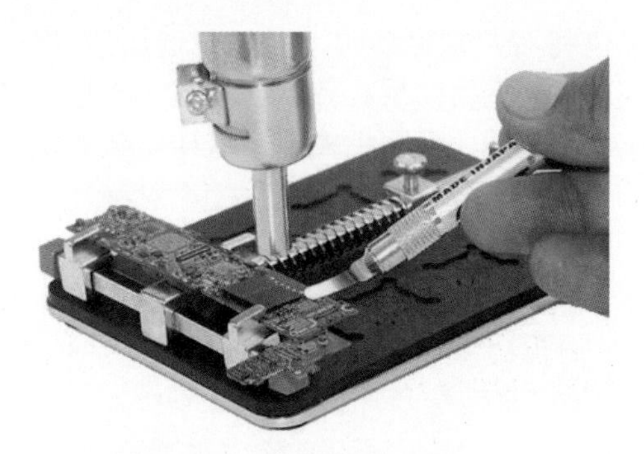

图5-12　BGA芯片拆卸

图5-13　BGA芯片焊盘清理

4. BGA芯片植锡

（1）BGA芯片固定

将BGA芯片清理干净后，将植锡网的孔与BGA芯片的点对齐，用标签贴纸将BGA芯片与植锡网贴牢，用镊子把植锡网按牢不动。

（2）BGA芯片植锡

BGA芯片固定好以后，用刮刀挑起少许锡浆放在植锡网上，然后轻轻往下刮，边刮边压，使锡浆均匀地填充于植锡网的小孔中。注意特别“关照”一下芯片四角小孔。

图5-14　BGA芯片植锡

刮锡浆时一定要压紧植锡网，如果不压紧，植锡网与芯片之间存在空隙的话，将会影响锡球的生成。

BGA芯片植锡如图5-14所示。

（3）BGA芯片植锡球

使用速工86100X热风枪，将热风枪温度调节到合适的温度，有铅焊接温度为280～300℃，无铅焊接温度为310～320℃；风量调节按钮调至40～60；然后轻轻摆动风枪喷嘴对着植锡网缓缓均匀加热，使锡浆慢慢熔化。

当看到植锡网的个别小孔中已有锡球生成时，说明温度已经到位，这时应适当抬高热风枪的风嘴，避免温度继续上升。过高的温度会使锡浆剧烈沸腾，造成植锡球失败，严重时还会使芯片过热损坏。

如果植锡球后，发现有些锡球大小不均匀，甚至有个别脚没植上锡，可先用裁纸刀沿着植锡网的表面将过大锡球的露出部分削平，再用刮刀在锡球过小和缺脚的小孔中上满锡浆，然后用热风枪再加热一次即可。如果锡球大小还不均匀，可重复上述操作直至理想状态。

BGA 芯片植锡球如图 5-15 所示。

5. BGA 芯片安装

在 BGA 芯片的锡球上涂上适量助焊剂，用热风枪轻轻吹，使助焊剂均匀分布于芯片的表面。再将 BGA 芯片按拆卸前的位置放到主板上，同时，用镊子将芯片前后左右移动，这时可以感觉到芯片焊点和主板焊盘的接触情况。来回移动时如果对准了，芯片有一种“爬到了坡顶”的感觉，因为事先在芯片的脚上涂了一点助焊膏，有一定黏性，所以芯片不会移动。如果芯片对偏了，要重新定位。

BGA 芯片定好位后就可以焊接了，和植锡球时一样，将热风枪调节至合适的风量和温度，让风枪口对准芯片的中央位置，缓慢加热。当看到芯片往下一沉且四周有助焊剂溢出时，说明锡球已和主板上的焊点熔合在一起。这时可以轻轻晃动热风枪使加热均匀充分。由于表面张力的作用，BGA 芯片与主板的焊点之间会自动对准定位。注意在加热过程中切勿用力按住 BGA 芯片，否则会使焊锡外溢，造成脱脚和短路。

BGA 芯片安装如图 5-16 所示。

图5-15　BGA芯片植锡球

图5-16　BGA 芯片安装

在吹焊 BGA 芯片时，高温常常会影响旁边的一些封胶芯片，往往造成不开机等故障。用手机上拆下来的屏蔽盖盖住都不管用，因为屏蔽盖挡得住你的眼睛，却挡不住热风。此时，可在旁边的芯片上面滴上几滴水，水受热蒸发会吸去大量的热，只要水不干，旁边芯片的温度就会保持在 100℃左右的安全温度，这样就不会造成故障了。当然，也可以用耐高温的胶带将周围元件或集成电路遮挡起来。

六、焊接设备使用安全注意事项

① 使用前，必须仔细阅读使用说明；必须接好地线，以备泄放静电。

② 使用有气泵的热风枪，在初次使用前一定要将底部固定气泵的螺钉拆掉，否则会损坏气泵。

③ 禁止在热风枪前端网孔放入金属导体，以免导致发热体损坏及人体触电。

④ 热风枪主机顶部及风枪口喷嘴处不能放置任何物品，尤其是酒精等易燃物品。当温度超过 350℃时，开机启动时风量旋钮应控制在合适位置。

⑤ 电烙铁、热风枪使用完毕应及时关闭，避免长时间加热缩短使用寿命。

第二节 直流稳压电源的使用

直流稳压电源操作方法

在手机维修工作中，直流稳压电源是必不可缺的维修设备之一。直流稳压电源代替电池为手机供电，它上面的电流表还可以方便地观察手机工作电流，为快速判断手机的故障提供了便利。

一、直流稳压电源功能介绍

下面以速工 3005 直流稳压电源为例，介绍直流稳压电源的功能，如图 5-17 所示。

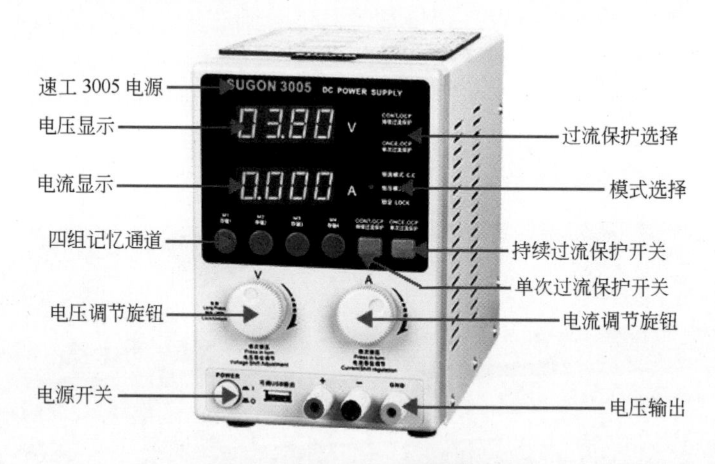

图5-17　直流稳压电源的功能

速工 3005 直流稳压电源各组成部分功能说明如下。

1. 面板功能

速工 3005 直流稳压电源采用了高清四位数字液晶显示，其中电压表用于显示直流稳压电源输出电压值；电流表用于显示手机开机及工作时的电流值大小。

速工 3005 直流稳压电源拥有四个存储记忆功能，可同时存储电压、电流或持续过流保护或单次过流保护数据。

速工 3005 直流稳压电源面板功能介绍如图 5-18 所示。

2. 调节旋钮功能

速工 3005 直流稳压电源电压调节旋钮是多级调节旋钮，可快速精准调整到指定电压值，旋钮单次按下可电压位移精确调节，长按可锁定 / 解锁数值。

电压调节旋钮功能如图 5-19 所示。

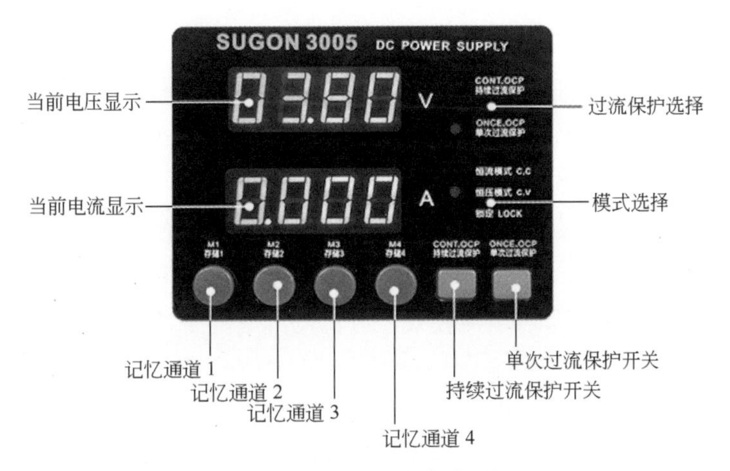

图5-18　直流稳压电源面板功能介绍

速工 3005 直流稳压电源电压调节旋钮是多级调节旋钮，可快速旋转精准到指定电压值，旋钮单次按下可进行电压精确调节。

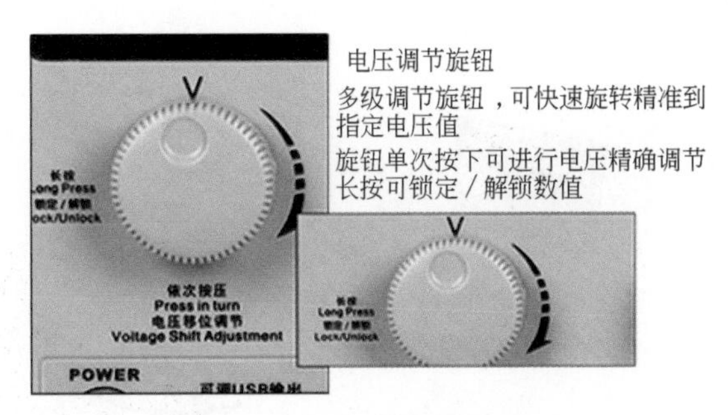

图5-19　电压调节旋钮功能

由于稳压电源电压表精度不高，而且长时间使用后，电压表会指示不准确，所以在使用前用万用表测试输出电压值，看电压表的指示误差有多大，否则会产生因指示不准造成输出电压过高或过低的现象。

电流调节旋钮功能如图 5-20 所示。

速工 3005 直流稳压电源电流调节旋钮也是多级调节旋钮，可快速旋转精准调节到指定电流值，旋钮单次按下可进行电流的精确调节。

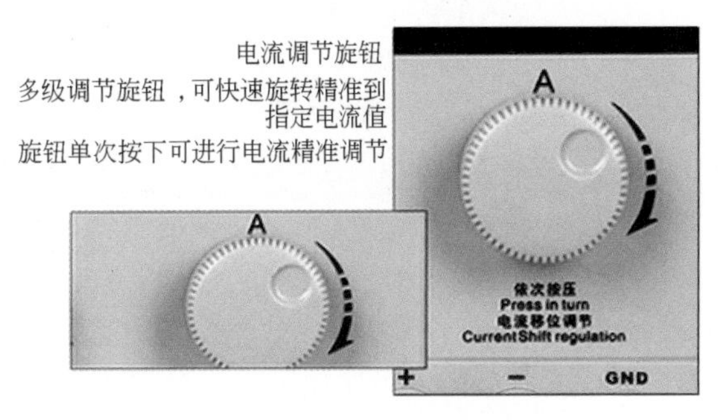

图5-20　电流调节旋钮功能

3. USB输出端口

速工 3005 直流稳压电源有单独的 USB 输出口，可调节电源的电流进行 USB 输出，也可充当移动电源使用。

USB 输出端口如图 5-21 所示。

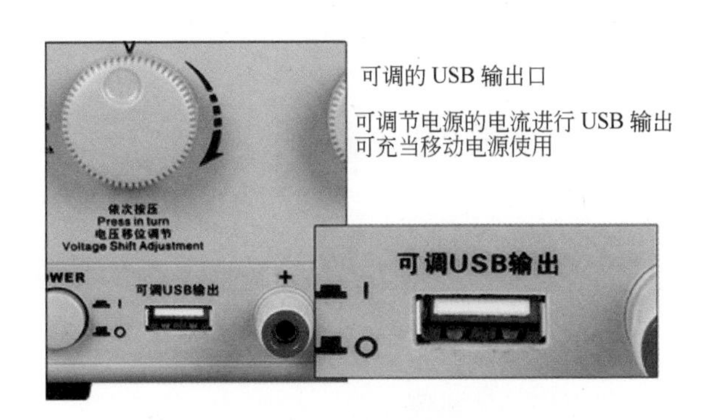

图5-21　USB输出端口

4. 电压输出

电压输出端子用来输出直流电压，红色为正极，黑色为负极。

二、直流稳压电源操作方法

1. 接通电源

接通交流电源，按下电源开关按钮，直流稳压电源功能面板四位高精度数字液晶显示屏点亮，能够同时显示电压、电流值。

2. 电压调节

在维修手机时，调节电压调节旋钮，将稳压电源的输出电压调节到3.7V。选择电压调节旋钮时，可粗调输出电压值；按下电压调节旋钮时，可细调电压值。

如果是维修大电流或短路的手机，则先要将电压调节到0～2V，选择恒流模式，将电流值调节到2～5A，然后接入手机，看主板发热位置，确定故障部位。

3. 电流调节

速工3005直流稳压电源具有恒流模式，可将电流恒定在0～5A输出，非常方便维修各种短路故障。

4. 直流稳压电源输出端子

直流稳压电源输出端子中，红色端子表示正极，黑色端子表示负极，不要接反极性。

在所有电子设备中，红色线表示供电（正极），黑色线表示接地（负极）。在直流稳压电源使用操作时，不要将红色线接在直流稳压电源输出端的负极（黑色线接在直流稳压电源输出端的正极），一定要严格按照规范操作。

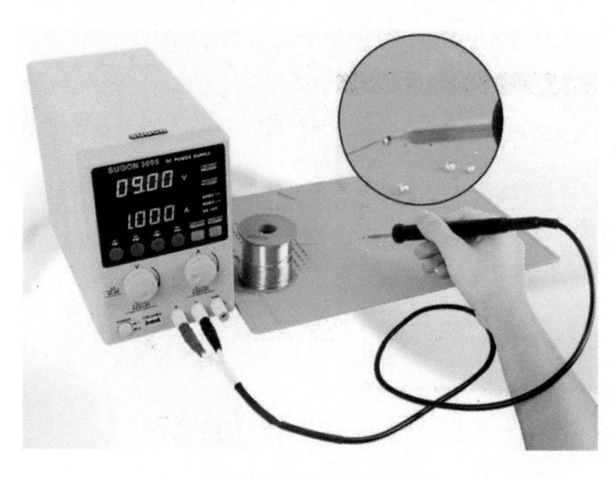

图5-22　焊台功能

5. 特殊功能

速工3005直流稳压电源可做焊台主机使用。调整稳压电源至9V、1A输出，然后接入特制T12手柄就可以当焊台使用了。

焊台功能如图5-22所示。

三、直流稳压电源使用安全注意事项

① 直流稳压电源通电前检查所接电源与本电源输入电压是否相符。

② 直流稳压电源使用时，机器周围应留有足够的空间，以利于散热。

③ 若电源输入端2A保险管烧断，本电源将停止工作，维修人员必须找出故障的起因并排除后，再用相同值的保险管替换。

④ 直流稳压电源在使用前，一定要观察输出电压。手机维修用输出电压不能超过5.0V，否则会烧坏手机内部芯片。

第三节 数字式万用表的使用

万用表的使用是手机维修工程师必须掌握的基本技能之一，是手机维修工作中必不可少的工具。

万用表能测量电流、电压、电阻，有的还可以测量三极管的放大倍数、频率、电容值、逻辑电位、分贝值等。

一、万用表的选择

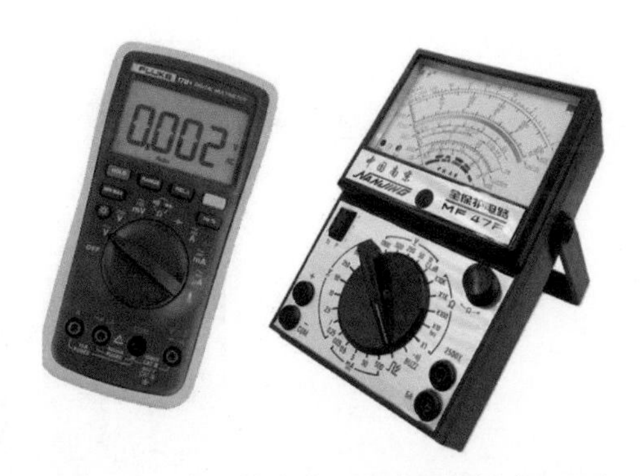

图5-23　常用数字式万用表和指针式万用表

万用表有很多种，最常用的有指针式万用表和数字式万用表，它们各有优缺点。对于手机维修初学者，建议对指针式万用表和数字式万用表都要学习，因为它对我们熟悉一些电子知识原理很有帮助。

常用数字式万用表和指针式万用表如图 5-23 所示。

指针式万用表与数字式万用表各有优缺点。指针式万用表是一种平均值式仪表，具有直观、形象的读数指示(一般读数值与指针摆动角度密切相关，所以很直观)。数字式万用表是瞬时取样式仪表。它采用 0.3s 取一次样来显示测量结果，有时每次取样结果只是十分相近，并不完全相同，这对于读取结果就不如指针式万用表方便。

指针式万用表一般内部没有放大器，所以内阻较小，比如 MF-10 型，直流电压灵敏度为 100kΩ/V；MF-47 型的直流电压灵敏度为 20 kΩ/V。数字式万用表由于内部采用了运放电路，内阻可以做得很大，往往在 1MΩ 或更大(即可以得到更高的灵敏度)。这使得对被测电路的影响可以更小，测量精度较高。

指针式万用表内阻较小，且多采用分立元件构成分流分压电路，所以频率特性是不均匀的(相对数字式来说)，而指针式万用表的频率特性相对好一点。指针式万用表内部结构简单，所以成本较低，功能较少，维护简单，过流过压能力较强。

数字式万用表内部采用了多种振荡、放大、分频保护等电路，所以功能较多，比如可以测量温度、频率(在一个较低的范围)、电容、电感，作信号发生器等。数字式万用表内部结构多用集成电路，所以过载能力较差(不过现在有些已能自动换挡、自动保护等，但使用较复杂)，损坏后一般也不易修复。

二、数字式万用表基本介绍

数字式万用表介绍

1. 面板功能介绍

下面以手机维修中常用的福禄克 F101 数字式万用表为例，介绍数字式万用表的面板功能，如图 5-24 所示。

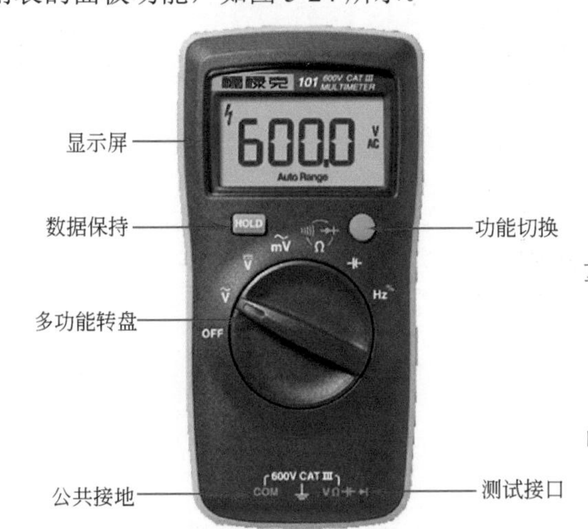

显示屏：显示仪表测量的数值。

数据保持：保持测量的数据。

多功能转盘：用来改变测量功能、量程以及控制开关机。

公共接地：黑表笔接地接口。

功能切换：切换万用表功能。

测试接口：红表笔接口，测量电压、电阻、电容、二极管功能。

图5-24　数字式万用表面板功能

2. 显示屏功能介绍

福禄克 F101 数字式万用表显示屏功能如图 5-25 所示。

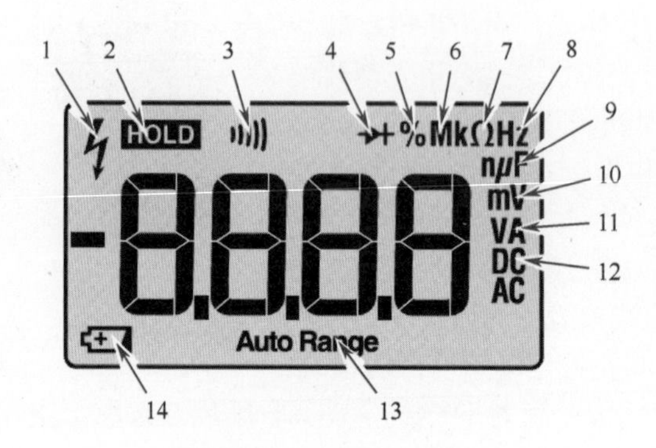

图5-25 显示屏功能

1—高压；2—已启用显示保存；3—已选中通断性；4—已选中二极管测试；5—已选中占空比；6—十进制前缀；7—已选中电阻；8—已选中频率；9—法拉；10—毫伏；11—安培或伏特；12—直流或交流电压或电流；13—启用自动量程模式；14—电池电量不足，应立即更换

三、数字式万用表基本操作方法

1. 测量交流电和直流电电压

使用福禄克 F101 数字式万用表测量交流电和直流电电压时，要按照下列步骤进行操作：

① 调节多功能转盘到需要测量的挡位，如交流电压挡、直流电压挡、毫伏挡等；

② 将黑表笔连接到公共接地接口，红表笔连接到测试接口；

③ 将黑表笔连接手机主板的接地点，红表笔连接需要测量的测试点，测量电压；

④ 从数字式万用表的屏幕上读出电压。

电压测量方法如图 5-26 所示。

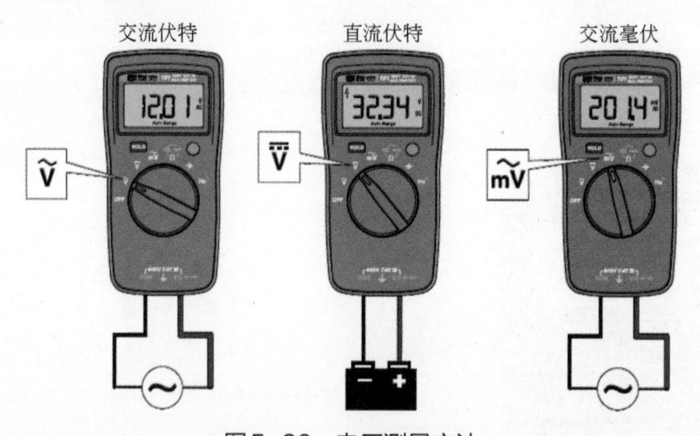

图5-26 电压测量方法

2. 测量电阻

① 调节多功能转盘到电阻、蜂鸣、二极管挡；按下黄色按钮，选择蜂鸣模式；切断被测量电路的电源；

② 将黑表笔连接到公共接地接口，红表笔连接到测试接口；

③ 将黑表笔、红表笔连接到被测量电阻；

④ 从数字式万用表的屏幕上读出电阻测量值，如果显示“OL”，表示电阻开路。

电阻测量方法如图 5-27 所示。

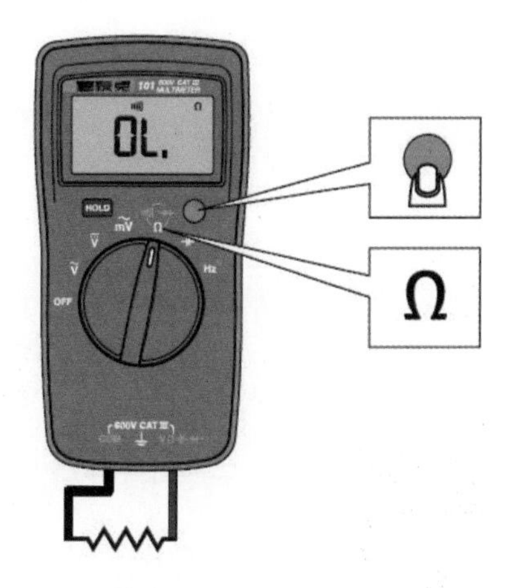

图5-27　电阻测量方法

3. 测量电感

① 调节多功能转盘到电阻、蜂鸣、二极管挡；按下黄色按钮，选择通断模式；

② 将黑表笔连接到公共接地接口，红表笔连接到测试接口；

③ 将黑表笔、红表笔连接到被测量电感；

④ 从数字式万用表的屏幕上读出测量值，阻值小于 70Ω 会发出蜂鸣声；如果显示“OL”，表示电感开路。

4. 测量电容

① 调节多功能转盘到电容挡；

② 将黑表笔连接到公共接地接口，红表笔连接到测试接口；

③ 将黑表笔、红表笔连接到电容的引脚；

④ 等读数稳定（最多 18s），从数字式万用表的屏幕上读出电容测量值。

5. 测量二极管

① 调节多功能转盘到电阻、蜂鸣、二极管挡；按下黄色按钮，选择二极管模式；切断被测量电路的电源；

② 将黑表笔连接到公共接地接口，红表笔连接到测试接口；

③ 将黑表笔连接到二极管负极，红表笔连接到二极管正极；

④ 从数字式万用表的屏幕上读出正向偏压值；

⑤ 如果红表笔、黑表笔接反，显示读数为“OL”。

数字式万用表测量三极管

四、数字式万用表测量三极管

（1）判断基极

三极管有两个 PN 结，发射结（BE）和集电结（BC），按测量二极管的方法测量即可。三极管等效结构图如图 5-28 所示。

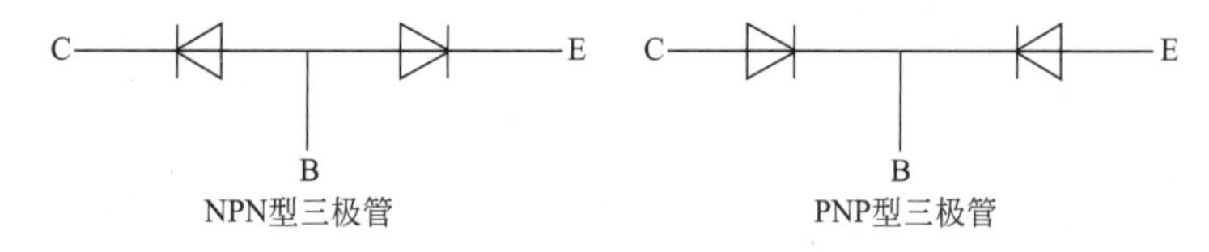

图5-28　三极管等效结构图

在实际测量时，每两个引脚间都要测正反向压降，共要测 6 次，其中有 4 次显示开路，只有两次显示压降值，否则三极管是坏的或是特殊三极管（如带阻三极管、达林顿三极管等，可通过型号与普通三极管区分开来）。在两次有数值的测量中，如果黑表笔或红表笔接同一极，则该极是基极。

（2）判断集电极和发射极

在上述 6 次测量中，只有两次显示压降值，在两次有数值的测量中，如果黑表笔或红表笔接同一极，则该极是基极。测量值较小的是集电结，较大的是发射结，因为已判断出基极，对应可以判断出集电极和发射极。

（3）判断PNP型或NPN型三极管

通过上述测量同时可以判断：如果黑表笔接同一极，则三极管是PNP型，如果红表笔接同一极，则三极管是NPN型；压降为0.6V左右的是硅管，压降为0.2V左右的是锗管。

（4）判断三极管的好坏

使用数字式万用表测量基极和集电极、发射极之间的正反向电阻，如果其中一个阻值接近0Ω或无穷大，说明三极管已经损坏。

指针万用表测量场效应管

五、指针式万用表测量场效应管

下面介绍使用指针式万用表测量场效应管的方法。

（1）结型场效应管的判别

将指针式万用表置于R×1k挡，用黑表笔接触假定为栅极G的引脚，然后用红表笔分别接触另两个引脚。若阻值均比较小（5～10Ω），再将红、黑表笔交换测量一次。如阻值均很大，则属于N沟道管，且黑表笔接触的引脚为栅极G，说明原先的假定是正确的。同样也可以判别出P沟道的结型场效应管。

（2）金属氧化物场效应管的判别

1）栅极G的判定

用万用表R×100挡，测量功率场效应管任意两引脚之间的正、反向电阻值，其中一次测量中两引脚电阻值为数百欧姆，这时两表笔所接的引脚是D极与S极，则另一引脚（未接表笔）为G极。

2）漏极D、源极S及类型的判定

用万用表R×10k挡测量D极与S极之间正、反向电阻值，正向电阻值约为0.2×10kΩ，反向电阻值为（5～∞）×10kΩ。在测反向电阻时，红表笔所接引脚不变，黑表笔脱离所接引脚后，与G极触碰一下，然后黑表笔去接原引脚，此时会出现以下两种可能：

① 若万用表读数由原来较大阻值变为零，则此时红表笔所接为S极，黑表笔所接为D极。用黑表笔触发G极有效（使功率场效应管D极与S极之间正、反向电阻值均为0Ω），则该场效应管为N沟道型。

② 若万用表读数仍为较大值，则黑表笔接回原引脚不变，改用红表笔去触碰G极，然后红表笔接回原引脚。此时万用表读数由原来阻值较大变为0Ω，则此时黑表笔所接为S极，红表笔所接为D极。用红表笔触发G极有效，该场效应管为P沟道型。

3）金属氧化物场效应管的好坏判别

用万用表R×1kΩ挡去测量场效应管任意两引脚之间的正、反向电阻值。如果出现两次及两次以上电阻值较小（几乎为0×kΩ）的情况，则该场效应管损坏；如果仅出现一次电阻值较小（一般为数百欧姆）的情况，其余各次测量电阻值均为无穷大，还需做进一步判断。用万用表R×1kΩ挡测量D极与S极之间的正、反电阻值。对于N沟道管，红表笔接S极，黑表笔先触碰G极后，然后测量D极与S极之间的正、反向电阻值。若测得正、反向电阻值均为0Ω，则该管为好的，否则表明已损坏。对于P沟道管，黑表笔接S极，红表笔先触碰G极后，然后测量D极与S极之间的正、反向电阻值。若测得正、反向电阻值均为0Ω，则该管是好的，否则表明已损坏。

第四节 数字示波器的使用

数字示波器是智能化数字存储示波器的简称，是模拟示波技术、数字化测量技术、计算机技术的综合产物。它能够长期存储波形，可进行负延时触发，便于观测单次过程和缓变信号，具有多种显示方式和多种输出方式，同时还可以进行数学计算和数据处理，功能扩展也十分方便，比普通模拟示波器具有更强大的功能，因此在手机维修工作中应用越来越广泛。

一、数字示波器工作原理

数字示波器工作原理

1. 数字示波器的结构框图

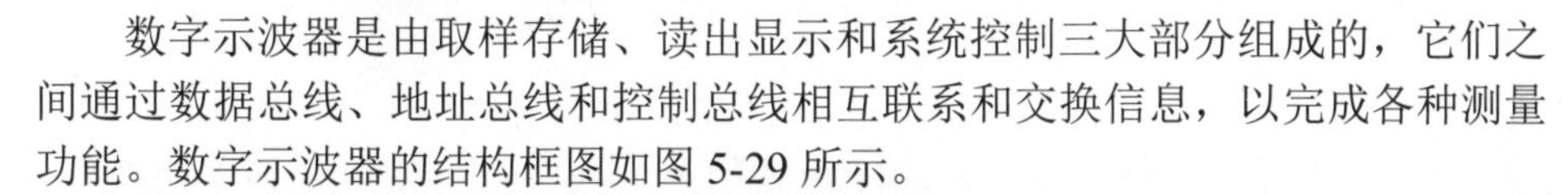

数字示波器是由取样存储、读出显示和系统控制三大部分组成的，它们之间通过数据总线、地址总线和控制总线相互联系和交换信息，以完成各种测量功能。数字示波器的结构框图如图 5-29 所示。

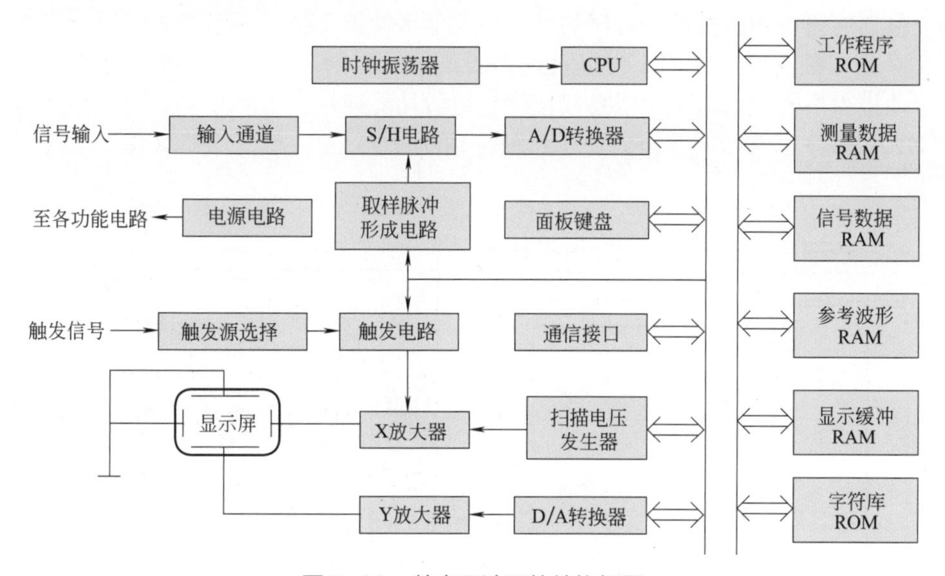

图5-29 数字示波器的结构框图

2. 数字示波器的工作原理

（1）系统控制部分

系统控制部分由键盘、只读存储器（ROM）、CPU 及 I/O 接口等组成。在 ROM 内写有仪器的管理程序，在管理程序的控制下，对键盘进行扫描产生扫描码，接受使用者的操作，以便设定输入灵敏度、扫描速度、读写速度等参数和各种测试功能。

（2）取样存储部分

取样存储部分主要由输入通道、取样保持电路、取样脉冲形成电路、A/D 转换器、信号数据存储器等组成。取样保持电路在取样脉冲的控制下，对被测信号进行取样，经 A/D 转换器变成数字信号，然后存入信号数据存储器中。取样脉冲的形成受触发信号的控制，同时也受 CPU 控制。

（3）读出显示部分

读出显示部分由显示缓冲存储器、D/A 转换器、扫描发生器、X 放大器、Y 放大器和示波管电路组成。它在接到读命令后，先将存储在显示缓冲存储器中的数字信号送入 D/A 转换器，将其重新恢复成模拟信号，经放大后送示波管，同时扫描发生器产生的扫描阶梯波电压把被测信号在水平方向展开，从而将信号波形显示在屏幕上。

数字示波器面板功能介绍

二、数字示波器面板功能介绍

下面以北京普源精电（RIGOL）科技股份有限公司生产的 DS1102E 100M 数字示波器为例介绍数字示波器的基本操作方法。

DS1102E 数字示波器前面板设计清晰直观，完全符合传统仪器的使用习惯，方便用户操作。为加速调整，便于测量，可以直接使用 AUTO 键，将立即获得适合的波形显示和挡位设置。此外，高达 1GSa/s 的实时采样、25GSa/s 的等效采样率及强大的触发和分析能力，可帮助用户更快、更细致地观察、捕获和分析波形。

1. 前面板

DS1102E 数字示波器向用户提供简单而功能明晰的前面板，以方便进行基本的操作。前面板上包括旋钮和功能按键。旋钮的功能与其他示波器类似。显示屏右侧的一列 5 个灰色按键为菜单操作键，通过它们，可以设置当前菜单的不同选项。其他按键为功能键，通过它们，可以进入不同的功能菜单或直接获得特定的功能应用。

DS1102E 数字示波器的前面板功能如图 5-30 所示。

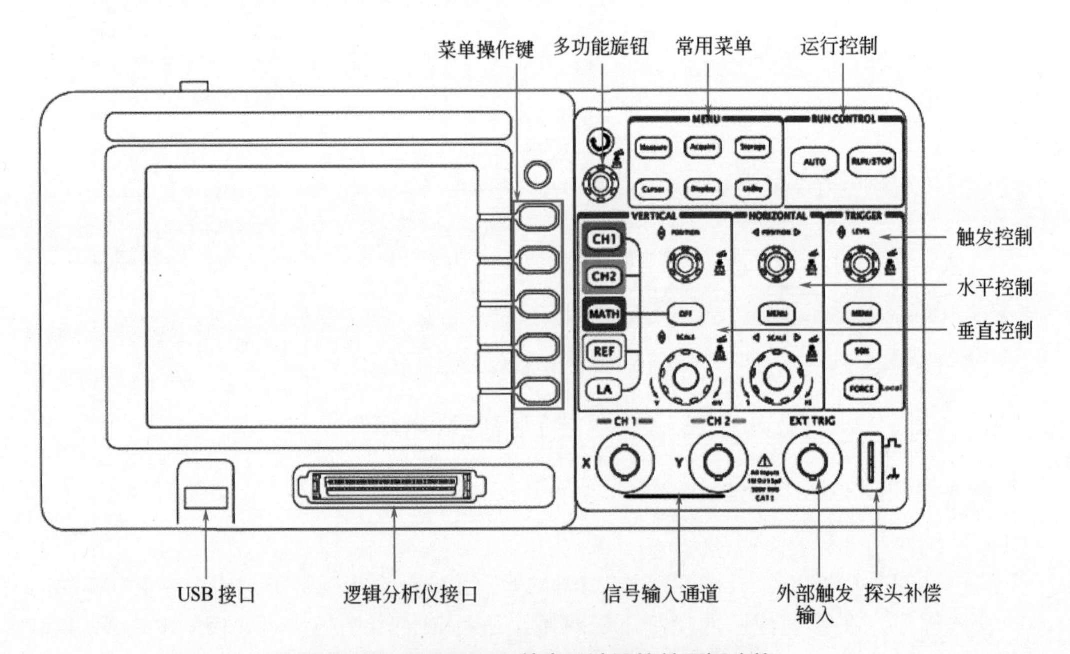

图5-30　DS1102E 数字示波器的前面板功能

2. 后面板

DS1102E 数字示波器的后面板主要包括以下几部分。

① Pass/Fail 输出端口：通过/失败测试的检测结果可通过光电隔离的 Pass/Fail 端口输出。

② RS232 接口：为示波器与外部设备的连接提供串行接口。

③ USB Device 接口：当示波器作为“从设备”与外部 USB 设备连接时，需要通过该接口传输数据。例如，连接 PictBridge 打印机与示波器时，使用此接口。

DS1102E 数字示波器的后面板功能如图 5-31 所示。

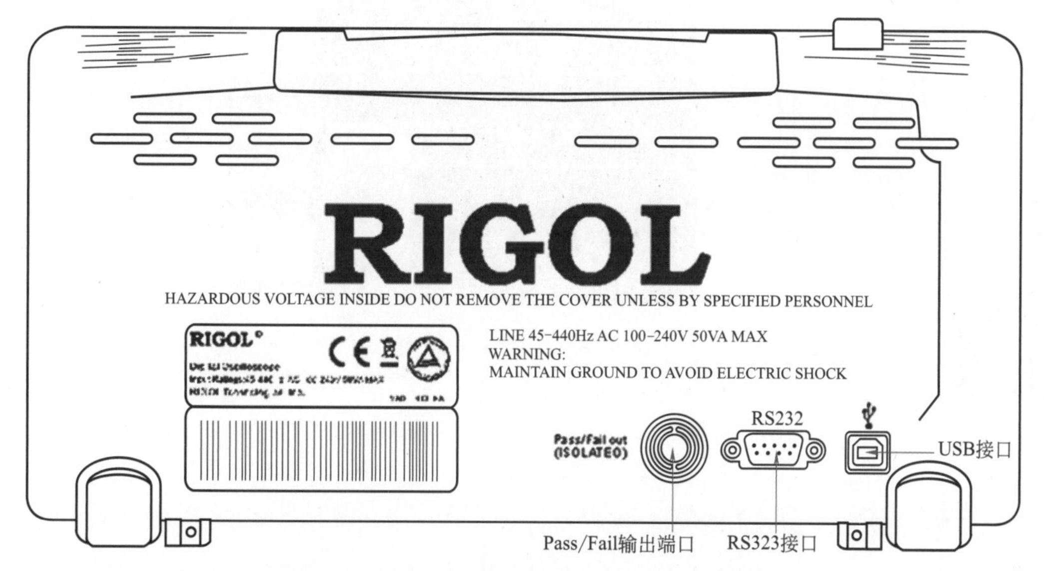

图5-31　DS1102E数字示波器的后面板功能

为了方便说明数字示波器的功能，本节采取以下方式对不同菜单功能进行标识：

（1）数字示波器前面板功能键

① MENU 功能键的标识用一个方框包围的文字所表示，如 Measure ，代表前面板上的一个标注着 Measure 文字的透明功能键；

② 标识为多功能旋钮，用表示。

（2）数字示波器存储菜单功能键

菜单操作键的标识用带阴影的文字表示，如波形存储，表示存储菜单中的存储波形选项。

3. 显示界面

数字示波器显示界面如图 5-32、图 5-33 所示。

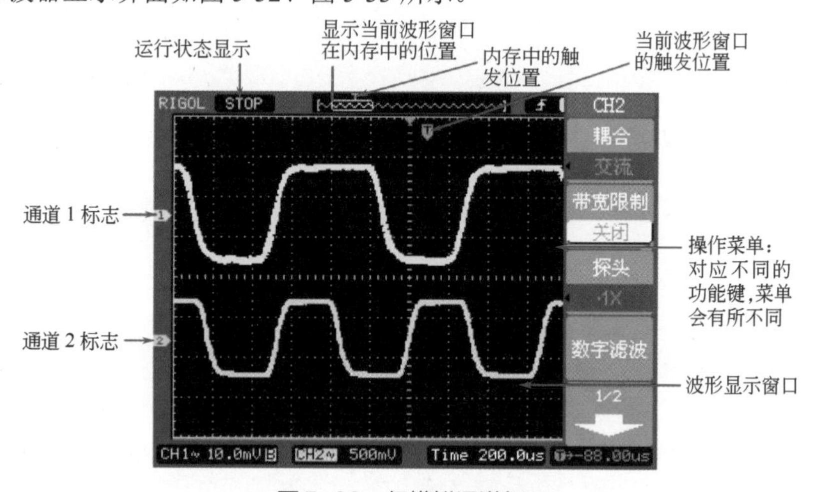

图5-32　仅模拟通道打开

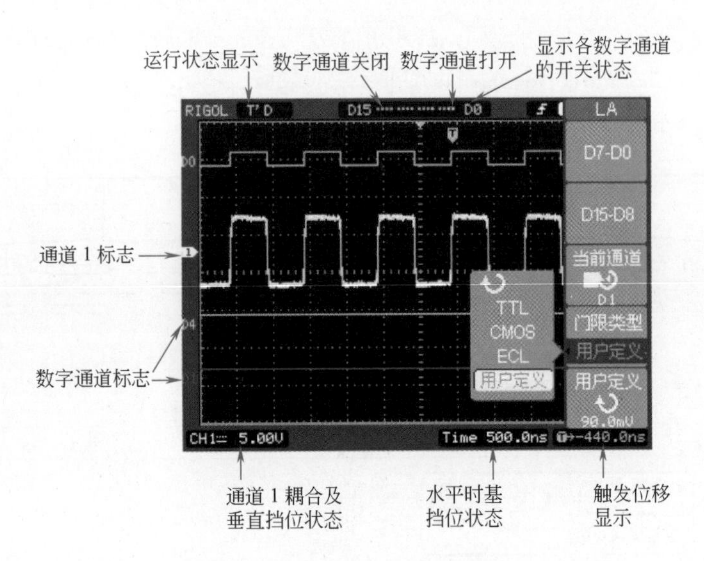

使用数字示波器测量简单信号

图5-33 模拟和数字通道同时打开

三、数字示波器测量简单信号

使用数字示波器观测电路中的一个未知信号，迅速显示和测量信号的频率和峰峰值的方法介绍如下。

1. 迅速显示该信号的步骤

① 将探头菜单衰减系数设定为10X，并将探头上的开关设定为10X。

② 将通道1的探头连接到电路被测点。

③ 按下AUTO（自动设置）按键。

示波器将自动设置使波形显示达到最佳状态。在此基础上，可以进一步调节垂直、水平挡位，直至波形的显示符合要求。

2. 进行自动测量

示波器可对大多数显示信号进行自动测量。欲测量信号频率和峰峰值，请按如下步骤操作。

（1）测量峰峰值

按下Measure按键以显示自动测量菜单。

按下1号菜单操作键以选择信源：CH1。

按下2号菜单操作键选择测量类型：电压测量。

在电压测量弹出菜单中选择测量参数：峰峰值。

此时，可以在屏幕左下角发现峰峰值的显示。

（2）测量频率

按下3号菜单操作键选择测量类型：时间测量。

在时间测量弹出菜单中选择测量参数：频率。

此时，可以在屏幕下方发现频率的显示。

3. 实时时钟波形

数字示波器设置如下：将测试探头连接到CH1，探头衰减系数为1X；按下AUTO按键；

转动垂直◎SCALE旋钮调节垂直幅度到100mV/格；转动水平◎SCALE 8旋钮调节水平时间到20μs/格。

实时时钟的波形是正弦波，频率为32.768kHz，如图5-34所示。

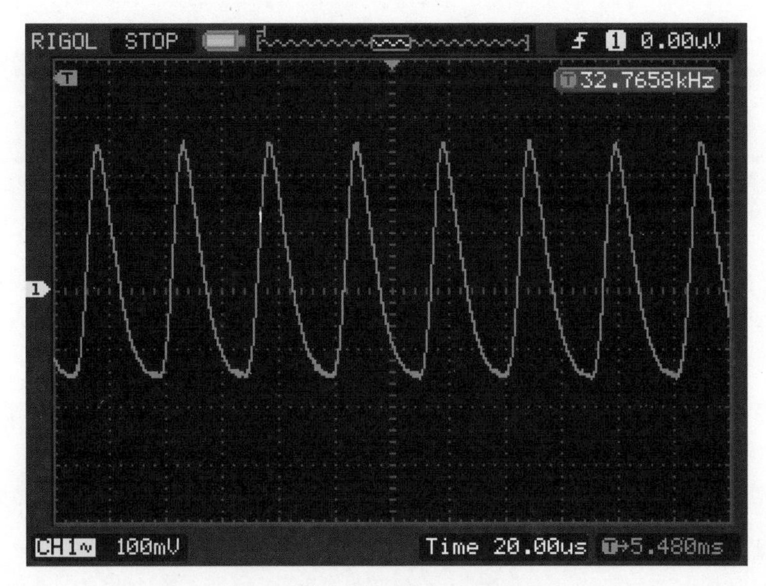

图5-34　实时时钟测试波形

四、数字示波器使用安全注意事项

① 使用前要认真阅读说明书，严格按照说明书要求进行操作。

② 正确使用探头，探头地线与地电势相同，请勿将地线连接高电压。

③ 保持适当的通风，不要在潮湿的环境下操作，不要在易燃易爆的环境下操作，保持仪器表面的清洁和干燥。

④ 不要将仪器放在长时间日光照射的地方。

⑤ 为避免使用探头时被电击，请确认探头的绝缘导线完好，连接高压源时请不要接触探头的金属部分。

⑥ 为避免电击，使用时通过电源线的接地导线接地。

第六章 智能手机故障检查及维修方法

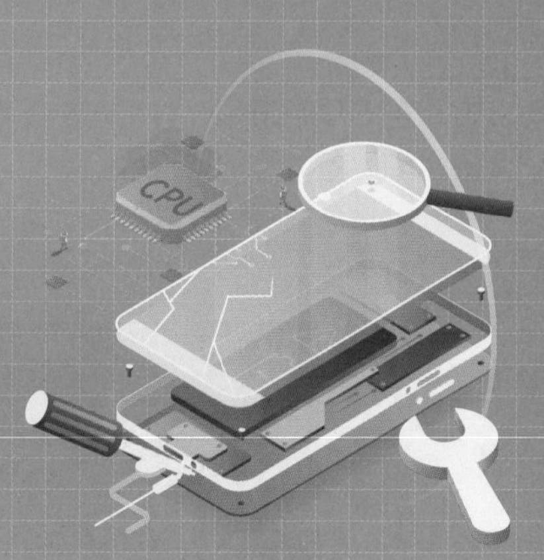

合理地使用检查方法和维修方法是维修智能手机的基础，“纵横不出方圆，万变不离其宗”，智能手机纵有千变万化，最有效的方法往往是最基本的方法。

在本章中，主要介绍常见智能手机故障检查方法和维修方法。

第一节 智能手机故障检查方法

观察法

一、观察法

1. 观察法介绍

观察法是判定手机故障最简单、直观的方法。维修工程师可通过观察智能手机外壳、显示屏幕、手机主板、工作状态等发现一些比较明显的故障，如显示屏有裂痕、机身损坏、进水腐蚀、主板变形等问题。

手机出现故障后，不要盲目进行拆卸或更换主板元器件，应先使用观察法检查整体外观及手机主板等主要部位是否正常。

观察法要通过以下四方面进行：

① 视觉：主要是通过眼睛目视，观察物体表面是否有直接的损伤，如 LCD 是否破裂、主板是否有元件脱落等。

② 听觉：主要是通过耳朵听手机发出的声响来判定故障的大概部位，如扬声器声音沙哑、无声音等。

③ 嗅觉：主要是通过鼻子闻手机是否有烧煳的味道，以此来判定故障的大致部位；闻进水手机是否有异味来判断是清水还是污水。

④ 触觉：通过手来触及物体表面感知温度是否有异常，以此来判定故障的大致部位。

2. 观察法应用

观察工作状态在手机维修过程中十分关键。智能手机所执行的大部分功能，都能够从显示屏上显示、从声音上体现、从操作中感知，因此观察工作状态可以从显示、声音、操控三个方面入手。

观察手机整体外观如图 6-1 所示。

图6-1　观察手机整体外观

拆下手机主板以后，观察主板是否有变形、进水、维修痕迹；用镊子轻轻拨动主板元器件，观察是否有脱落、虚焊等问题存在。

观察手机主板外观如图 6-2 所示。

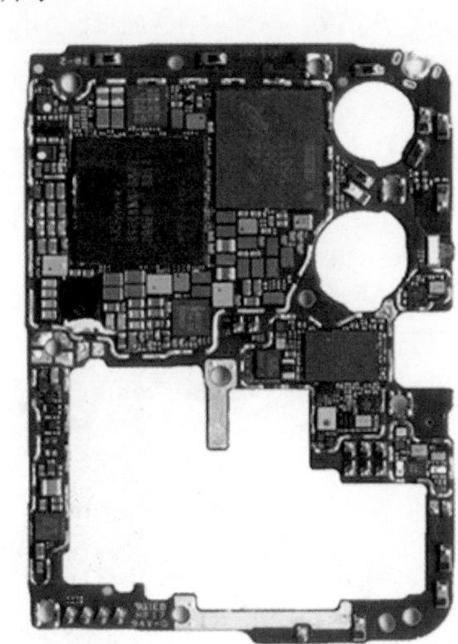

图6-2　观察手机主板外观

合理运用观察法，同时配合其他检查方法，可大大提高手机故障维修速度，提高维修时效。

二、感温法

1. 感温法介绍

感温法

感温法对于维修漏电手机故障是比较简单有效的方法，针对小电流漏电、发热不明显的问题尤其有效。

2. 感温法应用

对于智能手机漏电故障，可以直接用手触摸主板表面，感知主板发热情况来初步判断故障部位，然后综合其他方法进一步维修。

（1）松香烟法

对于发热不明显、位置比较隐蔽的故障，可以采用“松香烟法”进行检查。用烙铁头蘸到松香里，这时烙铁上会冒出一股松香烟，将松香烟靠近手机主板，松香烟即附着在手机元件上，形成一层白色薄薄的“松香霜”。怀疑哪里漏电，就可以在怀疑部位熏上一层“松香霜”，若根本不知该怀疑哪里漏电，可以将整块手机板一起熏松香。

熏完后，给手机加电。加电电压可以从 0V 开始慢慢上升，如果电流太小，可适当将电压加得高些，但要注意不要太高，以防将其他元件烧坏。在加电过程中，注意观察手机主板上的元件，若哪个元件漏电了，该元件上白色的“松香霜”就会熔化而“原形毕露”，这样即可找到故障部位。

（2）红外热像仪法

红外热像仪是一种利用红外热成像技术，通过对标的物的红外辐射探测，并加以信号处理、光电转换等手段，将标的物的温度分布的图像转换成可视图像的设备。红外热像仪将实际探测到的热量进行精确的量化，以面的形式实时成像标的物的整体，因此能够准确识别正在发热的疑似故障区域。操作人员通过屏幕上显示的图像色彩和热点追踪显示功能来初步判断发热情况和故障部位，同时严格分析，从而在确认问题上体现了高效率、高准确率。

将手机主板通电后，放在红外热像仪的主板平台上，通过红外热成像传感镜头与计算机连接，可以实时看到主板的发热情况，漏电电流很小的故障部位也能够清楚地看到。但是该设备价值昂贵，在手机维修中应用较少。

红外热像仪如图 6-3 所示。

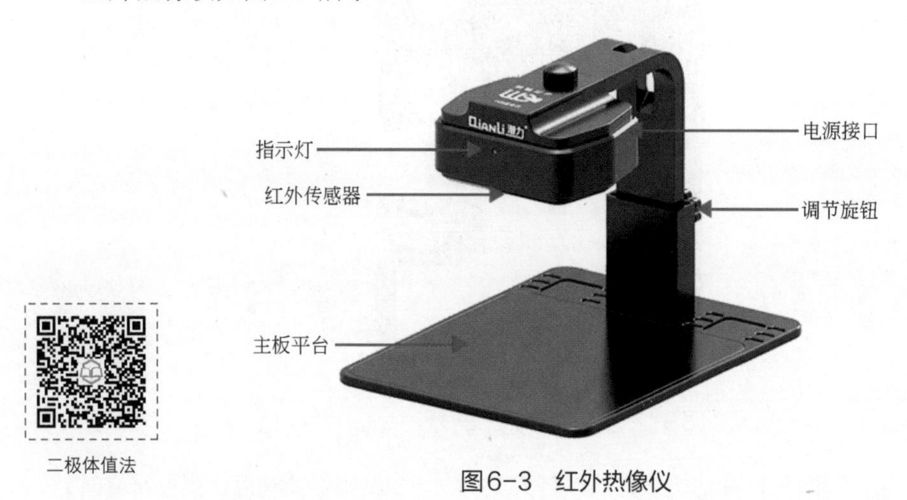

图6-3　红外热像仪

三、二极体值法

1. 二极体值法介绍

二极体值法是在手机维修中常用的方法，对于判断故障部位十分有效。平时注意收集一些手机单元电路二极体值，如电池触点、供电滤波电容、SIM 卡座、芯片焊盘、集成电路引脚等二极体值。

在测量二极体值的时候，将数字式万用表调到二极管挡，数字式万用表的红表笔接地，黑表笔接电路的测试点，测出的结果为 400～800，这个数值为二极体值。400～800 实际上是一个 0.4～0.8V 的压降，在正常情况下，这个数值受外部电路的影响，可能会有所变化，但基本上是在这个范围之内。在后面故障案例分析的时候，有些提供的是 400～800 之间的数值，有些提供的是 0.4～0.8V 之间的压降值。

不同品牌、不同型号的数字式万用表测量同一个测试点，测出来的数值也会有所不同，所以，在使用二极体值法时，一定要尽量选择与参考参数相同的数字式万用表进行测量。

在检查手机时，可根据某点与二极体值的大小来判断故障。如某一点到地的二极体值是 700，故障机此点的二极体值远大于 700 或无穷大，说明此点已断路。如果二极体值为 0，说明此点已对地短路。二极体值法还可用于判断线路之间有无断线以及元件质量好坏等。在不通电的情况下，用数字式万用表二极管挡测有关测试点的正反向二极体值，测得值与参考值对照。同时列一个表格，边测边记录数据，并注意积累经验数据。

2. 二极体值法应用

二极体值法可以适用的故障很多，例如不开机、无信号、不显示等都可以使用二极体值法，尤其是涉及集成电路外围元件且无法准确判断故障点的问题。

芯片焊盘二极体值如图 6-4 所示。

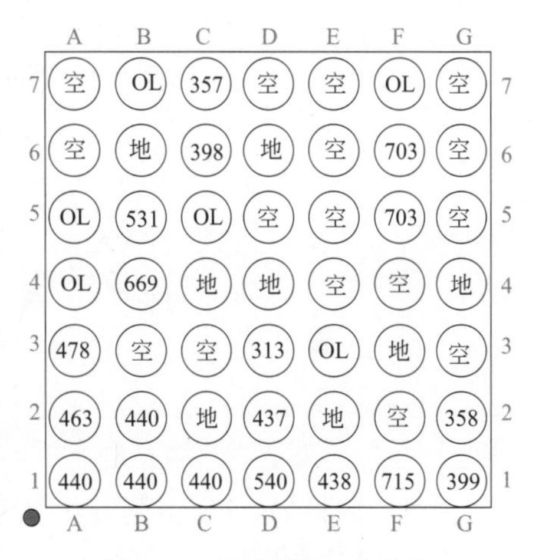

图6-4　芯片焊盘二极体值

通过图 6-4 不难看出，所有的焊盘引脚可以分为四类：一类是空脚，一类是接地脚，一类是信号和控制脚，一类是供电脚。

空脚对地的正相反二极体值均为无穷大，一般不会引起电路故障；接地脚对地的正反向二极体值均为 0，如果开路则可能造成供电无法形成回路，而引起电路无法工作；信号和控制脚是我们重点关注的地方，一定要看对地二极体值的大小，如果对地二极体值异常，要重点检查这一条信号线和控制线外接的元件，看是否存在开路或短路问题；供电脚对地的二极体值一般不会出现 0，如果二极体值为 0，则外围的供电存在短路现象。

只要把握好以上几点，综合进行判断，就会很容易解决故障，避免走弯路。

四、电压法

1. 电压法介绍

电压法

电压法适用的手机故障很多，尤其是功能电路不工作的故障，例如：不显示故障、无信号故障、音频故障、WiFi 电路故障等。

电压法是用万用表测量电路中的电压，再根据电压的变化情况来确定故障部位。

电压法是通用的电子产品维修方法，原则上适用任何电子产品的维修，所以电压法在手机维修中也是最常用的维修方法。

指针式万用表内阻较大，我们常用的 MF500、MF47 型指针式万用表的内阻是 20kΩ/V，而数字式万用表的内阻可视为无穷大。内阻越大的万用表对电路的影响就越小，所以在维修手机时，一般还是选择内阻较大的数字式万用表。

2. 电压法应用

电压法需要通电才能测量电路，但是不用断开电路，是直接在电路板上测量，是很方便的一种电路维修方法。

首先要把数字式万用表调节到电压挡位，然后再将手机主板通电，用红表笔接高位电压点，用黑表笔接地线，或者低位电压点。测出电压数据，观察数据的变化是否在正常范围内。参考数据可以从另一块正常的主板获得。如果电压不在正常范围，则判断有关元器件已经损坏，换上一个完好的元器件即可。

下面以某手机背光驱动电路为例进行介绍，原理图如图 6-5 所示。

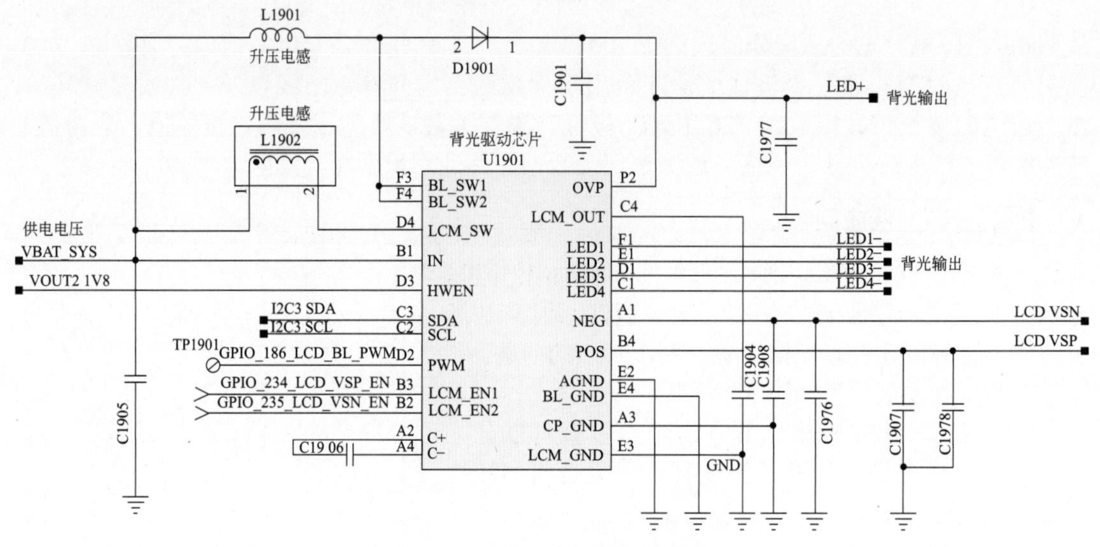

图6-5　背光驱动电路原理图

手机开机以后，使用数字式万用表的电压挡测量，得出 C1905 上有 3.7V 的供电电压，C1977 上没有输出的背光驱动电压，经检测发现，L1902 开路。

测量时，应先估计被测部位的电压大小来选取合适的挡位，选择的挡位应高于且最接近被测电压，不要用高挡位测低电压，更不能用低挡位测高电压。

使用电压法时还要注意，由于手机主板紧凑，尽量不要在测量过程中让万用表的表笔出现滑动，避免与其他元件短路而扩大手机故障。

电流法

五、电流法

1. 电流法介绍

在手机维修中，如果将维修工程师看作医生，则稳压电源相当于医生手中的听诊器，电流的变化相当于手机的“脉搏”。

任何一个有经验的手机维修人员，对于任何一部故障手机，分析其电流反应、电流状态，是判断手机故障的第一步，也是最基本和最重要的一步。

电流法主要适用于大电流不开机、无电流、小电流等故障，最多的是不开机故障，但是有一个共同点，就是开机电流与正常手机不一样。

电流法是手机维修中最常用的方法之一，原因有二：一是手机工作电压低，目前手机的工作电压为 3.7V，除了少数的升压电路之外，内部工作电压一般为 1～3.5V，电压变化幅度不明显；二是手机的工作电流变化幅度大，从 10mA 到 1000mA 左右，很容易通过电流表观察手机工作状态的变化。

在手机维修中，使用最多的维修仪器是直流稳压电源。一线维修使用的一般是 0～15V/0～2A 的直流稳压电源，这种直流稳压电源可以给手机提供供电电压，还可以观察手机的开机电流。

2. 电流法应用

以不开机故障为例，介绍电流法在手机维修中的应用。不开机是手机维修中最常见的故障之一，维修工程师在维修一台不开机手机时，就需要加电试机，观察电流反应，根据电流反应来判定故障范围。以下是从实际维修中总结出来的几种不同的电流反应。

（1）大电流不开机

大电流不开机分为两种：一种是加上电源就出现大电流漏电现象；另一种是按开机键立即出现大电流现象。

下面分别分析这两种情况。

1）引起大电流不开机故障的原因

加电就出现大电流漏电现象，故障原因一般是手机中直接与电池供电相连的元件损坏、漏电，如电源管理芯片、功放、由电池直接供电的芯片等。

按开机键立即出现大电流现象，引起此故障的原因，一般在电源的负载支路上，而损坏的元件也较多样化，大的元件如基带处理器、应用处理器、射频处理器、音频芯片、硬盘等，小的元件如 LDO 供电管、滤波电容等。

2）检查大电流不开机的方法

把直流稳压电源输出调到 0V，给手机供电，慢慢升高电压，电流达到 500mA 左右停止，然后用手触摸电路板上各元件，感觉哪个元件发烫较厉害，多数取下就能解决问题，更换即可。如果电源管理芯片发烫，同时又有其他负载芯片烫手，则一般为负载芯片问题。

在无法具体确定为哪个元件发热的情况下，可以把电源管理芯片输出的各个支路逐次切开，来判断是哪个电路出现漏电。

（2）按开机键无电流反应

1）引起故障的原因

引起按开机键无电流反应的原因有三种：开机线有问题，开机键损坏，开机键到电源的开机触发端有断线；电源管理芯片损坏，开机触发信号不正常；电源管理芯片到电池的正极有断线，到电源管理芯片供电开路。

2）按开机键无电流反应检查方法

开机线有问题比较常见，而且处理也较容易，一般飞线就可解决；如果是开机键损坏，直接更换即可。

对于电源管理芯片损坏问题，则需要更换电源管理芯片，注意电源管理芯片虚焊也可能造成按开机键无电流反应现象。

对于电源管理芯片无供电问题，使用数字式万用表测量电源管理芯片的电池供电脚就可以判断。

（3）小电流不开机

针对小电流不开机现象，可以采取下面的方法进行判断，根据各集成电路工作消耗的电流多少来判断故障范围。

首先找一个正常的手机，先将电源管理芯片、时钟晶体、应用处理器、硬盘、基带等几个主要芯片拆下，然后再逐个装上。观察拆下每一个芯片时的电流变化，作为以后维修的依据。

电流法是基于经验基础之上的维修方法，需要相当深厚的手机理论基础，所以学习电流法不要只认为不需要学习手机的基础原理和理论，恰恰相反，而是对理论提出了更高的要求，不懂理论只能学会运用，懂理论才能将其熟练地运用到各类手机上去。

信号波形法

六、信号波形法

1. 信号波形法介绍

信号波形法是通过示波器直接观察有关电路的信号波形，并与正常波形相比较，来分析和判断手机电路部分出现故障的部位。

2. 信号波形法应用

在手机维修中，有些信号无法使用万用表进行检查，必须使用示波器才行。例如系统时钟信号，使用数字示波器测量，如果有正弦波信号，说明系统时钟工作正常；如果时钟信号不正常；则需要检查问题原因。

系统时钟信号波形如图 6-6 所示。

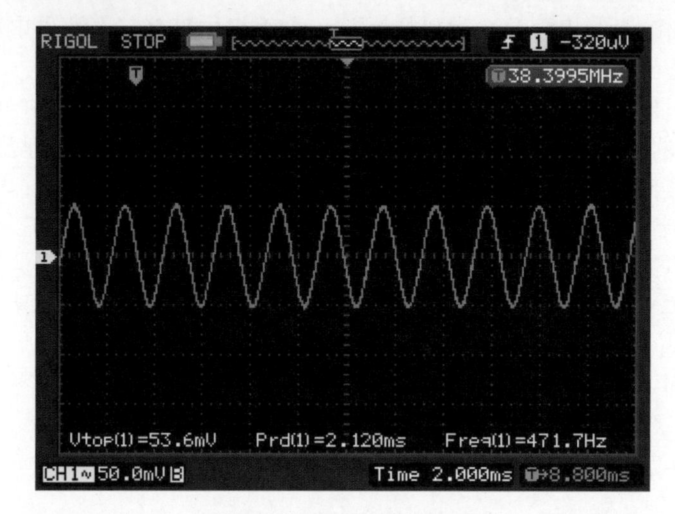

黑箱子法

图6-6 系统时钟信号波形

七、黑箱子法

1. 黑箱及黑箱理论介绍

（1）什么是黑箱？

在控制论中，通常把所不知的区域或系统称为“黑箱”，而把全知的系统和区域称为“白箱”，介于黑箱和白箱之间或部分可察黑箱称为“灰箱”。一般来讲，在社会生活中广泛存在着不能观测却可以控制的黑箱问题。比如，我们每天都看电视，但并不了解电视机的内部构造和成像原理，对我们而言，电视机的内部构造和成像原理就是“黑箱”。

（2）黑箱理论

黑箱是我们未知的世界，也是我们要探知的世界。如何了解未知的黑箱呢？只能在不直接影响原有客体黑箱内部结构、要素和机制的前提下通过观察黑箱中“输入”“输出”的变量，得出关于黑箱内部情况的推理，寻找、发现其内部规律，实现对黑箱的控制。这种研究方法叫作黑箱理论。

2. 黑箱子法应用

（1）电子基础黑箱

有一个电阻和一个二极管串联，装在盒子里。盒子外面只露出三个接线柱 A、B、C，如图 6-7（a）所示。使用指针式万用表的欧姆挡进行测量，测量的阻值如表 6-1 所示，试在图 6-7（b）所示虚线框中画出盒内元件的符号和电路。

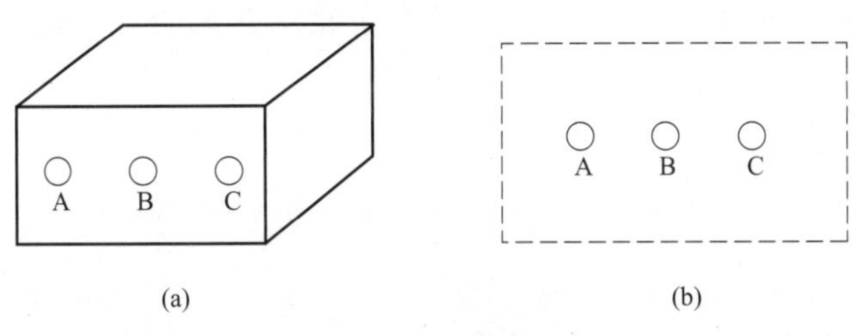

图6-7 电子基础黑箱

表6-1 电子基础黑箱测试结果

红表笔	A	C	C	B	A	B
黑表笔	C	A	B	C	B	A
阻值	有阻值	阻值同 AC 间测量值	很大	很小	很大	接近 AC 间阻值

从图 6-7（a）所示电子基础黑箱来看，我们只能看到一个箱子和外面的三个接线柱，那么我们手里只有一块万用表，根据黑箱理论，如何能够判断电子基础黑箱内到底有什么元件呢？

首先我们知道这个黑箱内接的是一个电阻和一个二极管，电阻的正反向阻值是一样的，二极管的正反向电阻却差别很大。由表 6-1 可知，AC 和 CA 之间的阻值是相同的，符合电阻的特性，首先假设 AC 间连接的是一个电阻；CB 间阻值和 BC 间阻值符合二极管特性，假设 BC 间接一个二极管；再看 AB 和 BA 间阻值，符合一个电阻串一个二极管的可能。结果如图 6-8 所示。

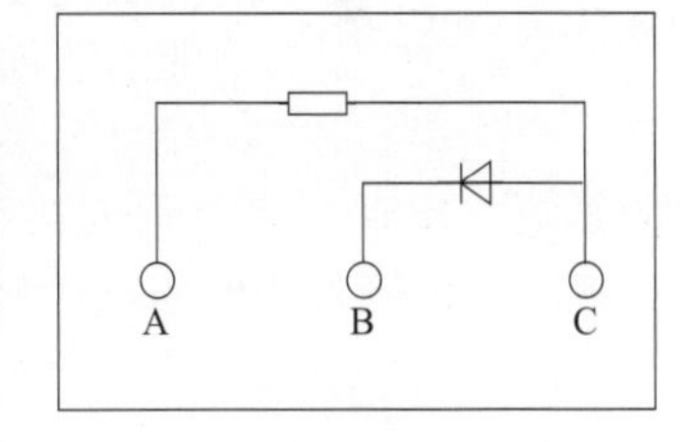

图6-8 黑箱组合元件

我们利用一块万用表、已知的电子知识和黑箱理论，判断出黑箱内电子元件的接法和结构，看似简单，却对我们的实际维修有非常现实的意义。

（2）用黑箱理论检查故障部位

在手机维修中，不是每一部手机都能找到原理图纸；即使有原理图纸，也不一定人人会看；即使会看图纸，客户也不一定会等你慢慢查阅图纸。而且新机型层出不穷，也不可能每一部手机的图纸都熟练地记在心里，那到底应该怎么维修手机呢？怎么才能修炼成高手？黑箱理论就是我们的制胜法宝。

首先，手机的结构框架是不变的，也就是说，无非GSM、CDMA、WCDMA、CDMA2000、TD-SCDMA、LTE 等几种架构。既然架构基本固定，那么不同制式的网络系统只要记住常见的几种架构即可，这样维修就简单多了。

其次，不同手机主板上的电路采用的集成块也不同，但是电路功能基本相同，现在就用黑箱理论来判断各个集成块的功能。手机主板的集成块有些我们认识，有些拿不准，有些不认识，我们把手机的集成块当成一个个的箱子，认识的集成块当成白箱子，拿不准的当成灰箱子，不认识的当成黑箱子。根据已知的电子知识和手机结构框架，来推理这个集成块的功能。在推理时，要系统地了解这个黑箱子的输入、输出信号，得出关于黑箱内部情况的推理，寻找、发现其内部规律，实现对黑箱的控制。到这里，我们已知黑箱内完成了什么功能、和周围集成块的从属关系、谁来控制这个集成块。

最后，我们就开始故障判断和维修，例如：手机没有信号，根据手机维修基本方法和手机结构框架分析，信号的处理是由射频处理器来完成的。首先应该找到射频处理器在主板上的位置，然后根据黑箱理论找出这个黑箱的输入信号、输出信号、控制信号。使用仪器测量输入信号是不是正常？如果输入信号不正常，说明故障和射频处理器没有关系。如果输入信号、控制信号都正常，没有输出信号，可能就是射频处理器坏了，更换即可。

第二节 智能手机故障维修方法

手机故障维修时经常采用的方法有清洗法、补焊法、代换法、飞线法、软件法等，各种维修方法要相互结合，灵活运用。

清洗法和补焊法

一、清洗法

1. 清洗法介绍

清洗法是维修手机时较常采用且简单有效的维修方法。该方法主要通过使用专用的清洁剂（如无水酒精或天那水）或清洁设备对手机进行清洁处理。

智能手机内部的触片、接口、主板元件引脚很容易受到外界水汽、灰尘、腐蚀性气体的影响，出现焊点氧化或接触不良的情况，这个时候可以使用清洗法进行维修。手机进水或落入其他液体中时引起的故障，也可以采用清洗法进行维修。

2. 清洗法应用

手机进水后多数情况会造成不能开机、手机显示不正常及通话出现杂音等故障。所以，当手机进水后，无论是掉进清水还是掉进脏水中，都应将手机立即关机并取下电池，如继续开机会使手机内部元件短路，烧坏元件，会进一步扩大故障，加大维修难度。

遇到进水手机后，可以用热风枪、电吹风将线路板烘干，然后再加电试机，多数手机会正常工作。如不正常工作，可将元件腐蚀引脚重新补焊一遍，因为进水机极易造成元件引脚氧化，导致引脚虚焊。补焊后，一般故障都会排除，手机恢复正常工作。

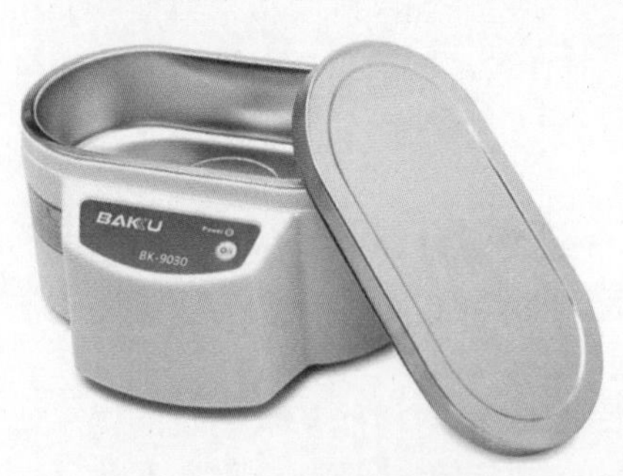

图6-9　常用超声波清洗机

手机掉进污水（厕所里的水、海水或其他腐蚀性液体）后，应迅速清洗，先将能看到的腐蚀物处理干净，用毛刷将附着在元件引脚上的杂质刷掉。然后用酒精棉球将线路板进行清洗。如腐蚀严重，必须用超声波清洗机进行清洗。处理干净后将主板放在通风干燥处晾 2h 以上，然后将所有元件氧化引脚都补焊一遍。如仍不能开机或者出现其他故障，应按维修步骤检查线路是否有元件烧坏及元件有无短路现象。其中电源模块损坏较多，多数不能开机的进水手机更换电源模块后故障排除，恢复正常工作。

常用超声波清洗机如图 6-9 所示。

二、补焊法

1. 补焊法介绍

补焊法是指用防静电焊台或热风枪对怀疑虚焊故障范围内的元件、集成电路、功能部件的焊点进行补焊的方法。

在使用补焊法的时候，注意不要盲目进行补焊，要在确认故障范围和故障元器件的前提下进行，同时还要注意不要大面积进行补焊，避免引起意外问题出现。

2. 补焊法应用

补焊法适用于摔过、磕碰过的手机。智能手机因虚焊造成的故障率很高，例如，智能手机出现时而无法开机、时而开机正常等故障多由虚焊引起，因此可采用对相关、可疑焊点进行补焊来排除故障。

根据不同的元器件，采取不同的补焊手段，补焊法应用如图 6-10 所示。

图6-10 补焊法应用

三、代换法

代换法

1. 代换法介绍

代换法是指对手机中怀疑损坏的元器件或某个功能部件用同型号性能良好的元器件或功能部件进行替换，若替换后故障排除，则证明被怀疑元器件或功能部件损坏；若替换后，故障依旧，则应进一步检测其他相关部位。

代换法适用于相对独立的或较易进行拆装操作的压接或插排连接的部件，如显示屏、电池、摄像头组件、开 / 关机按键组件、听筒、麦克风、扬声器、振动器、耳机接口、数据传输及充电接口组件等。

2. 代换法应用

对于初学者来讲，代换法是应用最广泛的维修方法，只要手机中可以拆卸的组件都可以使用代换法，例如：手机主板、电池、屏幕组件、摄像头等。只要焊接水平高，理论上主板上的任何元器件都可以使用代换法进行维修。相对来讲，代换法在易于拆卸的组件中更实用。

代换法应用如图 6-11 所示。

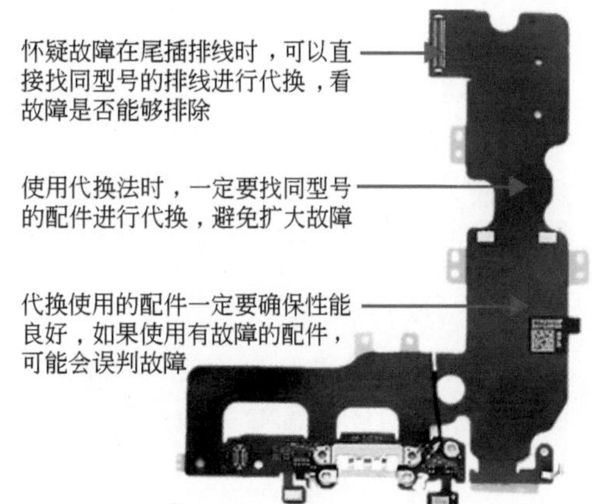

图6-11 代换法应用

手机无法充电，怀疑可能是尾插排线不正常，此时，可找到与故障机相匹配的代换配件进行替换。若替换后故障排除，说明原尾插排线确实损

飞线法和软件法

坏；若替换后故障依旧，则需要对相关的控制部分进行检查。

四、飞线法

1. 飞线法介绍

飞线法是指使用特细导线跨接手机电路中的某一元件或主板断线部分，以达到判断被跨接元件是否故障或修复断线目的的方法。

在手机维修中，飞线法所用的导线可为直径为0.1mm的高强度细漆包线，可用于跨越0Ω电阻、滤波器、铜箔断线等；也可用100pF的电容代替导线跨越滤波器（SAW）等。

2. 飞线法应用

手机主板铜箔腐蚀严重出现断路或手机使用中受到强烈振动导致主板部分断路时，可采用飞线法将导线跨接在发生断路的两个元器件之间，使断路的铜箔接通。

当怀疑手机电路中的普通滤波器故障时，也可用导线或100pF的电容短接滤波器的输入端和输出端，使信号不经滤波器，直接经导线或经电容耦合至后级电路中，用以判断滤波器的好坏。

飞线法应用如图6-12所示。

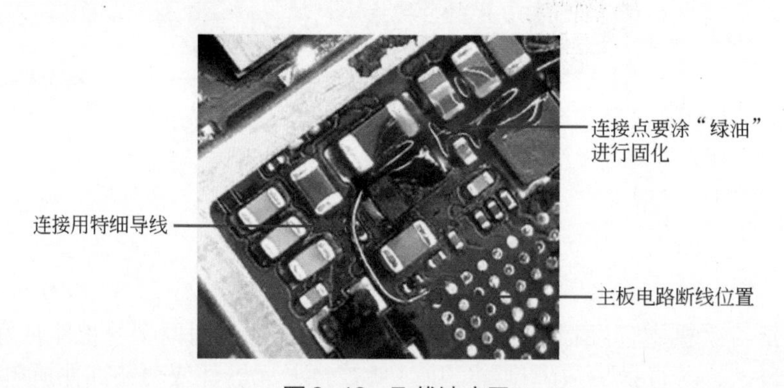

图6-12 飞线法应用

五、软件法

1. 软件法介绍

手机功能的实现都是在各种软件程序的控制下完成的，如开机程序、接收和发射程序、数据处理程序以及各种应用软件程序等，这些程序中任何一个数据丢失或指令出错，都会引起手机某种或整机功能失常。

软件法就是针对手机中的软件故障而实施的一种维修方法。它是指借助计算机或编程器对智能手机中的软件数据进行修复的方法。

2. 软件法应用

对于怀疑软件故障引起的手机不开机、不显示、功能不正常等问题，可以采用软件法维修。将手机的外部数据线接口与计算机USB接口建立连接，将计算机中的修复数据或软件通过数据线传送到手机中，实现借助计算机对手机的软件修复。

第三节 常见电路故障维修

作为手机维修工程师，必须掌握电路基础知识、仪器设备的使用方法，然后才能动手维修。对于手机的不同电路，采取的维修方法也不同，在本节中，我们针对手机各部分电路提供不同的个性化维修方法。

一、手机供电电路

手机供电电路

对于手机供电电路的故障维修，我们一般采用“三电一流”法。

所谓“三电”是指手机在不同阶段或者不同模式下产生的电压，包括三种类型：一是手机在装上电池的时候就能够产生的电压，例如备用电池供电电路、功放供电电路等；二是手机在按下开机键后就能够出现的电压，例如系统时钟电路的供电、应用处理器电路供电、FLASH供电等，这些电压必须是持续供电；三是软件运行正常后才能出现的供电，例如接SIM卡供电、闪光灯供电等。

“一流”是指通过电流法观察手机工作电路，再判断手机故障范围。结合“三电”，配合电流法，基本可以准确判定手机供电电路的故障点。

1. 装上电池产生的电压

手机装上电池后，电池电压首先送到电源电路，手机处于待命状态，若此时按下手机开机键，手机立即执行开机程序。

如图6-13所示是某手机电池接口电路，电池电压从电池触点J1801的2脚、10脚和14脚输出，送入手机内部各部分电路。

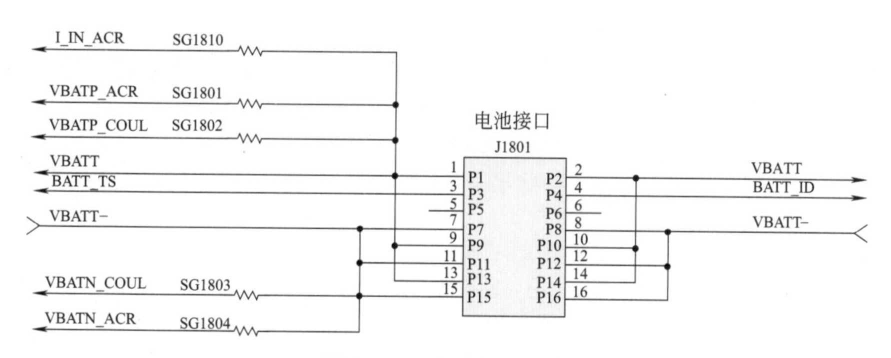

图6-13 电池接口电路

（1）电源管理芯片供电

电池输出的电压，一般是先送到电源管理芯片电路，经电源管理芯片转换成不同的电压再送到负载电路中。电源管理芯片会输出多路不同的电压，主要是因为各级负载的工作电压、电流不同，避免负载之间通过电源产生寄生振荡。

某手机电源管理芯片供电电路如图6-14所示。手机装上电池后，电池电压VBATT_SYS送到电源管理芯片U1001内部，为电源管理芯片工作提供电压，使手机处于待命状态。

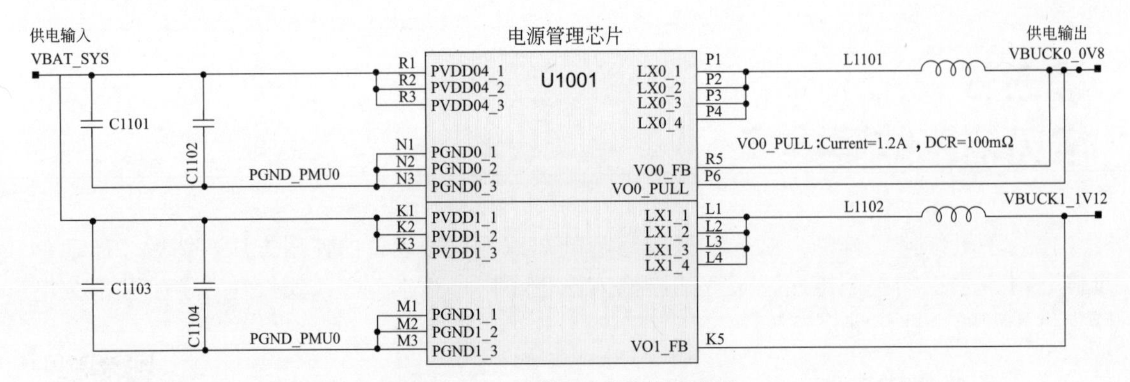

图6-14　电源管理芯片供电电路

（2）功率放大器供电

功率放大器供电电路如图 6-15 所示。在绝大多数的手机中，功率放大器的供电也是由电池来直接提供的，手机装上电池后，电池电压 PP_BATT_VCC 直接加到功率放大器 U_2GPARF 的 4 脚，为功率放大器提供供电。

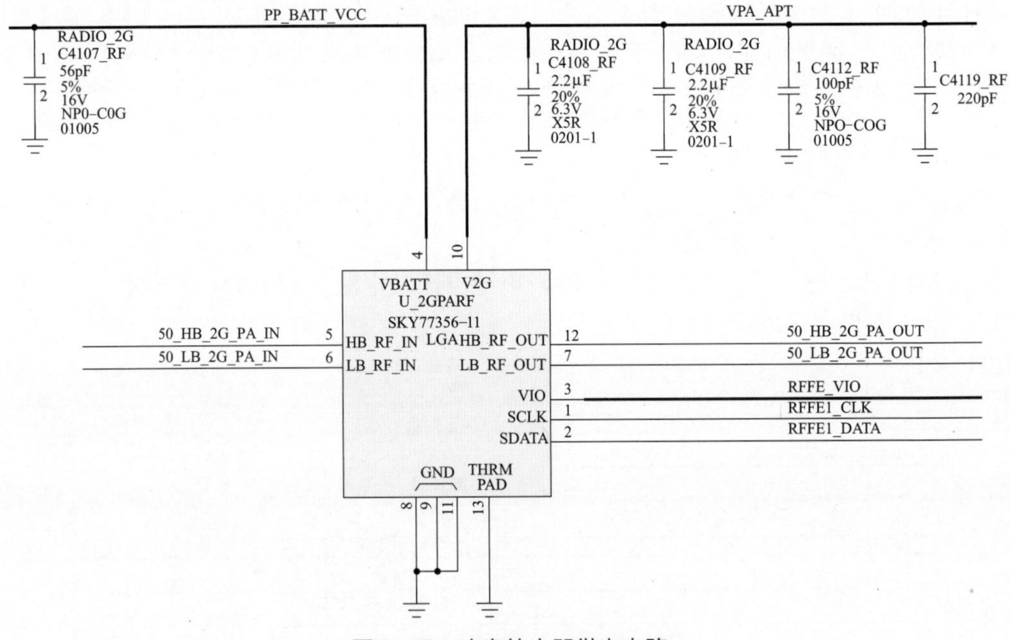

图6-15　功率放大器供电电路

（3）功能电路供电

电池电压也给手机中不同的功能电路直接供电，例如音频放大电路、升压电路、射频供电电路等，下面我们以音频功放电路为例简要进行描述。

音频功放电路供电如图 6-16 所示。音频功放电路的供电电压由电池电压 PP_BATT_VCC 直接提供，电池电压 PP_BATT_VCC 送到音频功放 U1601 的 A2、B2、A4、A5 脚。

2. 按下开机键产生的电压

按下手机开机键以后，手机的电源管理芯片会输出工作电压至各功能电路。

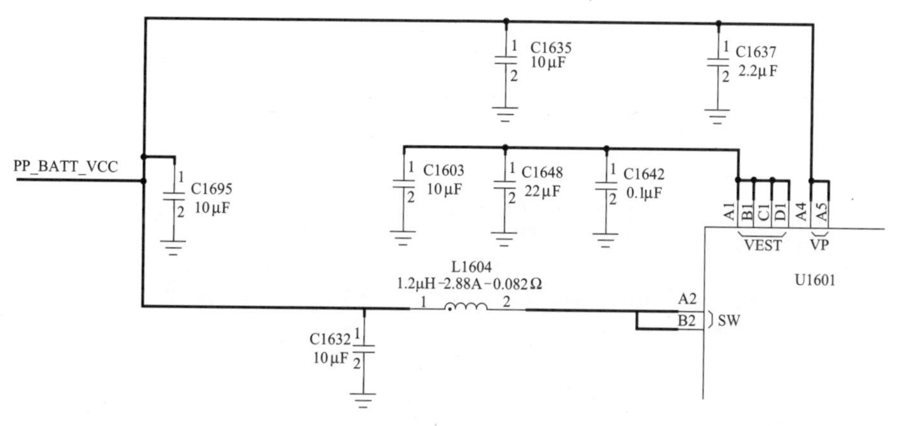

图6-16　音频功放供电电路

如图 6-17 所示是电源管理芯片供电输出部分电路图，该部分电压是按下开机键以后就持续输出的电压。

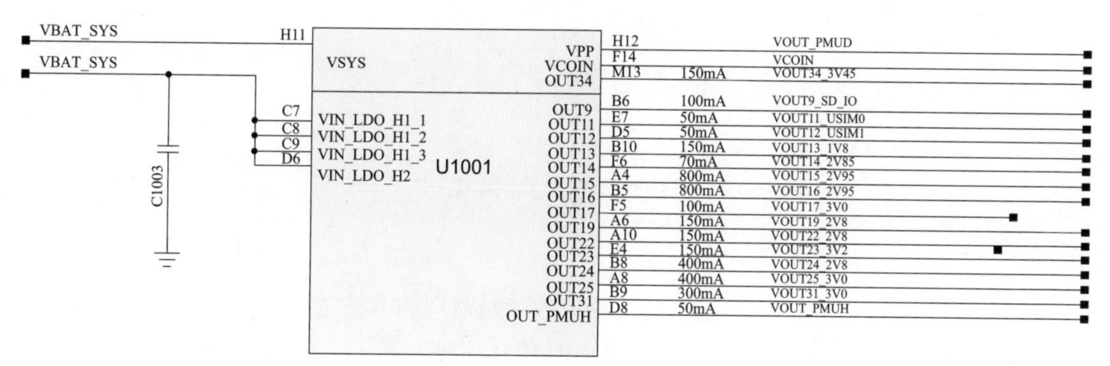

图6-17　供电输出部分电路图

按下开机键以后产生的电压很有特点，该电压一般是持续输出的，主要供给应用处理器电路，保障应用处理器可以稳定持续工作。

3. 软件工作才能产生的电压

在手机中，有些供电电压不是持续存在的，而是根据需要由 CPU 控制电压输出，尤其是射频部分和人机接口电路等。这样做的目的很简单，就是为了省电。下面举几个例子来进行说明。

（1）送话器偏置电压

送话器的偏置电压只有在建立通话的时候才能出现，也就是说只有按下发射按钮以后才能出现。它是一个 1.8～2.1V 的电压，加到送话器的正极。在待机状态下无法测量到这个偏置电压。

送话器偏置电压 MICBIASP 如图 6-18 所示。

（2）摄像头供电电压

摄像头供电电压如图 6-19 所示。

在手机中，摄像头的供电 PP2V85_CAM_VDD 不是持续存在的，只有当打开摄像头功能菜单的时候，应用处理器输出 CAM_EXT_LDO_EN 信号，摄像头供电电压 PP2V85_CAM_VDD 才有输出。

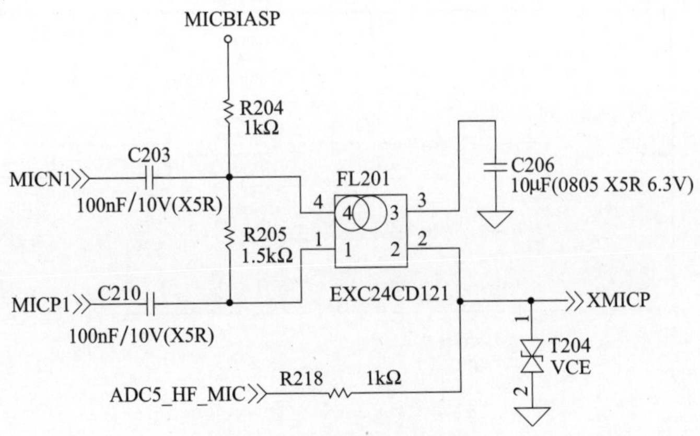

图6-18　送话器偏置电压

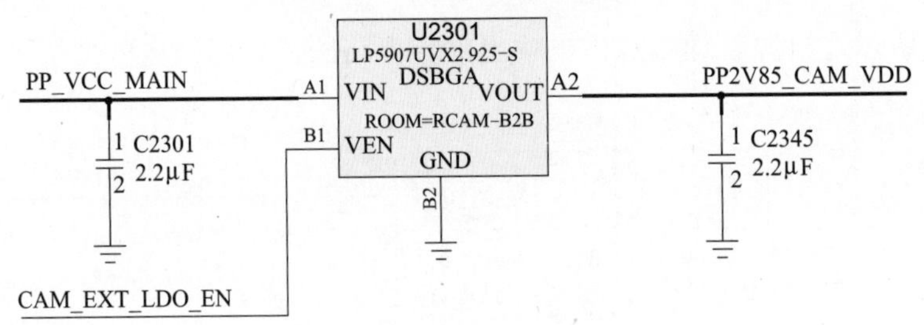

图6-19　摄像头供电电压

4.“一流”（电流法）

在手机维修中，利用“电流法”判断手机故障是常用的方法之一，尤其是针对不开机故障。手机开机后，工作的次序依次是电源、时钟、逻辑、复位、接收、发射，手机在每一部分电路工作时电流的变化都是不同的，电流法就是利用这个原理来判断故障点或者故障元件，然后再测量更换元件。

手机单元电路

二、手机单元电路

在功能手机或智能手机中，键盘背景灯电路、振动器电路、摄像头电路、GPS 电路等，都可以采用“单元三步”法维修。

“单元三步”法就是在维修中针对供电、控制、信号三个要素进行判定，通过对供电、控制、信号三个要素进行测量，来判定手机的故障范围。“单元三步”法可以总结为“电、信、控”。

1. 供电

对于手机单元电路故障，首先要检查供电电压是否正常，是否能够输送到单元电路，如果供电不正常首先检查供电电压。

2. 信号

在实际维修工作中，主要检查单元电路中信号的处理过程，尤其是关键的测试点。

3. 控制

手机大部分电路的工作是受控的，即受 CPU 控制。翻盖手机如果合上翻盖 LCD 会不显示，这就是控制信号的作用。

在单元电路中，控制信号的工作与否关系着单元电路是否能够正常工作，这也是单元电路故障维修中的关键测试点。

4.“单元三步法”维修实例

“单元三步法”在手机维修中可以适用于所有手机的故障维修，主要是要掌握好方法和技巧。

下面以某手机闪光灯电路的维修为例进行分析，如图 6-20 所示。

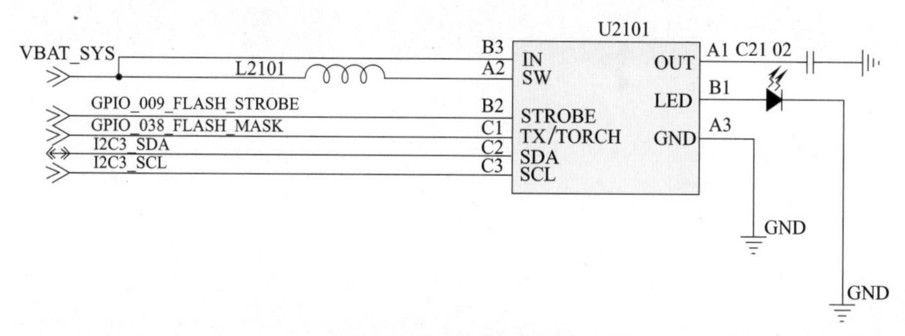

图6-20　闪光灯电路

（1）供电电压的测量

使用万用表测量 L2101 上是否有 3.7V 左右的供电电压，如果有，说明供电部分是正常的，就需要再检查控制、信号两个测试点。如果供电这个测试点不正常，那就要检查供电部分是否有故障，负载是否存在短路问题等。

（2）控制信号的测量

闪光灯电路的工作受 CPU 的控制，闪光灯芯片 U2101 的 C2、C3 脚为控制引脚，控制闪光灯芯片 U2101 的工作。

（3）信号的测量

当闪光灯电路具备了供电电压、控制信号两个基本工作条件以后，电路开始工作，电压信号从 U2101 的 B1 脚输出。

如果该输出点没有输出信号，说明电路没有工作。测量单元电路的输出点，是把握整个电路是否工作的关键。

以上是简析“单元三步”法在手机单元电路故障维修中的应用，同样，“单元三步”法也可以应用在手机其他单元电路的维修中。

第七章 华为手机工作原理与故障维修

第一节 射频电路工作原理与故障维修

射频电路相对比较复杂，不光初学者望而生畏，就是经验丰富的维修工程师也是比较头疼。究其原因，无非是目前4G、5G手机要处理多制式、多频段的信号，搞不清信号具体流向，导致无法下手进行维修。下面进行具体分析。

射频电路框图

射频电路故障维修思路

一、射频电路框图

华为nova 5手机是一款支持双卡双待单通多制式的智能手机，搭载麒麟980处理器，屏幕尺寸为5.93in，分辨率为2160×1080像素。

下面以华为nova 5手机为例，对射频电路原理进行分析。

华为nova 5手机射频电路框图如图7-1所示。

二、天线切换开关

在华为nova 5手机射频电路中使用了两个天线，分别是主集天线、分集天线，这两个天线完成了射频信号的收发处理。

天线切换开关电路如图7-2所示。U5601是天线切换开关，9脚为切换开关控制信号。

三、天线多路开关电路

天线多路开关电路如图7-3所示。

U4501内部集成了GSM功放和天线多路开关功能，完成了射频天线多路切换的工作。

电池供电电压VBATT送到U4501的9脚、10脚。D4501为稳压二极管，防止充电时脉冲电压或静电通过VBATT窜到U4501内部造成击穿。供电电压VOUT28_1V8送到U4501的7脚。

GSM频段发射信号从U4501的2脚、3脚输入，经过U4501内部的功放放大器放大以后，从20脚输出，经天线发射出去。

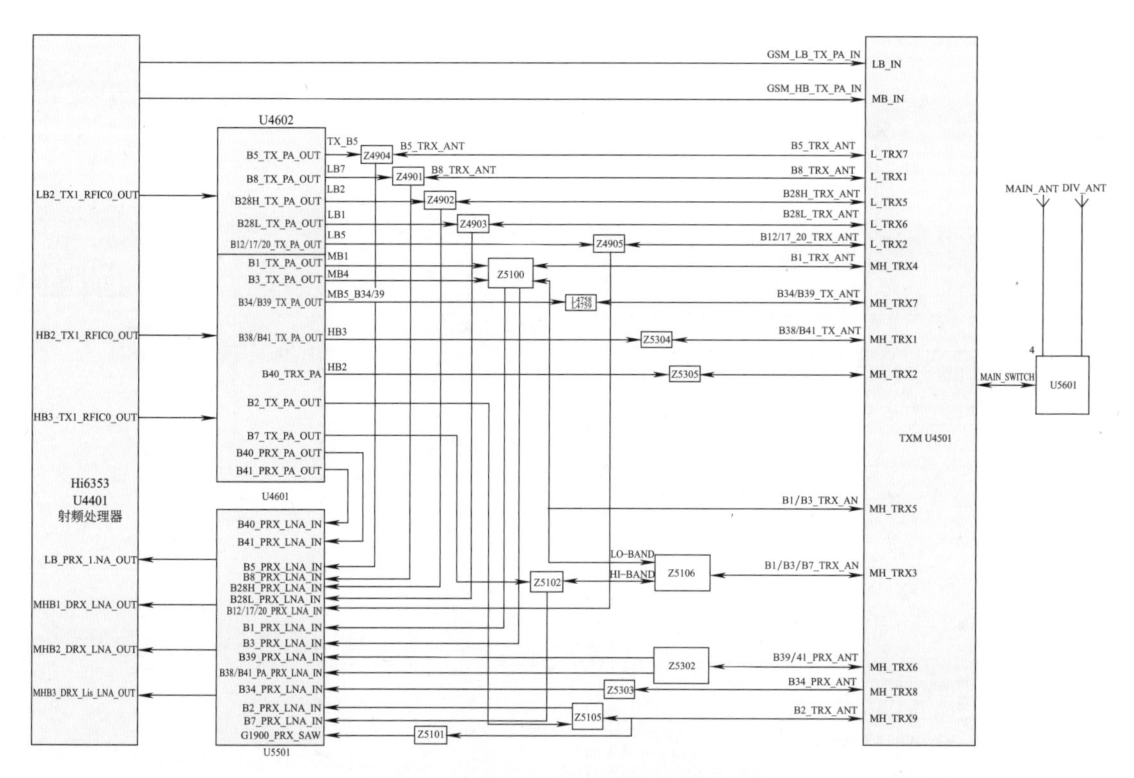

图7-1　华为nova 5手机射频电路框图

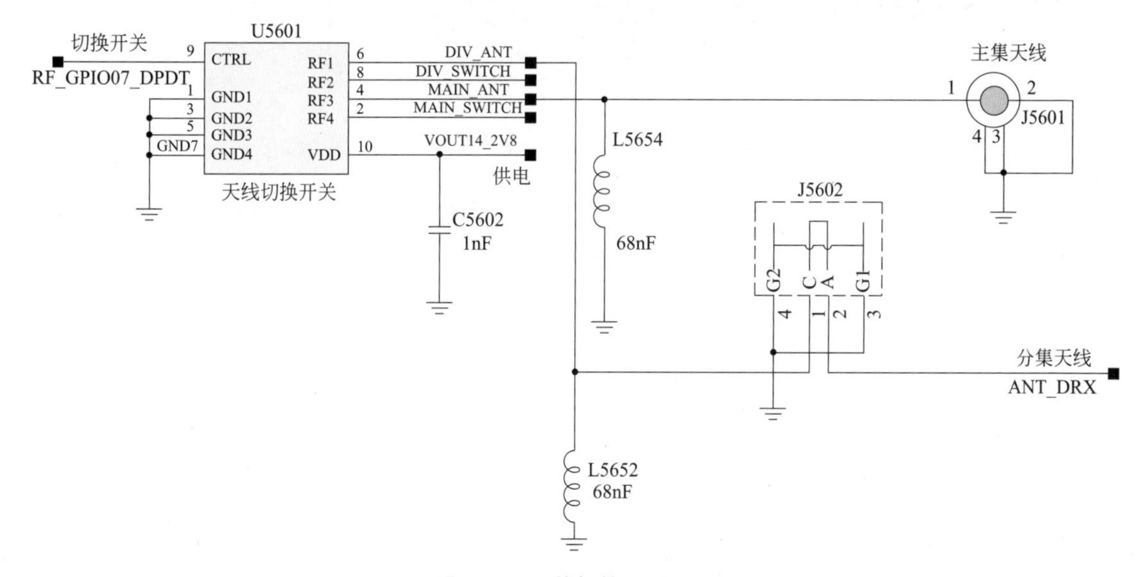

图7-2　天线切换开关电路

低频段的发射信号从U4501的37～43脚输入，经过内部的天线多路开关后从U4501的2脚输出，经天线发射出去；低频段的接收信号从U4501的20脚输入，经过内部的天线多路开关后，分别从U4501的37～43脚输出。

中高频段的发射信号从U4501的26～29脚、31～35脚输入，经过内部的天线多路开关后从U4501的2脚输出，经天线发射出去；中高频段的接收信号从U4501的20脚输入，经过内部的天线多路开关后，分别从U4501的26～29脚、31～35脚输出。

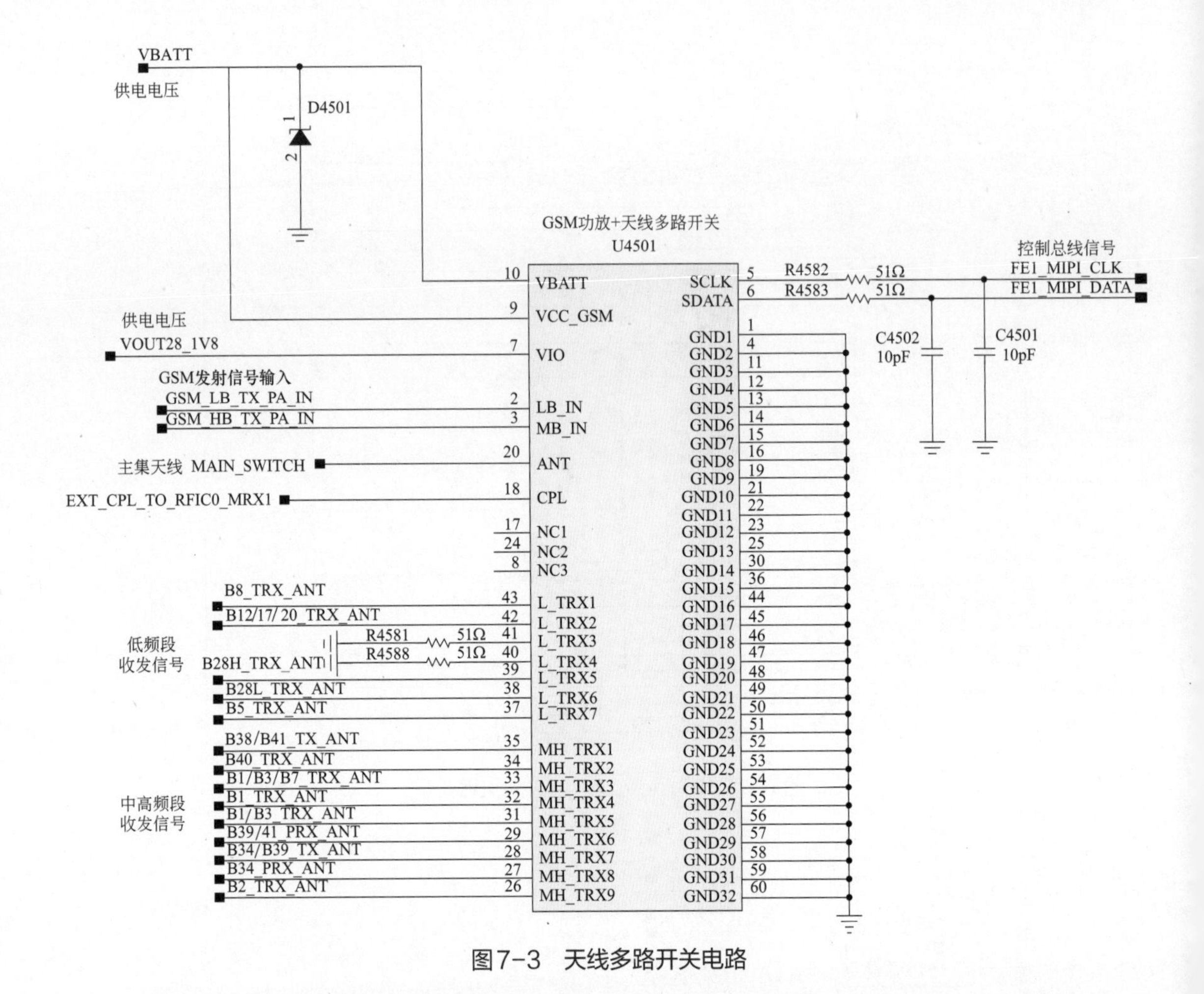

图7-3 天线多路开关电路

U4501 的工作在控制总线信号 FE1_MIPI_CLK、FE1_MIPI_DATA 的控制下工作。

四、天线双工器电路

双工器又称天线共用器，是一个比较特殊的双向三端滤波器。其作用是将发射和接收讯号相隔离，保证接收和发射都能同时正常工作。

双工器既要将微弱的接收信号耦合进来，又要将较大的发射功率馈送到天线上去，且要求两者各自完成其功能而不相互影响。在智能手机中一般会使用多个双工器，且相互之间不能代换。

双工器电路如图 7-4 所示。

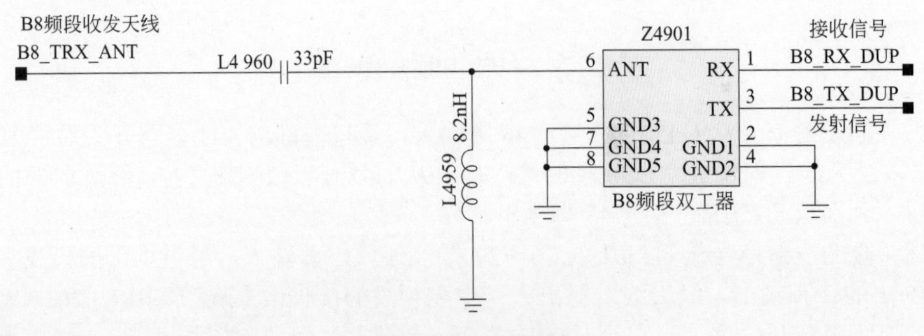

图7-4 双工器电路

双工器接收信号输出到下一级电路中间使用了L形滤波器，滤除杂波脉冲信号和各种干扰。L形滤波器如图7-5所示。

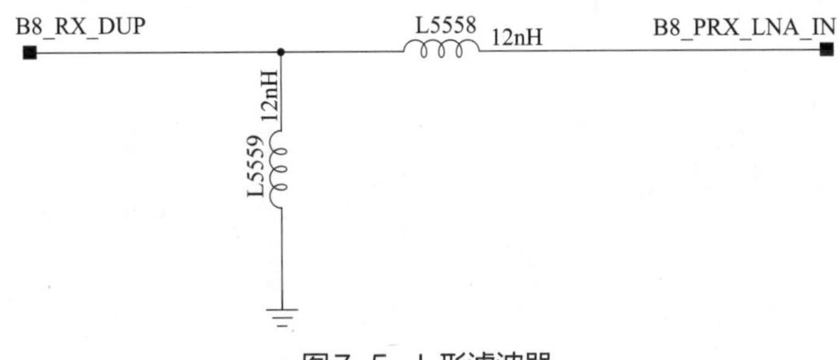

图7-5 L形滤波器

五、低噪声放大器电路

低噪声放大器(LNA)即噪声系数很低的放大器，主要用于接收电路中。因为接收电路中的信噪比通常是很低的，往往信号远小于噪声，通过放大器的时候，信号和噪声一起被放大的话非常不利于后续处理，这就要求放大器能够抑制噪声，减少对后级电路的干扰。

低噪声放大器电路如图7-6所示。

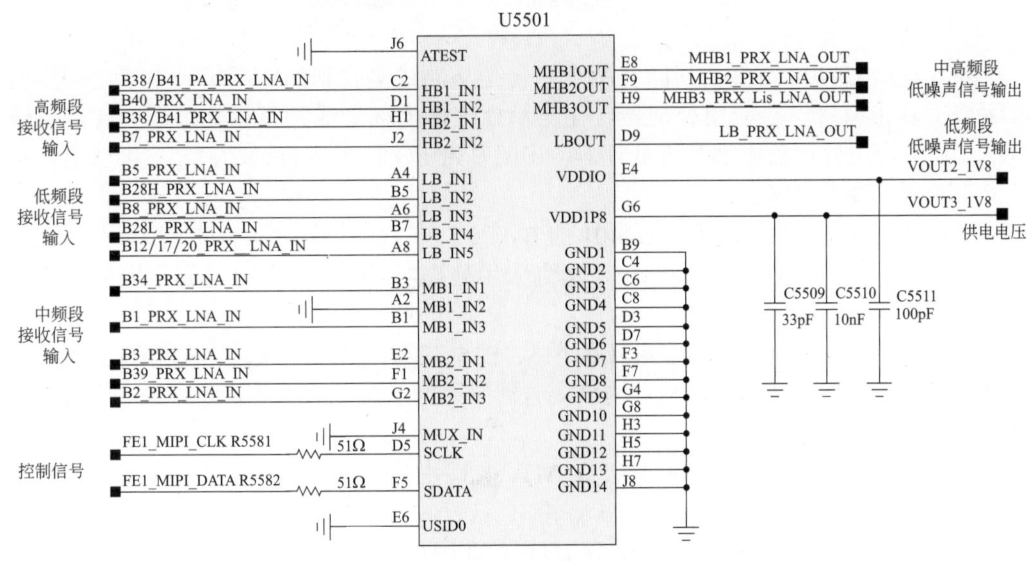

图7-6 低噪声放大器电路

高频段接收信号从C2、D1、H1、J2脚输入U5501内部；低频段接收信号从A4、B5、A6、B7、A8脚输入U5501内部；中频段接收信号从B3、B1、E2、F1、G2脚输入U5501内部。

经过低噪声放大后的中高频段信号从U5501的E8、F9、H9脚输出，送入射频处理器电路；经过低噪声放大后的低频段信号从U5501的D9脚输出，送入射频处理器电路。

供电电压VOUT2_1V8、VOUT3_1V8分别送到U5501的E4、G6脚；控制信号FE1_MIPI_CLK、FE1_MIPI_DATA分别送到U5501的D5、F5脚。

六、射频处理器电路

射频处理器U4401信号处理部分如图7-7所示。

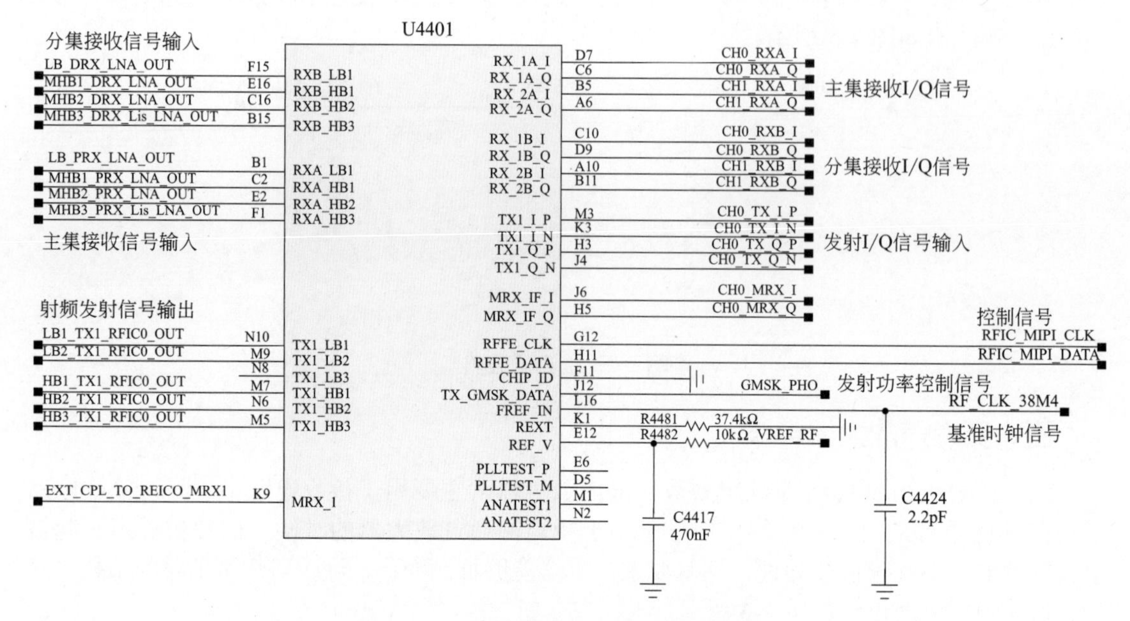

图7-7 射频处理器U4401信号处理部分

射频处理器U4401的主要功能有两个：一是从天线接收到的射频信号中选出需要的信号并解调出基带信号送给应用处理器，在应用处理器内部集成的基带处理器中解调出语音信号；二是对应用处理器内部基带处理器输出的基带I/Q信号进行调制，经过混频后，由功率放大器送到天线发射出去。

主集接收信号从射频处理器U4401的B1、C2、E2、F1脚输入内部解调出I/Q信号，从U4401的D7、C6、B5、A6脚输出，送到应用处理器内部的基带处理器电路解调出语音信号。

分集接收信号从射频处理器U4401的F15、E16、C16、B15脚输入内部解调出I/Q信号，从U4401的C10、D9、A10、B11脚输出，送到应用处理器内部的基带处理器电路解调出语音信号。

发射I/Q信号从射频处理器U4401的M3、K3、H3、J4脚输入内部进行调制。射频发射信号从U4401的N10、M7、N6、M5脚输出，送到功率放大器电路。

基准时钟信号RF_CLK_38M4送到U4401的L16脚，作为射频处理器的基准时钟。RFIC_MIPI_CLK、RFIC_MIPI_DATA分别送到U4401的G12、H11脚。

射频处理器U4401供电部分如图7-8所示。

供电电压VOUT1_1V9分别送到射频处理器U4401的F5、A12、A2、A14、E10、N12、J14、J16脚；供电电压VOUT3_1V8分别送到射频处理器U4401的H1、B13、M11、J2脚；供电电压VOUT2_1V8送到射频处理器U4401的H13脚。

七、射频功率放大器电路

在华为nova 5手机中，使用了两个射频功率放大器，分别是U4601、U4602，其中U4601负责中高频段射频信号功率放大，U4602负责低频段射频信号功率放大。

射频功率放大器U4601如图7-9所示。

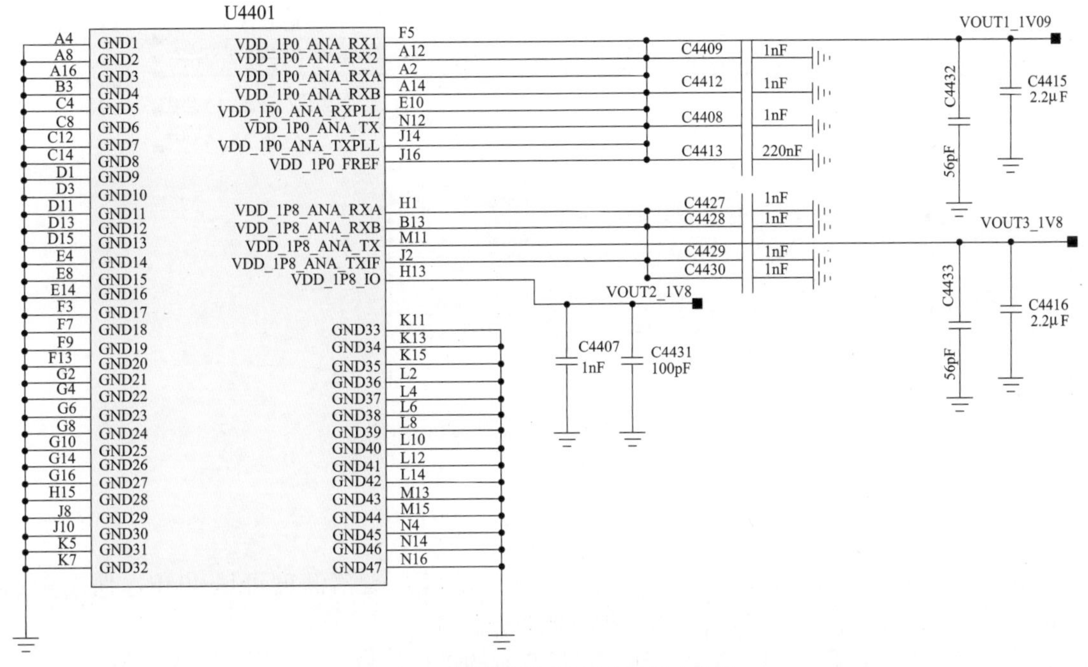

图7-8　射频处理器U4401供电部分

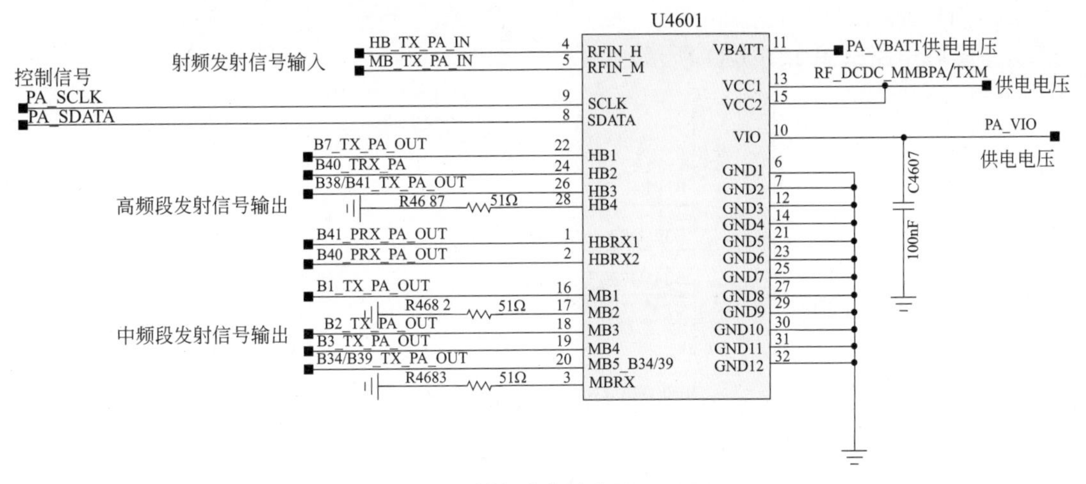

图7-9　射频功率放大器U4601

射频发射信号HB_TX_PA_IN、MB_TX_PA_IN分别送到射频功率放大器U4601的4、5脚。射频发射信号在U4601内部进行放大，其中高频段发射信号分别从U4601的22、24、26、1、2脚输出；中频段发射信号分别从U4601的16、18、19、20脚输出。

供电电压有三路，分别是：PA_VBATT、RF_DCDC_MMBPA/TXM、PA_VIO。控制信号PA_SDATA、PA_SCLK分别送到U4601的8、9脚。

射频功率放大器U4602如图7-10所示。

低频段发射信号LB_TX_PA_IN送到射频功率放大器U4602的4脚。射频发射信号在U4602内部进行放大，其中低频段发射信号从U4602的11、12、13、15、17脚输出。

供电电压有三路，分别是：PA_VBATT、RF_DCDC_MMBPA/TXM、PA_VIO。控制信号PA_SDATA、PA_SCLK分别送到U4602的1、24脚。

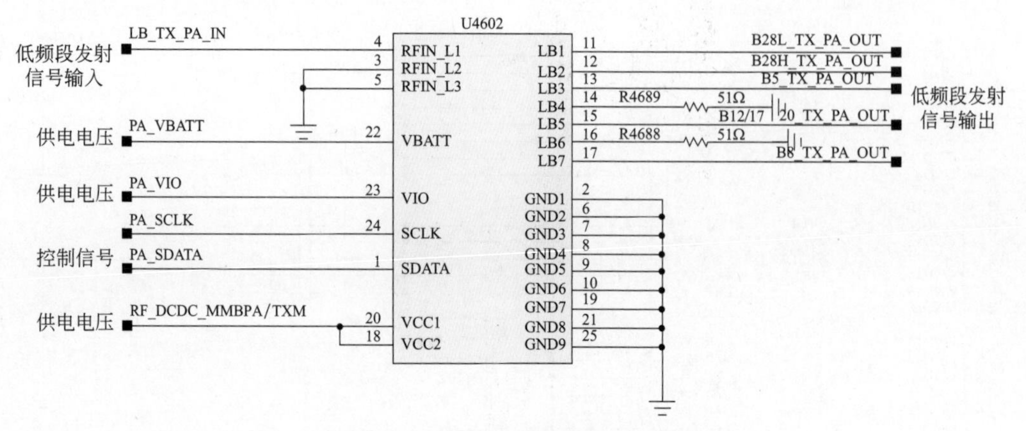

图7-10　射频功率放大器U4602

八、分集接收电路

在移动通信中存在着许多经干涉而产生的快衰落，衰落深度可达40dB，偶尔可达80dB。分集接收就是克服这种衰落的一种方法。

分集接收是利用信号和信道的性质，将接收到的多径信号分离成互不相关（独立的）的多径信号，然后将多径衰落信道分散的能量更有效地接收起来处理之后进行判决，从而达到抗衰落的目的。

分集接收电路框图如图7-11所示。

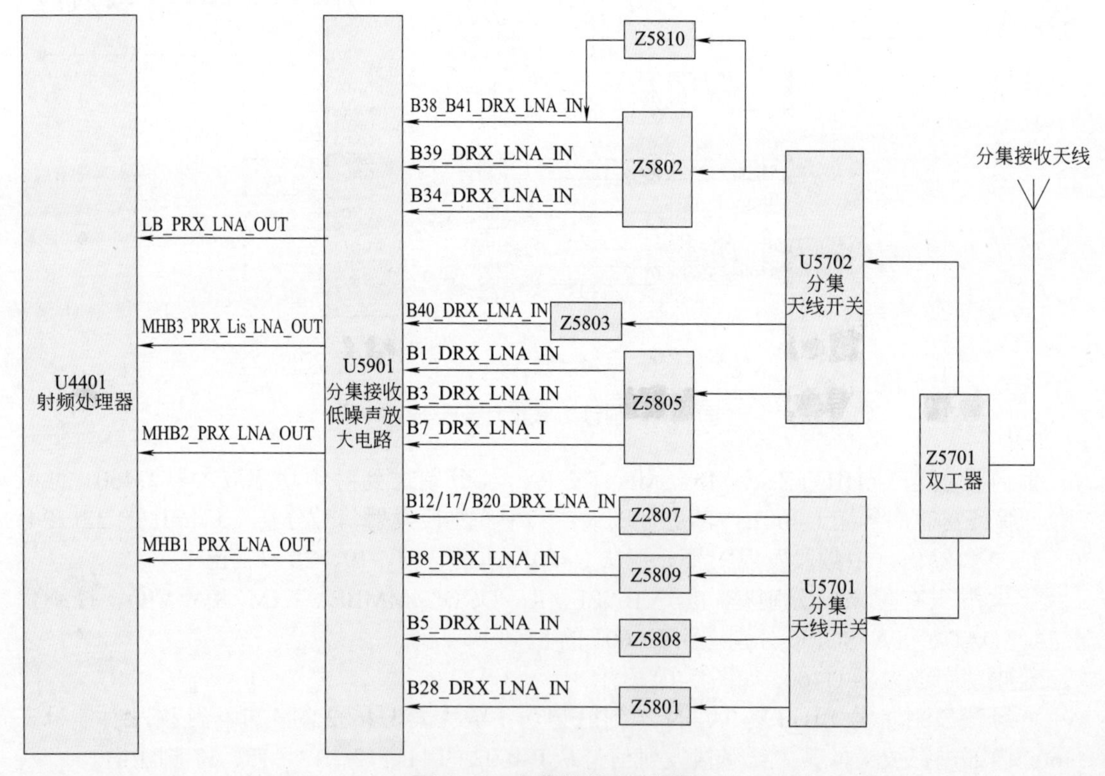

图7-11　分集接收电路框图

九、射频电路维修案例

1. 华为P30手机无服务故障维修

故障现象：

华为 P30 手机，手机进水后出现无服务故障。

故障分析：

手机进水后，出现无服务故障，一般与射频处理器及外围电路等有关系。

维修经验

对于初学者来讲，无服务故障维修难度相对较大，一是缺乏有效的检测仪器设备；二是缺乏一定的维修经验。

在维修无服务故障时，一定要综合运用各种维修方法，分别使用联通卡、移动卡、电信卡进行测试，看各运营商信号是否正常，分别检查 2G、3G、4G、5G 信号是否正常。然后根据得出的结论进一步缩小故障范围。

故障维修：

检查发现 U3201 射频供电芯片外围腐蚀严重，清理后重新补焊，故障未排除，更换芯片后，故障排除。

U3201 射频供电芯片如图 7-12 所示。

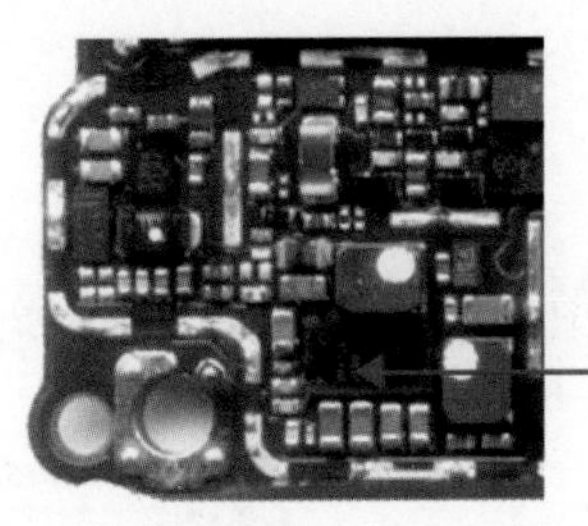

图7-12　U3201射频供电芯片

2. 华为P30手机GSM无服务故障维修

故障现象：

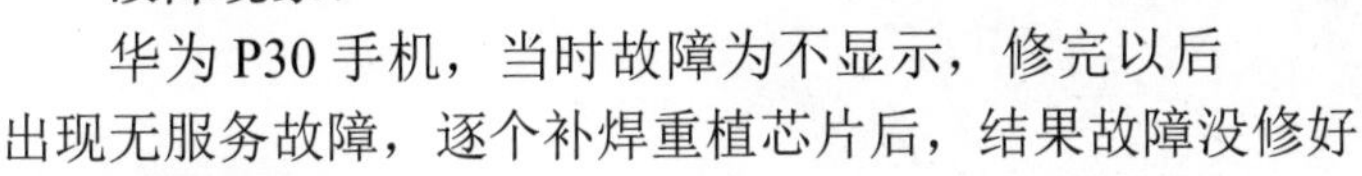

华为 P30 手机，当时故障为不显示，修完以后出现无服务故障，逐个补焊重植芯片后，结果故障没修好。

故障分析：

无服务问题会和多个芯片有关系，华为 P30 手机 GSM 频段信号收发涉及多个芯片，应重点检查和 GSM 相关的电路芯片。

初学者在检查无服务故障的时候，重点要以二极体值法为主，第一能够避免走更多的弯路；第二能够学习和掌握射频电路故障维修的基本经验。

故障维修：

逐个把补焊的芯片取下来，检查主板芯片对地二极体值，发现 U3301 有一个引脚对地短路，更换 U3301 以后，发现仍然不正常。

把主板的助焊剂彻底清洗干净以后，发现 U3301 旁边有一个电感脱落，重新补上一个电感后，手机正常工作。

GSM 频段元件布局及收发路径如图 7-13 所示。

3. 华为Mate30 5G手机5G无信号故障维修

故障现象：

华为 Mate30 5G 手机，摔过一次后，手机 5G 无服务。

故障分析：

华为 P30 手机 5G 频段信号收发涉及多个芯片，应重点检查和 5G 相关的电路芯片。

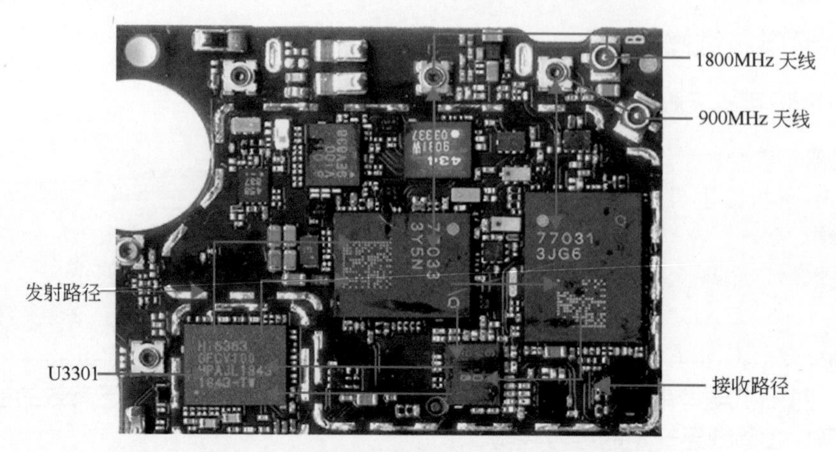

图7-13　GSM 频段元件布局及收发路径

新上市的智能手机大部分支持 5G 频段，5G 频段有些是独立的芯片完成，有些是与其他频段有共用的芯片，这样就给我们判断故障提供了方便。

故障维修：

重点检查 5G 频段功放、射频开关、低噪声放大器等元件，发现低噪声放大器焊盘虚焊，重新补焊后，开机测试，信号正常。

5G 频段元器件布局如图 7-14 所示。

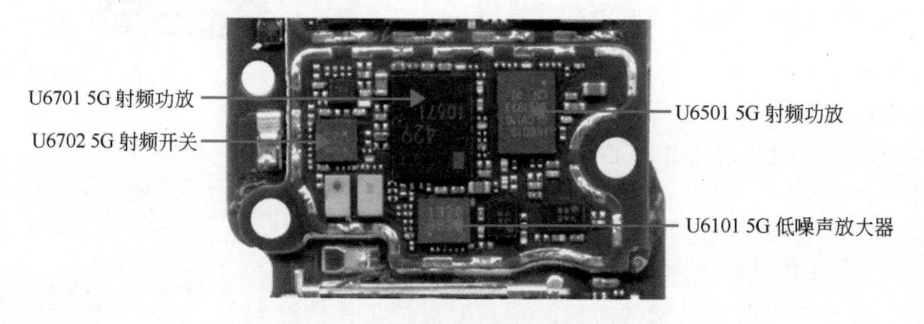

图7-14　5G频段元器件布局

4. 华为Mate30 5G手机移动5G无信号故障维修

故障现象：

华为 Mate30 5G 手机，刚买一个月时间，手机摔过一次后，移动 5G 无信号。

故障分析：

移动 5G 使用的是 N41、N78、N79 频段，应该先从这几个频段收发信号入手。

故障维修：

拆机检查主板，未发现有明细的磕碰痕迹，拆下 5G 部分屏蔽罩，重点检查 N41 频段部分元器件，目前移动只使用了 N41 频段，其余两个频段未使用。

分别检查 N41 频段的几个滤波器 Z7501、Z7505，射频测试接口 J7502 等，使用万用表测量 J7502，发现其内部开路，拆下短接后，开机测试信号正常。

N41 频段元件如图 7-15 所示。

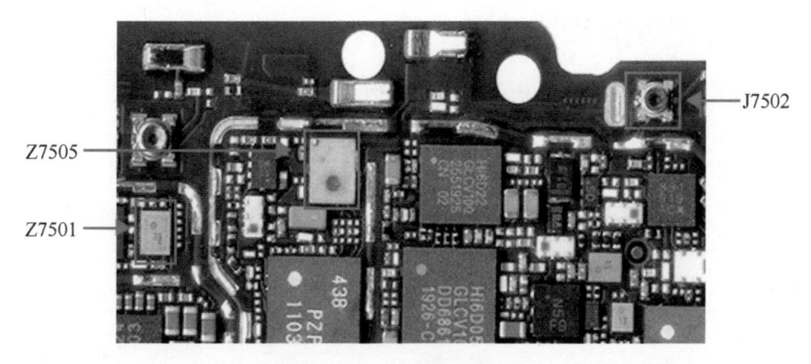

图7-15　N41频段元件

5. 华为V20手机移动4G无接收信号故障维修

故障现象：

华为V20手机，突然出现移动4G无接收信号故障，没有摔过，也没有进水问题，正常使用。

故障分析：

正常使用，排除设置故障，应重点检查移动4G信号收发通道。涉及移动4G信号收发通道的元件有天线测试接口J3402、天线开关+功放U3500、天线开关U3400、低噪声放大器U4400、滤波器Z4003、射频处理器U3301等元器件。

故障维修：

经检查发现，未发现有摔过、维修痕迹，在显微镜下仔细观察主板，发现射频处理器旁边电感有轻微裂痕，轻轻拨动一下，电感就裂开了。更换元件后开机测试，移动4G信号正常。

射频信号部分元件如图7-16所示。

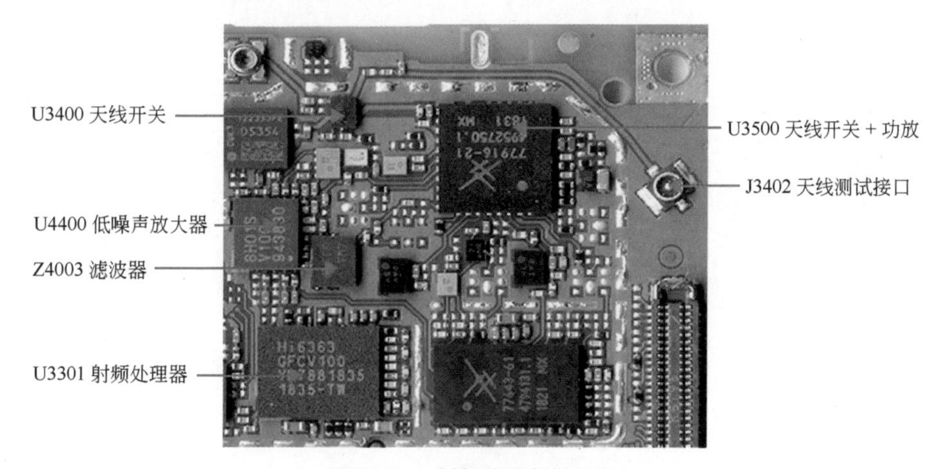

图7-16　射频信号部分元件

第二节 应用处理器电路工作原理与故障维修

在智能手机中，应用处理器电路是最复杂的电路，手机中所有的电路都在应用处理器的控制下工作。

应用处理器结构

一、应用处理器结构

我们以华为 Mate20X 5G 版手机为例介绍应用处理器结构。华为 Mate20X 5G 版使用海思 Hi3680 芯片，采用了麒麟 980 八核处理器，7nm 工艺，网络制式支持移动、联通、电信 /5G+、4G+、4G、3G、2G 等网络制式。

麒麟 980 八核处理器结构如图 7-17 所示。

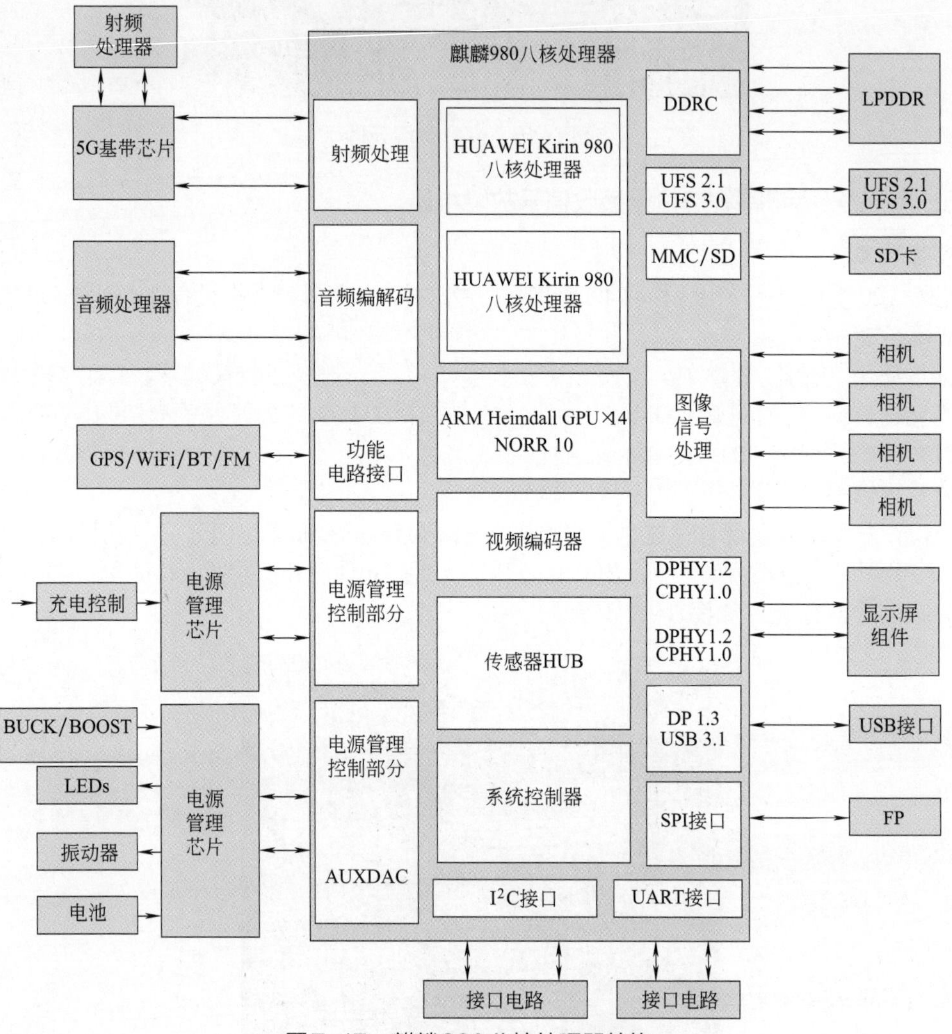

图7-17　麒麟980八核处理器结构

1. 应用程序子系统

华为 Mate20X 5G 版使用海思 Hi3680 芯片，采用了麒麟 980 八核处理器，7nm 工艺，支持 SD3.0、UART、SPI、SDIO、I2C、I2S、PCM、HIS、HSIC、MIPI、DVP、GPIO、HDMI、USB、Keypad、LpDDR4 控制器、UFS、PWM 等功能模块。

2. 用户接口系统

用户接口处理系统包括：Camera 接口、PCM 接口、I²S 接口、RF 接口、LCD 接口、USB 接口、UART 接口、MIPI、GPIO、JTAG 接口、SPI 接口、键盘接口等。

3. 多媒体和游戏引擎

多媒体和游戏引擎运行 Mpeg/jpeg 硬件引擎、游戏引擎、JAVA 加速器和 MP3/MMS/MIDI 功能。

应用处理器供电电路

二、应用处理器供电电路

下面以华为 nova 5 手机为例，介绍应用处理器供电电路工作原理。

智能手机应用处理器有多种节电模式，为了满足工作，空闲与休眠模式下可以关断不用的供电电路。在应用处理器电路中，设置了多组供电，以满足不同模式下的供电需求。

除此之外，应用处理器电路供电电路还应满足电压、电流、精度、损耗、功率等具体要求，方可保证应用处理器电路的正常工作。

1. 应用处理器电源管理芯片

在华为 nova 5 手机中，应用处理器电路使用了单独的电源管理芯片，为应用处理器核心部分提供供电。

应用处理器电源管理芯片如图 7-18 所示。

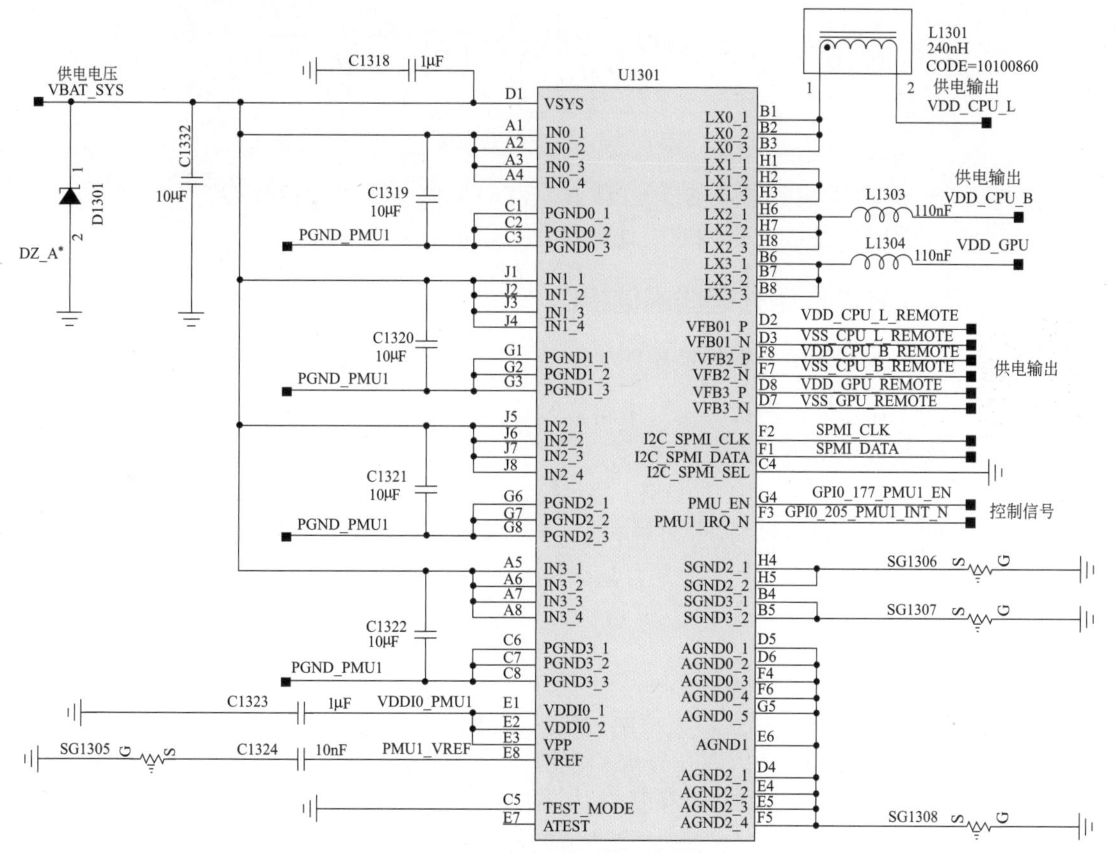

图 7-18　应用处理器电源管理芯片

2. 应用处理器电源供电

在应用处理器供电电路中，使用了多组供电，为了描述方便，我们不便一一列举，以其中一组供电为例来进行讲解。

电源供电电路如图 7-19 所示。

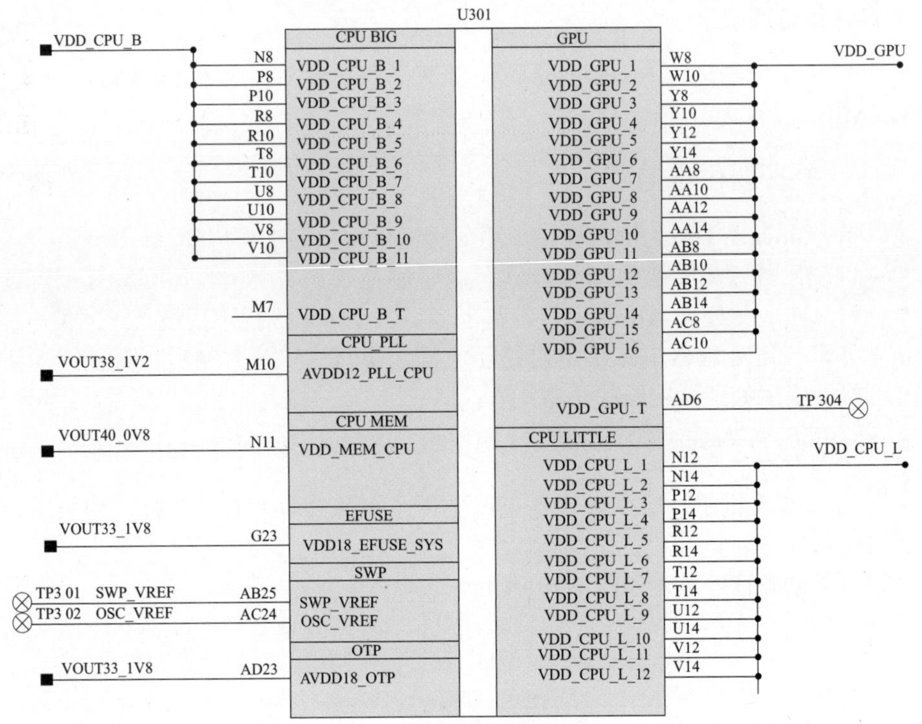

图7-19　电源供电电路

由电源管理芯片输出的 VDD_CPU_B、VDD_GPU、VOUT38_1V2、VOUT40_0V8、VOUT33_1V8、VDD_CPU_L 送到应用处理器 U301 的内部。

三、应用处理器通信接口

应用处理器通信接口

1. 显示屏、摄像头接口

显示屏、摄像头接口采用了 MIPI 协议下的 DSI（显示接口）和 CSI（摄像头接口）协议。

D-PHY 提供了对 DSI（显示接口）和 CSI（摄像头接口）在物理层上的定义。D-PHY 采用 1 对源同步的差分时钟和 1～4 对差分数据线来进行数据传输。数据传输采用 DDR 方式，即在时钟的上下边沿都有数据传输。

显示屏、摄像头接口电路如图 7-20 所示。

2. 存储器通信接口

应用处理器的存储器通信接口支持两种协议，分别是 eMMC 和 UFS。

虽然 eMMC 闪存和 UFS 闪存在外观和作用上没有明显区别，但是实际上两者的内部结构却有着本质上的差异。eMMC 闪存基于并行数据传输技术打造，其内部存储单元与主控之间拥有 8 个数据通道，传输数据时 8 个通道同步工作，工作模式为半双工，也就是说每个通道都可以进行读写传输，但同一时刻只能执行读或者写的操作。

而 UFS 闪存则是基于串行数据传输技术打造，其内部存储单元与主控之间虽然只有两个数据通道，但由于采用串行数据传输，其实际数据传输时速远超基于并行技术的 eMMC 闪存。此外 UFS 闪存支持的是全双工模式，所有数据通道均可以同时执行读写操作，在数据读写的响应速度上也要比 eMMC 闪存快得多。

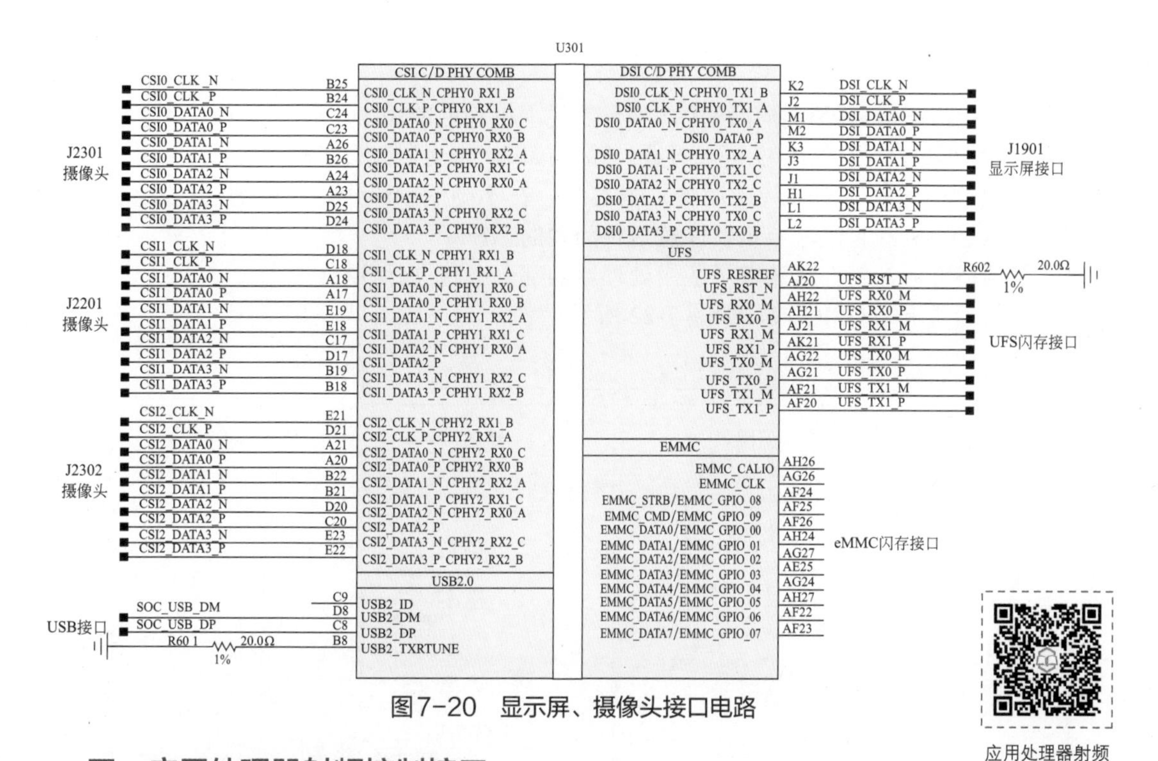

图7-20　显示屏、摄像头接口电路

应用处理器射频接口

四、应用处理器射频控制接口

应用处理器的射频控制接口负责射频接收 I/Q 信号处理、射频发射 I/Q 信号处理、各频段天线开关控制信号、射频 MIPI 信号处理。

应用处理器射频控制接口电路如图 7-21 所示。

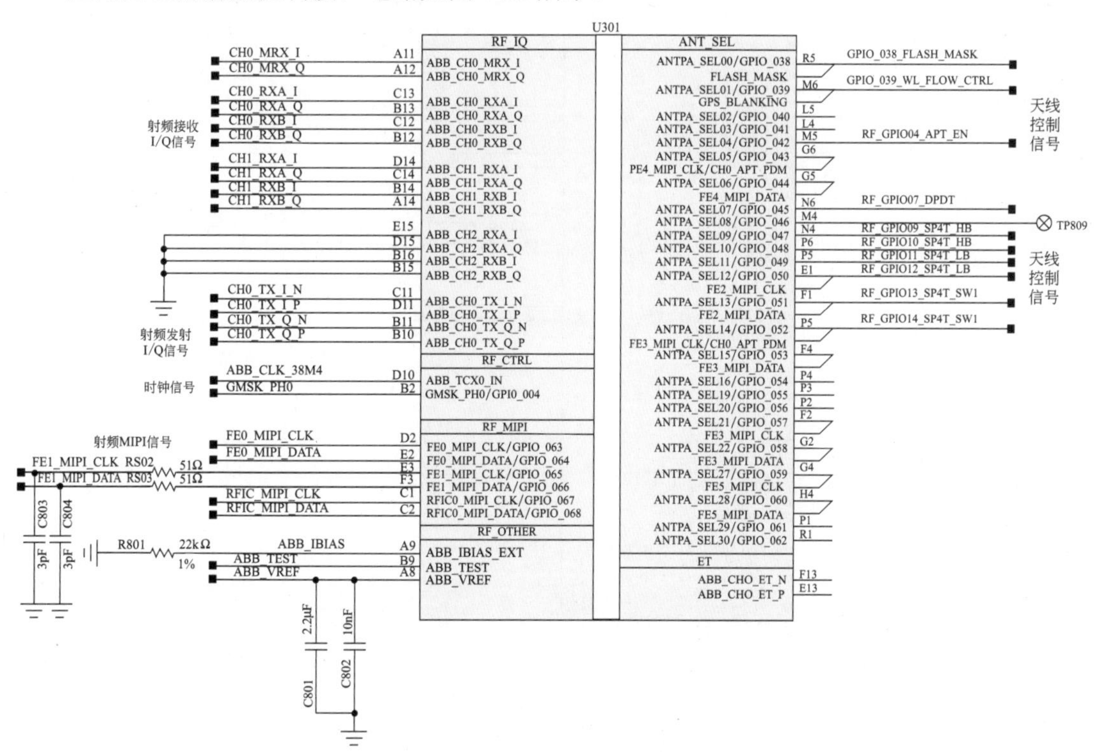

图7-21　应用处理器射频控制接口电路

五、应用处理器电路GPIO接口

在智能手机的应用处理器电路中，为了满足手机功能的需要，研发人员使用了 GPIO 接口用来设置不同的功能。GPIO 可以设置为输入接口，也可以设置为输出接口。

也可以这样理解，同一片应用处理器芯片，在不同的手机中，引脚的功能不一定完全一样。在维修手机的时候，一定要注意这种问题的存在。

为了描述方便，我们只截取了应用处理器的部分电路进行分析。

应用处理器电路 GPIO 接口如图 7-22 所示。

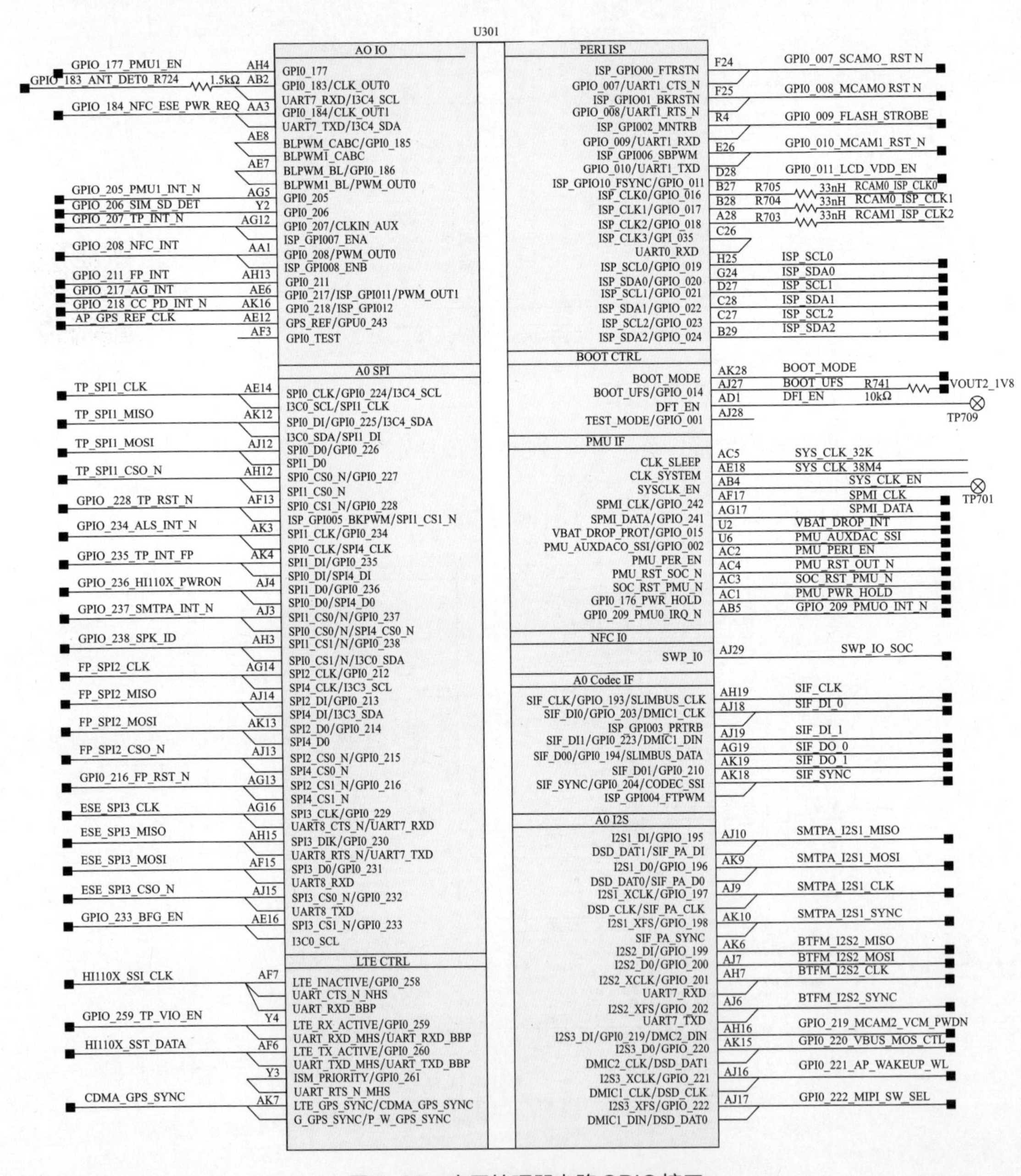

图7-22　应用处理器电路GPIO接口

六、LPDDR4电路

PDDR4 电路

LPDDR 是 DDR 的一种，又称为 mDDR，中文直译是低功耗双重数据比率，也就是实现低功耗指定的内存同其他设备的数据交换标准，以低功耗和小体积著称，专门用于智能手机等移动式电子产品。

在华为 nova 5 手机中，使用的是 LPDDR4x 内存。

1. LPDDR4供电电路

在 LPDDR4 供电电路中，供电电压分别为 1.8V、1.2V、0.62V。在最新的 LPDDR4x 中，与 LPDDR4 供电相同，只是通过将 I / O 电压降低到 0.62 V 而不是 1.1 V，这样可以节省额外的功耗，也就是更省电。

LPDDR4 供电电路如图 7-23 所示。

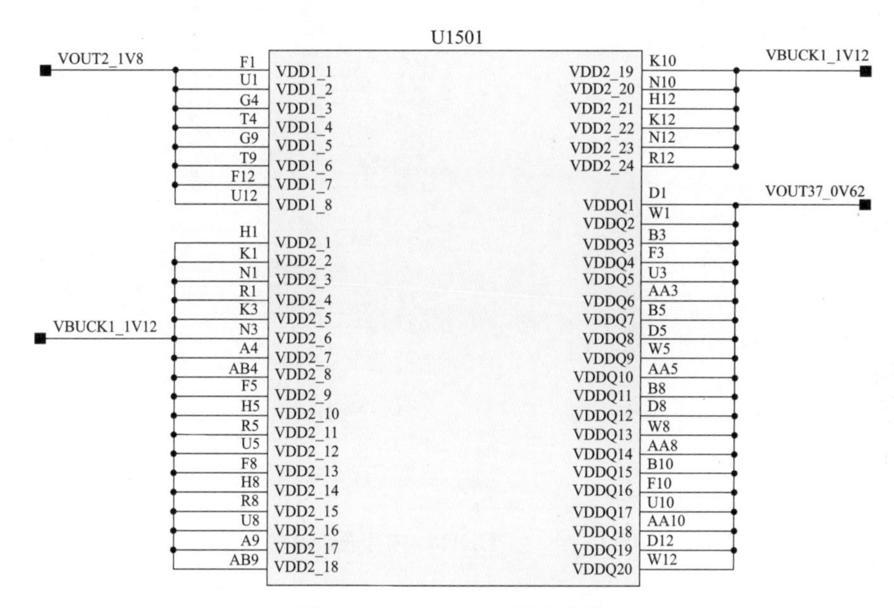

图7-23　LPDDR4供电电路

2. LPDDR4通信电路

LPDDR4x 内存可提供 32Gbps 的带宽，输入 / 输出接口数据传输速度最高可达 3200Mbps。LPDDR4x 内存 U1501 上电以后，经过 200μs 的平稳电平后，等待 500μs CKE 使能信号。在这段时间里 LPDDR4x 内存芯片内部开始状态初始化，该过程与外部时钟无关。然后 LPDDR4x 内存开始 ODT（片内终结）的过程，在复位和 CKE 使能信号有效之前，ODT 信号始终为高阻。

在 CKE 使能信号为高电平后，等待再次复位。然后开始从 MRS 中读取模式寄存器，加载 MR2、MR3 的寄存器来配置应用设置。然后使能 DLL，并且对 DLL 复位。接着便是启动 ZQCL 命令，来开始 ZQ 校准过程。等待校准结束后，LPDDR4x 内存就进入了可以正常操作的状态。

ZQ 信号在 DDR3 时代开始引入，要求在 ZQ 引脚放置一个 240Ω±1% 的高精度电阻到地。注意必须是高精度，而且这个电阻必须有，不能省略。进行 ODT 时，是以这个引脚上的阻值为参考来进行校准的。校准需要调整内部电阻，以获得更好的信号完整性，但是内部电阻随着温度的变化会有些细微的变化。为了将这个变化纠正回来，就需要一个外部的精确电阻作为参考。详细来讲，就是为 RTT 和 RON 提供参考电阻。

LPDDR4x 内存通信电路如图 7-24 所示。

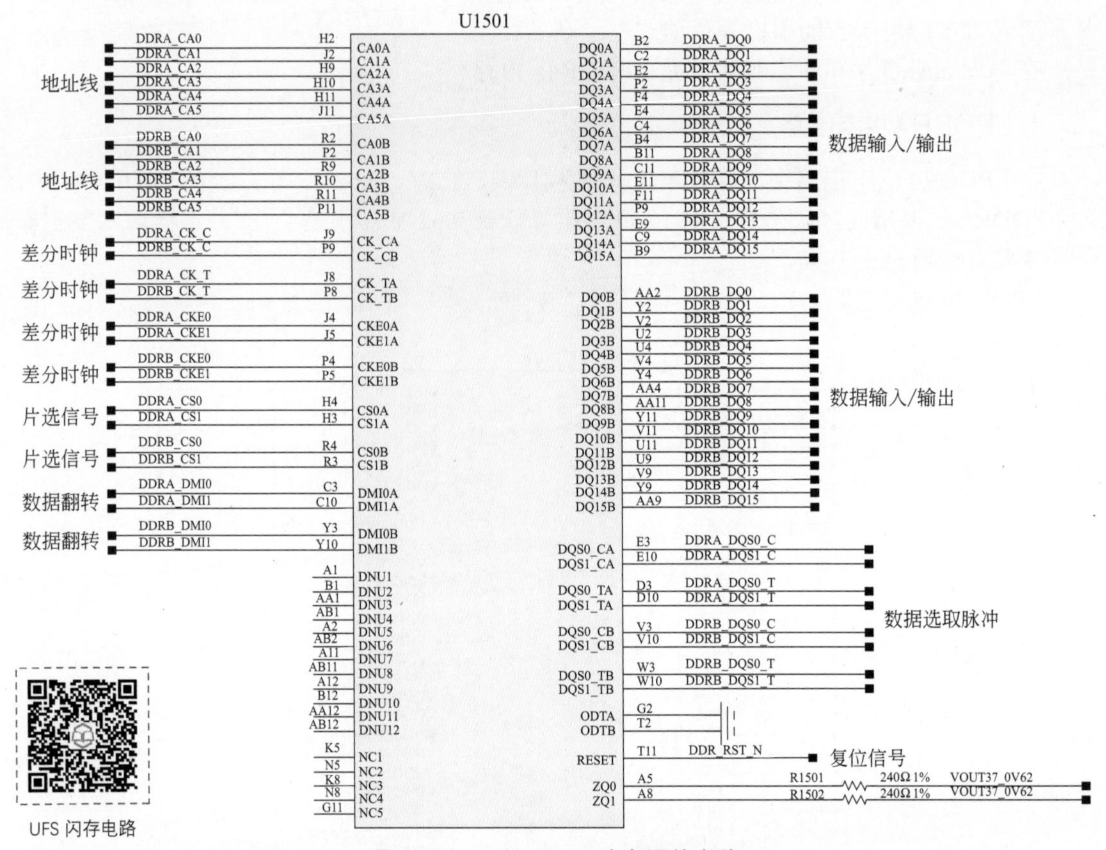

图7-24 LPDDR4x内存通信电路

七、UFS闪存电路

UFS 闪存电路如图 7-25 所示。

UFS 闪存电路有三组供电，分别是 VOUT15_2V95、VCCQ_1V2_UFS3P0、VOUT2_1V8。其中，VOUT15_2V95 是 2.95V 电压，负责给闪存介质供电；VCCQ_1V2_UFS3P0 是 1.2V 电压，负责给闪存输入输出接口和 UFS 控制器供电，VOUT2_1V8 是 1.8V 电压，负责给其他低压模块供电。

时钟信号 UFS_REF_CLK 送到 UFS 闪存 U1601 的 H1 脚。复位信号 UFS_RST_N 送到 UFS 闪存 U1601 的 H2 脚。另外还有四组全双工差分信号，负责 UFS 闪存 U1601 和应用处理器之间的通信。

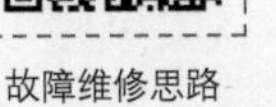

故障维修案例

八、应用处理器电路维修案例

1. 华为Mate30手机不开机故障维修

故障现象：

华为 Mate30 手机维修，开始维修不显示故障，结果拆下屏蔽罩以后就不开机了。

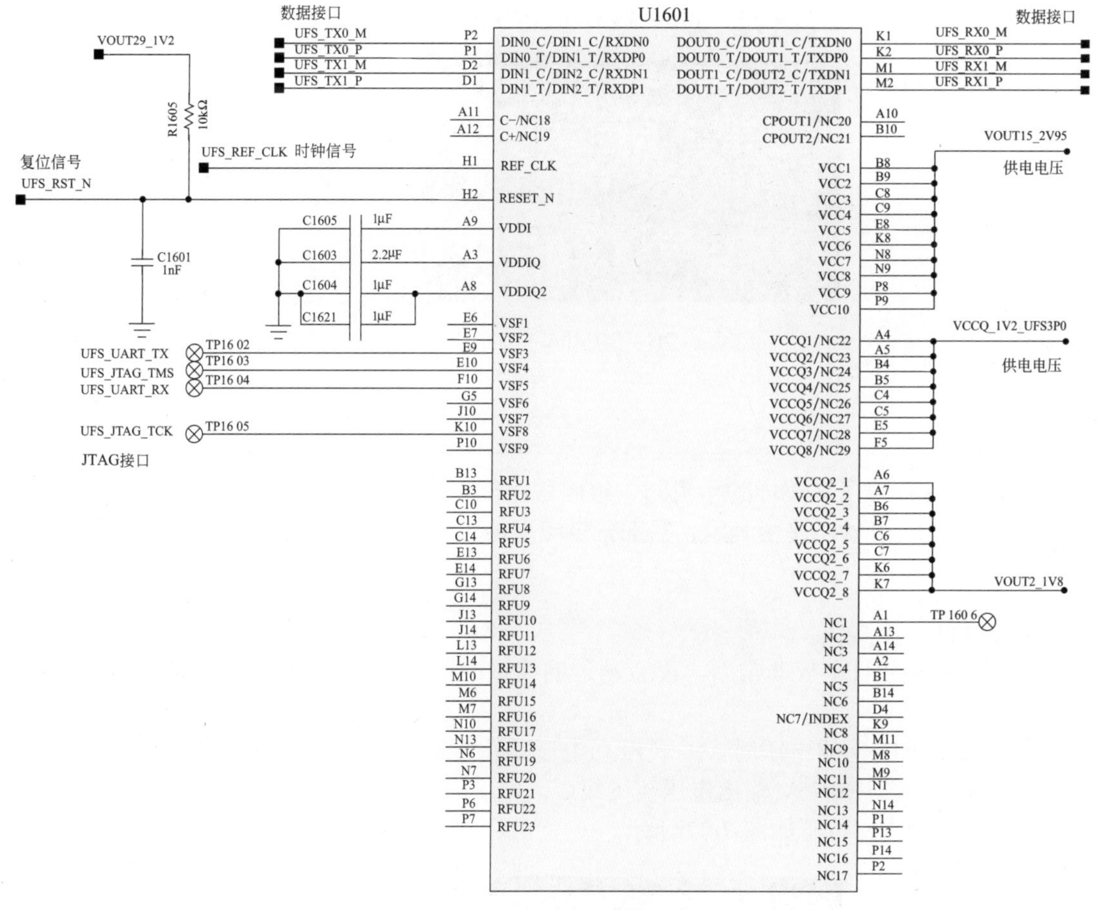

图7-25 UFS闪存电路

故障分析：

分析认为，可能是拆卸屏蔽罩的时候，碰到某些元件或者造成封胶芯片虚焊引起不开机故障，重点检查屏蔽罩附近元器件。

对于初学者来讲，焊接工艺是维修的基础，如果无法掌握良好的焊接工艺，在维修中有可能进一步扩大故障。所以在维修这样的二修机的时候，一定要重点检查之前维修工程师动过的元器件。

故障维修：

分别测量各路供电输出电压，都基本正常，未发现异常问题。使用示波器分别测量复位信号、时钟信号，发现没有时钟信号，检查 38.4MHz 时钟晶体发现脱焊，重新补焊后，测量时钟信号正常。

38. 4MHz 时钟晶体位置如图 7-26 所示。

2. 华为nova4手机不开机故障维修

故障现象：

华为 nova4 手机，故障为不开机，手机一直正常使用，没有磕碰、摔过等问题。

故障分析：

如果没有磕碰、摔过等问题，应该重点检查手机各路供电电压是否正常。

图7-26　38.4MHz时钟晶体位置

维修经验

在维修正常损坏的手机时，维修思路相对比较简单，主要是先检查电源管理电路的工作状态是否满足，各部分供电是否正常，主板是否有其他异常情况等。

故障维修：

拆机检查，手机主板非常新，没有动过的痕迹；检查应用处理器、EMMC 芯片各路供电电压，基本正常。

在测量 C1049 上的电压时，发现没有电压，正常应该为 0.75V，检查发现主板线路断线，从电源管理芯片 0.75V 输出电压端飞线后，电压正常。装机测试，开机正常。

应用处理器电路位置如图 7-27 所示。

图7-27　应用处理器电路位置

3. 华为荣耀V9手机不开机故障维修

故障现象：

华为荣耀 V9 手机，故障为不开机，手机一直正常使用，外观没有磕碰痕迹，最近突然出现不开机问题。

故障分析：

如果没有磕碰、摔过等问题，应该重点检查手机各路供电电压是否正常。

手机加电后，电流为 200mA，看起来要开机但还是无法启动。

故障维修：

将测试点 TP3047 强制对地短接后，手机连接电脑，电脑端口出现 HUAWEI1.0 端口，分析认为是存储器或应用处理器故障引起不开机问题。

测量存储器及应用处理器各路工作电压均正常，未发现有问题。从其他手机拆一个存储器装上以后能开机显示恢复模式，说明原机存储器损坏，更换存储器并重新写软件后，手机开机正常。

第三节 电源管理电路工作原理与故障维修

下面以华为 nova 5 手机的电源管理电路为例，分析智能手机电源电路的工作原理。在华为手机中，并没有像 iPhone 手机那样，应用处理器和基带处理器电路各采用了一块电源管理芯片。

一、按键电路

在华为 nova 5 手机的按键中，主要实现开关机、音量升、音量降等功能，长按或者同时按下组合按键还可以实现其他功能。开关机、音量升、音量降按键通过按键接口电路连接到电源管理芯片内部。

按键接口电路如图 7-28 所示。

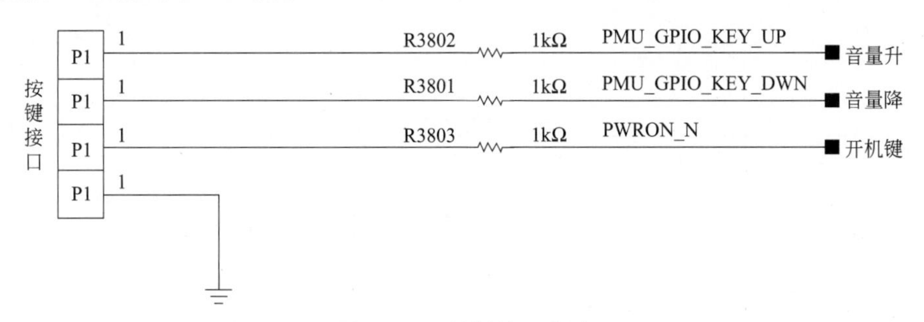

图7-28 按键接口电路

在按键接口电路中，R3802、R3801、R3803 是隔离电阻，防止外部静电信号经按键窜入电路中。

按键接口信号如图 7-29 所示。

开关机信号送入电源管理芯片 U1001 的 J15 脚；音量升、音量降按键信号分别送入电源管理芯片 U1001 的 N4、M5 脚，在 U1001 的内部进行缓冲处理后，通过数据总线送至应用处理器电路。

二、电池接口电路

电池接口电路如图 7-30 所示。

电池接口电路有 6 个有效触点，分别是电池正极 VBATT、电池温度检测 BATT_CONN_TS、电池类型检测 BATT_ID_CONN、电池信息检测 VSN_SN、USB 检测 USB_SW_JIG、接地。

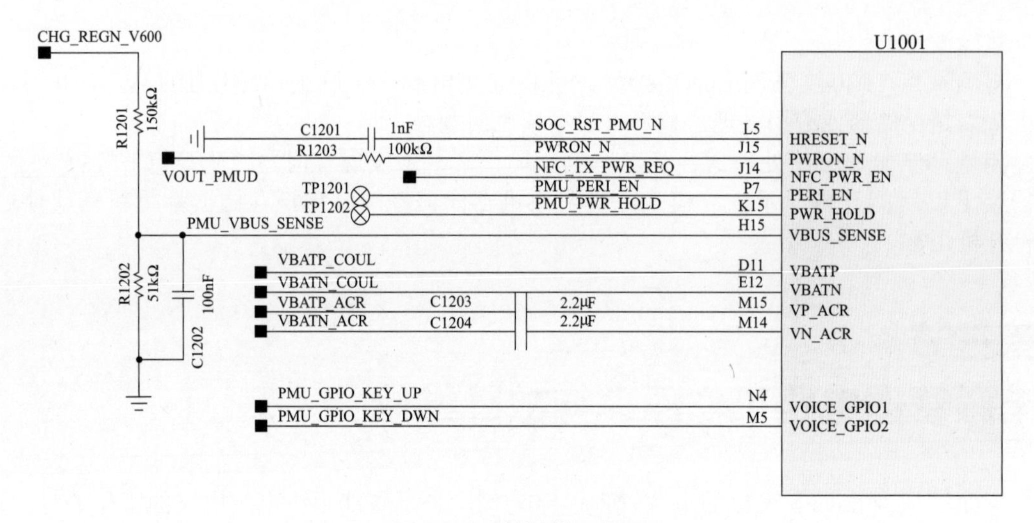

图7-29 按键接口信号

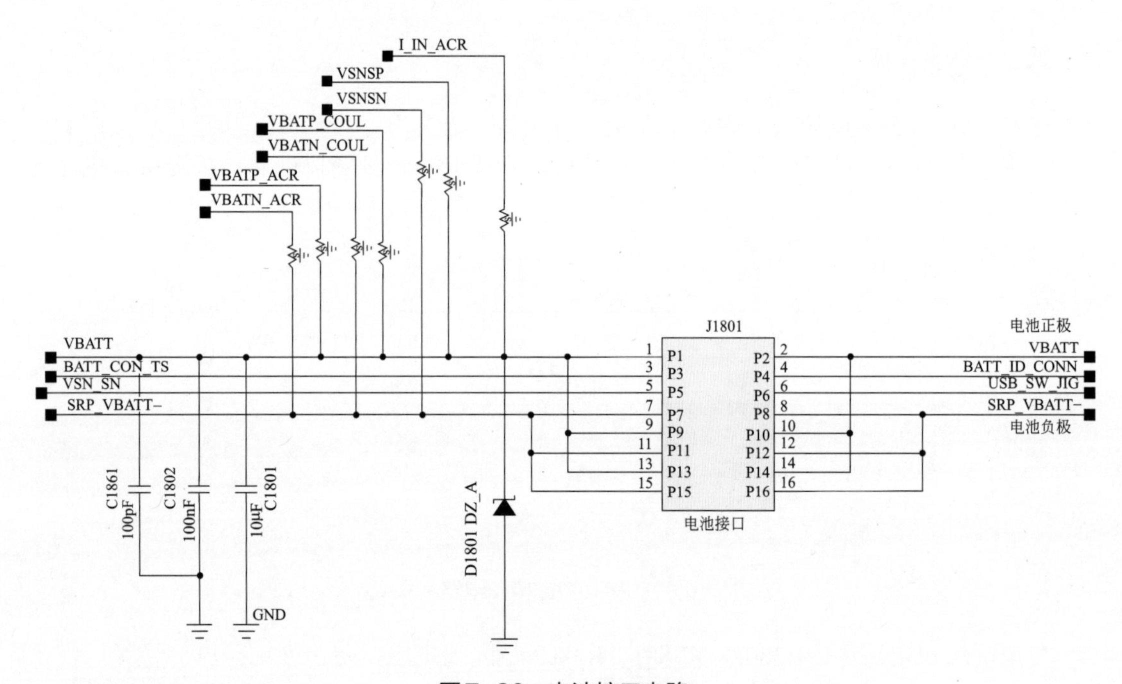

图7-30 电池接口电路

电池温度检测电路如图 7-31 所示。

电池温度检测信号 BATT_CONN_TS 从电池接口 J1801 的 3 脚输出，经过电阻 R1803、R1804 送入电源管理芯片 U1001 的 G7 脚。

nova 5 采用了电池防伪技术，如果接入山寨电池或者是二手电池，都能够识别出来，而且维修的时候，不能使用稳压电源代替电池，否则会出现手机开机后会自动关机、关机状态下无法充电等问题。

电池类型检测电路如图 7-32 所示。

电池类型检测 BATT_ID_CONN 从电池接口输入，经过电阻 R1801、R1802 输出 HKADC_IN11_BAT_ID 信号，送至电源管理芯片内部。

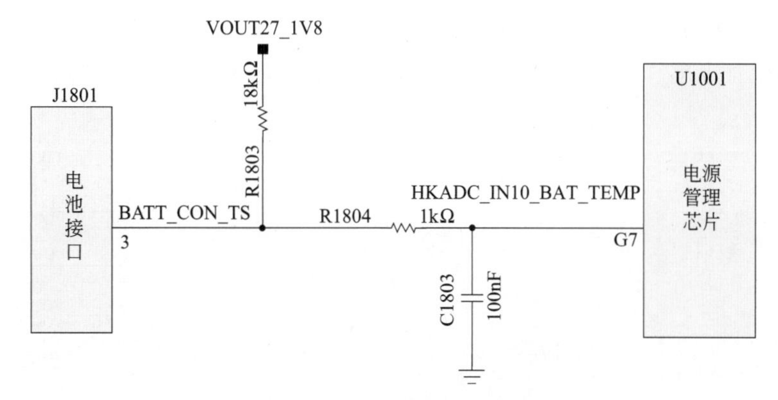

图7-31　电池温度检测电路

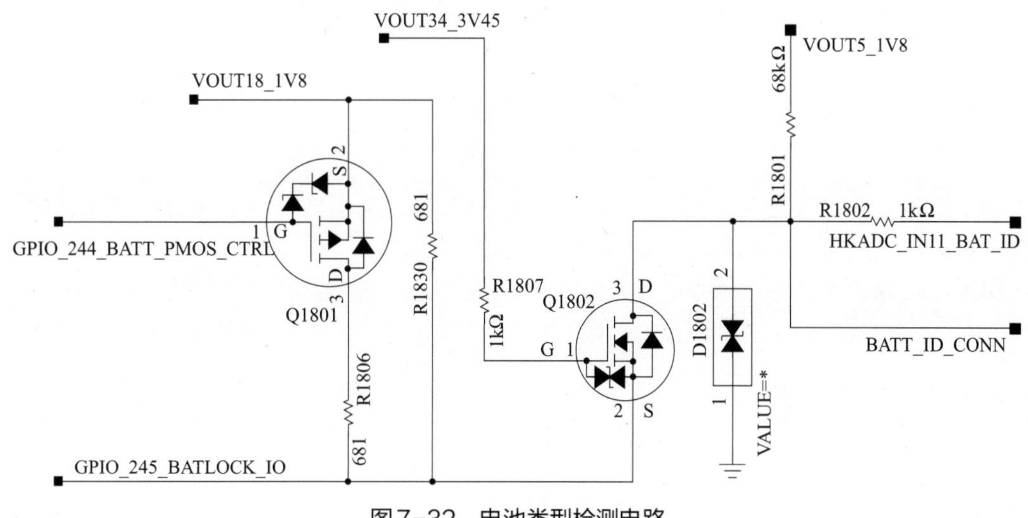

图7-32　电池类型检测电路

送入电源管理芯片内部的电池类型检测信号与应用处理器的数据进行对比，如果是原装电池，就正常工作；如果不是原装电池，应用处理器就输出 GPIO_244_BATT_PMOS_CTRL 信号，控制 Q1801 导通，改变 GPIO_245_BATLOCK_IO 上拉电阻数据，控制应用处理器输出数据到充电控制芯片，停止充电。

三、LDO供电电路

LDO 供电电路是一种低压差线性稳压器，是一种在智能手机中应用最广泛的稳压电路，多用在小电流、低电压的电路。在华为 nova 5 手机中，电源管理芯片 U1001 有多达 40 多路 LDO 电压输出。

电源管理芯片 U1001 的 LDO 供电电路部分比较简单，外部只接了滤波电容，其余全部都集成在电源管理芯片的内部。如果在维修中，其中一路 LDO 供电没有输出，排除虚焊、外部短路、开路问题后，则需要更换电源管理芯片 U1001。

LDO 供电电路如图 7-33 所示。

四、BUCK电路

BUCK 电路在智能手机中的应用非常广泛，尤其是在低电压、大电流的电路均采用

BUCK 电路。在电源管理芯片 U1001 的内部，集成了 BUCK 的电子开关控制部分；在 U1001 的外部接有电感和滤波电容，完成了 BUCK 电路的续流和滤波过程。

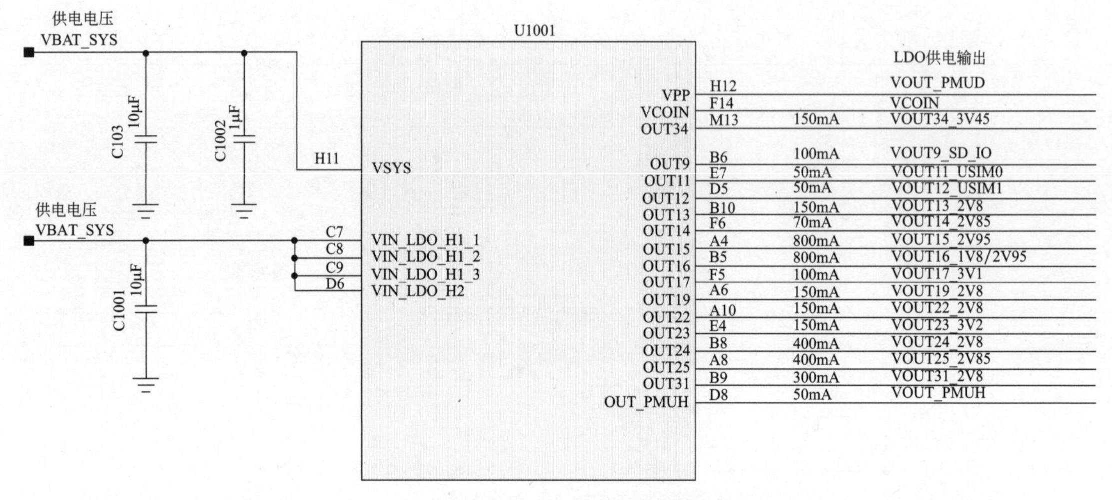

图7-33 LDO供电电路

为了描述方便，只截取了部分 BUCK 电路，并没有把所有的 BUCK 电路画出来。BUCK 电路可以提供最大 4A 的电流，这是 LDO 电路无法相比的。

BUCK 电路如图 7-34 所示。

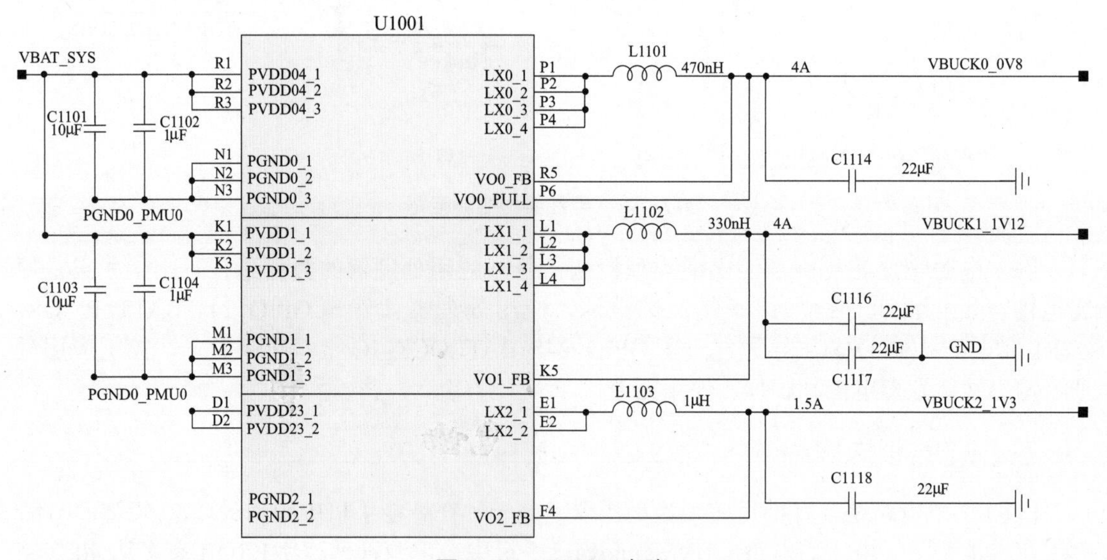

图7-34 BUCK电路

五、时钟电路

在华为 nova 5 手机中，时钟电路分为两部分，一部分是 32.768kHz，另一部分是 38.4MHz。下面分别进行介绍。

1. 32.768kHz实时时钟

32.768kHz 实时时钟电路如图 7-35 所示。

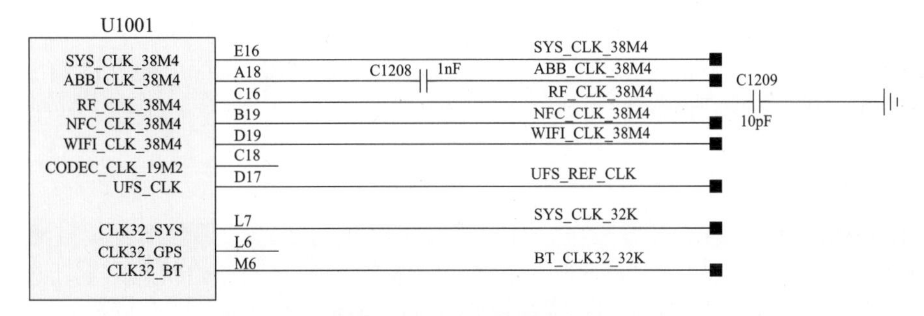

图7-35　实时时钟电路

实时时钟信号从电源管理芯片U1001的D17、L7、M6脚输出，分别送到应用处理器、存储器电路、GPS电路、蓝牙电路等。

2. 38.4MHz系统时钟

38.4MHz系统时钟既为射频处理器电路提供基准时钟，也为应用处理器电路提供系统主时钟。38.4MHz系统时钟是手机工作的必要条件之一。

38.4MHz系统时钟电路如图7-36所示。

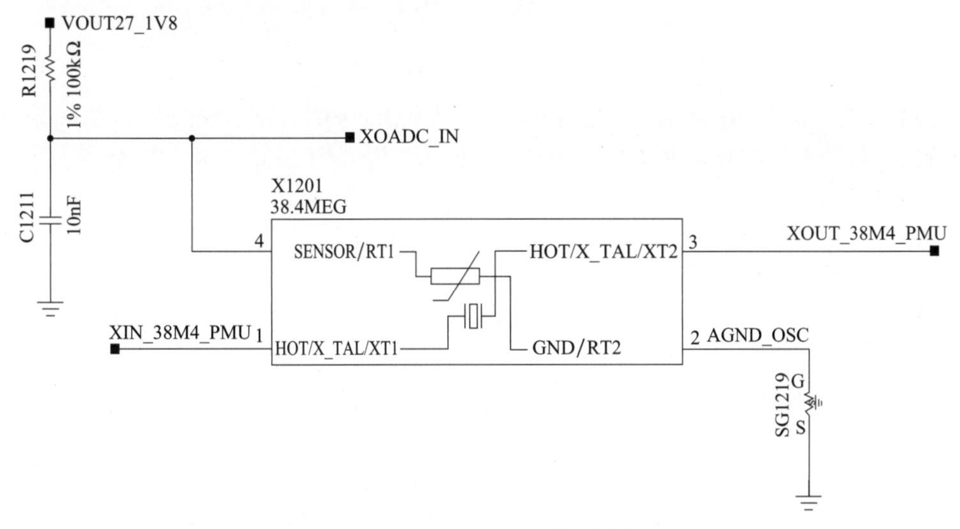

图7-36　38.4MHz系统时钟电路

38.4MHz系统时钟控制信号如图7-37所示。

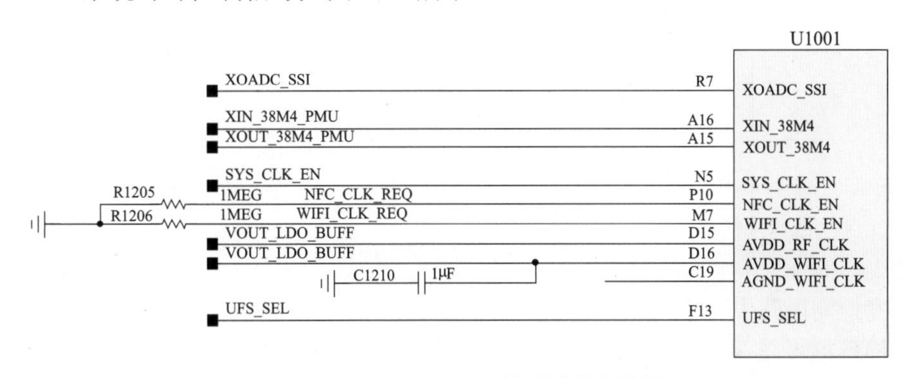

图7-37　38.4MHz系统时钟控制信号

系统时钟晶振 X1201 的 1、3 脚分别连接到电源管理芯片 U1001 的 A16、A15 脚，与内部的电路共同组成振荡电路。系统时钟控制信号 SYS_CLK_EN 从应用处理器输出，送到电源管理芯片 U1001 的 N5 脚。

六、复位电路

为确保手机中电路稳定可靠工作，复位电路是必不可少的一部分。复位电路可将电路恢复到起始状态，就像计算器的清零按钮的作用一样，以便回到原始状态，重新进行计算。

和计算器清零按钮有所不同的是，复位电路启动的手段有所不同。一是在给电路通电时马上进行复位操作；二是在必要时可以由手动操作；三是根据程序或者电路运行的需要自动地进行。

复位电路如图 7-38 所示。

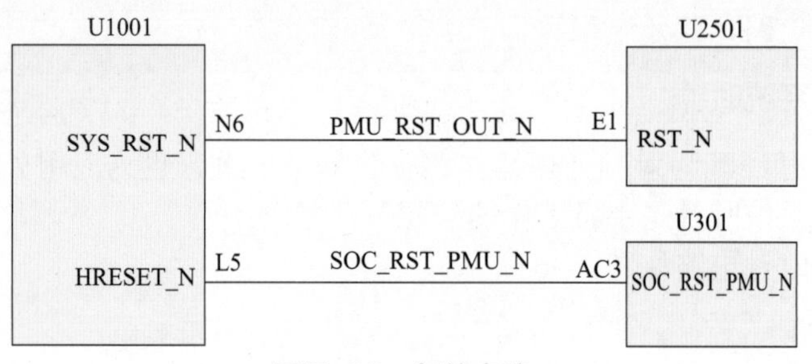

图7-38　复位电路

电源管理芯片 U1001 的 N6 脚输出复位信号 PMU_RST_OUT_N，送到充电管理芯片 U2501 的 E1 脚；电源管理芯片 U1001 的 L5 脚输出复位信号 SOC_RST_PMU_N，送到充电管理芯片 U2501 的 AC3 脚。

七、温度检测电路

华为 nova 5 手机的温度检测电路由电源管理芯片 U1001 完成，保护手机避免在过高温度的环境中使用而可能造成的损坏。

温度检测电路如图 7-39 所示。

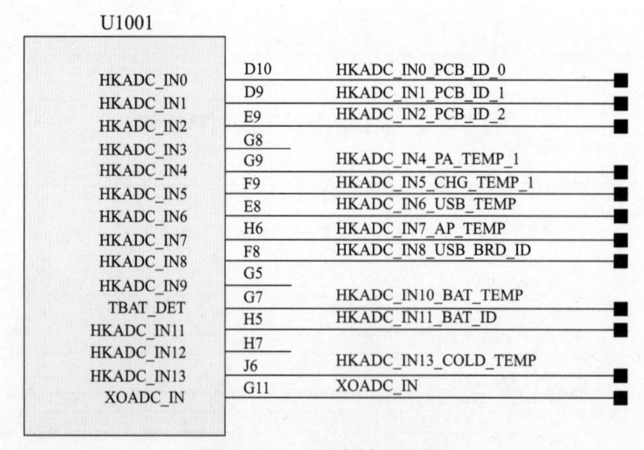

图7-39　温度检测电路

在温度检测电路中，使用了负温度系数的 NTC 电阻，这些 NTC 电阻分布在主板的各个部位。当局部温度过高时，这些 NTC 电阻会把信息传递到电源管理芯片 U1001；电源管理芯片 U1001 输出信号给应用处理器；应用处理器一方面会控制部分功能停止工作，另一方会控制显示屏显示温度过高警示信息。

温度检测取样电路如图 7-40 所示。

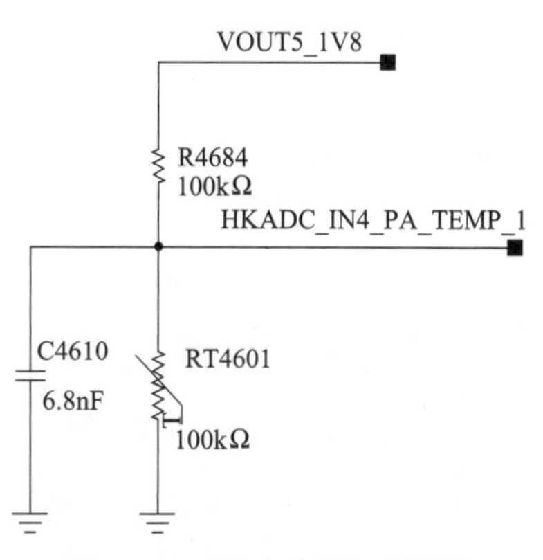

图7-40 温度检测取样电路

负温度系数 NTC 电阻 RT4601 和电阻 R4684 组成分压电路，当温度变化引起 NTC 电阻 RT4601 阻值变化时，HKADC_IN4_PA_TEMP_1 上的电压信号也会发生变化。该电压信号送到电源管理芯片 U1001 的内部，即可检测该主板部位的温度。在华为 nova 5 手机中，使用了多个温度检测取样电路，在此就不一一列举了。

八、快速充电电路

下面以华为 nova 5 手机为例，对快速充电电路原理进行分析。华为标配的超级快充充电器有 10V/4A、9V/2A 或 5V/2A 等几种类型。

快充技术工作原理

USB PD 快速充电工作原理

快速充电电路原理分析

无线充电工作原理

1. 过压保护电路

过压保护电路如图 7-41 所示。

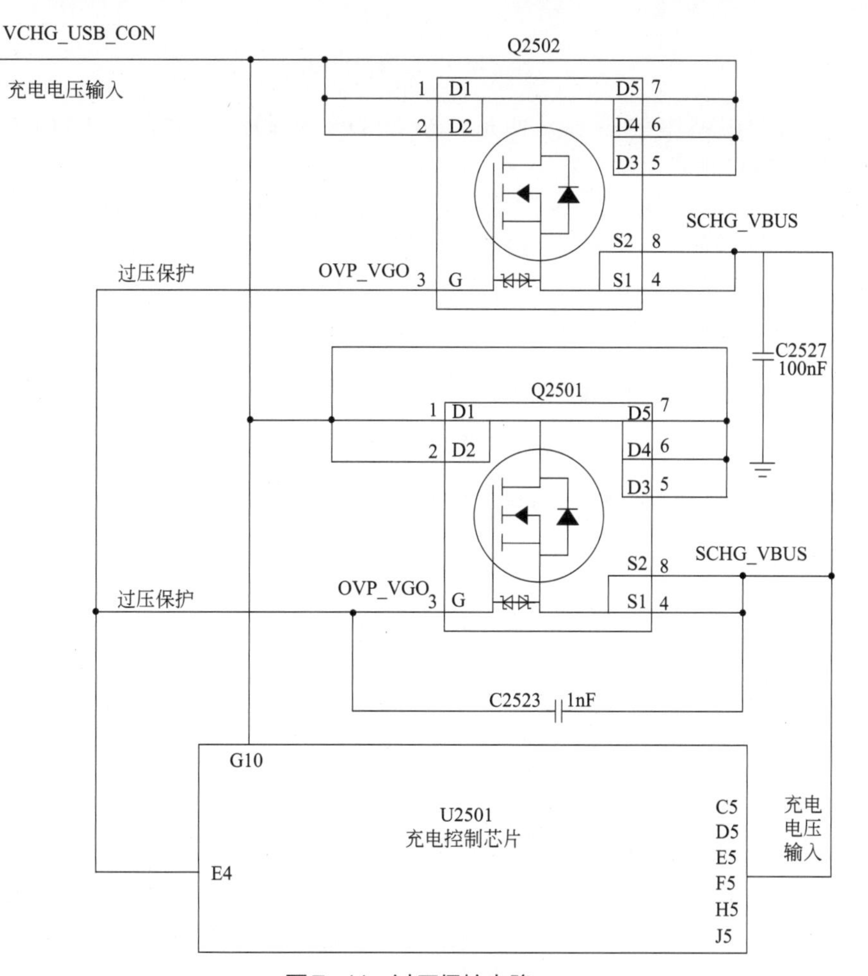

图7-41 过压保护电路

过压保护电路在检测到充电输入电压 VCHG_USB_CON 出现过压状况时，充电控制芯片 U2501 内部的检测电路输出 OVP_VGO 信号，分别送到 Q2501、Q2502 的 G 极，控制两个场效应管断开，避免充电输入电压 VCHG_USB_CON 经过场效应管送到充电控制芯片内部，保护手机核心芯片免遭过压损伤。

2. 过流保护电路

过流保护电路如图 7-42 所示。

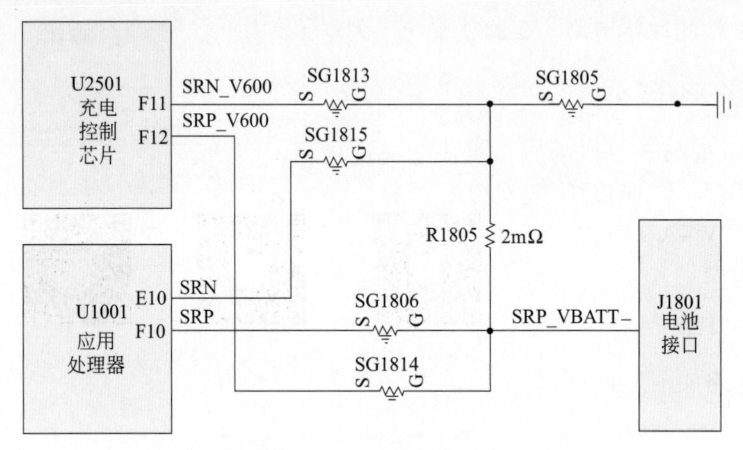

图7-42　过流保护电路

在过流保护电路中的核心元件是一个 2mΩ 的电阻，电池接口 J1801 的负极 SRP_VBATT- 通过 2mΩ 的电阻接地。

当充电电流过大时，R1805 两端的压降就会增大，SRN_V600、SRP_V600 将 R1805 两端取样电压送到充电控制芯片 U2501 的 F11、F12 脚。SRN、SRP 将 R1805 两端取样电压送到充电控制芯片U1001的E10、F10脚。充电控制芯片U2501停止充电，避免手机主板元件被烧毁。

3. 充电过热保护电路

充电过热保护电路如图 7-43 所示。

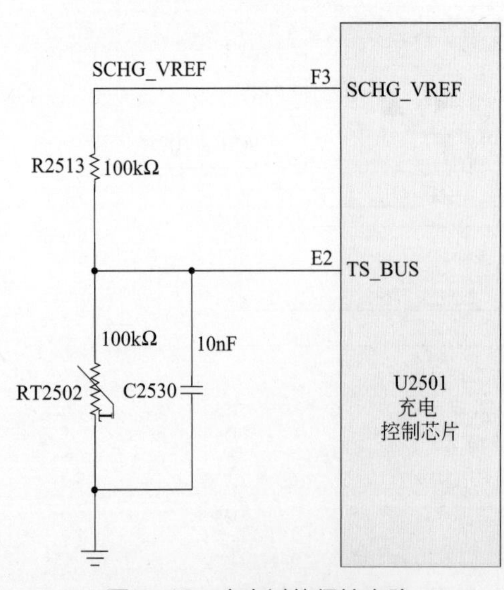

图7-43　充电过热保护电路

充电过热保护电路比较简单，采用了负温度系数热敏电阻 RT2502。RT2502、R2513 组成分压电路，R2513 的一端接充电基准电压，另一端接热敏电阻 RT2502，当温度升高时，RT2502 阻值变小，输入充电控制芯片 U2501 的电压 TS_BUS 就会降低。

当充电电路的温度升高到一定程度时，充电控制芯片 U2501 内部就会启动相应的电路，关闭充电电路，等温度降低以后再启动充电电路。

4. CC逻辑控制电路

CC 逻辑控制电路是 USB Type-C 中的关键电路。它的作用有：检测正反插，检测 USB 连接识别可以提供多大的电压和电流，USB 设备间数据传输、视频传输连接建立与管理等。

CC 逻辑控制电路如图 7-44 所示。

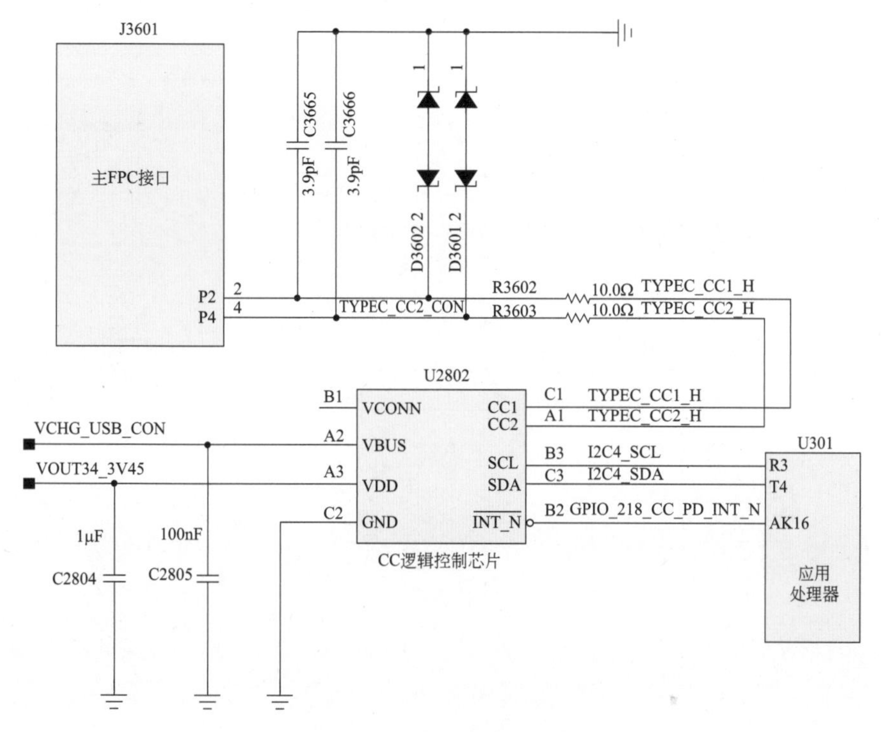

图7-44　CC逻辑控制电路

当接入外部设备的时候，Type_CC1_H、Type_CC2_H 检测到接入的设备类型；区分数据线是正面还是反面；区分是主设备还是从设备；配置充电模式（有 USB Type-C 和 USB Power Delivery 两种模式），配置 Vconn 模式，当线缆里有芯片的时候，一个 CC（配置通道）传输信号，一个 CC 变成供电 Vconn；配置其他模式，如接音频配件、显示配件等。

CC 逻辑控制芯片 U2802 根据检测的结果将数据通过 I^2C 总线与应用处理器 U301 进行通信，应用处理器 U301 输出 GPIO_218_CC_PD_INT_N 信号，控制 CC 逻辑控制芯片 U2802 工作在对应的模式。

5. 充电输出电路

充电输出电路如图 7-45 所示。

充电控制芯片 U2501 输出的电压，一路从 U2501 的 SYS1、SYS2、SYS3、SYS4 脚输出，送至手机各部分电路完成供电；一路从 A9、A10 等引脚输出，送至电池，对电池进行充电。

电源管理电路故障维修思路　　电源管理电路故障维修案例

九、电源管理电路故障维修案例

1. 华为荣耀 9X 手机不开机故障维修

故障现象：

华为荣耀 9X 手机，客户送修时为不开机，客户称轻微进水，没有维修过。

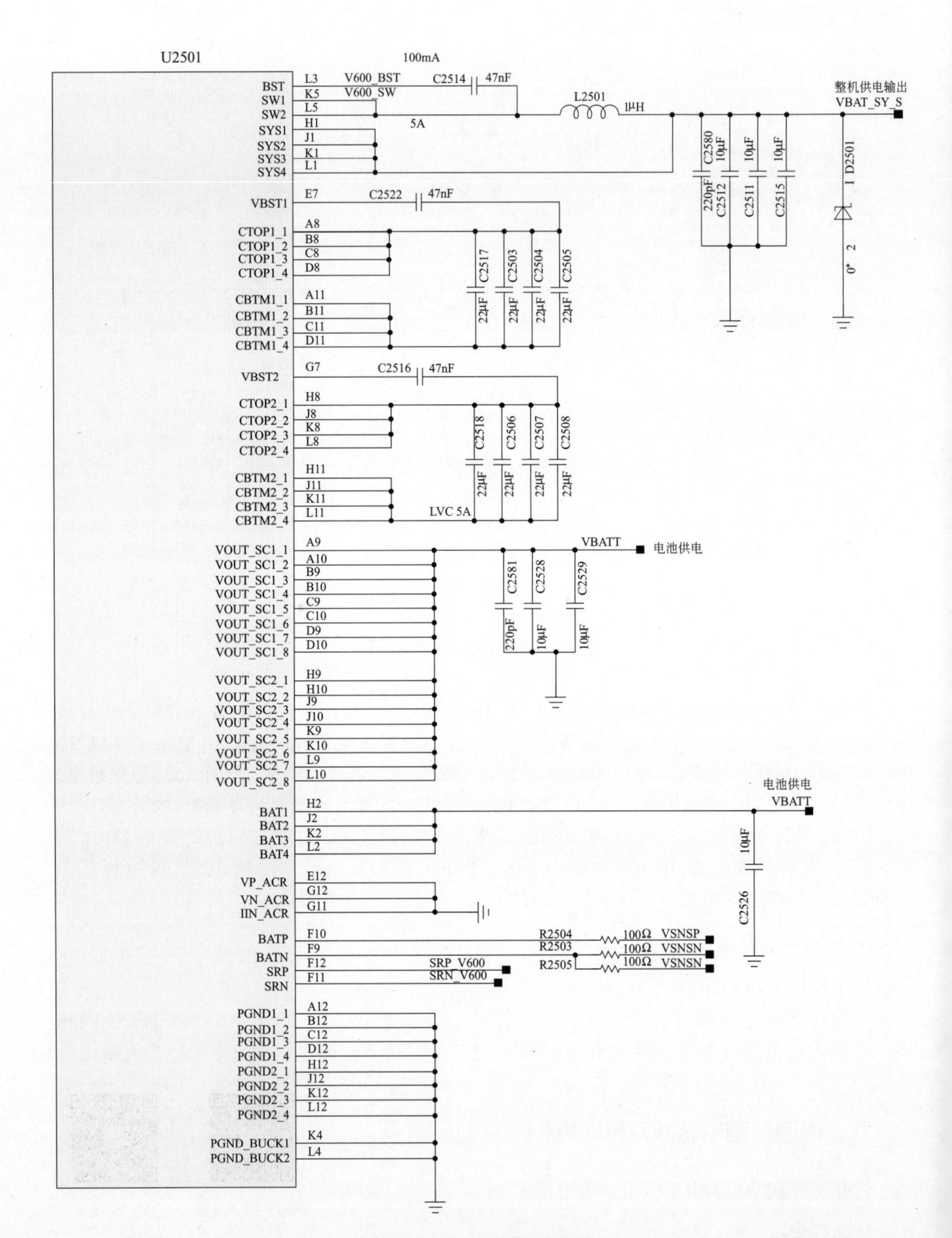
U2501
100mA
BST
SW1
SW2
SYS1
SYS2
SYS3
SYS4
L3
K5
L5
H1
J1
K1
L1
V600_BST
V600_SW
C2514
47nF
L2501
1μH
5A
整机供电输出
VBAT_SY_S
C2580
220pF
C2512
10μF
C2511
10μF
C2515
10μF
D2501
VBST1
E7
C2522
47nF
CTOP1_1
CTOP1_2
CTOP1_3
CTOP1_4
A8
B8
C8
D8
C2517
C2503
C2504
C2505
22μF
CBTM1_1
CBTM1_2
CBTM1_3
CBTM1_4
A11
B11
C11
D11
VBST2
G7
C2516
47nF
CTOP2_1
CTOP2_2
CTOP2_3
CTOP2_4
H8
J8
K8
L8
C2518
C2506
C2507
C2508
CBTM2_1
CBTM2_2
CBTM2_3
CBTM2_4
H11
J11
K11
L11
LVC 5A
VOUT_SC1_1
VOUT_SC1_2
VOUT_SC1_3
VOUT_SC1_4
VOUT_SC1_5
VOUT_SC1_6
VOUT_SC1_7
VOUT_SC1_8
A9
A10
B9
B10
C9
C10
D9
D10
VBATT
电池供电
C2581
220pF
C2528
10μF
C2529
10μF
VOUT_SC2_1
VOUT_SC2_2
VOUT_SC2_3
VOUT_SC2_4
VOUT_SC2_5
VOUT_SC2_6
VOUT_SC2_7
VOUT_SC2_8
H9
H10
J9
J10
K9
K10
L9
L10
BAT1
BAT2
BAT3
BAT4
H2
J2
K2
L2
电池供电
VBATT
10μF
C2526
VP_ACR
VN_ACR
IIN_ACR
E12
G12
G11
BATP
BATN
SRP
SRN
F10
F9
F12
F11
SRP_V600
SRN_V600
R2504
R2503
R2505
100Ω
VSNSP
VSNSN
PGND1_1
PGND1_2
PGND1_3
PGND1_4
PGND2_1
PGND2_2
PGND2_3
PGND2_4
A12
B12
C12
D12
H12
J12
K12
L12
PGND_BUCK1
PGND_BUCK2
K4
L4

图7-45　充电输出电路

故障分析：

因为手机是进水机，且存在不开机问题，进一步分析认为，应该重点检查供电部分问题。尤其是重点检查电源管理芯片及周围元件。

故障维修：

将手机加电后，按开机键分别测量输出电压，发现C1101上没有电压，该电压为VBAT_SYS电压，是系统供电电压。检查电源管理芯片U1001周围有轻微进水痕迹，将电源管理芯片U1001拆下来重新植锡后，开机测量输出电压正常，手机正常开机。

图7-46 电源管理芯片U1001位置

电源管理芯片U1001位置如图7-46所示。

2. 华为Mate 9手机不开机、不充电故障维修

故障现象：

华为Mate 9手机，不能开机，之前有轻微进水，晾干后仍然不能正常使用。

故障分析：

插上充电器充电，利用USB电流检测器检测发现充电电流只有90mA。刚开始以为电池有问题，重新安装电池，手机开机了。但是重启或者关机再开机，手机还是不开机，插上数据线连接电脑后，发现电脑识别到手机但无驱动，应该是手机进入BOOT模式。

BOOT模式是华为手机的一种工程模式，只有进入这种模式后，才能进行刷机操作。应该重点检查导致手机进入BOOT模式的原因。

故障维修：

拆机检查手机主板，找到BOOT模式短接点，发现附近有水渍痕迹，清理干净后仍然不正常。测量TS3007测试点对地阻值为0Ω，拆除TVS管D3001后，手机开机正常。

分析认为是D3001进水后击穿，造成手机进入BOOT模式，引起手机不开机、不充电故障。

TVS管D3001位置图如图7-47所示。

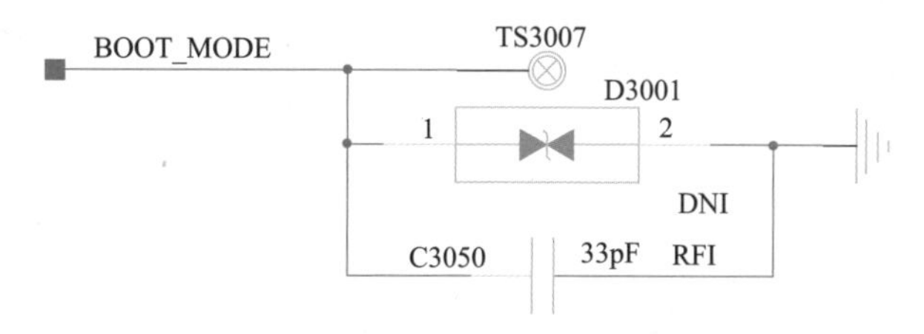

图7-47 TVS管D3001位置图

3. 华为P30 Pro手机不充电故障维修

故障现象：

华为P30 Pro手机，一直正常使用，最近突然出现不充电问题。

故障分析：

插上充电器充电，利用USB电流检测器检测发现充电电流为0mA。更换充电器和数据线以后仍然不正常，分析故障在主板充电电路及电池电路。

维修经验

对于不充电故障，一定要先确认故障范围，然后再动手进行维修。首先要判断故障是否与充电器、数据线、电池等有关系。这些附件可以先进行代换，排除这些附件以后，再去维修主板电路，避免走弯路。

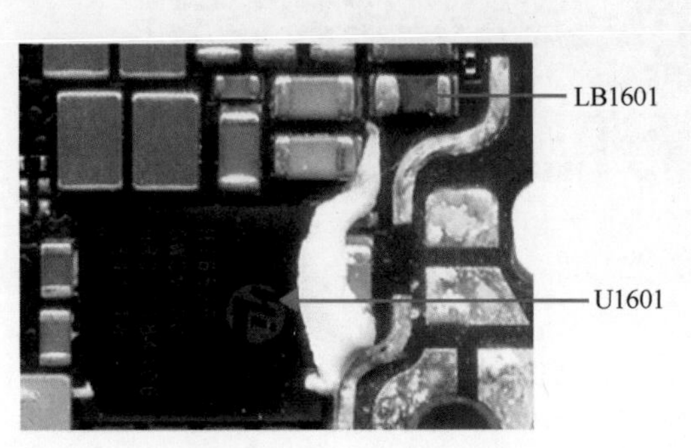

图7-48　LB1601位置

故障维修：

拆机后，首先更换手机电池再次测试仍然不能正常充电；然后测量充电电压，发现LB1601一端有充电电压，另一端没有充电电压；短接LB1601后，充电正常。

LB1601位置如图7-48所示。

4. 华为nova4手机不开机故障维修

故障现象：

华为nova 4手机，一直正常使用，手机摔过一次后出现不开机问题。

故障分析：

插上充电器充电，手机能显示充电，分析原因可能是开机触发电路工作不正常造成无法开机问题。

维修经验

多积累维修经验和维修技巧是初学者必须掌握的基础知识。手机不开机故障，可能和开机触发电路有关系，也可能和电源管理电路有关系。如何进一步确认故障范围呢？可以先充电试一下，因为充电的时候也会启动手机的部分电路。这样就很容易锁定故障范围了。

故障维修：

拆机后检查开机按键正常，检查触点J2902时，发现其焊盘脱焊；将焊盘刮开，从主板进行飞线，然后将触点重新固定后，开机测试功能正常。

J2902触点位置如图7-49所示。

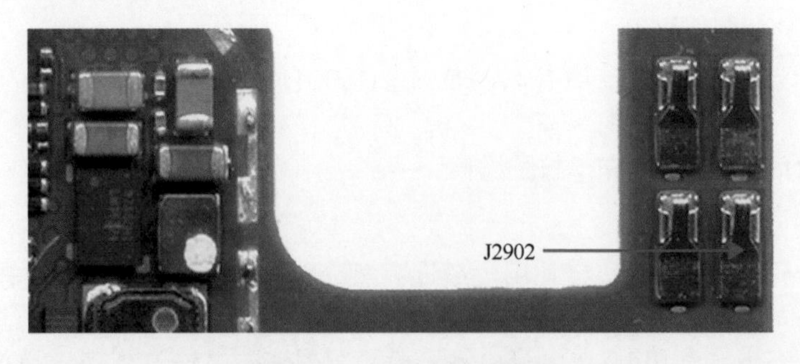

图7-49　J2902触点位置

第四节 音频处理器电路工作原理与故障维修

在智能手机中，音频处理器电路需要处理的信号有来自射频处理器解调的音频信号、通过 USB 接口接入的外部音频信号、TF 卡内存储的音频信号、来自 FM/ 蓝牙的音频信号等。

一、音频处理器电路

音频处理器电路

音频处理器电路

1. 音频处理器电路框图

下面以华为 nova 5 手机为例，介绍音频处理器电路工作原理。华为 nova 5 手机没有使用单独的音频处理器，是将音频处理器集成在应用处理器内部，外部使用了音频功率放大器和音频电子开关。

音频处理器电路框图如图 7-50 所示。

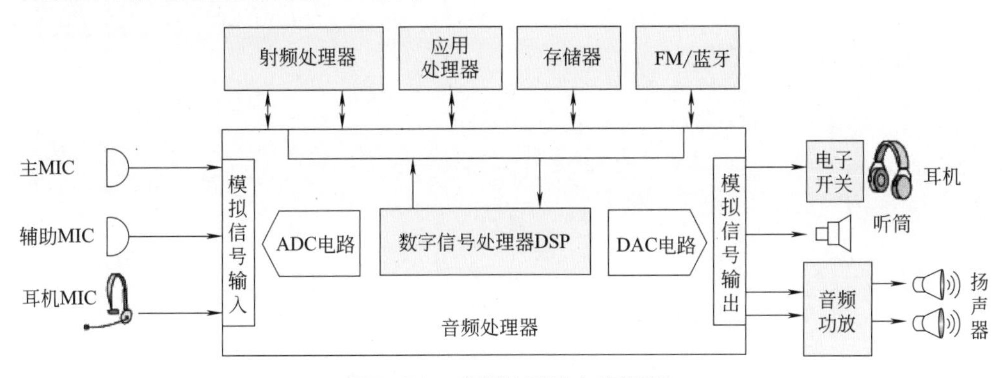

图7-50　音频处理器电路框图

2. 音频处理器电路原理分析

音频处理器电路如图 7-51 所示。

应用处理器内部音频处理器部分的供电电压 VOUT34_3V45 送到应用处理器 U1001 的 U14、T18 脚；供电电压 VOUT18_1V8 送到 U1001 的 V13 脚；供电电压 VBUCK3_1V95 送到 U1001 的 N18、P18 脚。

主麦克风（MIC）信号 MAIMIC_P、MAIMIC_N 送到应用处理器 U1001 的 R13、R14 脚；辅助麦克风（MIC）信号 AUXMIC_P、AUXMIC_N 送到 U1001 的 P14、N14 脚；耳机麦克风（MIC）信号 HSMIC_P、HSMIC_N 送到 U1001 的 V15、V16 脚。

来自应用处理器射频部分的音频编解码信号 SIF_CLK、SIF_SYNC、SIF_DI_0、SIF_DI_1、SIF_DO_0、SIF_DO_1 送到应用处理器音频部分的 M10、N11、N8、M9、N10、N9 脚。

耳机信号 HSL、HSR 从应用处理器 U1001 的 M18、M17 脚输出，送到耳机接口电路；听筒信号 EAR_R、EAR_N 从应用处理器 U1001 的 U18、U19 脚输出。

二、音频功率放大器电路

音频功率放大电路如图 7-52 所示。

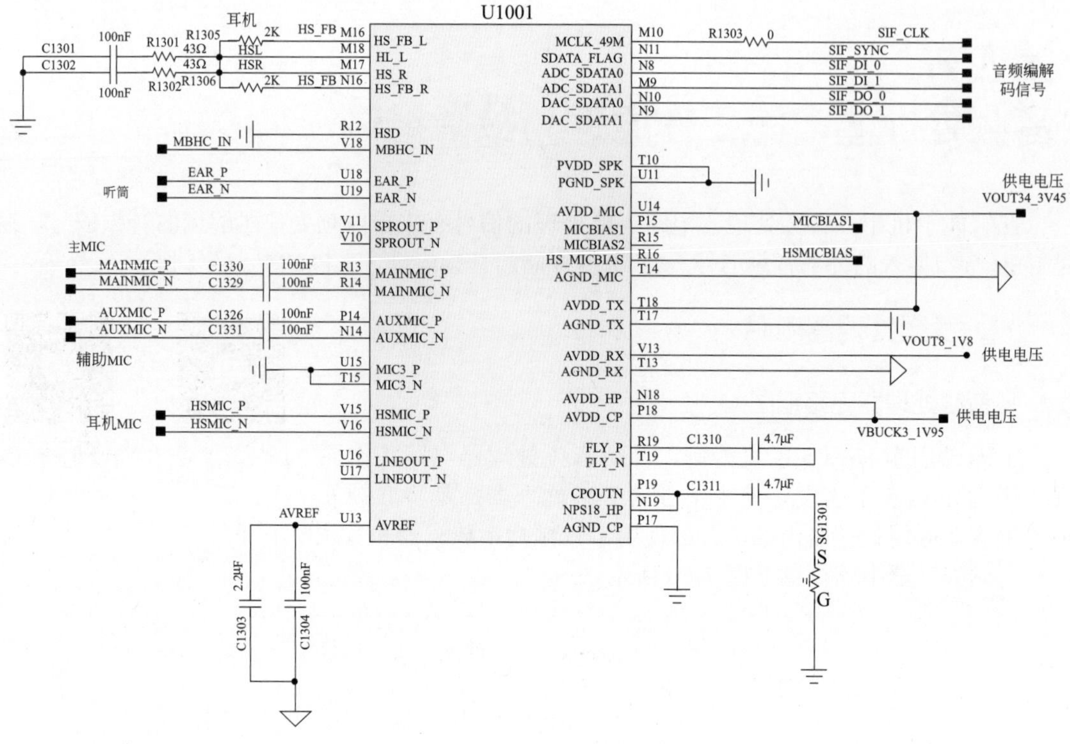

图7-51　音频处理器电路

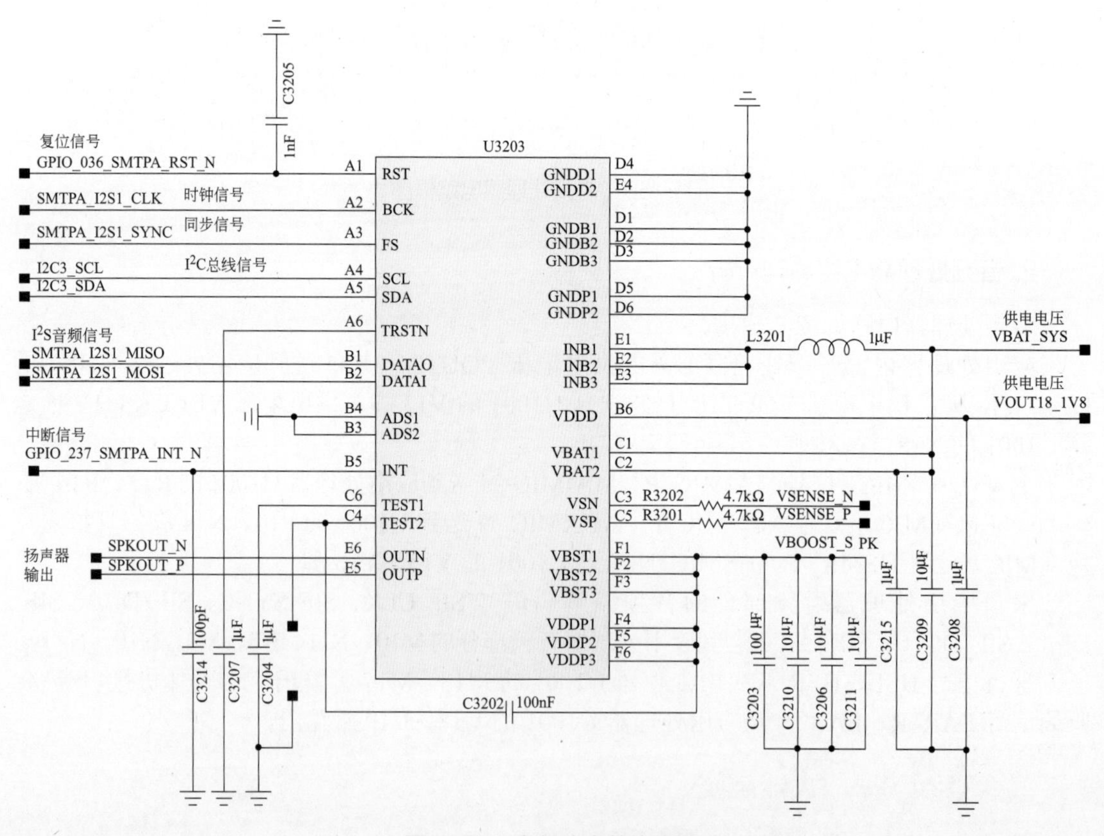

图7-52　音频功率放大电路

在华为nova 5手机中，使用了独立的音频功率放大器U3203，供电电压VBAT_SYS送到U3203的E1、E2、E3脚；供电电压VOUT18_1V8送到U3203的B6脚。

复位信号GPIO_036_SMTPA_RST_N送到U3203的A1脚，时钟信号SMTPA_I2S1_CLK送到U3203的A2脚，音频同步信号SMTPA_I2S1_SYNC送到U3203的A3脚，I^2C总线I2C3_SCL、I2C3_SDA分别送到U3203的A4、A5脚，中断信号GPIO_237_SMTPA_INT_N送到U3203的B5脚。

音乐信号、免提音频信号通过I^2S总线SMTPA_I2S1_MISO、SMTPA_I2S1_MOSI送到U3203的B1、B2脚，经过音频功率放大后的信号从U3203的E5、E6脚输出，推动扬声器发出声音。

三、耳机电路

耳机电路

1. 音频电子开关电路

在耳机电路中，使用了一个单刀双掷的模拟开关，用来切换输入的耳机音源信号；可以输入两组音源信号，经模拟开关切换后输出，经Type-C接口与外部设备连接。输入信号的选择受应用处理器控制。

音频电子开关电路框图如图7-53所示。

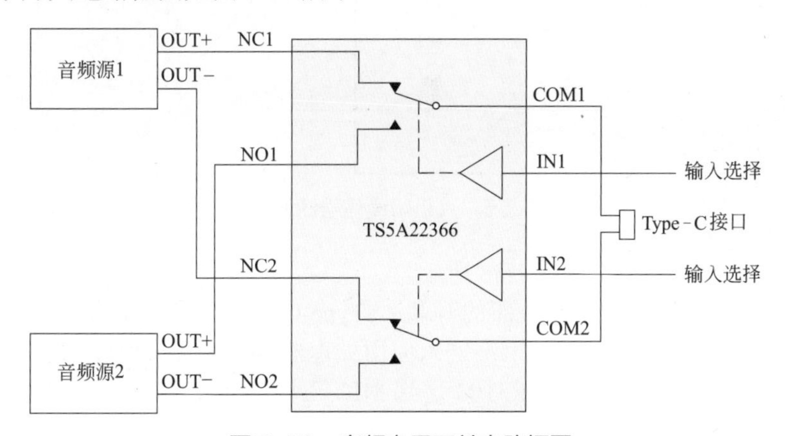

图7-53　音频电子开关电路框图

音频电子开关电路如图7-54所示。

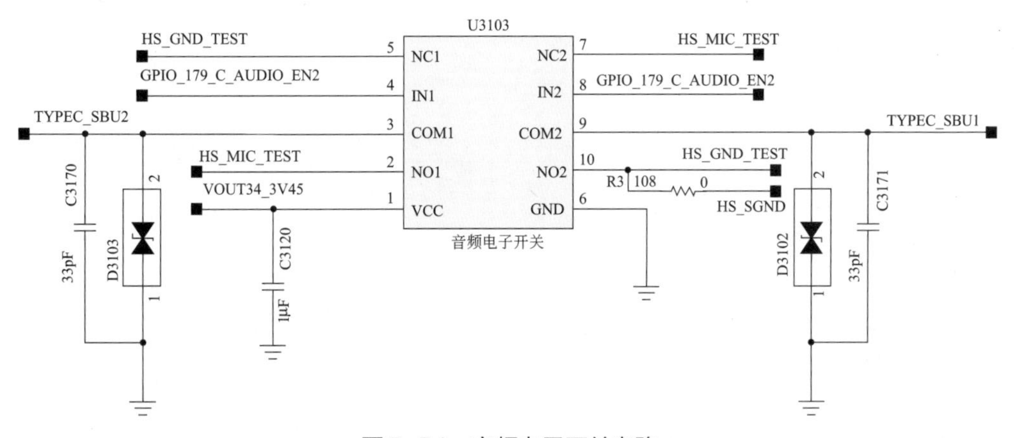

图7-54　音频电子开关电路

U3103 是一个单刀双掷的模拟开关，5 脚 HS_GND_TEST 和 7 脚 HS_MIC_TEST 是一组输入音频信号源；2 脚 HS_MIC_TEST 和 10 脚 HS_GND_TEST 是一组输入音频信号源；4 脚 GPIO_179_C_AUDIO_EN2 和 8 脚 GPIO_179_C_AUDIO_EN2 为控制信号，控制输入的音频信号源；3 脚 TYPEC_SBU2 和 9 脚 TYPEC_SBU1 连接 Type-C 接口，与外部的音频信号源进行音频数据传输。

2. 耳机滤波电路

耳机听筒信号滤波电路如图 7-55 所示。

耳机左右声道听筒信号经过由 R3101、R3102、C3109、C3110 组成的滤波网络，然后经过 LB3103、LB3104、Type-C 接口送至外部的耳机听筒。

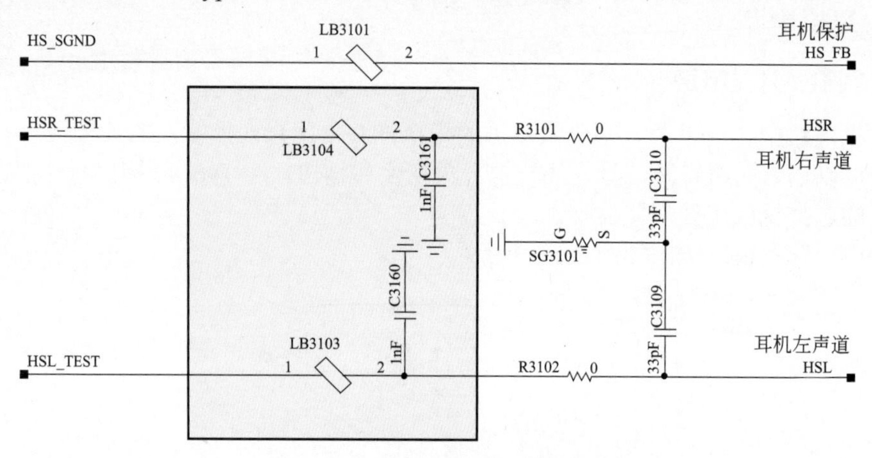

图7-55　耳机听筒信号滤波电路

耳机麦克风（MIC）电路如图 7-56 所示。

耳机麦克风（MIC）信号由外部的耳机经 Type-C 接口输入后，经过 R3104、C3101、C3105、C3124、C3125 组成的滤波网络送入应用处理器内部的音频处理器电路。

麦克风（MIC）偏压信号经过 R3103 送到 MIC 正极，为 MIC 提供偏置电压。偏置电压一般为 1～1.8V。

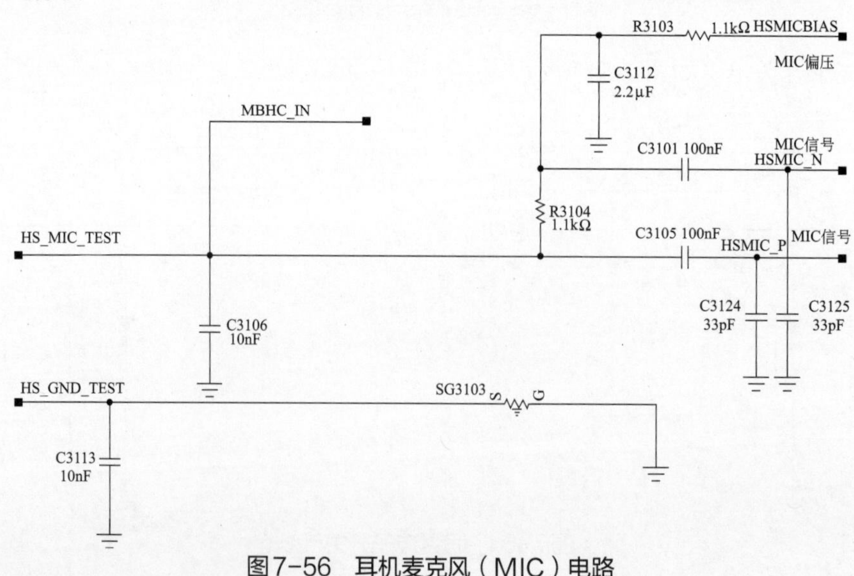

图7-56　耳机麦克风（MIC）电路

四、听筒电路

听筒电路、麦克风电路、USB数据传输电路

听筒电路如图 7-57 所示。

听筒信号从应用处理器内部音频处理器部分输出后，经过由 L3061、L3062 组成的 EMI 滤波器电路，然后经过 J3001 送到听筒，这样即可听到声音。

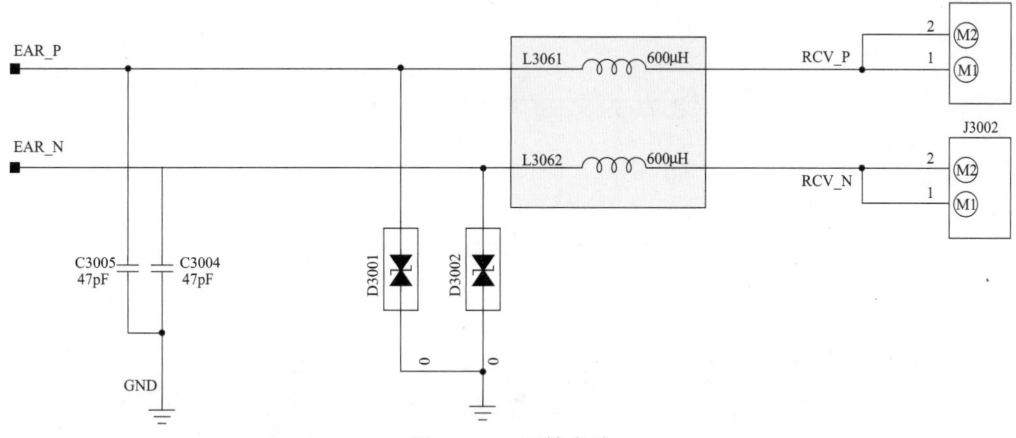

图7-57　听筒电路

五、麦克风电路（MIC）

麦克风（MIC）电路如图 7-58 所示。

麦克风（MIC）信号经过接口 MIC3001、LB3001、LB3002 将麦克风（MIC）信号送到应用处理器内部音频处理器部分，在音频处理器内部经过调制处理后，经过天线发送出去。

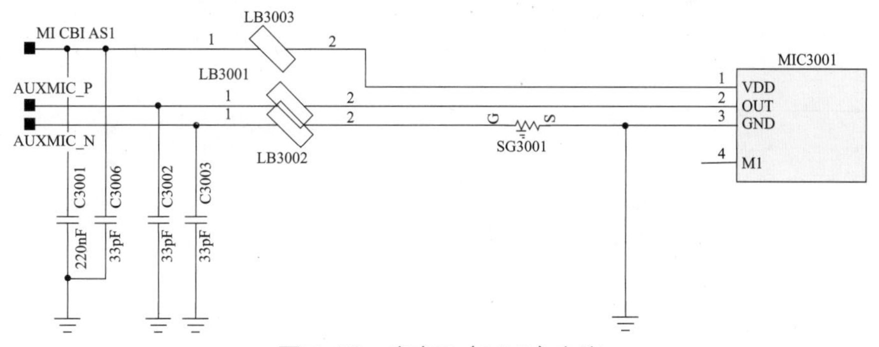

图7-58　麦克风（MIC）电路

六、USB数据传输电路

在 USB Type-C 的标准中规定了音频配件模式。当 CC1 和 CC2 都为低电平时，就会进入音频配件模式，可以看出 D− 和 D+ 被用作输出耳机左右声道的模拟信号，SBU1 和 SBU2 被用于麦克风和耳机的地。

USB 数据传输驱动信号如图 7-59 所示。

供电电压 VBAT_SYS 送到 U2902 的 4 脚，音频数据启动信号 GPIO_178_C_AUDIO_EN1 送到 U2902 的 3 脚，U2902 的 1 脚输出 Type-C 音频启动电压 VOUT_TYPEC_EAR_3V3。

音频启动电压 VOUT_TYPEC_EAR_3V3 分别送到 Q2903 的 G 极、Q2902 的 G 极。Q2902、Q2903 导通，两路耳机信号 HSR_TEST 经 D− 和 D+ 连接到外部的耳机设备。

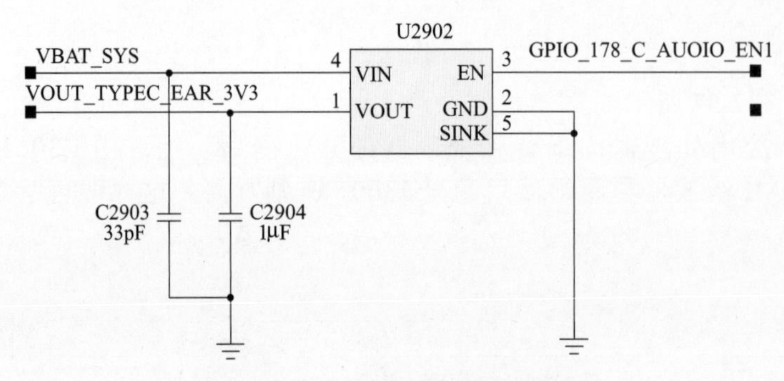

图7-59　USB数据传输驱动信号

USB 数据传输电路如图 7-60 所示。

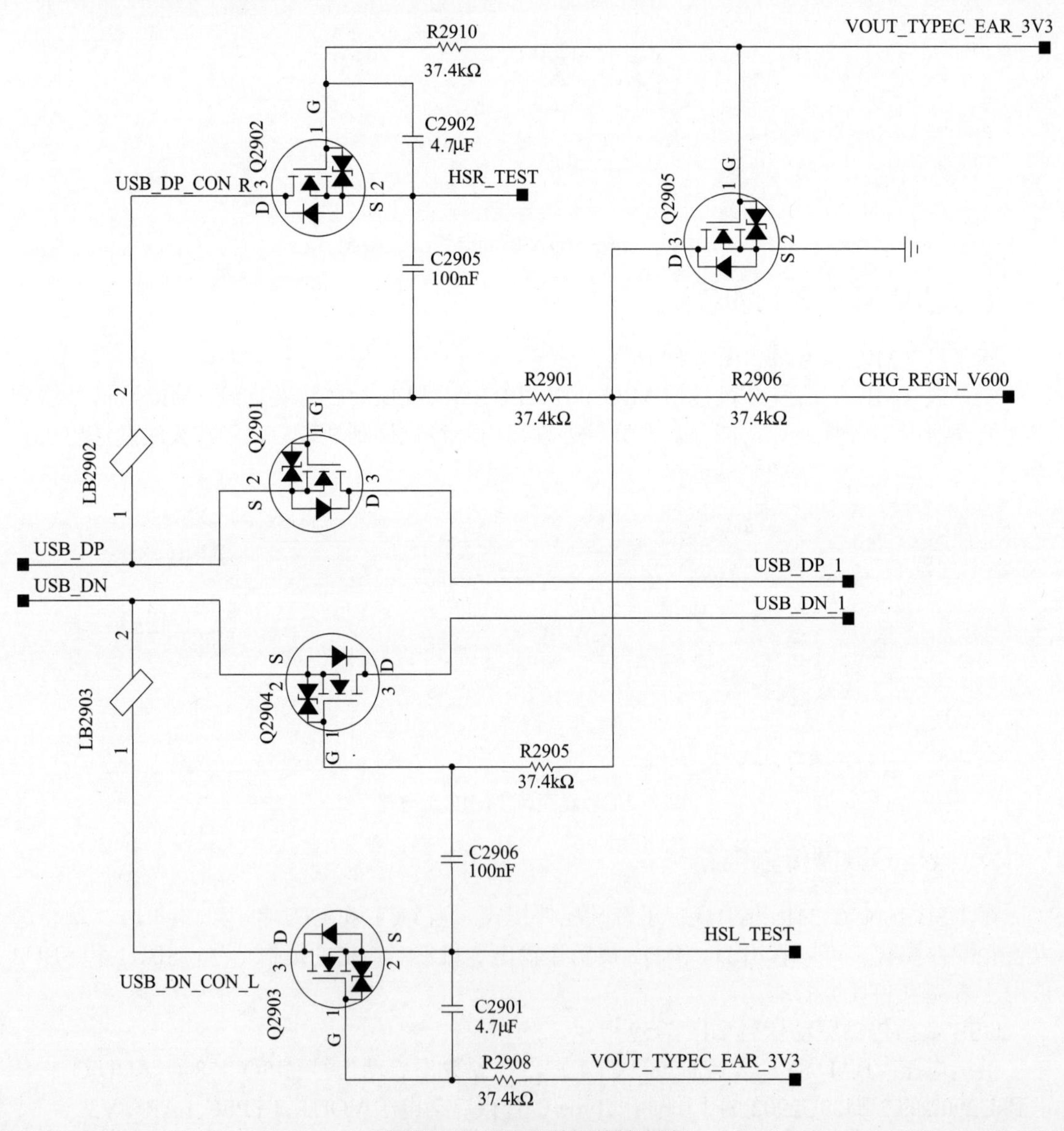

图7-60　USB数据传输电路

七、音频处理器电路故障维修案例

1. 华为nova 5手机听筒无声故障维修

故障现象：

华为 nova 5 手机，出现听筒无声现象，使用耳机正常。

故障分析：

可能是听筒电路故障引起的，重点对听筒、听筒电路进行检测。

对于听筒无声故障，可以分别使用免提、耳机等模式进行测试，如果都正常可能是听筒及外围电路元件开路或损坏。如果使用免提、耳机模式仍然没有声音，则要检查其公共电路。

故障维修：

拆机检查听筒，用一个好的听筒替换以后，故障没有排除。查找手机电路图纸分析，重点检查 L3061、L3062、D3001、D3002 等元件。拆除 D3002 后，故障排除。

听筒电路原理图如图 7-61 所示。

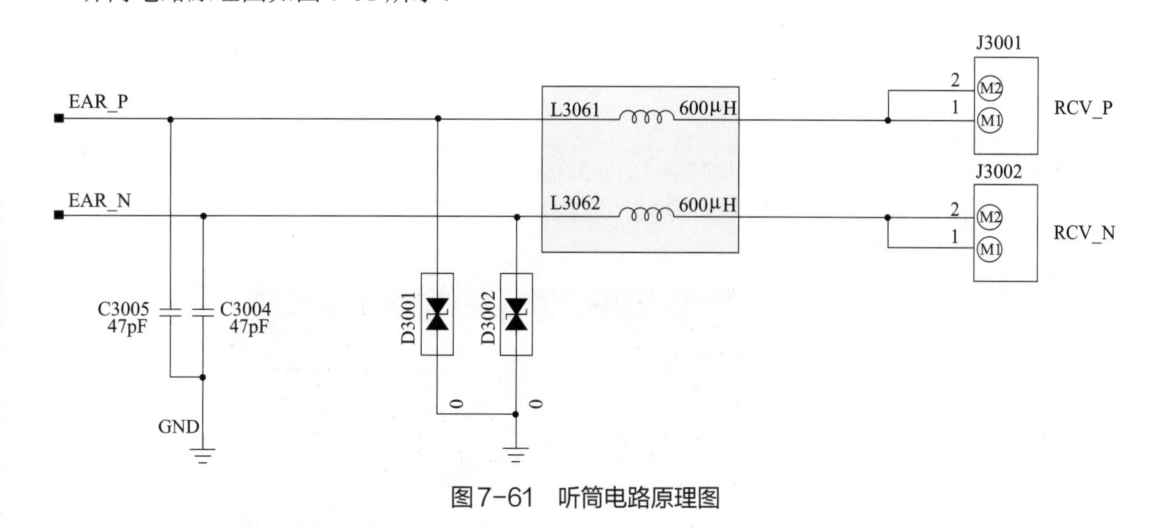

图7-61　听筒电路原理图

2. 华为荣耀9X手机不送话故障维修

故障现象：

华为荣耀 9X 手机，手机摔过一次后，出现不送话故障，使用耳机打电话时送话正常。

故障分析：

可能是麦克风电路故障引起的，重点对主麦克风、麦克风电路进行检查。

如果麦克风电路使用组件，则要先进行代换测试，尽量不要直接更换主板元件，避免造成故障的扩大化。

故障维修：

为方便起见，首先使用功能良好的前壳组件来代换测试。测试后发现功能正常，说明问题不在前壳组件，也不是麦克风本身的问题，问题在主板上。

检查主板 PFC 接口 J3601，发现接口引脚有轻微错位问题，用镊子拨正后仍然无法正常工作，更换接口 J3601 后，测试主麦克风功能正常。

图7-62 接口J3601主板位置

接口 J3601 主板位置如图 7-62 所示。

3. 华为Mate30手机数字耳机听筒无声故障维修

故障现象：

华为 Mate30 手机，使用数字耳机无声，已经更换过耳机，排除耳机故障。

故障分析：

可能是数字耳机电路故障引起的，重点对数字耳机听筒电路进行检查。

> **维修经验**
>
> 数字耳机听筒电路检查应重点利用二极体值法。这种方法对主板接口故障的判断非常有效，初学者要多积累和总结测量方法和测量经验。

故障维修：

分别测量 TP4014/TP4015 二极体值均为 580，数值正常。测量 J3601 的 24、26 脚二极体值时，发现正反向二极体值均为无穷大，重新补焊 J3601 后故障排除。

J3601 位置如图 7-63 所示。

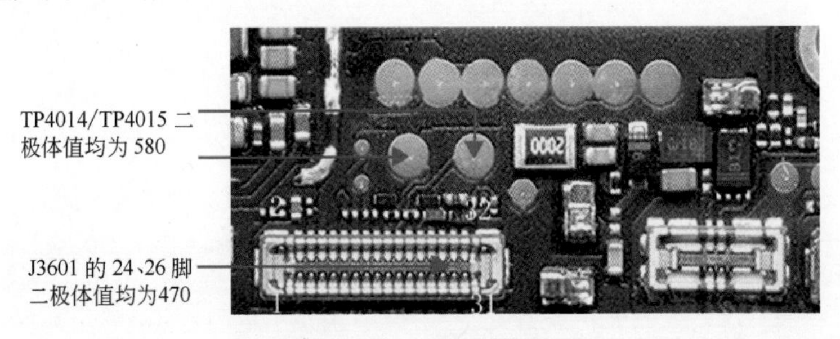

图7-63 J3601位置

4. 华为Mate30手机不送话故障维修

故障现象：

华为 Mate30 手机，手机不送话，一直正常使用，没有进水、磕碰、摔过痕迹。

故障分析：

进行测试检查，发现是主麦克风不能送话，应该重点检查主麦克风电路。

故障维修：

代换主麦克风故障未排除，分别测量 MICBIAS1、MIC1P、MIC1N 等测试点二极体值，发现二极体均正常。

更换音频处理器 U1701 后，故障排除。

音频处理器 U1701 位置如图 7-64 所示。

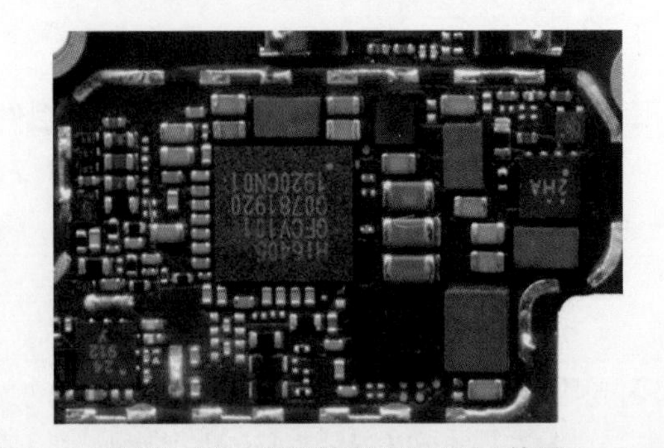

图7-64 音频处理器U1701位置

第五节
显示、触摸电路工作原理与故障维修

在高端智能手机中，大部分都在使用 OLED 显示屏。为了适应市场需求，在本节中，以华为 nove5 OLED 显示屏组件为例，介绍显示、触摸电路工作原理。

另外在显示屏组件中还集成了屏下指纹组件。

故障维修思路

一、OLED显示屏电路

1. OLED 升压供电电路

在智能手机中，OLED 显示屏使用了单独的 OLED 升压供电芯片 U1902，在 LCD 显示屏电路中也有一个类似的升压供电芯片，输出电压也有高压供电、低压供电、负压供电等，它们工作原理差不多，但是用途却截然不同。

OLED 升压供电电路如图 7-65 所示。

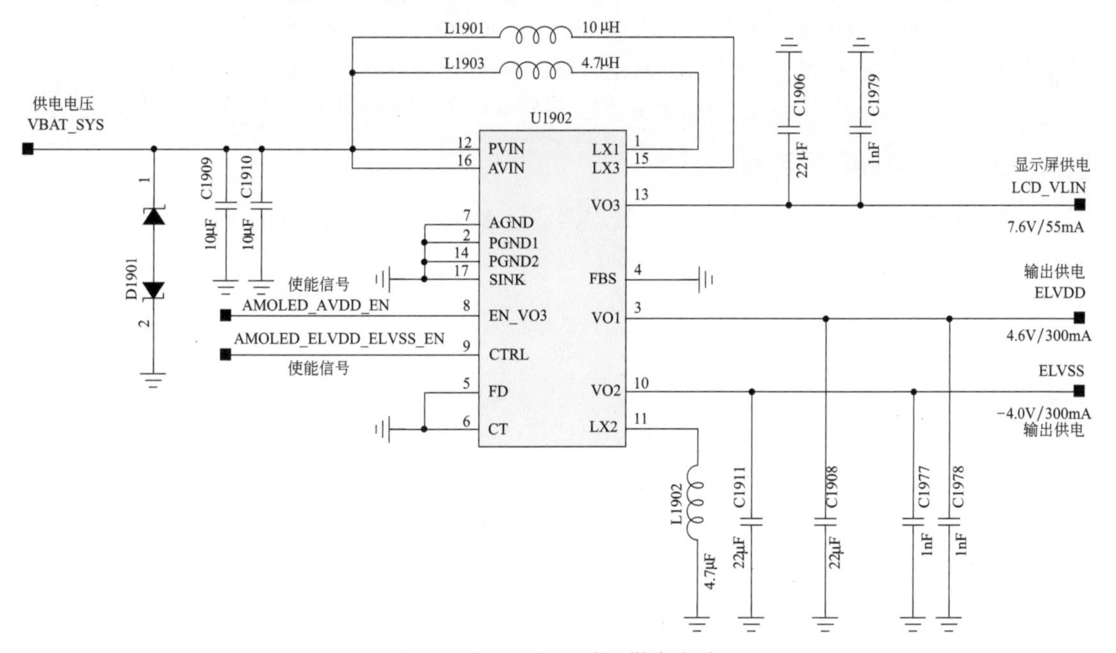

图7-65　OLED升压供电电路

主供电电压 VBAT_SYS 送到 OLED 升压供电芯片 U1902 的 12、16 脚；使能信号 AMOLED_AVDD_EN 送到 U1902 的 8 脚，控制显示屏供电电压 LCD_VLIN 的输出；使能信号 AMOLED_ELVDD_ELVSS_EN 送到 U1902 的 9 脚，分别控制输出电压 ELVDD、ELVSS。ELVDD、ELVSS 是 OLED 显示屏的驱动电压，是保证 OLED 显示屏能够正常工作的必要条件。

使能信号 AMOLED_AVDD_EN、AMOLED_ELVDD_ELVSS_EN 来自 OLED 显示屏接口 J1901，由 OLED 显示屏电路输出。

在 OLED 显示屏供电电路中还使用了两个 LDO 供电，分别为 U1905、U1906。

LDO 供电电路如图 7-66 所示。

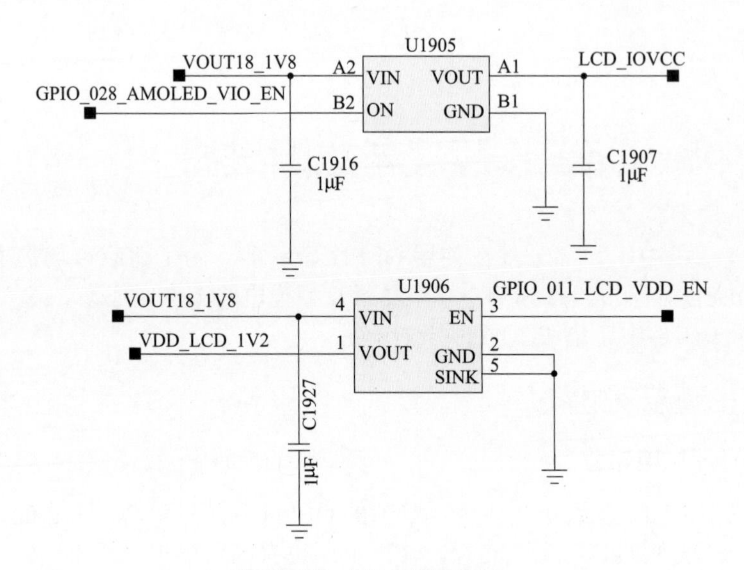

图7-66　LDO供电电路

供电电压 VOUT18_1V8 送到 U1905 的 A2 脚；应用处理器输出使能信号 GPIO_028_AMOLED_VIO_EN 送到 U1905 的 B2 脚；U1905 的 A1 脚输出 LCD_IOVCC 电压送到 OLED 显示屏电路。

供电电压 VOUT18_1V8 送到 U1906 的 4 脚；应用处理器输出使能信号 GPIO_011_LCD_VDD_EN 送到 U1906 的 3 脚；U1906 的 1 脚输出 VDD_LCD_1V2 电压送到 OLED 显示屏电路。

2. OLED显示屏信号电路

在 OLED 显示屏信号电路中，应用处理器通过 MIPI 总线与 OLED 显示屏进行通信，将数据信息转化为文字或图形在显示屏上显示出来。

OLED 显示屏信号电路如图 7-67 所示。

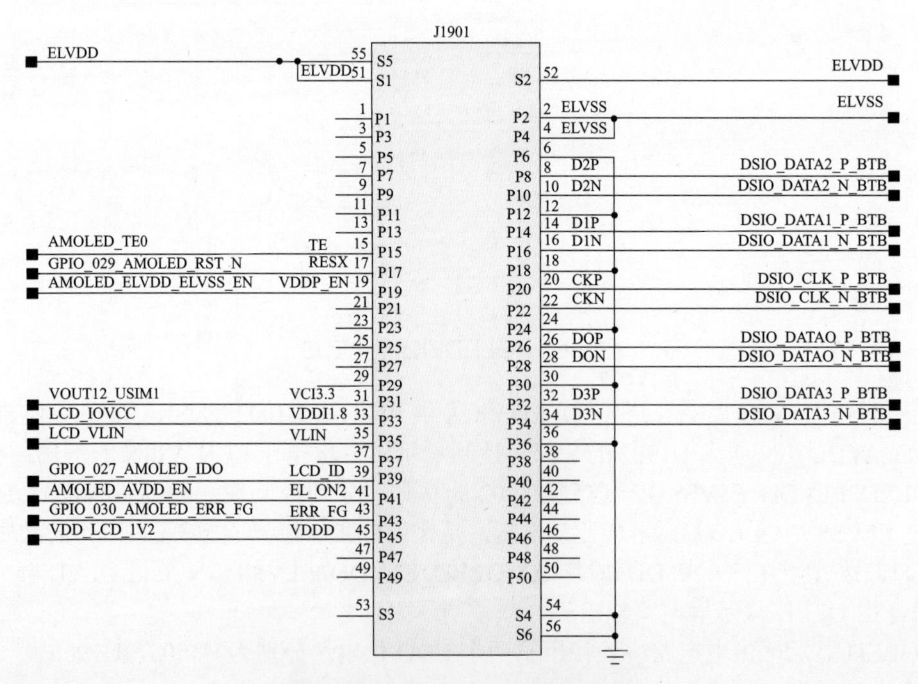

图7-67　OLED显示屏信号电路

应用处理器送出的复位信号 GPIO_029_AMOLED_RST_N 送到显示、触摸接口 J1901 的 17 脚；应用处理器送出数据同步信号 AMOLED_TE0 送到显示、触摸接口 J1901 的 15 脚。

除了前述的供电之外，OLED 显示屏还有一路供电是 VOUT12_USIM1，由电源管理芯片输出。

3. 触摸屏信号电路

触摸屏信号电路如图 7-68 所示。

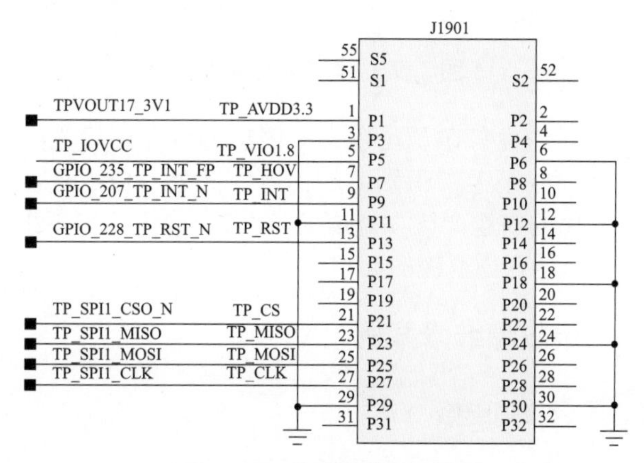

图7-68　触摸屏信号电路

触摸屏信号电路供电电压 TPVOUT17_3V1 送到显示、触摸接口 J1901 的 1 脚；供电电压 TP_IOVCC 送到显示、触摸接口 J1901 的 5 脚。

触摸屏复位信号 GPIO_228_TP_RST_N 送到显示、触摸接口 J1901 的 13 脚；触摸屏中断信号 GPIO_207_TP_INT_N 送到显示、触摸接口 J1901 的 9 脚；触摸屏至屏下指纹中断信号 GPIO_235_TP_INT_FP 送到显示、触摸接口 J1901 的 7 脚。

LDO 供电电路如图 7-69 所示。

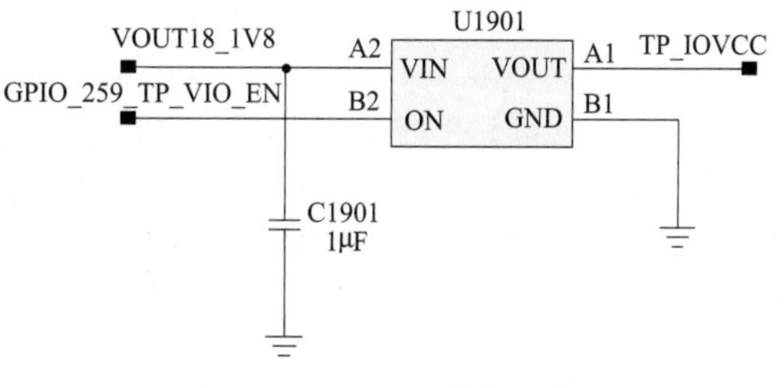

图7-69　LDO供电电路

在触摸屏信号电路中，还使用了 LDO 供电，供电电压 VOUT18_1V8 送到 U1901 的 A2 脚；应用处理器输出使能信号 GPIO_259_TP_VIO_EN 送到 U1901 的 B2 脚；U1901 的 A1 脚输出供电电压 TP_IOVCC 送到显示、触摸接口 J1901 的 A1 脚。

二、屏下指纹电路

华为 nove5 手机采用的是电容式屏下指纹技术，这也是目前主流的屏下指纹技术。屏下指纹电路如图 7-70 所示。供电电压 VOUT24_2V8 送到显示、触摸接口 J901 的 38 脚；复位信号 GPIO_216_FP_RST_N 送到 J1901 的 40 脚；中断信号 GPIO_211_FP_INT 送到 J1901 的 42 脚。屏下指纹摄像头和应用处理器之间的通信是通过 SPI 总线进行的。

由于 OLED 屏幕像素间具有一定的间隔，能够保证光线透过。当用户手指按压屏幕时，OLED 屏幕发出光线将手指区域照亮，照亮指纹的反射光线透过屏幕像素的间隙返回到紧贴于屏下的传感器上。最终形成的图像通过与数据库中已存的图像进行对比分析，进行识别判断。

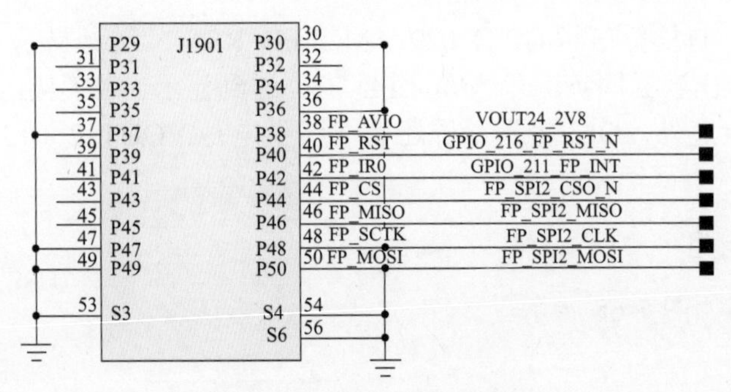

图7-70　屏下指纹电路

光学式屏下指纹传感器的优势在于可以最大限度地避免环境光的干扰，在极端环境下的稳定性更好。但其同样面临干手指识别率的问题。此外，由于是点亮屏幕特定区域，不可避免地会出现屏幕易老化的问题（比如烧屏）。而且，光学式屏下指纹的功耗相对传统光学式指纹要高很多，这些都是有待解决的问题。

三、显示、触摸电路故障维修案例

1. 华为P30屏幕不显示故障维修

故障现象：

华为 P30 手机，出现屏幕不显示故障，已经更换过屏幕测试，排除屏幕本身问题。

故障分析：

屏幕不显示故障应该在主板上，重点检查显示屏接口 J1701 及相关电路。

维修经验

代换法的使用非常适合功能性电路故障的判断和维修，首先要排除显示屏是否存在问题，然后进一步检查主板接口故障。检查主板接口故障的时候，合理利用二极体值法能更快捷有效地缩小故障范围。

故障维修：

对于屏幕故障，除了要排除屏幕问题之外，还要重点检查显示屏接口 J1701 对地二极体值及显示屏供电电压。由于华为 P30 手机采用了 OLED 显示屏，维修方法和思路与 LCD 显示屏电路要注意区分。

使用数字式万用表二极管挡分别测量显示屏接口 J1701 对地二极体值，发现一个引脚数值异常；检查 J1701 外围元器件，发现一个电阻脱落，更换后开机屏幕显示正常。

显示屏接口 J1701 位置如图 7-71 所示。

2. 华为荣耀V20手机触摸失灵故障维修

故障现象：

华为荣耀 V20 手机，出现屏幕不显示故障，已经更换过屏幕测试，排除屏幕本身问题。

故障分析：

触摸失灵故障应该在主板上，重点检查触摸屏接口 J1701 及相关电路。

图7-71　显示屏接口 J1701位置

维修经验

既然已经排除屏幕故障，那么就应该重点检查主板对应接口及相关电路。在排除屏幕故障的时候，一定要使用已经验证功能良好的屏幕，避免出现误判导致故障的进一步扩大化。

故障维修：

使用数字式万用表分别测量触摸屏接口 J1701 的对地二极体值，看其是否正常。经检查发现，J1701 的 27 脚对地数值为无穷大，用表笔轻轻拨一下接口引脚，发现焊盘虚焊，重新补焊后开机测试触摸功能正常。

触摸屏接口 J1701 如图 7-72 所示。

图7-72　触摸屏接口J1701

第六节 传感器电路工作原理与故障维修

在智能手机中，大部分传感器信号直接送到应用处理器电路进行处理，部分传感器电路还使用了传感器协处理器。下面我们对传感器电路原理进行分析。

一、霍尔传感器

下面以华为Mate20 X手机为例分析霍尔传感器电路工作原理。

在霍尔传感器电路中，当磁场作用于霍尔元件时产生一微小的电压，经放大器放大及施密特电路后使输出驱动电路导通输出低电平；当无磁场作用时，输出驱动电路截止，输出为高电平。

在智能手机中，霍尔传感器件在皮套上对应的方向有一个磁铁，用磁铁来控制霍尔传感器传感信号的输出。当合上皮套的时候，霍尔传感器输出低电平作为中断信号到应用处理器，强制手机退出正在运行的程序（例如正在通话的电话），并且锁定键盘、关闭LCD背景灯；当打开皮套的时候，霍尔传感器输出1.8V高电平，手机解锁、背景灯发光、接通正在打入的电话。

在智能手机中霍尔传感器也比较容易找，它的位置一般在磁铁对应主板的正面或反面，只要找到磁铁就一定能找到霍尔传感器。

霍尔传感器电路如图7-73所示。

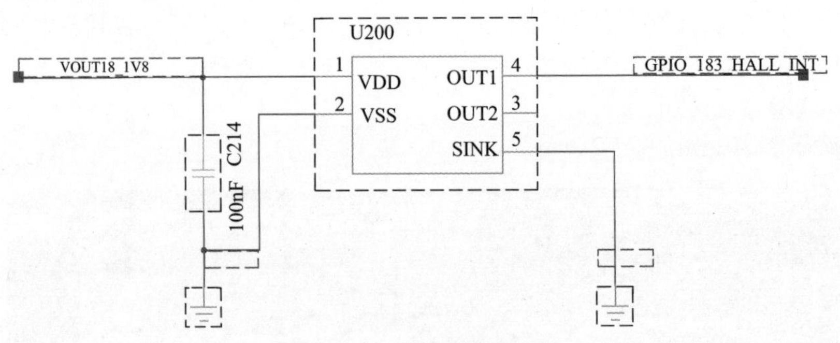

图7-73　霍尔传感器电路

二、电子指南针

在华为nove5手机中，使用了U3401、U3404两个指南针模块。电子指南针是一种重要的导航技术，目前在手持设备中应用非常广泛。电子指南针主要采用磁场传感器的磁阻（MR）技术。

电子指南针电路如图7-74所示。

供电电压VOUT24_2V8送到指南针芯片U3404的A1、A2脚；供电电压VOUT18_1V8送到指南针芯片U3404的C1、C2脚。

指南针芯片通过I^2C总线将数据信号送到应用处理器内的传感器处理器，进行信号处理，同时将信息在手机屏幕上显示出来。

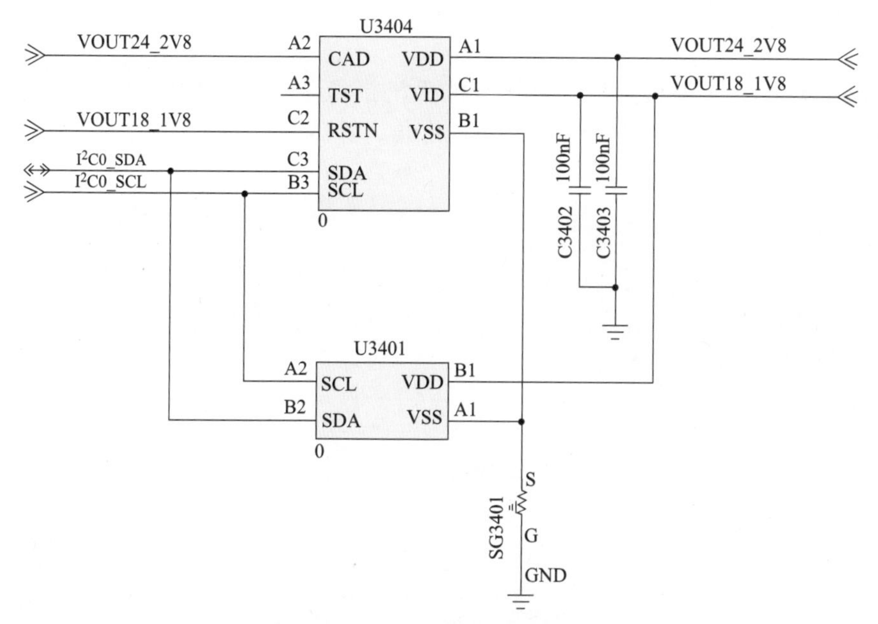

图7-74　电子指南针电路

三、加速度、陀螺仪传感器

在华为 nove5 手机中，使用了博世公司的 BMI160 惯性测量芯片。BMI160 集成了 16 位 3 轴超低重力加速度计和超低功耗 3 轴陀螺仪功能，主要应用在智能手机、平板电脑、可穿戴设备、遥控器、游戏控制器、头戴式设备及玩具等设备上。

BMI160 拥有一个片内中断引擎，支持低功耗状态下实现运动动作识别和情景感知。支持的中断检测包括：任意运动或无运动检测、敲击或双击检测、方位检测、自由落体或振动事件检测。

加速度、陀螺仪传感器电路如图 7-75 所示。

U3403 内部集成了超低重力加速度计和超低功耗 3 轴陀螺仪功能，供电电压 VOUT18_1V8 分别送到 U3403 的 5、12 脚。

U3403 通过 I²C 总线与应用处理器进行通信，将数据信号送到应用处理器内部传感器处理器进行处理。

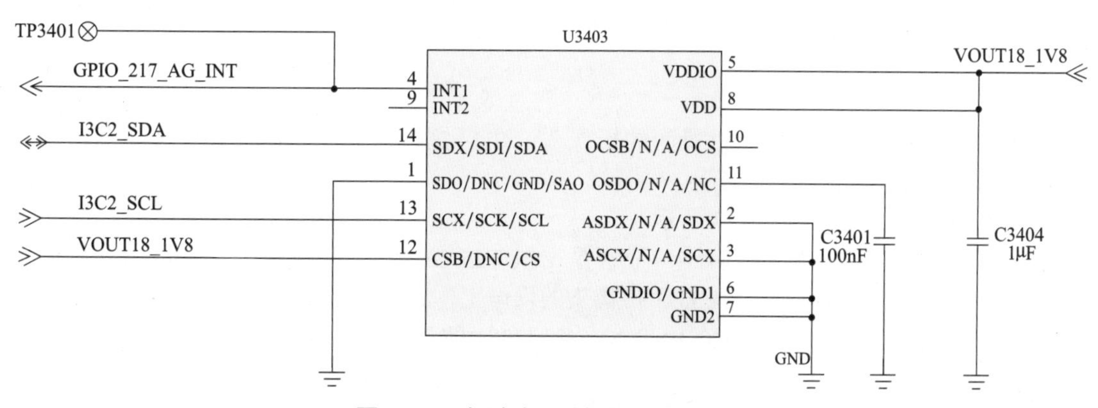

图7-75　加速度、陀螺仪传感器电路

四、摄像头电路

下面以华为nove 5手机为例，分析智能手机摄像头电路工作原理。nova 5手机配备4800万像素AI四摄组合，这四颗摄像头覆盖广角、长焦、微距、景深，能够满足全天候的拍照需求；还配备了3200万前置摄像头。

1. 前置摄像头

前置摄像头也可以称作是副摄像头，位于手机屏幕的上方。在nove5手机中，使用了3200万像素的摄像头。手机前置摄像头可以用于自拍、视频通话等。

前置摄像头电路如图7-76所示。

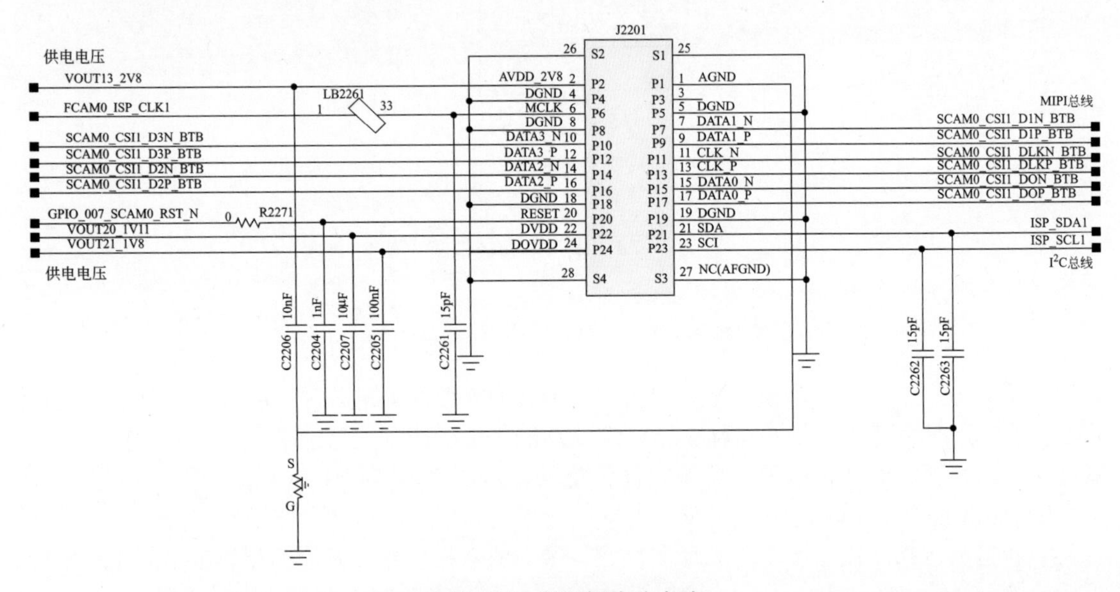

图7-76 前置摄像头电路

供电电压VOUT13_2V8送到前置摄像头的J2201的2脚；供电电压VOUT20_1V11送到J2201的22脚；供电电压VOUT21_1V8送到J2201的24脚。

时钟信号FCAM0_ISP_CLK1送到J2201的6脚；复位信号GPIO_007_SCAM0_RST_N送到J2201的20脚；I^2C总线送到J2201的21、23脚。

前置摄像头通过MIPI总线与应用处理器进行通信。

2. 后置主摄像头

后置主摄像头一般指在手机背面的摄像头。主摄像头像素比其他摄像头像素高，功能更多，辅助手机完成主要拍摄任务。

后置主摄像头电路如图7-77所示。

后置主摄像头供电电压有多路，分别是VOUT25_2V85、VOUT4_1V8、VOUT20_1V11、VOUT21_1V8、VOUT19_2V8，完成了摄像头的供电工作。

复位信号GPIO_008_MCAM0_RST_N送到J2301的28脚，复位信号RCAM0_ISP_CLK0送到J2301的6脚。

后置主摄像头通过MIPI总线与应用处理器进行通信。

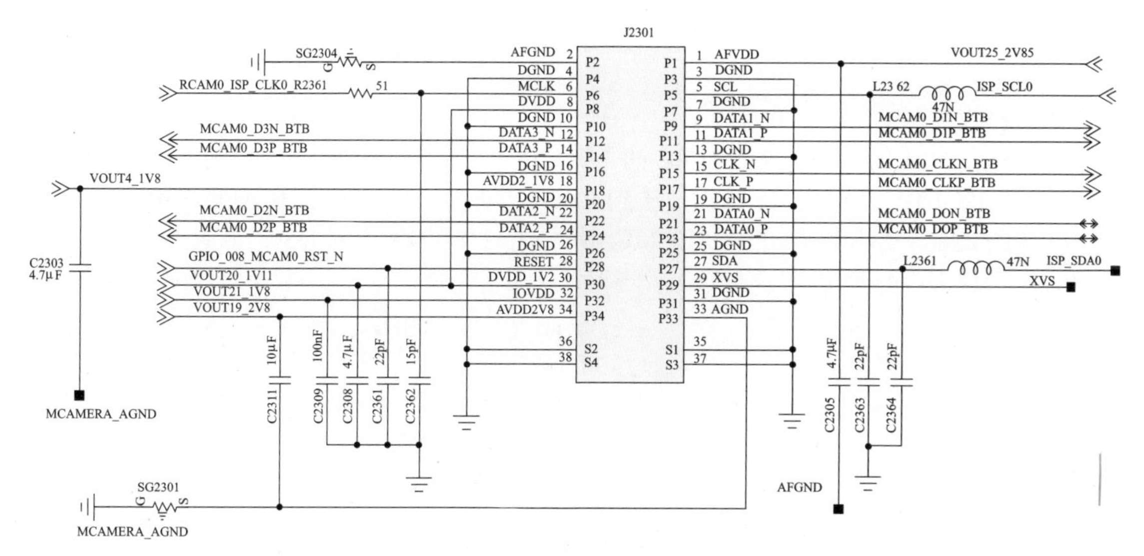

图7-77　后置主摄像头电路

3. 广角摄像头

广角摄像头一般指可视角度在 120° 以上的摄像头。广角数码相机的镜头焦距很短，视角较宽，而景深却很深，比较适合拍摄较大场景的照片，如建筑、风景等题材。

广角摄像头电路如图 7-78 所示。

供电电压 VOUT22_2V8 送到 J2302 的 1 脚，供电电压 VOUT32_1V11 送到 J2302 的 21 脚，供电电压 VOUT21_1V8 送到 J2302 的 23 脚。

复位信号 GPIO_010_MCAM1_RST_N 送到 J2302 的 19 脚，时钟信号 RCAM1_ISP_CLK2 送到 J2302 的 5 脚。I^2C 总线信号送到 J2302 的 22、24 脚。

广角摄像头通过 MIPI 总线与应用处理器进行通信。

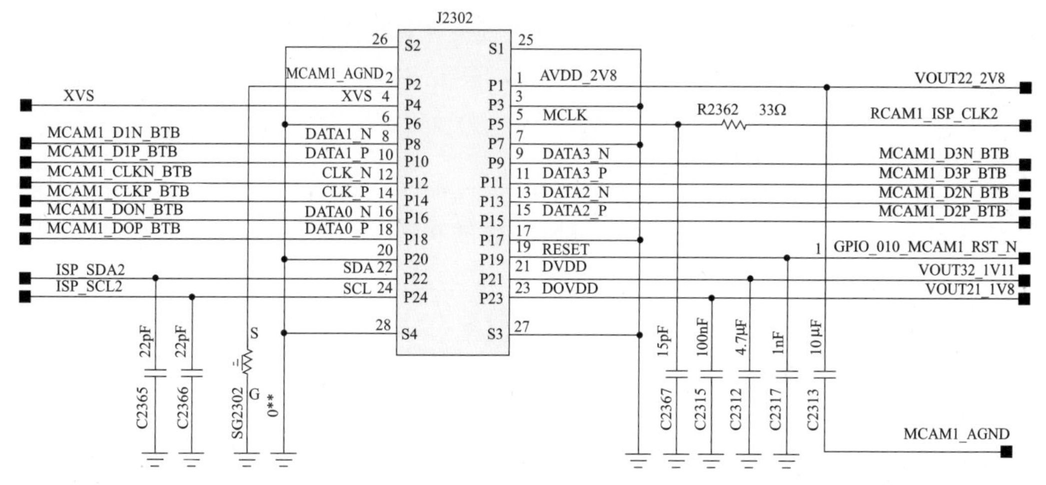

图7-78　广角摄像头电路

4. 微距摄像头

微距摄像头是一种用作微距摄影的特殊镜头，主要用于拍摄十分细微的物体，如花卉及昆虫等。为了对距离极近的被摄物也能正确对焦，微距摄像头通常被设计得能够拉伸得更长，以使光学中心尽可能远离感光元件，同时在镜片组的设计上，也必须注重于近距离下的变形与色差等的控制。

微距摄像头电路如图 7-79 所示。

供电电压 VOUT13_2V8 送到 J2303 的 3 脚，供电电压 VOUT21_1V8 送到 J2303 的 5 脚；复位信号 GPIO_012_MCAM2_RST_N 送到 J2303 的 9 脚，时钟信号 RCAM1_ISP_CLK2 送到 J2303 的 2 脚，使能信号 GPIO_219_MCAM2_VCM_PWDN 送到 J2303 的 11 脚。

微距摄像头通过 MIPI 总线与应用处理器进行通信。

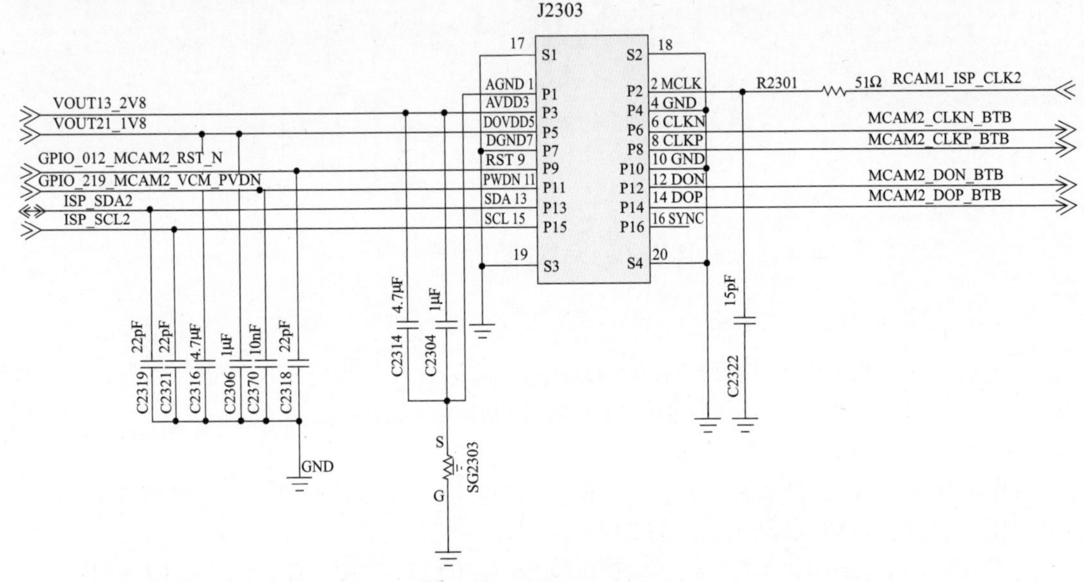

图7-79　微距摄像头电路

5. 景深摄像头

景深摄像头是用来对主体（主要是人）进行深度计算的，实际上并不直接参与成像。景深摄像头可以检测物体距离，有利于镜头虚化，突出主体拍摄物体。在同样的光圈和距离下，焦距越短，景深越大。

景深摄像头电路如图 7-80 所示。

供电电压 VOUT13_2V8 送到 J2303 的 3 脚，供电电压 VOUT21_1V8 送到 J2303 的 5 脚，复位信号 GPIO_012_MCAM2_RST_N 送到 J2303 的 9 脚，时钟信号 RCAM1_ISP_CLK2 送到 J2303 的 2 脚。

景深摄像头通过 MIPI 总线与应用处理器进行通信。

6. MIPI总线电子开关

为了更好地利用资源，在手机摄像头电路中还使用了 MIPI 总线电子开关，方便切换广角镜头、景深镜头、微距镜头。

MIPI 总线电子开关如图 7-81 所示。

7. 闪光灯电路

单色温闪光灯只是一颗白光 LED 闪光灯，光线亮度有限、范围小，双色温闪光灯由两颗橙色 + 白色 LED 闪光灯组成，亮度更强、范围更广。

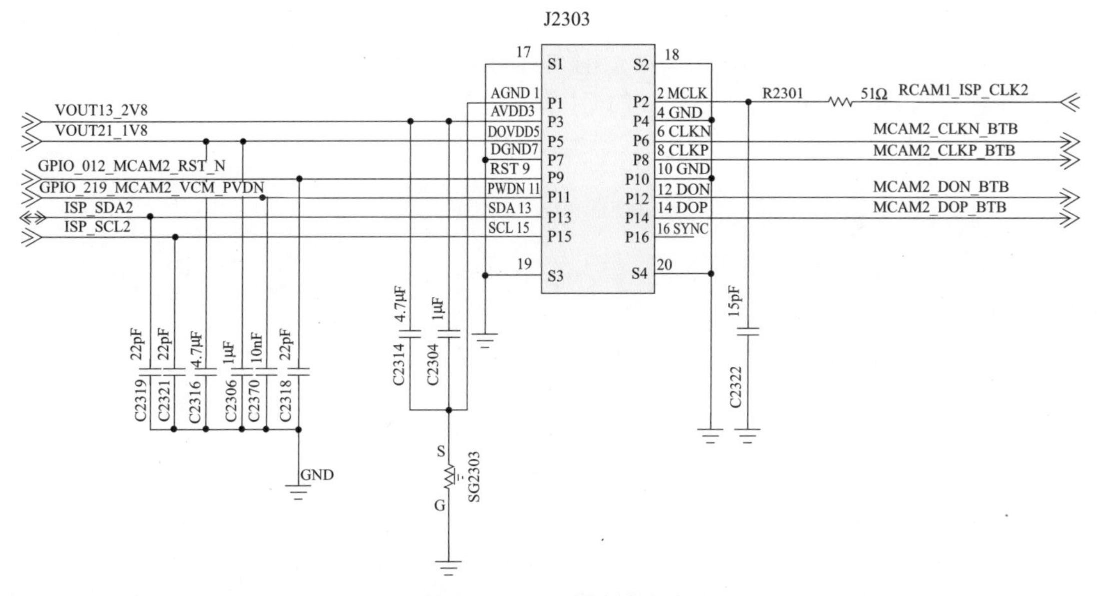

图7-80　景深摄像头电路

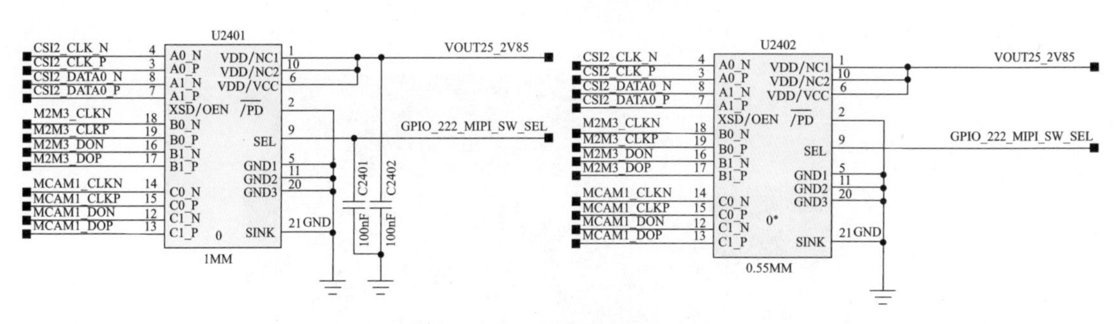

图7-81　MIPI总线电子开关

双色温闪光灯比单色温 LED 灯的成像效果更加柔和，白平衡也更加准确，这在暗光拍摄中也将为照片质量带来明显的提升。

目前市面上大部分手机采用的是一颗高亮 WLED（白色发光二极管）闪光灯配合一颗亮度稍暗的琥珀色 LED 暖色灯来达到色温补偿的效果。

闪光灯电路如图 7-82 所示。

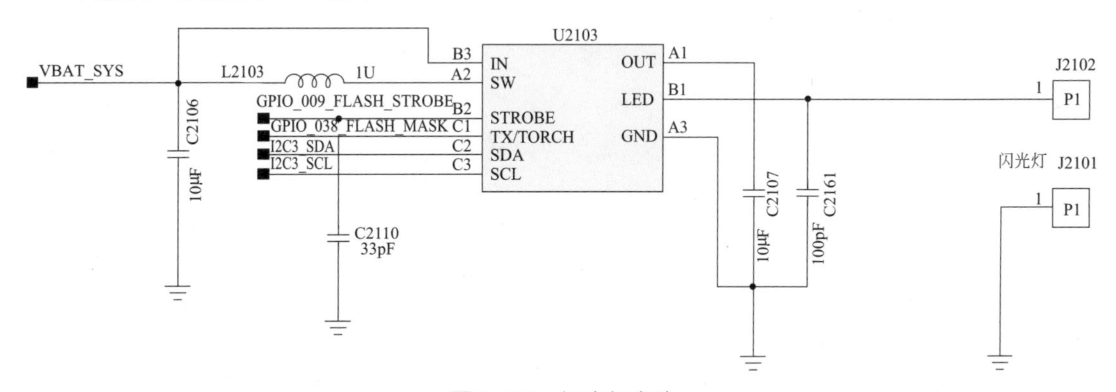

图7-82　闪光灯电路

供电电压 VBAT_SYS 送到闪光灯芯片 U2103 的 B3 脚，I^2C 总线信号送到 U2103 的 C2、C3 脚，闪光灯控制信号 GPIO_009_FLASH_STROBE 送到 U2103 的 B2 脚，模式控制信号 GPIO_038_FLASH_MASK 送到 U2103 的 C1 脚，控制 U2103 的工作。

闪光灯信号从 U2103 的 B1 脚输出，驱动 LED 闪光灯。

五、传感器电路故障维修案例

1. 华为P30手机指南针故障维修

故障现象：

华为 P30 手机，指南针失灵，无法使用。

故障分析：

在华为手机中，指南针功能使用了独立的芯片，而且指南针芯片通过 I^2C 总线与处理器进行通信。

应该重点检查指南针电路供电是否正常，电路是否有元器件损坏现象。

故障维修：

测量测试点 J2905 上的指南针供电电压 1.8V 是否正常，经测量发现供电电压正常。分别测量 I^2C 总线电压，均为 1.8V，也正常。更换指南针芯片后，故障排除。

指南针故障测试点如图 7-83 所示。

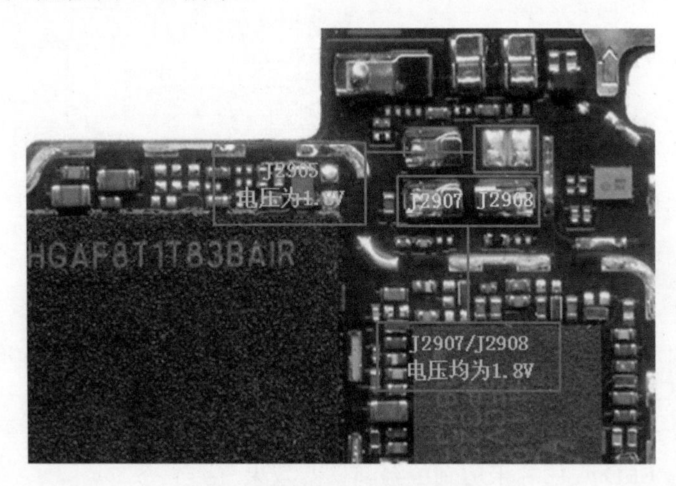

图7-83　指南针故障测试点

2. 华为P30手机环境光传感器故障维修

故障现象：

华为 P30 手机，环境光功能失灵，无法自动调整屏幕亮度，手机没有磕碰、摔过痕迹。

故障分析：

应该重点检查环境光传感器电路是否有元器件损坏现象，I^2C 总线是否正常，供电是否正常。

除了检查对应的电路外，环境光传感器与前壳结构也有一定的关系，更换非原装的前壳组件也会引起类似问题。

故障维修：

为了方便起见，先代换前壳组件，代换后故障排除，再装好原壳后，环境光传感器能够使用，怀疑是主板弹片问题。

在维修环境光传感器故障时，如果更换前壳组件仍然无法排除，需要检查供电电压、I^2C 总线是否正常。

环境光传感器测试点如图 7-84 所示。

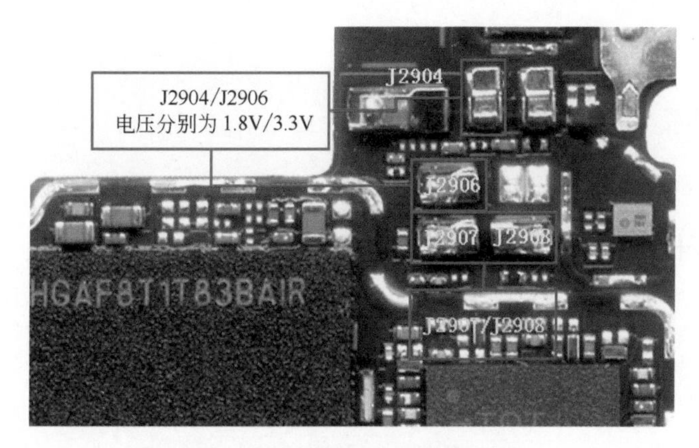

图7-84　环境光传感器测试点

3. 华为P30手机前置摄像头失效故障维修

故障现象：

华为 P30 手机，前置摄像头功能无法使用，无法进行自拍，手机摔过一次后就出现这样的问题了。

故障分析：

应重点检查前置摄像头是否正常，供电是否正常，信号是否正常，I^2C 总线是否正常。

根据维修从简的原则，先从最简单的入手，先代换前摄像头，代换前摄像头后，故障没有排除。

故障维修：

拆开手机，分别测量前置摄像头接口 J2002 的对地二极体值，未发现异常；开机测量 J2002 的 27、36 脚电压不正常，更换摄像头供电芯片后，开机摄像头功能正常。

前置摄像头接口 J2002 位置如图 7-85 所示。

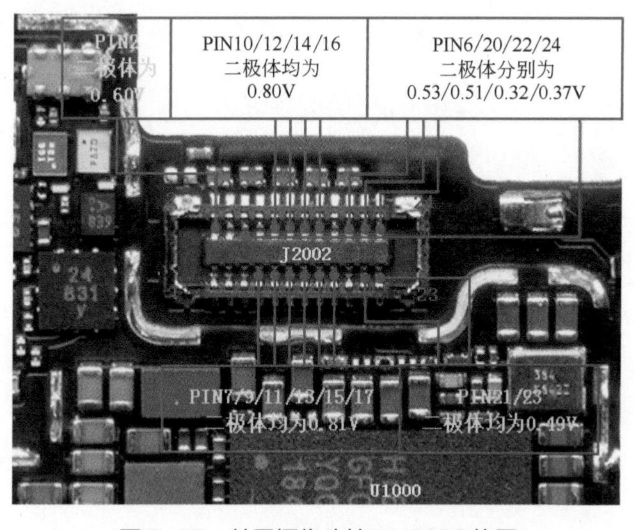

图7-85　前置摄像头接口J2002位置

4. 华为Mate20 X手机加速度传感器功能失灵故障维修

故障现象：

华为 Mate 20 X 手机，加速度传感器功能失灵，导致手机好多功能无法使用，送来进行维修。

故障分析：

应重点检查加速度传感器否正常、供电是否正常、信号是否正常、I^2C 总线是否正常等几个重点因素。

故障维修：

拆机检查供电电压、I^2C 总线电压均正常，同样挂在 I^2C1 总线上的其他器件功能也正常，分析认为可能是加速度传感器芯片 U2602 问题，更换 U2602 芯片后，加速度传感器功能一切正常。

加速度传感器芯片 U2602 如图 7-86 所示。

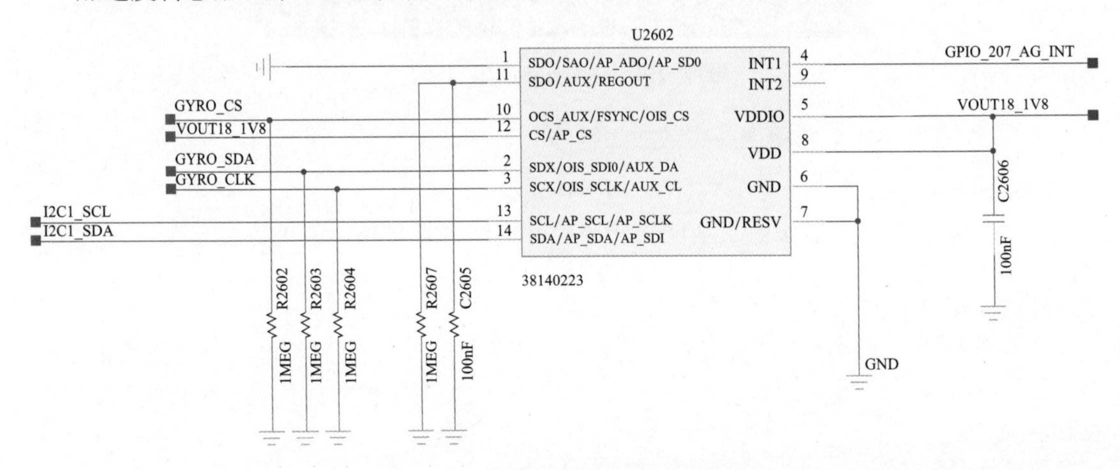

图7-86　加速度传感器芯片U2602

5. 华为Mate 20 X手机霍尔传感器失效故障维修

故障现象：

华为 Mate20 X 手机，霍尔传感器功能失灵，导致手机皮套功能无法使用，非常不方便。

故障分析：

应重点检查霍尔传感器或皮套是否正常，检查皮套磁铁是否脱落等。

皮套或霍尔传感器都可能引起功能失灵故障，最简单的就是先更换皮套来进行测试。

故障维修：

首先更换皮套，故障没有排除。然后使用带有磁性的螺丝刀靠近霍尔元件 U200，发现没有高电平信号输出，更换霍尔元件 U200 后，手机皮套功能正常。

霍尔传感器电路如图 7-87 所示。

6. 华为荣耀V20手机后置主摄像头打不开故障维修

故障现象：

华为荣耀 V20 手机，后置主摄像头打不开，手机一直正常使用，没有磕碰摔过问题。

故障分析：

应重点检查后置主摄像头电路，主要检查供电、信号等是否正常。

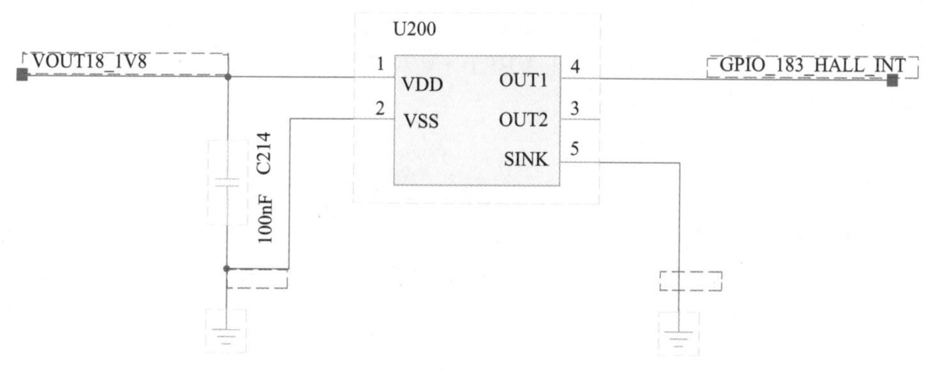

图7-87　霍尔传感器电路

对于功能性器件，建议先进行代换，排除主摄像头故障以后再进一步检查电路是否正常。维修的基本原则就是从简，一定要先检查最简单、最容易下手的器件。

故障维修：

拆机替换主摄像头后故障未能够排除。测量主摄像接口 J1901 的二极体值，未发现异常问题。测量主摄像接口 J1901 的 24 脚 1.1V 供电电压，发现该电压偏低。该电压由电源管理芯片 U1000 输出，检查 1.1V 外围元件未发现异常，更换电源管理芯片 U1000 后，故障排除。

主摄像接口 J1901 位置如图 7-88 所示。

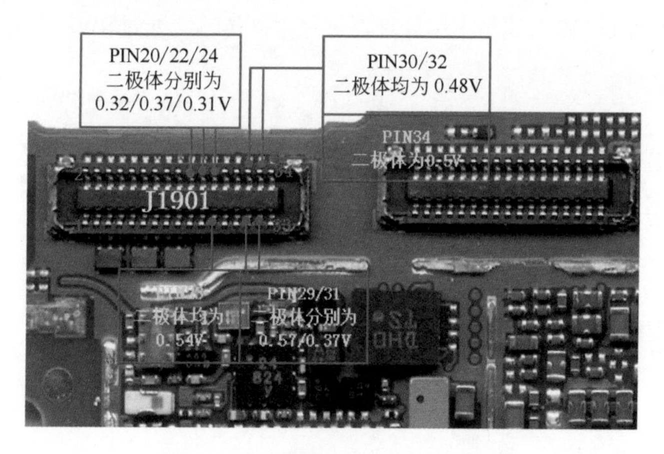

图7-88　主摄像接口J1901位置

第七节　功能电路工作原理与故障维修

故障维修思路

华为智能手机的功能电路主要包括 NFC 电路、蓝牙电路、WiFi 电路、GPS 电路、SIM 卡电路、Micro SD 卡电路等，下面介绍功能电路工作原理与故障维修方法。

一、NFC电路工作原理

下面以华为 nove5 Pro 手机为例，分析 NFC 电路的工作原理。

在 NFC 电路中，有三路供电为 NFC 芯片提供供电电压，分别是 VOUT18_1V8、VBAT_SYS、VBST_5V，其中供电电压 VBST_5V 使用了一个单独的升压模块 U3902。

VBST_5V 供电电路如图 7-89 所示。

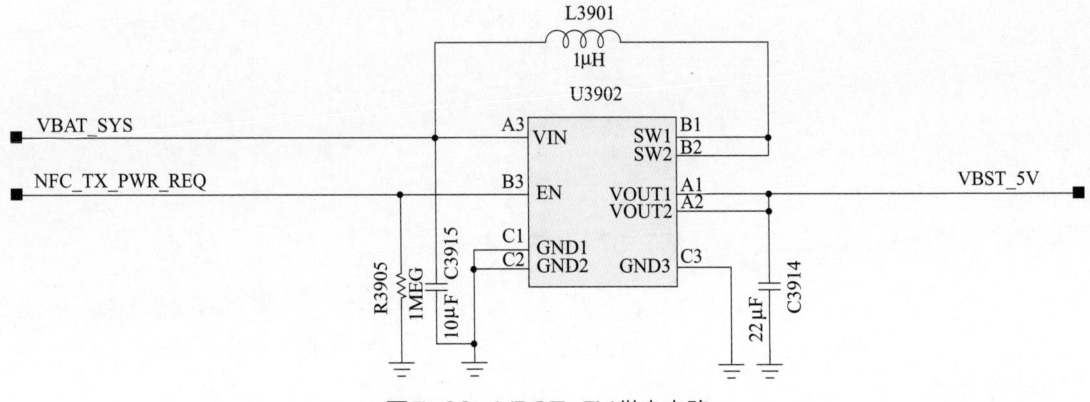

图7-89 VBST_5V供电电路

NFC 电路原理图如图 7-90 所示。

电源启动信号 PMU_NFC_ON 送到 NFC 芯片 U3901 的 H1 脚，时钟信号 NFC_CLK_REQ 送到 U3901 的 B1 脚，应用处理器通过 I²C 总线控制 U3901 开始工作。

NFC芯片U3901通过SPI总线与应用处理器进行数据传输，通过SWP单线协议进行数据传输。

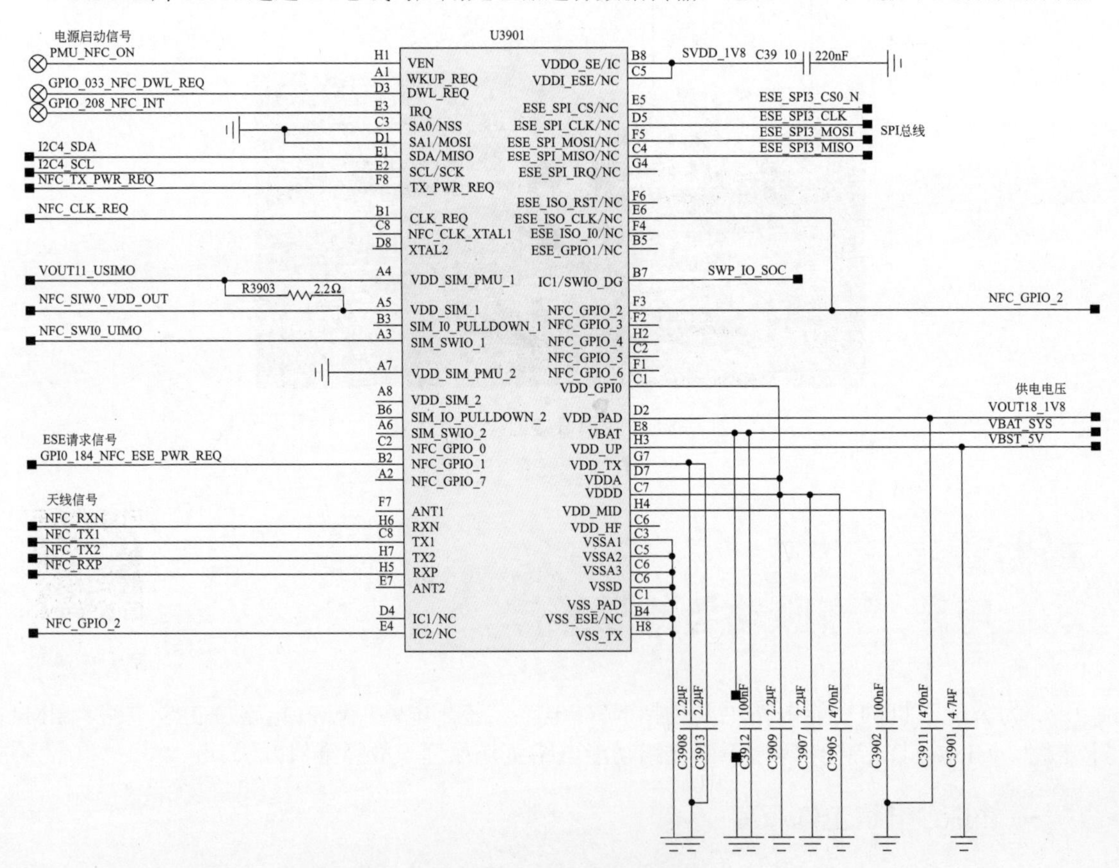

图7-90 NFC电路原理图

NFC 射频天线电路如图 7-91 所示。

NFC 天线信号经接口 J8001、J8002 接收以后，经过 U8001 组成的巴伦电路滤除杂波。巴伦电路具有高增益、抗电磁干扰、抗电源噪声、抗地噪声能力很高、抑制偶次谐波等优点，在射频电路中应用较多。

NFC 射频天线信号经 NFC_RXN、NFC_TX2、NFC_TX1、NFC_RXP 送到 NFC 芯片 U3901 的内部进行处理。

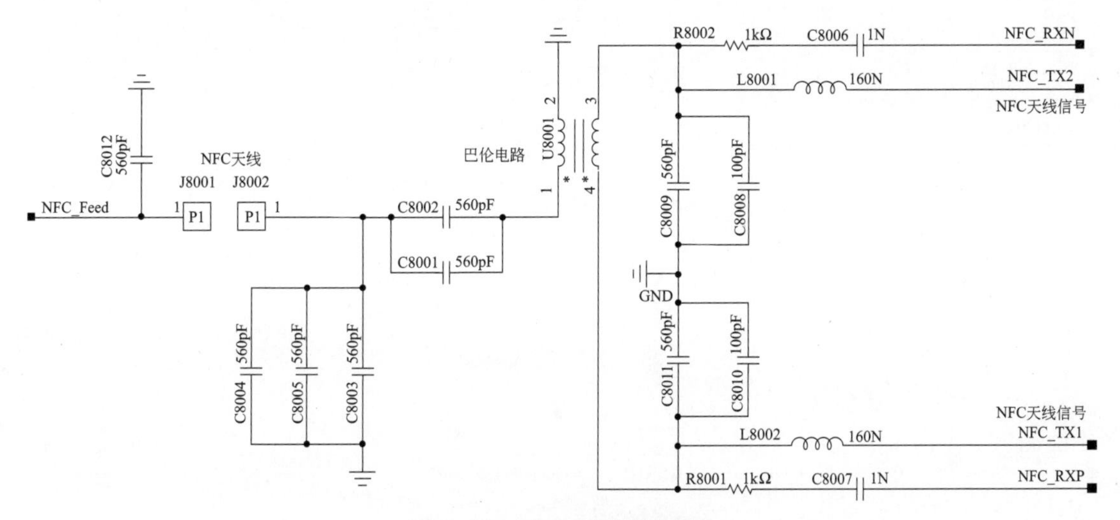

图7-91　NFC射频天线电路

二、蓝牙、WiFi、GPS电路工作原理

在智能手机中，一般是将 WiFi 电路和蓝牙电路集成在一个芯片里面，因为 WiFi 电路和蓝牙电路的工作频率都是 2.4GHz，而且有部分电路是共用的，无论从设计角度还是使用角度来讲，都符合常理。当然，随着技术的发展，WiFi 电路也采用了 5G 技术，但是仍然是将 WiFi 电路和蓝牙电路集成在一起。

在华为 nove5 手机中，使用了单独的芯片将蓝牙、WiFi、GPS 电路全部集成在一起。下面以华为 nove5 手机为例，分析蓝牙、WiFi、GPS 电路工作原理。

1. 天线电路

天线电路如图 7-92 所示。

蓝牙、WiFi、GPS 使用一个天线完成了信号的收发工作。蓝牙、WiFi、GPS 公共天线接收信号以后，经过射频测试接口 J7301、π 形滤波器送到滤波器 Z7305 内部。

在滤波器 Z7305 内部，分别将 WiFi 2.4GHz 信号、WiFi 5GHz 信号、GPS 天线信号分别滤波后输出，其中蓝牙信号与 WiFi 2.4GHz 信号共用。

2. WiFi电路工作原理

（1）WiFi 2.4GHz 天线收发电路

WiFi 2.4GHz 信号 WIFI_ANT0_2.4G 经过 π 形滤波器、2.4GHz 滤波器后，输出 WB_RF_RFIO_2G 信号，送到蓝牙、WiFi、GPS 电路 U7100 的 D1 脚。

WiFi 2.4GHz 滤波电路如图 7-93 所示。

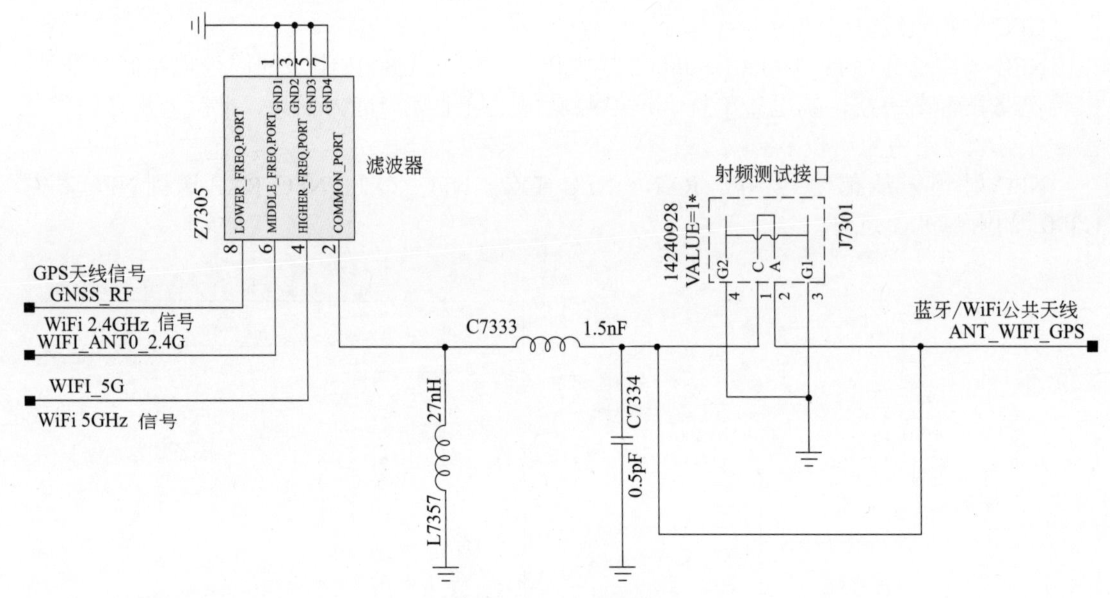

图7-92　天线电路

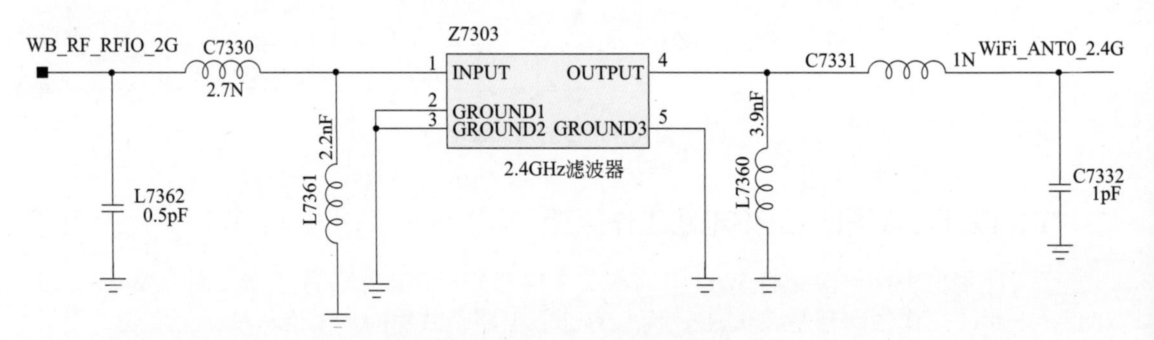

图7-93　WiFi 2.4GHz滤波电路

（2）WiFi 5GHz 天线收发电路

WiFi 5GHz 天线收发电路如图 7-94 所示。

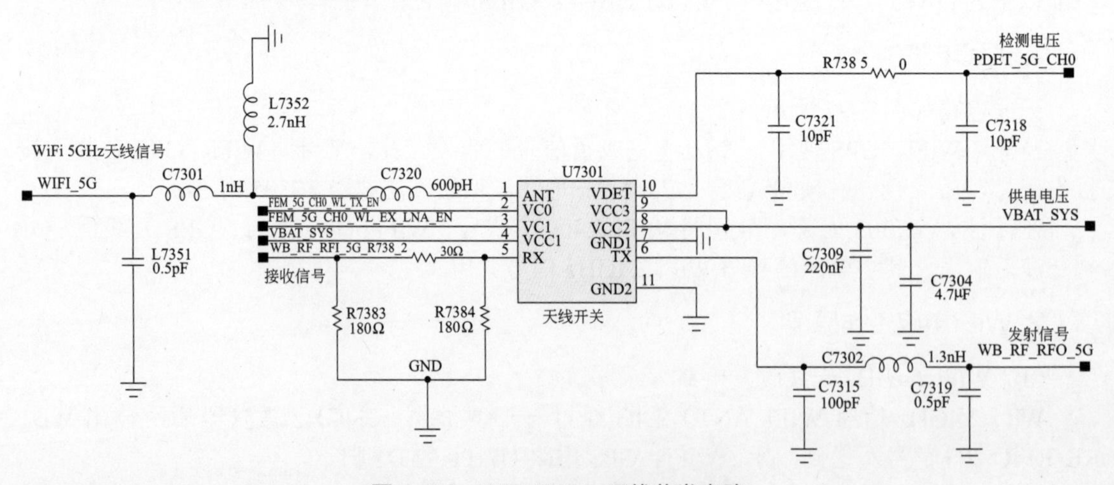

图7-94　WiFi 5GHz天线收发电路

WiFi 5GHz 天线信号经过 π 形滤波器后，送到天线开关 U7301 的内部。U7301 内部有低噪声放大器电路，完成 WiFi 5GHz 接收信号的低噪声放大。FEM_5G_CH0_WL_EX_LNA_EN 是低噪声放大器电路的使能信号。WiFi 5GHz 接收信号从 U7301 的 5 脚输出 WB_RF_RFI_5G 信号；WiFi 5GHz 发射信号 WB_RF_RFO_5G 送到 U703 的 6 脚。FEM_5G_CH0_WL_TX_EN 为发射使能信号。

供电电压 VBAT_SYS 送到 U7301 的 8、9 脚，U7301 的 10 脚为检测电压脚。

（3）WiFi 信号处理电路

WiFi 信号处理电路如图 7-95 所示。

WiFi 2.4GHz 接收信号送到 U7100 的 D1 脚，WiFi 5GHz 接收信号送到 U7100 的 H1 脚，WiFi 5GHz 发射信号从 U7100 的 F1 脚输出。

WiFi 时钟信号送到 U7100 的 L2 脚，为 U7100 提供基准时钟信号。

当在手机菜单中打开 WiFi 菜单功能时，应用处理器通过 GPIO_221_AP_WAKEUP_WL 唤醒 U7100 内部的 WiFi 电路，WiFi 电路开始工作，应用处理器通过 SDIO 总线（WL_SDIO_CMD、WL_SDIO_DATA0、WL_SDIO_DATA1、WL_SDIO_DATA2、WL_SDIO_DATA3）控制 U7100 的工作。

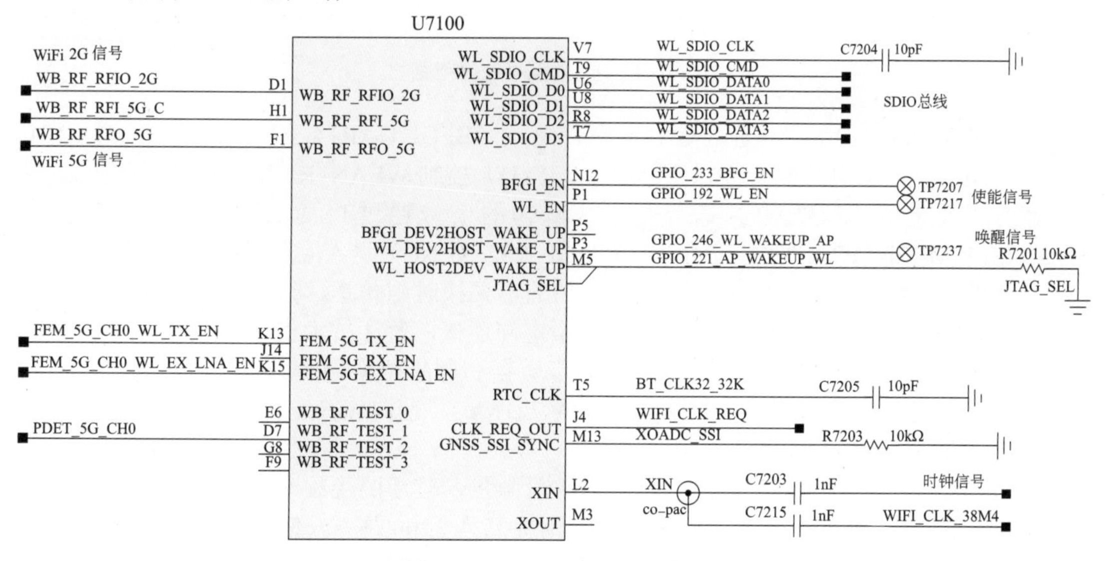

图7-95　WiFi 信号处理电路

3. 蓝牙电路工作原理

蓝牙技术规定每一对设备之间进行蓝牙通信时，必须一个为主角色，另一个为从角色。通信时，必须由主端进行查找，发起配对，应用处理器向蓝牙发出唤醒信号 GPIO_191_BFG_WAKEUP_AP，然后从 U7100 的 D1 脚送出蓝牙无线连接的请求信号，通过带通滤波网络天线向四周传出去。蓝牙模块以无线电波查询方式扫描，扫描周围是否有蓝牙设备。附近的蓝牙设备收到手机发出无线电波信号后，就会送出一个分组信息来响应手机的请求。这个信息包括手机和对方之间建立连接所需的一切信息。但此时还不是处于数据通信状态，只能通过手机操作进行蓝牙连接，从 U7100 的 D1 脚送出寻呼信息。在对方设备做出回应后，它们之间的通信连接才建立。建链成功后，双方即可收发数据。

理论上，一个蓝牙主端设备，可同时与 7 个蓝牙从端设备进行通信。一个具备蓝牙通信功能的设备，可以在两个角色间切换，平时工作在从模式，等待其他主设备来连接；需要时，转换为主模式，向其他设备发起呼叫。一个蓝牙设备以主模式发起呼叫时，需要知道对方的蓝牙地址、配对密码等信息，配对完成后，可直接发起呼叫。

蓝牙主端设备发起呼叫，首先是查找，找出周围处于可被查找的蓝牙设备。主端设备找到从端蓝牙设备后，与从端蓝牙设备进行配对，此时需要输入从端设备的PIN码，也有设备不需要输入PIN码。配对完成后，从端蓝牙设备会记录主端设备的信任信息，此时主端即可向从端设备发起呼叫，已配对的设备在下次呼叫时，不再需要重新配对。已配对的设备，作为从端的蓝牙耳机也可以发起建链请求，但做数据通信的蓝牙模块一般不发起呼叫。链路建立成功后，主从两端之间即可进行双向的数据或语音通信。在通信状态下，主端和从端设备都可以发起断链，断开蓝牙链路。

蓝牙信号处理电路如图7-96所示。

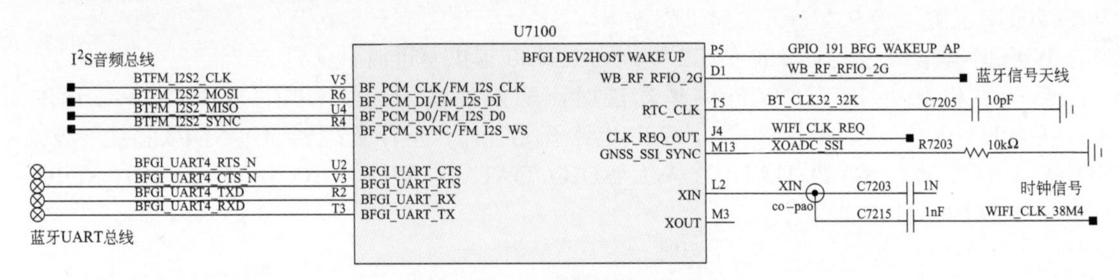

图7-96　蓝牙信号处理电路

蓝牙数据传输应用中，通过UART串行总线（BFGI_UART4_RTS_N、BFGI_UART4_CTS_N、BFGI_UART4_TXD、BFGI_UART4_RXD）控制WLAN_RF做出相应的反应。

蓝牙接收信号在U7100内进行处理，解调的信号通过I^2S总线（BTFM_I2S2_CLK、BTFM_I2S2_MOSI、BTFM_I2S2_MISO、BTFM_I2S2_SYNC）送入应用处理器内部进行处理。

蓝牙的数据传输率为1Mb/s，采用数据包的形式按时隙传送，每时隙0.625μs。蓝牙系统支持实时的同步定向连接和非实时的异步不定向连接，蓝牙技术支持一个异步数据通道，3个并发的同步语音通道或一个同时传送异步数据和同步语音通道。每一个语音通道支持64Kb/s的同步语音，异步通道支持最大速率为721Kb/s、反向应答速度为57.6Kb/s的非对称连接，或者是速率为432.6Kb/s的对称连接。

跳频是蓝牙使用的关键技术之一。对应单时隙包，蓝牙的跳频速率为1600跳/s；对于多时隙包，跳频速率有所降低；但在建链时则提高为3200跳/s。使用这样高的调频速率，蓝牙系统具有足够高的抗干扰能力。

4. GPS电路工作原理

（1）低噪声放大器电路

GPS低噪声放大电路如图7-97所示。

在GPS电路中，天线接收电路与蓝牙、WiFi接收电路共用。GPS天线的作用是将卫星信号极微弱的电磁波能转化为相应的电流。天线接收信号从天线接收后，经过电容C7719送到滤波器Z7701的1脚，然后从Z7701的4脚输出，经过电感L7755送到低噪声放大器U7701的5脚，在低噪声放大器内部进行放大后，从U7701的3脚输出。

在放大微弱信号的场合，放大器自身的噪声对信号的干扰可能很严重，因此希望减小这种噪声，一般采用低噪声放大器来解决这个问题。低噪声放大器是噪声系数很低的放大器，一般用作各类无线电接收机的高频或中频前置放大器（比如GPS、手机、电脑或者iPad里面的WiFi），以及高灵敏度电子探测设备的放大电路。

经低噪声放大器放大后的信号经过电容C7706送到滤波器Z7710的1脚，滤波后的信号从Z7710的4脚输出。滤波器的作用是抑制频带以外的干扰信号。

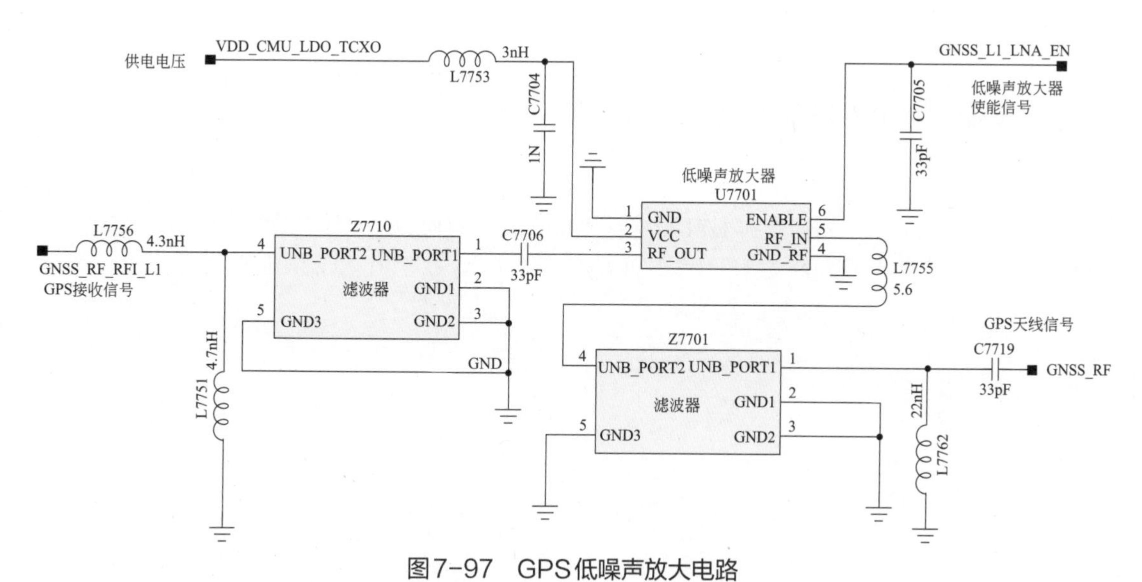

图7-97　GPS低噪声放大电路

（2）GPS信号处理电路

经低噪声放大器放大及滤波后的GPS接收信号GNSS_RF_RFI_L1送到U7100内部进行处理。GPS信号通道的作用有三：搜索卫星，索引并跟踪卫星；对广播电文数据信号解扩，解调出广播电文；进行伪距测量、载波相位测量及多普勒频移测量。

从卫星接收到的信号是扩频的调制信号，所以要经过解扩、解调才能得到导航电文。为了达到此目的，在相关通道电路中设有伪码相位跟踪环和载波相位跟踪环。

经过U7100解调的GPS信号从U7100的P15、N16脚输出，送到应用处理器电路进行处理。应用处理器接收到GPS基带信号后，测定、校正、存储各通道的时延值；对捕捉到的卫星信号进行牵引和跟踪，并将基准信号译码得到GPS卫星星历。当同时锁定4颗卫星时，将C/A码伪距观测值连同星历一起计算测站的三维坐标，并按预置位置更新率计算新的位置；根据机内存储的卫星历书和测站近似位置，计算所有在轨卫星卫星升降时间、方位和高度角；根据预先设置的航路点坐标和单点定位测站位置计算导航的参数航偏距、航偏角、航行速度等，并将有关信息通过显示屏显示出来。

GPS信号处理电路如图7-98所示。

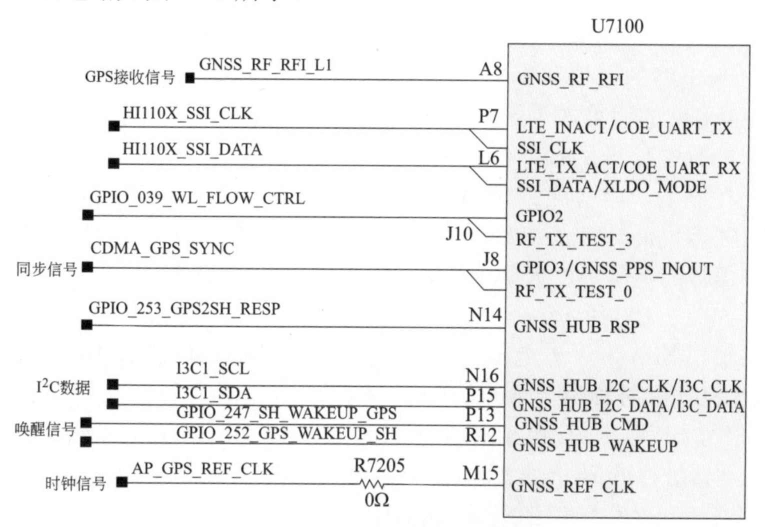

图7-98　GPS信号处理电路

5. 供电电路

供电电路如图 7-99 所示。

蓝牙、WiFi、GPS 电路 U7100 内部有独立的供电电路，负责对蓝牙、WiFi、GPS 电路提供供电。

供电电压 VBAT_SYS 送到 U7100 的 C16、V13、U14 脚，为 U7100 提供供电电压；GPIO_236_HI110X_PWRON 为 U7100 的启动信号，启动 U7100 内部供电电路。

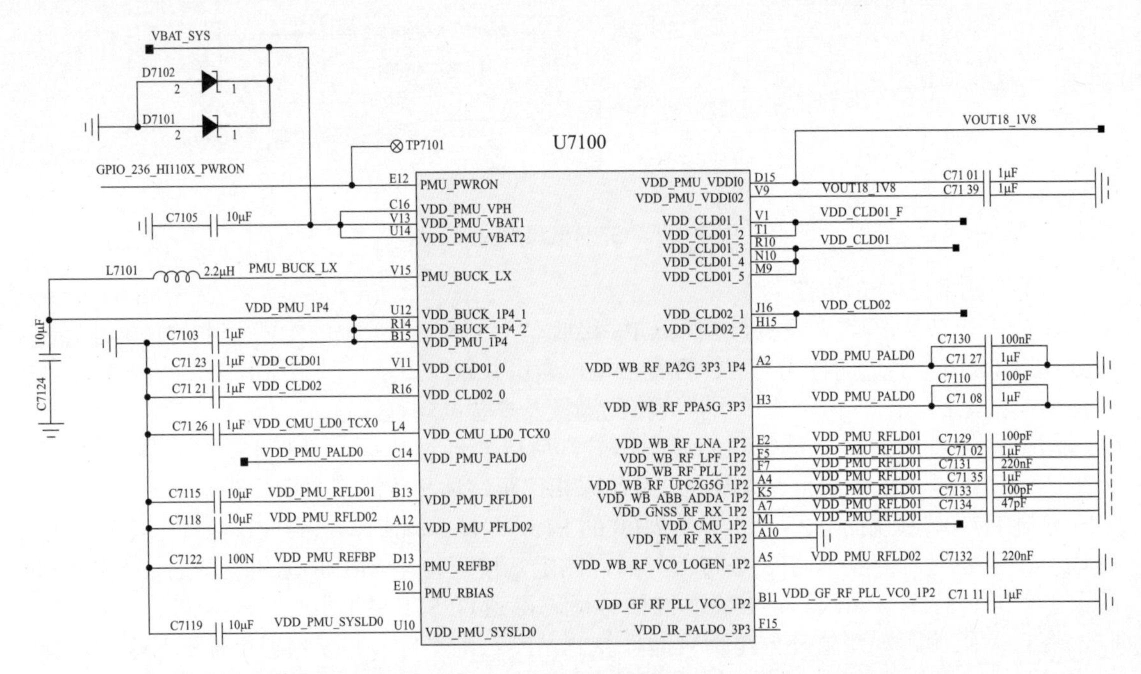

图7-99 供电电路

三、SIM卡电路工作原理

下面以华为 nove5 手机 SIM 卡 1 电路为例，分析 SIM 卡电路的工作原理。

手机与 SIM 卡电路的通信属于异步半双工模式，根据手机工作模式不同，SIM 卡使用 3.25MHz 或 1.083MHz 的信号作为 SIM 卡时钟信号。不论是使用 1.8V 的 SIM 卡还是 3V 的 SIM 卡，SIM 卡的时钟信号的频率都是 3.25MHz。SIM 卡接口电路的启动与关闭是由应用处理器内部电路控制的。当检测到 SIM 卡被安装在手机上时，启动应用处理器内部的 SIM 卡接口电路。SIM 卡电源、SIM 卡数据信号及 SIM 卡复位信号的电压幅度是根据 SIM 卡的类型而不同的，信号的电压幅度大概为 0.9 倍的 SIM 卡电源幅度。

SIM 卡电路如图 7-100 所示。

应用处理器输出 SIM 卡供电电压 NFC_SIM0_VDD_OUT 到 SIM 卡座 J3502 的 1～3 脚；应用处理器输出 SIM 卡时钟信号 SIM0_CLK 到 SIM 卡座 J3502 的 7～9 脚；应用处理器输出 SIM 卡复位信号 SIM0_RST 到 SIM 卡座 J3502 的 4～6 脚；SIM 卡通过数据信号 SIM0_DATA 与应用处理器进行通信。

支持 NFC 功能的 SIM 卡通过 NFC_SWIO_UIM0 与 NFC 电路进行通信。

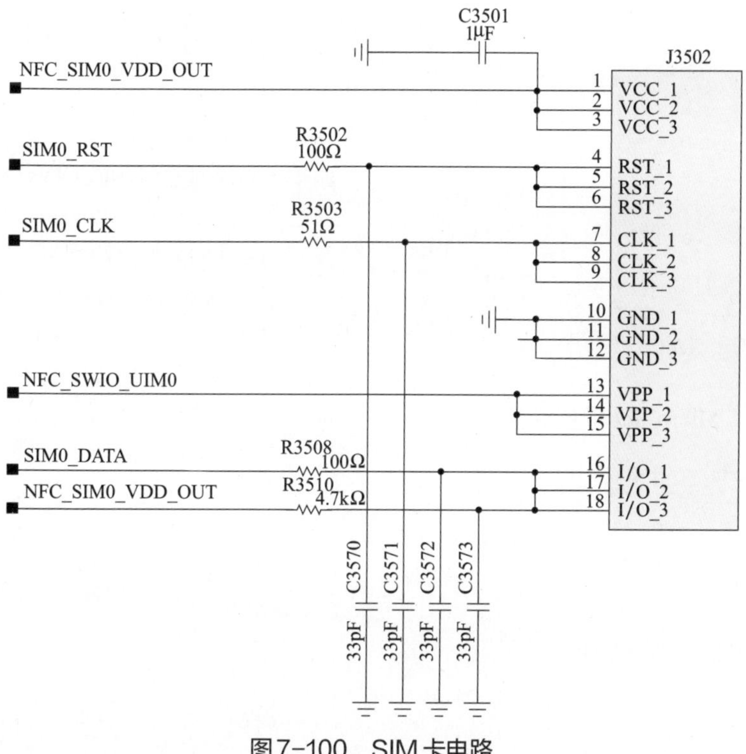

图7-100　SIM 卡电路

四、Micro SD卡电路工作原理

下面以华为 nove5 手机为例，分析 Micro SD 卡电路工作原理。

Micro SD 卡电路如图 7-101 所示。

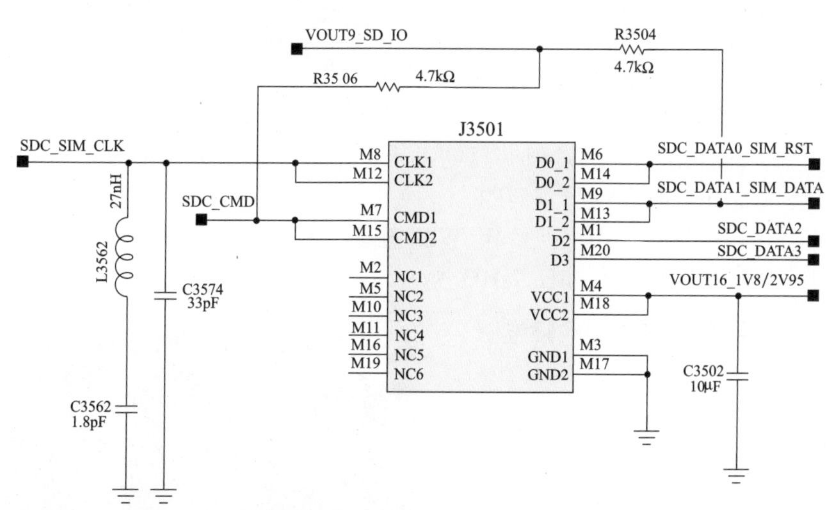

图7-101　Micro SD卡电路

当有 Micro SD 卡插入卡槽时，供电 VOUT16_1V8/2V95 提供 2.95V 供电电压送到 J3501 的 M4、M18 脚，为 Micro SD 卡提供供电。

应用处理器时钟信号 SDC_SIM_CLK 送到 J3501 的 M8、M12 脚，复位信号 SDC_DATA0_

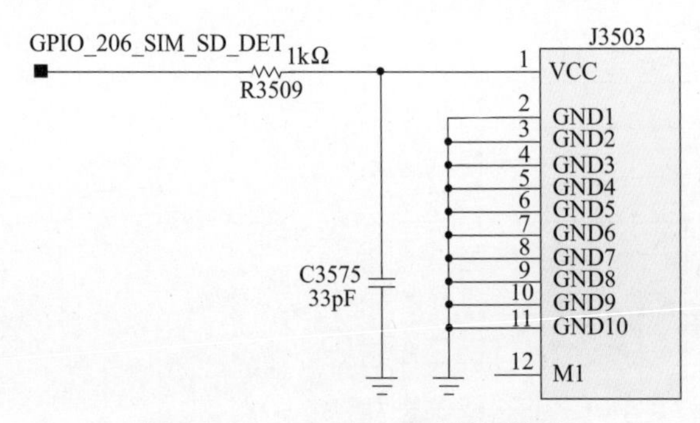

图7-102　Micro SD卡检测电路

SIM_RST 送到 J3501 的 M6、M14 脚。

应用处理器通过 SDC_CMD 信号发送指令查看是何种类型的 Micro SD 卡，是单线还是多线，如果是单线就用 SDC_CMD 通信，如果支持多线就用 SDC_DATA1_SIM_DATA、SDC_DATA2、SDC_DATA3 进行通信。

Micro SD 卡检测电路如图 7-102 所示。

当插入 Micro SD 卡时，将检测的卡信号 GPIO_206_SIM_SD_DET 送到应用处理器电路，应用处理器检测到有 Micro SD 卡插入，开始读取 Micro SD 卡内部资料。

五、功能电路维修案例

1. 华为P30手机无蓝牙故障维修

故障现象：

华为 P30 手机，蓝牙功能无法正常使用。

故障分析：

检查发现 WiFi 功能也无法使用，在华为 P30 手机中，蓝牙和 WiFi 共用一个芯片，可能是公共电路出现问题。

维修经验

在大部分的智能手机中，蓝牙和 WiFi 共用一个芯片，这样给我们判断故障提供了有利条件。如果是蓝牙和 WiFi 都不能使用，则要重点检查其公共电路；如果是单独蓝牙无法使用或 WiFi 无法使用，则只需要检查其独立的电路。

故障维修：

拆机检查蓝牙电路周围，未发现明显的进水、维修痕迹，主板看起来非常干净，分别测量天线回路、时钟电路未发现异常问题。

检查各路供电电压也正常，更换蓝牙 /WiFi 模块 U5100 后，开机测试蓝牙功能正常。

蓝牙 /WiFi 模块 U5100 位置如图 7-103 所示。

2. 华为P30手机GPS失灵故障维修

故障现象：

华为 P30 手机，GPS 功能失灵，无法正常使用，平时不怎么用，也不知道什么时候出现的问题。

故障分析：

GPS 电路和蓝牙、WiFi 电路共用一个芯片，首先测试蓝牙和 WiFi 功能均正常，应该是 GPS 接收电路问题。

图7-103　蓝牙/WiFi模块U5100位置

故障维修：

拆机后分别检查 GPS 接收电路元器件，发现滤波器 Z5403 焊盘脱落，短接后，开机测试 GPS 功能正常。

GPS 接收电路如图 7-104 所示。

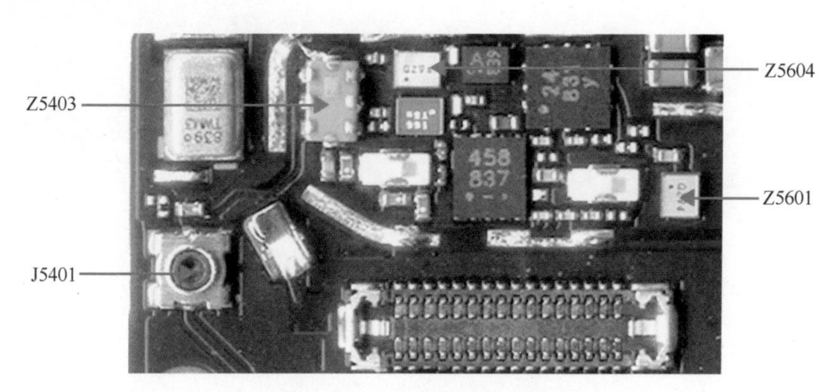

图7-104　GPS接收电路

3. 华为P30手机闪光灯故障维修

故障现象：

华为 P30 手机，手机闪光灯打不开，没有任何反应，一直正常使用，没有磕碰过，也没有进水。

故障分析：

闪光灯电路相对比较简单，主要检查闪光灯、驱动芯片、供电电压、控制信号等是否正常。

闪光灯电路就是一个典型的单元电路，针对单元电路，需要重点检查单元电路的三个要素：供电、控制、信号。

故障维修：

单独给闪光灯芯片 J1902 加电，闪光灯能够正常点亮，怀疑驱动芯片有问题。检查驱动芯片 U1901 的供电电压正常，更换一个驱动芯片后，开机测试闪光灯功能正常。

闪光灯电路如图 7-105 所示。

图7-105　闪光灯电路

第八章 iPhone手机工作原理与故障维修

第一节 射频电路工作原理与故障维修

下面以 iPhone 7 手机为例介绍射频电路工作原理与故障维修。iPhone7 手机支持 GSM、TD-SCDMA、TD-LTE、WCDMA、CDMA2000、LTE-FDD 多种网络模式。

一、iPhone手机RFFE总线电路

在 iPhone 6 及其以后的手机中，使用了射频前端（RFFE）数字接口电路。对于大多数初学者还有维修同行来讲，对 RFFE 总线的工作原理还比较陌生，给维修造成了不小的难度，下面先介绍 RFFE 总线电路工作原理。

MIPI RFFE 规范定义了带 RFFE 功能设备之间的接口，在 RFFE 总线上有一个主设备以及多达 12 个从设备。它使用两条信号线，一个由主设备控制的频率讯号（SCLK），一个单 / 双向数据信号（SDATA）。它还有一个 I/O 电源 / 参考电压（VIO）。

SDATA 属性的选择是根据从设备是否为仅写入，或是可支持读 / 写能力。RFFE 总线零组件以平行方式连接 SCLK 和 SDATA 线路。主设备中永远存在着针对 SCLK 和 SDATA 的线路驱动器；而仅从设备支持回读功能，它需要一个 SDATA 专用的线路驱动器。每一个实体从设备都必须有一个 SCLK 输入接脚、一个 SDATA 输入或双向接脚，以及一个 VIO 接脚，以确保设备间的讯号兼容。

如今，高级的智能手机普遍使用 MIPI 联盟标准化的串行 RFFE 总线以控制 RF 前端，优点是电路设计简单、控制方便。

在 iPhone7 手机中，由基带处理器 BB_RF 输出 RFFE1～RFFE7 数字总线信号对主射频处理器、副射频处理器、射频功率放大器及其他器件进行控制。

RFFE1 总线接口控制主射频处理器 XCVR0_RF 芯片，RFFE2 总线接口控制 QPOET_RF 芯片，RFFE3 总线接口控制 LBDSM_RF 芯片，RFFE4 总线接口控制副射频处理器 XCVR1_RF 芯片。

RFFE1～RFFE4 总线接口如图 8-1 所示。

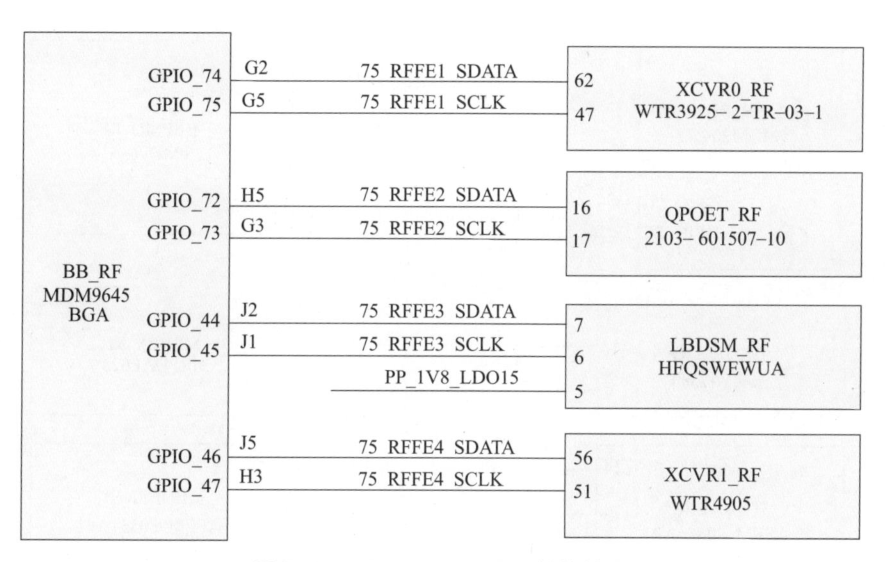

图8-1 RFFE1~RFFE4总线接口

在 iPhone7 手机原理图中，RFFE5 总线接口经过 RFFE 总线缓冲器 RFBUF_RF 后，分别送到 TUNFX_RF、MLBLN_RF、MHBLN_RF、LBLN_RF 芯片。

RFFE5 总线控制的这些芯片基本上是各个频段的 LNA（低噪声放大器）电路。RFFE5 总线接口如图 8-2 所示。

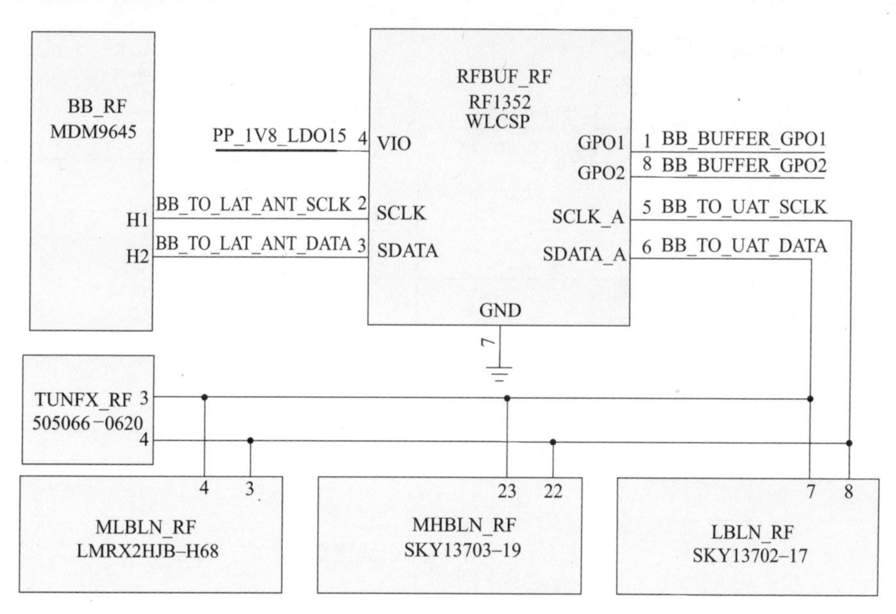

图8-2 RFFE5总线接口

RFFE6 总线接口主要控制 GSMPA_RF、TDDPA_RF、MLBPA_RF、MBHBPA_RF 四个功率放大器模块。另外，RFFE6 总线还有一个供电 PP_1V8_LDO15，由电源管理芯片 BBPMU_RF 提供。

RFFE6 总线接口如图 8-3 所示。

RFFE7 总线主要控制 LATCP_RF、UATCP_RF、LBPA_RF 三个芯片，其中 LATCP_RF、UATCP_RF 为天线回路耦合器，LBPA_RF 为低频段功率放大器模块。

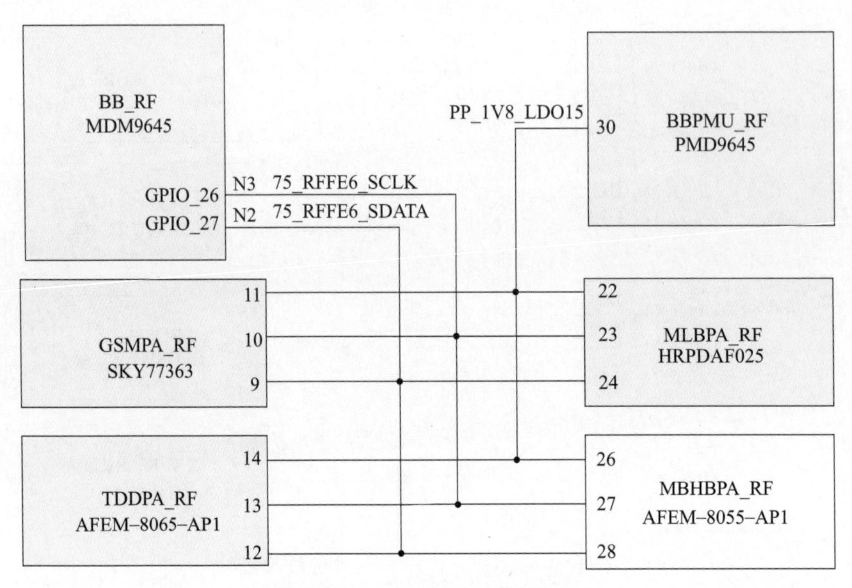

图8-3 RFFE6总线接口

RFFE7 总线接口如图 8-4 所示。

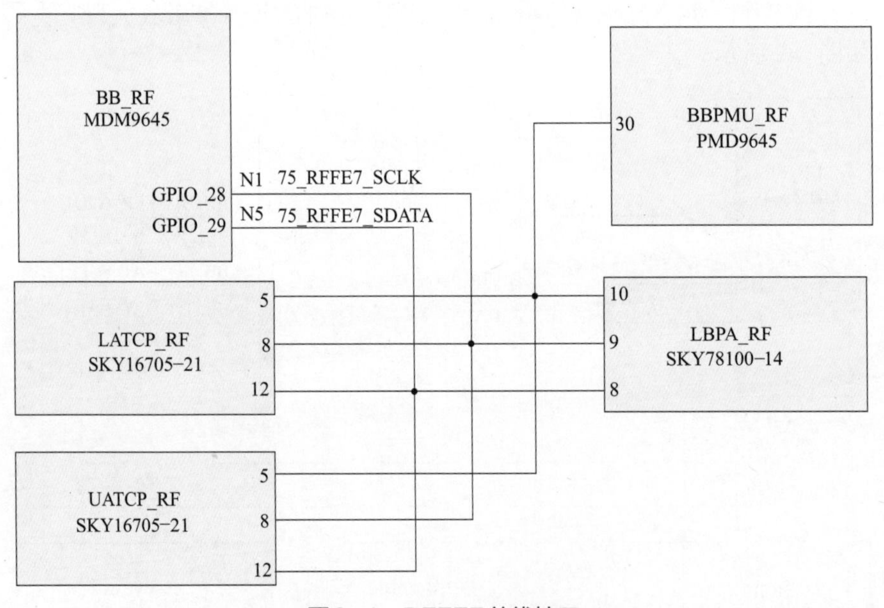

图8-4 RFFE7总线接口

二、主天线和耦合器电路

在 iPhone 手机中，天线电路相对较复杂，不光初学者望而生畏，就是维修师傅也是比较头疼。究其原因，无非是多频段的信号处理只采用两个天线，对于信号的分分合合，搞不清楚信号的流向。

在本节内容中，我们只讲主集接收、发送部分的信号。主集接收在图纸中的电路符号为 PRX。

主天线和耦合器电路如图 8-5 所示。

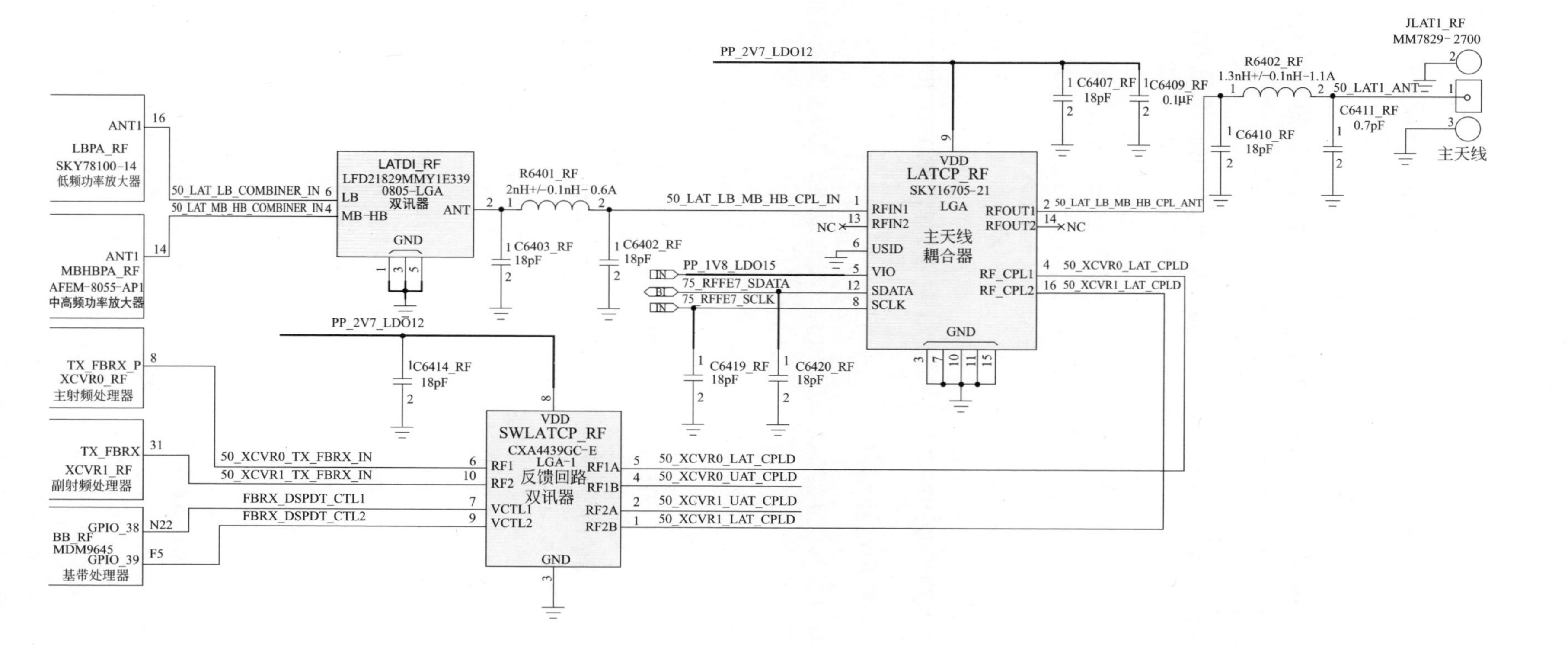

图8-5　主天线和耦合器电路

天线接收信号经过主天线接口 JLAT1_RF、电感 R6402_RF，送到 LATCP_RF 的 2 脚。在这里有一个问题，电感的符号不都是用 L 表示吗？怎么这里的电感用 R6402_RF 表示呢？因为原厂图纸就是这样画的，为了便于读者和真实图纸对应，我们就未做变动。

在接收过程中，LATCP_RF 在电路中的作用比较简单，射频接收信号经过 LATCP_RF，从 LATCP_RF 的 1 脚输出，经过电感 R6401_RF 送到滤波器 LATDI_RF 的 2 脚，经过滤波后的信号从 LATDI_RF 的 6 脚输出低频段信号 50_LAT_LB_COMBINER_IN，送到 LBPA_RF 的 16 脚；从 LATDI_RF 的 4 脚输出中、高频段信号 50_LAT_MB_HB_COMBINER_IN，送到 MBHBPA_RF 的 14 脚。

在发射过程中，与上述路径正好相反，但 LATCP_RF 的作用却非常大。由于高通平台采用了最新的 FBRX 方法进行功率控制，将 TX 的频率补偿校准全部拿掉，完全使用 FBRX 来做修正。FBRX 支持多信道校准，且需要完成高低温的特征化，也就是高低温的 FBRX 校准，然后生成特征化的 NV 用于高低温补偿，这样就能保证 TX 的频率补偿能达到平坦。

所以 LATCP_RF 除了起到信号耦合的作用之外，还在发射过程中，将发射信号取样回来，对发射功率进行校准。取样的发射功率信号从 LATCP_RF 的 4、16 脚输出，分别送到反馈回路双讯器 SWLATCP_RF 的 5、1 脚，反馈回路双讯器 SWLATCP_RF 受基带处理器 BB_RF 的控制，取样的发射功率信号从反馈回路双讯器 SWLATCP_RF 的 6、10 脚输出后，分别送到主射频处理器 XCVR0_RF 的 8 脚、副射频处理器 XCVR1_RF 的 31 脚。

三、副天线和耦合器电路

副天线电路其实就是分集接收、发射电路。分集接收在电路中的符号是 DRX，要和主集接收 PRX 进行区分。

1. 副天线回路

副天线回路原理图如图 8-6 所示。

副天线接收的信号经过 R6715_RF、R6705_RF 送到多路选择器 PPLXR_RF 的 5 脚，PPLXR_RF 的 10 脚输出的低频接收信号送到低频低噪声放大器 LBLN_RF 的 14 脚，从 LBLN_RF 的 3 脚输出的经过低噪声放大器放大的信号送到双讯器 UPPDI_RF 的 4 脚。

PPLXR_RF 的 8 脚输出的中低频接收信号送到 B11、B21 频段低噪声放大器 MLBLN_RF 的 13 脚，从 MLBLN_RF 的 6 脚输出的经过低噪声放大器放大的信号送到双讯器 UPPDI_RF 的 6 脚。

送到双讯器 UPPDI_RF 的 4、6 脚信号，经过双讯器内部处理后从 UPPDI_RF 的 2 脚输出，送到平行板传输线 MCNS_RF 的 4 脚。

PPLXR_RF 的 14 脚输出的中高频接收信号送到中高频低噪声放大器 MHBLN_RF 的 16 脚，从 MHBLN_RF 的 4 脚输出的经过低噪声放大器放大的信号送到平行板传输线 MCEW_RF 的 11 脚，再从平行板传输线 MCEW_RF 的 5 脚输出，送到平行板传输线 MCNS_RF 的 6 脚。

2. 耦合器电路

耦合器电路如图 8-7 所示。

从平行板传输线 MCNS_RF 的 9 脚输出的信号 50_UAT_LB_MLB_SOUTH 经过 R6405_RF 送到副天线耦合器 UATCP_RF 的 2 脚，从 UATCP_RF 的 1 脚输出后经过 R6400_RF 送到双讯器 UATDI_RF 的 2 脚，其中低频接收信号从双讯器 UATDI_RF 的 6 脚输出，送到低频功率放大器 LBPA_RF 的 14 脚；中低频接收信号从双讯器 UATDI_RF 的 4 脚输出，送到 B11、B21 功率放大器 MLBPA_RF 的 12 脚。

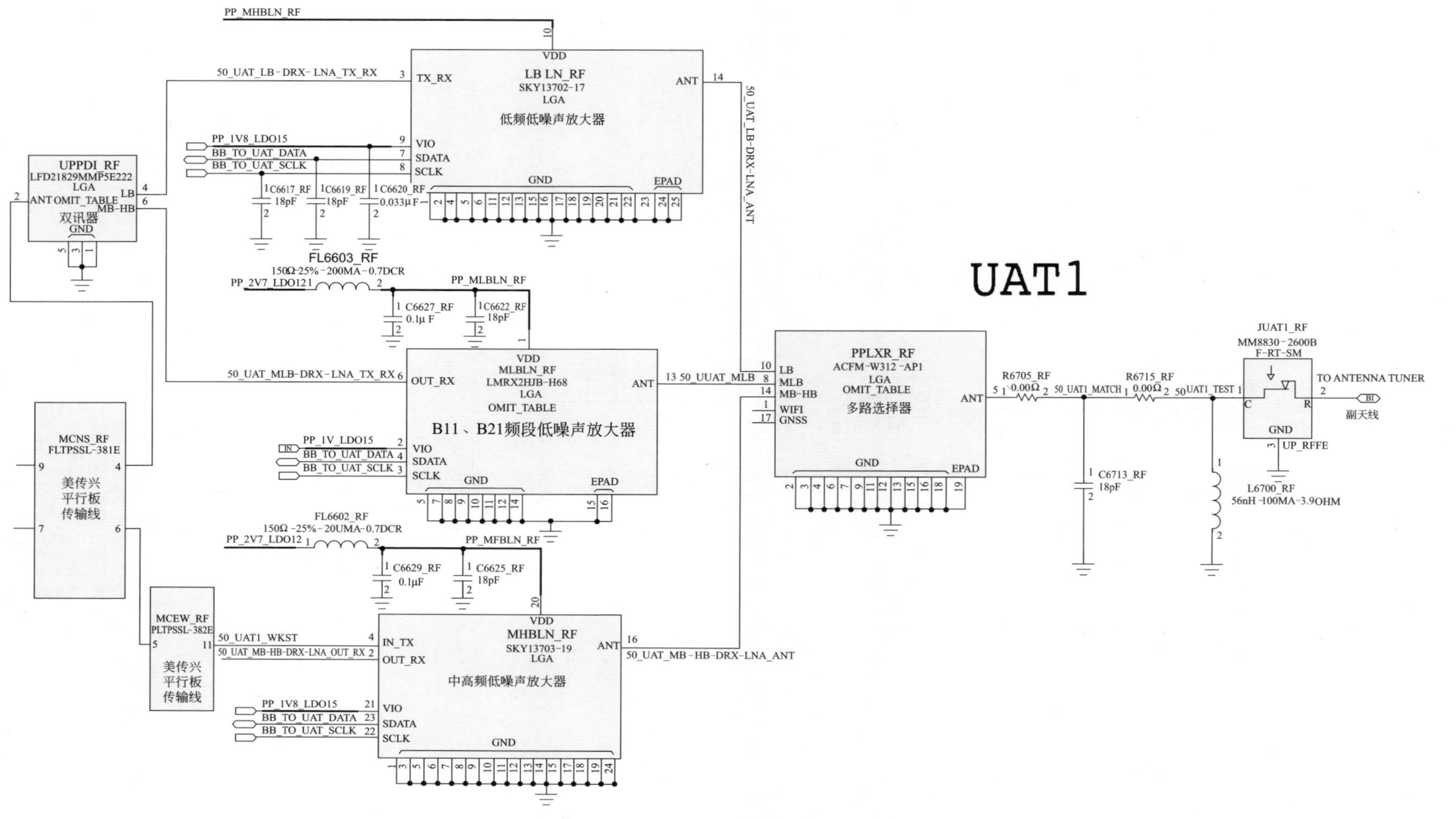

图8-6　副天线回路原理图

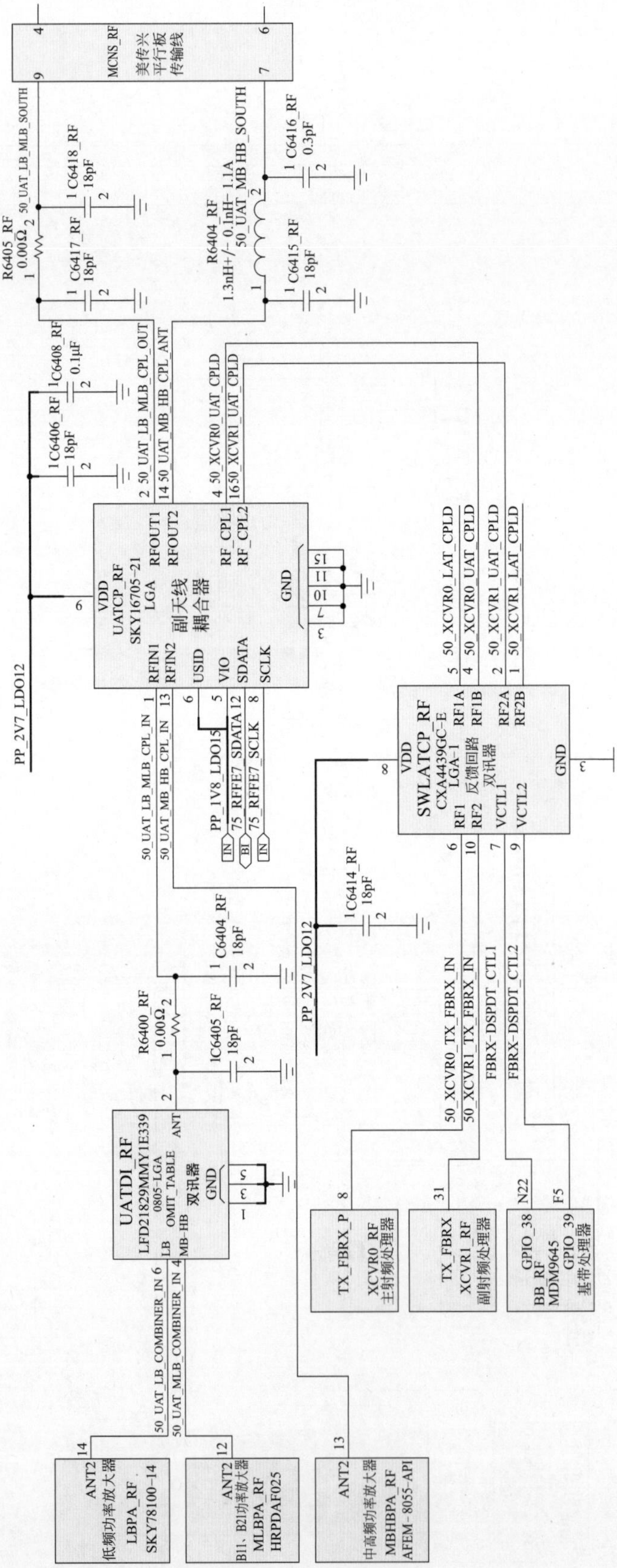
UATCP_RF
SKY16705-21
副天线
耦合器
SWLATCP_RF
CXA4439GC-E
反馈回路
双讯器
UATDI_RF
LFD21829MMY1E339
双讯器
MCNS_RF
美传兴
平行板
传输线
TX_FBRX_P
XCVR0_RF
主射频处理器
TX_FBRX
XCVR1_RF
副射频处理器
GPIO_38
BB_RF
MDM9645
GPIO_39
基带处理器
ANT2
低频功率放大器
LBPA_RF
SKY78100-14
ANT2
B11、B21功率放大器
MLBPA_RF
HRPDAF025
ANT2
中高频功率放大器
MBHBPA_RF
AFEM-8055-API
PP_2V7_LDO12
PP_1V8_LDO15

图8-7 耦合器电路

从平行板传输线MCNS_RF的7脚输出的信号50_UAT_MB_HB_SOUTH经过R6404_RF送到副天线耦合器UATCP_RF的14脚，从UATCP_RF的13脚输出后送到中高频功率放大器MBHBPA_RF的13脚。

副天线耦合器UATCP_RF的4、16脚将耦合器发射功率取样信号50_XCVR0_UAT_CPLD、50_XCVR1_UAT_CPLD分别送到反馈回路双讯器SWLATCP_RF的4、2脚，反馈回路双讯器SWLATCP_RF受基带处理器BB_RF的控制，取样的发射功率信号从反馈回路双讯器SWLATCP_RF的6、10脚输出后，分别送到主射频处理器XCVR0_RF的8脚、副射频处理器XCVR1_RF的31脚。

3. 多样性开关电路

多样性开关就是天线开关，主要用在分集接收电路中，下面分别介绍几个多样性开关的工作原理。

（1）低频多样性开关电路

低频多样性开关电路如图8-8所示。

在低频多样性开关电路中，分集接收信号50_LB_DRX从低频功率放大器LBPA_RF的12脚输出，经过电阻R6501_RF送到低频多样性开关LBDSM_RF的16脚，其中B12、B13、B20、B28、B29频段的分集接收信号50_XCVR1_B12_B13_B20_B28_B29_LB-DRX-ASM_OUT送到副射频处理器XCVR1_RF的49脚；B8、B26、B27频段的分集接收信号50_XCVR1_B8_B26_B27_LB-DRX-ASM_OUT送到副射频处理器XCVR1_RF的54脚。

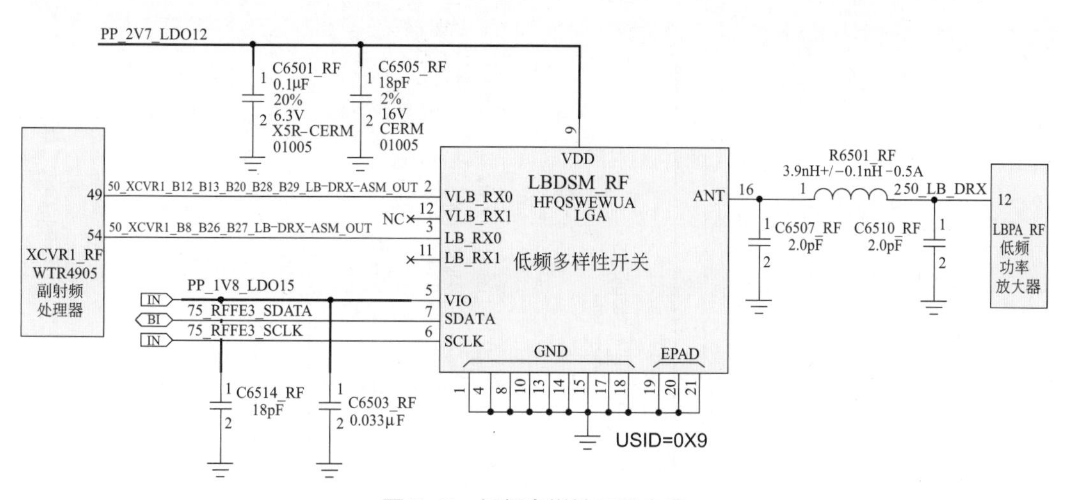

图8-8　低频多样性开关电路

（2）中高频多样性开关电路

中高频多样性开关电路如图8-9所示。

在中高频多样性开关电路中，分集接收信号50_LAT_MB_HB_DRX送入中高频多样性开关MHBDSM_RF的10脚；分集接收信号50_UAT_MB-HB-DRX-LNA_OUT_RX送入中高频多样性开关MHBDSM_RF的8脚。

B3、B25频段信号50_XCVR0-1_B3_B25_MBHB-DRX-ASM_OUT从中高频多样性开关MHBDSM_RF的2脚输出，送到多样性开关SWDSM_RF的2脚。多样性开关SWDSM_RF的作用是控制B3、B25频段信号送至主射频处理器还是副射频处理器。

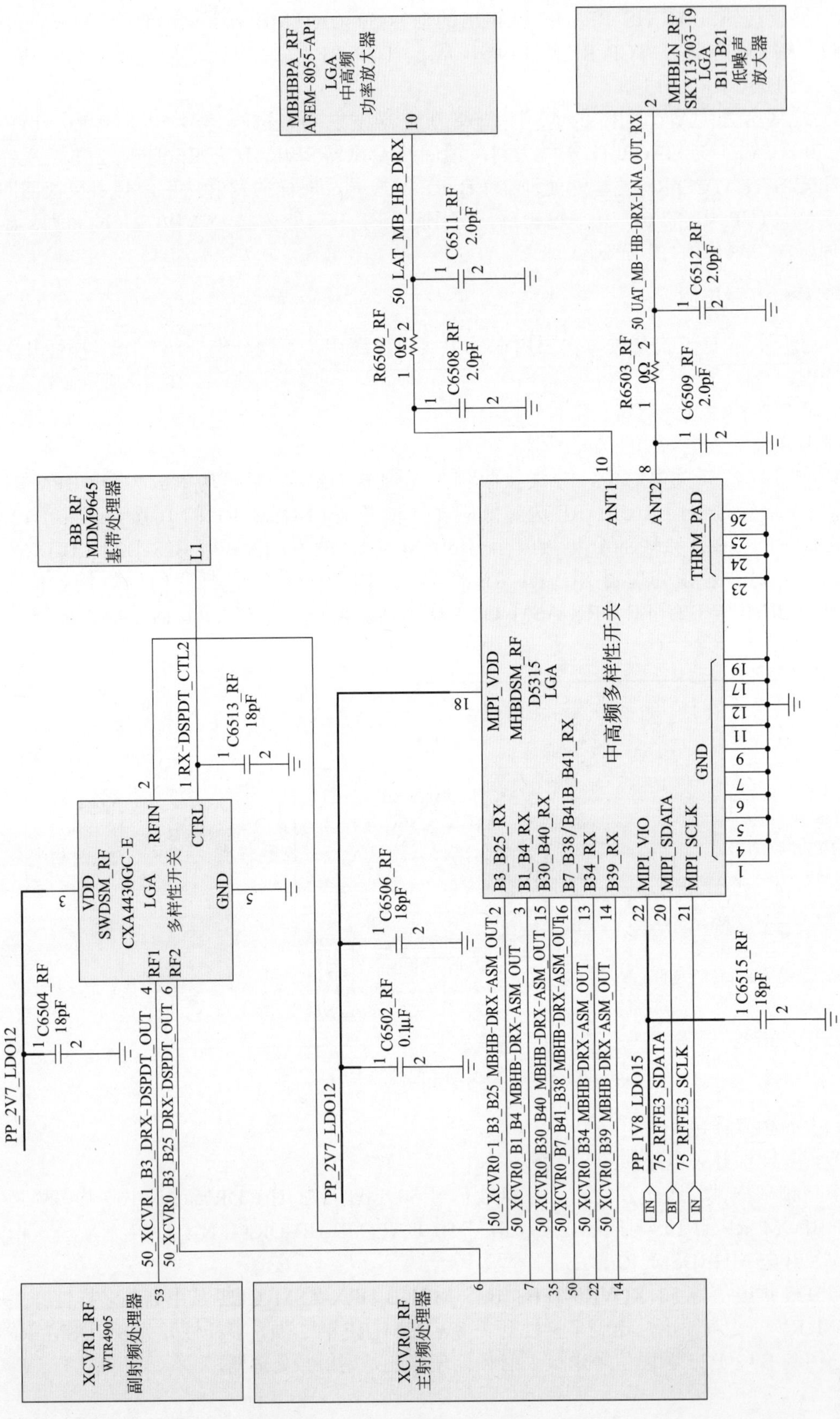

XCVR1_RF
WTR4905
副射频处理器
53
50_XCVR1_B3_DRX-DSPDT_OUT
50_XCVR0_B3_B25_DRX-DSPDT_OUT
PP_2V7_LDO12
C6504_RF
18pF
VDD
SWDSM_RF
CXA4430GC-E
LGA
多样性开关
RF1
RF2
RFIN
CTRL
GND
RX-DSPDT_CTL2
C6513_RF
18pF
BB_RF
MDM9645
基带处理器
L1
XCVR0_RF
主射频处理器
PP_2V7_LDO12
C6502_RF
0.1μF
C6506_RF
18pF
50_XCVR0-1_B3_B25_MBHB-DRX-ASM_OUT
50_XCVR0_B1_B4_MBHB-DRX-ASM_OUT
50_XCVR0_B30_B40_MBHB-DRX-ASM_OUT
50_XCVR0_B7_B41_B38_MBHB-DRX-ASM_OUT
50_XCVR0_B34_MBHB-DRX-ASM_OUT
50_XCVR0_B39_MBHB-DRX-ASM_OUT
PP_1V8_LDO15
75_RFFE3_SDATA
75_RFFE3_SCLK
IN
BI
IN
C6515_RF
18pF
B3_B25_RX
B1_B4_RX
B30_B40_RX
B7_B38/B41B_B41_RX
B34_RX
B39_RX
MIPI_VIO
MIPI_SDATA
MIPI_SCLK
MIPI_VDD
MHBDSM_RF
D5315
LGA
中高频多样性开关
GND
THRM_PAD
ANT1
ANT2
R6502_RF
0Ω
50_LAT_MB_HB_DRX
C6508_RF
2.0pF
C6511_RF
2.0pF
MBHBPA_RF
AFEM-8055-AP1
LGA
中高频
功率放大器
R6503_RF
0Ω
50_UAT_MB-HB-DRX-LNA_OUT_RX
C6509_RF
2.0pF
C6512_RF
2.0pF
MHBLN_RF
SKY13703-19
LGA
B11 B21
低噪声
放大器

图8-9 中高频多样性开关电路

B1、B4 频段信号 50_XCVR0_B1_B4_MBHB-DRX-ASM_OUT 从中高频多样性开关 MHBDSM_RF 的 3 脚输出，送到主射频处理器 XCVR0_RF 的 7 脚。

B30、B40 频段信号 50_XCVR0_B30_B40_MBHB-DRX-ASM_OUT 从中高频多样性开关 MHBDSM_RF 的 15 脚输出，送到主射频处理器 XCVR0_RF 的 35 脚。

B7、B41 频段信号 50_XCVR0_B7_B41_B38_MBHB-DRX-ASM_OUT 从中高频多样性开关 MHBDSM_RF 的 16 脚输出，送到主射频处理器 XCVR0_RF 的 50 脚。

B34 频段信号 50_XCVR0_B34_MBHB-DRX-ASM_OUT 从中高频多样性开关 MHBDSM_RF 的 13 脚输出，送到主射频处理器 XCVR0_RF 的 22 脚。

B39 频段信号 50_XCVR0_B39_MBHB-DRX-ASM_OUT 从中高频多样性开关 MHBDSM_RF 的 14 脚输出，送到主射频处理器 XCVR0_RF 的 14 脚。

四、射频处理器电路

射频处理器电路

在 iPhone7 手机中，使用了两块射频处理器芯片，分别是主射频处理器 XCVR0_RF（WTR3925）、副射频处理器 XCVR1_RF（WTR4905）。

在 iPhone7 手机中，功率放大器电路与以往电路设计略有区别，按照频率高低分为 2G 功率放大器、TDD 功率放大器、FDD 低频段功率放大器、FDD 中低频段功率放大器、FDD 中高频段功率放大器。

为了描述方便，我们根据使用的功率放大器进行讲解。

1. GSM 功率放大器电路

GSM 功率放大器电路如图 8-10 所示。

GSM 功率放大器电路负责收发的信号主要有 GSM850MHz、GSM900MHz、GSM1800MHz、DCS1900MHz 信号；运营商包括：中国移动、中国联通。

GSM850MHz、GSM900MHz 接收信号从低频功率放大器 LBPA_RF 的 26 脚输出，送到副射频处理器 XCVR1_RF 的 11 脚。

GSM1800MHz、DCS1900MHz 接收信号从双讯器 GSMRX_RF 的 1 脚输入，其中 GSM1800MHz 信号从 GSMRX_RF 的 4 脚输出，经过电感 L6318_RF、电容 C6340_RF 送到副射频处理器 XCVR1_RF 的 4 脚；GSM1900MHz 信号从 GSMRX_RF 的 3 脚输出，经过电感 L6319_RF、电容 C6341_RF 送到副射频处理器 XCVR1_RF 的 10 脚。

GSM850MHz、GSM900MHz 发射信号从副射频处理器 XCVR1_RF 的 7 脚输出，送到 GSM 功率放大器 GSMPA_RF 的 7 脚，在 GSMPA_RF 内部进行放大后，从 1 脚输出，送到天线回路。

GSM1800MHz、DCS1900MHz 发射信号从副射频处理器 XCVR1_RF 的 1 脚输出，送到 GSM 功率放大器 GSMPA_RF 的 12 脚，在 GSMPA_RF 内部进行放大后，从 6 脚输出，送到天线回路。

2. 低频功率放大器电路

低频功率放大器电路如图 8-11 所示。

低频功率放大器电路负责收发的信号主要有 Band8、Band12、Band13、Band20、Band26、Band27、Band28、Band29 信号；运营商包括：中国移动和中国联通的 GSM 2G（Band8）、中国电信的 CDMA（Band26）。

Band12、Band13、Band20、Band29 接收信号从低频功率放大器 LBPA_RF 的 24 脚输出，送到副射频处理器 XCVR1_RF 的 17 脚；Band8、Band26、Band27 接收信号从低频功率放大器 LBPA_RF 的 26 脚输出，送到副射频处理器 XCVR1_RF 的 11 脚。

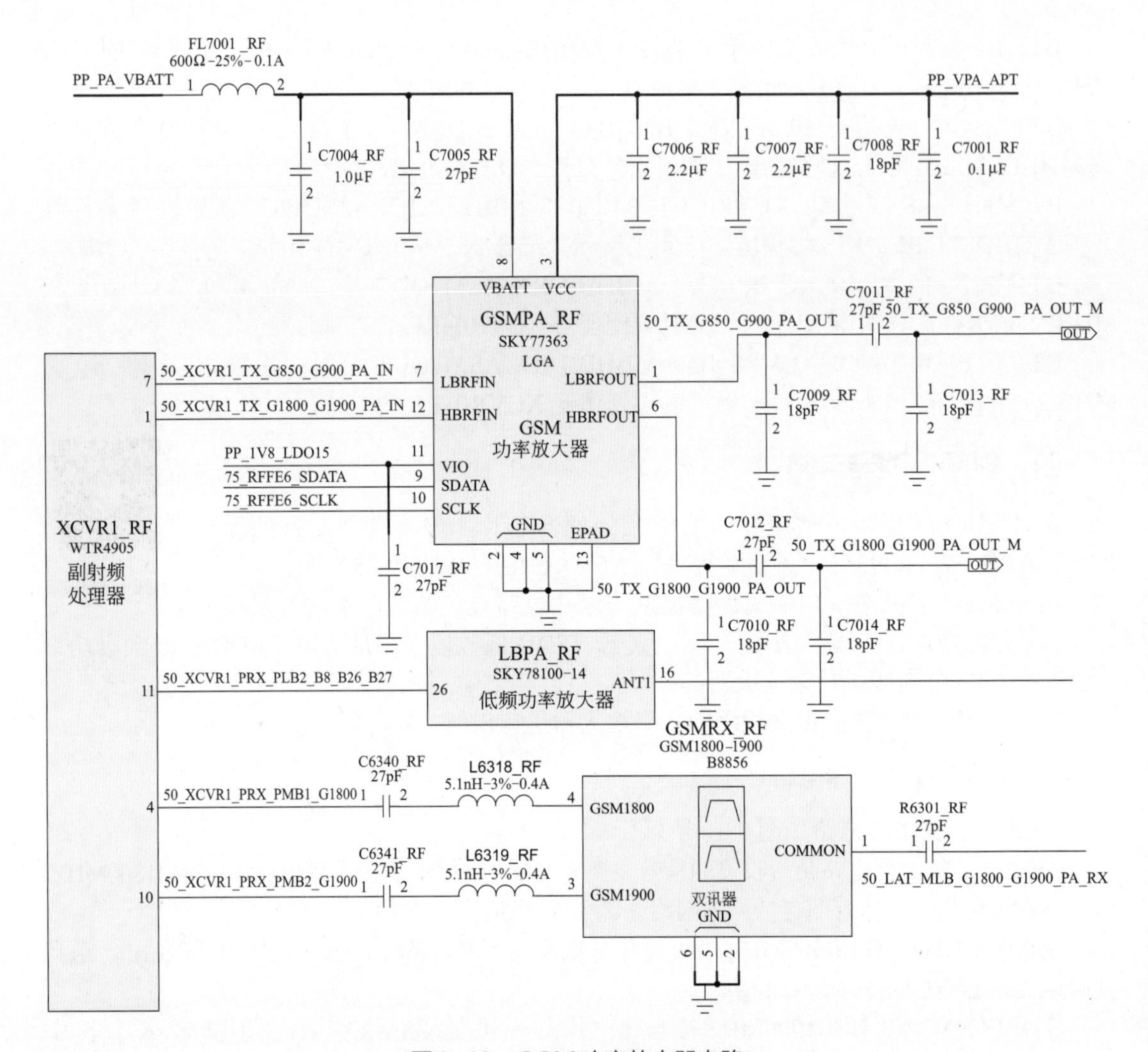

图8-10　GSM功率放大器电路

Band8、Band20、Band26、Band27 发射信号从副射频处理器 XCVR1_RF 的 18 脚输出，送到低频功率放大器 LBPA_RF 的 2 脚；Band12、Band13、Band28 发射信号从副射频处理器 XCVR1_RF 的 2 脚输出，送到低频功率放大器 LBPA_RF 的 3 脚。然后从低频功率放大器 LBPA_RF 的 14、16 脚输出，经天线回路发射出去。

3. 中低频功率放大器电路

中低频功率放大器电路如图 8-12 所示。

中低频功率放大器电路负责收发的信号主要有 Band11、Band21 信号；运营商包括：日本的 Softbank 和 KDDI（Band11）、日本的 Docomo（Band21）。

Band11、Band21 接收信号从 B11、B21 功率放大器 MLBPA_RF 的 20 脚输出，送到主射频处理器 XCVR0_RF 的 97 脚。

Band11、Band21 发射信号从主射频处理器 XCVR0_RF 的 101 脚输出，送到 B11、B21 功率放大器 MLBPA_RF 的 2 脚。然后从 B11、B21 功率放大器 MLBPA_RF 的 12、14 脚输出，经天线回路发射出去。

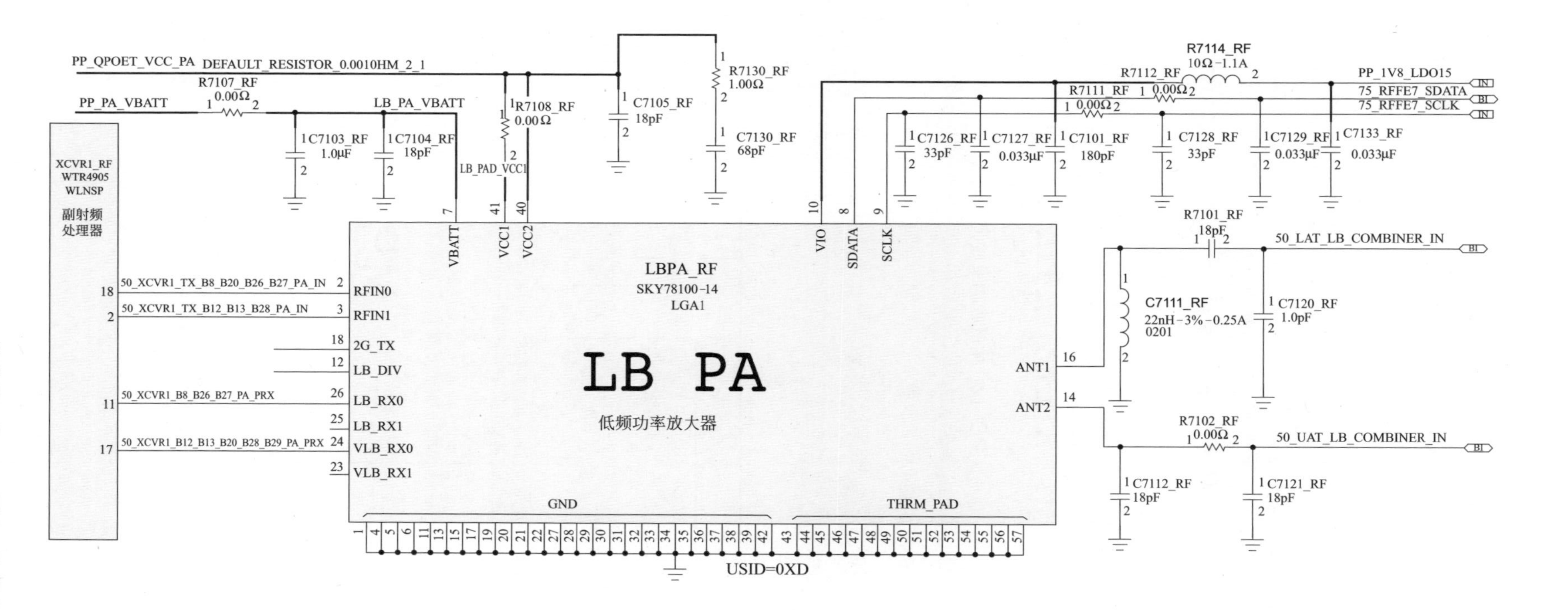

图8-11 低频功率放大器电路

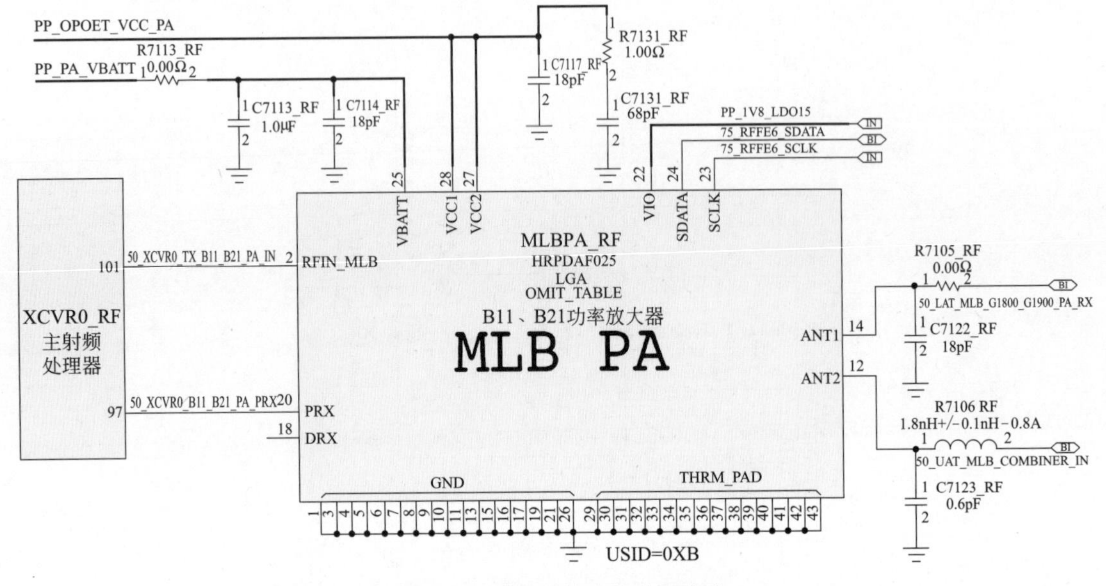

图8-12 中低频功率放大器电路

4. 中高频功率放大器电路

中高频功率放大器电路如图 8-13 所示。

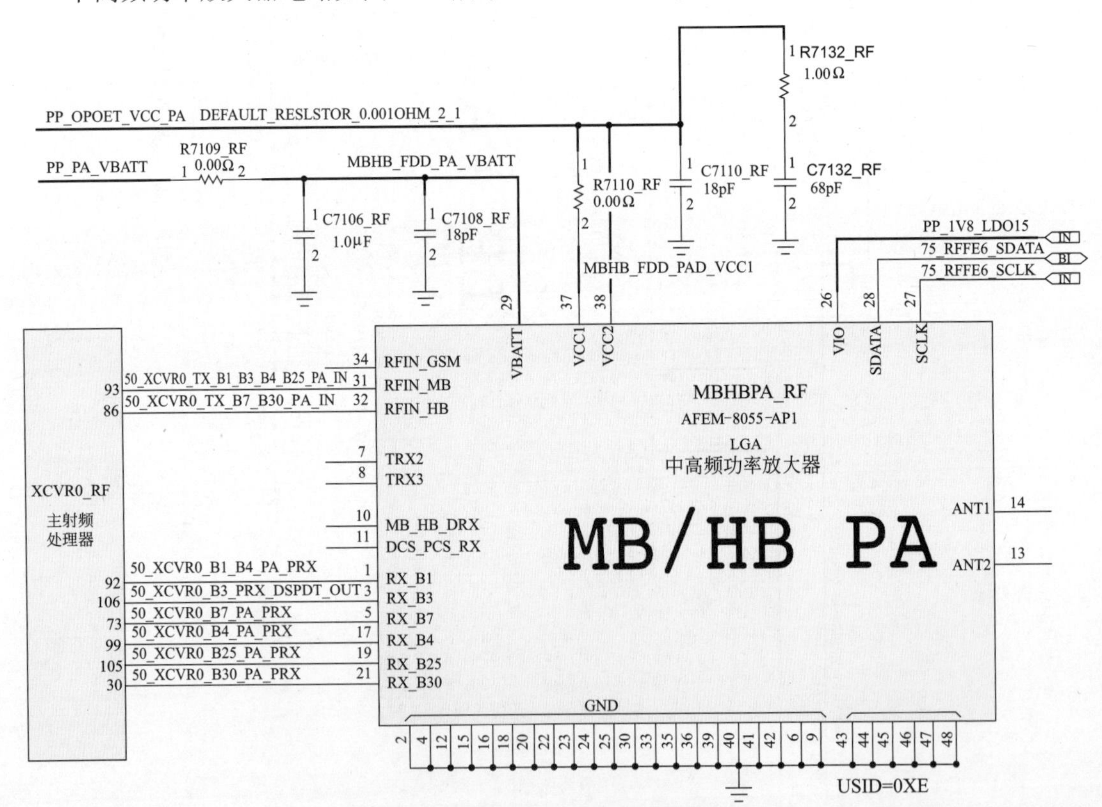

图8-13 中高频功率放大器电路

中高频功率放大器电路负责收发的信号主要有Band1、Band3、Band4、Band7、Band25、Band30信号；运营商包括：中国联通WCDMA（Band1）、中国联通FDD-LTE（Band3）、中国电信FDD-LTE（Band3）。Band4、Band7、Band25、Band30未在中国使用，不再赘述。

Band1、Band4接收信号从中高频功率放大器MBHBPA_RF的1脚输出，送到主射频处理器XCVR0_RF的92脚。

Band3接收信号从中高频功率放大器MBHBPA_RF的3脚输出，送到主射频处理器XCVR0_RF的106脚。

Band4接收信号从中高频功率放大器MBHBPA_RF的17脚输出，送到主射频处理器XCVR0_RF的99脚。

Band25接收信号从中高频功率放大器MBHBPA_RF的19脚输出，送到主射频处理器XCVR0_RF的105脚。

Band25接收信号从中高频功率放大器MBHBPA_RF的21脚输出，送到主射频处理器XCVR0_RF的30脚。

Band1、Band3、Band4、Band25发射信号从主射频处理器XCVR0_RF的93脚输出，送到中高频功率放大器MBHBPA_RF的31脚；然后从中高频功率放大器MBHBPA_RF的13、14脚输出，经天线回路发射出去。

Band7、Band30发射信号从主射频处理器XCVR0_RF的86脚输出，送到中高频功率放大器MBHBPA_RF的32脚；然后从中高频功率放大器MBHBPA_RF的13、14脚输出，经天线回路发射出去。

5. TDD功率放大器

TDD功率放大器电路如图8-14所示。

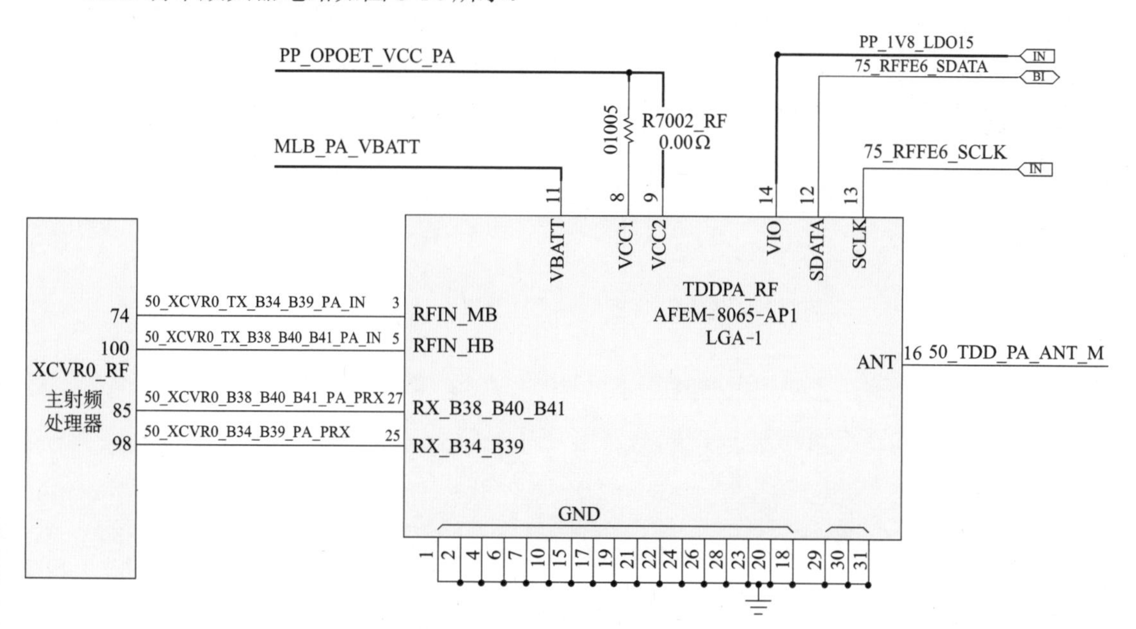

图8-14 TDD功率放大器电路

TDD功率放大器电路负责收发的信号主要有Band34、Band38、Band39、Band40、Band41信号；运营商包括：中国移动TD-SCDMA（Band34）、中国移动TD-LTE（Band38、Band39、Band40）、中国联通TD-LTE（Band40、Band41）、中国电信TD-LTE（Band40、Band41）。

Band38、Band40、Band41 接收信号从 TDD 功率放大器 TDDPA_RF 的 27 脚输出，送到主射频处理器 XCVR0_RF 的 85 脚。

Band34、Band39 接收信号从 TDD 功率放大器 TDDPA_RF 的 25 脚输出，送到主射频处理器 XCVR0_RF 的 98 脚。

Band34、Band39 发射信号从主射频处理器 XCVR0_RF 的 74 脚输出，送到 TDD 功率放大器 TDDPA_RF 的 3 脚；然后从 TDD 功率放大器 TDDPA_RF 的 16 脚输出，经天线回路发射出去。

Band38、Band40、Band41 发射信号从主射频处理器 XCVR0_RF 的 100 脚输出，送到 TDD 功率放大器 TDDPA_RF 的 5 脚；然后从 TDD 功率放大器 TDDPA_RF 的 16 脚输出，经天线回路发射出去。

五、供电电路

iPhone7 手机的信号部分供电分为两部分，一部分是射频处理器 XCVR0_RF、XCVR1_RF 的供电，另一部分是功率放大器供电。下面我们分别进行介绍。

1. 射频处理器供电

射频处理器 XCVR0_RF 供电电路如图 8-15 所示。

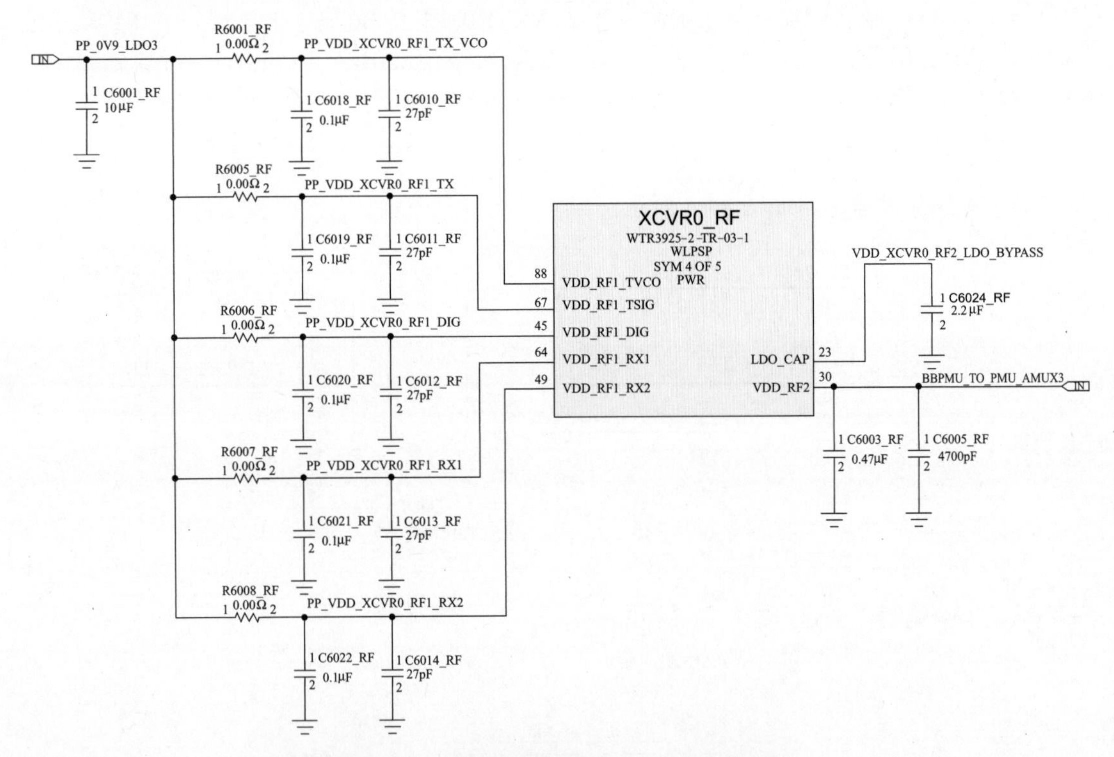

图8-15　射频处理器XCVR0_RF供电电路

在射频处理器 XCVR0_RF 中，供电有两路，分别是 PP_0V9_LDO3 和 BBPMU_TO_PMU_AMUX3，这两路供电由基带电源管理芯片 BBPMU_RF 提供。

其中 PP_0V9_LDO3 送到射频处理器 XCVR0_RF 的 88、67、45、64、49 脚。在 PP_0V9_LDO3 这一路供电中，有五组供电滤波网络，分别由一个 0Ω 电阻和两个电容组成。这种滤波网络的作用是滤除在供电传输过程中的高频杂波干扰。

供电 BBPMU_TO_PMU_AMUX3 送到射频处理器 XCVR0_RF 的 30 脚，射频处理器 XCVR0_RF 的 23 脚外接电容 C6024_RF 为旁路（BYPASS）电路。旁路电容是可将混有高频电流和低频电流的交流电中的高频成分旁路滤掉的电容，称作“旁路电容”。对于同一个电路来说，旁路电容是把输入信号中的高频噪声作为滤除对象，把前级携带的高频杂波滤除，而去耦（也称退耦）电容是把输出信号的干扰作为滤除对象。

射频处理器 XCVR1_RF 供电电路如图 8-16 所示。

射频处理器 XCVR1_RF 供电电路与上述电路原理相同，区别是，PP_0V9_LDO3 送到射频处理器 XCVR1_RF 的 23、33、50 脚；供电 BBPMU_TO_PMU_AMUX3 送到射频处理器 XCVR1_RF 的 44 脚；射频处理器 XCVR1_RF 的 34 脚外接旁路（BYPASS）电容 C6023_RF。

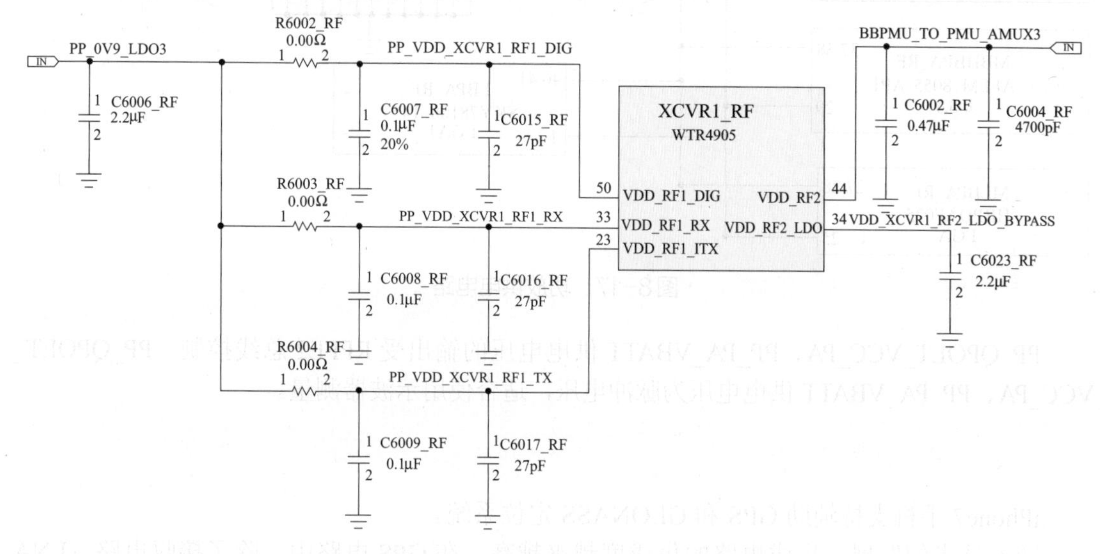

图8-16　射频处理器XCVR1_RF供电电路

2. 功率放大器供电

在 iPhone7 手机中，采用了单独的功率放大器供电芯片 QPOET_RF，由 QPOET_RF 完成功率放大器供电工作。

（1）平均功率跟踪（APT）技术

在 2G 功率放大器 GSMPA_RF 中采用了平均功率跟踪（APT）技术，根据输出功率会调整 PA 的供电电压，一般调整电压的范围是 0.6～3.7V（根据不同的芯片略有区别）。平均功率跟踪（APT）技术其实就是一个查表的过程，没有太特殊的地方。

平均功率跟踪（APT）技术提高效率的机制：比如输出 10dBm 的功率，根本不需要 VCC=3.4V，所以将电压降低了，比如降低到 1.5V。在电流不变的情况下，同样的输出，消耗的功率变小了。

QPOET_RF 的 2、3 脚输入 SHIELD_ET_DAC_P、SHIELD_ET_DAC_N 为基带处理器送来的数模转换信号。在 QPOET_RF 中，将 DAC 信号转换成 VCC 电压输出。

PP_PA_VBATT 供电送到 2G 功率放大器 GSMPA_RF 的 8 脚。

（2）功放供电电路

功放供电电路如图 8-17 所示。

除了 2G 功率放大器 GSMPA_RF 之外，TDDPA_RF、MBHBPA_RF、MLBPA_RF、LBPA_RF 四个功率放大器均采用 PP_QPOET_VCC_PA、PP_PA_VBATT 供电。

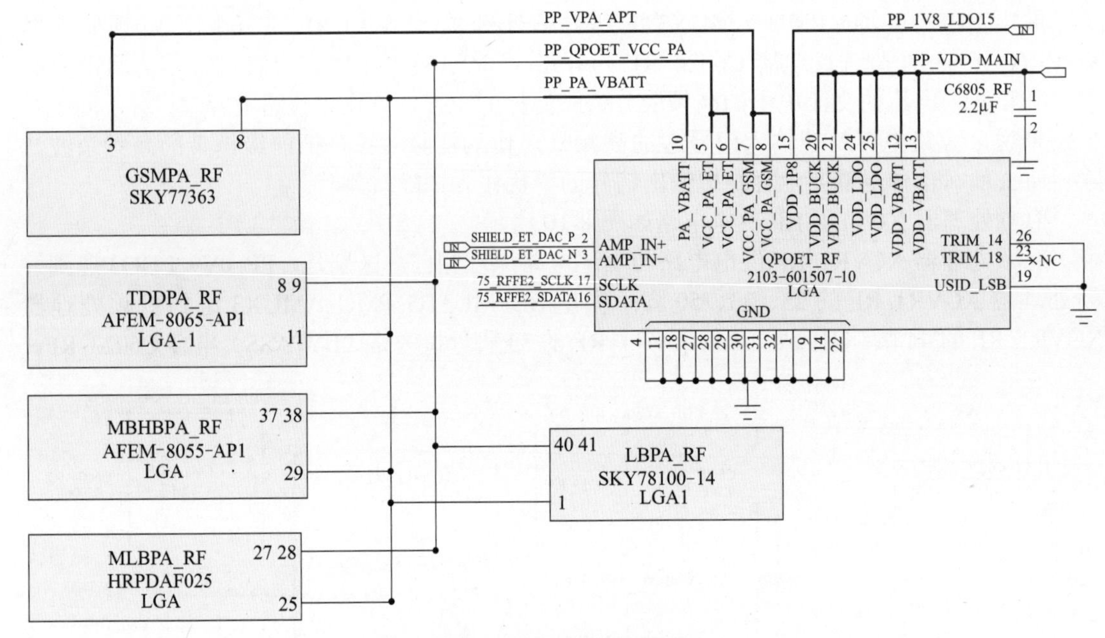

图8-17　功放供电电路

PP_QPOET_VCC_PA、PP_PA_VBATT 供电电压的输出受 RFFE2 总线控制。PP_QPOET_VCC_PA、PP_PA_VBATT 供电电压为脉冲电压，适合使用示波器测量。

六、GPS电路

iPhone7 手机支持辅助 GPS 和 GLONASS 定位系统。

随着技术的发展，集成电路的集成度越来越高。在 GPS 电路中，除了接收电路、LNA 电路之外，其余所有电路全部集成在射频处理器 XCVR0_RF、基带处理器 BB_RF 的内部。

GPS 天线接收电路如图 8-18 所示。

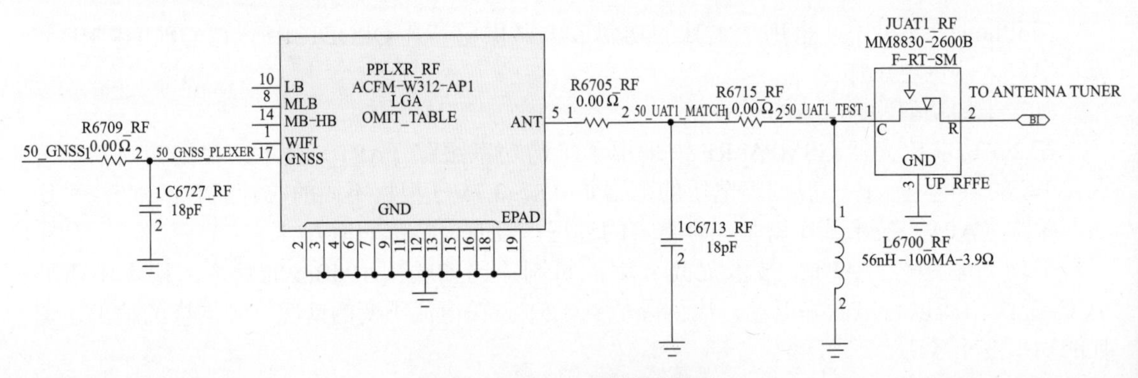

图8-18　GPS天线接收电路

在 GPS 电路中，天线接收电路与分集接收电路共用。GPS 天线的作用是将卫星信号极微弱的电磁波能转化为相应的电流，天线接收信号从天线接收后，经过天线接口 JUAT1_RF、电阻R6715_RF、电阻R6705_RF送到分集接收滤波器PPLXR_RF的5脚，经过滤波后，输出 GPS 接收信号 50_GNSS。

LNA 及滤波器电路如图 8-19 所示。

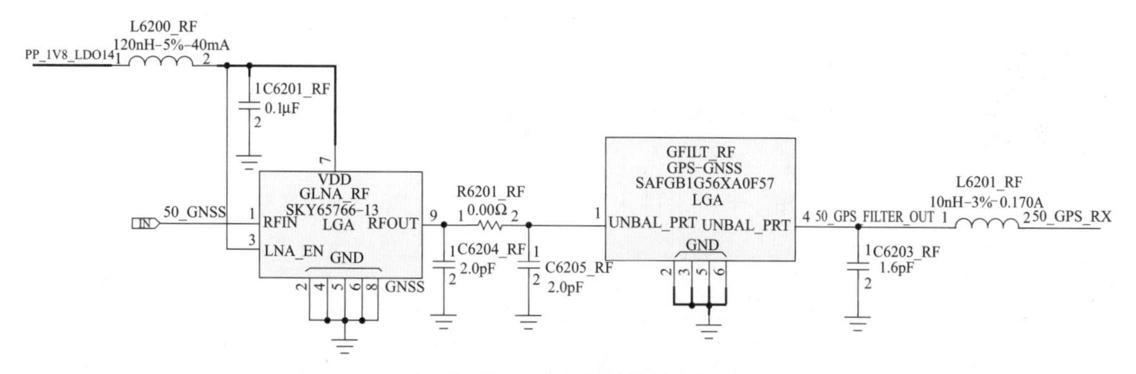

图8-19 LNA及滤波器电路

GPS接收信号50_GNSS送到LNA（低噪声放大器）GLNA_RF的1脚，在LNA内部进行放大后，从9脚输出。在放大微弱信号的场合，放大器自身的噪声对信号的干扰可能很严重，因此希望减小这种噪声，一般采用LNA来解决这个问题。LNA是噪声系数很低的放大器，一般用作各类无线电接收机的高频或中频前置放大器（比如GPS、手机、电脑或者iPAD里面的WiFi），以及高灵敏度电子探测设备的放大电路。

经LNA（低噪声放大器）放大后的信号经过由C6204_RF、R6201_RF、C6205_RF组成的π形滤波器后，送到GPS滤波器GFILT_RF的1脚，从GFILT_RF的4脚输出，然后经过电感L6201后输出50_GPS_RX信号。在这里，滤波器的作用是抑制频带以外的干扰信号。

GPS基带信号原理图如图8-20所示。

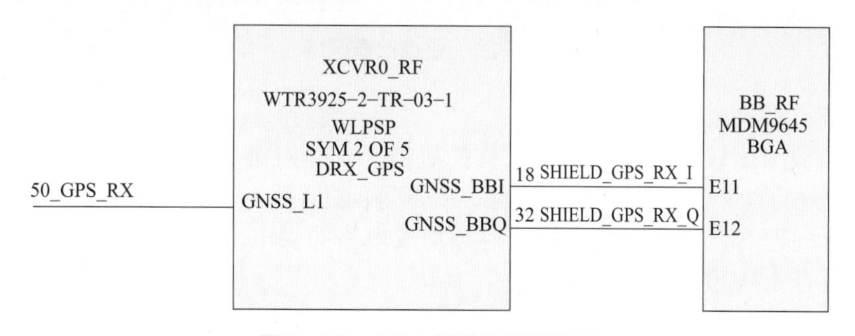

图8-20 GPS基带信号原理图

经LNA放大及滤波后的GPS信号50_GPS_RX送到射频处理器XCVR0_RF内部进行处理。GPS信号通道的作用有三：搜索卫星，索引并跟踪卫星；对广播电文数据信号解扩，解调出广播电文；进行伪距测量、载波相位测量及多普勒频移测量。

从卫星接收到的信号是扩频的调制信号，所以要经过解扩、解调才能得到导航电文。为了达到此目的，在相关通道电路中设有伪码相位跟踪环和载波相位跟踪环。

经过射频处理器XCVR0_RF解调的GPS基带信号从18、32脚输出，送到基带处理器BB_RF的E11、E12脚。

基带处理器接收到GPS基带信号后，并测定、校正、存储各通道的时延值；对捕捉到卫星信号进行牵引和跟踪，并将基准信号译码得到GPS卫星星历。当同时锁定4颗卫星时，将C/A码伪距观测值连同星历一起计算测站的三维坐标，并按预置位置更新率计算新的位置；根据机内存储的卫星历书和测站近似位置，计算所有在轨卫星升降时间、方位和高度角；根据预先设置的航路点坐标和单点定位测站位置计算导航的参数航偏距、航偏角、航行速度等，并将有关信息通过显示屏显示出来。

射频电路故障维修案例

七、射频电路故障维修

1. iPhone7Plus手机无信号故障维修

故障现象：

iPhone7Plus 手机，进水后出现无信号故障，全部清理干净以后，手机仍然无信号。

故障分析：

进水后出现无信号故障，分析认为可能与进水腐蚀有关系，重点检查进水部位。

既然已经清理干净了仍然无法工作，那么应该重点检查供电是否正常。重点检查区域如图 8-21 所示。

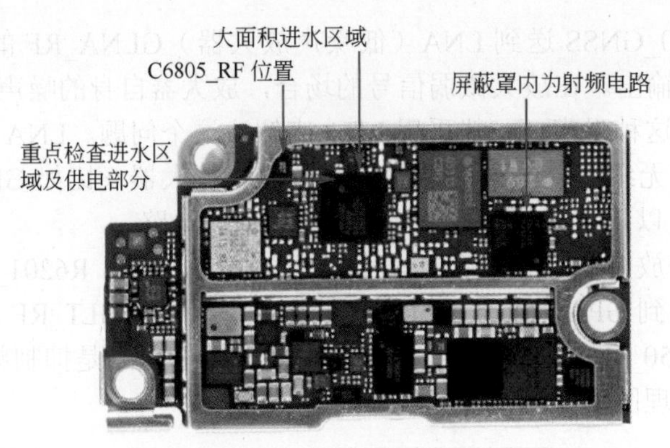

图8-21　重点检查区域

故障维修：

射频电路故障比较复杂，尤其是二修的机器，首先对维修过的地方进行检查，主要检查焊接是否存在虚焊，是否有元器件错位、脱落等问题。

排查以上问题后，使用万用表检查射频功放电路的供电，检查发现 QPOET_RF 的主供电不正常，没有 3.7V 供电电压。

进一步在显微镜下观察发现，C6805_RF 附件焊盘腐蚀开路，重新处理飞线后，开机测试信号正常。

C6805_RF 原理图如图 8-22 所示。

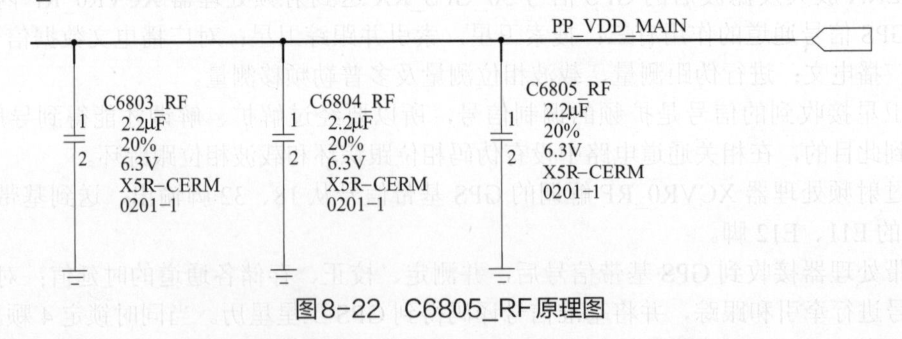

图8-22　C6805_RF 原理图

2. iPhone7手机无信号故障维修

故障现象：

iPhone7 手机，一直正常使用，未出现进水、磕碰的问题，突然出现无信号故障。

故障分析：

正常情况下出现无信号问题，排除人为因素之外，可能与电路工作不正常有关系。

维修经验

智能手机无信号故障是维修的难点，尤其是一线维修工程师，不可能购买昂贵的测量仪器进行维修，基本上是依靠维修经验排除故障。

针对无信号故障经常使用的方法有假天线法、替换法、补焊法等。尽量不要大面积地补焊和更换元器件，这样有可能会扩大故障范围。

故障维修：

拆机检查发现主板有摔过的痕迹，但主板比较干净，未发现有进水迹象。测主要供电，基本正常。

维修经验

根据维修经验，先对射频处理器 XCVR0_RF 进行补焊，补焊后，开机信号正常。为什么要先补焊射频处理器？在智能手机中，射频处理器完成了所有收发信号的处理过程，轻微的磕碰就有可能造成信号故障。

射频处理器 XCVR0_RF 位置图如图 8-23 所示。

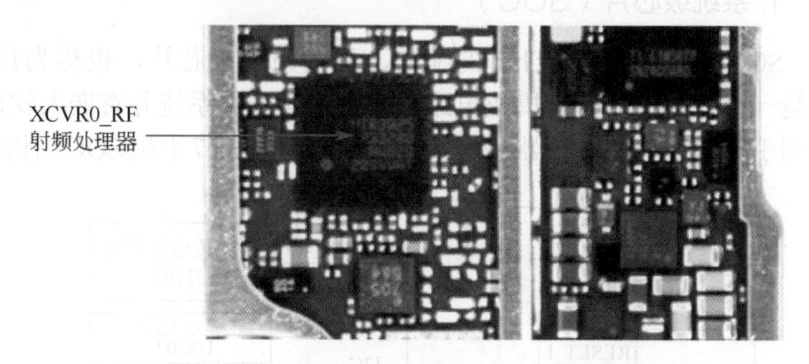

图8-23　射频处理器XCVR0_RF位置图

3. iPhone XS Max移动卡无4G，电信卡无服务故障维修

故障现象：

iPhone XS Max 手机，手机摔过，装入移动卡无 4G 信号，装入电信卡出现无服务问题。

故障分析：

手机摔过以后出现无服务问题，应该与射频电路及相关电路有关系，检查发现无维修痕迹。

根据维修一般规律，应首先检查手机摔过以后是否有元器件虚焊问题，元器件虚焊是引发故障的主要原因。

根据检查发现的装入移动卡无 4G 信号，装入电信卡出现无服务问题，先排除该信号收发通路的公共元器件，然后再针对性地维修。

故障维修：

根据电路工作原理分析认为，该故障与射频电路及功率放大器电路有关，代换功放小板后信号正常，检查发现芯片小板高频功放 PA_HB_L 虚焊，重新补焊后信号正常。

高频功放位置如图 8-24 所示。

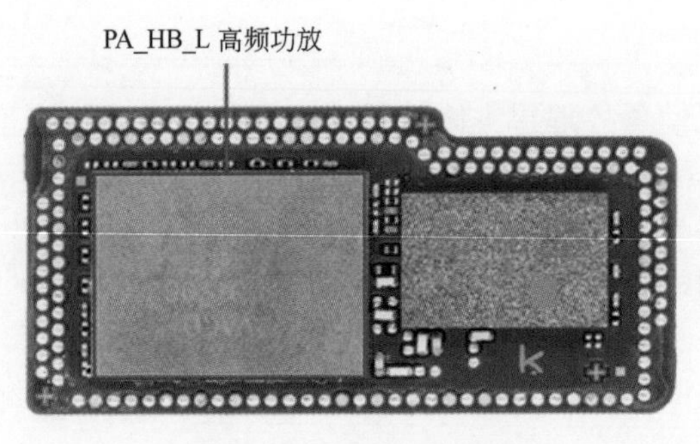

图8-24　高频功放位置

第二节 处理器电路工作原理与故障维修

应用处理器电路

一、处理器简介

1. 系统级芯片（SOC）

SOC 为 System on Chip 的缩写，称为系统级芯片，也称为片上系统，意指它是一个产品，是一个有专用目标的集成电路，其中包含完整系统并有嵌入软件的全部内容。

在 iPhone 系列手机中，应用处理器采用的都是 SOC。iPhone7 手机 SOC 结构如图 8-25 所示。

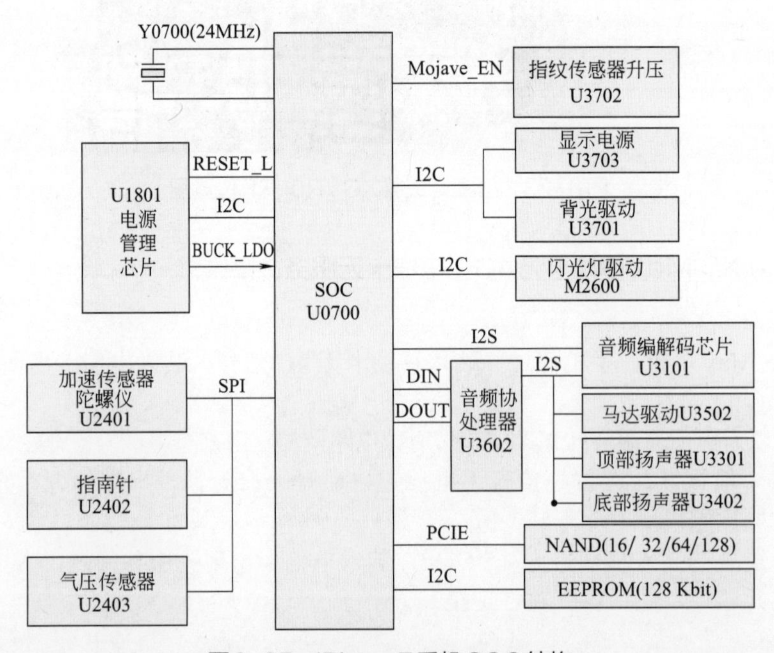

图8-25　iPhone7手机SOC结构

2. 基带处理器

传统基带处理器主要由MCPU和DSP、内存（SRAM、Flash）组成。

其中，MCU的基本作用是完成以下两个功能：一个是运行通信协议物理层的控制码；另一个是控制通信协议的上层软件，包括表示层或人机界面(MMI)。

DSP的基本作用是完成物理层大量的科学计算功能，包括信道均衡、信道编解码以及电话语音编解码。

随着多媒体功能的日益增加，基带处理器的集成度也不断提高。目前基带处理器是一种高度复杂系统芯片（SOC），不仅支持几种通信标准，而且提供多媒体功能以及用于多媒体显示器、图像传感器和音频设备相关的接口。

iPhone7手机基带处理器结构如图8-26所示。

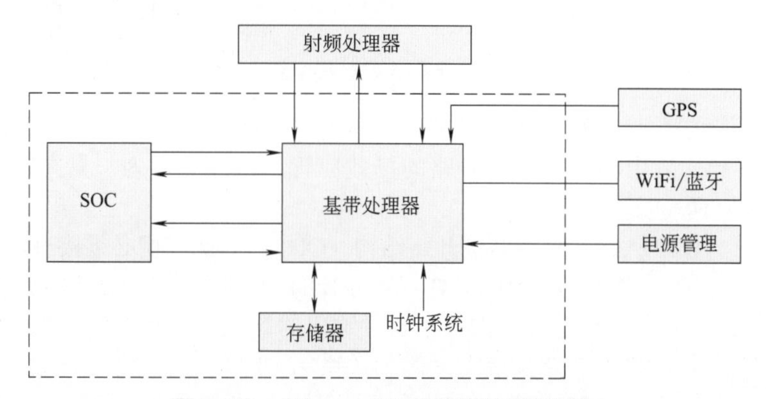

图8-26 iPhone 7手机基带处理器结构

二、接口电路

接口电路是指处理器与外部电路、设备之间的连接通道及有关的控制电路。由于外部电路、设备中的电平大小、数据格式、运行速度、工作方式等均不统一，一般情况下是不能与处理器相兼容的（即不能直接与处理器连接），外部电路和设备只有通过输入/输出接口的桥梁作用，才能进行相互之间的信息传输、交流并使处理器与外部电路、设备之间协调工作。

1. I^2C串行总线接口

I^2C总线为内部集成电路总线，或集成电路间总线，是飞利浦公司的一种通信专利技术。它可以由两根线组成，一个是串行数据线（SDA），一个是串行时钟线（SCL），可使所有挂接在总线上的器件进行数据传递。I^2C总线使用软件寻址方式识别挂接于总线上的每个I^2C总线器件。每个I^2C总线都有唯一确定的地址号，以便在器件之间进行数据传递。I^2C总线几乎可以省略片选、地址、译码等连线。

在I^2C总线中，处理器拥有总线控制权，又称为主控器，其他电路皆受处理器的控制，故将它们统称为控制器。主控器能向总线发送时钟信号，又能积极地向总线发送数据信号和接收被控制器送来的应答信号。被控制器不具备时钟信号发送能力，但能在主控制器的控制下完成数据信号的传送。它发送的数据信号一般是应答信息，以将自身的工作情况告诉处理器。处理器利用SCL线和SDA线与被控电路之间进行通信，进而完成对被控电路的控制。

在手机电路中，很多芯片都是通过I^2C总线和处理器进行通信的。

iPhone7手机中的I^2C总线电路如图8-27所示。

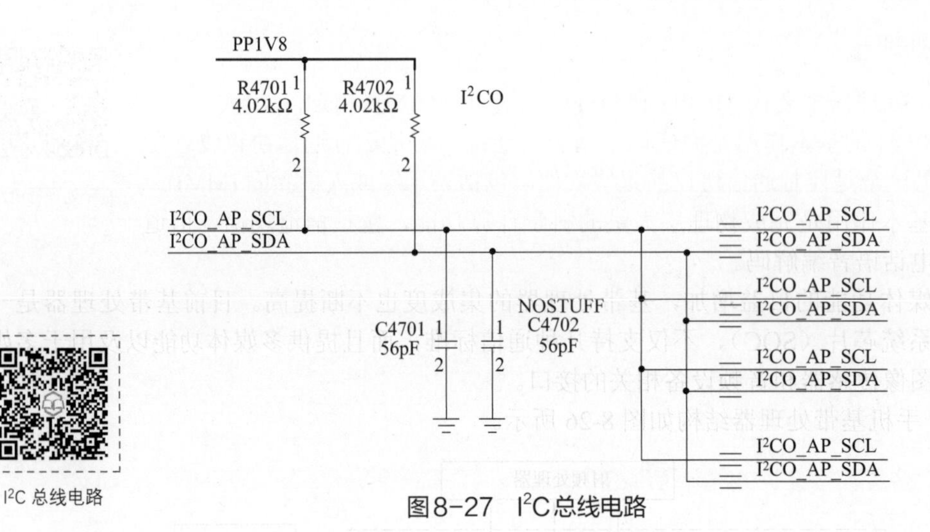

I²C 总线电路

图8-27　I²C总线电路

每一个 I²C 总线器件内部的 SDA、SCL 引脚电路结构都是一样的，引脚的输出驱动与输入缓冲连在一起。其中输出为漏极开路的场效应管，输入缓冲为一只高输入阻抗的同相器。这种电路具有两个特点：

PCIE、MIPI 总线电路

① SDA、SCL 为漏极开路结构（OD），因此它们必须接有上拉电阻，阻值的大小常为 1k8，4k7 或 10kΩ，但为 1k8 时性能最好；当总线空闲时，两根线均为高电平。连到总线上的任一器件输出的低电平，都将使总线的信号变低，即各器件的 SDA 及 SCL 都是“与”关系。

② 引脚在输出信号的同时还对引脚上的电平进行检测，检测是否与刚才输出一致，为“时钟同步”和“总线仲裁”提供了硬件基础。

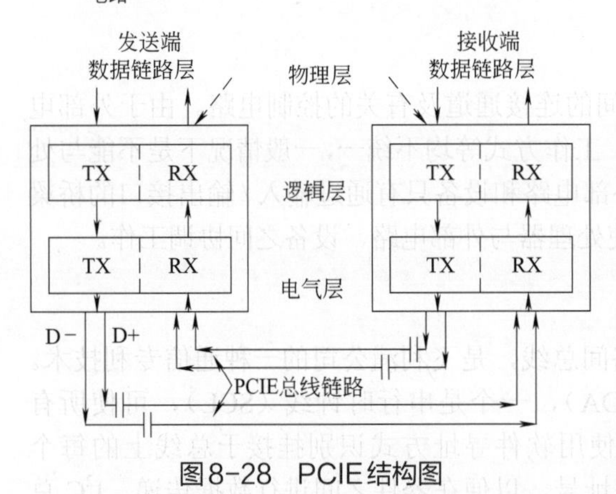

图8-28　PCIE结构图

2. PCIE总线

PCIE 总线使用点到点的连接方式，在一条 PCIE 链路的两端只能各连接一个设备，这两个设备互为数据发送端和数据接收端。

PCIE 发送端和接收端中都含有 TX（发送逻辑）和 RX（接收逻辑），其结构如图 8-28 所示。

如图 8-28 所示，在 PCIE 总线的物理链路的一个数据通路中，由两组差分信号，共 4 根信号线组成。其中发送端的 TX 部件与接收端的 RX 部件使用一组差分信号连接，该链路也被称为发送端的发送链路，也是接收端的接收链路；而发送端的 RX 部件与接收端的 TX 部件使用另一组差分信号连接，该链路也被称为发送端的接收链路，也是接收端的发送链路。一个 PCIE 链路可以由多个数据通路组成。

高速差分信号电气规范要求其发送端串接一个电容，以进行 AC 耦合。该电容也被称为 AC 耦合电容。PCIE 链路使用差分信号进行数据传送，一个差分信号由 D+ 和 D− 两根信号组成，信号接收端通过比较这两个信号的差值，判断发送端发送的是逻辑“1”还是逻辑“0”。

与单端信号相比，差分信号抗干扰的能力更强，因为差分信号在布线时要求“等长”“等宽”“贴近”，而且在同层。因此外部干扰噪声将被“同值”而且“同时”加载到 D+ 和 D− 两根信号上，其差值在理想情况下为 0，对信号的逻辑值产生的影响较小。因此差分信号可以使用更高的总线频率。

此外，使用差分信号能有效抑制电磁干扰EMI。差分信号D+与D-距离很近而且信号幅值相等、极性相反，这两根线与地线间耦合电磁场的幅值相等，将相互抵消，因此差分信号对外界的电磁干扰较小。当然差分信号的缺点也是显而易见的：一是差分信号使用两根信号传送一位数据；二是差分信号的布线相对严格一些。

PCIE系统中使用了复位信号，该信号为全局复位信号，由处理器系统提供。处理器系统需要为PCIE设备提供该复位信号，PCIE设备使用该信号复位内部逻辑。当该信号有效时，PCIE设备将进行复位操作。

在一个处理器系统中，可能含有许多PCIE设备，这些设备与处理器系统提供的PCIE链路直接相连。PCIE设备都具有REFCLK+和REFCLK-信号，在一个处理器系统中，通常采用专用逻辑向PCIE设备提供REFCLK+和REFCLK-信号。

当PCIE设备进入休眠状态，主电源已经停止供电时，PCIE设备使用该信号向处理器系统提交唤醒请求，使处理器系统重新为该PCIE设备提供主电源VCC。在PCIE总线中，WAKE#信号是可选的，因此使用WAKE#信号唤醒PCIE设备的机制也是可选的。WAKE#是一个漏极开路信号，一个处理器的所有PCIE设备可以将WAKE#信号进行线与后，统一发送给处理器系统的电源控制器。当某个PCIE设备需要被唤醒时，该设备首先置WAKE#信号有效，然后经过一段延时之后，处理器系统开始为该设备提供主电源VCC，并使用PERST#信号对该设备进行复位操作。此时WAKE#信号需要始终保持为低，当主电源VCC上电完成之后，RERST#信号也将置为无效并结束复位，WAKE#信号也将随之置为无效，结束整个唤醒过程。

iPhone7手机NAND Flash的PCIE接口如图8-29所示。

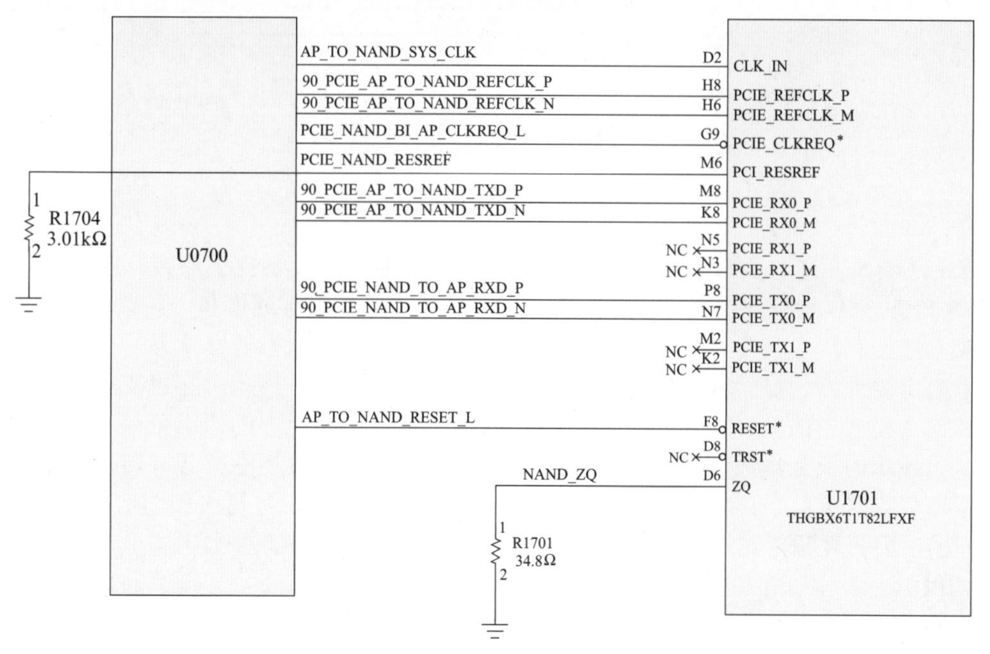

图8-29 NAND Flash的PCIE接口

在图8-29所示电路中，AP_TO_NAND_SYS_CLK为系统时钟信号；90_PCIE_AP_TO_NAND_REFCLK_P、90_PCIE_AP_TO_NAND_REFCLK_N为参考时钟信号；PCIE_NAND_BI_AP_CLKREQ_L为时钟请求信号；AP_TO_NAND_RESET_L为复位信号；90_PCIE_AP_TO_NAND_TXD_P、90_PCIE_AP_TO_NAND_TXD_N，90_PCIE_NAND_TO_AP_RXD_P、90_PCIE_NAND_TO_AP_RXD_N为两组收发的差分信号。

3. MIPI总线

MIPI是2003年由ARM、Nokia、ST、TI等公司成立的一个联盟，目的是把手机内部的接口如摄像头、显示屏接口、射频/基带接口等标准化，从而减少手机设计的复杂程度和增加设计灵活性。MIPI联盟下面有不同的WorkGroup，分别定义了一系列的手机内部接口标准，比如摄像头接口CSI、显示接口DSI、射频接口DigRF、麦克风/喇叭接口SLIMbus等。

统一接口标准的好处是手机厂商根据需要可以从市面上灵活选择不同的芯片和模组，更改设计和功能时更加快捷方便。MIPI是一个比较新的标准，其规范也在不断修改和改进，目前比较成熟的接口应用有DSI(显示接口)和CSI（摄像头接口）。

CSI-2是一条用于移动应用的高性能串行互连总线，它把摄像头传感器连接到数字图像模块，如主处理器或图像处理器。CSI-2使用MIPID-PHY来作为物理层和高速差分接口，通常带有好几条数据通道（典型的是1、2、4条，甚至是8条）和一条普通差分时钟通道。出于配置的目的，一个基于I^2C的边带摄像头控制接口（CCI）被用来连接控制主机和摄像头之间的信号。CSI-2协议支持应用处理器、摄像头传感器和桥接应用中所需的主机和设备接口。

MIPI摄像头串行接口如图8-30所示。

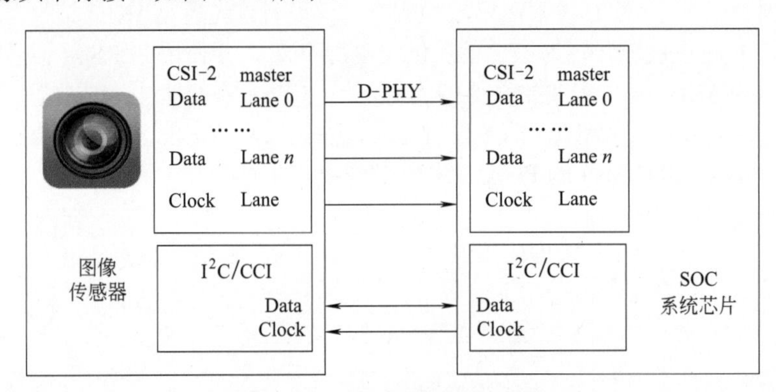

图8-30 MIPI摄像头串行接口

DSI是一条高速、高分辨率的串行互连总线，它为显示设备提供连接。DSI使用MIPI标准D- PHY来作为物理层高速差分接口，带有多达4条的数据通道和一条普通差分时钟通道。像素数据和指令被串行化送到一个单独的物理流中，而状态能够从显示中读回。该协议支持应用处理器、显示面板和桥接应用中所需的主机和设备接口。它也支持运行在视频模式和指令模式中的显示设备，因为在更复杂和更低功耗实现中的需求依赖于系统实现和应用。当显示面板上集成了显示控制器和帧缓冲器时，就需要指令模式。转换通常是以一条指令接着数据像素/参数的形式发生的。在指令模式中，主机可写入和读出面板寄存器和帧缓冲器，而在视频模式中转换时，像素数据就被实时地从主机转到面板。

MIPI显示屏串行接口如图8-31所示。

iPhone7手机MIPI总线电路如图8-32所示。

SPI总线电路

4. SPI总线

SPI是串行外设接口，是Motorola公司推出的一种同步串行接口技术，是一种高速的、全双工、同步的通信总线。SPI的通信原理很简单，它以主从方式工作。这种模式通常有一个主设备和一个或多个从设备，需要至少4根线，事实上3根也可以（单向传输时），它们是SDI（数据输入）、SDO（数据输出）、SCLK（时钟）、CS（片选）。

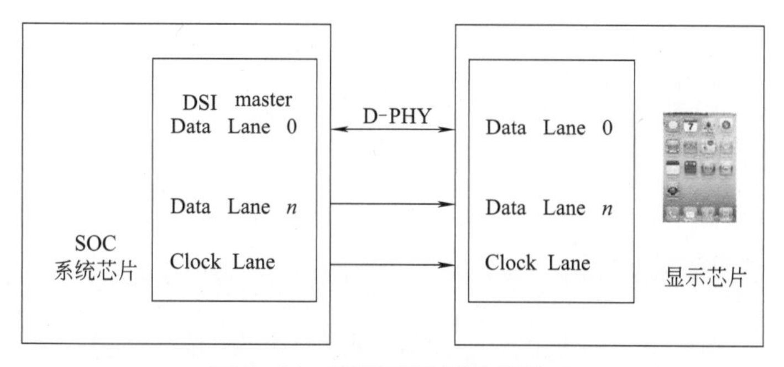

图8-31 MIPI显示屏串行接口

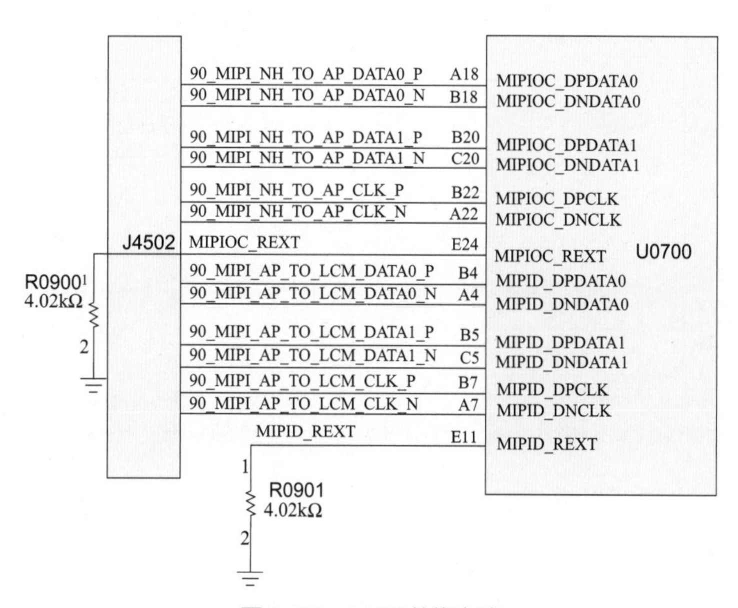

图8-32 MIPI总线电路

SPI 的 4 个信号分别是：

① SDO/MOSI：主设备数据输出，从设备数据输入。

② SDI/MISO：主设备数据输入，从设备数据输出。

③ SCLK：时钟信号，由主设备产生。

④ CS/SS：从设备使能信号，由主设备控制。当有多个从设备时，因为每个从设备上都有一个片选引脚接入到主设备机中，当主设备和某个从设备通信时将需要将从设备对应的片选引脚电平拉低或者是拉高。

SPI 接口的器件分为主设备和从设备。主设备产生时钟信号，从设备使用主设备产生的时钟。主设备能主动发起数据传输，单片机的 SPI 控制寄存器 SPCR 中的 MSTR 位就是用来选择单片机在传输中是作为主设备还是从设备的。MSTR 设为 1 时为主设备，设

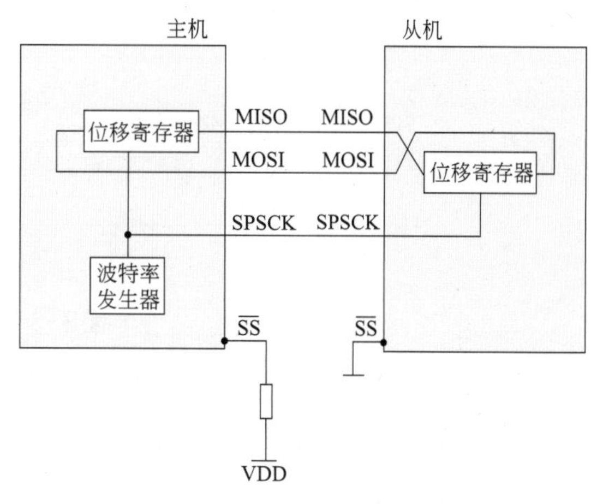

图8-33 一个主机对接一个从机的系统

为 0 时为从设备。对单片机来讲引脚 SS 的电平也会影响 SPI 的工作模式，在主设备模式下，如果 SS 是输入且为低电平，那么 MSTR 会被清零，设备进入从模式。MISO 信号由从机在主机的控制下产生。

对于一个主机对接一个从机进行全双工通信的系统，由于主机和从机的角色是固定不变的，并且只有一个从机，因此，可以将主机的 SS 端接高电平，将从机的 SS 端固定接地，如图 8-33 所示。

对于一个主机和多个从器件的系统（图 8-34），各个从器件是单片机的外围扩展芯片，它们的片选端 SS 分别独占单片机的一个通用 I/O 引脚，由单片机分时选通它们建立通信。这样省去了单片机在通信线路上发送地址码的麻烦，但是占用了单片机的引脚资源。当外设器件只有一个时，可以不必选通而直接将 SS 端接地即可。

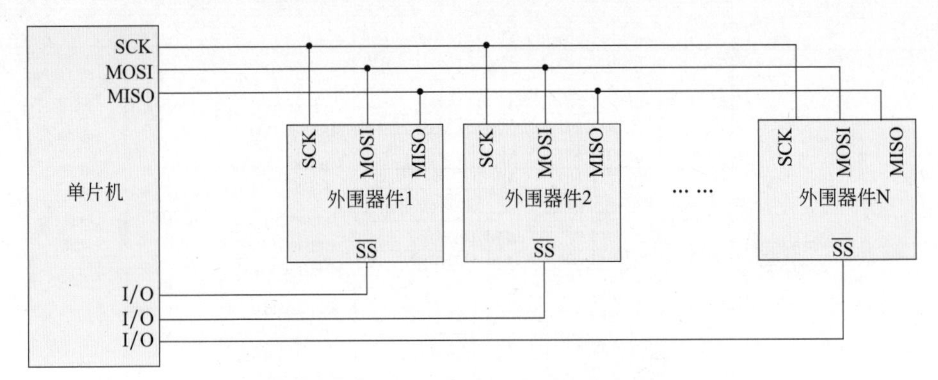

图8-34　一个主机和多个从器件的系统

在 iPhone7 手机中，SPI 总线如图 8-35 所示。

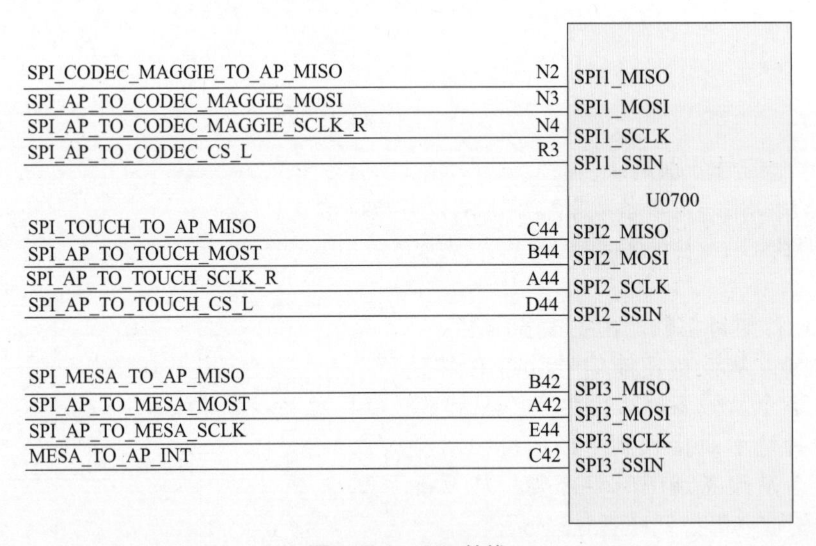

图8-35　SPI总线

三组 SPI 总线，分别控制不同的电路，在维修中要注意进行区分，并注意各信号作用与功能。

5. I^2S总线

I^2S 总线又称为集成电路内置音频总线，是飞利浦公司为数字音频设备之间的音频数据传输而制定的一种总线标准。该总线专门用于音频设备之间的数据传输，广泛应用于各种多媒体系统。它采用了独立的导线传输时钟与数据信号的设计，通过将数据和时钟信号分离，避免了因时差诱发的失真。

I²S 拥有三条信号数据线，分别是：

（1）SCK：串行时钟

对应数字音频的每一位数据，SCK 都有 1 个脉冲。SCK 的频率 =2× 采样频率 × 采样位数。

（2）WS：字段（声道）选择

用于切换左右声道的数据。WS 的频率 = 采样频率。命令选择线表明了正在被传输的声道。WS 为“1”表示正在传输的是左声道的数据；WS 为“0”表示正在传输的是右声道的数据。

WS 可以在串行时钟的上升沿或者下降沿发生改变，并且 WS 信号不需要一定是对称的。在从属装置端，WS 在时钟信号的上升沿发生改变。WS 总是在最高位传输前的一个时钟周期发生改变，这样可以使从属装置得到与被传输的串行数据同步的时间，并且使接收端存储当前的命令以及为下次的命令清除空间。

（3）SD：串行数据

用二进制补码表示的音频数据。I²S 格式的信号无论有多少位有效数据，数据的最高位总是被最先传输 [在 WS 变化（也就是一帧开始）后的第 2 个 SCK 脉冲处]，因此最高位拥有固定的位置，而最低位的位置则是依赖于数据的有效位数，也就使得接收端与发送端的有效位数可以不同。如果接收端能处理的有效位数少于发送端，可以放弃数据帧中多余的低位数据；如果接收端能处理的有效位数多于发送端，可以自行补足剩余的位 (常补足为零)。这种同步机制使得数字音频设备的互联更加方便，而且不会造成数据错位。为了保证数字音频信号的正确传输，发送端和接收端应该采用相同的数据格式和长度。当然，对 I²S 格式来说数据长度可以不同。

I²S 总线典型时序图如图 8-36 所示。

I²S、GPIO 总线电路

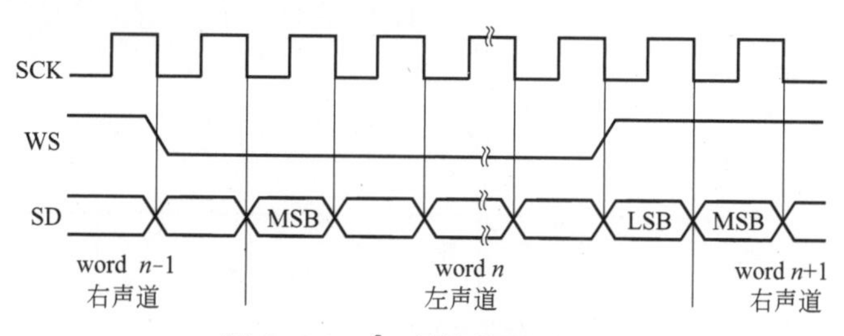

图8-36　I²S总线典型时序图

在 iPhone7 手机中，典型的 I²S 总线电路结构如图 8-37 所示。

I2S_BB_TO_AP_BCLK　CM7　I2S3_BCLK
I2S_BB_TO_AP_LRCLK　CK9　I2S3_LRCK
I2S_BB_TO_AP_DIN　CG18　I2S3_DIN
I2S_AP_TO_BB_DOUT　CJ9　I2S3_DOUT
NC　CH11　I2S3_MCK

图8-37　I²S总线电路结构

6. GPIO接口

GPIO 是通用 I/O 端口。

在嵌入式系统中，经常需要控制许多结构简单的外部设备或者电路，这些设备有的需要通过 CPU 控制，有的需要 CPU 提供输入信号。并且，许多设备或电路只要求有开 / 关两种状体，比如 LED 的亮与灭。对这些设备的控制，使用传统的串口或者并口就显得比较复杂，所以，在嵌入式微处理器上通常提供了一种“通用可编程 I/O 端口”，也就是 GPIO。

一个 GPIO 端口至少需要两个寄存器，一个是做控制用的“通用 I/O 端口控制寄存器”，还有一个是存放数据的“通用 I/O 端口数据寄存器”。数据寄存器的每一位是和 GPIO 的硬件引脚对应的，而数据的传递方向是通过控制寄存器设置的，通过控制寄存器可以设置每一个引脚的数据流向。

GPIO 接口主要是给研发人员设置不同的控制功能使用的，对于维修人员来讲，只要知道每一个 GPIO 接口的功能即可。

UART、RFFE、DWI、SWD、JTAG 总线电路

7. UART接口

UART 为通用异步收发器（异步串行通信口），是一种通用的数据通信协议，它包括了 RS232、RS499、RS423、RS422 和 RS485 等接口标准规范和总线标准规范，即 UART 是异步串行通信口的总称。

UART 使用的是异步串行通信。

串行通信是指利用一条传输线将资料一位位地顺序传送。它的特点是通信线路简单，利用简单的线缆就可实现通信，降低成本，适用于远距离通信，但传输速度慢的应用场合。

异步通信以一个字符为传输单位，通信中两个字符间的时间间隔多少是不固定的，然而在同一个字符中的两个相邻位间的时间间隔是固定的。

数据传送速率用波特率来表示，即每秒钟传送的二进制位数。例如数据传送速率为 120 字符 / 秒，而每一个字符为 10 位（1 个起始位，7 个数据位，1 个奇偶校验位，1 个停止位），则其传送的波特率为 10×120=1200 字符 / 秒 =1200 波特。

数据通信格式如图 8-38 所示。

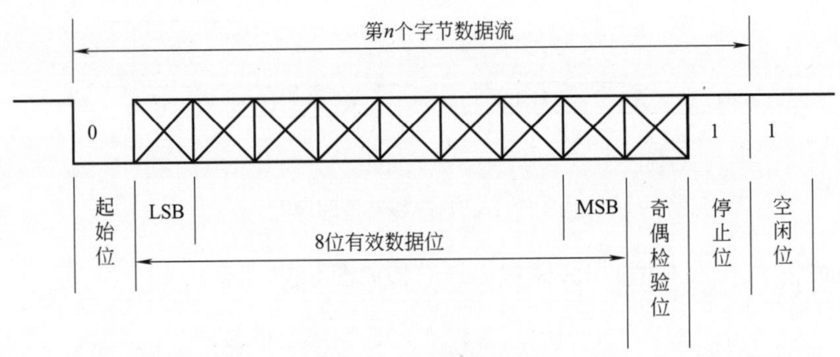

图8-38　数据通信格式

其中各位的意义如下：

起始位：先发出一个逻辑“0”信号，表示传输字符的开始。

数据位：可以是 5～8 位逻辑“0”或“1”。如 ASCII 码（7 位），扩展 BCD 码（8 位）。小端传输。

奇偶校验位：数据位加上这一位后，使得“1”的位数应为偶数（偶校验）或奇数（奇校验）。

停止位：它是一个字符数据的结束标志。可以是 1 位、1.5 位、2 位的高电平。

空闲位：处于逻辑“1”状态，表示当前线路上没有资料传送。

RTS（发送请求）为输出信号，用于指示本设备准备好可接收；CTS（发送清除）为输入信号，有效时停止发送。

在 iPhone7 手机中，蓝牙 UART 接口如图 8-39 所示。

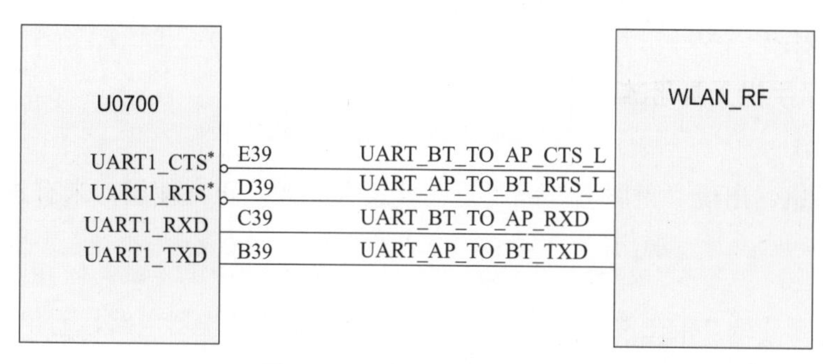

图8-39 蓝牙UART接口

U0700 的 RTS 连接 WLAN_RF 的 CTS；U0700 的 CTS 连接 WLAN_RF 的 RTS。前一路信号控制 WLAN_RF 的发送，后一路信号控制 U0700 的发送。对 WLAN_RF 的发送（U0700 接收）来说，如果 U0700 接收缓冲快满时发出 RTS 信号（意思通知 WLAN_RF 停止发送），WLAN_RF 通过 CTS 检测到该信号，停止发送；一段时间后 U0700 接收缓冲有了空余，发出 RTS 信号，指示 WLAN_RF 开始发送数据。U0700 发送（WLAN_R 接收）类似。

8. DWI总线

DWI 是 SOC 系统芯片与电源管理芯片之间的串行接口线，是电源管理芯片的软件控制接口，能增强 I^2C 控制和校正输出的电压等级和背光电压等级。

DWI 支持两种模式：直接传输模式，用于 SOC 系统芯片控制 PMU 输出电压的调整；同步传输模式，用于背光驱动的控制。

9. SWD接口

SWD 接口是 ARM 处理器的一种调试方式，使用最新的 SWD 调试协议，仅需要两根数据线就可以完成 JTAG 接口所有功能。

SWDIO 即 TMS，SWCLK 即 TCK。

在 iPhone7 手机中，SWD 接口如图 8-40 所示。

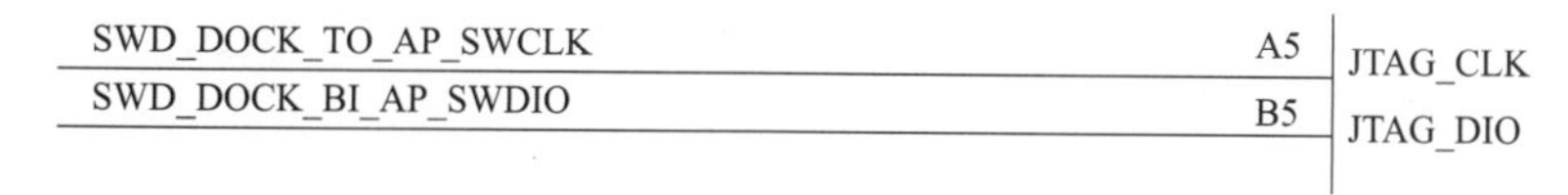

图8-40 SWD接口

10. JTAG接口

JTAG（联合测试工作组）是一种国际标准测试协议（IEEE 1149.1 兼容），主要用于芯片内部测试。现在多数的高级器件都支持 JTAG 协议，如 DSP、FPGA 器件等。

标准的 JTAG 接口是 4 线，即 TMS、TCK、TDI、TDO, 分别为模式选择、时钟、数据输入和数据输出线。

相关 JTAG 引脚的定义为：TCK 为测试时钟输入；TDI 为测试数据输入，数据通过 TDI 引脚输入 JTAG 接口；TDO 为测试数据输出，数据通过 TDO 引脚从 JTAG 接口输出；TMS

为测试模式选择，TMS 用来设置 JTAG 接口处于某种特定的测试模式；RESET（TRST）为测试复位，输入引脚，低电平有效。

三、应用处理器电路故障维修案例

1. iPhone7 手机无基带故障维修

故障现象：

iPhone 7 手机，出现“无服务”或“正在搜索”问题，正常使用，未有进水或其他问题出现。

故障分析：

出现“无服务”或“正在搜索”问题，应重点检查基带处理器电路，看供电等是否到位，基带是否有虚焊问题。

维修经验

iPhone 手机中使用了双处理器结构，iPhone 手机出现“无服务”或“正在搜索”问题一般与基带处理器电路有关系；在安卓手机中，出现“无服务”或“正在搜索”问题需要检查射频处理器电路。

针对不同结构的手机，采用不同的维修方法是手机维修工程师应掌握的基本思路。

故障维修：

进入设置→通用→关于本机，在“调制解调器固件”选项，无版本显示。iPhone7 手机有两种硬件版本，全网通采用高通 MDM9645，移动联通 4G 版本采用英特尔 PMB9943。一般使用高通处理器的手机容易出现此故障，苹果公司正在对此类问题进行召回维修。

检查发现，一般为内核供电短路造成，对于电源管理芯片 BBPMU_RF 引起的，可以更换电源管理芯片解决，如图 8-41 所示。

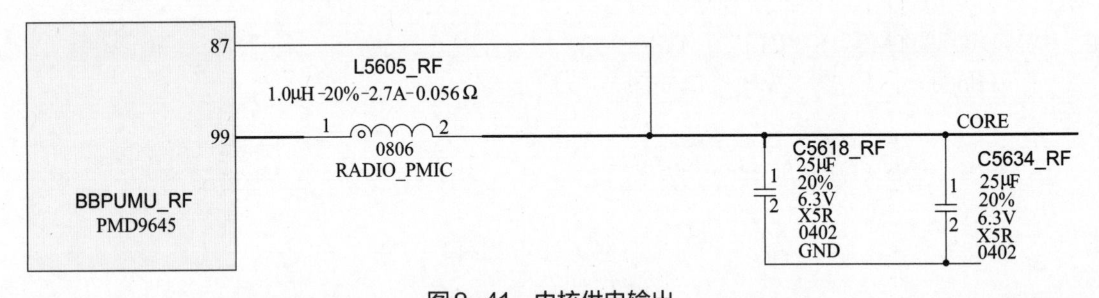

图8-41　内核供电输出

维修经验

对于基带处理器问题造成的短路，尤其是内部芯片短路，则无法解决，因为基带处理器、应用处理器、硬盘、基带码片直接存在加密关系。如果要更换，则需要把基带处理器、应用处理器、硬盘、基带码片整套更换。

2. iPhone XS Max手机进水无基带故障维修

故障现象：

iPhone XS Max 手机，手机进水后出现无基带故障，没有在其他地方维修过。

故障分析：

手机进水后，出现无基带故障，一般与基带处理器、基带码片、基带处理器供电等有关系。

客户反映的手机情况对于故障维修有非常重要的价值，在维修中一般要了解手机损坏前的具体状况，例如进水、摔过、维修等。

维修经验

对于不同的情况要采用不同的维修思路，例如进水的手机，要先进行清洗，把主板的进水部分清洗干净，然后再动手维修；对于摔过的手机，要先检查是否有虚焊或元器件脱落等问题出现，然后再采取相应的补焊措施；对于维修后造成的故障，要先对之前维修人员动过的元器件进行检查，看是否有元器件错位、装错、虚焊、损坏等问题，然后再进一步排除故障。

故障维修：

拆机检查发现，电感 L402、L405 周围有轻微进水腐蚀问题，彻底清洗后故障排除。这两个电感是基带处理器供电电感，进水腐蚀导致虚焊引起无供电问题。

供电电感位置如图 8-42 所示。

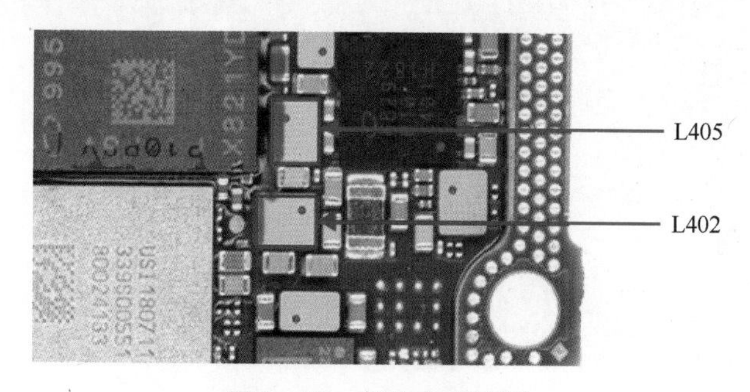

图8-42　供电电感位置

3. iPhone XS Max不开机故障维修

故障现象：

iPhone XS Max 手机，手机摔过以后出现不开机问题，没有维修过。

故障分析：

将手机单板加电触发开机后，电流从 50mA 跳到 200mA 时卡住，手机不开机，根据电流分析，初步判断为 CPU 与硬盘之间通信出现问题。

维修经验

针对不开机问题，使用电流法可以快速锁定故障部位。在日常维修中，要注意积累不同型号手机的电流变化情况，做好总结。

故障维修：

根据故障原因分析，出现该问题一般有三种可能：①硬盘损坏或虚焊；② CPU 与硬盘之间通信异常；③ CPU 本身损坏。

使用数字式万用表分别测量硬盘与应用处理器之间的通信线路，看是否正常。在电测 C1102 时，发现其靠近应用处理器一段的二极体值异常，正常为 386，现在是无穷大，判断此线路开路。

C1102 在原理图中的位置如图 8-43 所示。

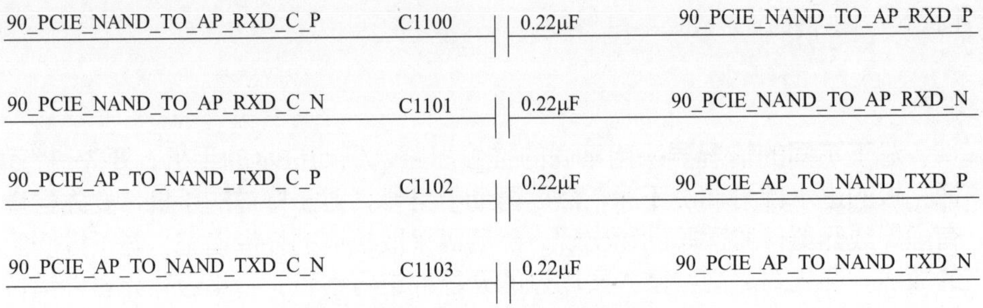

90_PCIE_NAND_TO_AP_RXD_C_P	C1100	0.22μF	90_PCIE_NAND_TO_AP_RXD_P
90_PCIE_NAND_TO_AP_RXD_C_N	C1101	0.22μF	90_PCIE_NAND_TO_AP_RXD_N
90_PCIE_AP_TO_NAND_TXD_C_P	C1102	0.22μF	90_PCIE_AP_TO_NAND_TXD_P
90_PCIE_AP_TO_NAND_TXD_C_N	C1103	0.22μF	90_PCIE_AP_TO_NAND_TXD_N

图8-43　C1102在原理图中的位置

C1102 在主板图中的位置如图 8-44 所示。

图8-44　C1102在主板图中的位置

对于 iPhone X 手机以后的产品，由于采用了双层结构设计，在维修时测试非常不方便，可以使用测试架测试主板的上下层，如果故障排除了，再进行贴合。

主板测试架如图 8-45 所示。

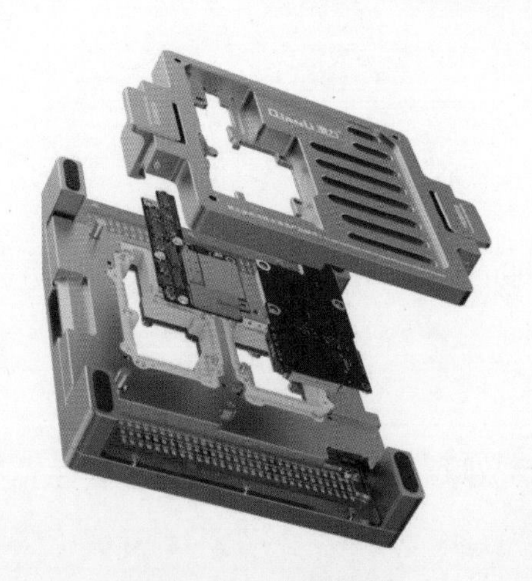

图8-45　主板测试架

4. iPhone XS Max手机白苹果重启故障维修

故障现象：

iPhone XS Max 手机，故障为开机白苹果重启，客户送修时是别的故障，主板分层后，维修好其他故障以后，就出现这个问题。

故障分析：

初步分析认为，可能在主板分层的时候，处理不当，引起白苹果重启问题，应该重点检查两块主板的贴合位置是否存在问题。

新型号的iPhone手机多数采用双层结构设计，主板分层的时候如果处理不当非常容易出现问题，尤其是在维修返修的机器或者是多次维修的机器时，更要注意焊接工艺。

故障维修：

在显微镜下观察主板，发现靠近主板贴合位置的两个电阻被碰掉了。这两个电阻分别是R6620、R6621，是I^2C总线的上拉电阻，如果该电阻丢失或开路，会导致I^2C总线工作不正常。

R6620、R6621在原理图中的位置如图8-46所示。

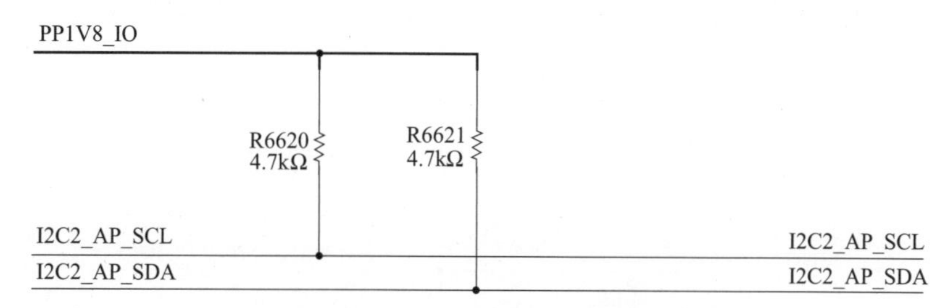

图8-46　R6620、R6621在原理图中的位置

R6620、R6621在主板图中的位置如图8-47所示。

图8-47　R6620、R6621在主板图中的位置

第三节 电源管理电路工作原理与故障维修

我们以iPhone7手机的电源管理电路为例，分析iPhone手机电源电路的工作原理。在iPhone7手机中，应用处理器和基带处理器电路各采用了一块电源管理芯片，下面分别进行介绍。

一、按键电路

在 iPhone7 手机的按键中，主要实现开关机、音量加、音量减、静音等功能，开关机、音量加、音量减、静音按键通过按键接口电路连接到电源管理芯片 U1801 内部。

按键接口电路如图 8-48 所示。

按键电路

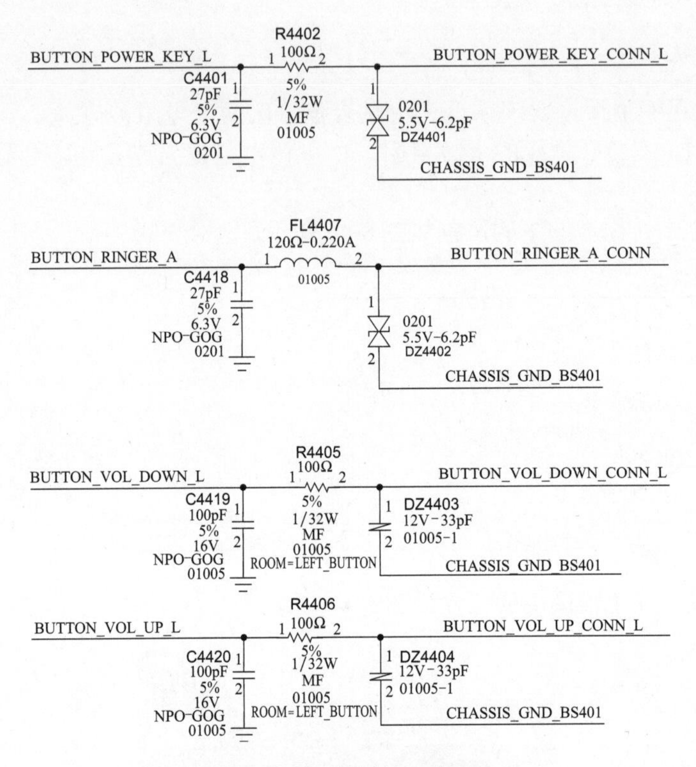

图8-48　按键接口电路

在按键接口电路中，DZ4401、DZ4402、DZ4403 是 ESD 保护元件，防止外部静电信号经按键窜入电路中。

开关机、音量减、静音按键信号如图 8-49 所示。

U1801		
BUTTON1	M12	BUTTON_VOL_DOWN_L
BUTTON2	N12	BUTTON_POWER_KEY_L
BUTTON3	M11	BUTTON_RINGER_A
BUTTON4	N11	×NC
BUTTONO1	H11	PMU_TO_AP_BUF_VOL_DOWN_L
BUTTONO2	J11	PMU_TO_AP_BUF_POWER_KEY_L
BUTTONO3	K11	PMU_TO_AP_BUF_RINGER_A

图8-49　开关机、音量减、静音按键信号

开关机、音量减、静音按键信号分别送入电源管理芯片 U1801 的 N12、M12、M11 脚，在 U1801 的内部进行缓冲处理后，经 J11、H11、K11 脚输出，送至应用处理器电路。

开关机、音量减、静音按键信号为什么不直接连接到应用处理器电路？原因有二：一

是要在电源管理芯片U1801内部进行缓冲，二是防止外部静电窜入应用处理器电路损坏SOC，造成更大面积的故障。

BUTTON_VOL_UP_L信号由按键接口电路输入后，分别输入电源管理芯片U1801和应用处理器电路。在后面的模拟多路复用器电路中有说明，在此不再赘述。

在每个按键上都会有一个上拉电阻，采用上拉电阻的目的是增大信号输入的负载能力，如图8-50所示。

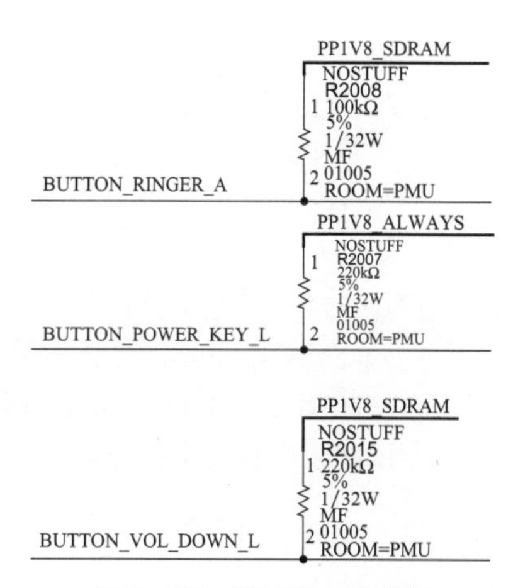

图8-50 按键的上拉电阻

二、电池接口电路

电池接口电路有4个有效触点，分别是电池正极PP_BATT_VCC、电池电量检测点TIGRIS_TO_BATTERY_SWI、电池电压检测VBATT_SENSE、接地。

电池接口电路图如图8-51所示。

电池接口电路

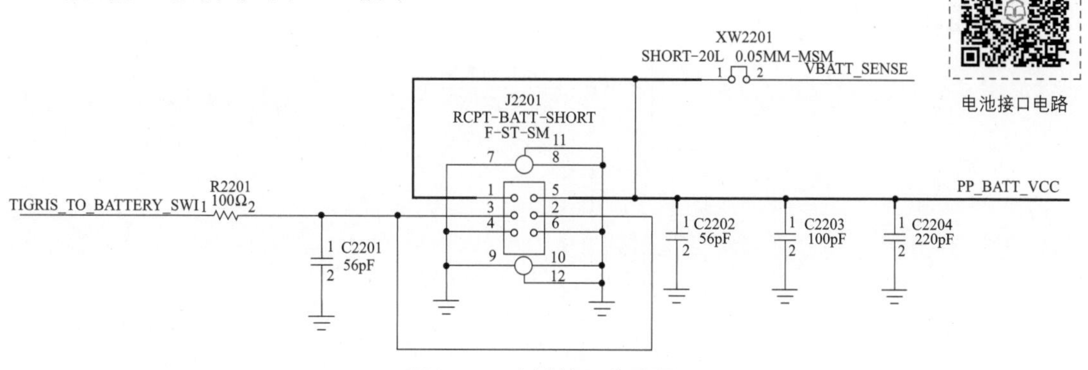

图8-51 电池接口电路图

三、电源电路开机时序

开机时序如图8-52所示。

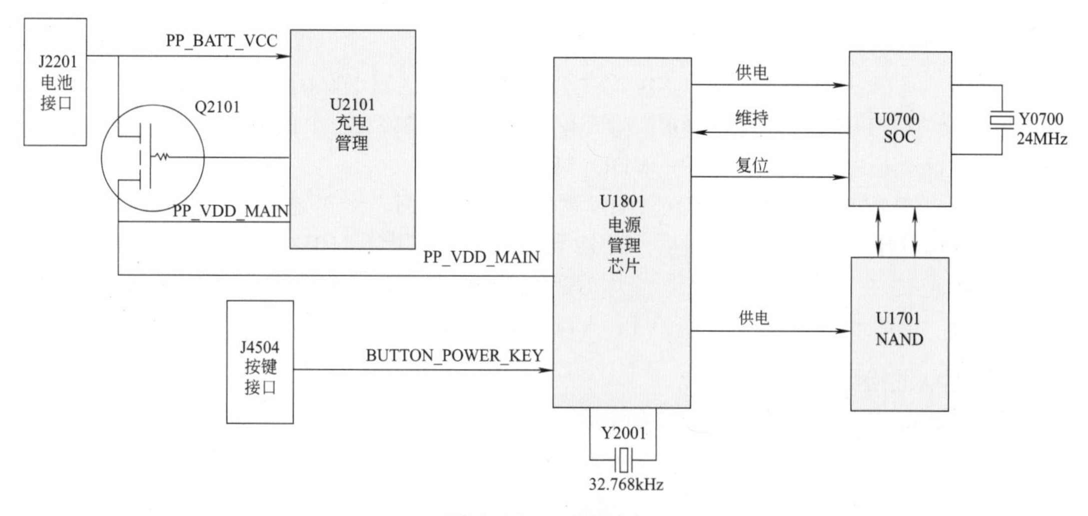

图8-52 开机时序

手机电池电压 PP_BATT_VCC 经过 Q2101 转为主供电 PP_VCC_MAIN，分别送到充电管理芯片 U1210 和电源管理芯片 U1801，手机处于待命状态。

当按下开机键开机时，电源管理芯片 U1801 的开机触发脚 BUTTON_POWER_KEY 电平被拉低，电源管理芯片 U1801 开始工作，输出各组电压给各个模块正常供电。

当 SOC U0700 供电正常时，SOC U0700 电路的时钟电路开始工作，为 SOC U0700 提供工作频率；同时电源管理芯片输入复位信号给 SOC U0700，当 SOC U0700 完成复位过程后开始读取 NAND Flash 的开机引导程序并进行开机自检。

SOC U0700 开机自检通过后会输出开机维持信号给电源管理芯片 U1801，使电源管理芯片输出稳定的电压给各个模块供电。

四、充电管理电路

在 iPhone 手机中，充电管理电路完成了手机的充电、电量检测、充电保护等功能。

1. 充电电路框图

充电电路框图如图 8-53 所示。

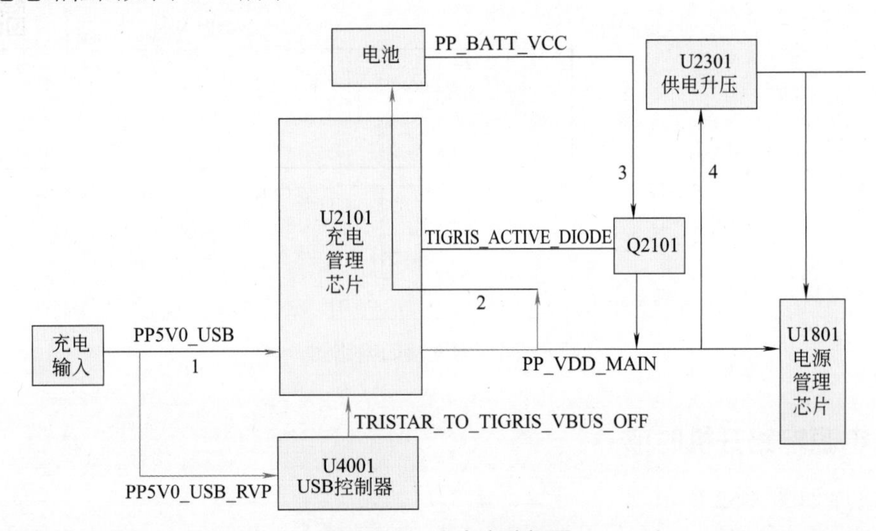

图8-53　充电电路框图

当充电电压输入时，PP5V0_USB 首先激活 USB 控制器 U4001，USB 控制器 U4001 通过 TRISTAR_TO_TIGRIS_VBUS_OFF 给充电管理芯片 U2101 一个低电平使能信号，通过认证后，充电管理芯片 U2101 输出 PP_VDD_MAIN。

当使用 USB 供电时，PP_VDD_MAIN 输出被分成三路，一路送到电源管理芯片 U1801，一路送到电源升压电路 U2301，最后一路送到充电管理芯片 U2101 内部。

当使用电池供电时，充电管理芯片 U2101 输出 TIGRIS_ACTIVE_DIODE 信号，控制 Q2101 导通，电池通过 Q2101 供电给 PP_VDD_MAIN。

2. 充电认证检测

充电认证检测电路如图 8-54 所示。

与 DOCK（尾插）相连的接口通过信号 TRISTAR_CON_DETECT_L 传送一个低电平给 USB 控制器 U4001；紧接着 Q4001 通过 PP5V0_USB_RVP 传送 5V 电压给 USB 控制器

U4001；USB 控制 U4001 内部 LDO 电路输出 3.0V 电压，给 ACC1（USB 正接）或 ACC2（USB 反接）；ACC1 传送控制信号给 SOC，认证通过后，USB 控制器 U4001 通过 TRISTAR_TO_TIGRIS_VBUS_OFF 给充电管理芯片 U2101 一个低电平使能信号，控制 U2101 工作，开始正常的开机及充电。

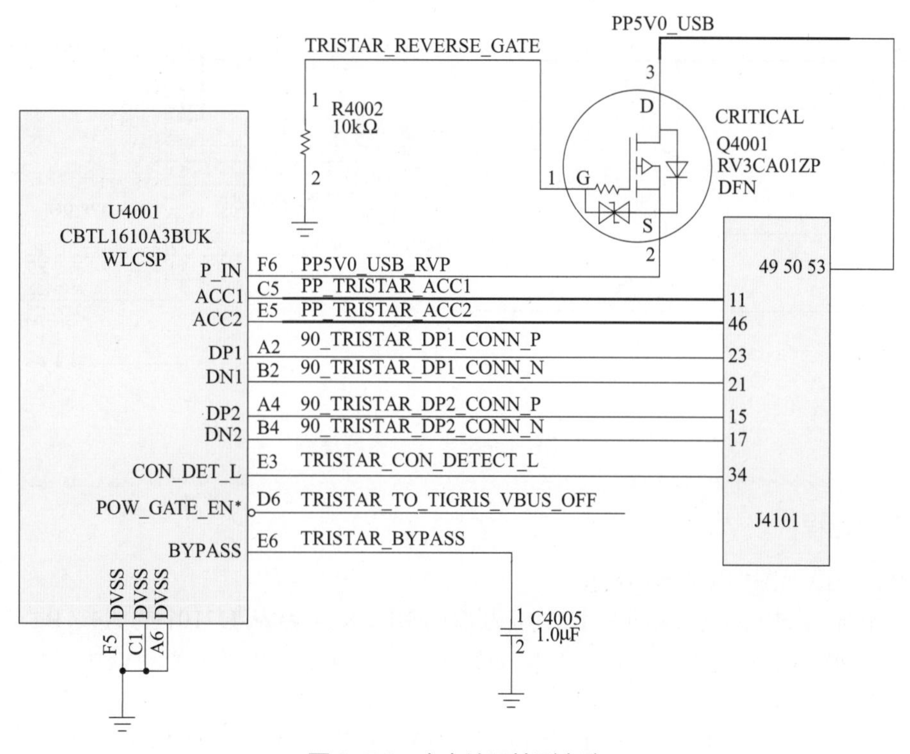

图8-54　充电认证检测电路

当插入充电器的时候，电源管理芯片 U1801 通过 USB 控制 U4001 的 TRISTAR_TO_PMU_USB_BRICK_ID 信号读取充电器规格，即充电器提供的是 1A 还是 2A 电流。

充电器规格检查电路如图 8-55 所示。

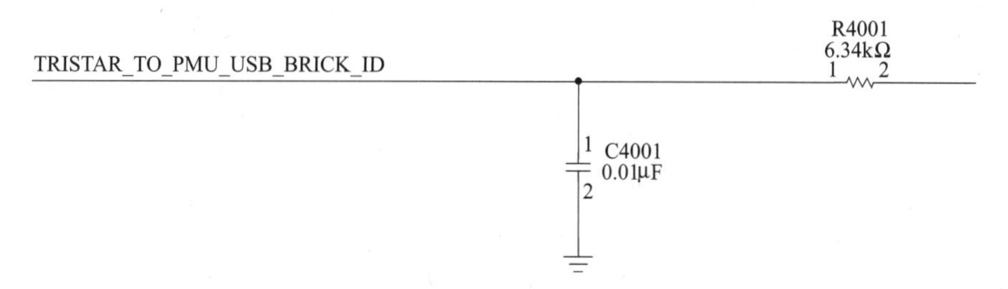

图8-55　充电器规格检查电路

3. 充电电压输入

充电电压输入原理图如图 8-56 所示。

充电电压 PP5V0_USB 送入充电管理芯片 U2101 的 A5、B5、C5、D5、E5 脚。U2101 的 G3、E4 脚为 I²C 总线控制信号，U2101 的 E3、F4 脚为控制信号，G2 脚为中断信号，F1 脚为充电检测信号输入。

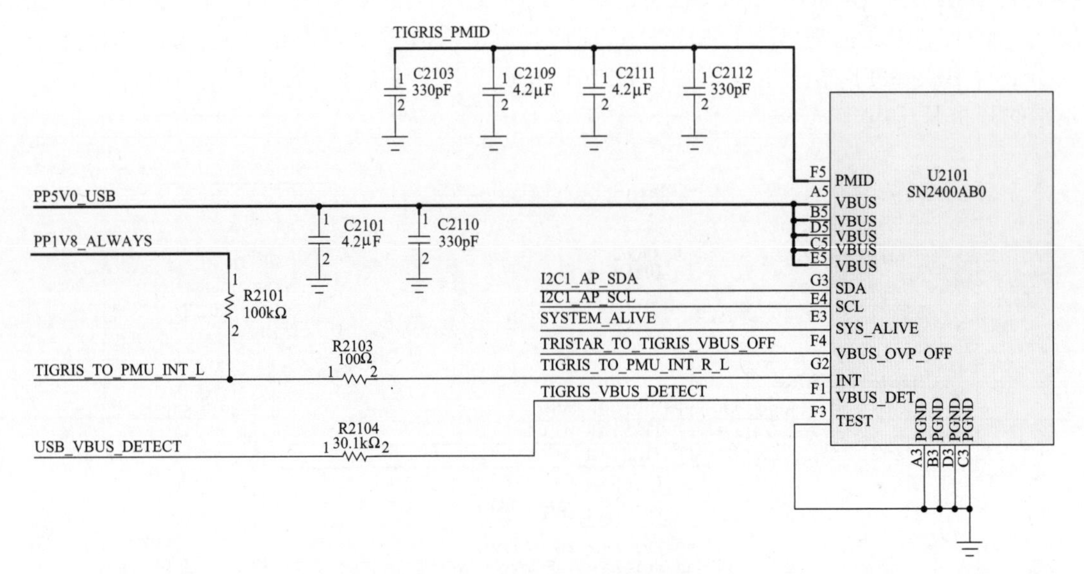

图8-56 充电电压输入原理图

4. 充电过程

充电过程原理图如图 8-57 所示。

充电电压经过充电管理芯片 U2101 内部的 BUCK 电路从 U2101 的 A4、B4、C4、D4 脚输出，送回到 U2101 的 A2、B2、C2、D2 脚，经过 U2101 内部的充电模块，从 A1、B1、C1、D1 脚输出，对电池进行充电。

电池电量电池电量检测信号 TIGRIS_TO_BATTERY_SWI 经 Q2102 送至充电管理芯片 U2101 的 F2 脚，在内部进行电量比较，当电池充满的时候，控制 A1、B1、C1、D1 脚关闭，停止充电，充电过程完成。

五、BUCK电路

BUCK 电路在 iPhone 手机中的应用非常广泛，尤其是在电源管理电路中。

BUCK 电路如图 8-58 所示。

主供电电压 PP_VDD_MAIN 经过多个滤波电容滤波后，输入电源管理芯片 U1801 的内部。在 U1801 的内部，集成了 BUCK 的电子开关控制部分，在 U1801 的外部接有电感和滤波电容，完成了 BUCK 电路的续流和滤波过程。

在 iPhone7 手机中，使用了 13 路 BUCK 电路。

LDO 电路

六、LDO电路

LDO 电路是一种低压差线性稳压器，是一种在 iPhone 手机中应用最广泛的稳压电路。在 iPhone7 手机中，电源管理芯片 U1801 共有 21 路 LDO 电路。

电源管理芯片 U1801 的 LDO 电路部分比较简单，外部只接了滤波电容，其余全部都集成在电源管理芯片的内部。如果在维修中，其中一路 LDO 供电没有输出，排除虚焊、外部短路、开路问题后，则需要更换电源管理芯片 U1801。

LDO 电路如图 8-59 所示。

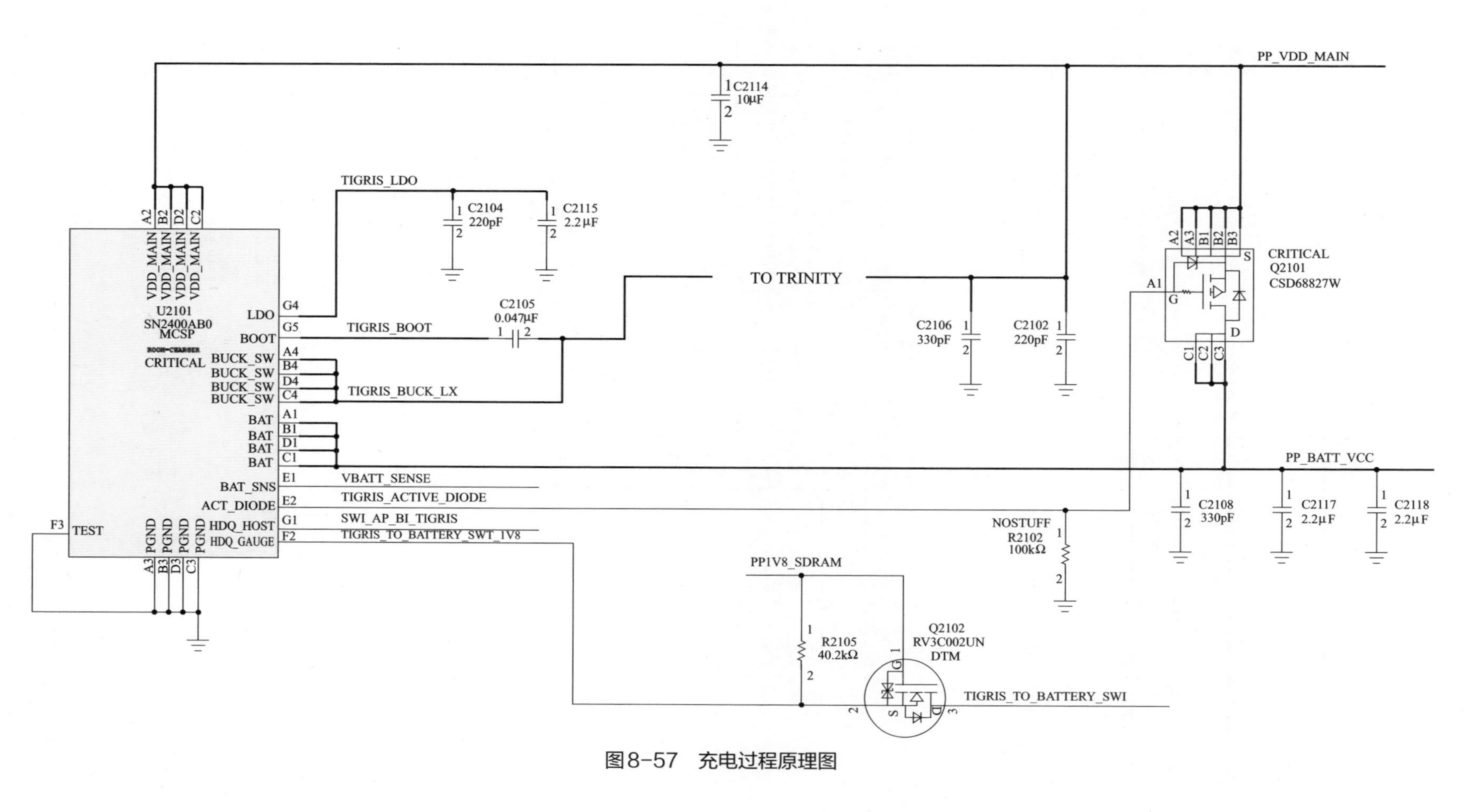

图8-57 充电过程原理图

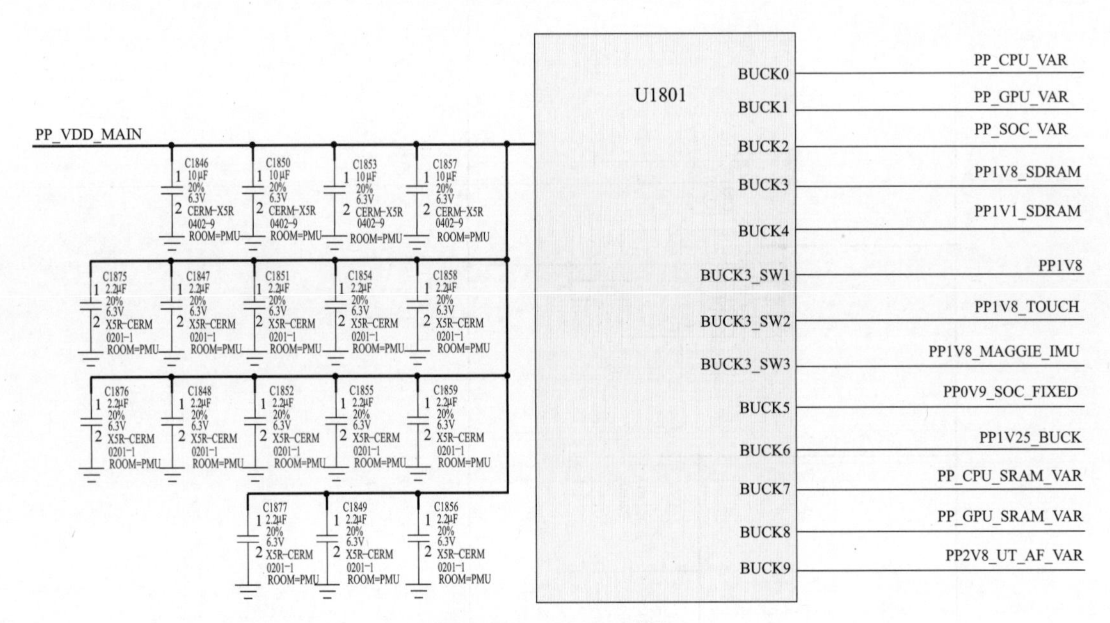

图8-58　BUCK电路

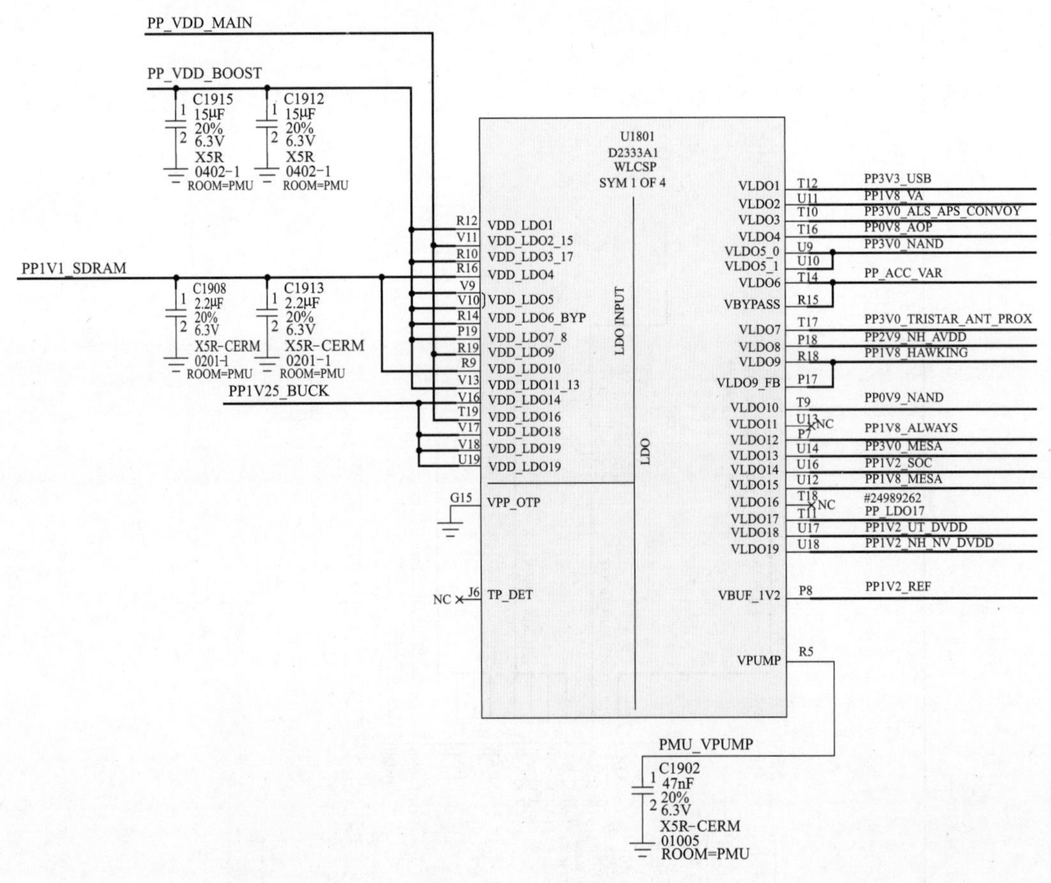

图8-59　LDO电路

七、BOOST电路

BOOST 电路如图 8-60 所示。

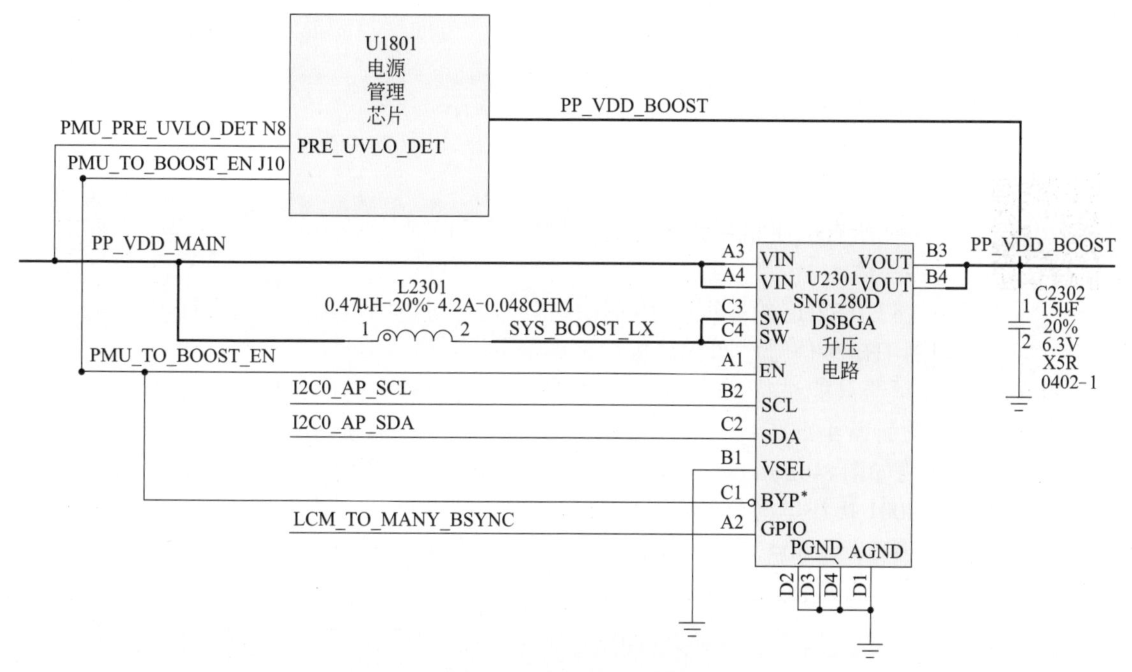

图8-60 BOOST电路

在电源电路中使用了BOOST电路，U2301是主供电升压电路，当PP_VDD_MAIN ≥ 3.4V时，U2301相当于导线，把PP_VDD_MAIN的电压直接传给PP_VDD_BOOST，上电后，测量PP_VDD_MAIN与PP_VDD_BOOST之间的阻抗很小，近乎导通；当2.7V<PP_VDD_MAIN<3.4V时，U2301相当于一个BOOST放大电路，把PP_VDD_MAIN的电压升高到3.4V，以维持手机的基本工作。

PMU_PRE_UVLO_DET为PP_VDD_MAIN电压检测信号，当PP_VDD_MAIN电压降低到3.4V以下时，电源管理芯片U1801输出PMU_TO_BOOST_EN信号，升压电路U2301启动，输出PP_VDD_BOOST电压，一路送到电源管理芯片U1801内部，一路送到摄像头聚焦电路，一路送到指纹电路，一路送到音频编解码电路。

八、温度保护电路

应用处理器部分的温度保护电路由电源管理芯片U1801完成，保护手机避免在过高温度的环境中使用而可能造成的损坏。

在温度保护电路中，使用了负温度系数的NTC电阻，这些NTC电阻分布在主板的各个部位。当局部温度过高时，这些NTC电阻会把信息传递到电源管理芯片U1801；电源管理芯片U1801输出信号给应用处理

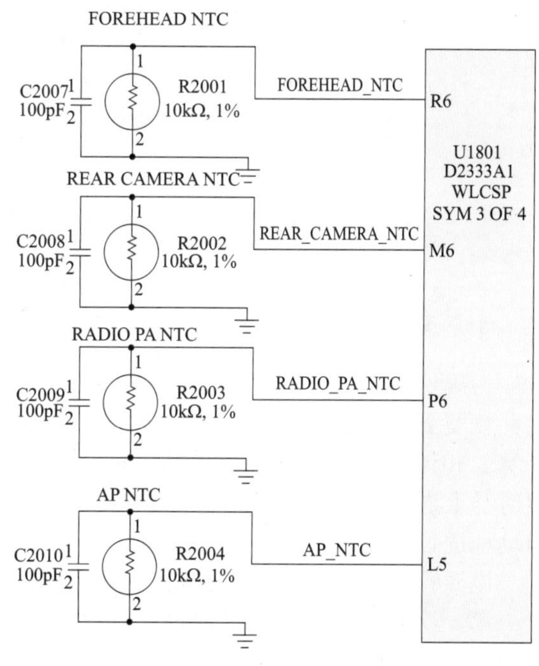

图8-61 温度保护电路

器；应用处理器一方面会控制部分功能停止工作，另一方面会控制显示屏显示温度过高警示信息。

温度保护电路如图 8-61 所示。

时钟电路

九、实时时钟电路

在所有的手机中，实时时钟电路的晶振都是 32.768kHz，这是一个标准的时钟晶体。

32.768kHz 的晶振产生的振荡信号，经过电路内部分频器进行 15 次分频后得到 1Hz 秒信号，即秒针每秒钟走一下。

电路内部分频器只能进行 15 次分频，要是换成别的频率的晶振，15 次分频后就不是 1Hz 的秒信号，时钟就不准了。

实时时钟电路如图 8-62 所示。

时钟晶体 Y2001 接在电源管理芯片 U1801 的 V14、V15 脚，为了获得稳定的频率必须外加两个电容 C2003、C2004 以构成振荡电路。电容 C2003、C2004 在电路中的作用非常重要，不可拆掉不用，否则会影响电路的稳定性。

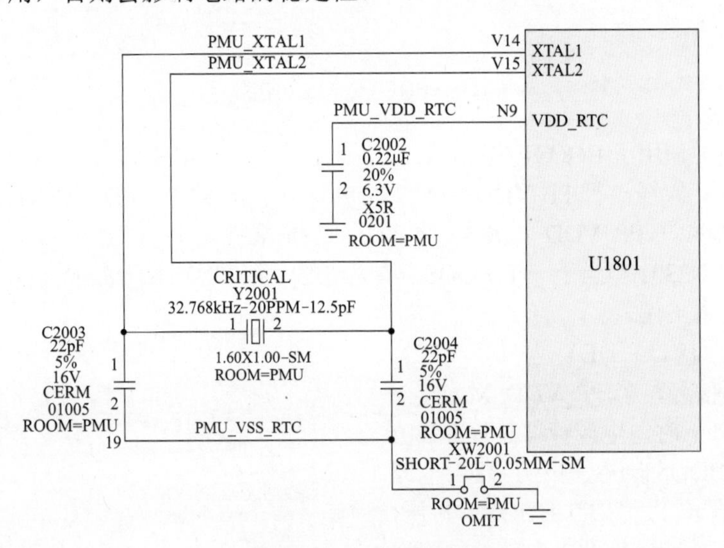

图8-62 实时时钟电路

十、复位电路

为确保微机系统中电路稳定可靠工作，复位电路是必不可少的一部分。复位电路可将电路恢复到起始状态，就像计算器的清零按钮的作用一样，以便回到原始状态，重新进行计算。和计算器清零按钮有所不同的是，复位电路启动的手段有所不同。一是在给电路通电时马上进行复位操作；二是在必要时可以由手动操作；三是根据程序或者电路运行的需要自动地进行。

电源管理电路的复位电路如图 8-63 所示。

第一次开机时，电源管理芯片 U1801 的 M5 脚输出系统冷启动复位信号至应用处理器电路，完成应用处理器的复位过程。

当应用处理器电路进行功率控制时，会反馈给电源管理芯片 U1801 一个 AP_TO_PMU_SOCHOT_L 信号。

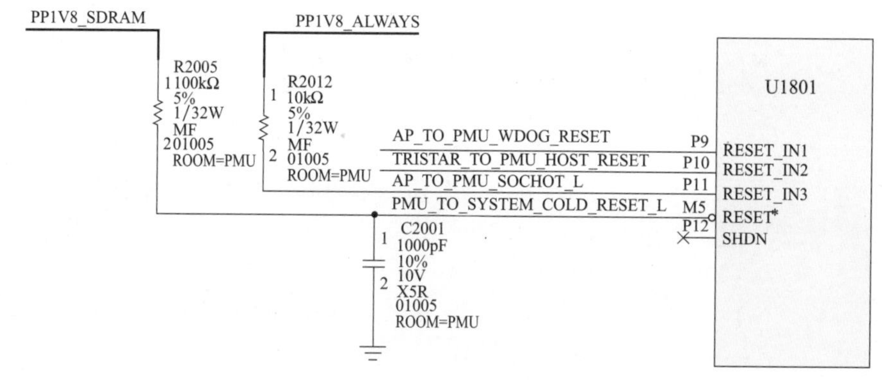

图8-63 复位电路

当应用处理器复位错误或在运行过程中出现问题时，就会启动看门狗复位电路，看门狗型复位电路主要利用CPU正常工作时，定时复位计数器，使得计数器的值不超过某一值；当CPU不能正常工作时，计数器不能被复位，因此其计数会超过某一值，从而产生复位脉冲（AP_TO_PMU_WDOG_RESET），送至电源管理电路，电源管理电路强制CPU复位，使得CPU恢复正常工作状态。

在特定状态下，比如接入数据线或者检测到某种状态时，USB控制芯片会输出TRISTAR_TO_PMU_HOST_RESET信号至电源管理芯片U1801。

十一、模拟多路复用器电路

模拟多路复用器（AMUX）是用来选择模拟信号通路的，在iPhone 7手机中，使用了2×8个模拟多路复用器。

模拟多路复用器电路如图8-64所示。

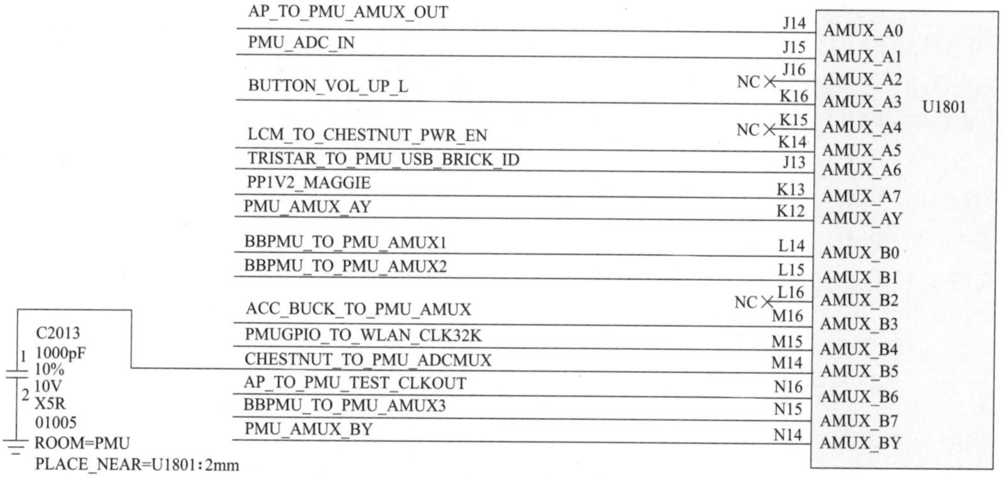

AP_TO_PMU_AMUX_OUT J14 AMUX_A0
PMU_ADC_IN J15 AMUX_A1
NC J16 AMUX_A2
BUTTON_VOL_UP_L K16 AMUX_A3
NC K15 AMUX_A4
LCM_TO_CHESTNUT_PWR_EN K14 AMUX_A5
TRISTAR_TO_PMU_USB_BRICK_ID J13 AMUX_A6
PP1V2_MAGGIE K13 AMUX_A7
PMU_AMUX_AY K12 AMUX_AY
BBPMU_TO_PMU_AMUX1 L14 AMUX_B0
BBPMU_TO_PMU_AMUX2 L15 AMUX_B1
NC L16 AMUX_B2
ACC_BUCK_TO_PMU_AMUX M16 AMUX_B3
PMUGPIO_TO_WLAN_CLK32K M15 AMUX_B4
CHESTNUT_TO_PMU_ADCMUX M14 AMUX_B5
AP_TO_PMU_TEST_CLKOUT N16 AMUX_B6
BBPMU_TO_PMU_AMUX3 N15 AMUX_B7
PMU_AMUX_BY N14 AMUX_BY
U1801
C2013 1000pF 10% 10V X5R 01005 ROOM=PMU PLACE_NEAR=U1801:2mm

图8-64 模拟多路复用器电路

模拟多路复用器在实际应用中取代了更多的测试点，通过内部多路模拟开关将需要测试的模拟量与公共测试点（也称超级测试点）相连。此时既可以通过电源管理芯片U1801内部ADC来转换该模拟量，再读取其结果，也可以在超级测试点通过万用表测量其模拟量大小。

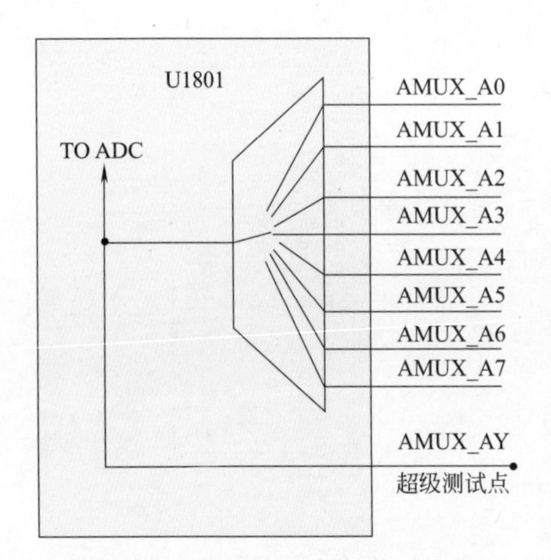

图8-65　模拟多路复用器内部框图

模拟多路复用器内部框图如图 8-65 所示。

十二、GPIO接口电路

电源管理芯片总共有 21 个 GPIO 脚，每一个都由一组寄存器来控制。它们可以被设置为输入或者输出，并且其上拉电平可以选择 VCC MAIN、VBUCK3、CPU1V8，在上电复位后所有的 GPIO 为上升沿有效。

GPIO1：TIGRIS_TO_PMU_INT_L，USB 控制芯片至电源管理芯片的中断信号。

GPIO2：BB_TO_PMU_PCIE_HOST_WAKE_L，基带处理器至电源管理芯片的唤醒信号。

GPIO3：PMU_TO_BBPMU_RESET_R_L，输出复位信号到基带电源管理芯片使之复位。

GPIO4：WLAN_TO_PMU_HOST_WAKE，WLAN 至电源管理芯片的唤醒信号。

GPIO5：NFC_TO_PMU_HOST_WAKE，NFC 至电源管理芯片的唤醒信号。

GPIO6：PMU_TO_NAND_LOW_BATT_BOOT_L，电源管理芯片至 NAND 低电引导。

GPIO7：NC_PMU_TO_GNSS_EN，电源管理芯片至全球定位系统的使能信号。

GPIO8：PMUGPIO_TO_WLAN_CLK32K，电源管理芯片至 WLAN 32K 时钟信号。

GPIO9：PMU_TO_BT_REG_ON，电源管理芯片至 BT 的启动信号。

GPIO10：NC_GNSS_TO_PMU_HOST_WAKE，全球定位系统至电源管理芯片主唤醒信号。

GPIO11：PMU_TO_WLAN_REG_ON，电源管理芯片至 WLAN 的唤醒信号。

GPIO12：BT_TO_PMU_HOST_WAKE，蓝牙至电源管理芯片主唤醒信号。

GPIO13：PMU_TO_CODEC_DIGLDO_PULLDN，电源管理芯片至音频编解码控制信号。

GPIO14：PMU_TO_ACC_BUCK_SW_EN，电源管理芯片至附件控制电路使能信号。

GPIO15：PMU_TO_BB_USB_VBUS_DETECT，电源管理芯片至基带 USB 充电检测信号。

GPIO16：PMU_TO_NFC_EN，电源管理芯片至 NFC 使能信号。

GPIO17：PMU_TO_AP_FORCE_DFU_R，电源管理芯片至 AP 强制 DFU 信号。

GPIO18：PMU_TO_BOOST_EN，电源管理芯片至升压电路使能信号。

GPIO19：PMU_TO_LCM_PANICB，电源管理芯片至显示屏控制信号。

GPIO20：PMU_TO_HOMER_RESET_L，电源管理芯片至 NFC 复位信号。

GPIO21：I2C0_AP_SCL，电源管理芯片至 AP 总线信号。

GPIO 接口电路如图 8-66 所示。

十三、功率控制电路

功率控制电路如图 8-67 所示。

当应用处理器功率过高时，PP_VDD_MAIN 功率也会升得过高，此时电源管理芯片 U1801 内部温度传感电路开启，AP_VDD_CPU_SENSE、AP_VDD_GPU_SENSE 将检测的 SOC 及 GPU 的传感信号送到电源管理芯片 U1801 的 F6、F7 脚。

传感信号在电源管理芯片 U1801 的内部进行处理，输出 PMU_TO_AP_PRE_UVLO_L、PMU_TO_AP_THROTTLE_CPU_L、PMU_TO_AP_THROTTLE_GPU_L 信号到应用处理器，使应用处理器的功率降低。应用处理器的功率降低，温度也下降，PP_VDD_MAIN 功率就会降低，从而使应用处理器正常工作。

U1801

GPIO	引脚	网络名
GPIO1	F16	TIGRIS_TO_PMU_INT_L
GPIO2	F15	BB_TO_PMU_PCIE_HOST_WAKE_L
GPIO3	G14	PMU_TO_BBPMU_RESET_R_L
GPIO4	F14	WLAN_TO_PMU_HOST_WAKE
GPIO5	F13	NFC_TO_PMU_HOST_WAKE
GPIO6	G13	PMU_TO_NAND_LOW_BATT_BOOT_L
GPIO7	G12	NC_PMU_TO_GNSS_EN
GPIO8	H12	PMUGPIO_TO_WLAN_CLK32K
GPIO9	G11	PMU_TO_BT_REG_ON
GPIO10	G10	NC_GNSS_TO_PMU_HOST_WAKE
GPIO11	F9	PMU_TO_WLAN_REG_ON
GPIO12	G9	BT_TO_PMU_HOST_WAKE
GPIO13	F8	PMU_TO_CODEC_DIGLDO_PULLDN
GPIO14	G8	PMU_TO_ACC_BUCK_SW_EN
GPIO15	H9	PMU_TO_BB_USB_VBUS_DETECT
GPIO16	H10	PMU_TO_NFC_EN
GPIO17	J9	PMU_TO_AP_FORCE_DFU_R
GPIO18	J10	PMU_TO_BOOST_EN
GPIO19	K9	PMU_TO_LCM_PANICB
GPIO20	K10	PMU_TO_HOMER_RESET_L
GPIO21	L9	I2C0_AP_SCL

图8-66 GPIO接口电路

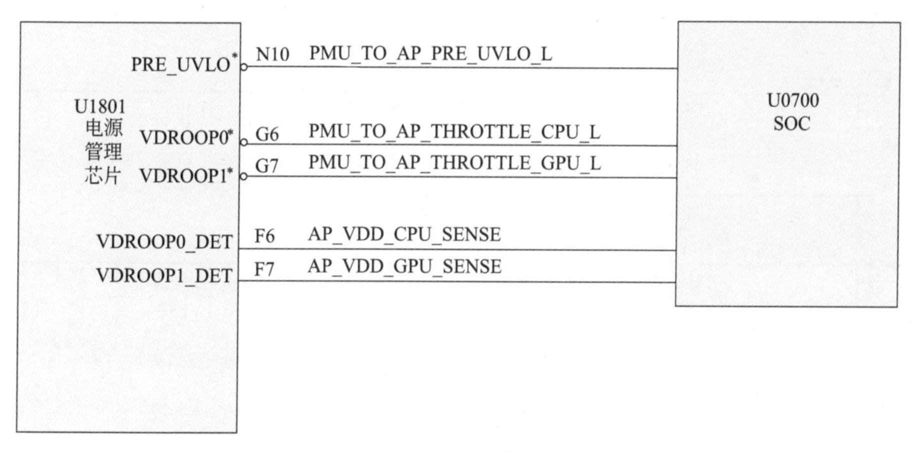

图8-67 功率控制电路

这个控制过程其实就是闭环控制过程：取样—比较—控制—输出。把应用处理器比作发动机，那么这个电路就相当于“节气门”，控制适当的“节气门”使发动机工作在合适的功率状态。

十四、电源管理电路故障维修案例

1. iPhone7Plus不开机故障维修

故障现象：

iPhone7Plus手机，客户送修的时候是不开机，且手机是摔过以后出现的不开机问题，因技术限制，没敢动手维修。

故障分析：

因为手机是摔过的，且存在不开机问题，应该是主板供电存在短路或者开路问题，应该重点检查电源供电部分。

> **维修经验**
>
> 针对摔过以后不开机的手机，不要着急加电测试，避免出现意外情况，应先向客户了解手机的具体情况，然后再有针对性地进行检查。此时不要拘泥于先用哪一种维修方法，应该根据实际情况综合运用。
>
> 经验的积累和维修方法的合理运用是决定维修结果的关键，尤其是对于初学者来讲，经验的积累尤其重要。

故障维修：

拆机加电，发现主板短路，万用表测量发现 PP1V8_SDRAM 供电短路。对于短路故障，在维修中一般使用“松香烟法”，就是在主板上熏一层松香烟，然后手机加电开机。此时漏电的地方由于发热就会把松香烟熔化掉，根据熔化的部位即可判断故障范围。

发现电源管理芯片和 SOC 上层缓存上面的松香烟都熔化了，测量 SOC 上层缓存的供电 PP1V1_SDRAM，发现该路电压没有出现短路问题。故障应该是电源管理芯片问题，更换后，开机一切正常。

供电电路原理图如图 8-68 所示。

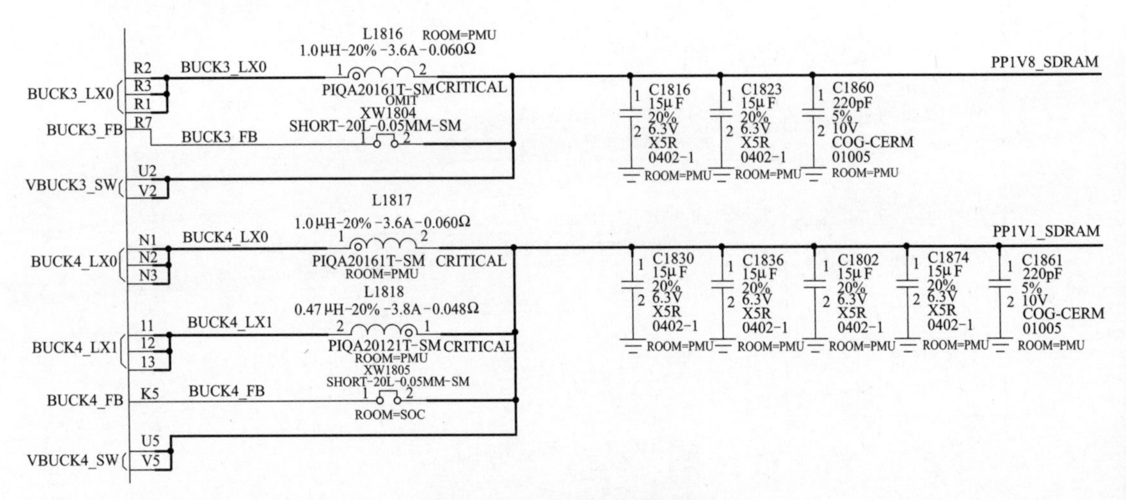

图8-68 供电电路原理图

2. iPhone7手机不开机、电流为30～50mA故障维修

故障现象：

iPhone7 手机，手机轻微摔过以后出现不开机问题。

故障分析：

因为手机是摔过的，且存在不开机问题，应该是主板供电存在短路或者开路问题，应该重点检查电源供电部分。

维修经验

对于初学者来讲，合理运用电流法是维修手机的“终南捷径”，无论是多么复杂的故障，都离不开扎实的基础理论，只有掌握好基础知识，就能灵活运用电流法维修手机故障。

故障维修：

手机加电，开机电流为30～50mA，分析认为可能是电源电路输出有问题。使用数字式万用表的电压挡分别测量各路输出电压，当测到PP1V25_BUCK时，发现该处电压不正常，进一步检查发现电感L1804虚焊，重新补焊后开机正常。

电感L1804原理图如图8-69所示。

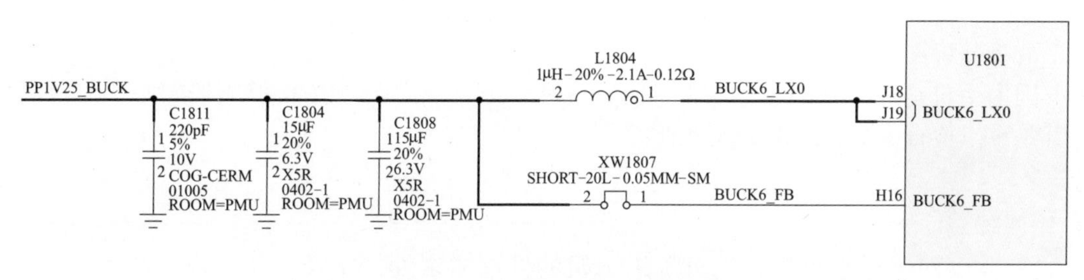

图8-69　电感L1804原理图

3. iPhone7手机不开机故障维修

故障现象：

iPhone7手机，客户送修时，说手机摔过，看电流就是典型的SOC上层开路电流，但是处理完上层以后，故障依旧。

故障分析：

因为手机是摔过的，且存在不开机问题，同行已经处理完SOC上层，故障也没有进一步扩大，说明仍然没有找到原始故障点。

进一步分析认为，应该重点检查供电部分问题。

故障维修：

将SOC上层重新处理以后，开机，发现开机电流为50mA-80mA -50mA-0mA，来回摆动。检查电源管理芯片输出各路供电，发现PP1V1_SDRAM供电不正常，该处电压输出为0V。

PP1V1_SDRAM供电为SOC主要供电之一，如果该电压不正常则会造成开机不正常。测量发现L1817开路，更换后手机开机正常。

L1817电路原理图如图8-70所示。

4. iPhone7手机不开机故障维修

故障现象：

iPhone7手机，客户送修时为不开机，开机电流300mA，客户称轻微进水。客户称原来的时候电池待机时间短，想更换一块电池。

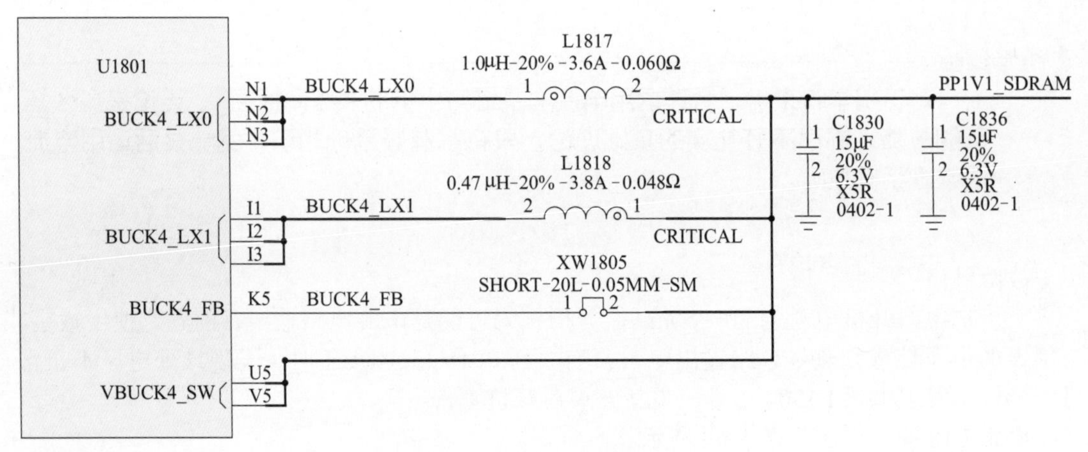

图8-70　L1817电路原理图

故障分析：

因为手机是进水机，且存在漏电问题，进一步分析认为，应该重点检查供电部分问题，尤其是重点检查是否有腐蚀的元器件。

维修经验

对于进水手机，先按照进水机的处理要求处理水渍，等处理完毕后，要在50℃以下的环境中进行烘干处理，然后再根据实际的故障进行维修。

故障维修：

手机拆机加电，按开机键有300mA漏电，使用“松香烟法”进行维修，发现电容C3002发烫，使用万用表测量发现其短路。

拆下电容C3002后，开机功能一切正常。

C3002原理图如图8-71所示。

故障维修好以后，使用电池编程器对电池参数进行检测，发现健康系数为89%，分析认为是漏电造成的待机时间短，建议用户使用一段时间再看看。

电池编程器如图8-72所示。

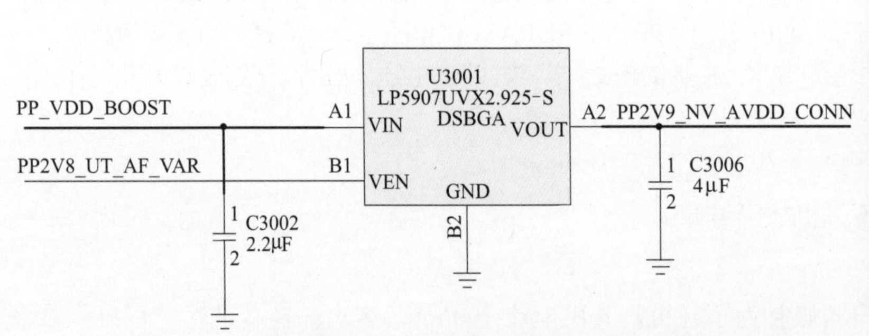

图8-71　C3002原理图

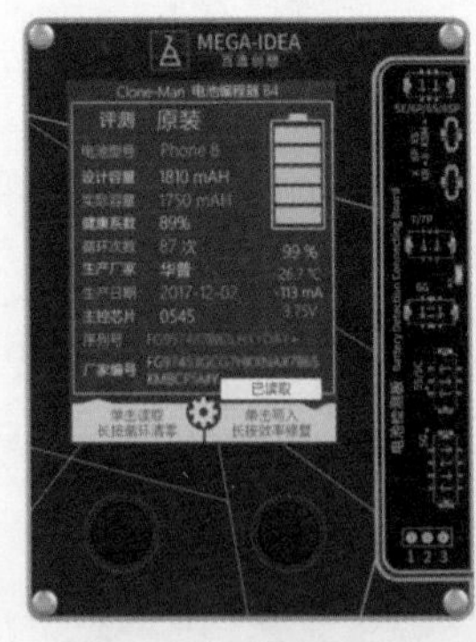

图8-72　电池编程器

第四节
音频电路工作原理与故障维修

一、音频接口位置

在 iPhone7 手机中，取消 3.5mm 耳机接口，配备 AirPods 耳机作为解决方案，当然尾插部位也可以使用转接口来连接 3.5mm 耳机。

iPhone7 手机的 MIC、扬声器位置如图 8-73 所示。

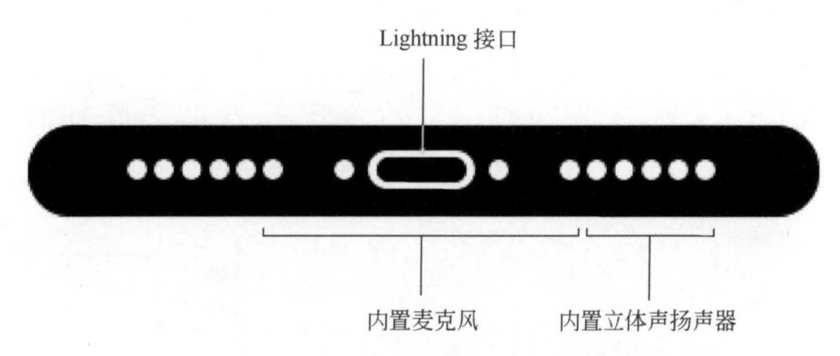

图8-73　iPhone 7手机的MIC、扬声器位置

在 iPhone7 手机中采用双扬声器，除了底部的扬声器之外，在顶部还有一个听筒 / 扬声器二合一器件，详细工作原理在后面的章节中有详细描述。

二、音频电路框图

在 iPhone7 手机中，增加了一个音频协处理器 U3602。音频协处理器 U3602 的作用是扩展 SOC 的 I^2S 总线接口，减少 SOC 的工作负载。U3601 协助音频协处理器 U3602 完成控制工作。

在扬声器放大电路中，U3402 是底部扬声器放大电路，U3301 是顶部扬声器 / 听筒二合一放大电路。

U3502 为 ARC 芯片，主要完成马达驱动和噪声抑制功能。

U3101 为音频编解码芯片，主要完成音频信号的编码、解码，音频信号 D/A 及 A/D 转换等功能。

音频电路框图如图 8-74 所示。

三、音频协处理器电路

音频协处理器电路由 U3601、U3602、U3603 及外围元器件组成，U3601 是一个单片机，协助 U3602 处理各种信息；U3602 为音频协处理器，主要是扩展 CPU 的 I^2S 总线接口，减少 SOC 的工作负载；U3603 为 LDO 供电管。

1. 音频协处理器供电电路

音频协处理器供电电路如图 8-75 所示。

在音频协处理器供电电路中，使用了 LDO 模块 U3603。U3603 的 A1 脚为供电输入 PP1V8_SDRAM 电压；B1 脚为使能脚，与 A1 脚连接在一起；U3603 的 A2 脚输出 PP1V2_MAGGIE 电压。

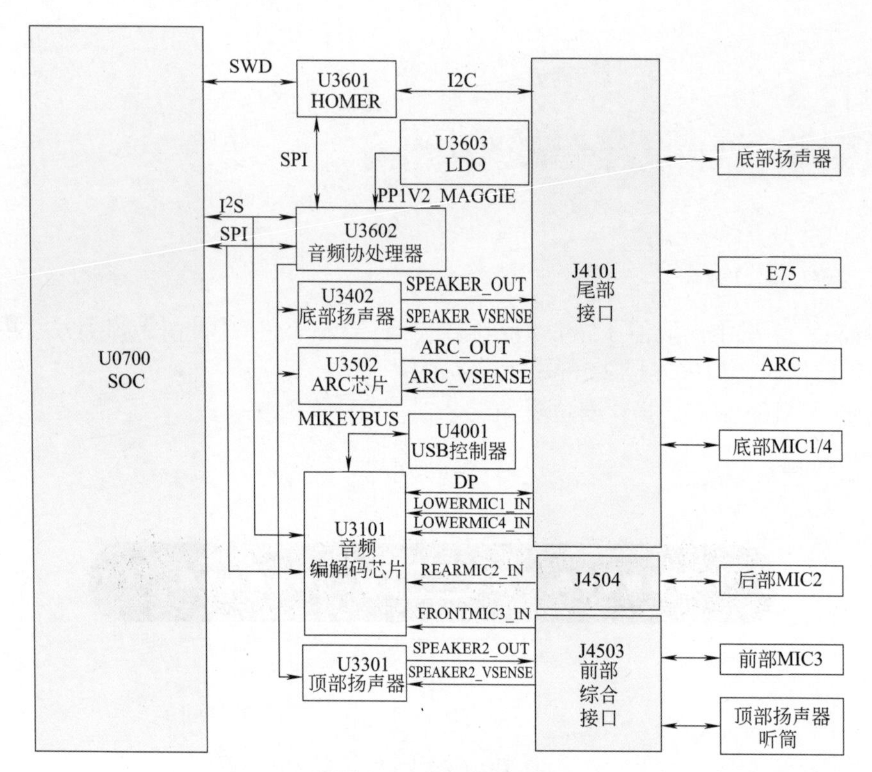

图8-74　音频电路框图

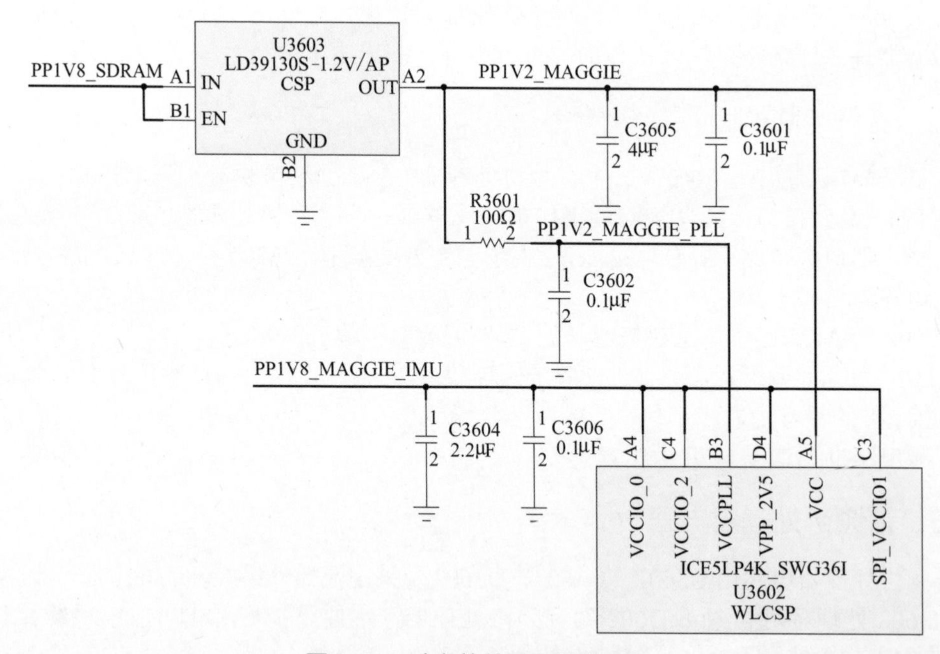

图8-75　音频协处理器供电电路

U3603 输出的电压一路送到 U3602 的 A5 脚，另一路经过电阻 R3601 送到 U3602 的 B3 脚。

音频协处理器 U3602 的 A4、C4、D4、C3 脚输入的是 PP1V8_MAGGIE_IMU，来自电源管理芯片。

2. 音频协处理器控制电路

音频协处理器控制电路如图 8-76 所示。

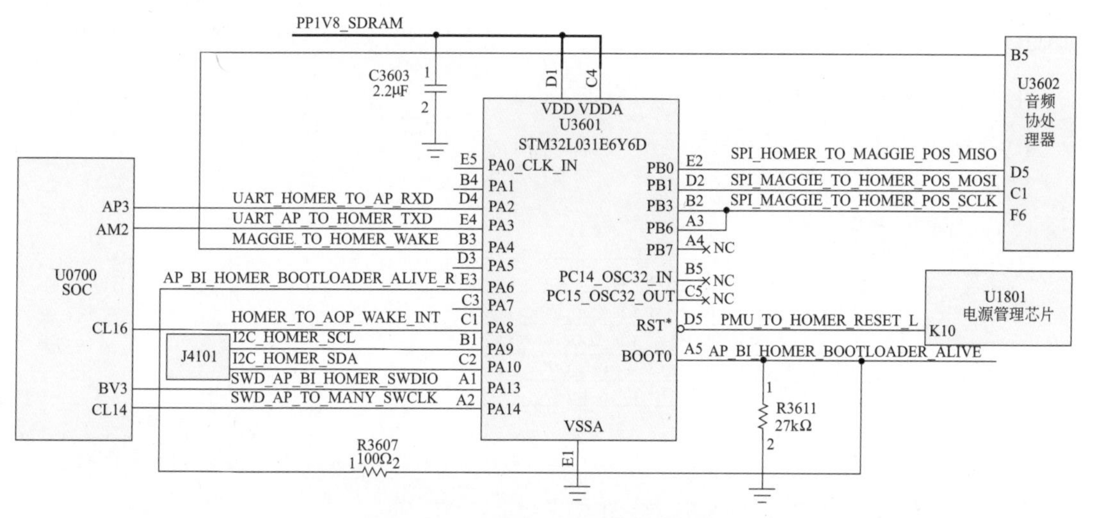

图8-76　音频协处理器控制电路

在音频协处理器控制电路中，使用了意法半导体的STM32系列芯片STM32L031 E6Y6D，STM32L031 E6Y6D是低功耗系列的入门级芯片。

供电电压PP1V8_SDRAM送到U3601的D1、C4脚，电源管理芯片U1801的K10脚输出复位信号PMU_TO_HOMER_RESET_L送到U3601的D5脚。

U3601通过HOMER_TO_AOP_WAKE_INT向SOC发出中断信号，SOC通过UART接口UART_HOMER_TO_AP_RXD、UART_AP_TO_HOMER_TXD控制U3601的工作，SOC通过SWD模式对U3601进行调试、软件下载、程序控制等。

U3601通过SPI总线SPI_HOMER_TO_MAGGIE_POS_MISO、SPI_MAGGIE_TO_HOMER_POS_MOSI、SPI_MAGGIE_TO_HOMER_POS_SCLK对音频协处理器U3602进行控制。

3. SPI总线

SPI总线电路如图 8-77 所示。

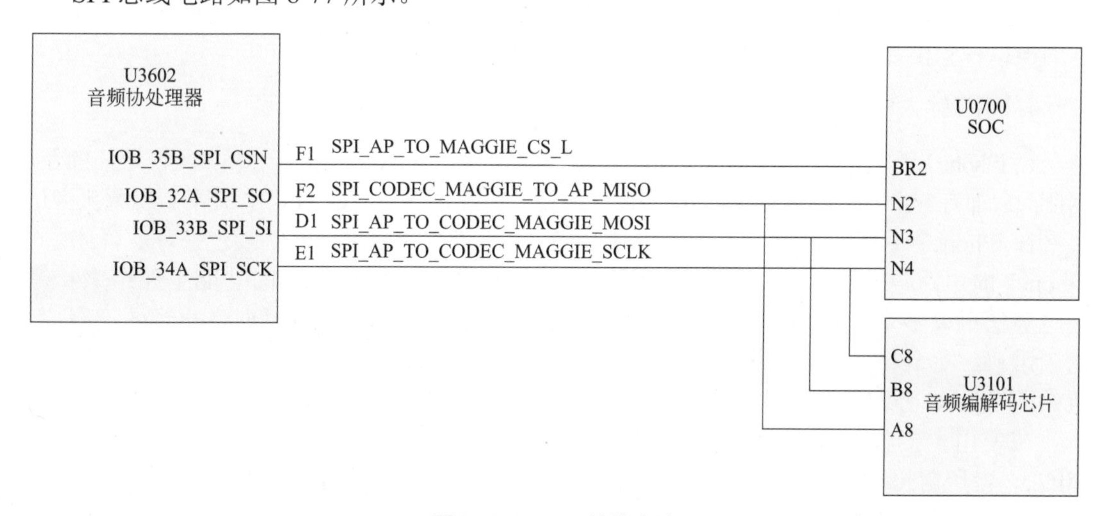

图8-77　SPI总线电路

SOC 通过 SPI 总线控制音频协处理器 U3602 的工作，SOC 通过片选信号 SPI_AP_TO_MAGGIE_CS_L 来确认与音频协处理器 U3602 进行通信。SOC 通过 SPI 总线 SPI_CODEC_MAGGIE_TO_AP_MISO、SPI_AP_TO_CODEC_MAGGIE_MOSI、SPI_AP_TO_CODEC_MAGGIE_SCLK 完成与音频协处理器 U3602 的数据发送和接收。

4. I^2S总线

I^2S 总线电路如图 8-78 所示。

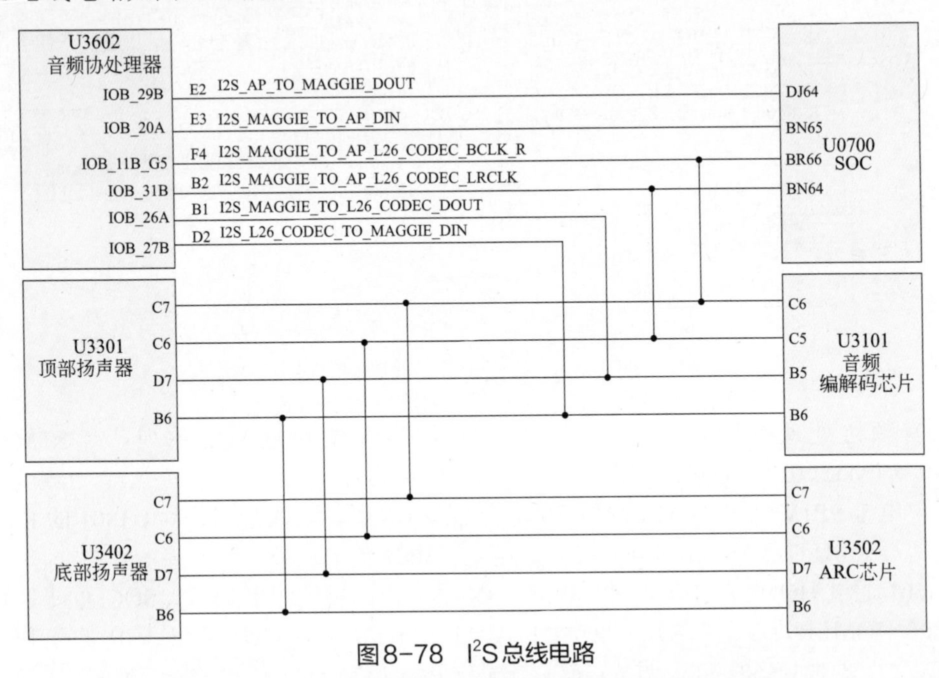

图8-78 I^2S总线电路

SOC 通过音频协处理器将 I^2S 总线进行扩展后，分别与音频编解码芯片 U3101、顶部扬声器放大电路 U3301、底部扬声器放大电路 U3402、ARC 芯片 U3502 进行数字音频信号的传输。

四、音频编解码电路

音频编解码电路的作用是把接收的数字音频信息转换成模拟音频信号输出；把 MIC 输入的模拟音频信号转换成数字音频信号，送到基带电路进行调制。

1. MIC输入电路

在 iPhone7 手机中，使用了四个 MIC：底部有两个，分别是 MIC1、MIC4，在尾插的左右两侧；后部有一个，是 MIC2，在后置摄像头位置；前部有一个，是 MIC3，在前置摄像头旁边。

在 iPhone7 手机中，使用了四个 MIC，其实，最主要的功能就是还是为了降噪。在 iPhone7 的电路设计中，四个 MIC 没有定向的指定功能。多个 MIC 的功能主要用来拾音，通过算法可以多个 MIC 协调工作，实现主动降噪功能，让用户在通话时，声音传递得更加清晰准确。另外一个功能则是为了让硬件调用 MIC 时更加精准和准确化。由于 iPhone7 内置的四个 MIC 分布情况，主要是根据 App 的权限打开对应的 MIC，执行不同的功能。

在使用主摄像头进行录像或视频通话等情况下，系统调用的是主摄像头旁边的背部 MIC2。使用前摄像头来进行录像或视频通话时，调用的是前置摄像头旁边的 MIC3。若是打电话，系统会自动调用底部 MIC1，另一个尾部 MIC4 则用来降噪。如果使用语音备忘录，系统调用的是尾部 MIC4，底部 MIC1 充当降噪作用。

这四个 MIC 的电路工作原理都是一样的，下面以 MIC1 为例分析 MIC 的工作原理。除 MIC1 之外的其余三个 MIC 的工作原理基本相同，在此不再赘述。

MIC 输入电路如图 8-79 所示。

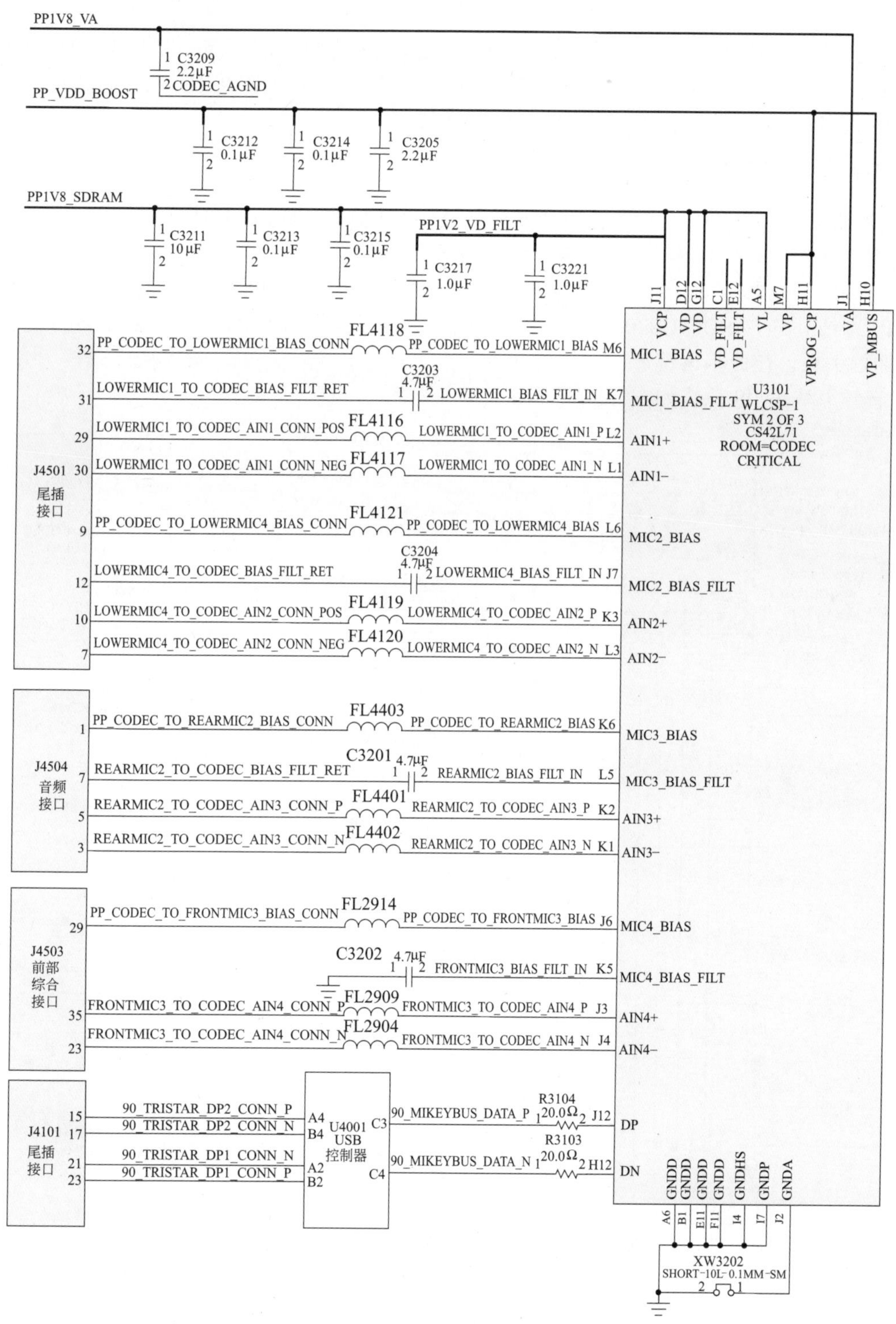

图8-79 MIC输入电路

PP_CODEC_TO_LOWERMIC1_BIAS 为 MIC1 的 1.8V 偏置电压，由 U3101 的 M6 脚提供；LOWERMIC1_TO_CODEC_BIAS_FILT_RET 为 MIC1 的滤波信号，输入到 U3101 的 K7 脚；由 MIC1 拾取的模拟信号经 LOWERMIC1_TO_CODEC_AIN1_P、LOWERMIC1_TO_CODEC_AIN1_N 两条信号线，输入 U3101 的 L2、L1 脚。送入的 MIC 信号，在 U3101 内部完成音频信号的编码工作。

尾插接口 J4101 输入的是外部的 MIC 信号，经过 J4101 的 15、17、21、23 脚输入 USB 控制器 U4001 的 A4、B4、A2、B2 脚，通过内部的切换电路从 C3、C4 脚输出，送到 U3101 的 J12、H12 脚。

2. 音频编解码 I^{2}S 总线

前面已经讲了 SOC、音频协处理器 U3601、音频编解码芯片 U3101 之间的 I^{2}S 总线控制信号，下面以 U3101 为主介绍 I^{2}S 总线信号的控制。

音频编解码芯片 U3101 和音频协处理器 U3601 之间通过 SPI 总线进行控制，其中这一路 SPI 总线还连接 SOC U0700，前面已经讲过音频协处理器 U3601 和 SOC U0700 之间的 SPI 通信关系，在此不再赘述。

音频编解码 I^{2}S 总线如图 8-80 所示。

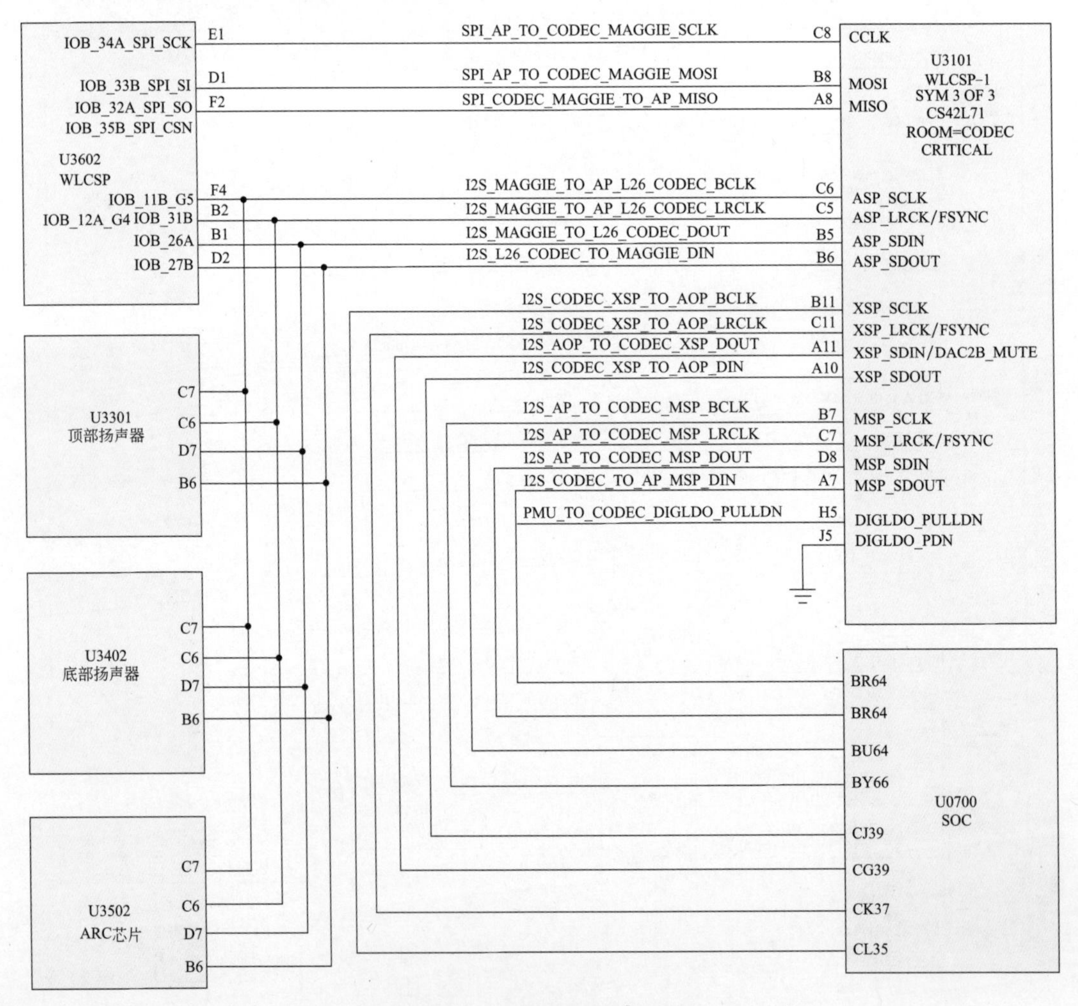

图8-80　音频编解码 I^{2}S 总线

三路 SPI 总线分别是：SPI_AP_TO_CODEC_MAGGIE_SCLK、SPI_AP_TO_CODEC_MAGGIE_MOSI、SPI_CODEC_MAGGIE_TO_AP_MISO。

从 U3101 输出的 I²S 数字音频信号有三路，分别是 ASP 数字音频信号、XSP 数字音频信号、MSP 数字音频信号。其中 XSP 数字音频信号和 MSP 数字音频信号分别送到 SOC U0700；ASP 数字音频信号一路送到 U3602，另外一路分别送到顶部扬声器放大电路 U3301、底部扬声器放大电路 U3402、ARC 芯片 U3502。

五、扬声器/听筒二合一放大电路

听筒扬声器二合一技术

在 iPhone7 手机中，使用立体声扬声器。在 iPhone7 的底部和顶部各有一个扬声器，其中顶部的扬声器是一个扬声器 / 听筒二合一器件。

扬声器 / 听筒二合一电路如图 8-81 所示。

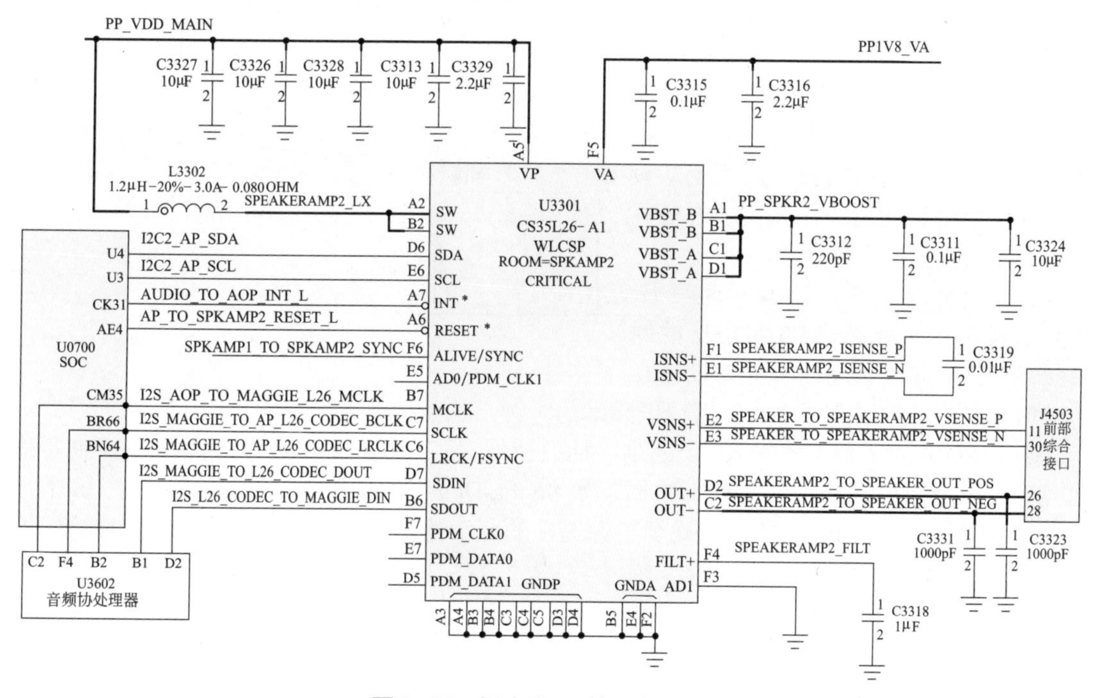

图8-81 扬声器/听筒二合一电路

扬声器 / 听筒二合一电路的工作由 U3301 完成，U3301 供电有三路：一路是 PP1V8_VA，送到 U3301 的 F5 脚；一路是 PP_VDD_MAIN，送到 U3301 的 A5 脚；一路是 PP_VDD_MAIN 电压经过由电感 L3302 及 U3301 组成的 BOOST 升压电路，然后送入 U3301 的 A2、B2 脚。U3301 的 A1、B1、C1、D1 脚外接的 C3312、C3311、C3324、C3325、C3306、C3308 是 BOOST 升压电路的滤波电容（由于篇幅问题，部分电容未画出来）。

供电正常后，SOC 向 U3301 发出复位信号 AP_TO_SPKAMP2_RESET_L。U3301 开始工作时，先向 SOC 发出一个中断信号 AUDIO_TO_AOP_INT_L，SOC 通过 I²C 总线 I2C2_AP_SDA、I2C2_AP_SCL 控制 U3101 的工作。

U3301 与 SOC 及音频协处理器 U3602 之间通过 I²S 总线完成数字音频信号时钟同步，分别是 I2S_AOP_TO_MAGGIE_L26_MCLK、I2S_MAGGIE_TO_AP_L26_CODEC_BCLK、I2S_MAGGIE_TO_AP_L26_CODEC_LRCLK。

U3301 与音频协处理器 U3602 之间通过 I²S 总线完成数字音频信号数据传输，分别是：

I2S_MAGGIE_TO_L26_CODEC_DOUT、I2S_L26_CODEC_TO_MAGGIE_DIN。

扬声器 / 听筒信号从 U3301 的 D2、C2 脚输出，送到前部综合接口 J4503 的 26、28 脚；扬声器 / 听筒的检测取样电压从 J4503 的 11、30 脚输出，送回到 U3301 的 E2、E3，对扬声器 / 听筒的信号进行取样与检测。

扬声器同步信号 SPKAMP1_TO_SPKAMP2_SYNC 分别连接 U3301 和 U3402，这个信号的作用就是让两个扬声器放大器同步工作。

由于在 iPhone7 手机中采用扬声器 / 听筒二合一技术，扬声器放大信号直接送到扬声器 / 听筒二合一器件，而听筒信号则采用了 PDM（脉冲密度调制）技术。

PDM 数据连接在手机和平板电脑等便携音频应用上变得越来越普遍。PDM 在尺寸受限应用中优势明显，因为它可以将音频信号的布放围绕 LCD 显示屏等高噪声电路，而不必处理模拟音频信号可能面临的干扰问题。

有了 PDM 技术，仅两根信号线就可以传输两个音频通道。如图 8-82 所示，两个 PDM 源将一根公共数据线驱动为一个接收器。系统主控生成一个可被两个从设备使用的时钟，这两个从设备交替使用时钟的边缘，通过一根公共信号线将其数据输出出去。

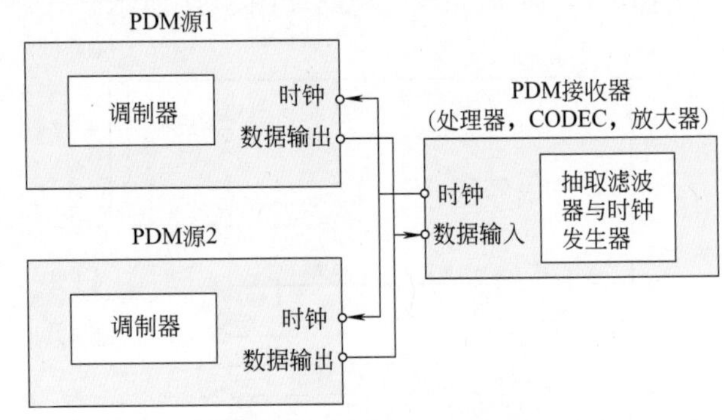

图8-82 PDM系统框图

这些数据调制在一个 64× 速率上，从而形成一个通常为 1～3.2 MHz 的时钟。音频信号带宽随着时钟频率的增加而增加，因此，可以在系统中使用较低频率的时钟，从而抵消了为节省功耗而降低的带宽。

基于 PDM 的架构不同于 I^2S 之处是，抽取滤波器不在发送芯片中，而是位于接收芯片中。源输出是原始的高采样率调制数据，如 Sigma-Delta 调制器的输出，而不是像 I^2S 中那样的抽取数据。基于 PDM 的架构减少了源器件的复杂性，通常会利用已经存在于编解码器 ADC 中的抽取滤波器。

PDM 信号框图如图 8-83 所示。

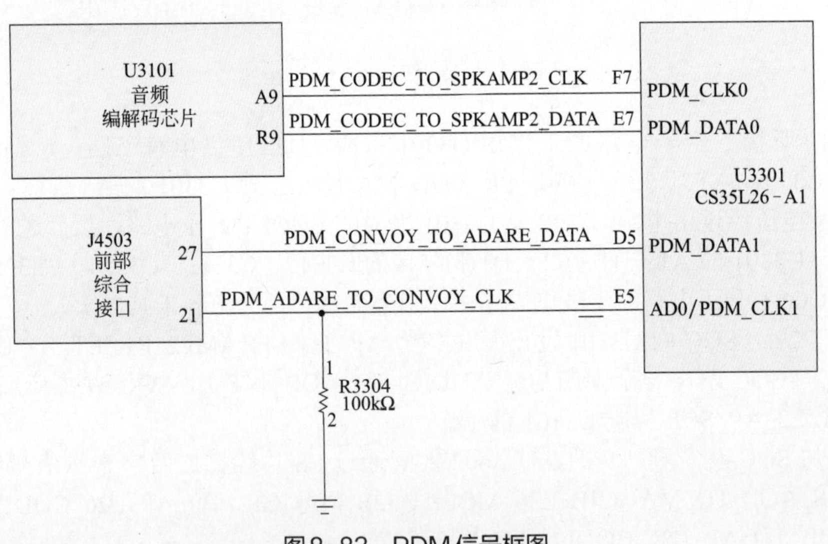

图8-83 PDM信号框图

音频编解码芯片U3101将语音音频信号经过PDM处理后，经过PDM_CODEC_TO_SPKAMP2_CLK、PDM_CODEC_TO_SPKAMP2_DATA送到扬声器/听筒二合一放大器U3301内部，然后再通过U3301输出PDM_CONVOY_TO_ADARE_DATA、PDM_ADARE_TO_CONVOY_CLK将信号送到前部综合接口J4503的27、21脚，最好通过集成在听筒中的芯片将信号解调出来，推动听筒发出声音。

六、底部扬声器放大电路

底部扬声器电路相对比较简单，与扬声器/听筒二合一电路U3301采用了相同的芯片，但是电路结构略有区别：第一，取消了PDM接口；第二，使用了M2800升压电感组件。

底部扬声器电路如图8-84所示。

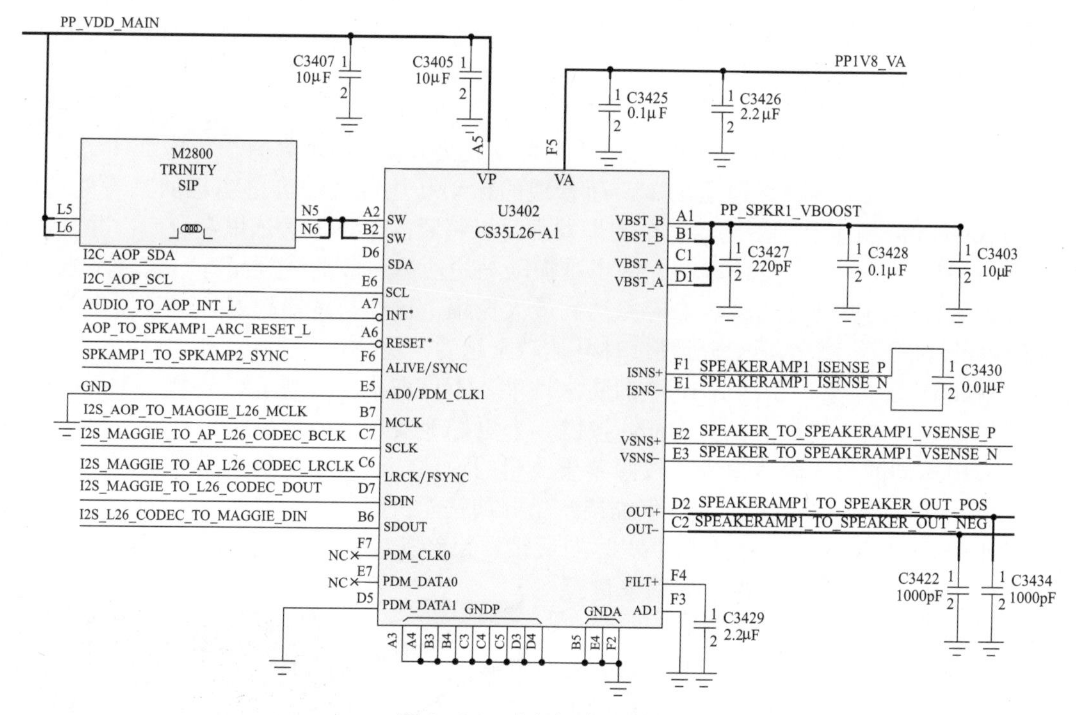

图8-84　底部扬声器电路

底部扬声器电路的工作由U3402完成。U3402供电有三路：一路是PP1V8_VA，送到U3402的F5脚；一路是PP_VDD_MAIN，送到U3402的A5脚；一路是PP_VDD_MAIN电压经过由电感组件M2800及U3402组成的BOOST升压电路，然后送入U3402的A2、B2脚。U3402的A1、B1、C1、D1脚外接的C3427、C3428、C3403、C3404、C3431、C3432是BOOST升压电路的滤波电容（由于篇幅问题，部分电容未画出来）。

供电正常后，SOC向U3402发出复位信号AP_TO_SPKAMP2_RESET_L。U3301开始工作时，先向SOC发出一个中断信号AUDIO_TO_AOP_INT_L，SOC通过I^2C总线I2C2_AP_SDA、I2C2_AP_SCL控制U3402的工作。

U3402与SOC及音频协处理器U3602之间通过I^2S总线完成数字音频信号时钟同步，分别是I2S_AOP_TO_MAGGIE_L26_MCLK、I2S_MAGGIE_TO_AP_L26_CODEC_BCLK、I2S_MAGGIE_TO_AP_L26_CODEC_LRCLK。

U3402与音频协处理器U3602之间通过I^2S总线完成数字音频信号数据传输，分别是：

I2S_MAGGIE_TO_L26_CODEC_DOUT、I2S_L26_CODEC_TO_MAGGIE_DIN。

底部扬声器信号从U3402的D2、C2脚输出，送到尾插接口J4501的1、51、52、54脚；底部扬声器的检测取样电压从J4501的3、47脚输出，送回到U3402的E2、E3，对底部扬声器的信号进行取样与检测。

扬声器同步信号SPKAMP1_TO_SPKAMP2_SYNC分别连接U3301和U3402，这个信号的作用就是让两个扬声器放大器同步工作。

七、线性马达电路

1. 线性马达基础知识

在iPhone6S以后的手机中，都使用了一个比较新奇的器件——线性马达。手机线性马达实际上是一个以线性形式运动的弹簧质量块，将电能直接转换成直线运动机械能而不需通过中间任何转换装置的新型马达。由于弹簧常量的原因，线性马达必须围绕共振频率在窄带（±2Hz）范围内驱动，振动性能在2Hz处会下降50%。另外，在共振状态下驱动时，电源电流可锐降50%，因此在共振状态下驱动可以大幅节省系统功耗。

线性马达可比作一辆高速运动车，而普通的振动马达可比作价格实惠的紧凑型汽车。在0～100km/h的加速上，高速运动车的爆发力足以将紧凑型汽车远远甩在身后；并且在同时踩下刹车时，前者可以更快制动。这也是振动马达所应达成的一项指标。也就是当用户手指按到屏幕上，振动马达给出响应并达到最大振幅，自然是越快越好，同时在需要停止时又能以最快的速度刹车。这就促使线性马达越来越为一线品牌手机所采用。

在iPhone7上苹果为了达到IP67的防水性能，不仅取消了耳机孔，连物理Home键也取消了机械式，采用的是触控式Home按键。为更好地实现“触觉反馈”功能，将手指对屏幕压力用振动的形式表达出来，按照苹果公司的说法，一般手机振动马达达到满负荷需要至少10次振动，而线性马达模块仅需要一个周期就能快速启停，另外一次“mini tap”可以达到10ms的振动微控，据说和“实时的反馈”已经非常接近。线性马达模块可以感应Home键上的按压力度，并通过振动来进行力反馈，模拟近似真实的按键效果。

触觉反馈最重要的是触觉传感器，它是按压触摸的重要部件。触觉反馈系统由触摸产生的压力、压力的识别、识别后的回馈指令三大部分组成。SOC将反馈的指令进行解调后输出，通过驱动芯片U3502驱动线性马达，以达到真实的触觉效果。

iPhone7线性马达如图8-85所示。

图8-85 iPhone7线性马达

2. 线性马达驱动电路

在线性马达驱动电路中，使用了和音频放大电路相同的芯片，工作原理及外围元器件差不多，唯一的区别是，它输入的是触觉反馈信号，输出的是线性马达驱动信号。

线性马达驱动电路如图8-86所示。

线性马达驱动电路的工作由U3502完成。U3502供电有三路：一路是PP1V8_VA，送到U3502的F5脚；一路是PP_VDD_MAIN，送到U3502的A5脚；一路是PP_VDD_MAIN电压经过由电感组件M2800及U3502组成的BOOST升压电路，然后送入U3502的

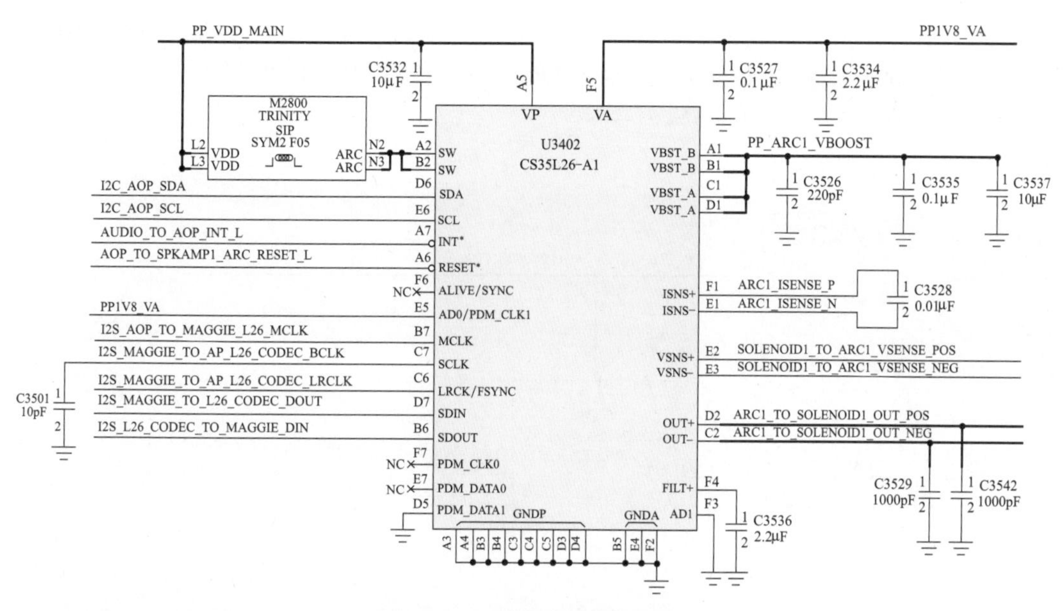

图8-86　线性马达驱动电路

A2、B2 脚。U3502 的 A1、B1、C1、D1 脚外接的 C3526、C3535、C3537 是 BOOST 升压电路的滤波电容。

供电正常后，SOC 向 U3502 发出复位信号 AP_TO_SPKAMP2_RESET_L。U3502 开始工作时，先向 SOC 发出一个中断信号 AUDIO_TO_AOP_INT_L，SOC 通过 I^2C 总线 I2C2_AP_SDA、I2C2_AP_SCL 控制 U3402 的工作。

U3402 与 SOC 及音频协处理器 U3602 之间通过 I^2S 总线完成数字音频信号时钟同步，分别是 I2S_AOP_TO_MAGGIE_L26_MCLK、I2S_MAGGIE_TO_AP_L26_CODEC_BCLK、I2S_MAGGIE_TO_AP_L26_CODEC_LRCLK。

U3402 与音频协处理器 U3602 之间通过 I^2S 总线完成触觉反馈数据传输，分别是：I2S_MAGGIE_TO_L26_CODEC_DOUT、I2S_L26_CODEC_TO_MAGGIE_DIN。

线性马达驱动信号从 U3502 的 D2、C2 脚输出，送到尾插接口 J4101 的 40、42 脚；线性马达的检测取样电压从 J4101 的 43、44 脚输出，送回到 U3502 的 E2、E3，对线性马达的信号进行取样与检测。

八、附件降压（ACCESSORY BUCK）电路

在 iPhone 6S 手机中，电源管理芯片通过 LDO6 和 BYPASS 提供两种电压 3.3V 和 4.2V。iPhone7 手机中新增 ACCESSORY BUCK 电路，额外提供了 1.55V 和 1.95V 两种供电，这部分供电电压主要用于耳机电路，这样 iPhone7 就有 3.3V、4.2V、1.55V、1.95V 共 4 种供电输出。这些供电通过 USB 控制器识别为哪种电压输出。

BUCK 电路如图 8-87 所示。

U2710 是 LDO 供电模块，在图纸中，使用了一个 0Ω 的电阻 R2711 跨接了输入与输出端，输入电压为 PP_VDD_MAIN。

U2700 是 BUCK 电路，供电电压为主供电电压 PP_VDD_MAIN_ACC_BUCK_VIN，输入 U2700 的 A2 脚；U2700 的 B2 脚为使能信号 ACC_BUCK_EN，来自电源管理芯片 U1801；U2700 的 A1 脚为电压控制信号 AP_TO_ACC_BUCK_VSEL，通过这个信号可以控

制 U2700 输出 1.55V 还是 1.95V 电压；U2700 的 C1 脚输入为过流保护信号 ACC_BUCK_FB；电感 L2700、二极管 D2700、电容 C2702 及 U2700 组成 BUCK 电路，输出电压 PP_ACC_BUCK_VAR，送到保护电路。

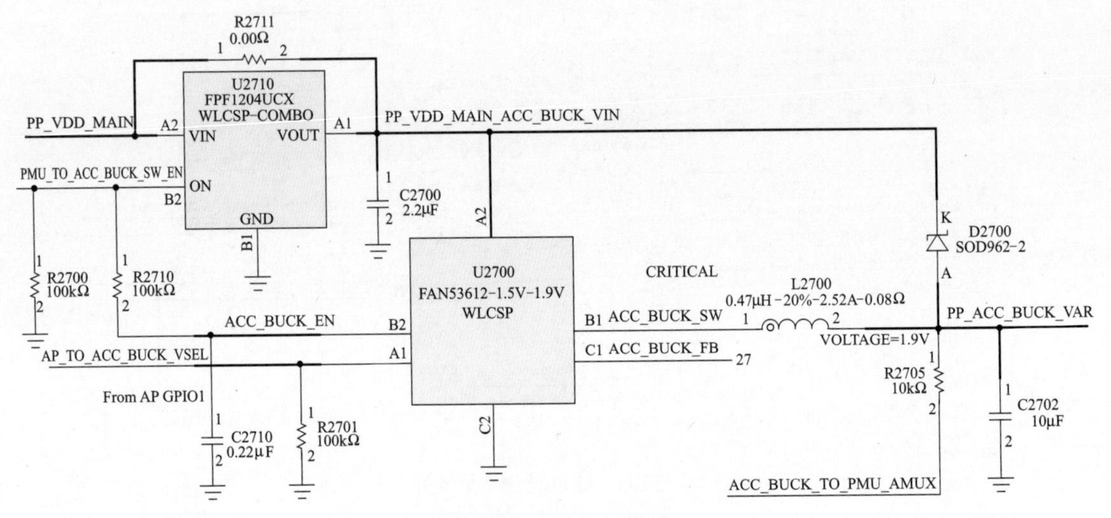

图8-87　BUCK电路

ACCESSORY BUCK 低压比较器电路如图 8-88 所示。

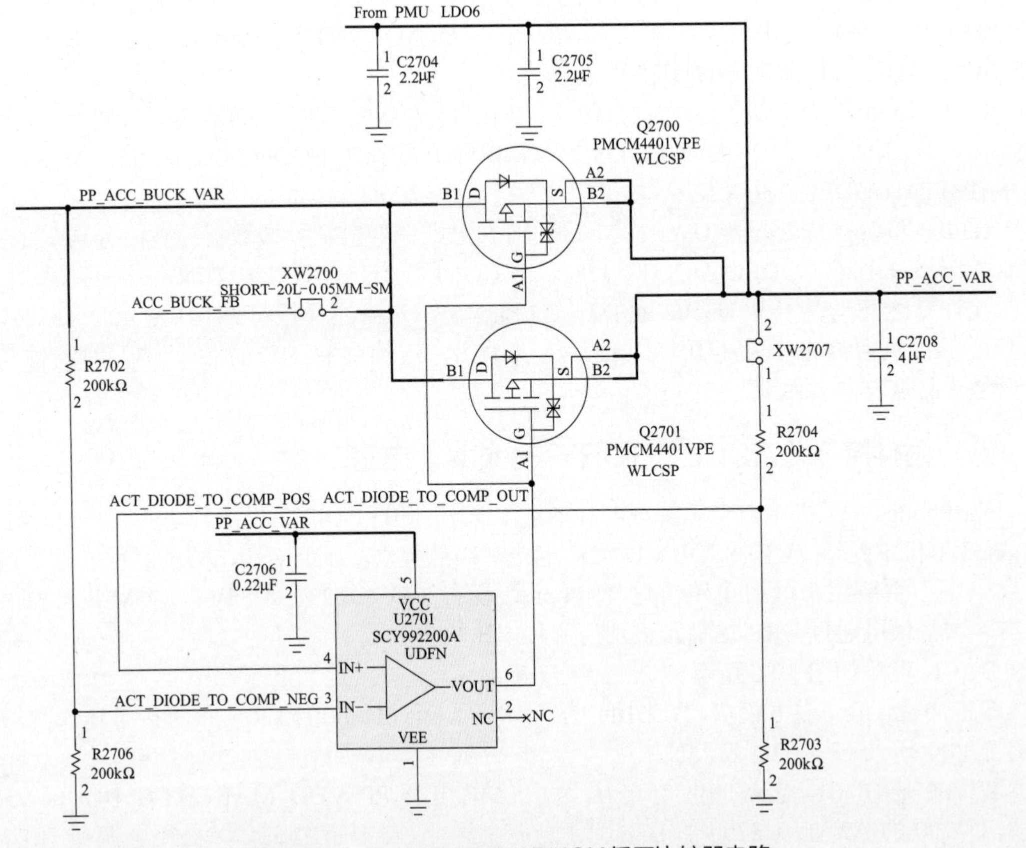

图8-88　ACCESSORY BUCK低压比较器电路

Q2700、Q2701、U2701 组成了 ACCESSORY BUCK 低压比较器电路。U2701 为 ACCESSORY BUCK 低压比较器，就是将输出的 1.95V 与 LDO6 电压隔离，3 脚输入的为基准电压，当 4 脚的输入电压低于 3 脚的输入电压时，U2701 的 6 脚输出高电平，控制 Q2700、Q2701 导通，输出 1.55V 或 1.95V 电压。

九、音频处理器电路故障维修案例

1. iPhone7 手机播放音乐声音卡顿故障维修

故障现象：

iPhone7 手机，正常使用，无进水、摔过问题，突然出现播放音乐卡顿问题。

故障分析：

认为可能是软件问题引起，刷机后问题未解决，怀疑是音频编解码电路问题。

维修经验

正常使用的手机出现故障，首先要排除软件故障，然后再进一步检查，主要检查对应芯片的供电、信号、控制等，最后再更换对应的芯片。不要盲目地去更换芯片。

故障维修：

拆机检查主板，未发现有进水、摔过迹象；主板很靓，未有焊接痕迹；检查音频编解码器 U3101 供电均正常，更换 U3101 后，故障排除。

U3101 位置如图 8-89 所示。

图8-89　U3101位置

2. iPhone7 手机底部扬声器无声故障维修

故障现象：

iPhone7 手机，使用过程中有轻微进水问题，一直正常使用，未出现问题，有一次充电后就出现底部扬声器无声问题。

故障分析：

认为可能是进水后造成主板元器件腐蚀，出现开路问题，重点检查供电电路或信号通路。

用户反映和充电有关系，怀疑与 M2800 有直接关系。M2800 电感组件是 iPhone7 手机的多发故障点，平时在维修的时候要多积累经验，常见故障、多发故障一定要收集记录。

故障维修：

拆机检查主板，发现 M2800 周围有水渍；拆下 M2800，分别测量其内部电感，发现其中一组电感开路，更换 M2800 以后，开机测试底部扬声器工作正常。

M2800 是一个电感组件，内部有充电管理芯片、扬声器放大芯片、背光及显示芯片等五组电感，如果其中一组开路，则会影响相应电路的工作。

M2800 原理图如图 8-90 所示。

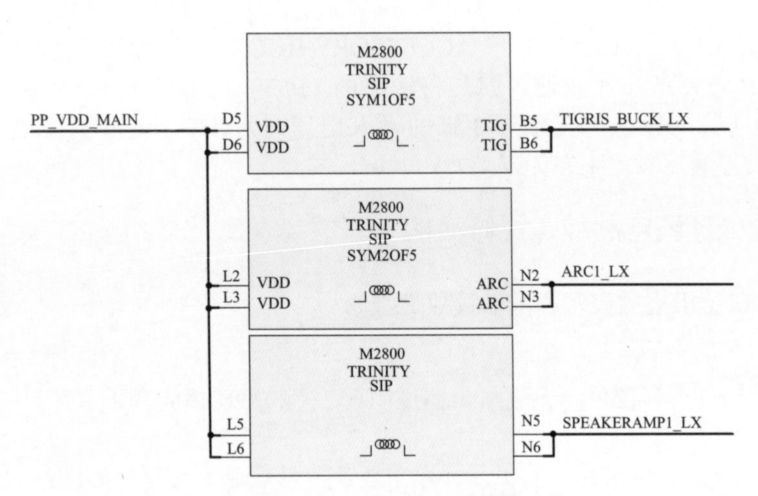

图8-90 M2800原理图

M2800 位置如图 8-91 所示。

图8-91 M2800位置

第五节 显示、触摸电路工作原理与故障维修

一、显示、触摸供电电路

1. 显示、触摸电源电路

在 iPhone7 手机中，显示、触摸电源电路为显示屏、触摸屏供电，故障率相对较高，检修比较复杂。

显示、触摸电源电路如图 8-92 所示。

主供电电压 PP_VDD_MAIN 送到 U3703 的 D1 脚。L3704、C3710 及 U3703 共同组成了 BOOST 升压电路。U3703 的 B2 脚电压为 6.3V。

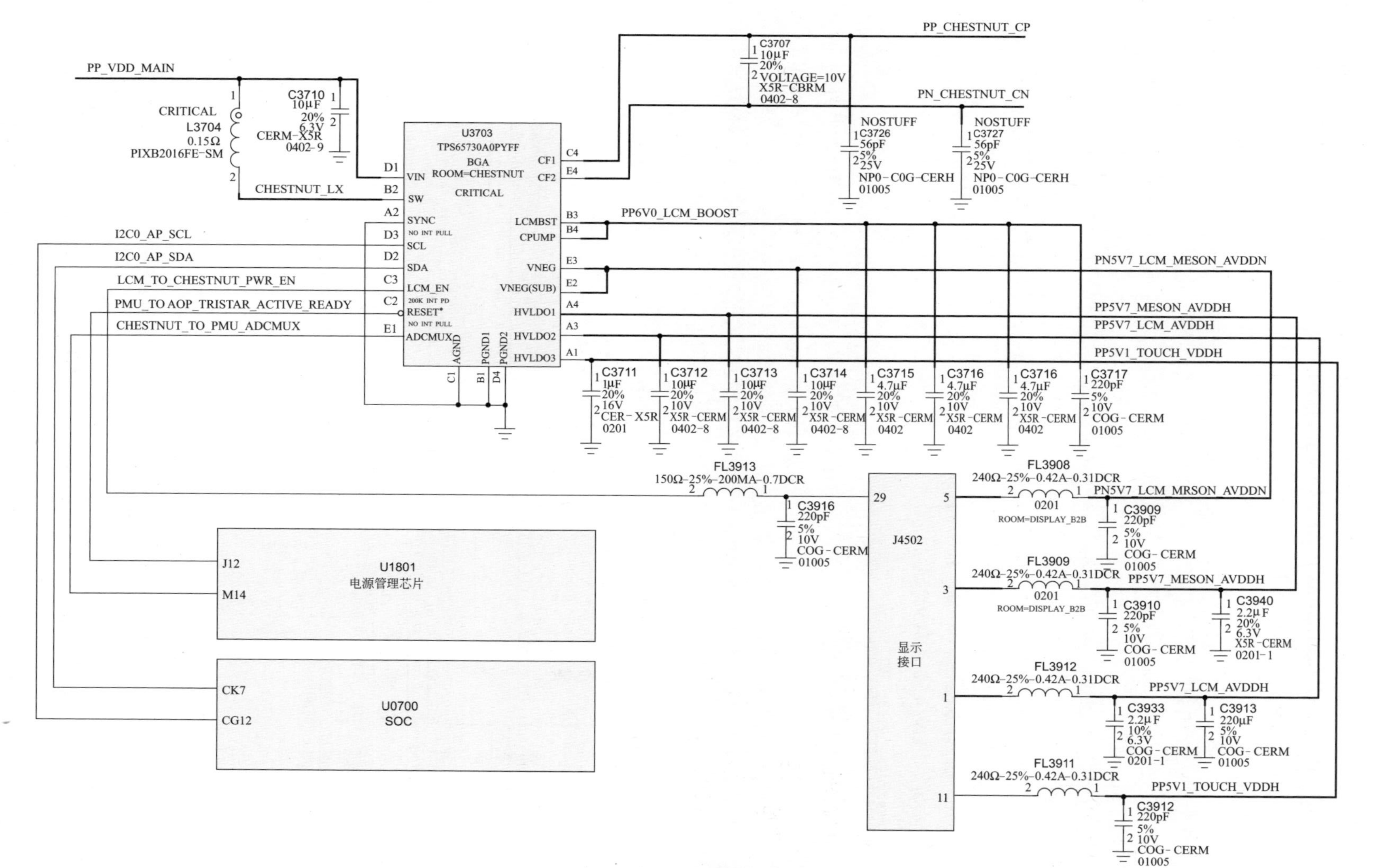

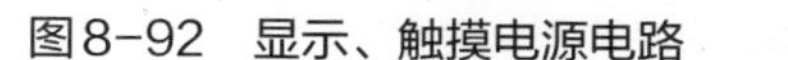
图8-92 显示、触摸电源电路

来自电源管理芯片U1801的J12脚复位信号PMU_TO_AOP_TRISTAR_ACTIVE_READY，送到U3703的C2脚。U3703通过I2C0_AP_SCL、I2C0_AP_SDA总线与SOC U0700进行数据通信。

U3703的C3脚输入的是来自显示屏的控制信号LCM_TO_CHESTNUT_PWR_EN。当显示屏接口断开或出现问题时，LCM_TO_CHESTNUT_PWR_EN信号会控制U3703停止工作，防止空载输出电压过高烧坏元器件。

U3703的E1脚输出信号CHESTNUT_TO_PMU_ADCMUX至电源管理芯片U1801的M14脚。

U3703的E2、E3脚输出PN5V7_LCM_MESON_AVDDN信号。这是一个-5.7V电压，经过FL3908送到显示屏、触摸屏接口J4502的5脚。

U3703的A4脚输出PP5V7_MESON_AVDDH信号。这是一个5.7V电压，经过FL3909送到显示屏、触摸屏接口J4502的3脚。

U3703的A3脚输出PP5V7_LCM_AVDDH信号。这是一个5.7V电压，经过FL3912送到显示屏、触摸屏接口J4502的1脚。

U3703的A1脚输出PP5V1_TOUCH_VDDH信号。这是一个5.1V电压，经过FL3911送到显示屏、触摸屏接口J4502的11脚。

2. 显示背光电路

在iPhone7手机中，显示背光电路是一个典型的BOOST电路，由U3701及其外围元器件组成。这里使用了一个电感组件M2800，M2800内部集成了多个电感，为升压电路提供续能。

背光电路如图8-93所示。

供电电压PP_VDD_MAIN一路送到U3701的D4脚；一路经过电感组件M2800送到U3701的C4、A3与A4脚；一路供电PP1V8_SDRAM送到U3701的D3脚。

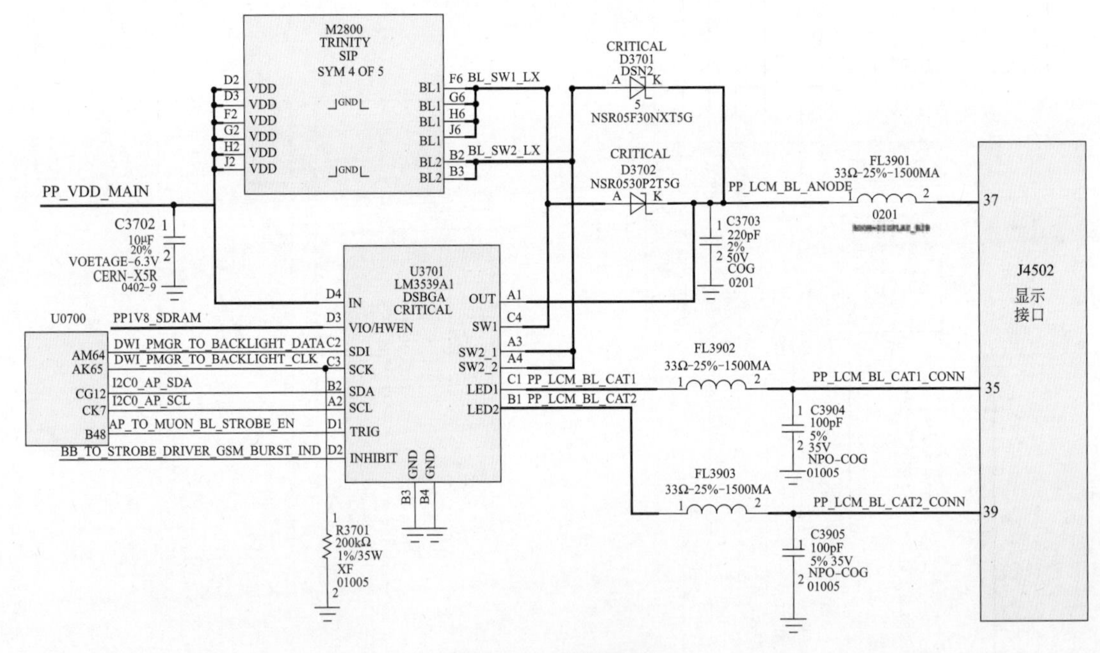

图8-93 背光电路

背光芯片U3701通过I^2C总线I2C0_AP_SDA、I2C0_AP_SCL与SOC进行通信。SOC通过I^2C总线控制背光芯片的工作。

当光线传感器检测到周围环境光线发生变化时，通过DWI总线DWI_PMGR_TO_

BACKLIGHT_DATA、DWI_PMGR_TO_BACKLIGHT_CLK 将数据发送到 U3701；U3701 将调整数据输出，改变显示屏背光亮度。

DWI 总线，是 SOC 与背光芯片 U3701 之间的串行接口线，能增强 I^2C 总线控制和校正输出的电压等级和背光电压等级。DWI 支持两种模式：直接传输模式，用于 SOC 控制输出电压的调整；同步传输模式，用于背光驱动的控制。

基带输出 BB_TO_STROBE_DRIVER_GSM_BURST_IND 信号送到 U3701 的 D2 脚。这是一个来自基带的选通脉冲信号，驱动 U3701 点亮显示屏背光。

在背光电路中，使用了两个电感（M2800）、两个二极管（D3701、D3702）完成了续流升压及整流过程，输出的电压经过 FL3901 送到显示接口 J4502 的 37 脚。显示接口 J4502 的 35、39 脚是两组显示背光二极管的负极，返回到 U3701 的 C1、B1 脚。

二、显示电路工作原理

在液晶显示屏上有液晶屏驱动器和相应电路，负责接收来自液晶屏控制器的信号和数据，并驱动液晶分子显示内容。

在手机开机工作后，显示屏电路得到供电 PP1V8_LCM_CONN、复位信号 AP_TO_LCM_RESET_CONN_L、时钟信号 AP_TO_CUMULUS_CLK_32K_CONN。开始工作后，SOC 首先通过 I^2C 总线向液晶显示屏中的液晶屏驱动器发送控制信号，同时液晶屏驱动器会向处理器发送反馈信号。收到此反馈信号后，处理器中的液晶屏控制器开始通过 MIPI 总线向液晶显示屏的驱动器发送数据信号。同时液晶显示屏的驱动器会将接收到的数据信号转换成液晶分子驱动信号，驱动液晶分子显示数据信息，完成显示。

显示电路如图 8-94 所示。

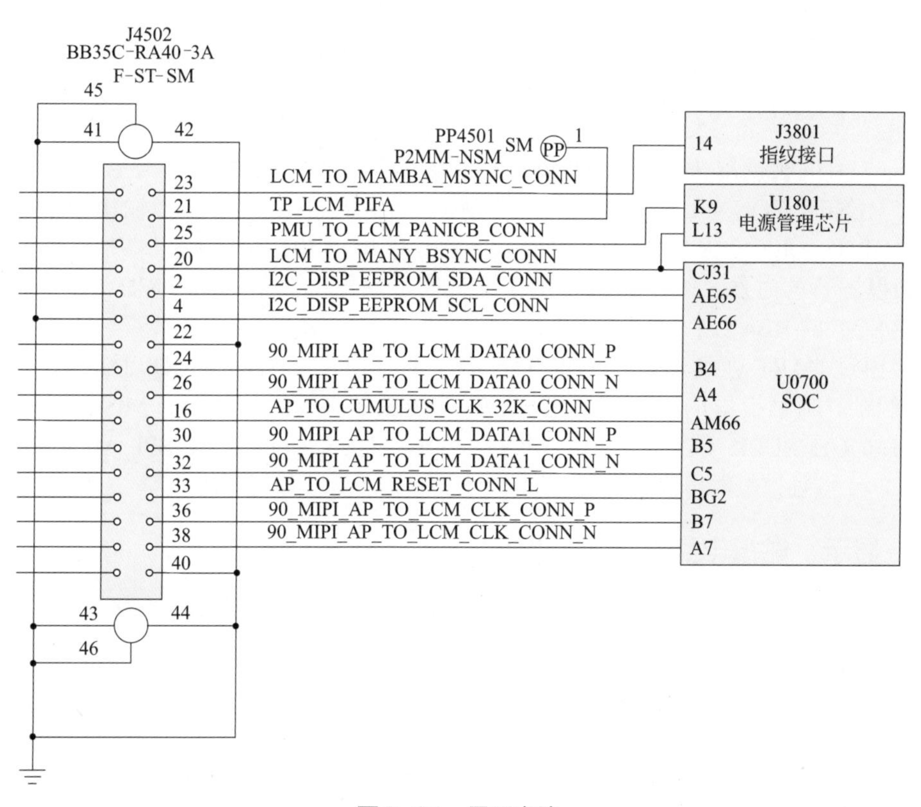

图8-94 显示电路

显示模块输出显示多路同步动态控制信号 LCM_TO_MANY_BSYNC_CONN，分别送至SOC 的 CJ 31 脚、电源管理芯片 U1801 的 L13 脚。显示多路同步动态控制信号的作用是控制显示屏、背光灯同步发光，避免出现显示、灯光不同步的问题。同时还同步控制触摸电路，灯亮显示的时候触摸能同步工作，灯灭不显示的时候锁定触摸屏。

三、触摸电路工作原理

触摸电路如图 8-95 所示。

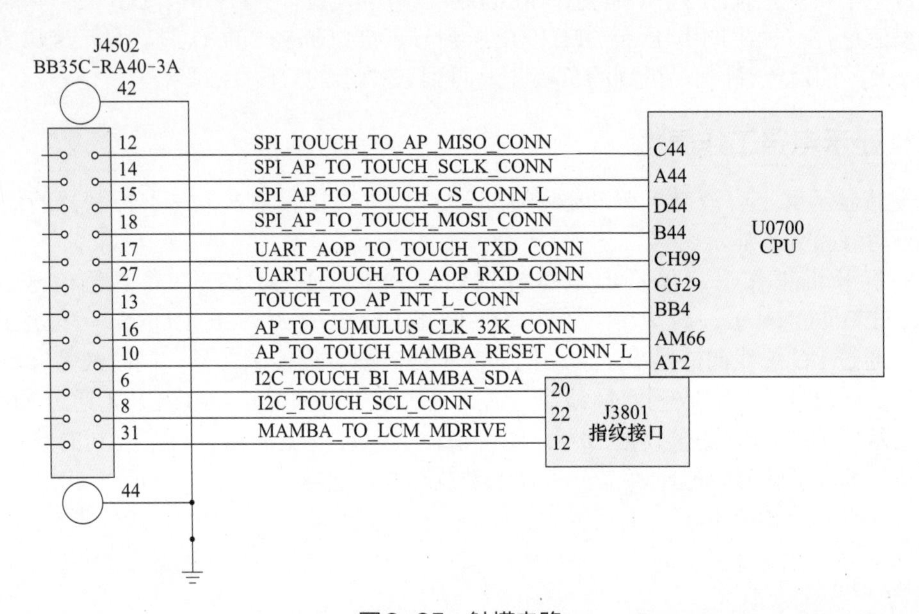

图8-95　触摸电路

iPhone7 手机触摸屏采用 Force Touch 触控技术，SOC 输出复位信号 AP_TO_TOUCH_MAMBA_RESET_CONN_L 送至显示、触摸接口 J4502 的 10 脚，SOC 输出时钟信号 AP_TO_CUMULUS_CLK_32K_CONN 送至显示、触摸接口 J4502 的 16 脚。

当触摸屏幕的时候，触发触摸屏工作，触摸屏输出中断信号 TOUCH_TO_AP_INT_L_CONN 至 SOC 的 BB4 脚。

SOC 通过 UART 总线 UART_AOP_TO_TOUCH_TXD_CONN、UART_TOUCH_TO_AOP_RXD_CONN 控制触摸屏的工作；触摸屏 SPI 总线 SPI_TOUCH_TO_AP_MISO_CONN、SPI_AP_TO_TOUCH_SCLK_CONN、SPI_AP_TO_TOUCH_CS_CONN_L、SPI_AP_TO_TOUCH_MOSI_CONN 将触摸数据传输至 SOC。

四、显示、触摸电路故障维修案例

1. iPhone7 手机进水无触摸故障维修

故障现象：

iPhone7 手机，手机轻微进水后，触摸功能就无法使用了，在之前一直正常使用。

故障分析：

出现触摸功能无法使用问题应该与轻微进水有直接关系，重点检查进水部位。

维修经验

对于轻微进水的手机，建议只清洗进水部位，不要大面积清洗主板，否则有可能进一步造成更多故障出现。

故障维修：

触摸功能不正常，首先检查触摸电路供电情况。检查发现 FL3910 的一端有 1.8V 电压，另一端没有电压，分析认为，可能是腐蚀后开路造成，短接 FL3910 后，开机测试触摸功能正常。

FL3910 原理图如图 8-96 所示。

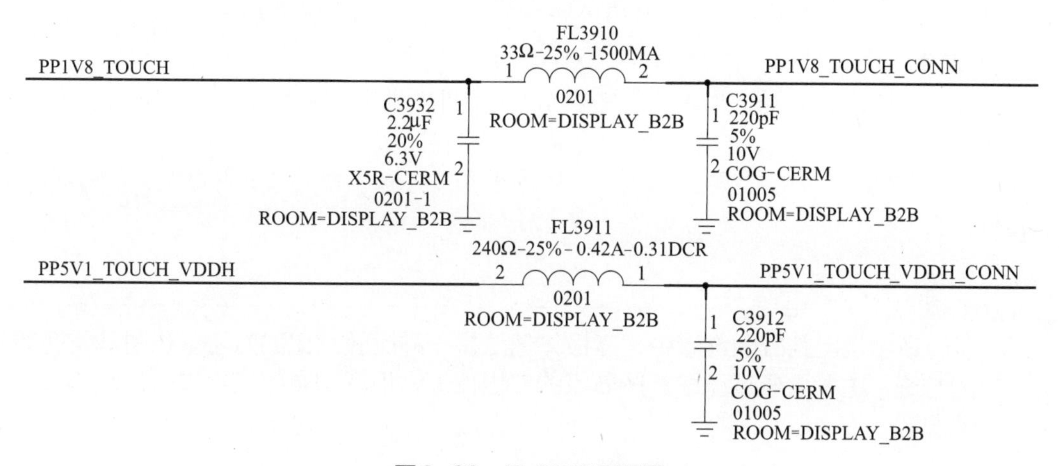

图8-96　FL3910原理图

在维修中使用了短接法，到底哪一些元器件可以短接呢？在本案例中我们先说电感，一般在电路中，射频电路中的电感不建议短接处理，BUCK、BOOST 电路中的电感不建议短接，除此之外，手机中的大部分电感都可以进行短接处理。

2. iPhone7 手机进水无背光故障维修

故障现象：

iPhone7 手机，手机轻微进水后，晒干后接着使用，用了两个月左右，出现无背光问题。

故障分析：

出现无背光问题应该与轻微进水有直接关系，重点检查进水部位，看是否有元器件出现腐蚀问题。

维修经验

在智能手机中，无背光故障是多发故障，因为背光电路工作在高电压、小电流的状态下，极易引发各种问题。在维修时，重点检查升压电感、升压二极管等元器件。

故障维修：

重点检查显示、触摸接口 J4502，使用万用表分别测量 J4502 各引脚对地二极体值。测量发现，J4502 的 37 脚对地二极体值为无穷大，正常数值为 345。

进一步测量发现，C3705 到 C3725 之间断线，飞线后，开机测试，背光及显示功能均正常。C3705、C3725 原理图如图 8-97 所示。

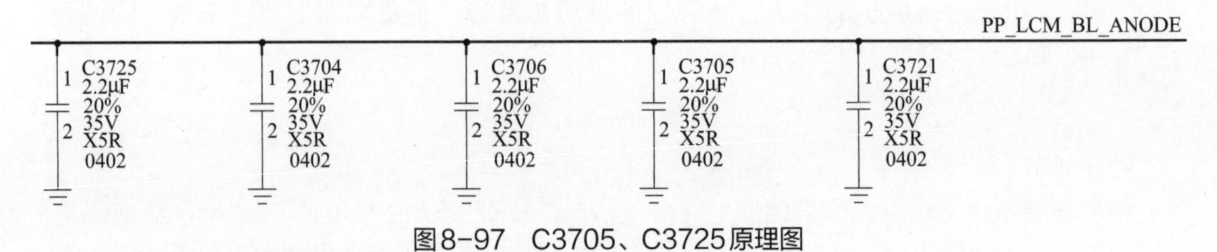

图8-97　C3705、C3725原理图

3. iPhone7手机装屏大电流、花屏故障维修

故障现象：

iPhone7 手机，出现装屏大电流、花屏问题，手机无进水、摔过等问题出现。

故障分析：

出现装屏大电流、花屏问题应该与显示屏电路的供电有关系，重点检查元器件是否有短路问题。

维修经验

在手机电路故障维修中，二极体值法是一种比较常见的方法，也是非常有效的方法，主要是通过测量某些节点的二极体值，根据测量的结果进一步缩小故障范围。

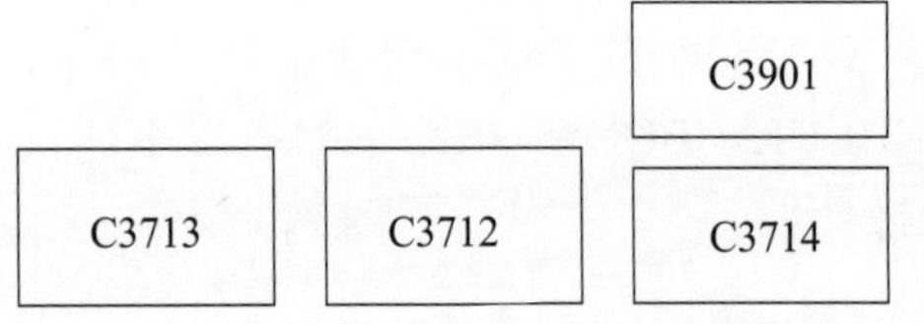

图8-98　C3713位置图

故障维修：

检查显示、触摸接口 J4502 的各引脚对地二极体值，发现 3 脚对地短路，挨个检查该路所有对地的电容，发现 C3713 短路。

更换 C3713 后，装屏开机功能正常。在实际维修中，C3712 短路也会出现这种故障。

C3713 位置图如图 8-98 所示。

第六节 传感器电路工作原理与故障维修

在 iPhone7 手机中，取消了运动协处理器，所有的传感器信号直接送到 SOC 电路进行处理。下面分析传感器电路原理。

加速度、陀螺仪传感器电路

一、加速度传感器

在手机中，使用了芯片 U2401 完成了加速度传感器的工作，使用了 SPI 总线与 SOC 进行通信。

加速度传感器电路原理图如图 8-99 所示。

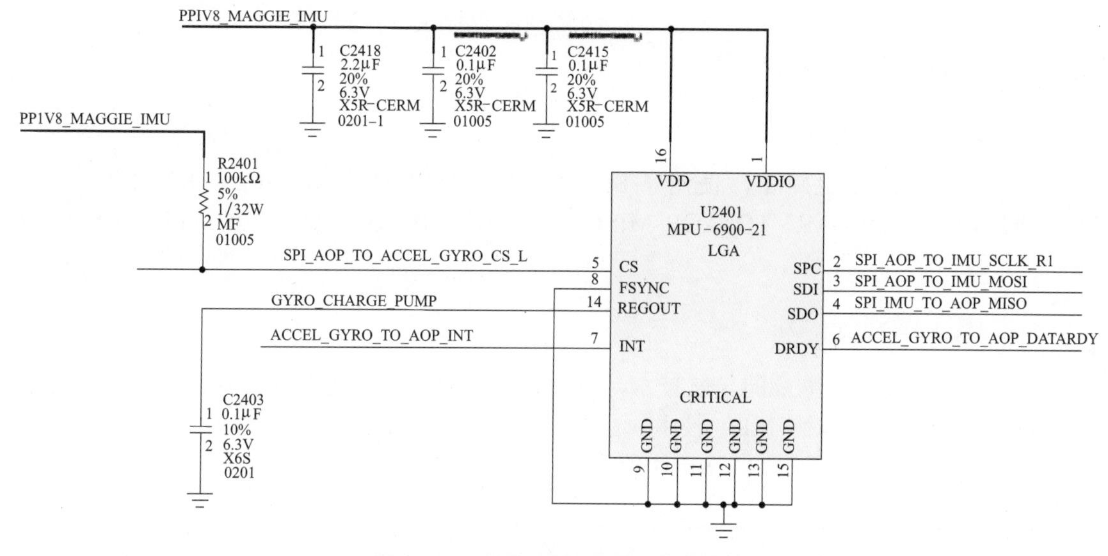

图8-99　加速度传感器电路原理图

供电电压 PP1V8_MAGGIE_IMU 由电源管理芯片提供，送到 U2401 的 1、16 脚，为加速度传感器提供工作条件。

加速传感器 U2401 的 7 脚输出中断信号 ACCEL_GYRO_TO_AOP_INT 至 SOC，6 脚输出数据准备就绪信号 ACCEL_GYRO_TO_AOP_DATARDY 至 SOC。

二、陀螺仪传感器

无论是行走还是跑步，加速度感应器都可以精确测量使用者的距离。此外，它还能通过 GPS 测定使用者跑步的步幅，以更精确地收集使用者的运动情况。

除了知道使用者是处于运动还是静止状态，陀螺仪还可配合 SOC 来检测使用者是否正在开车。它还能在使用者拍摄全景照片，或者玩一些以使用者的动态来操作的游戏时做出即时响应。

陀螺仪传感器电路原理图如图 8-100 所示。

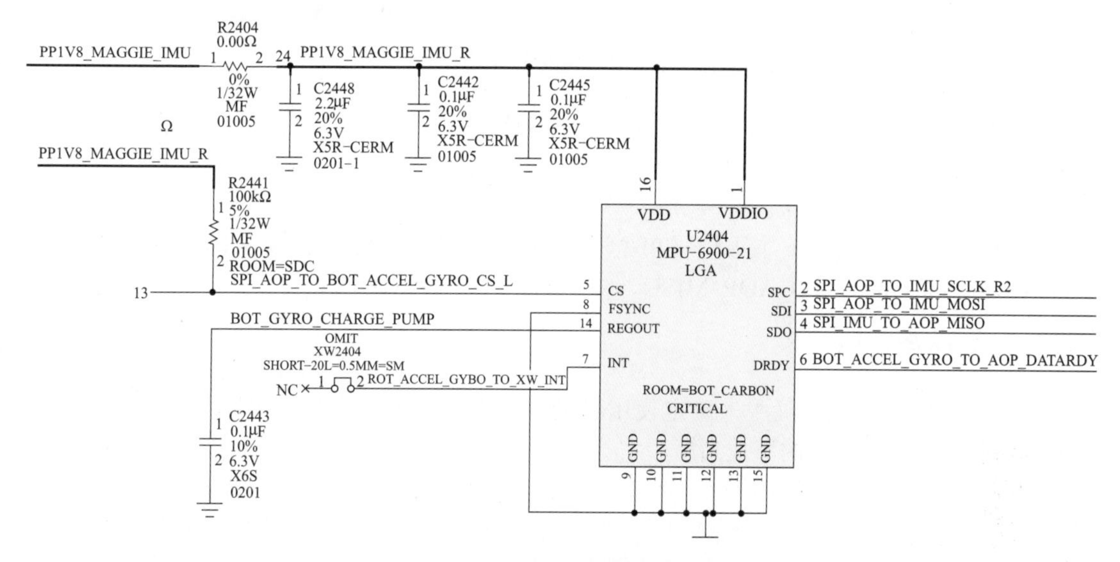

图8-100　陀螺仪传感器电路原理图

供电电压 PP1V8_MAGGIE_IMU 由电源管理芯片提供，经过电阻 R2404 送到 U2404 的 1、16 脚，为陀螺仪传感器提供工作条件。

陀螺仪传感器 U2401 的 6 脚输出数据准备就绪信号 ACCEL_GYRO_TO_AOP_DATARDY 至 SOC。

在陀螺仪传感器电路中，使用了 SPI 总线 SPI_AOP_TO_IMU_SCLK_R2、SPI_AOP_TO_IMU_MOSI、SPI_IMU_TO_AOP_MISO、SPI_AOP_TO_BOT_ACCEL_GYRO_CS_L 与 SOC 进行通信。

三、电子指南针

电子指南针是一种重要的导航技术，目前在手持设备中应用非常广泛。电子指南针主要采用磁场传感器的磁阻（MR）技术。

电子指南针电路原理图如图 8-101 所示。

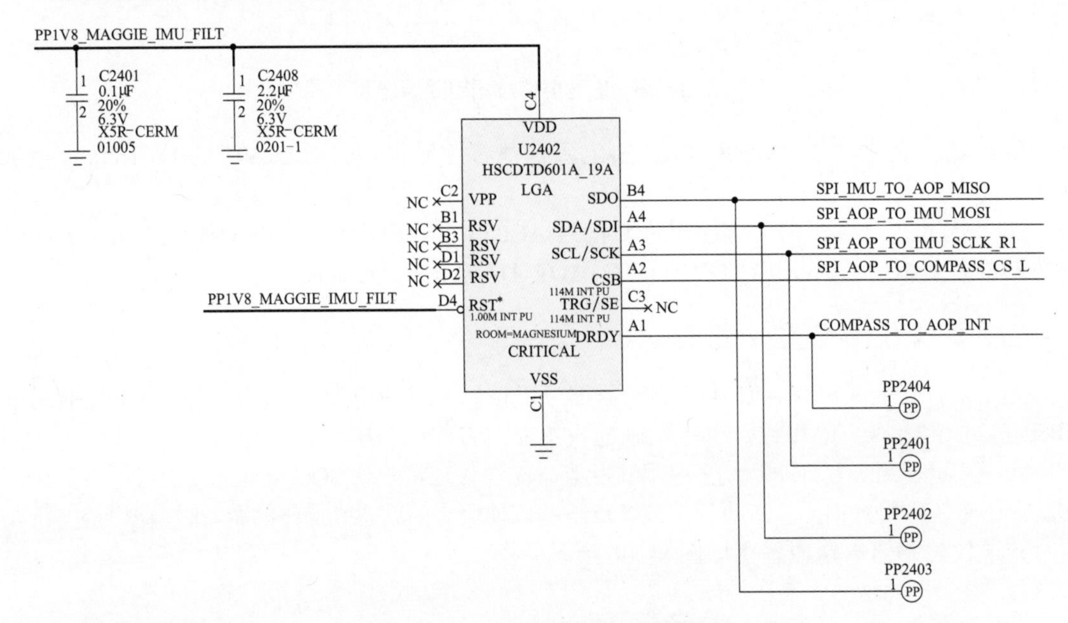

图8-101　电子指南针电路原理图

供电电压 PP1V8_MAGGIE_IMU_FILT 由电源管理芯片提供，送到 U2402 的 C4 脚，为电子指南针提供工作条件。同时供电电压 PP1V8_MAGGIE_IMU_FILT 还送入 U2402 的 D4 脚，为 U2402 提供复位信号。

在电子指南针电路中，使用了 SPI 总线 SPI_AOP_TO_IMU_SCLK_R1、SPI_AOP_TO_IMU_MOSI、SPI_IMU_TO_AOP_MISO、SPI_AOP_TO_COMPASS_CS_L 与 SOC 进行通信。

四、气压传感器

气压传感器通过感应气压来确定使用者的相对海拔高度，所以随着使用者的移动，使用者可以追踪自己已攀升的海拔高度。它甚至还可以测量使用者爬的楼梯或征服的山峰。

iPhone7 手机内置了健康应用。健康应用不仅能够记录步数、走路 / 跑步距离，还可以测试已爬楼层数，这就需要气压传感器的工作。iPhone7 手机进入“健康应用”，点击健康应用选项卡，进入健身数据，在健身数据里点击已爬楼层，进入后下拉刷新一下就能看到已爬的楼层数据了，如图 8-102 所示。

气压传感器电路原理图如图 8-103 所示。

供电电压 PP1V8_MAGGIE_IMU_FILT 由电源管理芯片提供，送到 U2403 的 6、8 脚，为气压传感器提供工作条件。

在气压传感器电路中，使用了 SPI 总线 SPI_AOP_TO_IMU_SCLK_R1、SPI_AOP_TO_IMU_MOSI、SPI_IMU_TO_AOP_MISO、SPI_AOP_TO_PHOSPHORUS_CS_L 与 SOC 进行通信。

气压传感器电路输出中断信号 PHOSPHORUS_TO_AOP_INT_L 至 SOC 电路。

中断是指当出现需要时，CPU 暂时停止当前程序的执行转而执行处理新情况的程序和执行过程，即在程序运行过程中，系统出现了一个必须由 CPU 立即处理的情况，此时，CPU 暂时中止程序的执行转而处理这个新的情况的过程。

在单片机中有许多设备，都能在没有 CPU 介入的情况下完成一定的工作，但是这些设备还是需要定期中断 CPU，让 CPU 为其做一些特定的工作。如果这些设备要中断 CPU 的运行，就必须在中断请求线上把 CPU 中断的信号发给 CPU。所以每个设备只能使用自己独立的中断请求线。

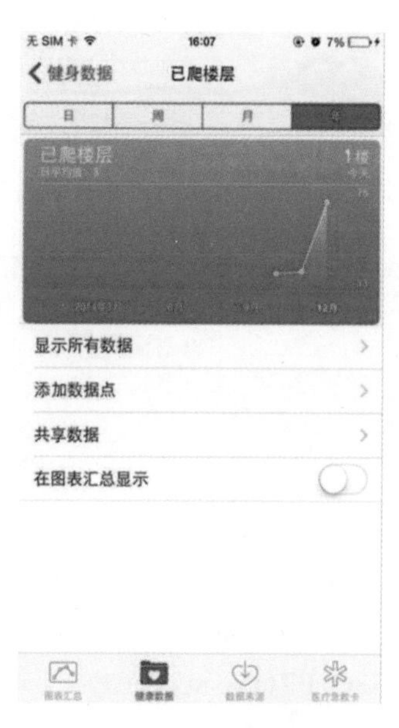

图8-102　健康数据

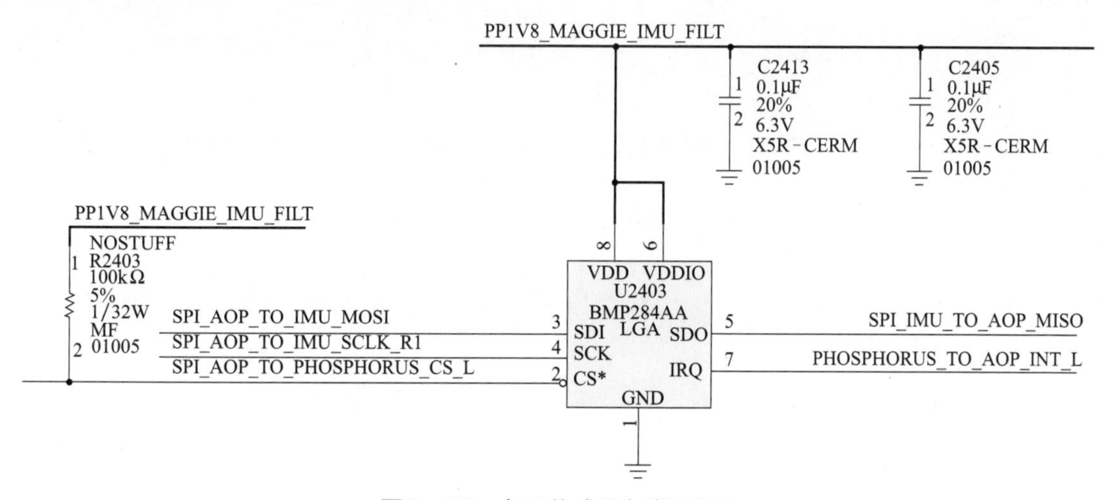

图8-103　气压传感器电路原理图

五、环境光传感器、距离传感器

在 iPhone 手机中，环境光传感器的作用主要是检测当前环境光线强度，自动调节显示屏背光亮度，降低整机功耗；距离传感器的作用是在接听电话时，当手机靠近耳朵时，自动关闭背光，目的是降低整机功耗和防止误触发屏幕。

环境光传感器、距离传感器电路原理图如图 8-104 所示。

环境光传感器供电电压 PP3V0_ALS_CONVOY_CONN 来自电源管理芯片 U1801 的 T10 脚，送到 J4503 的 13 脚。环境光传感器模块输出中断信号 ALS_TO_AP_INT_CONN_L 至 SOC U0700 的 AC3 脚。环境光传感器模块通过 I^2C 总线 I2C_ALS_CONVOY_SDA_CONN、I2C_ALS_CONVOY_SCL_CONN 与 SOC 进行数据通信，完成信号的传输过程。

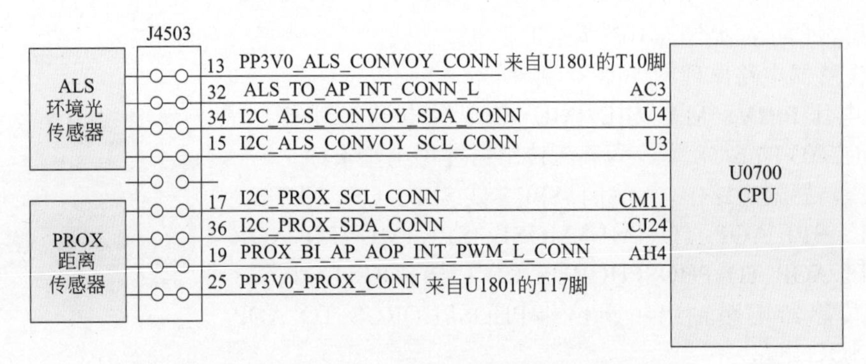

图8-104 环境光传感器、距离传感器电路原理图

距离光传感器供电电压PP3V0_PROX_CONN来自电源管理芯片U1801的T17脚，送到J4503的25脚。环境光传感器模块输出中断信号PROX_BI_AP_AOP_INT_PWM_L_CONN至SOC U0700的AH4脚。环境光传感器模块通过I²C总线I2C_PROX_SCL_CONN、I2C_PROX_SDA_CONN与SOC进行数据通信，完成信号的传输过程。

摄像头电路

六、摄像电路

iPhone7手机后置摄像头1200万像素，前置摄像头700万像素，下面分别介绍其电路工作原理。

1. 后置摄像头

后置摄像头电路原理图如图8-105所示。

后置摄像头的数据传输通过LPDP总线完成，LPDP总线信号包括：LPDP_UT_BI_AP_AUX_CONN、90_LPDP_UT_TO_AP_D0_CONN_N、90_LPDP_UT_TO_AP_D0_CONN_P、90_LPDP_UT_TO_AP_D1_CONN_N、90_LPDP_UT_TO_AP_D1_CONN_P。

SOC通过AP_TO_UT_SHUTDOWN_CONN_L信号打开摄像头，通过AP_TO_UT_CLK_CONN给摄像头时钟信号。通过I²C总线，I2C_UT_SDA_CONN、I2C_UT_SCL_CONN控制摄像头的工作。

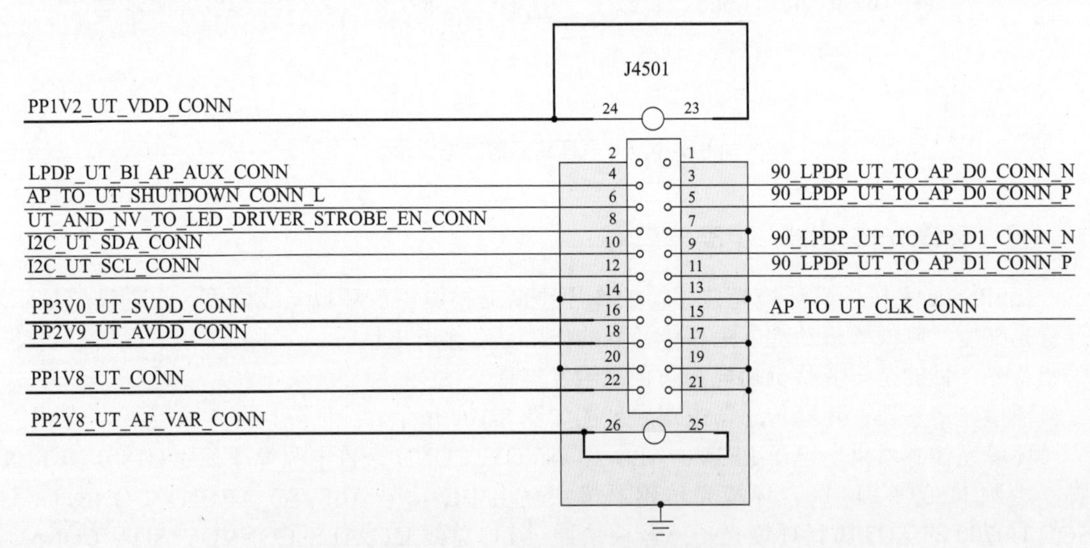

图8-105 后置摄像头电路原理图

后置摄像头供电电压有：PP1V2_UT_VDD_CONN、PP3V0_UT_SVDD_CONN、PP2V9_UT_AVDD_CONN、PP1V8_UT_CONN、PP2V8_UT_AF_VAR_CONN，除 PP2V9_UT_AVDD_CONN 外其余都由电源管理芯片 U1801 输出。

PP2V9_UT_AVDD_CONN 供电原理图如图 8-106 所示。

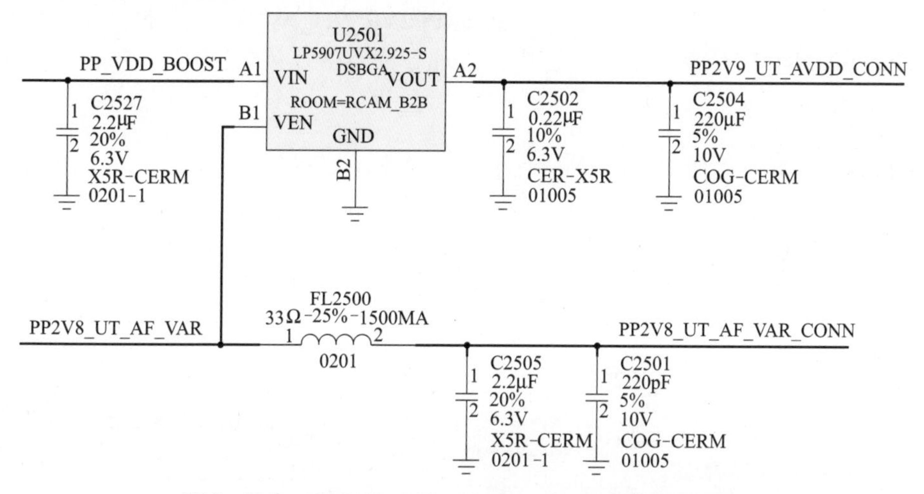

图8-106　PP2V9_UT_AVDD_CONN供电原理图

U2501 是一个 LDO 器件，供电电压 PP_VDD_BOOST 从 U2501 的 A1 脚输入。U2501 的 B1 脚为控制脚。PP2V9_UT_AVDD_CONN 电压从 U2501 的 A2 脚输出。

2. 前置摄像头

前置摄像头电路原理图如图 8-107 所示。

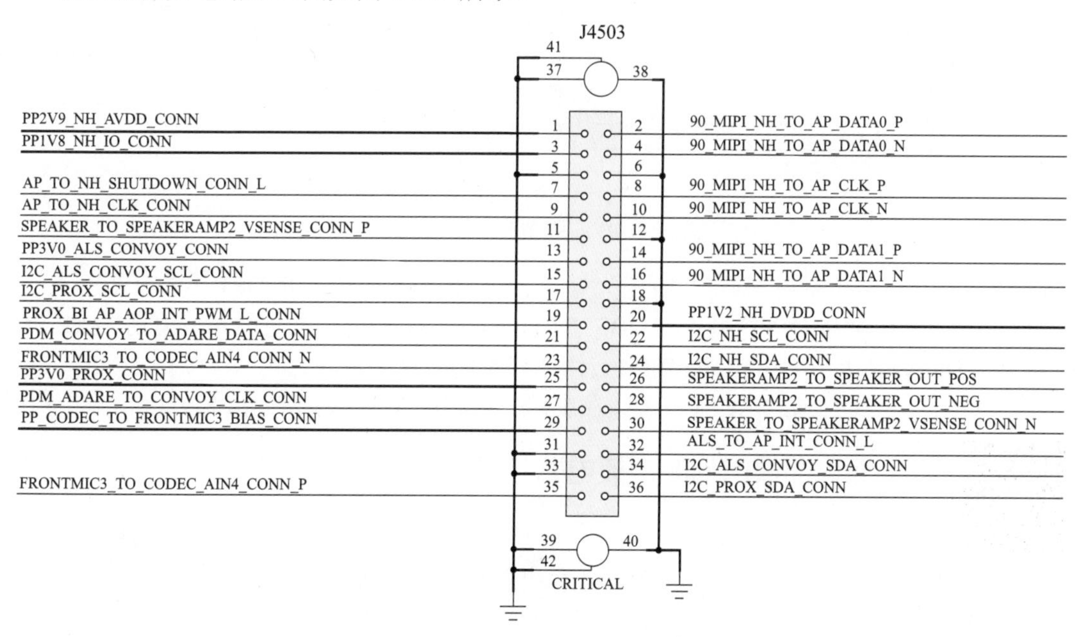

图8-107　前置摄像头电路原理图

前置摄像头的数据传输通过 MIPI 总线完成，MIPI 总线信号包括：90_MIPI_NH_TO_AP_DATA0_P、90_MIPI_NH_TO_AP_DATA0_N、90_MIPI_NH_TO_AP_CLK_P、90_MIPI_

NH_TO_AP_CLK_N、90_MIPI_NH_TO_AP_DATA1_P、90_MIPI_NH_TO_AP_DATA1_N。

SOC 通过 AP_TO_NH_SHUTDOWN_CONN_L 信号打开摄像头，通过 AP_TO_NH_CLK_CONN 给摄像头时钟信号，通过 I^2C 总线 I2C_NH_SCL_CONN、I2C_NH_SDA_CONN 控制摄像头的工作。

前置摄像头供电电压有三路，分别是 PP2V9_NH_AVDD_CONN、PP1V8_NH_IO_CONN、PP1V2_NH_DVDD_CONN，由电源管理芯片 U1801 提供。

3. 闪光灯电路

在 iPhone7 手机中，使用了四枚闪光灯，上部两枚为冷色温 LED 灯，下部为两枚暖色温 LED 灯。拍照时相机会自动判断所需的白光与黄光的恰当百分比和强度，色调既不太冷，也不会太暖，高光效果更出色，肤色表现更自然，最终呈现出色彩更生动逼真的美妙图像。

闪光灯电路原理图如图 8-108 所示。

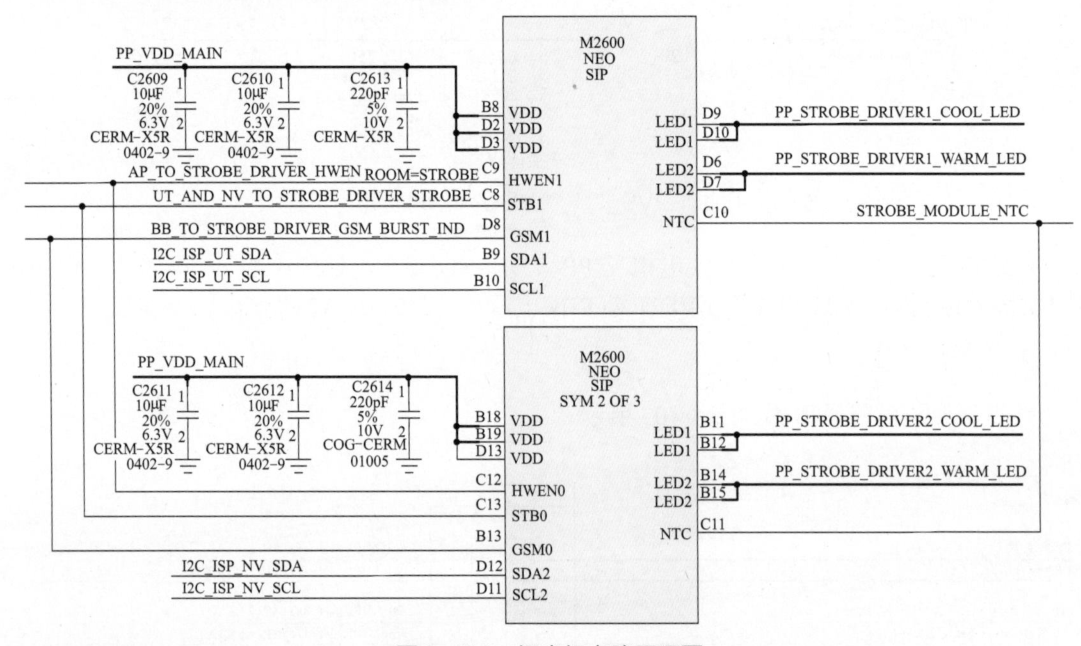

图8-108 闪光灯电路原理图

能控制闪光灯电路的控制信号有闪光灯模式（AP_TO_STROBE_DRIVER_HWEN）、自动闪光模式（UT_AND_NV_TO_STROBE_DRIVER_STROBE）、来电闪光灯模式（BB_TO_STROBE_DRIVER_GSM_BURST_IND），用于控制闪光灯在不同的状态下工作。

SOC 通过两组 I^2C 总线控制闪光灯芯片 M2600 的两组 LED 闪光灯的工作。

指纹识别触控板电路

七、指纹识别触控板电路

在 iPhone7 手机中，Home 键没有单独采用机械按键结构，而是采用了带有指纹功能的触控板。所以在本节中，我们将指纹传感器和 Home 触控板分开来分析。

1. 指纹传感器电路

（1）指纹传感器原理

iPhone 手机的 Touch ID 指纹传感器被放置在 Home 键中，Home 键传感器表面由激光切割的蓝宝石水晶制成，能够实现精确聚焦手指，保护传感器的作用，并且传感器会在此时进行指纹信息的记录与识别，而传感器按钮周围则是不锈钢环，用于监测手指，激活传感器和改善信噪比。

随后，软件将读取指纹信息，查找匹配指纹来解锁手机。其中指纹传感器是基于电容和无线射频的半导体传感器，为指纹读取做了两层验证。第一层是借助一个指纹电容传感识别器来识别整个接触面的指纹图像。第二层则是利用无线射频技术并通过蓝宝石片下面的感应组件读取从真皮层反射回来的信号，形成一幅指纹图像。

电容传感识别：手指构成电容的一极，另一边一个硅传感器阵列构成电容另一极，通过人体带有的微电场与电容传感器间形成微电流，指纹的波峰波谷与感应器之间的距离形成电容高低差，从而描绘出指纹图像的电信号。

无线射频识别：将一个低频的射频信号发射到真皮层。由于人体细胞液是导电的，读取真皮层的电场分布而获得整个真皮层，并且通过读取真皮层的电场分布而获得整个真皮层最精确的图像，而 Touch ID 外面有一个驱动环，由它将射频信号发射出来。

经过对指纹图像的记录，将其数据录入数据库中，然后 Touch ID 在指纹验证过程中，获得指纹扫描图像之后，能够对指纹进行 360° 全方位的扫描，并且与数据库指纹数据进行对比判断。当新的指纹图像与数据库样本指纹互相匹配成功，该指纹图像就能够用于加强和完善数据库的样本信息，这样能够使得更多的样本信息被记录，提高指纹识别的成功率，以及能够在各种角度成功地识别指纹。

在 iPhone 上使用的是由苹果公司单独设计的 Secure Enclave 模块。根据安全手册上的描述，Secure Enclave 是一个建在苹果公司最新的单芯片系统设计内部的协处理器。其与应用处理器不同，该协处理器处理安全时会启动序列码和软件更新机制，专门负责对数据保护加密操作的关键操作以及数据保护完整的流程。只有 Secure Enclave 能够访问用户指纹信息，苹果公司也无法获知，也不会传到 iCould 上面；而 Secure Enclave 是基于 ARM TrustZone 技术的，相当于是苹果公司定制了一个高度优化的 TrustZone 版本。TrustZone 安全系统是由硬件和软件分区来成就的。

不管是硬件还是软件中，都有两个区，一个是安全子系统，一个是正常的区。TrustZone 可确保正常区组件不访问安全区的数据，而那些敏感的数据就放在安全区，来防止许多可能的攻击。当有安全验证的需求时，Moniter 模式就会自主进行两个虚拟处理器的切换，有针对性地工作。

（2）指纹传感器电路分析

iPhone7 手机的指纹传感器电路主要由指纹模块、指纹传感器排线、指纹传感器接口、SOC 等组成。指纹传感器在电路图中用英文简写 MESA 表示。

指纹升压电路原理图如图 8-109 所示。

当用户把指纹放在指纹识别面板（HOME 键）上时，指纹模块开始工作，输出中断信号 MESA_TO_AP_INT_CONN 至 SOC，发出 MESA_TO_BOOST_EN 升压开启信号到 U3702 启动升压电路。

U3702 得到 PP_VDD_MAIN、PP_VDD_BOOST 供电；指纹模块发来的 MESA_TO_BOOST_EN 开启信号；输出 LDO 电压 PP17V0_MOJAVA_LDOIN 给自身的 C2 脚。上面所有条件满足，输出 PP16V0_MESA 给指纹模块。

指纹传感器电路原理图如图 8-110 所示。

指纹模块把 HOME 识别到的指纹转换成数字信号，通过 SPI 总线 SPI_AP_TO_MESA_SCLK_CONN、SPI_AP_TO_MESA_MOSI_CONN、SPI_MESA_TO_AP_MISO_CONN、MESA_TO_AOP_FDINT_CONN 以及 MESA_TO_AP_INT_CONN 把已经转换成数字信号的指纹数据发给 SOC。

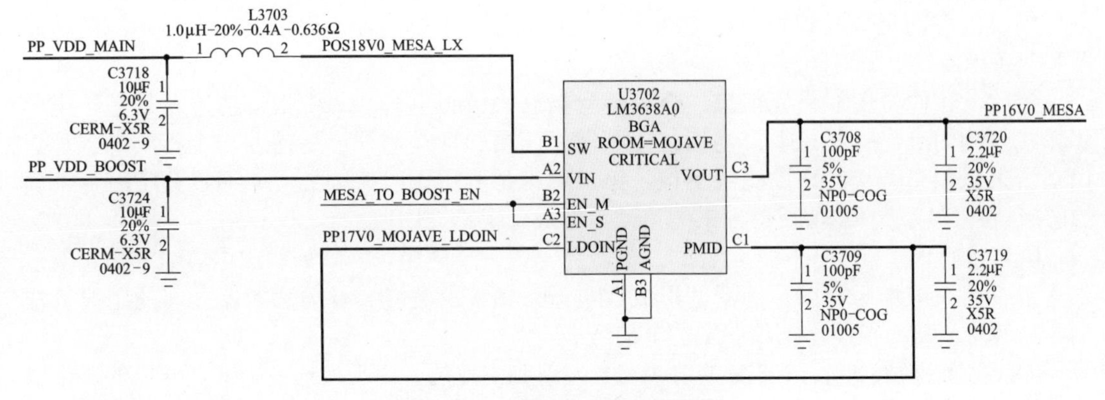

图8-109 指纹升压电路原理图

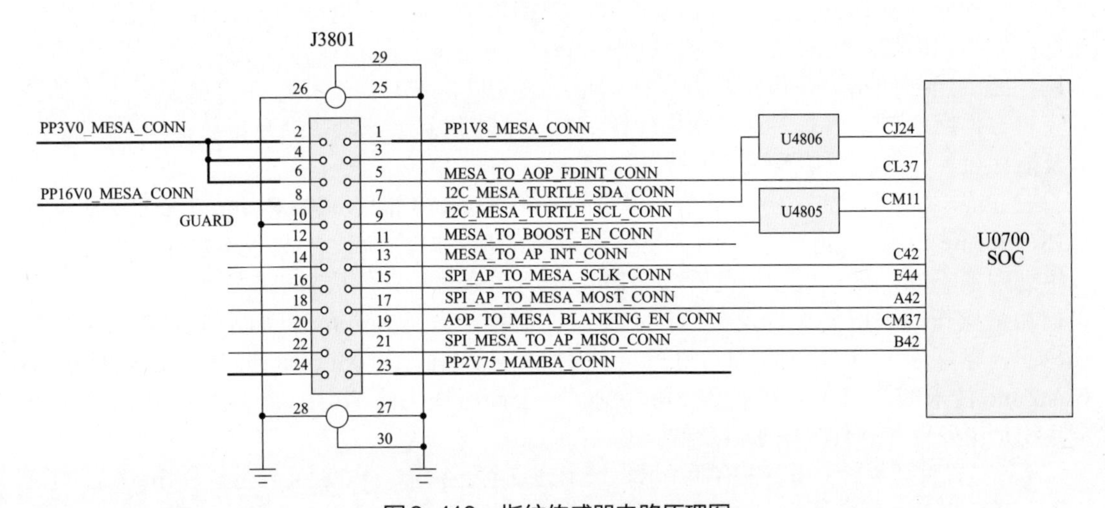

图8-110 指纹传感器电路原理图

指纹数据送到SOC U0700后，SOC U0700会读取存储的指纹数据进行对比，如果数据匹配，解锁进入界面。开机首次使用或第一次设置指纹会要求输入密码，解锁密码的优先级高于指纹，没有密码SOC就无法读取存储的指纹数据。

SOC U0700通过I^2C总线I2C_MESA_TURTLE_SDA_CONN和I2C_MESA_TURTLE_SCL_CONN控制指纹模块的工作。

2. Home触控板电路

触控板技术是一种广泛应用在笔记本上的输入设备，其利用用户手指的移动来控制指针的动作。触摸板可以视作一种鼠标的替代物。在其他一些便携式设备上，如个人数码助理与一些便携影音设备上也能找到触摸板。

在iPhone7手机中，创新地使用了触控板技术。Home触控板电路如图8-111所示。

Home触控板电路供电有两路，分别是PP2V75_MAMBA_CONN、PP1V8_TOUCH_TO_MAMBA_CONN。其中，PP2V75_MAMBA_CONN由LDO芯片U3801完成供电。供电电压PP_VDD_BOOST送到U3801的4脚，控制信号MAMBA_LDO_EN送到U3801的3脚，U3801的1脚输出2.75V电压。

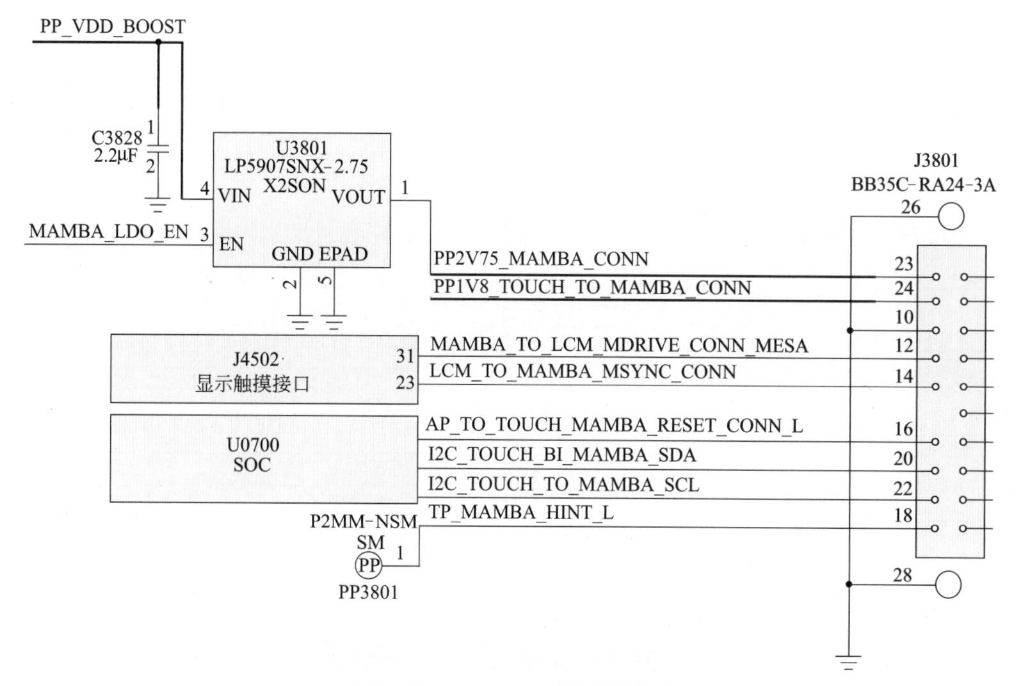

图8-111　Home触控板电路

SOC U0700 输出复位信号 AP_TO_TOUCH_MAMBA_RESET_CONN_L 至 Home 触控板接口的 16 脚。SOC 通过 I^2C 总线与 Home 触控板进行通信。

显示屏输出显示多路同步动态控制信号 LCM_TO_MAMBA_MSYNC_CONN，保证在点按 Home 触控板的时候控制显示屏、背光灯同步发光，避免出现显示、灯光不同步的问题。当点按 Home 触控板时，Home 触控板接口 J3801 的 12 脚输出 MAMBA_TO_LCM_MDRIVE_CONN_MESA 信号至显示屏电路。

八、传感器电路故障维修案例

1. iPhone7 无指纹、HOME 功能失效故障维修

故障现象：

iPhone7 手机，故障现象为无指纹功能、Home 功能失效，手机摔过以后就出现这个问题了。

故障分析：

无指纹功能、Home 功能失效，可能是它们的公共部分电路有问题，建议先检查指纹接口 J3801。

维修经验

对于出现的多个故障，首先要观察它们之间有没有关联性，如果有关联性，则先要检查相对应的公共部分电路。

故障维修：

检查指纹接口 J3801，发现其松动，补焊后，使用万用表的二极管挡分别测量各个触点

对地阻值，均正常。开机测试，手机功能正常。

指纹接口 J3801 原理图如图 8-112 所示。

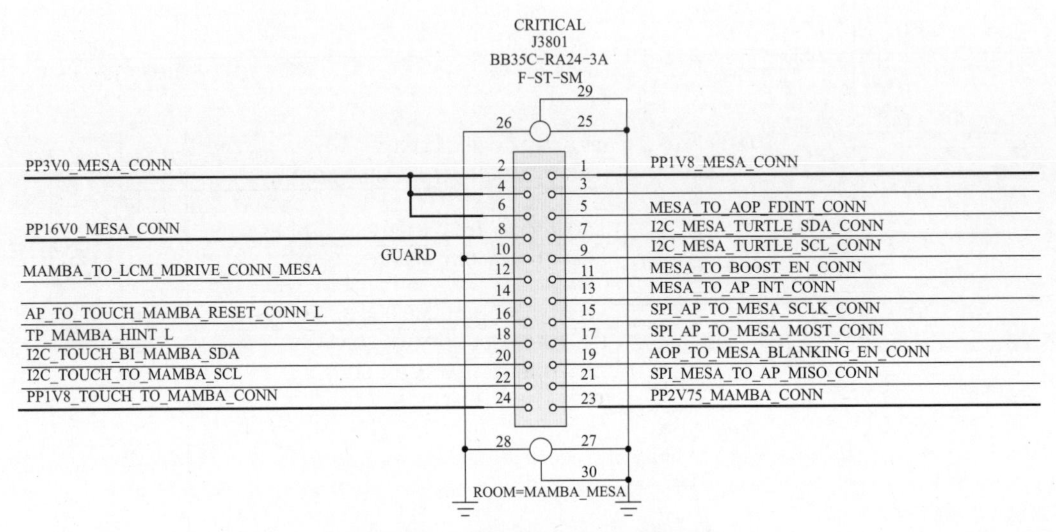

图8-112　指纹接口J3801原理图

在维修中，合理使用二极体值法，是有效判断故障部位的好方法。二极体值法在前面章节已经介绍过，在此不再赘述。

2. iPhone7不照相故障维修

故障现象：

iPhone7 手机，一直正常使用，突然出现后置摄像头不能照相。

故障分析：

应该重点检查摄像头电路供电是否正常，电路是否有元器件损坏现象。

维修经验

对于功能性故障，尤其是比较容易代换的元器件，建议先进行代换，比如摄像头故障，可以先代换摄像头测试，如果故障仍然无法排除，再进一步检查电路故障。

故障维修：

拆开手机，分别测量后置摄像头接口 J4501 的供电电压。检查发现 PP2V9_UT_AVDD_CONN 供电电压不正常，只有 0.1V，正常应该为 2.95V。

检查发现 U2501 的输入电压 PP_VDD_BOOST 正常，控制信号 PP2V8_UT_AF_VAR 正常，分析认为 U2501 虚焊或损坏，补焊后，仍然无输出电压。

将 U2501 拆下后，短接其 A2、B1 脚后，手机开机测试后置摄像头，功能正常。

在应急维修的时候，可以将 U2501 的 A2、B1 脚短接，电路原理非常简单，B1 脚的控制信号为 2.8V，A2 脚输出的电压为 2.95V，电压非常接近。

U2501 电路原理图如图 8-113 所示。

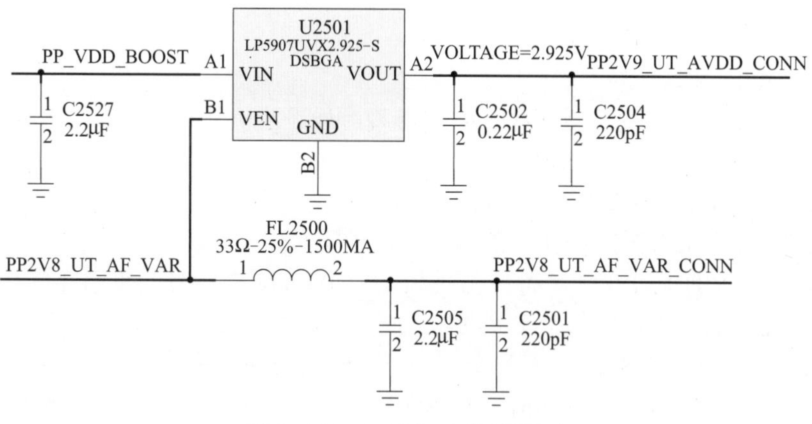

图8-113 U2501电路原理图

第七节 WiFi、蓝牙、NFC电路工作原理与故障维修

一、WiFi、蓝牙电路工作原理

在 iPhone 手机中，一般是将 WiFi 电路和蓝牙电路集成在一个芯片里面，因为 WiFi 电路和蓝牙电路的工作频率都是 2.4GHz，而且有部分电路是共用的，无论从设计角度还是使用角度来讲，都符合常理。当然，随着技术的发展，WiFi 电路也采用了 5G 技术，但是仍然是将 WiFi 电路和蓝牙电路集成在一起。

1. 供电电路

WiFi 和蓝牙供电电路如图 8-114 所示。

WiFi 和蓝牙电路的供电电路相对比较简单，有两路供电电压，分别是：PP1V8_SDRAM、PP_VDD_MAIN。

在 WiFi 和蓝牙电路内部还集成了 LDO 电路，电压从 WLAN_RF 的 33 脚输出，经过电感 L7600_RF、穿心电容 C7604_RF 送回到 WLAN_RF 内部。

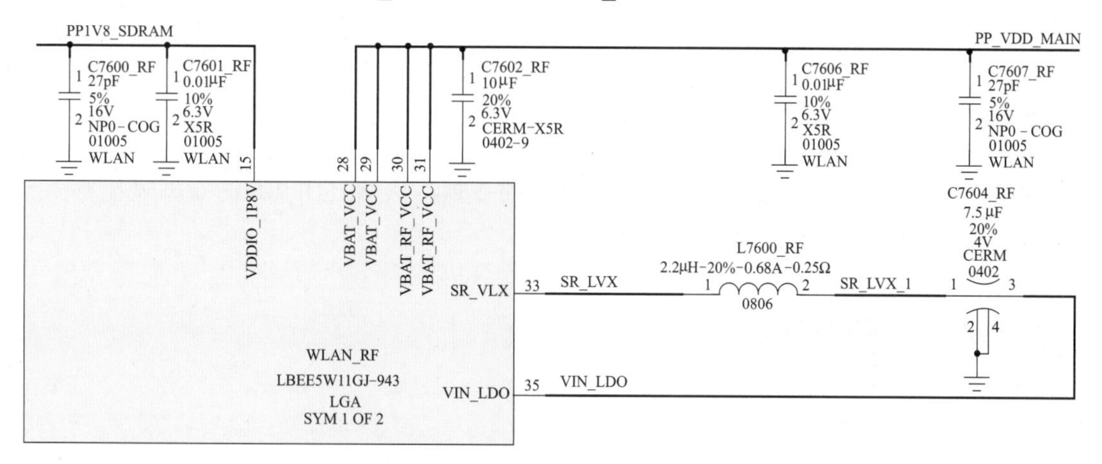

图8-114 WiFi和蓝牙供电电路

2. WiFi和蓝牙天线电路

（1）双频 WiFi 基础

双频 WiFi 是指设备同时支持 2.4GHz/5GHz 双频段无线信号，可支持包含 802.11a/b/g/n 的完整无线网络，其属于第五代 WiFi 传输技术（5G WiFi）。通常我们日常接触到的路由器或者一些 WiFi 设备均为支持 2.4GHz WiFi，只有一些高端路由器或者未来一些平板电脑、盒子以及智能手机才可能会采用这种更新一代的无线技术。

双频 WiFi 设备的优点在于具备更强更稳定的 WiFi 无线信号，更高速的传输速度，并且可以让无线设备更省电，满足未来高清以及大数据无线传输需求。

以往我们一直使用的 WiFi 大多数是支持 IEEE 802.11n（第四代）无线标准的，而且工作在 2.4GHz 这个频段上的，所以称之为 2.4GWiFi；但是严格来说工作在 5GHz 频段上的不一定就是 5G WiFi，因为 IEEE 802.11a（第一代）、IEEE 802.11n（第四代）和 IEEE 802.11ac（第五代）这三种标准都可以工作在 5GHz 这个频段上。

总的来说，只有支持 802.11ac 的才是真正的 5G WiFi（在这里我们将它称作 ac 5G），目前支持 2.4GHz 和 5GHz 双频的路由器其实很多都是指支持第四代无线标准，也就是 802.11n 的双频。

（2）WiFi 和蓝牙天线电路

在大部分的手机中，WiFi 和蓝牙电路的天线是共用的，当然，iPhone 手机也不例外，在 iPhone 手机中，2.4GHz 和 5GHz 都使用了双通道收发天线回路。

WiFi 和蓝牙天线电路如图 8-115 所示。

1）2.4GHz 信号收发路径

其中一路接收信号从 JUAT1_RF、R6715_RF、R6705_RF 送入 PPLXR_RF 的 5 脚；PPLXR_RF 是一个天线开关，其中 WiFi 和蓝牙接收信号从 PPLXR_RF 的 1 脚输出，经过 R6711_RF，送到 MECW_RF 的 7 脚，从 MECW_RF 的 3 脚输出后送到 WLAN_RF 的 52 脚。

另一路接收信号从 JLAT3_RF 接收进来，经过 R7701_RF 送到 W25DI_RF 的 2 脚，从 W25DI_RF 的 4 脚输出，经过 L7702_RF、L7703_RF、C7701_RF 组成的 π 形滤波器送到 W2BPF_RF 的 4 脚，从 W2BPF_RF 的 1 脚输出，送到 WLAN_RF 的 5 脚。

2.4GHz 信号的发送过程正好与上面的过程相反，其中 2.4GHz 信号收发路径中，WiFi 和蓝牙电路共用。

2）5G 信号收发路径

其中一路接收信号从 JUAT2_RF、R7702_RF 送入 W5BPF_RF 的 3 脚；W5BPF_RF 是一个带通滤波器，经过 R7711_RF 送入 MECW_RF 的 10 脚，从 MECW_RF 的 1 脚输出后送到 WLAN_RF 的 59 脚。

另一路接收信号从 JLAT3_RF 接收进来后，送到 MCNS_RF 的 11 脚，从 MCNS_RF 的 2 脚输出后经过 R7701_RF 送到 W25DI_RF 的 2 脚，从 W25DI_RF 的 6 脚输出后经过 R7700_RF 送到 WLAN_RF 的 66 脚。

5GHz 信号的发送过程正好与上面的过程相反。

3. WiFi和蓝牙电路原理

（1）时钟与控制电路

时钟与控制电路如图 8-116 所示 。

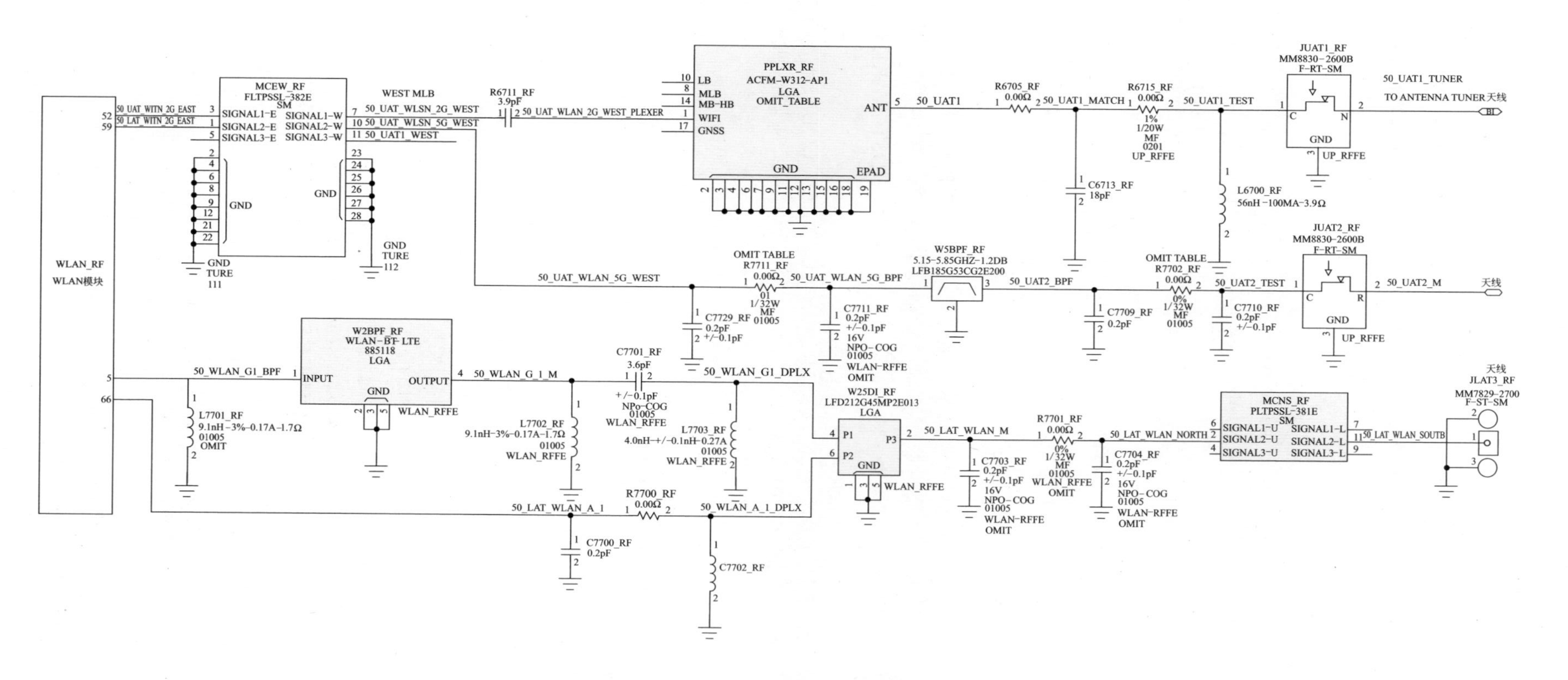

图8-115 WiFi和蓝牙天线电路

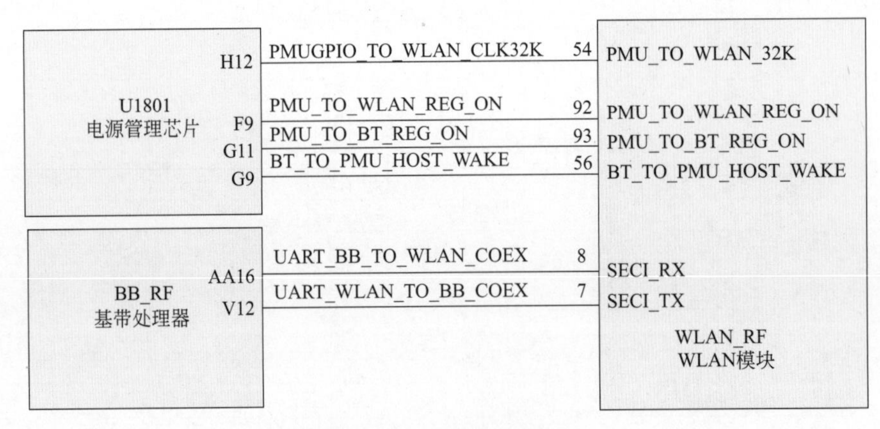

图8-116　时钟与控制电路

电源管理芯片 U1801 的 H12 脚输出 32kHz 时钟信号 PMUGPIO_TO_WLAN_CLK32K 到 WLAN_RF 的 54 脚，用于 WiFi 和蓝牙天线电路的定时器、计数器和系统复位、休眠、唤醒等功能。

电源管理芯片 U1801 的 F9 脚输出 WLAN 控制启动信号 PMU_TO_WLAN_REG_ON 到 WLAN_RF 的 92 脚，G11 脚输出蓝牙控制启动信号 PMU_TO_BT_REG_ON 到 WLAN_RF 的 93 脚。WLAN_RF 的 56 脚输出主唤醒信号 BT_TO_PMU_HOST_WAKE 到电源管理芯片 U1801 的 G9 脚。

WLAN_RF 通过 UART 串行总线 UART_BB_TO_WLAN_COEX、UART_WLAN_TO_BB_COEX 与基带处理器 BB_RF 进行数据通信。发送数据时，基带处理器将并行数据写入 UART，UART 按照一定的格式在一根电线上串行发出；接收数据时，UART 检测另一根电线上的信号，串行收集然后放在缓冲区中，基带处理器即可读取 UART 获得这些数据。UART 之间以全双工方式传输数据，最精确的连线方法只有 3 根电线：UART_BB_TO_WLAN_COEX 用于发送数据，UART_WLAN_TO_BB_COEX 用于接收数据，GND 用于给双发提供参考电平。

（2）蓝牙电路工作原理

蓝牙技术规定每一对设备之间进行蓝牙通信时，必须一个为主角色，另一为从角色。通信时，必须由主端进行查找，发起配对，SOC 向蓝牙发出唤醒信号 AP_TO_BT_WAKE，首先从 5 脚、52 脚送出蓝牙无线连接的请求信号，通过带通滤波网络天线向四周传出去。蓝牙模块以无线电波查询方式扫描，扫描周围是否有蓝牙设备。附近的蓝牙设备收到手机发出无线电波信号后，就会送出一个分组信息来响应手机的请求。这个信息包括手机和对方之间建立连接所需的一切信息。但此时还不是处于数据通信状态，只能通过手机操作进行蓝牙连接，从 5 脚、52 脚送出寻呼信息，在对方设备做出回应后，它们之间的通信连接才建立。建链成功后，双方即可收发数据。

理论上，一个蓝牙主端设备，可同时与 7 个蓝牙从端设备进行通信。一个具备蓝牙通信功能的设备，可以在两个角色间切换，平时工作在从模式，等待其他主设备来连接；需要时，转换为主模式，向其他设备发起呼叫。一个蓝牙设备以主模式发起呼叫时，需要知道对方的蓝牙地址、配对密码等信息，配对完成后，可直接发起呼叫。

蓝牙主端设备发起呼叫，首先是查找，找出周围处于可被查找的蓝牙设备。主端设备找到从端蓝牙设备后，与从端蓝牙设备进行配对，此时需要输入从端设备的 PIN 码，也有设备不需要输入 PIN 码。配对完成后，从端蓝牙设备会记录主端设备的信任信息，此时主端即可向从端设备发起呼叫，已配对的设备在下次呼叫时，不再需要重新配对。已配对的设备，作为从端的蓝牙耳机也可以发起建链请求，但做数据通信的蓝牙模块一般不发起呼叫。链路建立成功后，主从两端之间即可进行双向的数据或语音通信。在通信状态下，主端和从端设备都可以发起断链，断开蓝牙链路。

蓝牙电路原理如图 8-117 所示。

蓝牙数据传输应用中，通过 UART 串行总线（UART_AP_TO_BT_TXD、UART_BT_TO_AP_RXD、UART_AP_TO_BT_RTS_L、UART_BT_TO_AP_CTS_L）控制 WLAN_RF 做出相应的反应。

蓝牙接收信号在 WLAN_RF 内进行处理，解调的信号通过 I^2S 总线（I2S_AP_TO_BT_BCLK、I2S_AP_TO_BT_LRCLK、I2S_BT_TO_AP_DIN、I2S_AP_TO_BT_DOUT） 送 入 SOC 进行处理。

蓝牙的数据传输率为 1Mb/s，采用数据包的形式按时隙传送，每时隙 0.625μs。蓝牙系统支持实时的同步定向连接和非实时的异步不定向连接，蓝牙技术支持一个异步数据通道，3 个并发的同步语音通道或一个同时传送异步数据和同步语音通道。每一个语音通道支持 64KB/s 的同步语音，异步通道支持最大速率为 721KB/s、反向应答速度为 57.6KB/s 的非对称连接，或者是速率为 432.6KB/s 的对称连接。

跳频是蓝牙使用的关键技术之一。对应单时隙包，蓝牙的跳频速率为 1600 跳 /s；对于多时隙包，跳频速率有所降低；但在建链时则提高为 3200 跳 /s。使用这样高的调频速率，蓝牙系统具有足够高的抗干扰能力。

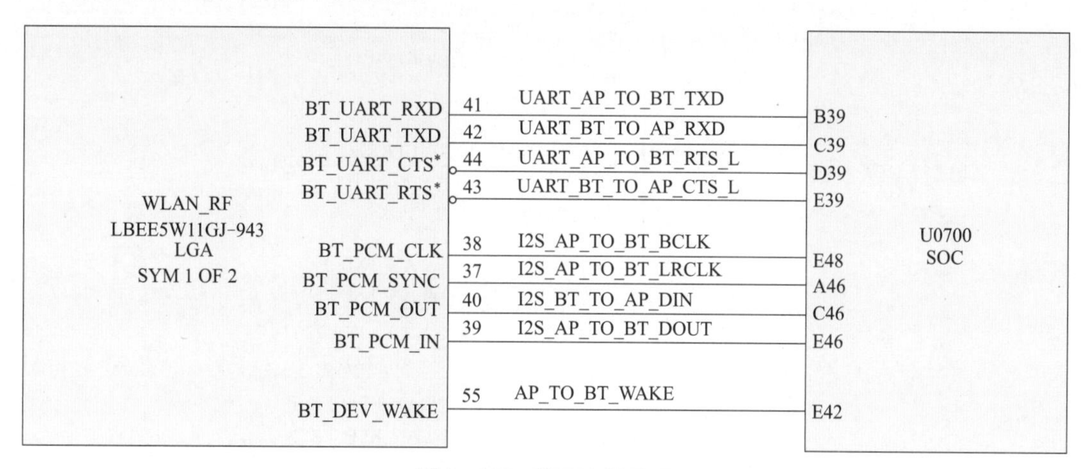

图8-117 蓝牙电路原理

（3）WiFi 电路工作原理

一般架设无线网络的基本配备就是无线网卡及一台 AP，如此便能以无线的模式，配合既有的有线架构来分享网络资源，架设费用和复杂程度远远低于传统的有线网络。如果只是几台电脑的对等网，也可不要 AP，只需要每台电脑配备无线网卡。

AP 为“无线访问接入点”或“桥接器”。它主要在媒体存取控制层 MAC 中扮演无线工作站及有线局域网络的桥梁。有了 AP，就像一般有线网络的 Hub 一般，无线工作站可以快速且轻易地与网络相连。特别是对于宽带的使用，无线保真更显优势，有线宽带网络 (ADSL、小区 LAN 等) 到户后，连接到一个 AP，然后在电脑中安装一块无线网卡即可。普通的家庭有一个 AP 已经足够，甚至用户的邻里得到授权后，则无须增加端口，也能以共享的方式上网。

WiFi 所遵循的 802.11 标准是以前军方所使用的无线电通信技术，且至今还是美军军方通信器材对抗电子干扰的重要通信技术。因为，WiFi 中所采用的 SS（展频）技术具有非常优良的抗干扰能力，并且在需要反跟踪、反窃听的同时具有很出色的效果，所以不需要担心 WiFi 技术不能提供稳定的网络服务。

一句话简单概括通信原理：采用 2.4GHz 频段，实现基站与终端的点对点无线通信，链路层采用以太网协议为核心，以实现信息传输的寻址和校验。可以实现通信距离从几十米到两三百米的多设备无线组网。

当在手机菜单中打开 WiFi 菜单功能时，SOC 通过 AP_TO_WLAN_DEVICE_WAKE 唤醒 WLAN_RF 内部的 WLAN 电路，WLAN 电路开始工作，SOC 通过 UART 串行总线（UART_WLAN_TO_AP_RXD、UART_AP_TO_WLAN_TXD、UART_WLAN_TO_AP_CTS_L、UART_AP_TO_WLAN_RTS_L）控制 WLAN_RF 的工作。

WLAN_RF 与 SOC 的通信是通过 PCIE 总线进行传输的。PCIE 采用了目前流行的点对点串行连接，每个设备都有自己的专用连接，不需要向整个总线请求带宽，而且可以把数据传输率提高到一个很高的频率。

WiFi 电路原理如图 8-118 所示。

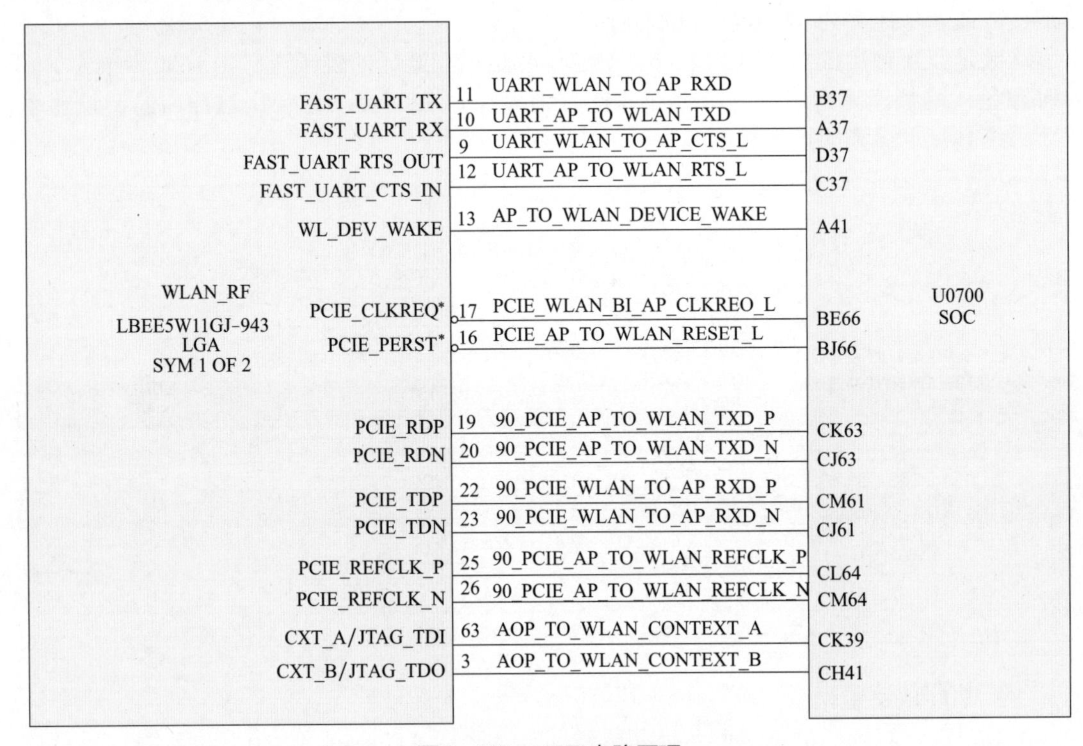

图8-118 WiFi电路原理

二、NFC电路原理

NFC 电路在 iPhone 手机中的应用也是这几年的事情，由于 NFC 在 iPhone 手机中的应用面很窄且故障率较低，维修同行对其工作原理了解甚少。

1. 供电电路

NFC 供电电路如图 8-119 所示。

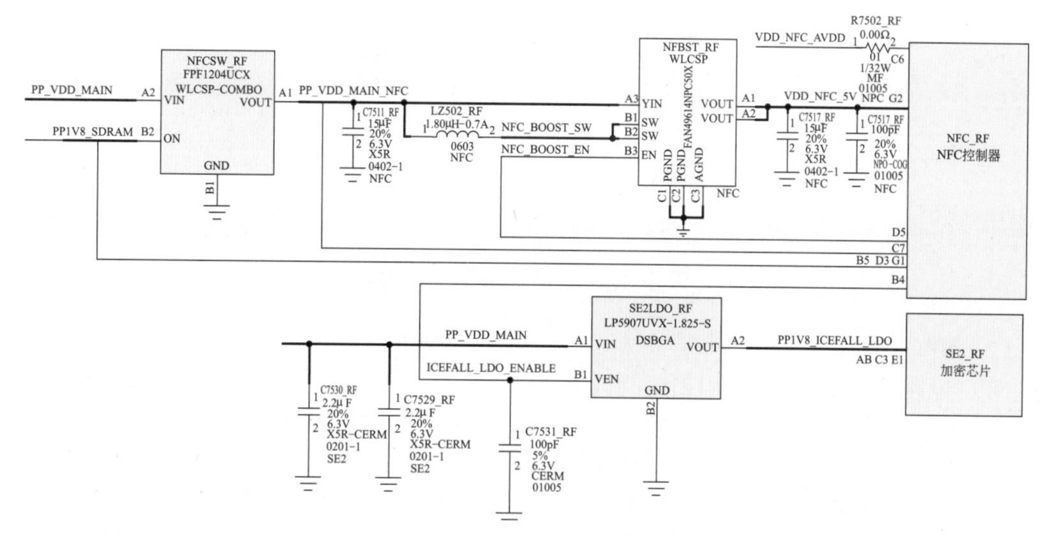

图8-119　NFC供电电路

在 NFC 电路中，有五路供电为 NFC 控制器 NFC_RF、加密芯片 SE2_RF 服务，这五路供电分别是：VDD_NFC_AVDD、PP_VDD_MAIN_NFC、PP1V8_SDRAM、VDD_NFC_5V、PP1V8_ICEFALL_LDO。

主供电电压 PP_VDD_MAIN 送至 NFCSW_RF 的 A2 脚，NFCSW_RF 的 B2 脚为控制脚，当有 PP1V8_SDRAM 电压时，从其 A1 脚输出 PP_VDD_MAIN_NFC 电压，一路送到 NFC_RF 的 C7 脚，另一路送到 NFBST_RF 的 A3 脚。NFCSW_RF 其实是一个电子开关，输入电压与输出电压之间没有压差。

PP1V8_SDRAM 电压一路送到 NFCSW_RF 的 B2 脚作为其控制信号，另一路送到 NFC_RF 的 B5、D3、G1 脚。

NFBST_RF 是一个升压电路，PP_VDD_MAIN_NFC 电压输入 NFBST_RF 的 A3 脚，从 A1、A2 脚输出 5V 的 VDD_NFC_5V 电压送到 NFC_RF 的 G2 脚。NFBST_RF 的控制信号 NFC_BOOST_EN 来自 NFC_RF 的 D5 脚。

主供电电压 PP_VDD_MAIN 送到 SE2LDO_RF 的 A1 脚，控制信号 ICEFALL_LDO_ENABLE 来自 NFC_RF 的 B4 脚，从 SE2LDO_RF 的 A2 脚输出 PP1V8_ICEFALL_LDO 电压送到 SE2_RF 的 A8、C3、E1 脚。

2. NFC工作时序

（1）SWP（单线协议）

SWP（单线协议）是在一根单线上实现全双工通信。SWP 连接方案基于 ETSI（欧洲电信标准协会）的 SWP 标准，该标准规定了 SIM 卡和 NFC 芯片之间的通信接口。

SWP（单线协议）是在一根单线上实现全双工通信，即 S1 和 S2 这两个方向的信号，如图 8-120 所示。

通信的双方是 UICC（通用集成芯片卡）和 CLF（非接触前端）。S1 是电压信号，SIM 卡通过电压表检测 S1 信号的高低电平，采用电平宽度调制；S2 信号是电流信号，采用负载调制方式。S2 信号必须在 S1 信号为高电平时才有效，S1 信号为高电平时导通其内部的一个三极管，S2 信号才可以传输。S1 信号和 S2 信号叠加在一起，在一条单线上实现全双工通信。

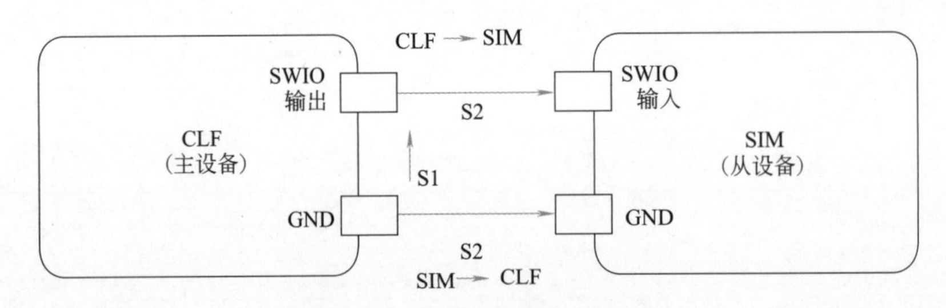

图8-120　SWP单线通信方式

（2）NFC 工作时序

NFC 电路工作时序如图 8-121 所示。

主供电电压 PP_VDD_MAIN（4.2V）送到降压芯片 SE2LDO_RF，NFC 控制器 NFC_RF 输出控制信号 ICEFALL_LDO_ENABLE 至降压芯片 SE2LDO_RF，降压芯片 SE2LDO_RF 输出 PP1V8_ICEFALL_LDO 电压送到加密芯片 SE2_RF。

NFC 控制器 NFC_RF 输出请求信号 SE2_PWR_REQ 到加密芯片 SE2_RF，NFC 控制器 NFC_RF 向模拟开关 SWPMX_RF 输出 NFC_SWP 信号，NFC 控制器 NFC_RF 支持 SIM 卡的单线协议 SWP。

加密芯片 SE2_RF 向 NFC 控制器 NFC_RF 输出准备就绪信号 SE2_READY 信号，NFC 控制器 NFC_RF 经模拟开关 SWPMX_RF 输出 NFC_SWP 信号分别送到加密芯片 SE2_RF、SIM 卡槽，NFC 开始与外部设备进行通信。

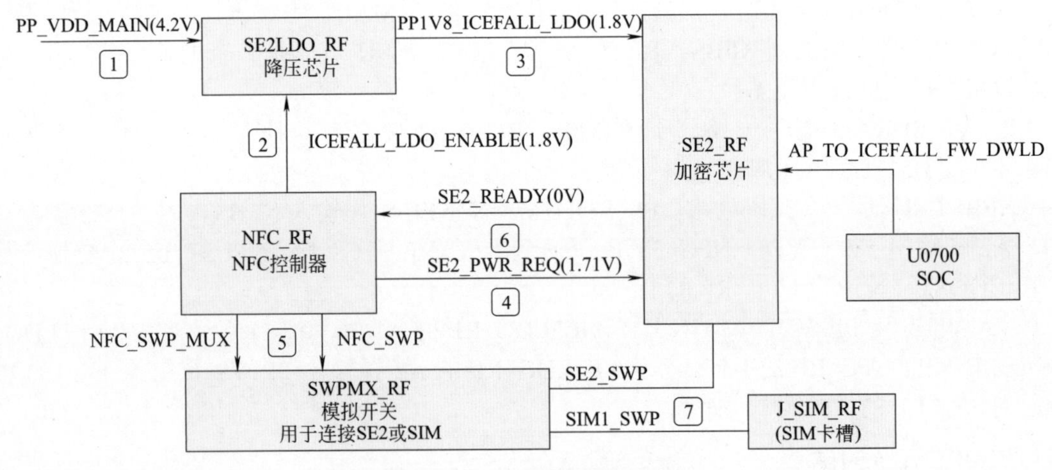

图8-121　NFC电路工作时序

3. NFC工作原理

NFC 电路框图如图 8-122 所示。

在 NFC 电路中，收发部分共用。

NFC 接收信号由天线接收后，经过 C7512_RF、C7514_RF、巴伦电路 BALUN_RF、R7508_RF、R7509_RF、C7507_RF、C7508_RF 送到 NFC 控制器 NFC_RF 的 F5、F6 脚。

NFC 发射信号由 NFC 控制器 NFC_RF 的 G3、G5 脚输出，经过 L7500_RF、L7501_RF、巴伦电路 BALUN_RF、C7512_RF、C7514_RF 由天线发送出去。

NFC 控制器 NFC_RF 通过 UART 接口与 SOC 进行数据交换，包括：UART_AP_TO_NFC_TXD、UART_NFC_TO_AP_RXD、UART_AP_TO_NFC_RTS_L、UART_NFC_TO_AP_CTS_L。

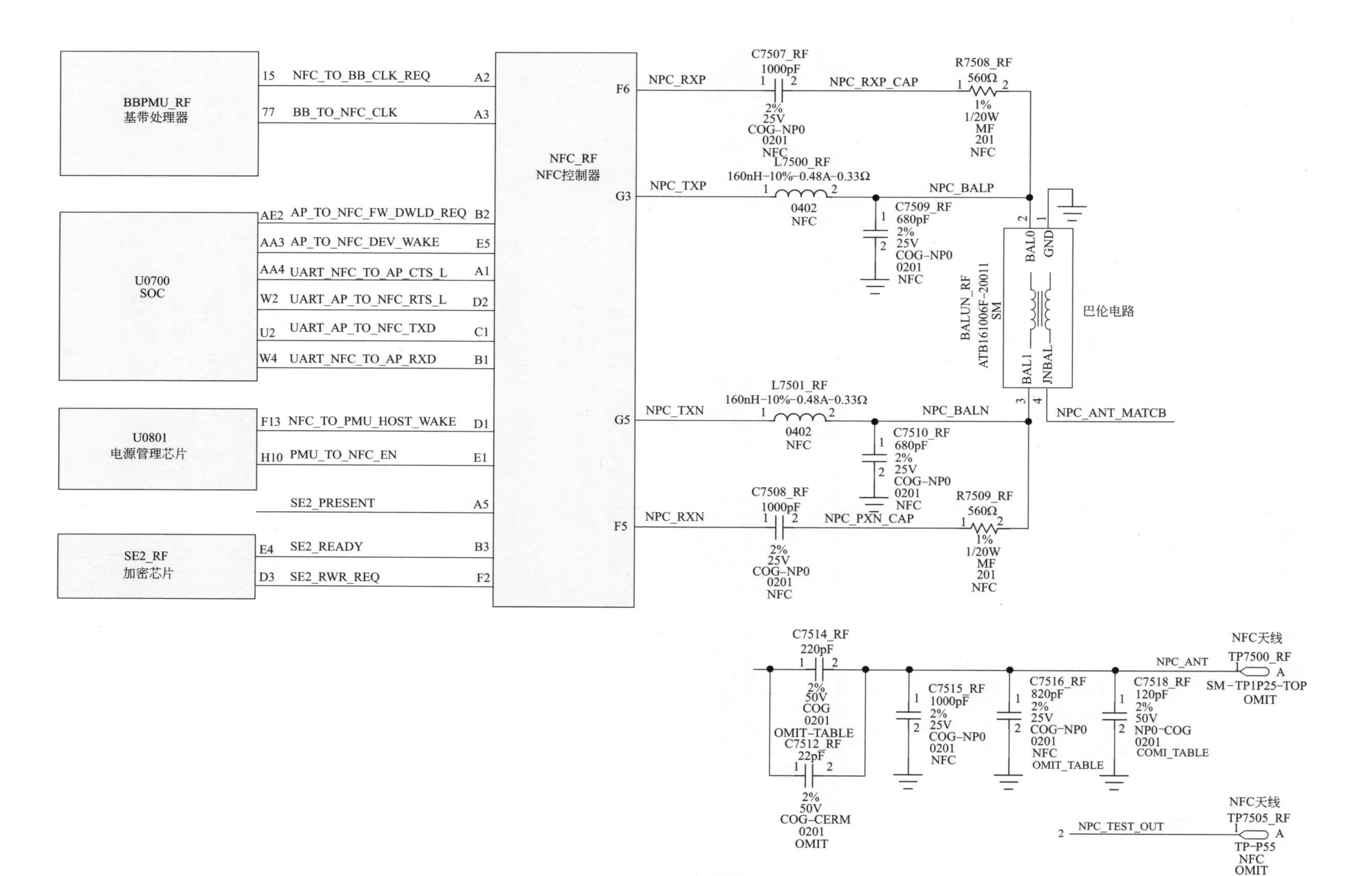

图8-122 NFC电路框图

三、WiFi、蓝牙、NFC电路故障维修案例

1. iPhone 7 WiFi信号弱故障维修

故障现象：

iPhone7 手机，手机 WiFi 信号弱，使用一直正常，摔过一次后就出现这样的问题了。

故障分析：

出现 WiFi 信号弱的问题，一般是 WiFi 模块的滤波器电路出现问题造成的。

故障维修：

根据分析情况，一般认为该故障是摔过以后造成的，对 WiFi 天线收发电路的元器件进行补焊后，故障未排除。

对几个滤波器进行代换，代换滤波器 W2BPF_RF 的时候，开机测试，故障排除。分析认为滤波器 W2BPF_RF 损坏造成 WiFi 信号弱。

滤波器 W2BPF_RF 电路如图 8-123 所示。

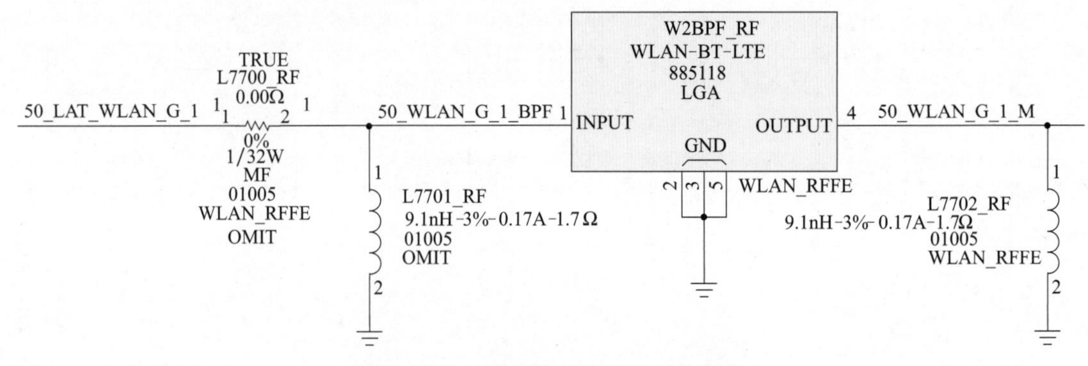

图8-123　滤波器W2BPF_RF电路

2. iPhone 7无WiFi故障维修

故障现象：

iPhone 7 手机，一直正常使用，突然就出现无 WiFi 问题，手机没有进水、摔过问题出现。

WiFi 功能打不开，菜单选项是灰色的，其他功能正常。

故障分析：

正常使用，无进水、摔过问题，分析认为，可能是电路工作条件不满足，出现了问题。

故障维修：

使用万用表分别测量 WLAN_RF 的供电电压，测量 C7601_RF 上的 PP1V8_SDRAM 电压、C7602_RF 上的 PP_VDD_MAIN 电压，均正常。

测量 C7604 上的电压时，用万用表表笔拨动 L7600，发现其松动，仔细观察发现已经断裂。L7600 为 WLAN_RF 内部 LDO 电路的滤波电感，如果开路，则会出现供电不正常问题。

更换 L7600 以后，开机测试 WiFi 功能正常。

L7600 电路图如图 8-124 所示。

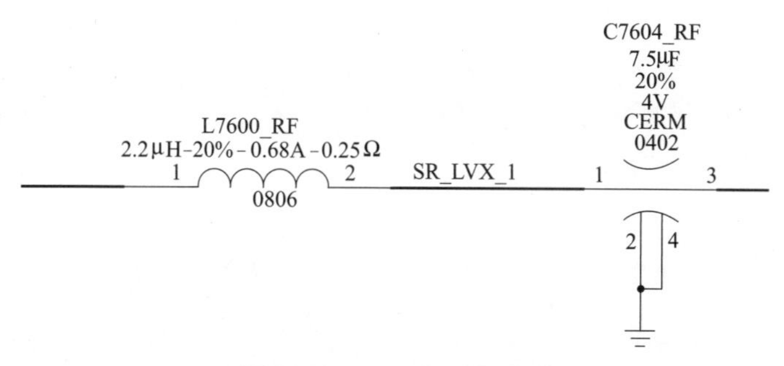

图8-124 L7600电路图

3. iPhone7手机NFC功能失效故障维修

故障现象：

iPhone7 手机，NFC 功能无法使用，开始以为是设置问题，经反复操作后，该功能仍无法使用。

故障分析：

分析认为，故障应该在 NFC 电路，首先检查 NFC 电路供电、控制信号是否正常。

故障维修：

拆机仔细观察手机主板，未发现有进水、摔过现象；检查各路供电，发现 SE2LDO_RF 信号无输出电压；检查输入电压 PP_VDD_MAIN 及控制信号均正常，更换 SE2LDO_RF 后，开机测试 NFC 功能正常。

SE2LDO_RF 原理图如图 8-125 所示。

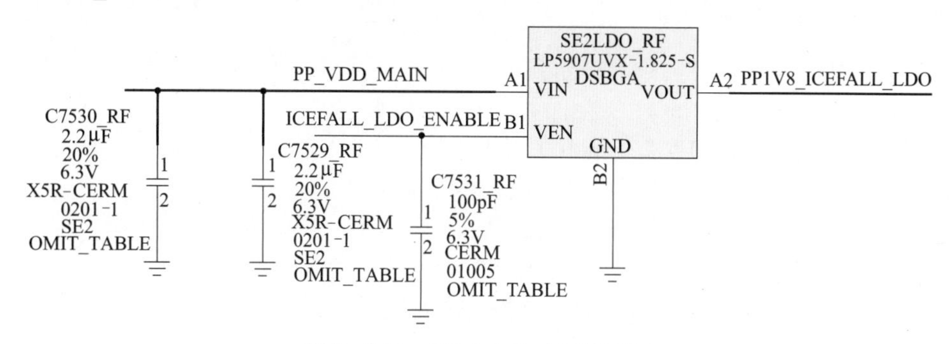

图8-125 SE2LDO_RF原理图

4. iPhone7手机NFC短路引起大电流故障维修

故障现象：

iPhone7 手机，手机轻微进水后发烫，没敢继续使用。

故障分析：

分析认为，故障应该在供电电路，首先检查各功能电路供电是否正常。重点检查是否存在进水痕迹。

故障维修：

拆机仔细观察手机主板，发现 NFC_RF 附近有进水、痕迹；加电开机，电流在 500mA 以上；检查过程中发现 NFBST_RF 芯片烫手，测量其输出电压为 1.1V，正常应为 5V。测量 C7517_RF 的对地二极体值，发现比正常值低很多。

更换 NFBST_RF 芯片后，故障未排除；更换电容 C7517_RF 后故障排除，测量发现电容 C7517_RF 短路，分析认为是电容 C7517_RF 短路造成 NFBST_RF 芯片发烫的。

NFBST_RF 芯片是升压电路，输入 3.7V，输出 5V，给 NFC_RF 芯片供电。

NFBST_RF 芯片原理图如图 8-126 所示。

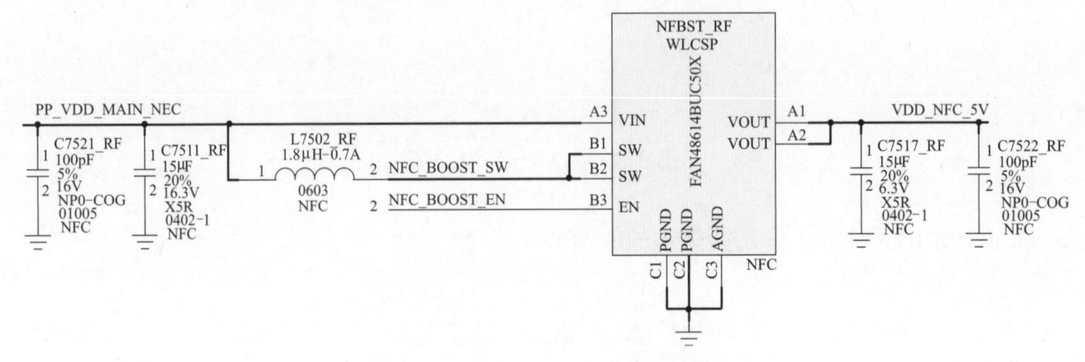

图 8-126　NFBST_RF 芯片原理图

第八节 Face ID 电路工作原理与故障维修

一、原深感摄像头系统

2017 年 9 月，苹果公司发布了最新款的 iPhone X 手机。iPhone X 手机取消了苹果公司沿用 10 年的底部 Home 键，采用了全面屏的设计。iPhone X 手机取消了 Home 键，而原本集成在 Home 键里的 Touch ID 被 Face ID 取代。为了实现更为先进的 Face ID 功能，苹果公司在苹果上方的一小块区域集成了许多先进的传感器。

传感器从左往右依次为：红外线摄像头、泛光元件、距离传感器、环境光传感器、听筒、前置麦克风、FaceTime 摄像头、点阵投影器。这一整块区域，苹果称之为“原深感摄像头系统”。原深感摄像头系统配合手机内部电路完成了 Face ID 功能。

原深感摄像头系统如图 8-127 所示。

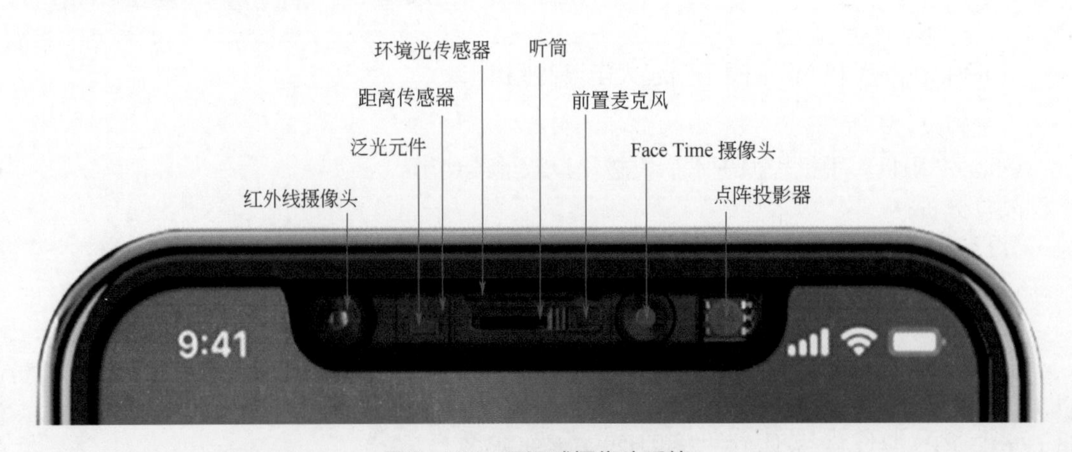

图 8-127　原深感摄像头系统

二、Face ID电路工作原理

距离感应器感应到人脸后，启动并发射信号给泛光元件，泛光元件投射出非结构的红外光线到人的脸部，然后由红外线摄像头接收这些反射信号后，再传输到应用处理器里面进行运算，识别是否为人脸。然后再启动点阵投影器，点阵投影器产生三万多个光束打在人的脸上形成一个阵列，再反射回红外线摄像头里面与手机存储的数据进行对比，从而实现解锁功能。

Face ID 功能组件位置如图 8-128 所示。

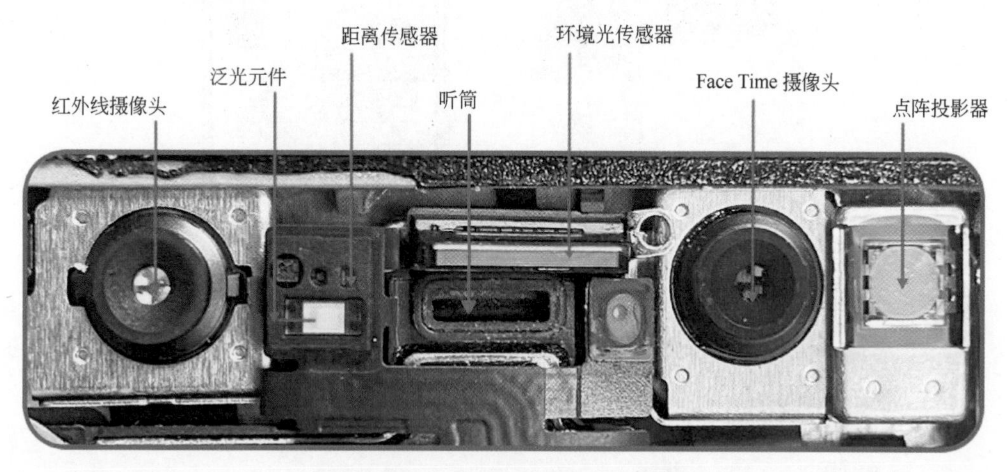

图8-128　Face ID功能组件位置

三、Face ID故障维修设备

下面以深圳市大摩登科技有限公司生产的鲁斑工具点阵修复仪为例，介绍 Face ID 故障维修设备。鲁斑工具点阵修复仪支持解决 iPhone 全系列手机 Face ID 故障。

鲁斑工具点阵修复仪如图 8-129 所示。

图8-129　鲁斑工具点阵修复仪

1. 点阵排线连接

将点阵芯片排线安装在鲁斑工具点阵修复仪对应型号的位置，例如手机型号为 iPhone X，则点阵芯片排线需装在鲁斑工具点阵修复仪扩展板上 X 的位置上，然后通过数据线将鲁斑工具点阵修复仪和手机与电脑连接起来，则准备工作完成，其余操作需要在电脑端的软件中操作。需要注意的是必须连接对应型号的手机才能解绑，否则会出现意外问题。

点阵排线连接示意图如图 8-130 所示。

2. 软件初始化

打开电脑上的鲁斑工具点阵修复仪软件，将手机通过数据线连接到电脑并选择信任，软件页面显示手机设备连接成功，点阵修复仪状态为“已登录”，珍珠证书状态为“未验证原始公钥”。

软件初始化如图 8-131 所示。

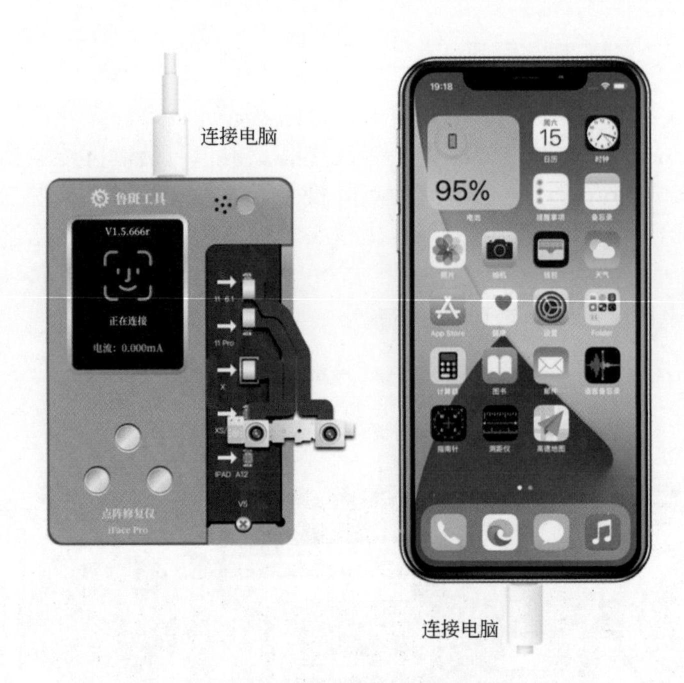

图8-130　点阵排线连接示意图

图8-131　软件初始化

3. 珍珠解绑

点击软件界面的“珍珠解绑”按钮，当珍珠证书状态显示“已验证原始公钥”，则解绑成功。这一步骤非常重要，一定要认真操作。

珍珠解绑过程如图 8-132 所示。

图8-132　珍珠解绑过程

4. 珍珠绑定

更换好点阵投影器的点阵排线，通过延长线连接鲁班工具点阵修复仪，再连接对应的手机设备，点击“珍珠绑定”，即可完成。

珍珠绑定过程如图 8-133 所示。

图8-133　珍珠绑定过程

四、Face ID故障维修

1. 鲁斑工具点阵修复仪状态检测

点阵投影器组件由加密芯片、场效应管、NTC 热敏电阻、点阵投影器等组成，通过胶水封装在一起。

点阵投影器组件如图 8-134 所示。

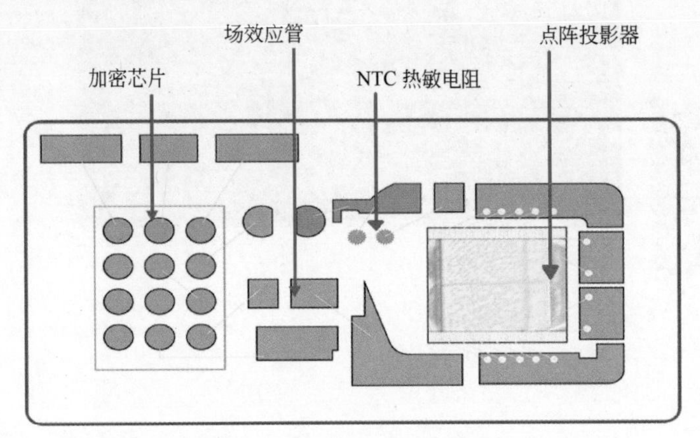

图8-134　点阵投影器组件

点阵投影器组件经常出现的故障如下：

（1）NTC（温控）：断线

显示这种提示一般为温控检测电阻两端的金线断开或发光组件与排线焊接不良造成，故障表现为人像模式卡顿、提示温度过低等。

（2）检测结果：熔断

显示这种提示一般为场效应（MOS 管）工作异常，短接即可。故障表现为录入面容时提示“移高移低”。

（3）检测结果：I^2C 通讯异常

显示这种提示一般为数据线断开无法读取加密数据，排线损坏、加密芯片损坏或发光组件与排线焊接不良。故障表现为无法在此 iPhone 上录入面容。

（4）检测结果：发光异常

显示这种提示一般为发光组件焊点没有清理干净或排线上锡不均匀，导致发光组件与排线虚焊。故障表现为能录入不能解锁、人像有虚化、无法录入面容等。

2. Face ID常见故障维修

（1）修复后开机提示：无法在此 iPhone 激活面容 ID

① 数据写入异常，写入数据不对或没有写入，重新写入，通过鲁斑工具软件能读到点阵码说明写入数据正常。

② 点阵组件的其他部分异常，如泛光元件、环境光传感器、红外线摄像头，通过鲁斑工具软件同样可以检测，显示“000000”或“异常”均说明有问题（提示 000000，可通过刷机解决）。

③ 检测主板上点阵组件内联座对地阻值是否正常。

（2）人像虚化闪烁

① 四组灯没有全部亮。

② 点阵投影器与棱镜没有对位好。

③ 红外摄像头、点阵投影器对位有偏差需要调整。

（3）能录入不能解锁

① 设置里面只打开了密码功能，没有打开面容解锁功能。

② 点阵投影器不能更换，否则会导致能录入不能解锁。

（4）解锁不稳定

① 听筒排线进水，听筒排线有水渍、组装屏幕、透光不好都可以引起。

② 红外线摄像头、点阵投影器对位有偏差需要调整，或前置模组装配后有偏位。

（5）其他问题

① 使用一段时间又出现问题，一般为粘胶不牢固、棱镜对位有移位。

② 棱镜内有残胶影响面容录入，需清理干净。

③ 棱镜内外破损明显，可以更换棱镜，尽量型号相同。

④ 仔细检查发光组件的磁环是否有裂纹，导致面容不稳定或无法修复。

⑤ 棱镜与磁环之间的原厂胶尽量保留。

⑥ 棱镜与磁环粘合时，胶水不宜过多，胶水粘附在发光体或棱上都会导致解锁不稳定。

⑦ 短接 MOS 管后，棱镜边上的三个焊点无须焊接。

⑧ 前置摄像头框架变形严重无法调整好的情况下，可以考虑更换前置框架。

3. 调对位轴的基本方法

① 打开自拍人像模式时提示“移近一点”或“移远一点”这两种情况时，操作如图 8-135 所示。

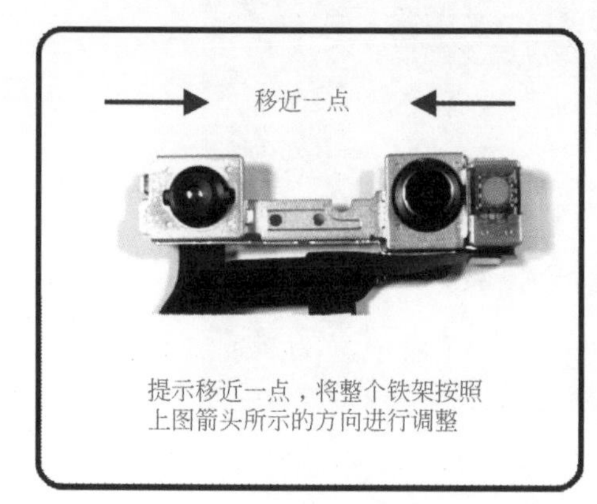

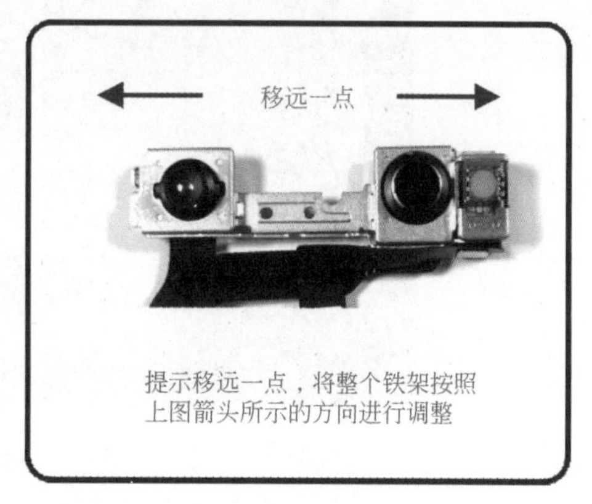

图8-135 “移近一点”或“移远一点”操作步骤

② 打开自拍人像模式时提示“移高一点”或“移低一点”这两种情况时，选择只调整红外镜头这一部分的铁架，操作如图 8-136 所示。

以上所说的调整全部都是调整铁架，用手轻轻掰动铁架进行角度调节。

4. 面容配件检测方法

使用鲁班工具“点阵检测仪”及“点阵修复仪”的用户可以连接鲁班工具软件进行检测，显示“0000000000”或“异常”均说明相应配件有问题。

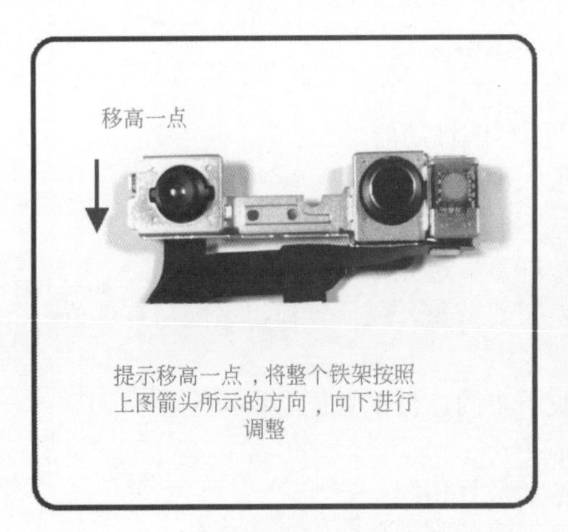

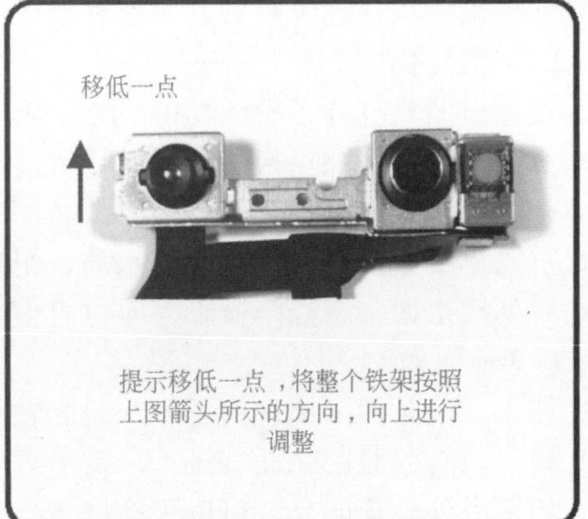

图8-136 “移高一点”或“移低一点”操作步骤

鲁斑工具“点阵检测仪”及“点阵修复仪”如图 8-137 所示。

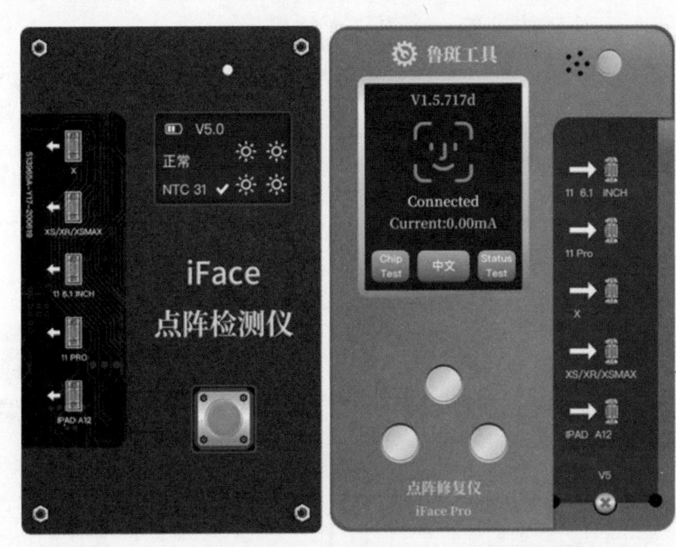

图8-137 鲁斑工具“点阵检测仪”及“点阵修复仪”